A History of Mathematics

Third Edition

Uta C. Merzbach and Carl B. Boyer

メルツバッハ＆ボイヤー

数学の歴史 Ⅰ

数学の萌芽から17世紀前期まで

三浦伸夫
三宅克哉
［監訳］

久村典子
［訳］

朝倉書店

In memory of Carl B. Boyer
(1906–1976)
U.C.M.

To the memory of my parents,
Howard Franklin Boyer and
Rebecca Catherine (Eisenhart) Boyer
C.B.B.

A History of Mathematics, Third Edition
by Uta C. Merzbach and Carl B. Boyer
Foreword by Isaac Asimov

Copyright © 1968, 1989, 1991, 2011 by John Wiley & Sons, Inc.

Translation copyright © 2018 by Asakura Publishing Company, Ltd.

All Rights Reserved. Authorised translation from the English language edition published by John Wiley & Sons Limited. Responsibility for the accuracy of the translation rests solely with Asakura Publishing Company, Ltd. and is not the responsibility of John Wiley & Sons Limited. No part of this book may be reproduced in any form without the written permission of the original copyright holder, John Wiley & Sons Limited.

Japanese translation rights arranged with John Wiley & Sons International Rights, Inc., New Jersey through Tuttle-Mori Agency Inc., Tokyo

監訳者序文

本書は Uta C. Merzbach and Carl B. Boyer による *A History of Mathematics, 3rd Edition* の邦訳です．本書にも付けられているメルツバッハ女史の第 2 版と第 3 版の序文からも判るように，まず初版が 1968 年にボイヤーによって出版され，歴史的な要素を強調する画期的な数学の通史として数学史の研究者を育みました．ボイヤーが 1976 年に亡くなったあと，1989 年にメルツバッハが担当して改訂版が出され，これも初版と同様に教室での使用を念頭に置いて練習問題が各章につけられていました．さらに 1991 年にやはりメルツバッハによって第 2 版が出版されました．この頃になるとアメリカでも数学史が広く受け入れられ，数学史をテーマにした新しい出版物が増え，数学史の講座が増加しており，これを踏まえて練習問題が削除され，19 世紀以後の章を改訂，加筆・増補されました．また各章末にあった参照文献も整理，補充が行われました．

そして 2011 年に，やはりメルツバッハによってかなり思い切った改訂が施された第 3 版が出版されましたが，あくまでもボイヤーの数学史へのアプローチを忠実に守ろうとし，もちろん冒頭に見られるように二名の著者の連名が保たれています．改訂は全体に及び，例えば古代ギリシャに当てられていた 3 章を一つにまとめ，中国とインドの章を分割して二つの章を立てており，古代ギリシャについても初版以降の新たな知見が加えられています．さらに純粋数学と応用数学の間に繰り返し発生する相互作用が強調されており，第 2 版に比べて 20 世紀の題材が倍増され，加えて新たな最終章では，「四色問題」，「有限単純群の分類」，「フェルマの最終定理」および「ポアンカレ予想」の大問題 4 件の解決のありかたが大胆に取り上げられて，それらを生み出した現代数学に見られる画期的な様相が紹介されています．なおメルツバッハ女史は 2017 年 6 月 27 日にジョージタウンのご自宅で急逝されました．ご冥福をお祈りいたします．

邦訳については，初版本の翻訳が 1983 年から 1985 年にかけて 5 分冊に分けられて朝倉書店から出版されました．訳出には加賀美鐵雄氏と浦野由有氏が当たりました．当時はこの広範にわたる数学史の話題の個々についても日本語での出版物は大して見当たらない状況のなか，訳者たちは原書に魅了されて思い入れを深くし，時間をかけて訳業を遂行しました．そのご努力は日本における

監訳者序文

数学史への興味を大いに涵養し，その研究に赴こうとする人たちを刺激し，方向性を与えてきました．そして今回の原書第 3 版の大改訂を受けてこれを新たに翻訳することになり，追加された第 24 章を除くすべての翻訳を久村典子が，またこの最後の章の翻訳に三宅克哉が当たりましたが，さらに監訳者として三浦伸夫と三宅克哉が加わりました．翻訳においては初版の訳文とその調子を尊重しながらそのほとんどを久村が一人で担当しましたが，その分，全体に統一された流れが保たれました．ただし，なにせ大部であることから，今回は 2 分冊として出版することにしました．数学の萌芽から 17 世紀前期までの第 1 章から第 15 章を『メルツバッハ・ボイヤー 数学の歴史 I』とし，第 16 章から現代に至らんとする第 24 章までを『メルツバッハ・ボイヤー 数学の歴史 II』としました．

　数学史の研究者の層は今や世界的にとても厚くなり，種々の話題についての研究が進捗しており，監訳者としては新しい情報をできるだけ反映させるように努めました．しかし，なにせ本書で取り扱っている話題が実に広範囲に展開しているうえ，通史としての原書全体の流れを削ぐことを控えざるを得なかったこともあって，当然ながら十全に突き詰めることを諦めざるを得ませんでした．例えば「起源」としてはメソポタミアやさらに遡ったシュメール人の数学には十分に，ないし，まったく触れられていないことに読者は気づかれるでしょう．新たに中国についての一章が立てられていますが，最近の目覚ましい研究の進展に十分な目配りがされているとは言えませんし，また特に日本人の読者にとってみれば和算への目配りが欠けていることにどこか満たされないものを感じるでしょう．こういった点については我が国における研究者たちの発信もますます高まっており，興味を持たれる読者諸氏にあってはそれぞれにさらに新たな情報を目にすることができるでしょう．また本書には「参照文献」と「全般的参考文献」のしっかりとしたリストが付けられており，これらに対しては和訳についての情報を盛り込みました．

　本書では人名については基本的には当該人物の母国における発音を尊重することにしました．例えば英語化されたユークリッドではなくエウクレイデスを採りましたが，「ユークリッドの互除法」とか「ユークリッド幾何学」などはそのままに採択しました．といっても，カタカナによる表記を行う以上，必ずしもこの原則を完全なまでに追い求めることなどできませんし，またいたしておりません．それでも昨今の数学史学界での流れを尊重し，例えばイスラーム圏の人名に関しては定冠詞の「アル」を除くことにし，馴染まれてきた「アルフ

ワリズミ」ではなく「フワーリズミー」を採りました.

　もう一件の訃報を記しておきます. 本書初版の翻訳をなさった加賀美鐵雄氏は 2017 年 1 月 8 日に亡くなられました. この第 3 版の翻訳をお見せすることができず, 翻訳・監訳者としては残念なことですが, ここに氏のご冥福を祈ります.

　最後になりましたが, 本書の出版に関しては朝倉書店編集部に多大なご支援とご助力をいただきました. 彼らの熱意がなければここまでの仕上がりは望めなかったでしょう. 記して謝意を表します.

　2018 年 2 月

監訳者　　三浦伸夫, 三宅克哉

第2版への推薦文
Foreword to the Second Edition

アイザック・アシモフ

　数学は人間の思考分野のなかでは独自の分野であり，その歴史は他のすべての歴史とは本質的に異なる．

　時が経つにつれて，人類の営みのほぼすべての分野に，訂正や拡張と考えられる変化が起こる．政治と軍事の出来事が展開する歴史における変化は常に無秩序であり，たとえばチンギス・ハンの出現や短命に終わったモンゴル帝国の結末を予測することはできない．他に見られる変化は流儀と主観的な考えの問題であると見られる．2万5千年前の洞窟壁画は一般に偉大な芸術と考えられており，芸術はその後の何千年もの間に，無秩序とはいえ変化を続けてきたが，すべての流儀に偉大さの要素がある．同様に，いずれの社会も自らのあり方を自然で合理的であると考え，他の社会のあり方を奇妙で滑稽，または不快なものと考える．

　だが科学のなかにのみ真の進歩があり，科学にのみ，さらなる高みを目指す継続的進歩の記録がある．

　ただし，科学のほとんどの分野における進歩の過程は訂正と拡張の過程である．古来，自然界の法則を考察した最も偉大な思想家の一人であるアリストテレスも，落下する物体についての考察では大間違いをして1590年代にガリレオに訂正されることになった．ガレノスは古代の医学者としては最も偉大であったが，ヒトの死体を解剖することが許されなかったため，解剖学と生理学の結論で大きな間違いを犯した．そして1543年にヴェサリウスによって，また1628年にハーヴェーによって訂正された．あらゆる科学者のなかでも最も偉大なニュートンでさえ，光の性質，レンズの収色性の考えでは間違いを犯し，スペクトル線の存在に気づかなかった．ニュートン最大の偉業である運動の法則と万有引力の法則も1916年にアインシュタインによって修正された．

　ここで，数学の特異性が浮かび上がってくる．数学においてのみ，重大な訂正はなく，拡張があるのみである．かつてギリシャ人は演繹法を考案したが，それは全時代を通して正しかった．エウクレイデスは不完全だったため，彼の成果は大きく拡張されたが，訂正される必要はなかった．エウクレイデスの定理はことごとく，現在まで真である．

プトレマイオスは惑星系の誤った全体像を描いたかもしれないが，計算に利用するために考案した三角法は永遠に正しい．

　偉大な数学者はそれぞれ，以前の業績に追加を行うが，根こそぎ訂正する必要は一切ない．そのため，我々が本書のような本を読むときに見える絵模様は，ますます高く広く，また美しくかつ壮大になる山のような構造であり，さらにそれを支えるのが，タレスが26世紀前に最初の幾何定理を考案したときと変わらずに汚れず，今でも機能する土台である．

　人間にかかわるもので，数学ほど我々にふさわしいものはない．数学において，そして数学においてのみ，我々は人間の精神の頂点に触れる．

第2版への推薦文

第3版序文
Preface to the Third Edition

　本書の第2版が世に出てから20年の間に，数学の課程と数学史の取り扱いにかなりの変化があった．以前は別だった専門分野から出現した技法と考えによって，傑出した成果が数学で達成された．第2版の序文で述べたように，数学史は量的に増え続けるが，同時に「内在史」対「外在史」の論争を打開し，数学原典への斬新なアプローチを歴史家の適切な言語的，社会的，および経済的手段に結びつけた相当な研究があった．

　この第3版でも，ボイヤーの数学史へのアプローチを忠実に守ろうと努力した．今回の改訂は本全体に及んでいるが，変更を加えたのは元の内容というよりも強調部分である．明らかな例外は，初版刊行後の新たな知見を入れたことである．たとえば，古代のきわめて少数の原典を扱っているという事実を重視していることに読者は気づくだろう．それが一因で，古代ギリシャに関する以前の3章を1章にまとめた．一方で，中国とインドの章を，内容を考慮して分割した．第14章が例示しているように，純粋数学と応用数学の間に繰り返し発生する相互作用を，さらに強調した．構成を何カ所か変えたのは，制度と人のアイディア伝達の影響を強調しようとしたためである．その影響は19世紀以前の章のほとんどに及んだ．19世紀を扱った章の変更が最も少なかったのは，題材の一部について第2版でかなりの変更を施したからである．20世紀の題材は倍増し，新たな最終章で長年の未解決問題の解決や証明の本質に対するコンピューターの影響などに見られる最近の流れを扱っている．

　著作に影響を与えたことがわかっている人々に謝意を表するのは，いつでも心地よいことである．最大の感謝を，文体上の助言を無数に依頼したのに対して，ほかに最優先事項があったときでも賢明な回答をくれたシャーリー・シュレット・ダフィーに捧げる．ペギー・オールドリッチ・キドウェルは，国立アメリカ歴史博物館の写真についての問い合わせに，いつも変わらず的確に答えてくれた．ジャンヌ・ラデュークは，とくに出典の確認についての援助要請に，機嫌よくすぐに応えてくれた．ジュディ／ポール・グリーンは，昨年交わした何気ない会話から，私が最近の題材を再考したことに気づいていないかもしれない．最近の出版物，たとえば Klopfer 2009 や，もっとくだけた Szpiro 2007 から格別な楽しみと知識を得た．私に協力してこの改訂版を作らせてくれたジョ

ン・ワイリー&サンズ社の編集者および制作チームに深く感謝する．編集主任スティーヴン・パワーはいつも寛容でかつ如才なく助言してくれた．編集助手エレン・ライトは原稿作成の主要段階中ずっと，進行を助けてくれた．シニア制作マネージャーのマーシャ・サミュエルズは，明快で簡潔な指示，警告を与え例を示してくれた．シニア制作エディターのキンバリー・モンロー＝ヒルおよびジョン・シムコとコピーエディターのパトリシア・ワルディーゴは原稿を丹念に注意深くチェックしてくれた．苦しいときには，すべての関係者のプロ意識が，格別な励ましになる．

　2人の学者に敬意を表したい．彼らの他者への影響を忘れてはならない．ルネサンス史家マージョリー・N・ボイヤー（カール・B・ボイヤー夫人）はキャリアの初めに，1966年のライプニッツ会議で行われた講演について，若い研究者に優しく見識をもって賛辞を述べてくれた．見ず知らずの人との短い会話が，数学を選ぶか数学史を選ぶかを熟考していた私に大きな影響を与えた．

　ごく最近，数学史家の故ウィルバー・ノールが，古代の著者は他の著者から断定的に研究されていたという考え方を受け入れるのを拒むことによって，若い世代の学生に重要な手本を示した．彼は「*magister dixit*（師曰く）」という形ではなく，原典を追求することで豊富な知識が明らかになるということををを示したのである．

2010年3月

ウータ・C・メルツバッハ

第2版序文
Preface to the Second Edition

1968年に初めて世に出てから数学史の標準となった本書だが，新しい世代のより広範囲な読者にこの第2版を届ける．初版の刊行以来，数学史に新たな関心と精力的な活動が生じた．それは，数学史のテーマを扱った新しい出版物が多数出現したこと，数学史の講座数が増えたこと，またここ何年かの間に数学史に関する一般向けの本が着実に増えていることからも明らかである．最近では，数学史への高まる関心が，大衆向け出版物と電子メディアの他分野にも反映されている．ボイヤーの数学史への貢献はこれらの試みのすべてに足跡を残している．

ジョン・ワイリー＆サンズ社の編集者の1人がボイヤーの標準的書籍の改訂の話を初めて持ちかけてきたとき，私たちはすぐに，文の変更は最小限にとどめ，変更と追加はできる限りボイヤーの最初の方針に沿うようにすることで意見が一致した．したがって，最初の22章はほとんど変更されていない．19世紀を扱った章は改訂し，最後の章は加筆して2章に分けた．その際ずっと，書籍全体の方針を一定に保ち，同様の書籍で行われているより歴史的要素を強調するとボイヤーが述べたねらいを，忠実に守るようにした．

参照文献と全般的参考文献はかなり改訂した．本書は英語圏の読者向けであり，読者の多くはボイヤーの外国語で書かれた各章の参照文献を利用できないため，最近の英語の著作に入れ替えた．ただし読者には，全般的参考文献も参照してほしい．巻末の各章の参照文献のすぐあとに，追加の著作と参考文献一覧を，言語をあまり頓着せずに掲載してある．その参考文献一覧を紹介するのは，読んで楽しい本と問題を解くための書物を全体として案内するためである．

2年前に刊行した最初の改訂版は教室での使用を念頭においていた．その版と初版には練習問題があったが，今回は教室外の読者を想定しているため省いた．補習用の練習問題に関心がある読者は全般的参考文献を参照してほしい．

数え切れない評言と提言をくれたジュディス・V・グラビナーとアルバート・ルイスに感謝の意を表する．ワイリー社の何人かの編集部員による優れた協力と助力に謹んで感謝する．本稿作成の重要な段階で見識を示してくれたヴァー

ジニア・ビーツには感謝し尽くせない．最後に，初版について意見を交換した多くの同僚および学生諸君に感謝する．彼らがこの改訂版に有益な結果を見出してくれるよう願っている．

1991年3月，テキサス州ジョージタウンにて

ウータ・C・メルツバッハ

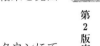

初 版 序 文
Preface to the First Edition

　今世紀には数学史の本が数多く登場したが，その多くは英語でかかれている．また，そのなかには，スコット（Scott, J.F.）の『数学史』（*A History of Mathematics*）のようにごく最近の本も何冊かある．したがって，数学史の分野に新たに登場する本は，すでにあるものにはない特色を備えていなければならない．実際，現在手もとにある数学史の本はほとんど"教科書"，すなわち少なくともアメリカ合衆国での"教科書"とは呼べないものであり，スコットの『数学史』も例外ではない．だから，新しい本——私の好みや，たぶんほかの人々の好みにも十分合うような本——を出す余地があると思ったのである．

　デイビド・ユージン・スミス（Smith, David Eugene）の『数学史』全 2 巻は，まさに「初等数学史の教科書として使える本を，教師や学生に提供するために」書かれたものではあるが，現代のほとんどの大学課程にしては取り扱う分野が広すぎ，数学の程度も低すぎて，おまけにさまざまなタイプの練習問題も不足している．フロリアン・カジョリ（Cajori, Florian）の『数学史』（*History of Mathematics*）は，いまでも大変役に立つ参考書だが，教室には不向きである．こんにち，教科書としてもっとも適当でよくできている本は，ハワード・イーヴズ（Eves, Howard）の『数学史入門』（*An Introduction to the History of Mathematics*）であろう．この本が 1953 年に出版されて以来，私は，少なくとも 12 のクラスでかなり満足して使ってきた．その際，イーヴズの本の題目の順序からときにはずれることもして，歴史への関心をできるだけ高めようと骨折った．また，18 世紀や 19 世紀の著作からの引用，特に D. J. ストルイク（Struik, D. J.）の『簡明数学史』（*A Concise History of Mathematics*）を使って内容の補足もした．

　この本の読者は，しろうとでも，学生でも，数学史の教師でも，読む前提となる数学的素養は，大学 3 年ないし 4 年に相当することに気づかれるであろう．しかしそれ以上，もしくはそれ以下の数学的素養の読者が読んでも得るところがあろう．各章の終りには，練習問題をおおざっぱに 3 種類に分けてのせてある．最初は論文式問題で，これは，章で扱った内容を読者が再構成し，自分の

言葉で言い表す能力をためすためのものである．次に，その章で述べたいくつかの定理の証明や，その定理の異なる条件下での応用などの，比較的やさしい問題をのせた．最後に，星印のついた練習問題が二，三ある．それらは，もっともむずかしいか，学生や読者のすべてが知っているとは思えない特別な方法を使うものである．練習問題は，決して全体的な解説の一部をなすものではなく，無視しても連続性を欠くことはない．

この本では，引用文献および参考文献を各章にのせておいた．そのなかには，その分野での広範な定期刊行物をも含めたが，それは学生たちに，立派な図書館で得られるような豊富な資料をこの段階で紹介しても早すぎないと思うからである．大学付属の小さな図書館では，これらの資料のすべてをそろえることは無理かもしれない．しかし学生にとっては，自分の大学のキャンパスを越えたさらに向こうにある大きな学問領域を自覚していることはよいことである．外国語の参考文献ものせたが，一部の学生たちは——あまり多くないことを望むが——それらのいずれも読みこなせないであろう．外国語の参考書をこのように加えたのは，外国語の読める者に重要な資料を提供することのほかに，価値ある本はすべて英語でかかれているか，英語に訳されてしまっているというおろかで間違った考えを正そうという意味もある．

この本が，現在手に入るもっともすぐれた教科書と違う点は，年代的配列に一層厳密で，歴史的要素も一段と強調してある点にある．ところで，数学史を教えているといつも，この教科の本来の目標は数学そのものを教えることにあるのだという思いにかられがちである．そのため数学の基準からはずれることは大変な罪とされながら，歴史上の間違いは軽いとみなされるが，私は，そのような態度は避けるべく骨折った．この本の目的は，数学の歴史を，数学的構造と数学的正確さのみについてではなく，歴史的な見通しと歴史的な細部にも手を広げて，忠実に紹介することである．これだけの範囲を扱う本に，個々の数値の小数点同様，個々の日付についても正確なことを期するのは愚かなことであろう．しかし，校正の段階を越えて残った不注意なミスなどが，広く理解されている歴史の意味や，数学的概念の健全な理解を歪めることのないよう願っている．もとより，この1冊の本だけで，決して数学の歴史すべてを語り尽くそうとしているのではないことは，強調してもしすぎることはないであろう．そのような偉業は，1799年以降を詳細に取り上げた1908年出版のカントール（Cantor）の『数学史講義』（*Vorlesungen über Geschichte der Mathematik*）第4巻のように，チームを作り一

致協力して行う必要があろう．それほど詳細ではない本の場合は，著者は，多作な数学者すべての業績を引用したい誘惑を不本意ながらもおさえて，取り上げる資料をどう選ぶべきかの判断をしなければならない．したがってこの本でも，ほとんどの読者はかなりの省略のあることに気づくであろう．とくに最後の章では，20世紀の顕著な特徴のいくつかを指摘するにとどめた．数学史の分野では，20世紀のフェリックス・クライン（Klein, Felix）の出現ほど待ち望まれていることはない．クラインがもし生きていたならば，かれが19世紀のために企てたもくろみを，20世紀の数学についても成し遂げていたであろうが，惜しいことに，かれはそれの完成前に亡くなってしまった．

　一冊の出版物は，氷山のように，目にみえる部分は全体のほんの一部にすぎないものである．いかなる本も，著者がその本に時間を惜しまず費やし，さらに，名をあげられないほど多くの人々からの激励と支持とを得なければ，世に出ることはない．私の場合，受けた恩義は，数学史を教えた多くの熱心な学生諸君に始まる．おもにブルックリン大学の学生諸君だが，エシバ大学，ミシガン大学，カリフォルニア大学（バークリー），そしてカンザス大学の学生諸君にもお世話になった．ミシガン大学では，おもにフィリップ・S・ジョーンズ（Jones, Philip S.）教授の激励により，ブルックリン大学ではウォルター・H・メイ（Mais, Walter H.）学部長，サミュエル・ボロフスキー（Borofsky, Samuel）教授，ジェイムズ・シンガー（Singer, James 氏の助力によって，この本の執筆のために，ときに応じて授業の負担を軽減させていただいた．マサチューセッツ工科大学のダーク・J・ストルイク（Struik, Dirk J.）教授，トロント大学のケネス・O・メイ（May, Kenneth O.）教授，メイン大学のハワード・イーヴズ教授，ニューヨーク大学のモリス・クライン（Kline, Morris）教授，これら数学史の友人や同僚たちからは，この本の準備段階で数多くの有益な助言を賜わり，おおいに感謝している次第である．ほかのかたがたの本や論文中の題材も勝手に取り上げさせていただいたが，著書目録にのせる以上の謝意を表明していないので，ここで，これらの著者のかたがたに心からの感謝を述べておきたい．図書館や出版社のかたがたは，本に必要な情報やさし絵の提供に助力を惜しまず，とくにジョン・ワイリー＆サンズのスタッフのかたがたと一緒に仕事ができたことは，楽しい経験であった．最終原稿のタイプは，それ以前の準備段階での多くの難解な原稿同様，カンザス州ローレンスのヘーゼル・スタンリー夫人に，こころ

よく骨折っていただいた．最後に，この本の執筆によって引き起こされた家庭生活上の行き違いにも寛大であった理解ある妻，マージリー・N・ボイヤー（Boyer, Marjorie N.）博士に，深い感謝を表明しておかなければならない．

初版序文

　　　　　　　　　　　ニューヨーク州，ブルックリンにて
　　　　　　　　　　　　　　　カール・B・ボイヤー

目 次
Contents

目

次

1. 起 源 　　　　　　　　　　　　　　　　　　　　1

1.1 概念と関連性 ……………………………………… 1

1.2 初期の基数 ………………………………………… 3

1.3 数の言語と計数 …………………………………… 3

1.4 空間関係 …………………………………………… 5

2. 古代エジプト 　　　　　　　　　　　　　　　　　8

2.1 時代と情報源 ……………………………………… 8

2.2 数 と 分 数 ………………………………………… 10

2.3 算 術 演 算 ………………………………………… 12

2.4 「アハ」問題 ……………………………………… 13

2.5 幾何学問題 ………………………………………… 15

2.6 勾配の問題 ………………………………………… 19

2.7 算術実用主義 ……………………………………… 19

3. メソポタミア 　　　　　　　　　　　　　　　　21

3.1 時代と出典 ………………………………………… 21

3.2 くさび形文字 ……………………………………… 22

3.3 数と分数—60進法 ………………………………… 23

3.4 位取り記数法 ……………………………………… 23

3.5 60 進 分 数 ………………………………………… 25

3.6 近 似 値 ………………………………………… 25

3.7 数 　 表 ………………………………………… 26

3.8 方 　 程 　 式 ………………………………………… 28

　3.8.1 2次方程式 …………………………………… 29

xiv

3.8.2	3次方程式 ……………………………………	31
3.9	測定値—ピュタゴラスの三つ組数 …………………	32
3.10	多角形の面積 ………………………………………	36
3.11	応用算術としての幾何学 …………………………	37

4. ギリシャの伝統 —————————— 41

4.1	時 代 と 源 ………………………………………	41
4.2	タレスとピュタゴラス ……………………………	43
4.2.1	数神秘主義 …………………………………	49
4.2.2	算術と宇宙論 ………………………………	50
4.2.3	比　　　例 …………………………………	53
4.3	記　数　法 ………………………………………	55
4.4	算術（アリトメーティケー）と計算術（ロギスティケー）………	58
4.5	紀元前5世紀のアテネ ……………………………	59
4.6	3大古典問題 ………………………………………	60
4.7	月形図形の方形化 …………………………………	61
4.8	エリスのヒッピアス ………………………………	65
4.9	タラスのピロラオスとアルキュタス ……………	67
4.10	共測不能性 …………………………………………	69
4.11	ゼノンのパラドックス ……………………………	71
4.12	演　繹　法 …………………………………………	74
4.13	アブデラのデモクリトス …………………………	77
4.14	数学と教養科目 ……………………………………	79
4.15	アカデメイア ………………………………………	80
4.15.1	エウドクソス ………………………………	86
4.15.2	取 尽 し 法 ………………………………	88
4.15.3	数理天文学 …………………………………	90
4.15.4	メナイクモス ………………………………	91
4.15.5	立方体の倍積 ………………………………	93
4.15.6	ディノストラトスと円の方形化 …………	94
4.15.7	ピタネのアウトリュコス …………………	96
4.16	アリストテレス ……………………………………	96

5. アレクサンドリアのエウクレイデス ——— 99

5.1	アレクサンドリア	99
5.2	失われた著書	100
5.3	現存する著作	100
5.4	『原　論』	102
5.4.1	定義と公準	103
5.4.2	第I巻の範囲	105
5.4.3	幾何学的代数	107
5.4.4	第III巻と第IV巻	111
5.4.5	比　例　論	111
5.4.6	数　　　論	112
5.4.7	共測不能性	115
5.4.8	立体幾何学	116
5.4.9	偽　　　書	117
5.4.10	『原論』の影響	118

6. シュラクサイのアルキメデス ——— 119

6.1	シュラクサイ包囲	119
6.2	『平面の釣り合いについて』	119
6.3	『浮体について』	120
6.4	『砂粒の計算者』	122
6.5	『円の測定について』	123
6.6	『螺線について』	124
6.7	『放物線の求積』	125
6.8	『円錐状体と球状体について』	127
6.9	『球と円柱について』	128
6.10	『補助定理集』	130
6.11	半正多面体と三角法	132
6.12	『　方　法　』	133

7. ペルゲのアポロニオス —————————————139

7.1 著作と伝承 ·············· 139

7.2 失われた著作 ·············· 140

7.3 円と周転円 ·············· 141

7.4 『円錐曲線論』·············· 142

  7.4.1 基本的特性 ·············· 145

  7.4.2 共 役 直 径 ·············· 147

  7.4.3 3本線または4本線の軌跡 ·············· 148

  7.4.4 円錐曲線の交差 ·············· 149

  7.4.5 第 V–VII 巻 ·············· 150

  7.4.6 解　　説 ·············· 154

8. 逆　　流 —————————————156

8.1 変わる流れ ·············· 156

8.2 エラトステネス ·············· 157

8.3 角　と　弦 ·············· 158

  8.3.1 アリスタルコス ·············· 158

  8.3.2 ニカイアのヒッパルコス ·············· 160

  8.3.3 アレクサンドリアのメネラオス ·············· 161

8.4 プトレマイオスの『アルマゲスト』·············· 163

  8.4.1 360度の円 ·············· 166

  8.4.2 作　　表 ·············· 167

  8.4.3 プトレマイオスの天文学 ·············· 168

  8.4.4 プトレマイオスのその他の著作 ·············· 169

  8.4.5 光学と占星術 ·············· 171

8.5 アレクサンドリアのヘロン ·············· 171

  8.5.1 最短距離の原則 ·············· 173

8.6 ギリシャ数学の衰退 ·············· 174

8.7 ゲラサのニコマコス ·············· 175

8.8 アレクサンドリアのディオファントス ·············· 176

xvii

8.8.1	ディオファントス『算術』	177
8.8.2	ディオファントスの問題	178
8.8.3	代数におけるディオファントスの位置	179
8.9	アレクサンドリアのパッポス	180
8.9.1	『数学集成』	181
8.9.2	パッポスの定理	183
8.9.3	パッポスの問題	184
8.9.4	『解析の宝庫』	186
8.10	パッポス–ギュルダン定理	186
8.11	アレクサンドリア支配の終焉	187
8.12	アレクサンドリアのプロクロス	188
8.13	ボエティウス	188
8.14	アテネが残した断片	189
8.15	ビザンツの数学	191

9. 古代および中世の中国 —————193

9.1	最古の教科書	193
9.2	『九章算術』	194
9.3	算　　木	195
9.4	そろばんと 10 進小数	196
9.5	円周率 π の値	198
9.6	13 世紀の数学	201

10. 古代と中世のインド —————205

10.1	インドにおける初期の数学	205
10.2	『シュルバスートラ』	206
10.3	『シッダーンタ』	207
10.4	アールヤバタ	208
10.5	数　　字	210
10.6	ゼロ記号	212
10.7	三　角　法	213

10.8　乗　　　法 ····················· 214

10.9　長 除 法 ····················· 215

10.10　ブラフマグプタ ····················· 217

　10.10.1　ブラフマグプタの公式 ····················· 218

10.11　不定方程式 ····················· 220

10.12　バースカラ ····················· 221

　10.12.1　『リーラーヴァティー』 ····················· 222

10.13　マーダヴァとケーララ学派 ····················· 223

11. イスラームの覇権 —————————————224

11.1　アラビア人による征服 ····················· 224

11.2　知 恵 の 館 ····················· 226

11.3　フワーリズミー ····················· 227

　11.3.1　ジ ャ ブ ル ····················· 227

　11.3.2　2次方程式 ····················· 229

　11.3.3　幾何学的基礎 ····················· 230

　11.3.4　代数の問題 ····················· 232

　11.3.5　ヘロンの問題 ····················· 233

11.4　アブドゥル・ハーミド・イブン・トゥルク ····················· 234

11.5　サービト・イブン・クッラ ····················· 235

11.6　数　　　字 ····················· 237

11.7　三　角　法 ····················· 238

11.8　10世紀および11世紀の重要事項 ····················· 239

11.9　オマル・ハイヤーム ····················· 241

11.10　平行線公準 ····················· 243

11.11　ナシールッディーン・トゥーシー ····················· 244

11.12　カ ー シ ー ····················· 245

12. 西のラテン語圏 —————————————248

12.1　は じ め に ····················· 248

12.2　暗黒時代の概要 ····················· 248

xix

12.3	ジェルベール	249
12.4	翻訳の世紀	251
12.5	算板派と筆算派	253
12.6	フィボナッチ	255
12.6.1	『算板の書』	255
12.6.2	フィボナッチ数列	256
12.6.3	3次方程式の解法	257
12.6.4	数論と幾何学	258
12.7	ヨルダヌス・ネモラリウス	259
12.8	ノヴァーラのカンパヌス	260
12.9	13世紀の学問	262
12.10	アルキメデス復活す	262
12.11	中世の運動学	263
12.12	トーマス・ブラドワディーン	264
12.13	ニコル・オレーム	265
12.14	形相の幅	266
12.15	無限級数	269
12.16	レヴィ・ベン・ゲルション	270
12.17	ニコラウス・クザーヌス	271
12.18	中世の学問の衰退	272

13. ヨーロッパのルネサンス　　273

13.1	概　　説	273
13.2	レギオモンタヌス	274
13.2.1	三　角　法	275
13.2.2	代　数　学	277
13.3	ニコラ・シュケの『三部作』	277
13.4	ルカ・パチョーリの『大全』	279
13.5	ドイツの代数と算術	282
13.6	カルダーノの『アルス・マグナ』	285
13.6.1	フェラーリの4次方程式の解法	290
13.6.2	『アルス・マグナ』の影響	291

13.7　ラファエル・ボンベリ 292

13.8　ロバート・レコード 293

13.9　三　角　法 295

　13.9.1　コペルニクスとレティクス 295

13.10　幾　何　学 297

　13.10.1　透視画法の理論 298

　13.10.2　地図製作 302

13.11　ルネサンスの動向 304

13.12　フランソワ・ヴィエト 306

13.13　解　析　術 307

　13.13.1　方程式の近似解 311

　13.13.2　三　角　法 312

　13.13.3　三角法で解く方程式 314

14. 近代初期の問題解答者たち ————————317

14.1　計算の利用のしやすさ 317

14.2　10 進 小 数 317

14.3　記　数　法 320

14.4　対　　　数 321

　14.4.1　ヘンリー・ブリッグズ 324

　14.4.2　ヨースト・ビュルギ 325

14.5　数 学 器 具 326

　14.5.1　計算用セクター 326

　14.5.2　ガンター尺と計算尺 328

　14.5.3　加算器と計算器 329

　14.5.4　数　　　表 330

14.6　無限小算法——ステヴィン 332

　14.6.1　ヨハネス・ケプラー 332

15. 解析，総合，無限，数論 ————————337

15.1　ガリレオの『新科学対話』 337

15.2　ボナヴェントゥーラ・カヴァリエーリ・・・・・・・・・・・・・・・・・・・・・・340

15.3　エヴァンジェリスタ・トリチェリ・・・・・・・・・・・・・・・・・・・・・・・343

15.4　情報伝達者メルセンヌ・・・・・・・・・・・・・・・・・・・・・・・・・・・・・346

15.5　ルネ・デカルト・・・・・・・・・・・・・・・・・・・・・・・・・・・・・・・・346

　15.5.1　解析幾何学の考案・・・・・・・・・・・・・・・・・・・・・・・・・・・348

　15.5.2　幾何学の算術化・・・・・・・・・・・・・・・・・・・・・・・・・・・・349

　15.5.3　幾何学的代数・・・・・・・・・・・・・・・・・・・・・・・・・・・・・350

　15.5.4　曲線の分類・・・・・・・・・・・・・・・・・・・・・・・・・・・・・・352

　15.5.5　曲線の求長・・・・・・・・・・・・・・・・・・・・・・・・・・・・・・354

　15.5.6　円錐曲線の同定・・・・・・・・・・・・・・・・・・・・・・・・・・・356

　15.5.7　法線と接線・・・・・・・・・・・・・・・・・・・・・・・・・・・・・・357

　15.5.8　デカルトの幾何学概念・・・・・・・・・・・・・・・・・・・・・・・359

15.6　フェルマの軌跡・・・・・・・・・・・・・・・・・・・・・・・・・・・・・・・360

　15.6.1　高次元解析幾何学・・・・・・・・・・・・・・・・・・・・・・・・・・362

　15.6.2　フェルマの微分法・・・・・・・・・・・・・・・・・・・・・・・・・・363

　15.6.3　フェルマの積分法・・・・・・・・・・・・・・・・・・・・・・・・・・364

15.7　サン・ヴァンサンのグレゴワール・・・・・・・・・・・・・・・・・・・・・366

15.8　数　　論・・・・・・・・・・・・・・・・・・・・・・・・・・・・・・・・・367

　15.8.1　フェルマの定理・・・・・・・・・・・・・・・・・・・・・・・・・・・368

15.9　ジル・ペルソンヌ・ド・ロベルヴァル・・・・・・・・・・・・・・・・・・370

15.10　ジラール・デザルグと射影幾何学・・・・・・・・・・・・・・・・・・・372

15.11　ブレーズ・パスカル・・・・・・・・・・・・・・・・・・・・・・・・・・・374

　15.11.1　確　　率・・・・・・・・・・・・・・・・・・・・・・・・・・・・・・376

　15.11.2　サイクロイド・・・・・・・・・・・・・・・・・・・・・・・・・・・・378

15.12　フィリップ・ド・ライール・・・・・・・・・・・・・・・・・・・・・・・380

15.13　ゲオルク・モール・・・・・・・・・・・・・・・・・・・・・・・・・・・・381

15.14　ピエトロ・メンゴーリ・・・・・・・・・・・・・・・・・・・・・・・・・382

15.15　フランス・ファン・スホーテン・・・・・・・・・・・・・・・・・・・・383

15.16　ヤン・デ・ウィット・・・・・・・・・・・・・・・・・・・・・・・・・・384

15.17　ヤン・フッデ・・・・・・・・・・・・・・・・・・・・・・・・・・・・・・385

15.18　ルネ・フランソワ・ド・スリューズ・・・・・・・・・・・・・・・・・・386

15.19　クリスティアン・ホイヘンス・・・・・・・・・・・・・・・・・・・・・387

　15.19.1　振　子　時　計・・・・・・・・・・・・・・・・・・・・・・・・・・・387

15.19.2　伸開線と縮閉線 ･････････････････････････････････････391

参 照 文 献 ･･･ *1*

全般的参考文献 ･･ *20*

索　　　引 ･･ *34*

　人 名 索 引 ･･･ *34*

　書 名 索 引 ･･･ *46*

　事 項 索 引 ･･･ *52*

第 II 巻目次

16. イギリスの手法と大陸の方法 ････････････････････････ 395

17. オ イ ラ ー ･･･ 461

18. 革命前後のフランス ････････････････････････････････ 480

19. ガ　ウ　ス ･･･ 526

20. 幾　何　学 ･･･ 547

21. 代　数　学 ･･･ 570

22. 解　析　学 ･･･ 596

23. 20 世紀の遺産 ･･･････････････････････････････････････ 622

24. 最新の動向 ･･･ 665

1 起　源
Traces

> 自分の指を数えられない者を連れてきたのか？
> ——古代エジプトの『死者の書』より

1.1　概念と関連性

　現代の数学者は証明によって検証される抽象概念について考えを述べるが，数学は何世紀もの間，数・大きさ・形の学問と考えられていた．そのため，数学的活動の早期の例を見つけようとする人々は，数・計数または「幾何学的」模様と形状に対する操作を人が知ったことを示す考古学の遺物を注視する．しかし，その種の痕跡が数学的活動を示しているとしても，大きな歴史的意義を証明することはまれである．その種の痕跡は，世界のさまざまな地域の人々が数学的と考えられる概念を扱う一定の行為を行ったことを示すものとしては，興味深いかもしれない．しかしこの種の行為が歴史的意義を持つためには，関連する行為に携わっていた別の個人や集団がその行為を知っていたことを示す関連性があることが望ましい．そうしたつながりが明らかになれば，伝播，伝統，概念の変化を扱うような，より具体的な歴史研究が可能になる．

　数学の痕跡はしばしば無文字文化の領域で見られ，そのため，意義の評価がさらに複雑になる．演算の法則が言い伝えの一部として，しばしば音楽や詩の形で存在することもあれば，魔術や儀式の言葉のなかに埋まっていることもある．ときには動物行動を観察するなかで発見されることもあり，そうなると歴史家の領域からさらに離れていく．犬の算数や鳥の幾何学の研究は動物学者の仕事，脳障害が数の感覚に及ぼす影響の研究は神経学者の仕事で，数字のおまじないによる治療の研究は人類学者の仕事だが，どれも，数学史の明らかな部分ではないものの結果として数学史家に役立つことはある．

　数・大きさ・形という概念は，最初は類似ではなく差異に関連づけられていたのかもしれない．たとえば，1匹の狼と多数の狼の違い，小魚と鯨の大きさが同じでないこと，月が丸いのと松の木がまっすぐなのが似ていないことなどである．混沌とした経験のるつぼから徐々に，同じものが存在することに気づいたのだと思われる．そして数と形の類似性に気づいたことから科学も数学も

1

1

起源

誕生した．違いそのものが類似性を指し示すように思われる．というのは，1匹の狼と多数の狼，1匹の羊と羊の群れ，1本の木と森の対比から，1匹の狼，1匹の羊，1本の木に共通の何か，つまり唯一性があることがわかる．同様に，ほかの集まり，たとえば対でもそれらの間では1対1の対応ができることがわかってくるであろう．2本ある手は足，目，耳，鼻孔などと対応する．ある種の集まりに共通性があり，人がそれを「数」と呼んで抽象的性質を認識することが，現代数学への長い道のりを象徴する．それが一個人または一部族の発見だったとは考えにくく，おそらく30万年前頃，人類の文化的発展において火の使用と同程度に早い時期に徐々に知覚された可能性が高い．

数の概念が長期にわたって徐々に発達したことを示す事実がある．ギリシャ語などいくつかの言語に1と2と，2より多いという3通りの区別が文法に残っているが，こんにちのほとんどの言語では，「数」の区別は単数と複数の2通りしかない．人類のごく初期の祖先が当初，2までしか数えず，それを超える集まりは「多い」と表現したのは明らかである．今でも多くの人々が，ものを2個ずつの組にして数えている．

数の認識がようやく十分に広範囲かつ鮮明になると，その性質を何らかの方法で表現することが必要であると思われた．最初はたぶん手話のようなものだけであったろう．2個，3個，4個，5個のものを示すのには手の指をすぐに使うことができたが，1という数は概して，最初は真の「数」とは認識されなかった．両手の指を使うことによって10までの集合を表すことができ，両手両足の指を使えば20まで数えることができた．人の指では足りなくなると，石の山やひもの結び目を使って別の集合の要素と対応させた．文字を持たない人々がこのような表現手段を使うときは，石を5個ずつの山に積むことが多かったが，それは人の手と足を見て5個ずつの集まりに慣れていたからである．アリストテレスがずっと昔に述べたように，こんにち10進法が広く使われているのは，ほとんどの人が10本の手指と10本の足指を持って生まれるという解剖学的偶然の結果にすぎない．

石の山は，情報を保存するにはあまりに頼りない．そこで，先史時代の人間は，ときに棒や骨片に刻み目をつけて数を記録した．そうした記録は現在ほとんど残っていないが，チェコ共和国東部のモラヴィアでは，深い刻み目が55個刻まれた若い狼の骨が発見されている．刻み目は2列に並び，1列目に25個，2列目に30個ある．それぞれの列で，刻み目は5個ずつ並んでいる．これは約3万年前のものと推定されている．アフリカでは先史時代の数の記録が二つ発

見されている．一つは29個の刻み目がついたヒヒの腓骨で約3万5000年前のもの，もう一つはイシャンゴで発見されたヒヒの腓骨で，複数回刻まれた例と思われ，最初は約8,000年前のものとされたが，今では3万年前の古いものと推定されている．こうした考古学の発見は，数の概念が以前に考えられていたよりはるかに古いことを示す証拠になっている．

 1.2 初期の基数

指で数えること，または5や10ずつ数える習慣は歴史上，2や3ずつ数えるより遅く出現したと思われるが，5進法と10進法が，ほとんど例外なく2進法や3進法にとってかわった．たとえばアメリカ先住民の数百の部族の研究で，3分の1近くが10進法を，別の約3分の1が5進法または5進法的10進法を使っていたことがわかった．2進法を使っていたのは3分の1に届かず，3進法を使っていたのは全体の1%未満であった．20を基数とする20進法が，約10%の部族で見られた．

20進法で興味深い例は，ユカタン半島と中央アメリカのマヤ人が使ったものでありマヤ語が全般に翻訳されるしばらく前に解読されていた．暦で日にちと日にちの間隔を表すのに，マヤ人は位取り記数法を使い，概して20を主基数に，5を補助基数にしていた（4ページの図参照）．数1は点で，5は横棒で表されるため，たとえば17は (つまり3(5)+2)になる．縦の配列で上にいくほど倍数が大きい．したがって は352を表す(17(20)+12)．この記数法は主として1年が360日の暦のなかで日数を数えるためのものだったから，3番目の位は通常，純粋な20進法の倍数(20)(20)ではなく，(18)(20)であった．しかしこの点を超えると，基数20が再び主流になった．マヤ人はこの位取り記数法で欠けている位を，記号を使って表したが，その記号はさまざまな形で，どこか半開きにした目に似ていた．この記数法では， は $17(20 \cdot 18 \cdot 20) + 0(18 \cdot 20) + 13(20) + 0$ であった．

 1.3 数の言語と計数

抽象数学の思考が発生するには，言語の発達が不可欠であったと一般に考えられている．だが数の概念を表す言葉の発生は遅かった．おそらく数の記号のほうが数の言葉より早かったと思われる．というのは，数を特定する調子のよ

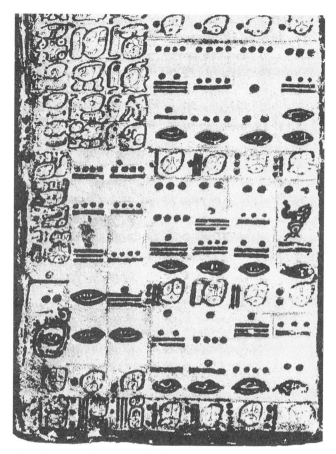

マヤのドレスデン・コーデックスより，数の表示．左から 2 列目を上から読んでいくと 9, 9, 16, 0, 0 と読め，$9 \times 144{,}000 + 9 \times 7{,}200 + 16 \times 360 + 0 + 0 = 1{,}366{,}560$ を表す．また 3 列目の数は 9, 9, 9, 16, 0 で，1,364,360 を表す．原本は黒と赤で書かれている．（Morley1915, p.266 より．）

い言葉づかいを構築するよりも棒に刻み目をつけるほうが簡単だからである．言語の問題がそれほど困難でなかったら，10 進法のライバルがもっと躍進したかもしれない．たとえば基数 5 は，一部の明白な証拠書類に最も早く痕跡を残したものの一つであったが，言語が形成された頃には 10 が優勢になっていた．こんにちの現代言語はほぼ例外なく基数 10 を中心にして成り立っているため，たとえば 13 という数は，3 と 5 と 5 ではなく 3 と 10 と表現される．数のような抽象概念を表す言語の発達が遅かったのは，原始的な数の言語表現が，常に「2 匹の魚」や「2 本の棒」のような特定の具体的集まりを指し，その後そうし

た言いまわしが慣例的に，すべての2個からなるものの組を示すようになるという事実にも見られる．言語が具体的なものから抽象的なものへと発達する傾向は，こんにち長さの単位の多くに見られる．馬の体高は「ハンド（手幅）」で測られ，「フット（足）」や「エル（肘）」も同様に体の部分に由来している．

人類が，反復された具体的状況から抽象概念を引き出すのに何千年もかかったということが，数学のきわめて原始的な基礎を敷くにさえ大きな困難を味わったに違いないことを証明している．そのうえ，数学の起源についても多くの疑問点がある．数学は通常，実際上の必要性に応じて発生したと想定されているが，人類学の研究から別の起源があった可能性がうかがわれる．数を数えることは原始の宗教儀式に関連して発生し，量的概念より先に順序の観念があったと提言されているのである．創世神話を描写する儀式においては，参列者を特定の順番で舞台に呼び入れる必要があり，おそらくその問題に対処するために計数が発明されたものと思われる．計数の起源が儀式だったという説が正しいとすれば，順序数の概念が計量数の概念より先にあった可能性がある．さらに，このような起源は計数が特異な起源から発生し，その後世界の他の領域に広まった可能性を示すことになるだろう．この見解は定説にはほど遠いが，整数を奇数と偶数に儀式的に分け，さらには奇数を男性，偶数を女性とみなす伝統とは調和する．この区別は地球上のあらゆる文明で知られており，男性数と女性数に関する伝説はきわめて根強く存在していた．

整数の概念は数学で最も古いものの一つで，その起源は先史時代のもやに覆われている．だが有理分数の概念は比較的遅く生まれたもので，一般に整数の体系とは密接に関係してはいない．文字を持たない部族では，分数の必要性はほとんどなかったと思われる．定量が必要なとき，人は実際には十分に小さい単位を選ぶことで分数を使わずに済ませることができる．そのため，2進分数から5進分数，10進分数（＝小数）への順を追った進展はなく，小数が優勢になったのは基本的に現代の産物である．

1.4 空間関係

算術であろうと幾何学であろうと，数学の起源について述べることについては必然的に危険が伴う．というのも，これらの主題の起こりとなると書く技術よりも古いからである．何百万年にも及んだであろう歴史のなかで，人類が自分たちの記録と思考を文書に書き表すことができるようになったのは，ようや

1 起源

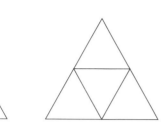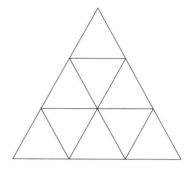

図 1.1

くこの 6,000 年間のことである．先史時代の資料を得るには，残存するわずかな遺物に基づく解釈，現代人類学で得られる証拠，残存する文書から古代に遡って推測する外挿法などに頼らなければならない．新石器時代の人々には測量の暇も必要性もほとんどなかったかもしれないが，彼らの描画と図形は幾何学への道を開いた空間関係への関心を思わせる．陶器や織物，籠細工は合同と対称の例を示している．それらは本質的に初等幾何学の部品であり，どの大陸にも見られる．さらに，図 1.1 のような図形の単純な連続は幾何学と算術の命題，さらには一種の応用群論を思わせる．この図形を一見して，それぞれの三角形の面積の比が一辺の 2 乗の比であり，また数えてみれば，1 から始まる連続する奇数の和が完全平方数であることが明らかである．先史時代については文書がないため，特定の図形からよく知られた定理に至った数学の発展を追跡することは不可能である．しかし，知識とは堅固な胞子のようなもので，ある着想の起源と思われたものが，眠っていたはるか古代の知識の再現にすぎないことがある．

　先史人の空間図形や空間関係への関心は，彼らの美的感覚と形の美を楽しむことから生じたものと思われ，それはしばしば，こんにちの数学者を動かす動機でもある．初期の幾何学者の少なくとも何人かは，測定の実用的手段としてよりも，数学をするというまったくの楽しみのために仕事をしたと考えてみたくなるが，別の説もいくつかある．その一つは，幾何学も計数と同様に原始の儀式慣習が起源だったというものである．しかし，幾何学の起源が儀式慣習の世俗化にあったという説は決して定着したものではない．幾何学の発達は，建造と測量の実際的な必要性や，形式と様式についての美的感覚に刺激されたといったところだろう．

　石器時代の人々がどうして計数や測量，作図をするようになったのか仮説を

立てることはできる．数学の始まりが最古の文明より早かったのは明らかである．だがさらに進んで，具体的な起源を空間的ないし時間的に断定しようとすれば，歴史の推測を誤ることになる．この問題に関しては判断を保留して，こんにちまでに伝わってきた文書に見られる数学の歴史という，より安全な領域に進むのが最善である．

§4

空間関係

2 古代エジプト
Ancient Egypt

> セソストリスは…エジプトの土地を住民たちに分割した…
> 個人の地所の一部を河が洗い流したときは…
> 王は人をつかわして調べさせ，失われた土地の正確な広さを測量させた…
> この慣習から，幾何学はエジプトで初めて知られるようになり，
> そこからギリシャに伝えられたと私は考える．　　　　　――ヘロドトス

2.1　時代と情報源

　紀元前450年頃，旅をしながら歴史を物語ったギリシャの歴史家ヘロドトスがエジプトを訪れた．彼は古代遺跡を見，聖職者たちの話を聞き，ナイル川の威容とその土手沿いで働く人々の業績を眺めた．その結果生まれたヘロドトスの記述が，エジプト古代史の物語の礎石になった．数学については，彼は幾何学の起源はエジプトにあったと考えていた．毎年の流域の洪水のあと測量し直す実際上の必要性から，エジプトで幾何学が発生したと考えたのである．1世紀後，哲学者アリストテレスが同じテーマについて考察し，エジプト人が幾何学を探求したのは聖職者の有閑階級がいたからだと考えた．数学が進歩したのが実務家（測量士，別名「縄張り師」）のおかげだったのか，それとも社会の瞑想的要素（聖職者と哲学者）のおかげだったのかについての論争は，エジプトの境界をはるかに超えて現在まで続いている．後述していくように，数学の歴史においてはこれら2種類の貢献グループが絶えず相互に作用している．

　古代エジプトにおける数学の歴史の全貌を明らかにしようとするなかで，19世紀までの学者は二つの大きな障害に直面した．第1に，存在する原資料を読めず，第2に，その資料が希少であったことである．35世紀以上の間，碑銘がヒエログリフで書かれ，それも純粋な象形文字からよりなめらかなヒエラティック（神官文字）へ，それからさらに流れるようなデモティック（民衆文字）へと変化した．紀元3世紀以後，それらの文字がコプト語に，やがてアラビア語にとってかわられると，ヒエログリフの知識はすたれていった．現代の学者が古文書を解読することができるようになる突破口が開かれたのは19世紀の初めだった．フランスの学者ジャン＝フランソワ・シャンポリオンが多言語平板を研究して，徐々に多数のヒエログリフを翻訳することができたのである．その研究をほかの学者たちが補足した．その1人であるイギリスの物理学者トマス・ヤングは，ロゼッタストーンに興味を引かれた．それはヒエログリフ，デ

モティック，ギリシャ語の 3 種類の文字が記された玄武岩の平板で，1799 年にナポレオンのエジプト遠征の隊員が発見していた．1822 年にはシャンポリオンが自身の翻訳のかなりの部分をパリの科学アカデミーに送った有名な書簡で発表することができ，1832 年に死去するまでに文法の教科書と辞書の初めの部分を刊行していた．

　ヒエログリフの文書に関するこうした早期の研究は，エジプトの記数法についての手がかりを与えたが，純粋に数学的な資料は生み出していなかった．その状況は 19 世紀後半に変わった．1858 年にスコットランドの古物収集家アレクサンダー・ヘンリー・リンドがルクソールで，幅約 1 フィート（32 cm），長さ約 18 フィート（5.13 m）のパピルスの巻物を買った．少数の断片がブルックリン美術館にあるのを除いて，現在大英博物館にあるこのパピルスは，リンド・パピルスまたは紀元前 1650 年頃に書き写した書記にちなんでアーメス・パピルスと呼ばれている[*1]．その書記によれば，この資料は紀元前約 2000 年から 1800 年の中王国の原型から派生したものである．ヒエラティック字体で書かれたこの文書は，私たちが古代エジプトの数学を知る主要な情報源になった．もう一つの重要なパピルスであるモスクワ・パピルスは，1893 年にゴレニシェフが購入し，現在はモスクワのプーシキン造形美術館にある．これも，長さが約 18 フィートだが，幅はアーメス・パピルスの 4 分の 1 しかない．紀元前 1890 年頃に不詳の書記が書いたもので，アーメスの書写に比べて雑である．全部で 25 の例題が含まれており，ほとんどが実生活からとったものであってアーメスのものと大きく違わないが，例外の 2 問については後述する．さらに別の第 12 王朝のカフーン・パピルスは現在ロンドンにある．ベルリン・パピルスも同時期のものである．ほかの資料として，それよりやや古い紀元前 2000 年頃のアフミームの木の平板 2 枚と分数表を記した皮の巻物がある．この資料のほとんどがシャンポリオンの死から 100 年以内に解読された．知られている最古の碑文のある部分と，現在知られている原資料である中王国の数少ない数学文書との間には著しい一致がある．

訳注

[*1]　その書記の名はイアフ・メス（'I'ḥ-ms）であり，英語ではアーメス（Ahmes）となる．リンド・パピルスの和訳は，A. B. Chace『リンド数学パピルス』（吉成　薫訳），朝倉書店，1985 / 普及版 2006．解説は，三浦伸夫『古代エジプトの数学問題集を解いてみる』NHK 出版，2012．

2.2 数と分数

シャンポリオンと同時代の人々によって墓と記念碑の碑文が解読されると，エジプトのヒエログリフ記数法が容易に解明された．少なくともピラミッドなみに古い約 5,000 年前の方法は，10 進法に基づくものであった．10 の 6 乗までの各ベキ乗を区別する記号とそれらの単純な繰り返しを用いて，100 万を超える数が石，木，その他の素材に彫られた．縦線は 1 を表し，さかさのくぐり戸は 10 を，大文字の C にやや似た鉤型は 100 を，ハスの花は 1,000 を，曲げた指は 10,000 を，オタマジャクシは 100,000 を，ひざまずく人，おそらくは永遠の神ヘフは 1,000,000 を表した．これらの記号を繰り返すことによって，たとえば 12,345 という数は次のようになった．

小さいほうの桁を左側に書くこともあれば，桁を縦に並べることもあった．ときには記号そのものも逆向きになって，鉤型も左が凹んだり右が凹んだりした．

エジプトの碑文から，早期に大きい数になじみがあったことがわかる．オックスフォードの博物館にある 5,000 年以上前の職杖には，120,000 人の囚人と 1,422,000 頭の生け捕られたヤギの記録がある．これらの数字は誇張されていたかもしれないが，ほかの考察によっても，エジプト人が計数と測定においてきわめて正確であったことは明らかである．エジプト人が太陽暦を創造したことは，観測，測定，および計数の早期の傑出した実例である．ピラミッドもまた有名な例である．建造と方位づけの精度がきわめて高かったことから，正当な理由のない伝説がピラミッドをめぐって沸き起こった．

アーメスが使った草書体化したヒエラティック字体は，処理されたパピルスの葉にペンとインクで書くのに適するように調整された．記数法は 10 進法のままだったが，ヒエログリフ的記数法のうんざりする反復法は，数字と 10 の累乗を表す特殊な記号にとってかわられた．たとえば数字の 4 は，ふつうは縦棒 4 本ではなく，1 本の横棒で表されるようになり，7 は 7 本の棒ではなく鎌に似た一つの記号 で書かれた．数 28 はヒエログリフでは だったが，ヒエラティックでは単純に になった．留意すべきは，小さい桁の数字 8（または 4 が二つ）を表す記号＝が右ではなく左にあることである．エジプト人が約 4,000 年前に取り入れ，アーメス・パピルスで使われた記号化の原理は記数

法への重要な貢献であり，現在使われている我々自身の方式を有効な道具にする要因の一つである．

エジプトのヒエログリフの碑文では，単位分数，すなわち分子が1である分数に特別な表記法があった．整数の逆数は単に，その整数を記した上に口型の記号をつけることで示した．したがって分数 $\frac{1}{8}$ は𓏏𓏏𓏏𓏏と，$\frac{1}{20}$ は𓂝𓏏と書き表された．パピルスに見られるヒエラティック記数法では，口型の代わりに点が使われ，対応する整数を表す記号の上（複数桁の数の逆数の場合には右側の記号の上）におかれている[*2)]．たとえばアーメス・パピルスでは，分数 $\frac{1}{8}$ は𓏤となり，$\frac{1}{20}$ は𓏤となる．このような単位分数はアーメスの時代に自由に扱われていたが，一般分数はエジプト人にとって不可能だったようである．分数 $\frac{2}{3}$ は特別にヒエラティック記号𓏲を持っていたため何の問題もなく，ときには単位分数の補足として $\frac{n}{n+1}$ という形の分数を示す特殊な記号を用いた．分数 $\frac{2}{3}$ に対してエジプト人は計算過程で特別な役割を与えていた．そのため，ある数字の3分の1を求めるのに，まず3分の2を求めてからそれを半分にするなどということをした！単位分数 $\frac{1}{p}$ の3分の2は二つの単位分数 $\frac{1}{2p}$ と $\frac{1}{6p}$ の和であることを彼らは知っていて利用した．また，単位分数 $\frac{1}{2}$ の2倍は単位分数 $\frac{1}{p}$ であることも知っていた．しかし，3分の2は別として，エジプト人は $\frac{m}{n}$ の形の一般有理真分数を，基本的な「もの」ではなく，未完の過程の一部とみなしたらしい．こんにち我々は $\frac{3}{5}$ を一つの既約分数と考えるが，エジプトの書記はそれを3個の単位分数，$\frac{1}{3}$ と $\frac{1}{5}$ と $\frac{1}{15}$ の和に分けられると考えた．

「帯分数」を単位分数の和に分けやすくするために，アーメス・パピルスの冒頭には，たとえば3から101までのすべての奇数 n について，$\frac{2}{n}$ を単位分数の和で表す表がある．$\frac{2}{5}$ と同値なものとして $\frac{1}{3}$ と $\frac{1}{15}$ が示されており，$\frac{2}{11}$ は $\frac{1}{6}$ と $\frac{1}{66}$ の和，$\frac{2}{15}$ は $\frac{1}{10}$ と $\frac{1}{30}$ の和とされている．表の最後の項目は，$\frac{2}{101}$ を $\frac{1}{101}$ と $\frac{1}{202}$ と $\frac{1}{303}$ と $\frac{1}{606}$ に分解している．ほかに考えられるやり方が無数にあるなかで，ある分解方式が好まれた理由ははっきりとはわかってはいない．最後の例は，エジプト人が半分と3分の1を偏愛したことを例示しているのは確かだが，$\frac{2}{n} = \frac{1}{n} + \frac{1}{2n} + \frac{1}{3n} + \frac{1}{2 \cdot 3 \cdot n}$ という分解のほうが $\frac{1}{n} + \frac{1}{n}$ よりよい理由は，我々にはまったくわからない．ことによると，$\frac{2}{n}$ を分解する目的の一つが $\frac{1}{n}$ より小さい単位分数に到達することにあったのかもしれない．エジプト人には目の前

訳注 ─────────

[*2)] ヒエラティックは通常左向きに書く．したがってここで右側の記号とは最高位の数を示す文字を指す．

にある具体的な事例よりも一般法則と方法を重んじた，とみなせる一節があり，それが数学発展の重要なステップであることを示している．

2.3 算術演算

アーメス・パピルスの $\frac{2}{n}$ 表のあとには，1 から 9 までの n の短い $\frac{n}{10}$ の表があって，分数が同じくお気に入りの単位分数と分数 $\frac{2}{3}$ で表されている．たとえば分数 $\frac{9}{10}$ は，$\frac{1}{30}$ と $\frac{1}{5}$ と $\frac{2}{3}$ に分解されている．アーメスは，自身の研究によって「万物……とすべての秘密の知識が完全かつ徹底的に研究されることになる」と確信して研究を始めたことから，同資料の $\frac{2}{n}$ および $\frac{n}{10}$ 表に続く主要部は，広く分類される 84 の問題で構成されている．そのうち最初の 6 問は，1, 2, 6, 7, 8, または 9 個のパンを 10 人で分けよというもので，アーメスが示した $\frac{n}{10}$ 表を使わせている．最初の問題では，10 人のそれぞれに 1 個の 10 分の 1 を与えるのが正しいことを示すのに，アーメスはかなりの手間をかけている．1 人が 1 個の $\frac{1}{10}$ を受け取ると，2 人では $\frac{2}{10}$ すなわち $\frac{1}{5}$，4 人では 1 個の $\frac{2}{5}$ すなわち $\frac{1}{3} + \frac{1}{15}$ を受け取る．したがって 8 人では 1 個の $\frac{2}{3} + \frac{2}{15}$ すなわち $\frac{2}{3} + \frac{1}{10} + \frac{1}{30}$ を受け取るから，8 人プラス 2 人で $\frac{2}{3} + \frac{1}{5} + \frac{1}{10} + \frac{1}{30}$ すなわち丸 1 個になる．アーメスは今でいう最小公倍数と同じようなものを知っていたらしく，それによって証明を完了することができた．また 7 個を 10 人で分けるにあたっては，アーメスは各人に 1 個の $\frac{1}{2} + \frac{1}{5}$ を分けることもできたが，好みの $\frac{2}{3}$ を用いて，各人 1 個の $\frac{2}{3} + \frac{1}{30}$ とした．

エジプトでの基本的算法は加法であり，現代の乗法と除法をアーメスの時代には連続した 2 倍の繰り返し，つまり「2 倍法」によって行った．実際，我々自身の「乗法（multiplication）」のいくつも重ねあわせるという言葉も，エジプトのやり方を思わせるものである．たとえば 69 掛ける 19 では，69 に自分自身を足して 138 を得，次にこれをそれ自体に足して 276 とし，さらに 2 倍して 552，もう 1 度足して 1104 を得た．これはもちろん，69 の 16 倍である．$19 = 16 + 2 + 1$ だから，69 掛ける 19 の結果は $1104 + 138 + 69$ すなわち 1311 になる．ときには 10 を掛ける方法も用いられたが，それはヒエログリフの 10 進記数法に自然に伴うものであった．単位分数の組合せの乗法も，エジプトの算術の一部であった．たとえばアーメス・パピルスの問 13 では，$\frac{1}{16} + \frac{1}{112}$ と $1 + \frac{1}{2} + \frac{1}{4}$ の積を求めており，結果は正しく $\frac{1}{8}$ となっている．除法では，2 倍法の繰り返しが逆に行われ，被乗数の代わりに除数が連続的に 2 倍される．エジ

プト人が 2 倍法の繰り返しと単位分数の概念の応用において高度な技術を発達させていたことは，アーメスの諸問題の計算から明らかである．問 70 では 100 を $7+\frac{1}{2}+\frac{1}{4}+\frac{1}{8}$ で割ったときの商を求めており，結果の $12+\frac{2}{3}+\frac{1}{42}+\frac{1}{126}$ は次のようにして得られる．除数を次々に 2 倍していくと，まず $15+\frac{1}{2}+\frac{1}{4}$，次に $31+\frac{1}{2}$，最後に 63 が得られ，これは除数の 8 倍である．さらに，除数の $\frac{2}{3}$ は $5+\frac{1}{4}$ であることがわかっている．ゆえに除数に $8+4+\frac{2}{3}$ を掛けると $99\frac{3}{4}$ になるが，これは求められる積 100 に $\frac{1}{4}$ 足りない．ここで巧妙な調整が行われた．また 8 掛ける除数が 63 だから，除数に $\frac{2}{63}$ を掛けると $\frac{1}{4}$ になる．また $\frac{2}{n}$ 表から $\frac{2}{63}$ は $\frac{1}{42}+\frac{1}{126}$ だから，求める商は $12+\frac{2}{3}+\frac{1}{42}+\frac{1}{126}$ である．ちなみに，この方法では乗法における交換法則が使われているが，エジプト人がこの交換法則によく通じていたことは明らかである．

アーメスの問題の多くは，「三数法」に相当する比例演算の知識を示している．問 72 は「強さ」10 のパン 100 個に対応する「強さ」45 のパンは何個かを問うており，答は $\frac{100}{10}$ 掛ける 45 すなわち 450 個となっている．パンとビールの問題においては，「強さ」すなわちペスゥ*3) というのは穀物密度の逆数であり，パンの個数または単位体積を穀物の量で割った商である．パンとビールの問題はアーメス・パピルスにはたくさんある．たとえば問 63 は 700 個のパンを 4 人の間で $\frac{2}{3}:\frac{1}{2}:\frac{1}{3}:\frac{1}{4}$ の連比で分ける問題で，答は 700 と比の分数の総和の比で求めている．この場合，700 を $1\frac{3}{4}$ で割った商は，700 に除数の逆数すなわち $\frac{1}{2}+\frac{1}{14}$ を掛けて求めている．結果は 400 となる．これの $\frac{2}{3}$ と $\frac{1}{2}$ と $\frac{1}{3}$ と $\frac{1}{4}$ が，求めるパンの分配分である．

2.4 「アハ」問題

これまで述べてきたエジプトの問題を分類するなら算術とするのが最善だが，「代数」という言葉を当てはめるのがふさわしい問題群がある．それらはパンやビールのような特定の具体物には関係なく，また既知数についての演算も要求しない．代わりに，a, b, c が既知数で x が未知数の場合の，$x+ax=b$ または $x+ax+bx=c$ の形の 1 次方程式の解に相当するものを求めている．その際，未知数は「アハ」*4) と呼ばれる．たとえば問 24 は，アハと，アハの $\frac{1}{7}$

訳注

*3) ペスゥ（psw）とは料理するを意味するペシ（psi）に由来し，材料 1 ヘカトあたりからできる料理の量を示す．

*4) 「アハ」（'ḥ'）とは量を意味する．この種の問題は冒頭にアハがくることからアハ問題と呼ばれる．

の和が 19 であるとき，アハの値を求めるものである．アーメスの解法は現代の教科書の解法とは違って，こんにち「仮置法」または「仮定法」と呼ばれる手順に特有のものである．アハを可能性が高い特定の仮の値と仮定し，等号の左側に示されている演算をその仮定数に対して行う．次に演算の結果を望む結果と比べ，比例を使って正しい答を見つける．問 24 では，未知数の仮の値を 7 とすると，$x + \frac{1}{7}x$ は，正しい答であれば 19 のところが 8 となる．ところが $8(2 + \frac{1}{4} + \frac{1}{8}) = 19$ だから，正しいアハの値を得るには 7 に $2 + \frac{1}{4} + \frac{1}{8}$ を掛けなければならない．アーメスはこの答を $16 + \frac{1}{2} + \frac{1}{8}$ とした．それから，「検算」として，$16 + \frac{1}{2} + \frac{1}{8}$ にそれの $\frac{1}{7}(= 2 + \frac{1}{4} + \frac{1}{8})$ を足すと，確かに 19 になることを示した．ここに，数学の発展におけるもう一つの重要な一歩が見られる．なぜなら，検算は証明の簡単な例だからである．仮置法は，アーメスが通常使った方法だが，一つの問題 (問 30) では $x + \frac{2}{3}x + \frac{1}{2}x + \frac{1}{7}x = 37$ を，方程式の左辺を x でくくり，37 を $1 + \frac{2}{3} + \frac{1}{2} + \frac{1}{7}$ で割って，$16 + \frac{1}{56} + \frac{1}{679} + \frac{1}{776}$ という結果を得ている．

　アーメス・パピルスにある「アハ」計算の多くは，若い学生のための練習問題と思われる．大部分は実用的性質のものだが，ところどころでアーメスがパズルや数学の楽しみを念頭においていたと思われる．たとえば問 79 には，「家 7 軒，猫 49 匹，ネズミ 343 匹，スペルト小麦の穂 2401 本，スペルト小麦 16807 杯」とのみ記してある．アーメスはおそらく，よく知られていた問題を取り上げていたと思われる．すなわち 7 軒の家それぞれに 7 匹の猫がおり，それぞれの猫が 7 匹のネズミを食べ，それぞれのネズミは麦の穂 7 本を食べたはずで，それぞれの穂から小麦が枡 7 杯とれたはずだというものである．この問題が，食べられずに済んだ実用的な答を求めていたのではなく，家，猫，ネズミ，スペルト小麦の穂，小麦の枡数という数の非現実的な総和を求めていたのは明らかである．アーメス・パピルスに見られる，このようなちょっとした遊びは，我々がよく知っている次のようなわらべ歌の先祖だと思われる．

　　　セント・アイヴスに行く途中
　　　7 人の妻を連れたひとりの男に会った．
　　　どの妻にも袋が 7 つ
　　　どの袋にも猫が 7 匹
　　　どの猫にも子猫が 7 匹．
　　　子猫，猫，袋，妻たち

セント・アイヴスに行くのはみんなでどれだけ？ *5)

 2.5　幾何学問題

　古代エジプト人はピュタゴラスの定理をよく知っていたとしばしばいわれるが，これまで伝えられてきたパピルスにそれをうかがわせるものはない．とはいえ，アーメス・パピルスに幾何学問題はいくつかある．アーメスの問 51 には，二等辺三角形の面積を，今でいう底辺の半分に高さを掛けて求めたと書いてある．アーメスは，この面積の求め方が正しいことを証明するために，二等辺三角形は二つの直角三角形と考えることができ，その一つの位置を変えると両方の三角形で長方形ができると述べた．問 52 で，等脚台形が同様に扱われている．すなわち台形の大きいほうの底辺が 6，小さいほうの底辺が 4，両底辺間の距離が 20 である．アーメスは，「長方形をつくるために」両底辺の和の $\frac{1}{2}$ をとって，それに 20 を掛けることによって面積を出している．二等辺三角形や台形を長方形に変えるこのような変換に，合同の理論や幾何学における証明の考え方の始まりを見ることもできるが，エジプト人がこうした作業を先に進めた痕跡はない．それどころか，エジプト人の幾何学には正確な関係と近似値にすぎない関係の間の明確な区別が欠けている．

　エドフから出土した，アーメスから約 1,500 年あとの土地証書には，三角形，台形，長方形と，もっと一般的な四角形が載っている．その一般的四角形の面積を求める法則は，対辺の算術平均の積をとることであった．その求め方は不正確なものではあったが，証書の書き手はそこから一つの系，すなわち三角形の面積は 2 辺の和の半分に第 3 辺の半分を掛けたものであることを推論していた．これは，幾何学図形間の関係の探求，また幾何学における大きさの代替物としてゼロの概念を用いた初期におけるめざましい一例である．

　円の面積を求めるエジプトの方法は長い間，当時の卓越した業績の一つと考えられてきた．問 50 で書記アーメスは，直径が 9 の円の面積は 1 辺が 8 の正方形の面積に等しいと仮定した．この仮定を現代の式 $A = \pi r^2$ と比べると，エジプトの方法は π に約 $3\frac{1}{6}$ の値を与えており，十分に近い近似値ではある．しかし，ここでもやはり，アーメスが円と正方形の面積が厳密には等しくないことを知っていた気配はない．問 48 に，エジプト人が円の面積を導いた方法を

訳注
*5) 『マザー・グース』にある．

15

示すヒントが書かれている可能性はある．この問題で，アーメスは1辺が9の正方形の各辺を3等分し，4隅にできた面積が$4\frac{1}{2}$の二等辺三角形を切り取ることによって八角形をつくった．この八角形の面積は正方形に内接する円の面積とさほど違わない63で，1辺が8の正方形の面積とひどくかけ離れてもいない．数値$4(\frac{8}{9})^2$が確かに我々の定数πに相当する役割を果たしていたことが，エジプトの円周の求め方によって確かめられそうである．それによると，円の面積の円周に対する比は，円に外接する正方形の面積の周長に対する比に等しいという[*6)]．この観察は，πの比較的よい近似値を含んでいるということよりも，正確さや数学的意義においてはるかに勝る幾何学的関係を示している．

近似値の精度は数学的成果や建築学的成果を測るためのよい尺度ではなく，エジプトの業績においてこれを強調しすぎてはならない．他方，エジプト人が幾何学図形の相互関係を認識していたことは，もっぱら見過ごされてきたのではなかろうか．この点でこそ，彼らは後継者であるギリシャ人に最も近い態度をとっていた．エジプトの数学では，定理や形式的証明は知られていなかったが，ナイル川流域で行われた一部の幾何学的図形間の比較，たとえば円や正方形の周囲や面積の比較は，曲線図形について歴史上初めて正しく述べられたことの一つであった．

こんにち，πの値としてしばしば$\frac{22}{7}$が使われるが，アーメスによるπの値は$3\frac{1}{7}$ではなく約$3\frac{1}{6}$だったことを思い出しておかなければならない．アーメスの値を他のエジプト人も使っていたことは，第12王朝のパピルス巻子本（カフーン・パピルス）で確認されている．そこでは円柱の体積が高さに底面の面積を掛けることによって求められており，底面の面積はアーメスの方法で決定されている．

モスクワ・パピルスの問14と関係があるのは等脚台形に似た図形（図2.1参照）だが，それに伴う計算は四角錐台が意識されていることを示している．図の上下にそれぞれ2と4を示す記号があり，図の中に6と56を示すヒエラティック記号がある．添えられている指示から，この問題が上底と下底の辺がそれぞれ2と4で高さ6の四角錐台の体積を求めていることがわかる．すなわち2と4を2乗し，これらの2乗の和に2と4の積を足すよう指示している．結果は28である．次にこの結果に6の3分の1を掛け，書記はこう結んでいる．「見

訳注 ─────────

[*6)] いいかえれば，円の面積のそれに外接する正方形の面積に対する比は円周の外接正方形の周長に対する比，すなわち，円周率の$\frac{1}{4}$に等しい．

§5

幾何学問題

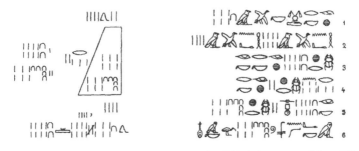

四角錐台の体積の問題を示すモスクワ・パピルスの一部の複製（上）とヒエログリフの写し（下）

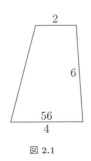

図 2.1

よ，答は 56 になった．あなたは正しい答を見つけた．」つまり，角錐台の体積は現代の公式 $V = h(a^2 + ab + b^2)/3$ に従って計算されている．ここで h は高さ，a と b は正方形の底面の辺の長さである．この公式はどこにも書かれていないが，エジプト人が実質的に知っていたのは明らかである．エドフの証書にあったように $b = 0$ とすると，式は角錐の体積の周知の公式，底面積掛ける高さ割る 3 に簡略化される．

エジプト人がどのようにしてこの結果に到達したのかはわかっていない．ピ

17

ラミッドの体積を求めたことによる経験則だとも考えられるが，角錐台の体積となるとそうはいかない．後者には，理論的根拠があったと考えるほうがよりもっともらしい．その場合エジプト人は，二等辺三角形と等脚台形のときのように，頭のなかで角錐台を平行六面体，角柱，角錐に分解して考えたのであろうといわれている．角錐や角柱を同等な矩形ブロックに置き換えてうまくまとめると，エジプト人の公式に導かれる．たとえば，底面が正方形で頂点が底面の頂点の一つの真上にある角錐から始めることもできる．角錐台のわかりやすい分解法としては，図 2.2 のように 4 部分，すなわち体積が $b^2 h$ の直方体，体積がそれぞれ $b(a-b)h/2$ の三角柱二つ，体積が $(a-b)^2 h/3$ の角錐に分解することが考えられる．二つの角柱は各寸法が b, $a-b$, h の直方体一つにまとめることができ，角錐は各寸法が $a-b$, $a-b$, $\frac{h}{3}$ の直方体とみなすことができる．最も背の高い直方体を，すべての高さが $\frac{h}{3}$ になるように切れば，いずれも高さが $\frac{h}{3}$ で断面積がそれぞれ a^2, ab, b^2 の 3 層になるように厚板を並べかえることができる．

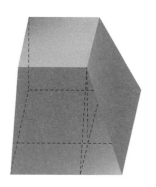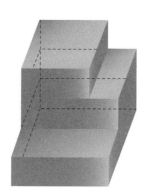

図 2.2

モスクワ・パピルスの問 10 は，問 14 より解釈の難しい問題を提起している．ここでは書記は，直径が $4\frac{1}{2}$ のかごのようなものの表面積を求めている．彼は公式 $S = (1 - \frac{1}{9})^2 (2x) \cdot x$ に相当する式を $x = 4\frac{1}{2}$ として使ったかのようにして計算し，答 32 を得ている．ここで $(1-\frac{1}{9})^2$ は $\frac{\pi}{4}$ のエジプト人の近似値だから，答 32 は直径 $4\frac{1}{2}$ の半球の表面積に相当しているのであろう．これが，1930 年にこの問題に与えられた解釈であった．この結果は知られているかぎり最古の半球表面積の計算式より 1,500 年ほど先立っており，驚異的なことであったろうが，実際のところ，それを真実とするのはできすぎである．その後の分析

では，「かご」は屋根，つまり直径 $4\frac{1}{2}$ で長さ $4\frac{1}{2}$ の半円筒の形をしたかまぼこ形プレハブ小屋の屋根のようなものだったのではないかと考えられた．その場合の計算は，半円周の長さの知識を超えるものは何ら必要としない．また原文のあいまいさから，たとえば計算は単にドーム状の物置屋根の面積をざっと概算したものだったかもしれないといった，もっと素朴な解釈も成り立ちそうである．いずれにしても，曲面積の早期の概算がここにあるといえるだろう．

2.6 勾配の問題

ピラミッドを建造するには，外面の均一な勾配を保つことが肝心だったから，この関心事からエジプト人が角の余接に相当する概念を取り入れたとも考えられる．現代の技術では，直線の傾きは通常，「上昇」と「距離」の比で測定する．エジプトでは，この比の逆数を使うのが慣例だった．そこでは「セケド」*7) は，高さが一定の変化をするごとに斜線が縦軸から離れる水平距離を意味した．したがってセケドは，測定単位は別として，こんにち建築家が築壁または支柱の内側への傾斜をいう縦勾配に相当する．縦の長さの単位はキュービット（腕尺）だったが，水平距離を測るときに使う単位は「パーム（掌尺）」で，キュービットの7分の1であった．つまり，ピラミッド外面のセケドは距離対上昇の比であり，前者はパームで，後者はキュービットで測ったということである．

アーメス・パピルスの問 56 は，高さ 250 キュービットで正方形の底面の 1 辺が 360 キュービットであるピラミッドのセケドを求めよというものである．アーメスはまず 360 を 2 で割り，次にその結果を 250 で割って $\frac{1}{2}+\frac{1}{5}+\frac{1}{50}$ キュービットを得た．その結果に 7 を掛けて，セケドを 1 キュービットにつき $5\frac{1}{25}$ パームとした．アーメス・パピルスの他のピラミッドの問題ではセケドは $5\frac{1}{4}$ となり，幅 440 キュービット，高さ 280，セケドが 1 キュービットにつき $5\frac{1}{2}$ パームであるクフ王の大ピラミッドとの類似度もやや高かった．

2.7 算術実用主義

現存するエジプトのパピルスに記されている知識はほとんどが実用的なものであり，計算が問題の中心的要素であった．理論的要素が入っていると見える箇所も，目的は技術の向上だったかもしれない．一世を風靡したエジプト幾何

訳注

*7) skd とはつくるを意味するケド（ḳd）に由来し，（ピラミッドなどを）構築することを意味する．

学だったが，主として応用算術の一分野であることがわかった．初歩的な合同関係が登場する場合も，その動機は測定の工夫を与えることにあると思われる．計算の法則は特定の具体例に関するもののみである．我々にとってのおもな情報源であるアーメス・パピルスおよびモスクワ・パピルスは，学生向けのマニュアルにすぎなかったかもしれないが，それでもエジプトの数学教育の方向と傾向を示している．さらに，記念碑の銘文や，ほかの数学パピルスの断片や関連科学分野の文書から得られる証拠も，こうした全般的印象を裏づけている．確かにこれら2巻の主要な数学パピルスは比較的早い時期，つまりギリシャ数学勃興より千年も前のものだが，エジプトの数学はその長い歴史を通じて驚くほど均一不変だったように思える．すべての段階において加法を中心にして構築されており，それが不利に働いてエジプトの計算を，ときに驚異的複雑さを伴って独特の原始的なものにした．

　肥沃なナイル川流域は，世界最大の砂漠のなかの世界最大のオアシスといわれてきた．世界で最も紳士的な河にうるおされ，地理的には外敵の侵略からしっかり守られて，そこは静かで攻撃されない生活を強く希求した平和を愛する人々の安息地であった．慈悲深い神々への愛，伝統の尊重，死や死者の副葬品へのこだわり，そのすべてが高度な停滞を促した．ヘロドトスが信じたように幾何学はナイルの賜物かもしれないが，手に入る証拠からは，エジプト人はその賜物を使いながらそれを拡大することはほとんどしなかったことがうかがえる．アーメスの数学は彼の先祖たちの数学でありまた子孫たちの数学でもあった．より進歩的な業績を見るには，メソポタミアというもっと荒れ狂う河の流域に目を向けなければならない．

3 メソポタミア
Mesopotamia

> 一柱の神はほかの神よりもどれほど遠くにいるのか？
> ——古バビロニアの天文書より

 3.1 時代と出典

　紀元前4000年紀は，文書，車輪，金属の使用をもたらしためざましい文明発展の時代であった．この素晴らしい1000年紀の終わりの頃に始まったエジプト第1王朝と同じく，メソポタミアの河川流域にも当時高度な文明が存在した．そこではシュメール人が家や寺院を建て，それらを芸術的な陶細工や幾何学模様のモザイクで飾りたてていた．強大な支配者たちは，小公国群を統合して帝国を樹立し，それによって莫大な公共事業を完成させていった．たとえば運河網を築いて土地を灌漑し，ティグリス川とユーフラテス川の間の洪水を制御した．ナイル川流域の氾濫と同様に，この地域でも両河川の氾濫を予知することができなかった．シュメール人が紀元前4000年紀に開発したくさび形文字による文書は，おそらく，エジプトのヒエログリフより古いであろう．

　古代メソポタミア文明は，しばしばバビロニア文明と呼ばれるが，その呼称は厳密には正しくない．都市バビロンは，最初からまた後のどの時代においても，二つの河による文化の中心ではなかった．しかし紀元前2000年頃から紀元前600年頃まで，この地域について「バビロニア」の名称が非公式に使われていたことから，習慣上バビロニア文明と呼ばれているのである．紀元前538年にバビロンがペルシャ王キュロスの手に落ちたとき，都市そのものは残ったが，バビロニア帝国は終わりを告げた．しかし「バビロニア」数学は，シリアのセレウコス朝時代を経てキリスト教の誕生の頃まで存続した．

　その後「二つの河川の地」は，こんにちのように四方八方からの侵略にさらされるようになり，その結果「肥沃な三日月地帯」は支配者がめまぐるしく変わる戦場と化してしまった．最も重要な侵略の一つは，サルゴンI世（紀元前2276–2221年頃），別名サルゴン大王に率いられたセム族のアッカド人によるものであった．サルゴンは，南はペルシャ湾から北は黒海まで，東はペルシャのステップ地帯から西は地中海にまで広がる帝国を樹立した．その統治のもと

21

で，侵入者たちはくさび形文字を含む土着のシュメール文化をしだいに吸収していったのである．その後のたび重なる侵略や反乱によって，さまざまな人種——アムル人，カッシート人，エラム人，ヒッタイト人，アッシリア人，メディア人，ペルシャ人などが次から次へと流域での政治権力を握った．それでもこの地域には，単にメソポタミア文明と言いきれるほどの十分に高度な文化的一貫性が残ったのである．とくにくさび形文字の使用は，文化の伝統をつなぐ結合力となった．

法律，税の計算，ものがたり，学校の授業，私信——これらやその他の多くの記録は，軟らかい粘土板に尖筆でしるしをつけてから，太陽熱や釜で焼かれた．これらの文書はエジプトのパピルスよりも時間の経過による破損がはるかに少なかった．そのため，こんにち，バビロニア数学については，エジプト数学よりもはるかに大量の物的証拠が存在している．古都ニップルの1地区からだけでも50,000枚の書板が出ている．大学図書館のうち，とくにコロンビア，ペンシルベニア，イェールの各大学にはメソポタミアの古い書板の大コレクションがあり，その一部は数学に関するものである．しかし，文書が入手しやすかったにもかかわらず，現代になって最初に解読されたのはバビロニアのくさび形文字ではなく，エジプトのヒエログリフであった．バビロニア文字の解読は19世紀初頭に，ドイツの言語学者 F. W. グローテフェントがいくらか進めたが，メソポタミア数学の記述が本格的に古代史に顔を出すようになったのは，20世紀の第2四半世紀になってからのことである．

 3.2 くさび形文字

メソポタミアでの文書の使用が早かったことは，ウルクで出土した何百枚もの粘土板で証明されており，それらは今からおよそ5,000年も昔のものである．その頃には，絵文字は様式化された図案を使っていろいろなものを表すほどに発達していた．たとえば≈は水，⌒は目で，両方合わせて泣いていることを表した．その後，徐々に図案の数が少なくなって，初めはおよそ2,000使われていたシュメール絵文字が，アッカド人に征服される頃にはわずか3分の1ほどになっていた．そして，原始的な図案はくさびの組合せへと変わった．たとえば水は ̥, 目は となった．当初，書記は縦の列に上から下へと書き，それを右から左へと並べて書いていたが，のちには便宜のために書板を反時計まわりに90度回転して，横の行に左から右に書き，それを上から下へと書い

ていった．用いた尖筆も，以前は三角柱だったが直円柱——というより2本の異なる半径の円柱——に変わった．シュメール文明の初期には，小さいほうの尖筆の端を粘土板に垂直に押しつけて 10 を表し，斜めに押しつけて 1 を表した．同様に，大きいほうの尖筆を斜めに押しつけて 60 を，垂直に押しつけて 3,600 を表した．それらの間の大きさの数は，それらの記号を組み合わせて表していた．

3.3 数と分数—60 進法

アッカド人はシュメール人と同じ書形態を採用したことから，両言語間の辞書が編纂され，単語や数字の形も以前ほど多種多様ではなくなった．ハムラビ王朝（紀元前 1800–1600 年頃）時代の数千枚もの書板が，すでに数体系が確立していたことを示している．古代と現代を含めてほとんどの文明に共通する 10 進法は，メソポタミアでは 60 を基数とする記数法のかげに隠れてしまっていた．この変化をもたらした原因についてはこれまでにいろいろと書かれている．天文学上の配慮が一役買ったのだろうとも，また 60 進法は以前の二つの進法，つまり 10 進法と 6 進法が自然に結びついたものであろうともいわれている．しかしながら，基数 60 は度量衡のために意識的に採用され，法制化されたと見るほうがより妥当であろう．というのは 60 という量は，たやすく $\frac{1}{2}$, $\frac{1}{3}$, $\frac{1}{4}$, $\frac{1}{5}$, $\frac{1}{6}$, $\frac{1}{10}$, $\frac{1}{12}$, $\frac{1}{15}$, $\frac{1}{20}$, $\frac{1}{30}$ と，10 通りの等分ができるからである．起源はどうであれ，60 進法はことのほか長い寿命を保ち，現在の社会が基本的に 10 進法をとっているなかで，周囲との一貫性を欠きながらも，そのなごりを時間や角度の測定値に残している．

3.4 位取り記数法

バビロニアのくさび形文字記数法では，エジプトのヒエログリフと同じく，小さい整数は 1 や 10 の記号の繰り返しで表した．エジプトの建築家が石に 59 を刻むのに としたところを，メソポタミアの書記はその数をくさび形の記号 14 個で粘土板上に同じように表した．すなわち，5 個の太くて横向きのくさびつまり「カギ括弧」でそれぞれ 10 を表し，1 個が 1 を表す細い縦のくさび 9 本と並べてこじんまりしたまとまり とした．しかし 59 を越えると，エジプトとバビロニアの記数法は著しく異なってくる．メソポタミアの筆記具

が柔軟性にとぼしかったからか，あるいは想像力に富む直感のひらめきによる
ものか，バビロニア人は，1と10の二つの記号をよけいな繰り返しなしに用
いて，どんな大きな整数でも十分に表せることに気づいた．それが可能になっ
たのは，4,000年ほど遡った頃に，彼らが位取り記数法を発明したからである．
それは現在の記数法の効率を高めているのと同じ原理で，古代バビロニア人は，
数表記中での相対的位置に応じた値を記号に当てられることを知ったのである．
現在の数222は同じ数字を3回使っているが，それぞれの数字の持つ意味は異
なっており，右から一つめは2個の1を表し，次は2個の10を，最後は2個
の100（つまり基数10の2乗の2倍）を表している．これとまったく同じ方法
で，バビロニア人はたとえば𝕐のような記号を多様に使った．すなわち，𝕐 𝕐
𝕐のように2個ずつのくさびの集まり3個を，はっきりと離して書いたときに
は，いちばん右側の2個は2，次の2個は基数60の2倍，いちばん左は基数60
の2乗の2倍を表すと理解していた．したがってこの数は，$2(60)^2 + 2(60) + 2$
（現在の記数法では7322）を表した．

　バビロニア数学に関しては一次資料が豊富にあるが，奇妙なことにそのほと
んどは時間的にかなり隔たる二つの時代のものである．紀元前2000年紀の初
めの数百年間（古バビロニア時代）の書板が大量にある一方で，紀元前1000年
紀の終わりの数世紀（セレウコス朝期）の書板も多数発見されている．数学へ
の重要な貢献のほとんどは古いほうの時代のものだが，紀元前300年頃になっ
てのはっきりした貢献が一つある．というのは，初め，バビロニア人には「空
の」位を示す明確な方法がなかったらしい．つまり，ゼロのつもりのところで
はときに隙間をあけることはあったが，ゼロ記号そのものは持っていなかった．
このことは，たとえば数122と7,202が非常にまぎらわしかったことを意味し
ており，したがって𝕐 𝕐は$2(60) + 2$とも$2(60)^2 + 2$とも読めた．あいまい
さを取り除くため，多くの場合は文脈に頼ることもできたであろう．しかし，
ゼロ記号があればひと目で22と202の区別がつくところを，それがなかった
ということでかなり不便であったに違いない．

　しかしアレクサンダー大王が征服した頃には，小さいくさび2個を斜めに配
置した特別な記号が考案され，数字のない箇所に桁保持用として使われるよう
になった．以来，くさび形文字が使われているかぎりは，数𝕐 ⟍ 𝕐すなわち
$2(60)^2 + 0(60) + 2$は，𝕐 𝕐つまり$2(60) + 2$とたやすく見分けられるように
なった．

　バビロニアのゼロ記号によって，すべてのあいまいさが解決されたわけでは

なかった．というのも，この記号は数のなかの空位にのみ使われたらしく，ゼロ記号が数の末尾に使われているような現存の書板はないからである．このことは，古代バビロニア人が絶対的位取り法を決して完成させてはいなかったことを意味している．位は相対的なものにすぎなかった．したがって記号 ˰˰ は，$2(60)+2$ または $2(60)^2+2(60)$ や $2(60)^3+2(60)^2$，あるいは連続 2 桁の数字を持つ無限に多数の数を表せたのである．

§6
近似値

3.5 60進分数

　メソポタミアの数学が，ナイルの数学のように整数と単位分数の加法の上に成り立っていたならば，位取り記数法の発明は，当時としてはさほど重要なことではなかったであろう．たとえば 98,765 という数を書くのに，ヒエログリフの記数法のほうがくさび形文字の記数法よりずっと難しかったわけではなく，またヒエラティックの記数法と比べた場合には，同じ数字を書くのにくさび形文字のほうが難しいことは間違いない．バビロニア数学がエジプト数学より優れていた真の理由は，「二つの河の間」の住人が位取りの原理を整数だけでなく小数にまで拡張するという卓越した手だてを講じたことにあった．つまり，˰˰ という表示は $2(60)+2$ だけに使われたのではなく，$2+2(60)^{-1}$ や $2(60)^{-1}+2(60)^{-2}$，さらに連続した二つの位に値があるほかの小数にも使われたのである．このことは，現代の 10 進小数記数法によって可能な計算能力を，バビロニア人はすでに身につけていたことを意味する．現代の技術者同様バビロニアの学者にとっても，23.45 と 9.876 の加法や乗法は，整数 2,345 と 9,876 の加法や乗法よりも本質的には難しいことでなかった．またメソポタミアの人々はこの重要な発見をいちはやく活用したのである．

3.6 近似値

　イェール・コレクション（No.7289）にある古バビロニアの書板には，2 の平方根を 60 進法で小数第 3 位まで計算したものが含まれ，答は ˰˰˰˰ と書かれている．現代の数字で書けば，この数は $1; 24, 51, 10$ になる．ここで，セミコロンは整数部分と小数部分を分けるために，またコンマは 60 進小数の各小数位の分離記号として用いられている．この章では，60 進法で数を表示する場合にはこの形式を使うことにする．この表記を 10 進法に変換すると，

25

$1 + 24(60)^{-1} + 51(60)^{-2} + 10(60)^{-3}$ となる．バビロニア人が求めた $\sqrt{2}$ の値は約 1.414222 に等しく，真の値との誤差は約 0.000008 である．このように，バビロニア人にとって近似精度をよくすることは，小数記数法を使えば比較的容易に達成できることであった．これに匹敵するものは，ルネサンスの時期までほとんど見られなかった．

　バビロニア人の計算の精度は，記数法によるものだけではなかった．メソポタミアの数学は算法の開発にたけていた．しばしば後世の人物によるものとされる平方根の求め方もその一つである．それはギリシャの学者アルキュタス（紀元前 428–365）やアレクサンドリアのヘロン（100 年頃）のものとされることもあれば，ときにはニュートンのアルゴリズムと呼ばれることもある．このバビロニアの方法は，効率的であるばかりでなく簡単である．平方根 $x = \sqrt{a}$ を求めるにあたって，a_1 をこの根の第 1 近似とする．また第 2 近似値を等式 $b_1 = \frac{a}{a_1}$ から得るとする．a_1 を小さくとりすぎれば b_1 は大きくなりすぎ，逆もまた真である．したがって，算術平均 $a_2 = \frac{1}{2}(a_1 + b_1)$ を次の近似値とするのがよさそうである．しかしこの a_2 は常に大きすぎるから，次の近似値 $b_2 = \frac{a}{a_2}$ は小さくなりすぎ，もっとよい結果を得るために算術平均 $a_3 = \frac{1}{2}(a_2 + b_2)$ をとる．この手順はいくらでも繰り返すことができる．イェール・コレクションの No.7289 にある $\sqrt{2}$ の値は，$a_1 = 1; 30$ としたときの a_3 であることがわかるであろう．平方根を求めるバビロニア人の算法は一種の反復法であったことから，当時の数学者たちに無限の過程に手を染めさせる可能性もあったのだが，当時の学者たちは，このような問題が意味するところを追究しなかった．

　上述の算法は，2 項数列の一つの 2 項近似を求めることに等しく，バビロニア人はそれについてはよく親しんでいた．たとえば $\sqrt{a^2 + b}$ を求める場合，第 1 近似 $a_1 = a$ から $b_1 = \frac{1}{a}(a^2 + b)$，さらに $a_2 = \frac{1}{2}(a_1 + b_1) = a + \frac{b}{2a}$ が導かれるが，それは $(a^2 + b)^{\frac{1}{2}}$ の展開の初めの 2 項に等しく，古バビロニアの文献に出ている近似値となる．

 ## 3.7　数　　表

　出土したくさび形文字書板のかなりの部分は「数表」からなり，積の表，逆数の表，平方数と立方数の表，平方根と立方根の表などが含まれている．もちろん表示はくさび形の 60 進法である．たとえばそれらの一つは，次の表に相当する項目を載せていた．

2	30
3	20
4	15
5	12
6	10
8	7, 30
9	6, 40
10	6
12	5

この表は，同じ行の数を掛け合わせると，すべてバビロニアの基数 60 となるので，明らかに逆数表として考えられたものである．たとえば第 6 行では，8 の逆数は $\frac{7}{60} + \frac{30}{(60)^2}$ であることを示している．表には 7 と 11 の逆数がないのに気づくが，それはまさに，10 進法では 3，6，7 および 9 の逆数が無限小数になるように，これら「不正則」数の逆数が終わりのない 60 進小数になるからであった．ここで再び，バビロニア人は無限の問題に直面したのだが，彼らはそれを系統立てて考えることをしなかった．ただしある段階で，ひとりのメソポタミアの書記が，不正則数 7 の逆数に上界 0; 8, 34, 16, 59 と下界 0; 8, 34, 18 を与えたようである．

バビロニア人が，基本演算を現在の方法と変わらないやり方で，ひけをとらないほど器用に行っていたことは明らかである．割り算はエジプト人のように不器用な 2 倍法の繰り返しではなく，数表から除数の逆数を探して被除数に掛けるという簡単な掛け算で行われた．ちょうどこんにち，34 を 5 で割った商は 34 に 2 を掛け小数点をずらせば容易に求められるのとまったく同じように，古代バビロニア人は 34 と 12 の積を求めてから 60 進法の小数点をずらすことによって，商 $6\frac{48}{60}$ を得ていた．逆数表には総じて「正則」整数——つまり 2，3 および 5 の積として表される数——の逆数しか載っていなかったが，わずかな例外はあった．ある数表には近似値 $\frac{1}{59} =; 1, 1, 1$ および $\frac{1}{61} =; 0, 59, 0, 59$ が載っていた．それらは 10 進法の $\frac{1}{9} = .11\overline{1}$ や $\frac{1}{11} = .09\overline{09}$ に対応する，分母が基数 60 より一つ多いか少ないかの単位分数である．しかし，ここでもバビロニア人はそれらに現れている無限循環性に気がつかなかったか，もしくは少なくとも重要とはみなさなかったようである．

古バビロニアの書板には与えられた数を順次ベキ乗した数表が載っているが，これは現代の対数表，もっと正確にいえば真数表に似たものである．また，基数 9 と 16 と 1，40 および 3，45（すべて完全平方数）に対して，1 乗から 10 乗までのベキ乗が載っている指数表（対数表）も発見されている．問題集のなかの，

ある数をベキ乗して与えられた数にするには何乗しなければならないか，という問は，現在の「ある数を底とする体系において，与えられた数の対数は何か」という問に相当する．古代の数表と現代の数表とのおもな違いは，言語と記数法の問題は別にして，個々のいかなる数もさまざまな関連のなかで共通の底として系統的に使われてはいなかったこと，また古代の数表に載っている数と数の開きが現在の数表よりもはるかに大きかったことである．したがって，ここでもまた彼らの「対数表」は一般計算用にではなく，むしろ，あるきわめて特定の問題を解くために使われていたことがわかる．

指数表の各項目間には隙間がたくさんあいていたにもかかわらず，バビロニアの数学者はためらうことなく，その中間に入る値を比例によって求める補間法で近似した．線型補間法は古代メソポタミアではごくあたりまえに使われていたようであり，また位取り記数法も三数法[*1)]を使いやすいものにしていた．ところで，指数表内で，補間法を実際に行った明らかな例が問題集に見られる．それは，毎年20%ずつ増えるお金が2倍になるには何年かかるかという問題で，答は$3;47,13,20$となっている．ここで書記が，複利の式$a = P(1+r)^n$に従って，rが20%すなわち$\frac{12}{60}$の場合のその値を$1;12$のベキ指数表から読み取り，$(1;12)^3$と$(1;12)^4$の間に線型補間法を用いたのは間違いないと思われる．

3.8 方　程　式

バビロニア人がよく使った数表のなかに，整数nに対する$n^3 + n^2$の表があった．それはバビロニア代数には必須のものであった．代数は，エジプトでよりもメソポタミアでかなり高い水準に達していたのである．バビロニア人にとっては3項の完全2次方程式の解法はさして難しくなかったことが，古バビロニア時代の多くの問題集からわかっている．それは，融通のきく代数演算が開発されていたからであった．彼らは，方程式の両辺に同じものを足して項を移項できたし，また両辺に同じ量を掛けて分数を取り除いたり，因数を取り払ったりもできた．さらに$(a-b)^2$に$4ab$を足すことによって$(a+b)^2$とすることもできたが，それはバビロニア人が因数分解の簡単な公式を数多く知っていたからである．未知量を表すのに文字は使わなかったが，それはアルファベットがまだ発明されていなかったからである．その代わりに，「長さ」，「幅」，「面

訳注

[*1)]　数a, b, cが与えられ，$a : b = c : x$のときのxを求める方法．

積」,「体積」などの単語が十分にその役目を果たした. これらの単語が具体性のまったくない意味で使われていたらしいのは, バビロニア人が「長さ」を「面積」に足したり,「面積」を「体積」に加えたりすることに, 何のためらいもなかったことからうかがえる.

エジプトの代数は 1 次方程式とおおいに関わりがあったが, バビロニア人は明らかに, それをあまりにも初歩的で注目に値しないとみなしていた. ある問題では, 石の重さを x として $(x + \frac{x}{7}) + \frac{1}{11}(x + \frac{x}{7})$ が 1 ミナのときの x を求めており, 答は $48; 7, 30$ ジンとのみ与えられている. ここで 60 ジンは 1 ミナである. 古バビロニアの問題集の別の問題では, それぞれ「1 番目の銀の指輪」と「2 番目の銀の指輪」と呼ばれる 2 個の未知数に対する 2 本の連立 1 次方程式が与えられている. それらの未知数を我々の記号で x, y と呼ぶことにすると, 方程式は $\frac{x}{7} + \frac{y}{11} = 1$ と $\frac{6x}{7} = \frac{10y}{11}$ である. 答は簡潔に

$$\frac{x}{7} = \frac{11}{7+11} + \frac{1}{72} \quad \text{および} \quad \frac{y}{11} = \frac{7}{7+11} - \frac{1}{72}$$

と表されている. 別の 1 組の方程式では, 解法の一部も問題集に記されていた. 式は, $\frac{1}{4}$ 幅+長さ=7 掌幅と, 長さ+幅=10 掌幅である. 解はまず, 1 掌幅を 5 指幅に換算したあと, 20 指幅の幅と 30 指幅の長さならば両式が満たされることを示すことによって得られている. しかしこのあとで, 組合せによる消去法に相当する別の方法でも解を見つけていた. すなわち, すべての寸法を掌幅で表し, 長さと幅をそれぞれ x, y とすると, 上の式は $y + 4x = 28$, $x + y = 10$ となる. 第 2 式を第 1 式から引くと $3x = 18$ となり, したがって答は, $x = 6$ 掌幅つまり 30 指幅と, $y = 20$ 指幅とになる.

3.8.1 2 次方程式

3 項の 2 次方程式を解くことはエジプト人の代数的能力をはるかに越えていたようだが, バビロニア人はそのような方程式を最古の問題集のいくつかですでにうまく取り扱っていたことを, 1930 年にオトー・ノイゲバウアーが明らかにした. たとえばある問題では, 正方形の面積から 1 辺を引いて $14, 30$ ならば, その正方形の 1 辺はどれだけかを求めている. これは, 式 $x^2 - x = 870$ の解を求めることと同じで, 次のように示されている.

まず 1 の半分をとると $0; 30$ である. 次に $0; 30$ に $0; 30$ を掛けると $0; 15$ である. これを $14, 30$ に足すと $14, 30; 15$ となる. これは $29; 30$ の 2

29

乗である．ここで $0; 30$ を $29; 30$ に足せば 30 となり，これが求める正
方形の 1 辺の値である．

　上のバビロニアの解き方は，もちろん，こんにちの高校生におなじみの 2 次方程
式 $x^2 - px = q$ の根の公式 $x = \sqrt{(\frac{p}{2})^2 + q} + \frac{p}{2}$ とまったく同じである．別の問題
集では，各項に 11 を掛けて方程式 $11x^2 + 7x = 6; 15$ を $(11x)^2 + 7(11x) = 1, 8; 45$
とし，標準形 $x^2 + px = q$ に変形している．つまり，これは未知数 $y = 11x$
の場合の 2 次方程式の標準形に相当しており，よって y はおなじみの根の公式
$y = \sqrt{(\frac{p}{2})^2 + q} + \frac{p}{2}$ から容易に求めることができ，したがって x の値も決ま
る．この解法は代数的変換の一例として素晴らしいものである．

　一方，p, q が正のときの $x^2 + px + q = 0$ の形の 2 次方程式を解くことは，現
代になるまで考えられなかったが，それはそのような方程式が正根を持たないか
らである．そのため，古代および中世——さらには近世初期においてさえ——
2 次方程式は次の 3 種の型に分類されていた．

1. $x^2 + px = q$
2. $x^2 = px + q$
3. $x^2 + q = px$

これら 3 種の型は，すべて約 $4,000$ 年前の古バビロニアの問題集に載っている．
初めの 2 種の型は，上述の例で示した．第 3 の型は問題集に頻繁に出現し，し
かも連立方程式 $x + y = p$, $xy = q$ に相当するものとして扱われていた．つま
り，2 数の積と和または差が与えられたときの 2 数を求めよという問題がやたら
に多いのである．そのため，それらは古代人すなわちバビロニア人とギリシャ
人にとっては，2 次方程式の変形によって生じた一種の「標準形」だったので
あろうと考えられている．そして彼らは，その連立方程式 $xy = a$, $x \pm y = b$
を 1 次方程式 $x \pm y = b$ と $x \mp y = \sqrt{b^2 \mp 4a}$ の組に変形し，辺々に足し算と
引き算を 1 回ずつ施して x と y の値を求めていた．たとえばイェールのくさび
形文字書板には，$x + y = 6; 30$, $xy = 7; 30$ という問題がある．書記の指示は，
基本的には次のようなものである．まず

$$\frac{x + y}{2} = 3; 15$$

を求め，それから

$$\left(\frac{x + y}{2}\right)^2 = 10; 33, 45$$

を出す．次に
$$\left(\frac{x+y}{2}\right)^2 - xy = 3;3,45$$
を求め，その結果
$$\sqrt{\left(\frac{x+y}{2}\right)^2 - xy} = 1;45$$
を得る．よって
$$\left(\frac{x+y}{2}\right) + \left(\frac{x-y}{2}\right) = 3;15 + 1;45$$
および
$$\left(\frac{x+y}{2}\right) - \left(\frac{x-y}{2}\right) = 3;15 - 1;45$$
となる．

最後の 2 式から，$x = 5$, $y = \frac{3}{2}$ は明らかである．また，x と y は条件式のなかでは対称だから，x, y を 2 次方程式 $x^2 + 7;30 = 6;30x$ の 2 根とみなすことができる．別のバビロニアの問題集では，ある数にその逆数を加えたら $2;0,0,33,20$ となるときのそのある数を求めている．この問題は第 3 の型の 2 次方程式になり，ここでもまた，二つの解 $1;0,45$ と $0;59,15,33,20$ を得る．

3.8.2 3次方程式

2 次方程式 $ax^2 + bx = c$ を $y = ax$ で置換して標準形 $y^2 + by = ac$ とするバビロニア人の変形法は，メソポタミア代数のなみはずれた柔軟性を示すものである．エジプトには 3 次方程式を解いた記録がまったくないのに対して，バビロニアには数多くあった．

たとえば，$x^3 = 0;7,30$ のような純 3 次式は，直接，立方表や立方根表を参照して解かれた．ここでは表から $x = 0;30$ を読み取っている．表に載っていない数値については，表の範囲内で線型補間法を行って近似値を求めた．標準形 $x^3 + x^2 = a$ のような混合 3 次方程式も同様に，1 から 30 までの整数 n に対する $n^3 + n^2$ の表などを利用して解いた．それらの数表の助けを借りて，たとえば $x^3 + x^2 = 4,12$ の解は 6 に等しいと簡単に読み取ったのである．$144x^3 + 12x^2 = 21$ のような 3 次方程式のさらに一般的な場合には，バビロニア人は置換法を使った．すなわち，両辺に 12 を掛けて $y = 12x$ を使えば，上式は $y^3 + y^2 = 4,12$ となり，これから y は 6 に等しいことがわかり，よって x はちょうど $\frac{1}{2}$ つまり $0;30$ となるのである．このように，$ax^3 + bx^2 = c$ の形の 3 次方程式は，全体に $\frac{a^2}{b^3}$ を掛けるとバビロニアの標準形つまり未知数 $\frac{ax}{b}$ に関

する3次方程式の標準形 $(\frac{ax}{b})^3 + (\frac{ax}{b})^2 = \frac{ca^2}{b^3}$ に変形できる．この未知数の値を表から読めば x の値が決まる．バビロニア人が4項からなる一般3次方程式 $ax^3 + bx^2 + cx = d$ を標準形に変形できたかどうかはわかっていない．しかしそれほど不可能なことではなかったようである．事実として，その式に対応するある2次方程式の解がわかれば，4項からなる方程式は3項の式 $px^3 + qx^2 = r$ に変形でき，それから上述のように標準形が簡単に得られることがある．しかしメソポタミアの数学者がそのような一般3次方程式の変形を実際に行ったという証拠は，今のところ得られていない．

現代の記号体系を使えば，$(ax)^3 + (ax)^2 = b$ は本質的には $y^3 + y^2 = b$ と同じ形の方程式であることを見抜くのは容易なことである．しかし現在のような記数法も使わずにこの事実に気づいたということは，メソポタミア文明が誇り，現在の算術も負っている位取りの原理と比べてさえ，数学の発展にとってはるかに重要な業績である．バビロニア代数は，以上のように驚くべき高度な抽象化の水準に到達していたことから，方程式 $ax^4 + bx^2 = c$ や $ax^8 + bx^4 = c$ も，姿を変えた2次方程式——つまり x^2 と x^4 に関する2次方程式——にほかならないとみなせるほどであった．

3.9　測定値—ピュタゴラスの三つ組数

バビロニア人の代数学上の業績は賞賛すべきものだが，その背後の動機を理解することは容易ではない．ギリシャ以前のほとんどすべての科学や数学が実利的なものだったとよくいわれるが，古代バビロニアでの実生活上のどのような情況が，ある数とその逆数の和や面積と長さの差などの問題へと導きえたのであろうか．そしてたとえ実利が動機だったにしても，現代ほど即時性が強調されることはなかった．というのは，バビロニア数学における目的と実践の直接的なつながりはまったく見えていないからである．コロンビア大学のプリンプトン・コレクションにある書板（No.322）を見ると，数学のための数学が，奨励されてはいなかったとしても容認はされていたらしいことがわかる．この書板は古バビロニア時代（紀元前1900–1600年頃）のもので，記されている表は一見商取引勘定の記録と受け取れるものであった．しかし分析してみると，それは数論において深い数学的重要性を持ち，さらには一種の原始三角法に関係があるかもしれないことがわかる．プリンプトン322は左端がくだけていることから，もっと大きな書板の一部であることがわかるが，この残っている部

分には数が縦に4列，横に15行並んでいる．いちばん右側の列は1から15までの数字で，その目的は明らかに，下表のように並べてあるほかの3列の各項目に順番をつけることだけであった．

1, 59, 0, 15	1, 59	2, 49	1
1, 56, 56, 58, 14, 50, 6, 15	56, 7	1, 20, 25	2
1, 55, 7, 41, 15, 33, 45	1, 16, 41	1, 50, 49	3
1, 53, 10, 29, 32, 52, 16	3, 31, 49	5, 9, 1	4
1, 48, 54, 1, 40	1, 5	1, 37	5
1, 47, 6, 41, 40	5, 19	8, 1	6
1, 43, 11, 56, 28, 26, 40	38, 11	59, 1	7
1, 41, 33, 59, 3, 45	13, 19	20, 49	8
1, 38, 33, 36, 36	8, 1	12, 49	9
1, 35, 10, 2, 28, 27, 24, 26, 40	1, 22, 41	2, 16, 1	10
1, 33, 45	45, 0	1, 15, 0	11
1, 29, 21, 54, 2, 15	27, 59	48, 49	12
1, 27, 0, 3, 45	2, 41	4, 49	13
1, 25, 48, 51, 35, 6, 40	29, 31	53, 49	14
1, 23, 13, 46, 40	56	1, 46	15

§9
測定値—ピュタゴラスの三つ組数

書板は，すべての数が読み取れるほど十分よい状態にはないが，表を構成している様式ははっきりと識別できるので，小さな割れ目で欠けているいくつかの項目も内容から確定できる．表の内容がバビロニア人にとって何を意味していたのかを理解するために，直角三角形 ABC（図3.1）を考えてみよう．左から2番目と3番目の列を直角三角形の辺 a, c の数値と考えると，最初の列すなわちいちばん左の列は，どの項も比 c 対 b の2乗になっている．したがってこの列は $\sec^2 A$ の略表になるが，だからといってバビロニア人が現在の正割（セカ

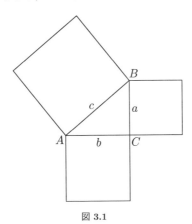

図 3.1

ント）の概念をよく知っていたと考えるべきではない．エジプト人もバビロニア人も，現在の意味での角の測り方を考え出したことはなかった．それにもかかわらずプリンプトン 322 では，一瞥しただけでもわかるように，各列の数字はでたらめに並んでいるのではない．第 1 列（左から）の初めのコンマをセミコロンに直すと，この列の数は明らかに上から下へと着実に減少している．さらに，最初の数は $\sec 245°$ の値にきわめて近く，列の最後の数はほぼ $\sec 231°$ で，中間の数は角度 A が $45°$ から $31°$ に減少するのに応じた $\sec^2 A$ の値に近い．この配列が偶然だけの産物ではないのは明らかである．さらに，配列だけが注意深く考えられたのではなく，三角形の寸法もある規則に従って引き出されていた．表をつくった人々は，明らかに二つの 60 進正則数から始めており，それらを p, q とすると，$p > q$ として $p^2 - q^2, 2pq, p^2 + q^2$ の三つ組数をつくったのである．このようにして得られた 3 整数は，そのなかの最大数の 2 乗がほかの 2 数の 2 乗の和に等しいという，いわゆるピュタゴラスの三つ組数になることが容易にわかる．したがってそれらの数は，直角三角形 ABC の各辺の寸法，すなわち $a = p^2 - q^2, b = 2pq, c = p^2 + q^2$ として使える．とくに p の値を 60 以下に，またそれに対応する q の値も $1 < p/q < 1 + \sqrt{2}$ にすれば——つまり $a < b$ の直角三角形にすれば——条件を満たす p と q にはちょうど 38 の組合せができることを，バビロニア人は発見したようである．そして，それらに対応するピュタゴラスの三つ組数を 38 組つくったものらしい．そのうちの初めの 15 個だけが比 $\frac{p^2+q^2}{2pq}$ の値の減少に応じて配列され，書板の表に記されているのだが，この書記は裏にも続けるつもりだったようである．また，プリンプトン 322 の左側の欠落部分には，さらに列が四つあり，そこには $p, q, 2pq$，そして現在 $\tan^2 A$ と呼ばれる数値が刻まれていたといわれている．

　書板プリンプトン 322 は数論の練習問題に見えるかもしれないが，それは直角三角形の各辺上にできた正方形の面積をはかる問題を補うものにすぎなかったようである．バビロニア人は不正則数の逆数を扱うのは苦手だったが，それは，それらの数が有限な 60 進小数にきちんと表せないからであった．それゆえ彼らは，直角二等辺三角形から比 $\frac{a}{b}$ の値の小さい三角形までのさまざまな形の直角三角形のなかで，とくに辺々を正則数とするような p と q の値に関心を持ったわけである．たとえば，第 1 行は $p = 12, q = 5$ から始まっており，対応する値は $a = 119, b = 120, c = 169$ である．これら a と c の値はそれぞれプリンプトン書板の第 1 行の左からちょうど 2 番目，3 番目に一致し，比 $\frac{c^2}{b^2} = 28561/14400$ は $1;59,0,15$ で，この行のいちばん初めに記されている．

§9 測定値—ピュタゴラスの三つ組数

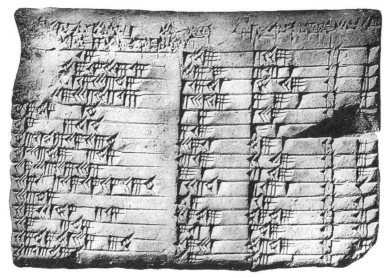

プリンプトン 322

同じ関係がほかの 14 行にも見られる．バビロニア人は非常に正確な計算を行っており，10 行目の $\frac{c^2}{b^2}$ は 60 進小数の小数点以下 8 桁まで算出している．これは，現在の 10 進法では小数約 14 位に相当する．

バビロニア数学があまりにも逆数表にこだわっていることから，プリンプトン 322 の各項目がすべて逆数に関係していても，驚くにはあたらない．実際，上の 3 数において $a = 1$ なら $1 = (c+b)(c-b)$ であり，したがって $c+b$ と $c-b$ は互いに逆数となる．また n が 60 進正則数のとき，$c+b = n$ から始めれば $c - b = \frac{1}{n}$ となり，これから $a = 1, b = \frac{1}{2}(n - \frac{1}{n}), c = \frac{1}{2}(n + \frac{1}{n})$ は分数のピュタゴラスの三つ組数となる．これらに $2n$ を掛ければ，容易に整数のピュタゴラスの三つ組数に変えることができる．この方法によって，プリンプトン書板の三つ組数はすべて簡単に算出されるのである．

バビロニア代数についてこれまで述べてきたことは彼らの業績を代表するものではあるが，すべてを尽くしているわけではない．バビロニアの書板には，プリンプトン 322 にあるほどめざましくはないが，ほかにも数多くのことがらが記されていた．それらの多くについても，いまだに多様な解釈ができる．たとえば，ある書板では等比数列の和 $1 + 2 + 2^2 + \cdots + 2^9$ が計算され，また別の書板では平方数列の和 $1^2 + 2^2 + 3^2 + \cdots + 10^2$ が求められている．バビロニア人は，等比数列の和や完全平方数の初めの n 項の和の一般公式を知っていた

のであろうか．彼らが知っていたことは十分ありうることで，また完全立方数の初めの n 項の和は初めの整数 n 個の和の平方に等しいことも知っていたと推測されている．にもかかわらず，特別な場合のみを扱って公式の一般化をまったく試みない点で，メソポタミアの書板はエジプトのパピルスによく似ていた．このことは，心にとめておかなければならない．

3.10 多角形の面積

以前は，バビロニア人はエジプト人に代数では優っていたが幾何学の貢献では劣っていたと考えられていた．この評価の前半は，前記のことからはっきりと実証されている．しかし後半の証明を試みようとしても，それはだいたい円の計測か角錐台の体積に限られてしまう．メソポタミアの流域では，円の面積は一般に半径の 2 乗の 3 倍として求められていたが，これはエジプトの数値よりもかなり精度が落ちる．しかしながら，π の正確な値に何桁まで合っているかということが，一つの文明の幾何学的水準をはかる適当な尺度たりうるとはまず考えられない．また，20 世紀になされた発見によって，この根拠の弱い議論さえも，事実上無効になってしまった．

1936 年にバビロンから 320 km 離れたスーサで一連の数表が発掘され，それらには幾何学上の重大な成果が収められていた．そのうちのある書板では，メソポタミアの人々の表やリストへの好みを忠実に反映して，3，4，5，6，7 辺の各正多角形について，それぞれ面積と 1 辺の 2 乗を比較している．たとえば，五角形の面積とその 1 辺の 2 乗との比は 1; 40 となっており，これは有効数字 2 桁まで合っている．六角形と七角形では，この比はそれぞれ 2; 37, 30 と 3; 41 である．同じ書板でこの書記は，正六角形の周囲とその外接円の円周との比として，0; 57, 36 を示している．このことから，バビロニアの書記は π の近似値として 3; 7, 30 つまり $\frac{25}{8}$ を採用していたと容易に結論できる．これは少なくとも，エジプトで採用されていた数値と同程度によい値である．さらに，この数値は，エジプトの場合よりもっと高度な文脈のなかにあって決められた．というのは，スーサの書板は各幾何学図形を系統立てて比較研究した格好の例になっているからである．ここに，幾何学の真の起源を見た思いにかられそうになるが，しかしバビロニア人の興味を引いたのは，幾何学的内容よりはむしろ測定に使う近似値であったことを心にとめておかなければならない．彼らにとっての幾何学は，現在の意味での数学の一分野ではなく，図形と結びついた数を扱

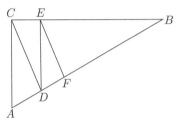

図 3.2

う一種の応用代数もしくは算術であった.

　バビロニア人が相似図形の概念をよく知っていたことは十分考えられるのだが，これについてはちょっとした意見の相違がある．ただ，円がすべて相似であることはエジプトと同様メソポタミアでも当然と受け取られていたようで，くさび形文字書板中の数多くの三角形の測定問題も，一種の相似概念を暗示しているように思われる．バグダード博物館のある書板には，3辺がそれぞれ $a = 60, b = 45, c = 75$ の直角三角形 ABC（図3.2）が描かれ，それはさらに 4 個の小さな直角三角形 ADC, CDE, DEF, EFB に分けられている．それら 4 個の三角形の面積は，それぞれ $8, 6$ と $5, 11; 2, 24$ と $3, 19; 3, 56, 9, 36$ および $5, 53; 53, 39, 50, 24$ と記されている．それらの値からこの書記は AD の長さを 27 と計算したが，ここでは明らかに，相似図形間の面積比は対応する辺の 2 乗の比に等しいという，我々になじみの定理と同等な一種の「相似公式」を使っている．CD と BD の長さはそれぞれ 36 と 48 と算出され，また三角形 BCD と DCE に「相似公式」を適用することによって，CE の長さは $21; 36$ とされている．しかしこの書板は DE の計算の途中でかけ，以降を失っている．

3.11　応用算術としての幾何学

　測定はメソポタミア流域における代数的幾何学の主眼だったが，そのおもな欠点は，エジプト幾何学同様，正確な測定値と近似の測定値の間の区別が明確でなかったことであった．四角形の面積は 2 組の対辺それぞれの算術平均の積として求められたが，その際，それらはたいていおおざっぱな近似値にすぎないという注釈がなされてはいなかった．また，円錐台や角錐台の体積も，ときどき下底と上底の算術平均に高さを掛けて求めていた．ただ，上底が a^2，下底が b^2 の四角錐台については，ときに公式

$$V = \left(\frac{a+b}{2}\right)^2 h$$

を使った．しかしこの角錐台には，バビロニア人はさらに次の公式と同等な方法も用いていた．

$$V = h\left[\left(\frac{a+b}{2}\right)^2 + \frac{1}{3}\left(\frac{a-b}{2}\right)^2\right]$$

この式は正しく，しかもエジプト人の知っていた公式に帰着できるものである．

　エジプトとバビロニアの成果は，それぞれ別個に発見されたものなのかどうかはわかっていないが，いずれにしても，後者のほうが幾何学と代数学の両方で広範囲に手を広げていたことは確かである．たとえば，ピュタゴラスの定理は残存するエジプト文書にはいかなる形でも記されていないが，メソポタミアでは，古バビロニア期の書板でさえ，この定理が広く使われていたことを示している．また，イェール・コレクションのくさび形文字書板には正方形とその対角線を示した図があり，その 1 辺には 30，対角線には 42; 25, 35 と 1; 24, 51, 10 の数値が書きそえてあった．最後の数値は明らかに対角線と辺の長さとの比で，しかも $\sqrt{2}$ の値におよそ 100 万分の 1 まで一致するほど正確に表されている．このような正確な結果が出せたのは，ピュタゴラスの定理を知っていたからである．それほど厳密さを要さない計算の場合には，バビロニア人はこの比のおおざっぱでてっとり早い近似値として 1; 25 を使った．しかし，数値の正確さよりも重要なことは，いかなる正方形の対角線も 1 辺に $\sqrt{2}$ を掛ければ求まるという事実を暗示している点である．このように，上の結果はもっぱら特別な場合についてのみ示されているにもかかわらず，彼らは一般法則をいくらかは認識していたように思われる．

　バビロニア人のピュタゴラスの定理についての認識は，決して直角二等辺三角形の場合のみに限られていたわけではなかった．たとえば，ある古バビロニアの問題集には，0; 30 の長さのはしごもしくは梁が壁に立てかけてある図があり，上端が 0; 6 下がれば下端は壁からどれくらい遠ざかるかを求めている．答は，ピュタゴラスの定理を使って正しく出されている．1,500 年ほどのちにも似たような問題が，あるものは新しくひとひねりされながらも依然としてメソポタミアの流域で解かれていた．たとえば，セレウコス期書板には次の問題が載っていた．1 本のおさ（筬）が壁に立てかけてある．先端が壁に沿って 3 ずり下がったとき，下端が壁から 9 遠ざかったならば，おさ（筬）の長さはどれだけか．答は正しく 15 と示されている．

38

古代のくさび形文字問題集に載っている豊富な問題は，いわば幾何学の練習問題といえるものであるが，バビロニア人はそれらを応用算術とみなしていたようである．典型的な遺産相続の問題では，直角三角形の土地を 6 人の兄弟で分ける分割方法を求めている．土地の面積は 11, 22, 30 と与えられ，1 辺は 6, 30 で，各分割線は等間隔でかつ三角形のもう 1 辺に平行でなければならないとされている．問は，その場合の分け前どうしの差を算出するよう求めている．別の問題集では，等脚台形の底が 50 と 40 で，脚の長さが 30 のときの，高さと面積を求めている（van der Waerden 1963, pp.76-77）.

　古代のバビロニア人は，そのほかの重要な幾何学的関係にも気づいていた．エジプト人と同様，彼らも二等辺三角形の高さ（垂線）は底辺を 2 等分することを知っていたのである．この点から，既知の半径の円における弦の長さが与えられれば，辺心距離（円の中心から弦までの距離）を求めることができた．また，エジプト人と違って彼らは半円に内接する角は直角であるという事実をよく知っていた．これは，一般的にはタレスの定理と呼ばれている．タレスとは，バビロニア人がこの命題を使い始めてから 1,000 年以上も経ったのちの人物であるにもかかわらずである．有名な幾何の定理に対するこのような誤称は，ギリシャ以前の数学が後世の文化に与えた影響を評価することの難しさを象徴している．ところで，くさび形文字書板は，ほかの文明の文書とは比べものにならない耐久性を持っていた．パピルスや羊皮紙は時間経過による破損に耐えて生き残ることは容易でなかったのである．さらに，くさび形文字書板はキリスト紀元の始まりまで記録され続けた．しかしそれらは近隣の文明，とくにギリシャの人々には読まれたのであろうか．すでに数学の発達の中心は紀元前 6 世紀にはメソポタミアの流域からギリシャ世界へと移りつつあったが，ヘレニズム時代以前の数学文書は事実上まったく残っていないために，古代ギリシャ時代初期の数学を再現することは危険なことである．それゆえ，ギリシャ以前の文化の遺産と，それ以後の人々の活動と姿勢の間のはっきりした類似性について少なくとも妥当と思われる推測を行うためには，エジプトとバビロニア両数学の持つ一般的性格を心にとめておくことが大切である．

　法則についても，正確な値と概算の値のはっきりした区別についても，明確な記述はない．数表に 60 進不正則数を含む場合が記載されていないことは，そのような区別について何らかの認識があったことを示しているようにも思える．しかしエジプト人もバビロニア人も，四角形（または円）の面積はどういうときに正確に求められ，どういうときにおおざっぱにしか求められないのかという

疑問は抱かなかったようである．問題が解けるか解けないかについても考えをめぐらすことはなかったようで，また証明の本質について突っ込んで研究することもなかった．ところで「証明」という言葉の意味する内容は，文化水準や時代が異なればさまざまに変わる．それゆえ，ギリシャ以前の人々が証明という概念を何も持たず，証明の必要性をも感じていなかったと断言するのは危険である．彼らは，ある種の面積と体積の求め方がもっと単純な図形の面積や体積の求め方に帰着できることに気づくこともあったらしい．さらに，ギリシャ以前の書記は，割り算を掛け算に直して検算，つまり「証明」することもまれではなかった．すなわち彼らは，ときおり置換を行って問題の手順を確かめ，答の正しさを証明したのである．にもかかわらず，ギリシャ以前の文書には，証明の必要性を痛感していたことや，論理的原則についての問題に関心があったことを示す明白な記述はない．メソポタミアの問題では，「長さ」や「幅」という単語はたぶん，現在の文字 x や y とほとんど同じように解釈されるべきなのであろう．それは，くさび形文字書板の著者たちが，個別の事例から一般的抽象化へ進んだとしてももっともなことだからである．さもなければ，面積に長さを加えることについて，ほかにどんな説明ができるだろうか．エジプトでの量を表す言葉の使用も，こんにち我々が読み取る抽象的な解釈に矛盾するものではない．さらに，エジプトとバビロニアには楽しみとしての数学の特徴を持つ問題があった．問題が猫の数と穀物の量との和，または長さと面積との和を求めているとすれば，出題者の思慮がやや浅かったか，そうでなければ抽象的な考え方への志向があったことを否定できない．もちろん，ヘレニズム以前の数学の多くは実用的であったが，そればかりでもなかったのは確かである．2,000年間続いた計算の実践において，書記の学校は多くの練習問題を使ったが，しばしば，そしておそらくは単に健全な娯楽だったのかもしれない．

4 ギリシャの伝統
Hellenic Traditions

§1 時代と源

> タレスにとっては……問題は，何を我々が知っているかではなくて，いかにして知るかということであった．　　　—アリストテレス

4.1 時代と源

　エジプトとメソポタミアでの河川文明は，紀元のかなり前から知的活力を失っていた．しかし，流域での学問が衰え，武器の面でも青銅が退いて鉄にかわりつつあるときに，活気あふれる新しい文化が地中海沿岸一帯に起こっていた．これらの文明中心地に起こったこうした変化を表すために，おおむね紀元前800年から紀元800年までの期間を，サラミス時代（つまり「海」の時代）と呼ぶことがある．もちろん，ナイル川やチグリス・ユーフラテス川流域から地中海沿岸へと知的指導権が移るのにはっきりとした境目があったわけではない．エジプトやバビロニアの学者たちは，紀元前800年以降何世紀にもわたって，パピルスの上にやくさび形文字の書板を書き続けていた．しかし一方では，新しい文明が学問上の覇権を奪うべく急速な進歩を遂げつつあった．それは地中海沿岸にとどまらず，最終的にはおもだった河川流域をも支配下においていったのである．そして，この新たに出現した輝かしい文化の源を示すために，サラミス時代の初期をギリシャ時代と名づけたので，それ以前の文化は前ギリシャ時代と呼ばれるようになった．現在もなおギリシャ人は自分たちのことをヘレネスと呼んでいる*1)．ギリシャの歴史は紀元前2000年紀にまでたどることができる．侵入者が北方から次々に攻め込んできた時期である．その侵入者たちは，数学的または文学的伝統を何ら携えてこなかった．しかし学ぶことには熱心だったようで，吸収したことを改善するのにそう長い時間はかからなかった．計算の基礎は通商路に沿ってもたらされたと思われる．ギリシャ初期のアルファベットも同じことで，フェニキア人のアルファベットを受け継いだものの，それらには子音しかなかったので，それを拡張した．もとのアルファベットは，くさび形文字やヒエラティックの字数を思いきって整理することから生まれた

訳注

*1) ここでは Hellenic era を「ギリシャ時代」と訳しておく．

ものであり，発生の地はバビロニアとエジプト両世界の間，たぶんシナイ半島のあたりと思われる．そしてそのアルファベットは交易商人たちによって，ギリシャ，ローマ，カルタゴが築いた新しい植民地へともたらされた．まもなく，ギリシャの交易商人，実業家，学者たちが，エジプトやバビロニアの学問の中心地へと赴くようになった．そこでギリシャ以前の数学に触れたのだが，彼らは昔から築かれた伝統をただ受け継ぐだけでは満足しなかった．それまでの数学を消化吸収し完全に自分たちのものにしてしまい，したがって，まもなく数学は以前とはまったく別個の形態をとるようになったのである．

第 1 回オリンピック大会は紀元前 776 年に開かれたが，その頃にはすでに素晴らしいギリシャ文化が花開いていた．ただ当時のギリシャ数学については，何もわかっていない．数学はたぶん，文学の進歩に遅れをとったのであろう．文学は口伝えでも容易に継承できるからである．ギリシャ数学について間接的にせよ少しでも言及されるようになるまでには，さらに 2 世紀を待たなければならなかった．そうして紀元前 6 世紀になって，いくつかの確かな数学的発見をしたといわれる 2 人の人物，タレスとピュタゴラスが現れた．2 人は歴史的に見てはっきりしないところのある人物である．どちらの人物の数学的傑作も現存していないし，そもそもタレスかピュタゴラスがその種の著作を書いたことすら確定していない．それにもかかわらず，ギリシャ最初期の数学史に関する記録は，もはや残っていないものの，数学のきわめて明確な発見のいくつかがタレスとピュタゴラスによるものだと述べている．この章ではそれらの貢献を概説するが，そのもとになっているのは現存している歴史文書ではなく，連綿として続いてきた言い伝えであることを理解しておいてほしい．

このような情況はある程度，紀元前 5 世紀全体を通じて，数学の論文やその他の著作において支配的であった．実際，数学や科学の文書で現在まで残っているものは，紀元前 4 世紀のプラトンの時代になるまで何もないのである．それでも紀元前 5 世紀後半には，幾何学における後世の発展の基礎となった問題に強い関心を抱いたひとにぎりの数学者たちについて，間断なくいろいろな報告が出されるようになっていた．したがって，この時期を「数学における英雄の時代」と呼ぶことにする．それというのも，この時期のあとにも先にも，人類がわずかな手がかりだけでかくも基本的に重要な数学の問題に取り組んだ時代はなかったからである．もはや数学的活動は，ギリシャ世界のほぼ両端の二つ

の地域*2) のみに限定されることはなく，地中海全域へと広がっていった．現在の南イタリアには，タラスのアルキュタス（前 428 年頃生誕）やメタポンティオンのヒッパソス（前 400 年頃活躍）がいたし，トラキアのアブデラにはデモクリトス（前 460 年頃生誕）がいた．また，ギリシャ世界の中心に近いアッティカ半島にはエリスのヒッピアス（前 460 年頃生誕）がいた．近くのアテネには，紀元前 5 世紀後半という枢要な時期に，それぞれ時をたがえて他の地域から来た 3 人の学者が住んでいた．キオスのヒポクラテス（前 430 年頃活躍），クラゾメナイのアナクサゴラス（前 428 年没），エレアのゼノン（前 450 年頃活躍）である．以上 7 人の業績を通じて，紀元前 400 年より少し前に起こった数学における根本的な変化を述べてみよう．ここでも，ヘロドトスやツキディデスが書いた歴史や，アイスキュロス，エウリピデス，そしてアリストファネスの戯曲はどうにか残っているが，当時の数学者の著作はほとんど 1 行すらも残っていないことを思い出しておかなければならない．

同様に紀元前 4 世紀の数学についての直接的な資料が手に入ることもないが，それでも，当時の数学に明るかった哲学者たちの著作によって，この不十分さはおおいに埋めあわされている．プラトンの著作のほとんどとアリストテレスの著作のほぼ半分は現存している*3)．紀元前 4 世紀に生きたこれら 2 人の知的指導者の著作を足がかりとして，当時のできごとについては「英雄の時代」よりもはるかに信頼に足る記述ができる．

4.2 タレスとピュタゴラス

ギリシャ数学の起源についての記述は，いわゆるイオニア学派とピュタゴラス学派，およびそれぞれの代表者タレスとピュタゴラスを中心としている．もっとも，今述べたように，彼らの思考なるものはのちの数世紀に書かれた断片的な報告や言い伝えに基づいて再構築されたものである．ギリシャ世界の中心は何世紀にもわたってエーゲ海とイオニア海にはさまれた地域にあったが，ギリシャ文明はとうていそこだけにとどまるものではなかった．紀元前 600 年頃には，ギリシャの植民地は黒海沿岸や地中海沿岸のほとんどに散らばっていた．数学内部での新しいうねりは，このような周辺地域に見られたのである．その

訳注

*2) 南イタリアと小アジア地域を指す．

*3) もちろんプラトンやアリストテレス自筆のテクストではなく，それらの写本が現存しているのである．

点に関して，沿岸の植民地，とくにイオニアの住民たちには二つの利点があった．それは，彼らには開拓者特有の大胆で想像力豊かな精神が備わっていたことと，知識の源である二つの重要な河川流域に非常に近かったということである．ミレトスのタレス（紀元前624頃–548）とサモスのピュタゴラス（紀元前580頃–500年）にはさらに有利なことがあった．彼らは古代の学問の中心地へ旅行できる立場にあったので，天文学や数学についての情報が直接手に入ったのである．エジプトでは，彼らは幾何学を学んだらしい．バビロンでは，カルデア人の啓蒙君主ネブカドネザルのもとで，タレスは天文表や天文器具に接したことであろう．タレスは紀元前585年に，その年の日蝕を予言して人々を驚かせたといわれているが，この言い伝えが歴史的に確かかどうかはおおいに疑問である．

　タレスの生涯や仕事について実際に知られていることは，ほんとうにわずかである．古代からの世評では一致して，タレスをなみはずれた賢者で最初の哲学者，および「7賢人」の最初とみなしている．彼は「エジプト人とカルデア人の生徒」とみなされていたが，もっともなことであろう．現在，タレスの定理といわれる命題――半円に内接する角は直角である――は，タレスがバビロンに旅行したときに学んだと考えられる．しかし言い伝えではさらに進んで，この定理の証明のようなものまで彼によるものとしている．そのため，タレスは最初の真の数学者，すなわち幾何学の演繹体系の創始者とよくいわれる．この世評――もしくは伝説――に尾ひれをつけて，次の4定理もタレスが証明したといわれている．

1. 円は直径により2等分される．
2. 二等辺三角形の両底角は等しい．
3. 2直線が交わるとき，その対頂角は等しい．
4. 二つの三角形の2角と1辺とがそれぞれ等しければ，それらの三角形は合同である．

　この業績を証明する古代の文書は何もないにもかかわらず，言い伝えはあくまでそう主張している．この点について最も信頼できそうなものは，タレスの時代から1,000年後に，ロードスのエウデモス（紀元前320年頃活躍）というアリストテレスの弟子が書いた幾何学史である．これは紛失してしまったのだが，その前に誰かがその一部を要約していた．その要約の原本もまた紛失しているが，5世紀になって，その要約の内容が新プラトン学派の哲学者プロク

ロス（410–485 年）によって，彼の著書『エウクレイデス「原論」第 I 巻の注釈』の初めのほうに組み入れられた.

タレスを最初の数学者と呼ぶようになったのは，プロクロスの意見によるところが大きい. 彼は，『注釈』のあとのほうで再びエウデモスを根拠として，先に述べた 4 定理をタレスによるものと述べている. 古代の史料にはタレスについての記述があちこちに見られるが，そのほとんどが彼のもっと実際的な活躍について書いたものである. タレスが論証幾何学を創始したのだという大胆な推測は確立されていない. しかし，ともかくタレスは，歴史上初めて数学上の特定の発見が 1 個人に帰せられた人物である.

幾何学に論理構造の要素を加えたのがギリシャ人だということは，現在ほとんど一般に認められているが，その重大な段階を踏んだのがタレスだったのか，それとも後年の，おそらく 2 世紀もあとのほかの人物だったのかは，いまだに大きな疑問である. この点については，ギリシャ数学の発展に関する新たな証拠が出るまで最終判断を保留しなければならない[4].

ピュタゴラスも，タレスに劣らず真偽の疑わしい人物である[5]. それは，彼がタレスよりもさらに徹底して伝説や神聖視のうずに巻き込まれてきたからである. タレスは実務の人だったが，ピュタゴラスは予言者で神秘論者であった. 生まれは，タレスの生地ミレトスから遠くないドデカネス諸島の一つ，サモス島であった. ピュタゴラスはタレスのもとで学んだとする説もあるが，それは 2 人の年齢が半世紀も違うことから考えられない. 2 人の興味が似かよっていたことは，ピュタゴラスもエジプトとバビロニア，さらにたぶんインドにまで旅したことで容易に説明できる. 遍歴の間に，明らかに彼は数学や天文学の知識を吸収しただけでなく，多分に宗教的な伝承をも習得した. ついでながら，ピュタゴラスは仏陀や孔子，老子とほぼ同時代の人間である. この世紀は数学だけでなく宗教の発展においても重大な時期だった. さて，ギリシャ世界に戻ったピュタゴラスは，当時マグナ・グラエキアと呼ばれた現在のイタリア東南岸地方の都市クロトンに落ち着いた. そこでピュタゴラスは秘密結社を組織したが，その数学的・哲学的基盤を除けば，それはオルフェウス宗派に似ていた.

ピュタゴラスの人物像がいまだに非常にあいまいなのは，当時の文書が紛失

訳注

[4] 論証構造の記述は，今日ではキオスのヒポクラテス（前 430 年頃活躍）まで遡ることができるとされている.

[5] ピュタゴラスとその学派についての最近の研究は次を参照. B. チェントローネ『ピュタゴラス派：その生と哲学』，岩波書店，2000.

していることにもよる．ピュタゴラスの伝記は，アリストテレスによるものを含めて古代にいくつか書かれているが，それらは残っていない．ピュタゴラスという人物を明確に見極めるのをさらに難しくしているのが，彼が定めた規律が仲間うちだけの秘密だったからである．知識や財産が共有だったので，新しい発見も学派のうちの特定の構成員のものとされることはなかった．したがって，ピュタゴラスの業績というよりも，ピュタゴラス学派の貢献というのが最善である．もっとも古代では，名誉はすべて師に与えられるのがならわしであった．

ピュタゴラス学派の規律のなかでおそらく最も顕著な特徴は，哲学や数学の探求が処世術の道徳的基盤であるという確信を持ち続けていたことであろう．「哲学〔フィロソフィア〕」（つまり「智への愛」）や「数学〔マテーマタ〕」（「学ばれるべきもの」）という言葉そのものも，ピュタゴラスが自身の知的活動を表現するためにつくったと考えられている．

ピュタゴラス学派が数学の歴史のなかで重要な役割を演じたことは明らかである．エジプトとメソポタミアでは，算術や幾何学は，主として数値的手順を特定の問題に応用する練習問題から成り立っていた．特定の問題とは，ビールやピラミッドの問題や土地の相続などであった．そのため，諸原理についての哲学的論議のようなものは，まったく見られない．一般には，タレスが初めてそのような方向づけを行ったと思われているが，実際の言い伝え上は，数学に新たな重点をおいたのはおもにピュタゴラス学派であるとする，エウデモスとプロクロスの見解のほうが支持されている．彼らにとっては，数学は日常の急務よりも「智への愛」により密接な関わりを持つものであった．ピュタゴラスは歴史上最も影響力のあった人物のひとりである，という主張を否定するのは難しい．それは，ピュタゴラスの弟子たちが，彼に惑わされたのか鼓舞されたのか，いずれにせよ自分たちの信念をギリシャ世界にあまねく広めたからである．哲学や数学の調和や神秘性は，ピュタゴラス学派の儀式では必須の部分であった．そして，これ以前にもこれ以後にも，数学が生活や宗教においてピュタゴラス学派のなかでほど大きな役割を演じた時代はなかった．

ピュタゴラス学派の座右の銘は，「万物は数である」といわれている．バビロニア人が身のまわりのものごと，すなわち天体の運行から奴隷の値段にまで数のものさしを当てていたことを思うと，ピュタゴラス学派の座右の銘にメソポタミアとの強い親近性を見ることができる．いまだにピュタゴラスの名がついている定理さえ，バビロニア人のものである可能性が高いのである．それをピュタゴラスの定理と呼ぶのを正当化する理由は，ピュタゴラス学派が初めて証明

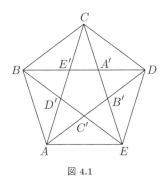

図 4.1

したからだといわれている．しかしこの推測を立証する手だてはない．ピュタゴラス学派の最初の頃の構成員たちは，バビロニア人が知っていた幾何学的性質に精通していたと見てもよいであろう．しかし，エウデモス–プロクロスの摘要が「宇宙図形」（すなわち正多面体）の作図をピュタゴラス学派によるものとしているという話になると，疑問が残る．立方体，八面体，十二面体は黄鉄鉱（二硫化鉄）などの結晶に見られたかもしれないが，エウクレイデスの『原論』第 XIII 巻の注釈によると，ピュタゴラス学派は正多面体のうちの 3 種だけ，つまり四面体，立方体，十二面体しか知らなかった．とくにこの最後の十二面体をよく知っていたことは，パドヴァの近くで紀元前 500 年よりも古いエトルリアの十二面体の石が発見されていることから，ほんとうだったらしい．したがって，たとえピュタゴラス学派が八面体や二十面体を知らなかったにしても，正五角形の性質をいくつか知っていたことは考えられないことではない．事実，五角星（正十二面体の五角形をした面に対角線を 5 本引いてできる図形）は，ピュタゴラス学派のシンボルだったといわれている．この五角星はバビロニア美術には古くから現れており，ここにもまた前ギリシャ時代の数学とピュタゴラス学派の数学とのつながりが見られるのである．

　ピュタゴラス学派の幾何学において興味をそそる問題の一つは，ペンタグラムつまり五角星の作図である．正五角形 $ABCDE$（図 4.1）において対角線を 5 本引けば，それらの対角線は $A'B'C'D'E'$ で交わりもう一つの正五角形をつくる．ここで，たとえば三角形 BCD' が二等辺三角形 BCE に相似であること，また図のなかに合同な三角形の組がたくさんあることに気がつけば，対角点 $A'B'C'D'E'$ は各対角線を実にうまく分けていることがすぐわかる．つまり，それぞれの対角点は 1 本の対角線を互いに等しくない 2 本の線分に分けており，対角線の全長対長いほうの線分の比が，長いほうの線分対短いほうの線

47

図 4.2

分の比となっている．この対角線の分け方がかの有名な線分の「黄金分割」なのだが，この呼び名は 2,000 年後——ちょうどヨハネス・ケプラーが次のような叙情的文章を書いた頃——まで使われることはなかった．

> 幾何学には二つの宝がある．一つはピュタゴラスの定理で，もう一つは線分の外中比である．前者を金にたとえるとすれば，後者は高価な宝石と名づけてもよかろう．

古代ギリシャ人はこの分割にすぐなじめたので，とくに説明的な呼び名の必要を感じなかった．そのため，「線分を外中比に分ける」方法という長い名前も，一般には簡単に「分割」で済まされた．

「分割」の重要な性質の一つは，いわば自己伝播することである．点 P_1 が線分 RS（図 4.2）を外中比に分けており，RP_1 のほうが長い場合に，その長いほうの線分に点 P_2 を $RP_2 = P_1S$ になるようにとると，線分 RP_1 はさらに点 P_2 で外中比に分けられる．また続けて，RP_2 上に $RP_3 = P_2P_1$ になるように点 P_3 をとると，線分 RP_2 は点 P_3 でまた外中比に分けられる．この手続きはいくらでも繰り返すことができ，その結果，点 P_{n+1} によって外中比に分けられるいくらでも短い線分 RP_n が得られる．初期のピュタゴラス学派が，この尽きることのない過程に気づいたか，あるいはさらにそれから重要な結論を導いたかどうかはわからない．もっと根本的な問題，すなわち紀元前 500 年頃のピュタゴラス学派が任意の線分を外中比に分けることができたのかどうかすら，確かではない．もっとも，彼らにはそれを行う能力があったこと，そしてそれを実際に行っていた可能性は高いようである．その際に必要な作図は，ある 2 次方程式の解法と同じである．そのことを示すために，まず図 4.2 で $RS = a, RP_1 = x$ とする．すると黄金分割の性質から，$a : x = x : (a - x)$ である．この式の中項と外項をそれぞれ掛け合わせると，式 $x^2 = a^2 - ax$ を得る．これは第 3 章で述べた 1 型の 2 次方程式に相当しており，ピュタゴラスはこれを代数的に解く方法をバビロニア人から学ぶこともできたはずである．しかしその場合，a が有理数のときにはこの式を満たす有理数 x は存在しない．ピュタゴラスはそのことに気がついたのであろうか？ それはありそうにない．ピュタゴラス学派

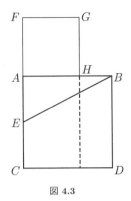

図 4.3

が採用したのはバビロニア式代数的解法ではなく,たぶんエウクレイデス『原論』II 巻命題 11 と VI 巻命題 30 のやり方に近い幾何学的解法だったのであろう.線分 AB を外中比に分けるために,エウクレイデスはまず線分 AB の上に正方形 $ABCD$ (図 4.3) を作図している.それから AC を点 E で 2 等分して線分 EB を引き,直線 CEA を F までのばして $EF = EB$ になるようにした.正方形 $AFGH$ が完成すれば,$AB : AH = AH : HB$ になることはすぐに示せるから,点 H が求める点となる.初期のピュタゴラス学派が,黄金分割の作図法を持っていたとすれば,それがどんなものであったのかを知ることにより,さらに立ち入ってソクラテス以前の数学の水準や特性を明らかにすることになるであろう.もしピュタゴラス学派の数学が,バビロニアの影響のもとに,すべては数であるという強い信念で始まったのであるならば,それが現存する古典的著作のなかに非常に大事に収められていた純粋幾何学へとどうして(またどの時点で)道を譲り,それを身近なものとして深く研究するようになったのであろうか.

4.2.1 数神秘主義

数神秘主義は,ピュタゴラス学派独自のものではなかった.たとえば 7 は,7 個のさまよえる星つまり惑星への特別な畏敬の念から選り抜かれたものと考えられ,これが 1 週間の由来となった(曜日の名も,ここからつけられている).奇数は男性的で偶数は女性的と考えたのは,ピュタゴラス学派だけではない.同様の説(女性に対する偏見がないとはいえない)が,時代がずっと下ったシェイクスピアの「奇数には神性がある」[*6] という言葉にも見られる.多くの初期

訳注
[*6] 『ウィンザーの陽気な女房たち』第 1 幕 1 場面.

文明はさまざまな数神秘主義を持っていたが，ピュタゴラス学派は自分たちの哲学や生活の基盤を数崇拝の上におき，それを極限まで押し進めた．彼らは，1という数は数の源であり理性の数だと主張した．数2は最初の偶数すなわち女性数で，憶見の数，3は最初の真の男性数で，単一性と多様性からなっているので調和の数であり，4は正義または応報の数で，清算を表す．また数5は結婚の数で，最初の真の男性数と女性数の結合，6は創造の数である．このように，それぞれの数は独自の属性を持っていた．なかでも最も神聖な数は10すなわち「テトラクテュス（1, 2, 3, 4の和）」であった．それは，10が考えうる幾何学的次元数すべての和を包含していることから，宇宙の数と考えられたからである．単一の1点は次元の始まりで，2点で次元1の直線を決定し，3点（1直線上にない）で次元2の面積を持つ三角形を決定し，4点（同一平面上にない）で次元3の体積を持つ四面体を決定する．それぞれの次元を表す数のすべてを足したもの（1 + 2 + 3 + 4）はすべての次元を表現し，あがめるべき数10となる．この数10への崇拝がこのように人間の手や足の解剖学的な面から生じたものでなかったことが，ピュタゴラス数学の抽象性のあかしとなっている．

4.2.2 算術と宇宙論

メソポタミアでは，幾何学は空間にあてはめた数にすぎなかった．ピュタゴラス学派でも初めはそうだったらしい――ただ修正が加えられていた．エジプトの数は自然数と単位分数までだったが，バビロニアでは，数は有理分数全体であった．ギリシャでは，「数」という単語は整数だけに対して使われ，分数は単一の実在とみなされることはなく，2個の整数の間の比または関係と見られていた（初期のギリシャ数学は，現在より1世代前のふつうの算術よりも，かえって現在の「現代」数学に近いことがよくあった）．エウクレイデスはのちに，「比とは，同種の2量の大きさについての関係である」（『原論』V巻定義3）と述べている．しかし，このような見方は数の組どうしの関係に注意を向けるもので，数概念の理論的あるいは合理的側面をはっきりさせるが，それと同時に測量における計算あるいは概算の道具としての数の役割を弱めるものでもある．算術は，いまや技術としてだけではなく知的学科としても考えられるようになったが，そのような見解への推移はピュタゴラス学派によってはぐくまれたようである．

言い伝えを信用するとすれば，ピュタゴラス学派は算術を哲学の一分野として確立しただけではなく，それを身のまわりのあらゆる世界を統一する基盤と

したようである．点，つまり広がりを持たない単位を並べた図形を通じて，彼らは数を幾何学的広がりに関連づけた．そして，それによってしだいに天体の算術へと導かれていったのである．ピロラオス（紀元前390年頃没）は，のちにピュタゴラス学派になって「テトラクテュス」すなわち数10の崇拝に加わったが，次のように書いている．「テトラクテュス」は「偉大で全能であり，すべての根源である．地球上の生活と同じく，神の世界でもそれは起源であり，道しるべである」．10を完全な数で健康と調和のシンボルとするこの見方は，地球中心ではない最初期の天体系に霊感を与えたようである．ピロラオスは，宇宙の中心には中心火があり，そのまわりを地球や7個の惑星（太陽や月も含む）が一様に回転していると仮定した．これによると天体の数が9にしかならないので（恒星を除く），ピロラオスの天体系では10番目の天体——地球および中心火と同一直線上にある「対地球」——を仮定していた．それが日ごとに移動しながら中心火のまわりを公転する周期は，地球と同じであった．太陽は中心火のまわりを年に1回転し，恒星は静止しているとされた．地球は回転中，中心火に対しては常に人の住んでいない面を向けていたので，地球からは中心火も対地球も決して見えなかった．かくしてピュタゴラス学派の採用した一様円運動の仮説は，以後2,000年以上もの間天文思想を支配することとなった．約2,000年後のコペルニクスは，この仮説を何の疑いもなしに受け入れ，さらに自らの地動説がそんなに新しくも革命的でもないことを示すために引き合いに出したのが，まさにこのピュタゴラス学派であった．

ピュタゴラス学派が彼らの思想に完璧なまでに数を織り込んだ様子は，図形数への関心によってよく説明される．いかなる三角形も3個より少ない点からはつくれないが，それより多い6, 10, 15個の点では可能である（図4.4参照）．数の列3, 6, 10, 15，さらに一般的に式

$$N = 1 + 2 + 3 + \cdots + n = \frac{n(n+1)}{2}$$

で与えられる数は，三角形数と呼ばれた．数10つまり神聖なテトラクテュスを表す三角図形は，ピュタゴラス学派の数論における崇拝を勝ちとろうと，五角形と張りあっていた．もちろん，ほかにも特権的な数の種類は無数にあった．連続する平方数は奇数列の和 $1 + 3 + 5 + 7 + \cdots + (2n - 1)$ からつくられるが，それぞれの奇数は，順にグノーモーン（日時計の針）の影に似た点図形とみなされ，先行する正方形の点図形の2辺上に配置された（図4.4参照）．ここから，これら奇数そのものにグノーモーン（「知る〔グノーリゾー〕」という言

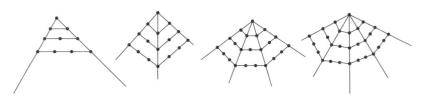

図 4.4

葉に関係がある）という語が結びつけられるようになった．

偶数列の和 $2 + 4 + 6 + \cdots + 2n = n(n+1)$ は，ギリシャ人のいう「長方形数」を形作るが，各長方形数はそれぞれ三角形数の 2 倍になっている．五角形状においた点は，数列の和

$$N = 1 + 4 + 7 + \cdots + (3n-2) = \frac{n(3n-1)}{2}$$

で与えられる五角形数で，六角形数は数列の和

$$1 + 5 + 9 + \cdots + (4n-3) = 2n^2 - n$$

から導かれた．同様にして，すべての多角形数に対して名前がつけられる．上の過程は，もちろん多面体数を扱う 3 次元空間にも容易に拡張できる．その見通しに勇気づけられて，ピロラオスは次のように主張したといわれている．

> 知ることのできるものはすべて数を持つ．なぜなら，数なくしては何ものも想像したり認識したりできないから．

ピロラオスのこの格言は，ピュタゴラス学派の教義の一つになっていたようであり，ここから，ピュタゴラスが簡単な音楽法則を発見したという話も出てきた．ピュタゴラスは，振動する弦の長さが単純な自然数の比として，たとえば 2 対 3（5 度）とか 3 対 4（4 度）のように表されるとき，それらの音は互いに調和することに気づいたといわれる．いいかえれば，ある弦を鳴らしたときに C の音が出て，その 2 倍の長さの弦を鳴らしたら 1 オクターブ低い C の音が出たとすれば，その 2 音の間にある音は，その中間の比に対応する長さの弦によって出されるということである．つまり 16 : 9 は D，8 : 5 は E，3 : 2 は F，4 : 3 は G，6 : 5 は A，16 : 15 は B というふうに，だんだん音が高くなる．これは音響学ではおそらく最初の定量法則——おそらく定量的物理法則すべてのなかで最古のものである．初期のピュタゴラス学派はこのように大胆な想像力を持っていたので，彼らはこの法則を球運動にもさっそく適用し，天球

も同様な調和音すなわち"天球のハーモニー"を奏でていると結論した．このように，ピュタゴラス学派の科学は同学派の数学と同じく，冷静な思考と一風変わった推測との奇妙な寄せ集めであったと思われる．地球球体説はよくピュタゴラスによるものとされるが，この結論が（ピュタゴラスが南へ旅行したときに見た新しい星座の）観測に基づくものか，想像によるものかはわかっていない．宇宙が「コスモス」すなわち調和のとれた順序に従う統一体であるという考えそのものは，ピュタゴラス学派のものらしい．この考え方は，当時，観測によって裏づけられることはほとんどなかったのだが，天文学の発達においては素晴らしい成果をもたらした．数にまつわる古代の空想をほほえましく思うとき，同時に我々は，それらの空想が数学と科学双方の発達に及ぼした刺激のことにも心をとめておかなければならない．かくしてピュタゴラス学派は，大自然のいとなみは数学を通じて理解できるのだと信じた最も初期の人々に含まれていたのである．

4.2.3 比 例

プロクロスは，おそらくエウデモスからの引用であろうが，次の二つの数学上の発見，すなわち（1）正多面体の作図と（2）比例論とをピュタゴラスのものとみなした．これをどの程度文字どおりに受け取ってよいものかは疑問であるが，この言明がピュタゴラス学派の思想の方向を正しく反映している可能性は十分に考えられる．比例論は明らかに，初期ギリシャ数学の興味の傾向にぴったりとあてはまるものであり，ギリシャ人の霊感の源らしきものをこの比例論に見出すことは難しくない．ピュタゴラスは，メソポタミアで3種類の平均——算術平均，幾何平均，小反対平均（のちに調和平均と呼ばれる）——と「黄金比」を学んだといわれている．「黄金比」とは上の3種の平均のうちの二つに関係するもので，ある2数の組の最初の数に対する2数の算術平均の比は，この2数の調和平均に対する2番目の数の比に等しいという関係である．この関係はバビロニアの平方根を求める算法そのものであり，したがって，ピュタゴラスがバビロニアから学んだという先の話は一応もっともらしい．しかしある時期になると，ピュタゴラス学派は平均を一般化し，7種の平均をつけ加えて全部で10種としている．量 b が a と c の平均で $a < c$ のとき，これらの3量は，次の10種の式のいずれかによって互いに関連づけられる．

$$(1) \quad \frac{b-a}{c-b} = \frac{a}{a} \qquad\qquad (6) \quad \frac{b-a}{c-b} = \frac{c}{b}$$

$$(2) \quad \frac{b-a}{c-b} = \frac{a}{b} \qquad\qquad (7) \quad \frac{c-a}{b-a} = \frac{c}{a}$$

$$(3) \quad \frac{b-a}{c-b} = \frac{a}{c} \qquad\qquad (8) \quad \frac{c-a}{c-b} = \frac{c}{a}$$

$$(4) \quad \frac{b-a}{c-b} = \frac{c}{a} \qquad\qquad (9) \quad \frac{c-a}{b-a} = \frac{b}{a}$$

$$(5) \quad \frac{b-a}{c-b} = \frac{b}{a} \qquad\qquad (10) \quad \frac{c-a}{c-b} = \frac{b}{a}$$

最初の 3 式は，もちろんそれぞれ算術平均，幾何平均，調和平均を表す式である．

　ピュタゴラス学派が平均を研究した時期を具体的に決定するのは難しく，同様なことは数の分類についてもいえる．おそらく比例または比の相等についての研究は，初めはピュタゴラス学派の算術または数論の一部だったのであろう．上に示したような比例に入ってきた量 a, b, c は，のちに算術量よりはむしろ幾何学量とみなされるようになった可能性が高い．しかしそのような見方の変化が起こったのがいつなのかははっきりしていない．先に述べた多角形数や，奇数，偶数の区別に加えて，ピュタゴラス学派はある時期，奇奇数や偶奇数のことにも言及していた．この奇奇数とは奇数と奇数の積を指し，偶奇数とは奇数と偶数の積を指すもので，そのため，ときには「偶数」という名は純粋に 2 の整数乗からなる数のためにとっておかれた．その後，ピロラオスの時代には，素数と合成数の区別が重要になったようである．プラトンの甥で彼のあとをついでアカデメイアの長になったスペウシッポスは，10 がピュタゴラス学派にとって「完全」な数だったのは，何よりも 1 と n の間の素数と非素数の個数がちょうど同数の最小の整数 n だったからであると主張していた（素数はふつう 1 次元内の点だけで表されるので，ときおり直線的と呼ばれた）．一方，新ピュタゴラス学派は 2 を素数のリストから除くことがあったが，その理由は，1 と 2 は本物の数ではなく奇数と偶数の生成元とみなしていたからであった．奇数の優位は，奇＋奇が偶に変わるのに，偶＋偶が偶にとどまるという事実から確定したものらしい．

　ピュタゴラスの三つ組数の式 $\frac{m^2-1}{2}, m, \frac{m^2+1}{2}$ （m は奇数）はピュタゴラス学派のものと考えられてきたが，それはバビロニアに見られる式とあまりにも関連が深いので，おそらく独自の発見ではないであろう．ある数の，自分自身を除いた約数の和がその数に等しいか，大きいか，小さいかによって完全数，過剰数，不足数と定義したことも，その時期に疑問はあるものの，ピュタゴラ

ス学派に帰せられている．この定義によると，6 が最も小さい完全数で，その次は 28 である．そして，この考え方がピュタゴラス学派後期のものらしいとされるのは，彼らの初期には 6 よりも 10 を崇拝していたからである．したがって，これに関連した「親和数」の学説も，のちに考え出された概念であるらしい．整数 a と b は，a が b の b を除いた約数の和で，b も a の a を除いた約数の和であるとき，互いに「親和的」であるという．このような組で最小のものは，220 と 284 である．

4.3 記 数 法

ギリシャ人は，抜け目のない交易商人や実業家として知られていたから，大多数のギリシャ市民の要求に応じられるような低次元の算術や計算がきっとあったはずである．しかしそのような数の使い方は哲学者にとってはとるに足らないものだったのであったろう．したがって，実用算術の記録が学者たちの蔵書に加えられることはなかったようである．以上のことから，ピュタゴラス学派のもっと洗練された業績についても断片すら残っていない状態のところで，さらに商取引用数学の手引書のようなものまでもが長い年月による荒廃から生き残っていると期待するのは無理であろう．したがって，現時点から 2,500 年も昔のギリシャでふつうの算術がどのように行われていたかは語るよしもない．ここでできる最善のことは，彼らが使っていたと思われる記数法を取り上げてみることである．

一般に，ギリシャにはおもな記数法が 2 種類あったようである．そのうち，より古いと思われるほうはアッティカ式（またはヘロディアノス式），もう一つはイオニア式（またはアルファベット式）と呼ばれる．どちらも整数が対象で，10 進法に基づいている．しかし前者のほうが，初期エジプトのヒエログリフ記数法や後のローマ数字のように単純な反復に基づいているので，より原始的である．アッティカ式では，1 から 4 までの数は垂直な棒の繰り返しで表されていた．数 5 については，新しい記号——5 を意味する語 pente の頭文字 Π（または Γ）——を採用した（当時は，文学でも数学でも大文字だけが使われていた．小文字は古代後期か中世初期の発明である）．また 6 から 9 までの数については，アッティカ式では記号 Γ を単位記号である棒と組合せて，たとえば 8 は ΓΙΙΙ と書いた．基数（10）の正整数乗については，その数を表す語の頭文字が採用された．すなわち Δ は deka (10)，H は hekaton (100)，X は

khilioi (1,000)，Ⓜ は myrioi (10,000) である．記号の形以外は，アッティカ
式はローマ式に非常に似ていたが，ただ利点が一つあった．それは，ラテン世
界では 50 と 500 については別々の記号を使ったのに対して，ギリシャ人はこ
れらの数を 5，10，100 の記号を組合せて，50 は 𐅂 （5 掛ける 10），500 は 𐅃
（5 掛ける 100）のように表していたことである．同様に，5,000 は 𐅄，50,000
は 𐅅 と書いた．アッティカ式で書けば，たとえば数 45,678 は次のようになる
であろう．

Ⓜ Ⓜ Ⓜ Ⓜ 𐅄 𐅃 H 𐅂 △ △ 𐅂 III

アッティカ式記数法（2 世紀の文法学者ヘロディアノスが書いたといわれる断
片のなかに記されていたことから，ヘロディアノス式とも呼ばれる）は，紀元
前 454 年から 95 年までのさまざまな年代の銘文中に現れている．しかしそれ
は，アレクサンドリア時代初期，プトレマイオス・ピラデルフォスの時代頃に
は，イオニア式すなわちアルファベット式にとってかわられた．同じようなア
ルファベット式は，ヘブライ人，シリア人，アラム人，アラブ人を含むさまざ
まなセム系種族にときに応じて使われ，またゴート族のようなほかの文化圏で
も使われていた．しかしそれらはギリシャ式表記法からの借りものだったよう
に思われる．イオニア式は紀元前 5 世紀にはすでに使われていたらしいが，も
しかしたらもっと早く紀元前 8 世紀から使われていたのかもしれない．この記
号の起源を比較的早いものとした理由は，この方式では，アルファベットが 27
文字使われているからである．まず 10 より小さい整数に 9 個，100 より小さい
10 の倍数に 9 個，1,000 より小さい 100 の倍数に 9 個の文字が使われていた．
ギリシャの古典アルファベットには 24 文字しかなかったので，さらに 3 個の
古代文字を含むもっと古いアルファベットを採用したのである．それら 3 文字
は，F（バウまたはディガンマ，あるいはスティグマ），Ϙ（コッパ），ϡ（サン
ピ）で，文字と数の対応は次のようにつけられていた．

A	B	Γ	Δ	E	F	Z	H	Θ	I	K	Λ	M	N
1	2	3	4	5	6	7	8	9	10	20	30	40	50

Ξ	O	Π	Ϙ	P	Σ	T	Υ	Φ	X	Ψ	Ω	ϡ
60	70	80	90	100	200	300	400	500	600	700	800	900

ギリシャに小文字が導入されてからは，文字と数の対応は次のようになった．

α	β	γ	δ	ϵ	ϛ	ζ	η	θ	ι	κ	λ	μ	ν
1	2	3	4	5	6	7	8	9	10	20	30	40	50

ξ	o	π	φ	ρ	σ	τ	υ	ϕ	χ	ψ	ω	λ
60	70	80	90	100	200	300	400	500	600	700	800	900

§3

記数法

現在ではこの形のほうがなじみ深いので，ここではこちらを使うことにする．また 1,000 の 1 倍から 9 倍までについては，イオニア式ではアルファベットの初めの 9 文字を採用したが，それは，位取り原理の部分的使用といえるものである．ただその際，1 位の桁の数との区別をはっきりさせるために，それらの文字の前に次のようにダッシュまたはアクセント符号をつけ加えていた．

$,\alpha$	$,\beta$	$,\gamma$	$,\delta$	$,\varepsilon$	$,\varsigma$	$,\zeta$	$,\eta$	$,\theta$
1000	2000	3000	4000	5000	6000	7000	8000	9000

この方式によれば，10,000 より小さい数は何でも 4 文字で容易に書き表せた．たとえば 8,888 は $,\eta\omega\pi\eta$ または $\eta\omega\pi\eta$ となり，前後関係から明らかな場合はアクセント符号は省略した．一方で 1 の位と 1,000 の位への同じ文字の使用は，ギリシャ人に十分整った 10 進位取り法の存在を気づかせたはずだったが，彼らにはそのような位取り法の利点が認識できなかったようである．しかし，彼らは α から θ までの文字を 1 の位や 1,000 の位に何度も使っているだけでなく，さらにそれらの記号を右端が最小で左端が最大になるように大きさの順に並べていることから，位取り原理を多少とも心にとめていたことは明らかである．ギリシャ人にとっては新しい勘定あるいは区分の始まりである 10,000 になると（我々が 1,000 をそれ以下の 10 のベキ乗からコンマで区別するのとまったく同様に），イオニア式ギリシャ記数法では乗法の規則を採用している．また 1 から 9,999 までの整数を表す記号が文字 M の上か後におかれ，残りの数とは・で区別されると，それらはその整数と 10,000——ムーリアド（ギリシャ語の無数）——の積を表した．したがって，88,888,888 は $\mathrm{M},\eta\omega\pi\eta\cdot\eta\omega\pi\eta$ と表されたろう．もっと大きい数が必要な場合には，同じ原理をムーリアドの 2 乗の 100,000,000 つまり 10^8 に応用することができた．整数を表すギリシャ初期の記号は極端に扱いにくかったわけではなく，本来の目的をよく果たしていた．この方式の弱点は，むしろ分数の扱い方にあった．

エジプト人と同様に彼らギリシャ人も単位分数を好んだことから，それら単位分数には簡単な表示法があった．すなわち，まず分母を書き，そのあとに音声区分符号つまりダッシュをつけて対応する整数と区別したのである．したがって $\frac{1}{34}$ は，$\lambda\delta'$ と書かれたろう．もちろん，これは $30\frac{1}{4}$ と混同されやすいが，前後関係や言葉の使い方から情況は明らかにできたのであろう．のちの時代にはふつうの分数や 60 のベキ乗を分母とする分数が使われたが，それらについて

は，アルキメデス，プトレマイオス，ディオファントスの業績に関連してあとで取り上げる．この3人については，当時のものではないが，彼ら自身の手になる著作の写本が現存する．この情況は上記のようなギリシャ時代の数学者をめぐるものとは著しく異なる．

4.4 算術（アリトメーティケー）と計算術（ロギスティケー）

紀元前600年から紀元前450年までのギリシャ数学については文書が完全に失われているため，紀元前1700年頃のバビロニア代数やエジプト幾何学についてよりもはるかに不確実な要素が含まれている．現に，ギリシャ初期の数学器具も何一つ残っていない．計算板つまりアバクスのようなものが計算に使われていたことは明らかなのだが，その道具の特徴や操作は，ローマのアバクスやギリシャ人の著作にたまたま書かれていることから推論するしかない．紀元前5世紀初頭のヘロドトスは，ギリシャ人は書くときと同じく小石で計算するときも手を左から右へ動かし，エジプト人は右から左へ動かすといっていた．それより少しあとの時代の壺には，計算板を持った徴税人の絵が描かれていた．その計算板は，ドラクマ銀貨の10進整数倍だけでなく，非10進法である分数部分にも使われた．左から始めて，各列は10,000ドラクマ，1,000ドラクマ，100ドラクマ，10ドラクマをそれぞれ表し，記号はヘロディアノス式であった．それから，1ドラクマの列に続いて1オボル（6オボル＝1ドラクマ），$\frac{1}{2}$オボル，$\frac{1}{4}$オボルの列があった．ここにおいて，古代文明ではいかにしてよけいな分数の使用を避けていたかがわかる．彼らは長さや重さや金額の単位を非常に効果的に小部分に分けたので，それら小部分の整数倍を用いることによって計算ができたのである．このことが，古代に12分の1や60分の1がもてはやされたことへの疑いのない説明であり，10進法はここでははなはだ不利な形勢にあった．したがって，10進法による小数が，ルネサンス以前にギリシャ人やほかの西欧の人々に使われることはめったになかった．ところでアバクスは，いかなる進法もしくは進法の組合せにも容易に応じることができた．それゆえ，アバクスが広範囲に使われたのだが，このことが少なくとも，整数から分数までの首尾一貫した位取り記数法の発達を驚くほど遅れさせた一因だったと考えられる．この点に関しては，ピュタゴラスの時代はほとんど貢献することはなかった．

ピュタゴラス学派のものの見方は圧倒的に哲学的・抽象的であったらしく，

計算の技術的細部は別個の学問に属するロギスティケー（計算術）と呼ばれた．この学問は，アリトメーティケー（算術）の対象である数の本質や性質ではなく，ものを数え上げることを扱うものであった．すなわち古代ギリシャ人は，単なる計算と現在でいう数の理論の間に明確な区別をつけていたのである．そのようなはっきりした区別が，数学の歴史的発展にとって不利だったかどうかは議論の余地がある．しかし，数学を合理的かつ一般教養的な学問にするうえで初期イオニア学派やピュタゴラス学派の数学者たちが果たした重要な役割は，容易には否定できない．言い伝えがひどく不正確でありうることは明らかだが，また一方，まったくの見当違いということもまれなのである．

4.5 紀元前5世紀のアテネ

　紀元前5世紀は，西欧文明の歴史において重大な時期にあたっていた．それというのも，この世紀はペルシャの侵略者たちの敗北で幕を開け，アテネのスパルタへの降伏で幕を閉じたからである．この二つの事件にはさまれて，文学や芸術において多くの成果を上げたペリクレスの黄金時代があった．この世紀を通じてのアテネの繁栄と知的雰囲気は，ギリシャ世界のすみずみから学者たちを引き寄せ，その結果，さまざまな見解の統合が行われた．イオニアからはアナクサゴラスのように実際的な気質の人々がやってきたし，南イタリアからはゼノンのように形而上学的傾向の強い人々がやってきた．アブデラのデモクリトスは唯物論的世界観を信奉していたが，イタリアのピュタゴラスは科学や哲学について観念論的態度をとっていた．アテネには，宇宙論から倫理学に至るまでの新旧さまざまな分野に熱中する人々がいた．しかも自由で大胆な探求精神も存在し，それがときに既成の社会慣習との衝突を起こしていた．

　とくにアナクサゴラスは，太陽は神ではなくペロポネソス半島全体ほどの巨大な赤熱した石であり，月は太陽から光を借りている，住む者のない土の塊だと主張したため，不敬罪に問われてアテネで投獄されてしまった．このアナクサゴラスは合理的な探求精神のよき代表者であった．というのは，彼が宇宙の本質の探求を自らの生涯の目標と定めていたからである．その目標は，タレスを始祖とするイオニアの伝統からアナクサゴラス自身が引き出した重要な結論であった．アナクサゴラスの知的熱狂は，科学書では最初のベストセラーとなった彼の著書を通じて同胞に分かたれた．それは『自然について』で，当時のアテネではわずか1ドラクマで購入することができた．アナクサゴラスはペリクレ

59

スの師だったので，のちに彼の取り計らいによってようやく牢獄から出されている．ソクラテスは初めは，アナクサゴラスの科学的な考え方に引かれたが，倫理的真理を探求することに比べれば，イオニアの自然主義的考え方はそんなに満足できるものではないとみなしてしまった．ギリシャの科学は高度な知的好奇心に根ざしており，それはしばしばギリシャ以前の思考が実利に直接結びついていた事実と対比される．その点で，明らかにアナクサゴラスは典型的なギリシャ的動機――知りたいという欲望――を代表していた．数学においても，ギリシャ人の態度はそれ以前の河川文化（メソポタミア）での態度とははっきりと異なっていた．その違いは，一般にタレスやピュタゴラスのものとされる貢献においても明らかだし，さらに，英雄の時代にアテネにおいてなされた成果に関する，より信頼できる報告からも明らかである．アナクサゴラスは，もとは数学者よりもむしろ自然哲学者だったが，彼の探求精神が彼をさらに数学問題の研究へも向かわせたのである．

4.6　3大古典問題

プルタルコスはアナクサゴラスが牢獄中では円の方形化問題に没頭していたといっている．この話は，以後 2,000 年以上にもわたって数学者たちの魂を奪うことになった問題についての最初の言及である．この問題の起源やその解法について，それ以上詳しいことはわかっていない．のちの時代になって，円の面積とまったく等しい面積を持つ正方形は，コンパスと定規のみによって作図すべきであるとされるようになった．ここに至ってエジプト人やバビロニア人の数学とはまったく別種の数学が見られることになった．それは，数の科学を生活体験の一面に実際に応用する数学ではなく，近似の精度と思考の精密さの間のきちんとした区別を含む理論的な問題を究明する数学である．

アナクサゴラスは紀元前 428 年に没した．それはアルキュタスが生まれた年で，またプラトン誕生のちょうど 1 年前にあたり，ペリクレスの死の 1 年後でもある．ペリクレスは，アテネの人口の約 4 分の 1 もの人々の命を奪った疫病によって死んだといわれており，この惨事から受けた強烈な印象が，おそらく 2 番目の有名な数学問題の発端となったのであろう．デロス島のアポロンの託宣所に代表団を送ってどうすれば疫病を防げるかのうかがいをたてたところ，立方体をしたアポロンの祭壇の体積を 2 倍にせよという神託が下ったと伝えられている．アテネの人々は，祭壇の各寸法をきちんと 2 倍にしたが，疫病はおさ

まらなかったという．もちろん，祭壇の体積は2倍どころか8倍になっていたのである．伝説によると，これが「立方体倍積」問題の起源であり，以来，この問題は一般に「デロス問題」と呼ばれている．すなわち，立方体の1辺が与えられたとき，コンパスと定規だけで初めの立方体の2倍の体積を持つ第2の立方体の1辺を作図せよという問題である．

その頃，アテネではさらに3番目の有名な問題が広く知れわたっていた．それは，任意の角が与えられたとき，コンパスと定規だけでその角の3分の1を作図せよという問題である．以上の3問題——円の方形化問題，立方体倍積問題，角の3等分問題——は以来，古代の「3大（古典）問題」と呼ばれている．そして 2,200 年以上あとに，それら3問題はどれも定規とコンパスだけでは解けないことが証明されるのである．それでも，ギリシャ数学とずっとあとの数学的思考の長所は，不可能を克服する努力——またはそれに失敗しても解法を修正する努力——にあった．英雄の時代は，当面の目的を既存の解法にのっとって達成することには失敗したが，そのための努力はほかの点では輝かしい成功で報われたのである．

4.7 月形図形の方形化

アナクサゴラスよりいくぶん若く，出身地が近かったのがキオスのヒポクラテスであった．彼は，同時代のもっと有名な医者コスのヒポクラテスとは別人である．コスもキオスもドデカン諸島のなかの小島だが，キオスのヒポクラテスは紀元前 430 年頃に商人となって故郷をあとにしてアテネに発った．アリストテレスによると，ヒポクラテスはタレスほど抜け目のない人物ではなく，ビザンツで詐欺にひっかかって財産を失ったと伝えられている．また一方では，海賊におそわれたのだという者もいる．いずれにせよ，この事件の当の被害者はぜんぜん悔しがってはいなかった．それというのも，このことが契機になって，彼は幾何学の研究に向かい，素晴らしい成功を収めたので，むしろそれを幸運と思っていた．これは，いかにも英雄の時代らしい話である．プロクロスは，ヒポクラテスが，かの有名なエウクレイデスの『原論』に1世紀以上先んじて『幾何学原論』を書いたと記している．しかし，その教本は——プラトン学派後期の徒レオンが書いたといわれる教本と同様に——失われてしまった．ただ，アリストテレスはこのヒポクラテスの教本の内容を知っていた．実際のところ，紀元前5世紀の数学論文でそのまま残っているものは何もない．しか

しヒポクラテスについては，シンプリキオス（520年頃活躍）がエウデモス『幾何学史』（現存しない）から書き写したと主張しているちょっとした断章が残っている．この断章は，その当時の数学についての，現存するものでは最も原典に近い記述であり，ヒポクラテスの業績の一部である月形図形の方形化を取り上げている．月形図形とは半径の異なる二つの円弧に囲まれている図形であり，月形図形の方形化問題が円の方形化問題から生じたことは疑いがない．エウデモスの断章は，次の定理をヒポクラテスによるものと書いていた．

互いに相似な円の弓形の比は，それらの底辺上にできた正方形の比に等しい．

ヒポクラテスは，二つの円の面積の比は直径上の正方形の比に等しいことをまず示してからこの定理を証明した，とエウデモスは伝えている．ここでヒポクラテスは，ピュタゴラス学派の思想で大きな役割を演じた比例の用語と概念を採用していた．事実，ヒポクラテスは後年ピュタゴラス学派に加わったと考える者もいる．クロトンのピュタゴラス学派は活動を禁止されたが（それはたぶん，学派が秘密主義をとっていたからか，あるいは政治的には保守的だったからであろう），門人たちがギリシャ世界全域に散らばったことによって，かえって学派の影響力を広める結果になっていた．ヒポクラテスが直接的にせよ間接的にせよ，その影響を感じていたのは明らかである．

ヒポクラテスの円の面積についての定理は，曲線図形の計測についてなされたギリシャ世界で初めての明確な言明のようである．エウデモスはヒポクラテスがこの定理の証明をしたと信じていたが，当時（紀元前430年頃）では，まず厳密な証明ではありえなかったろう．比例論も当時の程度では共測量（有理数）だけを扱っていたであろう．エウクレイデス『原論』第XII巻命題2で与えられている証明は，ヒポクラテスとエウクレイデスのちょうど中間ぐらいに活躍したエウドクソスのものである．しかし，『原論』の最初の2巻までの内容の多くはピュタゴラス学派からのものと思われるので，少なくとも『原論』第III・IV巻の多くもヒポクラテスのものとするのが妥当であろう．さらに，もしヒポクラテスが円の面積について示した定理に，さらに証明をも自ら与えていたのならば，彼は間接証明法を数学に導入した立役者ということになろう．つまり，二つの円の面積の比はそれぞれの直径上の正方形の面積の比に等しいかまたは等しくないかということを証明するのだが，間接証明法とは，それら二

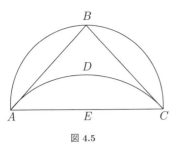
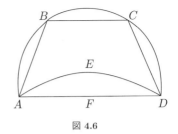

図 4.5　　　　　　　図 4.6

§7 月形図形の方形化

つの可能性のうちの後者から始めて，背理法によって前者の可能性だけが正しいことを示す証明方法である．

　ヒポクラテスは，円の面積についての定理からさらに進めて，円とは異なる曲線図形についての数学史上最初の厳密な求積法をわけなく発見している．彼はまず直角二等辺三角形に外接する半円から始め，底辺（直角三角形の斜辺）上に直角三角形のほかの 2 辺上の弓形に相似な弓形を作図した（図 4.5）．各弓形の面積の比はそれらの底辺上の正方形の比であるから，直角三角形にピュタゴラスの定理を使えば，小さいほうの弓形二つの和は大きいほうの弓形の面積に等しいことがわかる．よって，AC 上の半円と弓形 $ADCE$ の差は三角形 ABC になる．したがって，月形 $ABCD$ はちょうど三角形 ABC に等しい．また，三角形 ABC は AC の半分の上にできる正方形に等しいことから，月形の求積法はこれで得られたことになる．

　エウデモスはさらに，円に内接する等脚台形 $ABCD$ を使ったヒポクラテスの月形求積法についても述べている．その等脚台形は，最大の辺（底辺）AD 上の正方形が，長さの相等しい短いほうの 3 辺 AB, BC, CD（図 4.6）上の正方形の和に等しくなっているような台形である．したがって，1 辺 AD 上にほかの 3 辺上にある弓形と相似な弓形 $AEDF$ を作図すれば，月形 $ABCDE$ は台形 $ABCDF$ に等しくなっている．

　ヒポクラテスの月形求積法について比較的しっかりした歴史的裏づけに基づいた記述ができるのは，この事実に言及した学者がシンプリキオスのほかにもいたからである．シンプリキオスは 6 世紀の人物だが，彼はエウデモス（紀元前 320 年頃活躍）のみによったのではなく，アリストテレスの重要な注釈者のひとりであるアフロディシアスのアレクサンドロス（200 年頃活躍）をも参考にしていた．アレクサンドロスは，上に述べたものとは別の二つの求積法について述べていた．それらは，(1) 直角二等辺三角形の底辺と 2 辺上に半円を描い

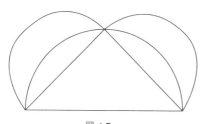 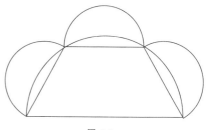

図 4.7   図 4.8

たとき（図 4.7），小さいほうの辺上の月形図形二つを合わせたものはその三角形に等しいことと，(2) 半円の直径上に 3 辺が等しい等脚台形を作図して（図 4.8），3 本の等辺上にそれぞれ半円を作図すれば，台形の面積は 4 面の曲線図形の面積，すなわち 3 面の相等しい月形図形と台形の 1 本の等辺上の半円の和に等しいことである．この 2 番目の求積法からは，月形図形が方形化できれば半円も——よって円も——方形化できるということになるであろう．この結論は，ヒポクラテスやその同時代人たちおよび彼らの後継者たちを勇気づけ，円は最終的には方形化されるという希望を抱かせたようである．

　ヒポクラテスの求積法は，円の方形化の試みというよりはむしろ当時の水準を示す指標として重要である．彼の求積法を見れば，アテネの数学者たちが面積や比例の変換を扱うことに熟達していたことがわかる．とくに，辺 a, b の長方形を正方形に変換することは何でもなかった．その際には，a と b の比例中項あるいは幾何平均を見つければよかった．つまり，$a : x = x : b$ のときの線分 x を求めるのだが，当時の幾何学者たちはそれを難なく作図していた．したがって，彼らが与えられた 2 量 a, b の間に二つの平均を挿入してこの問題を一般化しようとしたことは，当然なことであった．つまり，2 本の線分 a と b が与えられたとき，$a : x = x : y = y : b$ となるような別の 2 本の線分 x, y を作図することを期待したのである．ヒポクラテスは，この作図題が立方体倍積問題と同値であることに気づいていたといわれる．というのは，$b = 2a$ とすると，上の連比から y を消去することによって $x^3 = 2a^3$ が導かれるからである．

　ヒポクラテスが自らの月形求積法から演繹したことがらについては，3 通りの見解がある．ある者は，ヒポクラテスはすべての月形図形は方形化でき，したがって円もできると信じていたと非難した．またある者は，ヒポクラテスの発見したことがらはある種の月形図形だけに成立することで，彼は自らの業績の限界を承知していたと見ている．また，少なくともひとりの学者は，ヒポク

ラテスは円の方形化がまだできていないことを知りながら，成功したかのように人々をあざむこうとしたと考えた．ヒポクラテスの貢献についてはほかにもいろいろ疑問がある．たとえば，幾何学図形に初めて文字を使用したのも彼とされているが，これも確かなことではない．また，ヒポクラテスは三大問題のうちの2問では進展を示したのに，角の3等分では何ら進展も得られなかったようであるのは興味深い．この3等分問題は，少しあとのエリスのヒッピアスが研究した．

4.8 エリスのヒッピアス

　紀元前5世紀が終わる頃には，アテネではピュタゴラス学派とは大きく異なる職業的教師の集団がもてはやされていた．ピュタゴラスの門人たちは自分たちの知識をほかに分け与えて報酬を得ることは禁じられていた．それにひきかえ，職業的な教師（ソフィスト）たちは，市民を指導することで公然と生活の糧を得ていた．それもまじめな知的努力だけでなく，「悪いものを良くみせる」術までも教えていたのである．ソフィストたちの皮相的なものの見方への非難はある程度までは当たっていたが，だからといって，ソフィストたちはたいてい多くの分野に及ぶ幅広い知識を持ち，ほんとうに学問に貢献した者もいたという事実が隠されてはならない．そのなかに，紀元前5世紀後半にアテネで活躍したエリスの人ヒッピアスがいた．彼は，情報が直接得られる最初期の数学者の1人だが，それは，プラトンの対話篇にヒッピアスのことがたくさん載せられていたからである．たとえば対話篇のなかには，ほかのいかなるソフィストが2人がかりでかせぐよりも多くのお金をかせいだ，とヒッピアスが自慢しているくだりがある．また，彼は数学から雄弁術まで数多くの著作をものしたといわれているが，そのなかの1冊も残されていない．さらに，ヒッピアスは素晴らしい記憶力を持ち，大変な博学を自慢し，おまけに手仕事にもたけていた．このヒッピアス（ギリシャには同名の人物が大勢いた）が，どうやら数学に円と直線以外の曲線を最初に導入した人物のようである．プロクロスその他の注釈者たちが，その曲線をヒッピアスによるものと述べており，以来，それはヒッピアスの3等分線または円積線と呼ばれている．その曲線は次のようにして描かれる．正方形 $ABCD$（図4.9）において，辺 AB をその位置から DC と一致するまで一様に動かす．その際，その運動は，辺 DA が時計まわりに回転して DC と一致するまでの運動ときっかり同時であるようにする．このとき，

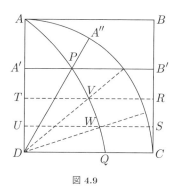

図 4.9

ある時刻における運動する 2 本の線分の位置をそれぞれ $A'B'$ と DA'' とし，P を $A'B'$ と DA'' の交点とすれば，P の描く軌跡がヒッピアスの 3 等分線——図の曲線 APQ——となる．この曲線が得られれば，角の 3 等分は容易である．たとえば，PDC を 3 等分すべき角とすると，線分 $B'C$ と $A'D$ をそれぞれ点 R と S，T と U で 3 等分すればよい．線分 TR と US が 3 等分線と交わる点をそれぞれ V，W とすれば，3 等分線の性質から線分 VD と WD は角 PDC を相等しい三つの角に分けている．

　ヒッピアスの曲線は円の方形化にも使えることから，ふつうは円積線と呼ばれている．ただ，ヒッピアス自身がそのような円の方形化への応用に気づいていたかどうかは，現時点では決めかねる．実際には，彼はこの曲線を使った円積法を知っていたが，その証明まではできなかったと推測されている．ヒッピアスの曲線を使った円積法はのちにディノストラトスによって明確に示された．以下でそれについて述べる．

　ヒッピアスは，少なくともソクラテスの没年（紀元前 399 年）までは生きていた．プラトンは，彼を典型的なソフィスト——うぬぼれが強く，高慢で貪欲——と辛口に評価している．ソクラテスはヒッピアスを，男前で学があるが高慢で浅薄と評したといわれている．プラトンの対話篇『ヒッピアス』の項では，彼の知識のみせびらかし具合を風刺しているし，クセノフォンの『言行録』はヒッピアスについて，歴史や文学から手仕事や科学に至るすべてについての達人だと自認する人物である，とあからさまに評している．しかしそのような評価を我々が判断する際，プラトンもクセノフォンもソフィスト全般と真っ向から対立していたことを思い起こさなければならない．また，「ソフィストたちの始祖」プロタゴラスも，ソフィストには大反対だったソクラテスも，ともに数学

や諸科学に対しては敵対的であったことを心にとめておくとよいであろう．プラトンは，ヒッピアスとソクラテスとを性格の面で対比させているが，ヒッピアスをもうひとりの同時代人——ピュタゴラス学派の数学者タラスのアルキュタス——と比べてみても，同じような対比が得られる．

 4.9 タラスのピロラオスとアルキュタス

ピュタゴラスは晩年，メタポンティオンに退き，そこで紀元前 500 年頃に没したと伝えられる．彼は自分の仕事を書き残すことはしなかったらしいが，その思想は大勢の熱心な門人たちに受け継がれた．クロトンの学校は，シバリスからやってきた政敵団体が指導者たちを奇襲し殺害したため放棄されたが，大虐殺をまぬがれた者たちは，学派の教義をほかのギリシャ世界へと伝えた．それらクロトンからの亡命者に教えを受けた者のなかに，タラスのピロラオスがいた．彼は，ピュタゴラス学説についての本を初めて書いた人物といわれ，さらには，そのように本を出す許可がおりたので，彼は失った財産を取り返すことができたという話である．プラトンがピュタゴラス学派の教義について知識を得たのも，どうやらこの本からであったらしい．ピュタゴラス学派の特徴だった数への狂信は，明らかにピロラオスにも受け継がれており，彼のこの本から，ピュタゴラス学派の宇宙論の知識のみならずテトラクテュスについての多くの神秘的伝承も広まったのである．このピロラオスの宇宙図は，のちのピュタゴラス学派の 2 人，エクパントスとヒケタスによって修正されたといわれているが，彼らの考えの新しい点は，中心火と対地球をやめ宇宙の中心に自転する地球をおき，昼夜を説明したことにあった．ピロラオスの数崇拝の極端な点もまた何らかの修正を迫られたらしく，とくにタラスでのピロラオスの弟子アルキュタスが修正の手を加えたようである．

ピュタゴラス学派は大ギリシャ全体に強い知的影響を及ぼしていた．その政治的色彩は「保守的な国際主義」の一種，あるいはより適切にはオルフェウス教と［後の］フリーメイソン主義の混血のようなものであったらしい．クロトンでは政治的側面のほうがとくに目立ったが，タラスのような周辺のピュタゴラス学派の中心地では，与えた影響はおもに知的なものであった．ところで，アルキュタスは数の効力をかたく信じていた．また，彼が独裁的権力を与えられていたその町の統治は公正で節度があったが，それはアルキュタスが，理性を社会の改善に向けて働きかける力とみなしていたからであった．彼は何年も

連続して将軍に選ばれたが，一度として戦いに負けたことはなかった．しかも彼は，「アルキュタスのがらがら」を発明したといわれるように，心やさしく子供好きであった．彼が木でつくったといわれる器械仕掛けの鳩も，若い人々を楽しませるためのものであったと思われる．

アルキュタスは，算術を幾何学よりも上位におくというピュタゴラス学派の伝統を継承したが，彼の数への熱狂は，それ以前のピロラオスに見られるような宗教と神秘主義の混合のようになることはなかった．アルキュタスは算術，幾何，小反対の各平均の音楽への応用についても書いているが，この3番目の平均の名を「調和平均」に変えたのは，ピロラオスかアルキュタスのどちらかであったらしい．これに関連したアルキュタスの言明には，比が $n:(n+1)$ となる2整数の間にはそれらの幾何平均となる整数は存在しないという所見が見られた．アルキュタスは音楽には先人たち以上に注目し，子供たちの教育において音楽は文学よりも大きな役割を果たすべきだと考えていた．彼は，音の高さの違いは，音を生み出す空気の流れの速度がさまざまに変化することによって生じるという推論もしていた．アルキュタスは，教育課程における数学の役割にもかなり注目していたようで，数学の四科——すなわち算術（静止している数），幾何学（静止している量），音楽（運動している数），そして天文学（運動している量）——を決めたのも彼だといわれている．これら四科は，文法，修辞学と弁証法からなる三科（アリストテレスはゼノンまで遡るとしている）とともに，のちの七自由学芸となった．それゆえ，数学が教育において果たした顕著な役割は，アルキュタスに負うところが少なくない．

アルキュタスは，数学の基本に関する古い論文に目を通すことができたらしく，しばしばアルキュタスの名で知られる平方根を求める反復手続きも，メソポタミアでかなり昔から使われていたものであった．それでもやはり，アルキュタス自身は数学に独創的な成果をもたらした貢献者であった．最も顕著な貢献は，デロス問題を3次元の作図によって立体的に解いたことである．それは，いささか時代錯誤にはなるが，現代の解析幾何学の用語を使えばいちばんわかりやすく示すことができるだろう．まず，2倍にする立方体の1辺を a とおく．また，点 $(a, 0, 0)$ を半径 a の互いに直交する3円の中心で，各円は座標軸に垂直な平面上にあるとする．そして，x 軸に垂直な円を含み，頂点が $(0, 0, 0)$ の直円錐を作図し，さらに xy 平面上の円を含む直円柱を描く．さらに，xz 平面上の円を z 軸のまわりに回転させて円環体をつくる．こうしてつくられた直円錐，直円柱，円環体の3曲面の方程式は，それぞれ $x^2 = y^2 + z^2$, $2ax = x^2 + y^2$,

$(x^2+y^2+z^2)^2 = 4a^2(x^2+y^2)$ である．これらの曲面は x 座標が $a\sqrt[3]{2}$ の点で交わり，したがってこの線分の長さが求める立方体の 1 辺である．

アルキュタスの解法は，座標の助けを借りずに総合幾何学的に導いたものであることを考えると，よりいっそう感動的である．しかしそれでも，アルキュタスの数学への貢献のなかで最も重要なものは，友人プラトンの命を救おうと専制君主ディオニュシオスとの間に仲裁に入ったことであろう．プラトンは一生涯，ピュタゴラス学派の特徴である数と幾何学への崇拝に深くとらわれていたが，紀元前 4 世紀の数学界におけるアテネの優位は，主として「数学者の育ての親」と呼ばれていたプラトンのそのような熱意によるものであった．しかしプラトンが数学に果たした役割を取り上げる前に，ここで，それ以前のピュタゴラス学派数学者でヒッパソスという名の，ひとりの背信者の仕事を取り上げておく必要がある．

メタポンティオン（またはクロトン）のヒッパソスは，ピロラオスとほぼ同時代で，もともとはピュタゴラス学派だったが，のちに教団から追放されたといわれる．一説では，ピュタゴラス学派はヒッパソスが死んだものとして墓石を建てたといわれている．別の説では，彼の背信行為は船の難破による死で罰せられたことになっている．このような教団との決裂の確かな理由はわからないが，一つには教団の秘密主義のせいもあったと思われる．しかし，次の三つの可能性も示されている．その一つは，ヒッパソスは保守的なピュタゴラス学派の規範に反して民主的運動の先頭に立ったため，政治的不服従のかどで追放されたのだとする説．2 番目は，その追放を五角形か十二面体の幾何学——そのどちらかの作図であろう——を暴露したせいであるとする説．3 番目は，ピュタゴラス学派の哲学にとってとんでもない意味を持つ数学上の発見——非共測数（無理量の存在）——を暴露したため追放されたのだとする説である．

 ## 4.10　共測不能性

ピュタゴラス学派の基本的教義は，幾何学だけでなく人間を取り巻く現実的および理論的できごとも，要するにすべてのものごとの本質は「アリトモス」，つまり整数やそれらの比に本来備わった特性によって説明できるというものであった．しかしプラトンの対話篇は，ピュタゴラス学派の整数信仰の基盤を実質上打ち砕くことになった新事実の暴露に，ギリシャ数学界が仰天したことを明らかにしている．これは，幾何学そのものにおける単純な基本的性質の説明

すら，整数やそれらの比だけでは不十分であるという事実の発見であった．たとえば，正方形や立方体あるいは五角形の対角線とそれぞれの 1 辺との比を表すのにも，整数とその比だけでは不十分である．それらの対角線と辺の組は，測定の単位をいかに小さく選ぼうとも共測不能なのである．

　共測不能線分の存在が初めて知られたときの情況は，その発見の時期同様に定かではない．ふつうには，それはピュタゴラスの定理を直角二等辺三角形に応用したことから知られるようになったといわれている．アリストテレスは正方形の対角線と 1 辺の共測不能性の証明に言及しているが，その際，その証明は奇数と偶数の区別に基づくといっていた．そのような証明は容易にできる．すなわち，d と s をそれぞれ正方形の対角線と 1 辺とし，互いに共測可能——比 $\frac{d}{s}$ が有理数で $\frac{p}{q}$ に等しく，p と q は互いに共通因数のない整数とする．さて，ピュタゴラスの定理から $d^2 = s^2 + s^2$ であるから，$\left(\frac{d}{s}\right)^2 = \frac{p^2}{q^2} = 2$ つまり $p^2 = 2q^2$ となる．したがって p^2 は偶数でなければならず，よって p も偶数でなければならない．その結果，q は奇数でなければならなくなる．そこで $p = 2r$ として $p^2 = 2q^2$ に代入すると，$4r^2 = 2q^2$ すなわち $q^2 = 2r^2$ となる．したがって，q^2 は偶数でなければならず，よって q も偶数となる．しかし，q は上に述べたとおり奇数であり，しかも整数は同時に奇数と偶数とにはなりえない．よって，d と s とが共測可能であるという仮定は誤りであることが，間接証明法により示された．

　上の証明は抽象度が非常に高いものであるため，それが，共測不能性が最初に発見されたときの根拠である可能性は疑問視されてきた．しかし，そのほかにも発見の筋道は考えられている．たとえば正五角形の 5 本の対角線を引いたとき，それらの対角線はさらに小さい正五角形（図 4.10）をつくる．ところが 2 番目の正五角形の対角線はさらに 3 番目の正五角形をつくり，それらは順に小さくなっていくことはすぐわかる．この過程は無限に続き，望むだけ小さい五角形をつくることができる．同時にこの過程は，正五角形の対角線と辺の比は有理数ではないという結論も導く．事実，この比の共測不能性は，黄金分割が何回でも続けられることを示した図 4.2 の議論からの当然の帰結である．共測不能性をあばいたのはヒッパソスらしいが，そのきっかけとなったのはひょっとしたらこの性質だったのであろうか．この疑問に答える文書は現存していないが，それは一応もっともな説である．その場合，共測不能量の存在を初めて明かした量は $\sqrt{2}$ ではなく $\sqrt{5}$ であったろう．なぜなら，等式 $a : x = x : a - x$ からは，正五角形の辺と対角線の比として $\frac{\sqrt{5}-1}{2}$ が導かれるからである．一方，

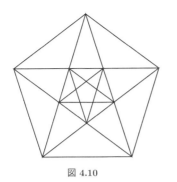
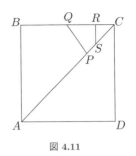

図 4.10　　　　　図 4.11

立方体の対角線と辺の比は $\sqrt{3}$ で，そこでも共測不能性という幽霊が不格好な頭をもたげている．

　五角形の対角線と辺の比について得られた幾何学的証明と同じようなものは，正方形の対角線と辺の比についても得られる．すなわち，正方形 $ABCD$（図 4.11）において，対角線 AC 上に $AP = AB$ となる線分 AP を求め，点 P で垂線 PQ を引くと，CQ と PC の比は AC と AB の比に等しくなる．再び，CQ 上に $QR = QP$ となる線分 QR を求め，CR に垂直な RS を引けば，斜辺と辺の比はまた前と同じ値になる．この過程も無限に続けられるので，線分をどんなに短くとったとしても，直角二等辺三角形の斜辺と 1 辺の比を共測可能とするような単位線分にはならないことの証明となる．

4.11　ゼノンのパラドックス

　「万物は数」とするピュタゴラスの教義は，いまや非常に深刻な問題に直面した．しかしそれだけではなかった．ピュタゴラス学派は，哲学上の競争相手である近隣のエレア派が提出した議論にも立ち向かわなければならなかったのである．さて，小アジアのイオニア派哲学者たちは，万物の根源を見極めようと研究を重ねていた．タレスはそれを水に求めることとしたが，ほかの者たちは，空気ないしは火を基本原質とすることを選んだ．ピュタゴラス学派はさらに抽象的な方向に向かい，数はそれが非常に数多くあることから，現象のかげに隠れた基本物質であるという仮説を立てた．この数をもとにした原子論は図形数の幾何学でみごとに示されたのだが，エレアのパルメニデス（紀元前 450 年頃活躍）の弟子たちによって攻撃されることになった．このエレア派の基本教義は存在の単一性と永続性であり，それは，ピュタゴラス学派の多数性と変化の

71

思想とは対照的な見解であった．パルメニデスの弟子のなかで最も有名だったのが，多数性と分割可能性の概念に見られる矛盾の証明という議論をもちかけたエレア派のゼノン（紀元前 450 年頃活躍）である．ゼノンが採用した方法は弁証法だったが，そのような間接的論法の面ではソクラテスに先んじていた．間接的論法とは，反対者の主張する前提から始めてそれらの前提が不合理であることを導き出す議論の進め方のことである．

　ピュタゴラス学派は，空間と時間はそれぞれ点と瞬間からなっていると仮定した．しかし同時に，空間と時間は，定義以前に直観によって容易に察知できる「連続性」という性質を持つとも仮定していた．多数を形作っている究極の要素は，一方では幾何学の単位すなわち点の特徴を持つと仮定され，また他方では数値的単位つまり数の特徴をも持つと仮定されていた．アリストテレスは，そのようなピュタゴラス学派の考え方による点を「位置を持つ単位」または「空間に考えられた単位」と表現している．ゼノンがパラドックスを提起したのは，以上のような説に対抗するためだったといわれている．そしてそれらのパラドックスのなかで最も頻繁に引き合いに出されるのは，運動に関するものである．現在知られているパラドックスは，アリストテレスやほかの学者たちを通じて伝えられてきたものだが，それらのなかでは，次の 4 論題，つまり（1）「二分法」，（2）「アキレス」，（3）「矢」，そして（4）「スタジアム」が最もやっかいだったようである．（1）が論じるのは，動く物体が一定の距離に達するには，まずその距離の半分に達しなければならない．しかしその物体が半分に達するには，その前に初めの距離の 4 分の 1 に達しなければならず，さらにその前に初めの 8 分の 1 に達しなければならない．以下同様にして，その物体は無限個に分割された小部分に到達しなければならない．かくして，これから走り出そうとする走者は，有限の時間内に無限回の到達をしなければならない．しかし無限の集まりのすべてを尽くすのは不可能なので，運動はいつまでたっても始められないことになる．パラドックスの（2）は，無限個に分割された小部分が，後退するのではなく前進することを除けば（1）と同じで，次のような内容である．アキレスが先に出発している亀と競争するのだが，アキレスがいくら速く走ろうとも，また亀がどんなに遅く歩こうとも，アキレスは決して亀に追いつくことができない．なぜなら，アキレスが亀のいた地点に達したときには，亀は少し先に進んでいるであろう．そして，亀が先に進んだその少しの距離をアキレスが走り終えたときには，亀はまた少し先に進んでいるであろう．この過程はどこまでも続くから，駿足のアキレスはのろまな亀をいつまでたっても追い越

すことができないのである．

　「二分法」と「アキレス」のパラドックスは，空間と時間の無限分割可能性の仮定のもとでは運動は不可能であるといっている．一方，「矢」と「スタジアム」のパラドックスでは，それとは反対の仮定――つまり上の無限分割可能性を否定し去り，かわりに空間と時間は分割不能量から成り立っているとする説――を立てても，運動は同様に不可能であるといっている．「矢」のパラドックスでゼノンは，飛んでいる物体は常にそれ自身に等しい空間を占めているが，それ自身に等しい空間を占めている物体は動いていないと論じている．よって，飛んでいる矢はあらゆる瞬間に静止しており，運動はまぼろしだったことになる．

　運動に関するパラドックスのなかで最も論議を呼び，しかも非常に説明のやっかいなのが「スタジアム」のパラドックスだが，それは次のように表せる．A_1, A_2, A_3, A_4 を静止している 4 個の同じ大きさの物体とし，B_1, B_2, B_3, B_4 を A のそれぞれと同じ大きさの物体とする．そして，B は右のほうに運動しており，B の各物体は A の各物体を瞬時――可能な最小の時間間隔――のうちに通過するとする．さらに，C_1, C_2, C_3, C_4 を A と B のそれぞれと同じ大きさの物体とする．そして，C は A に対して左のほうに一様に運動しており，C の各物体は A の各物体を瞬時のうちに通過するとする．さて，ある時間に，A, B, C はそれぞれ次のような相対位置にあるとしよう．

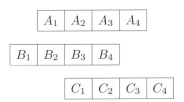

　一瞬の時間経過のあとに――すなわち，分割不能な微小時間（瞬時）のあとでは――上の位置は次のようになるであろう．

A_1	A_2	A_3	A_4

B_1	B_2	B_3	B_4

C_1	C_2	C_3	C_4

　すると，C_1 は B の物体を 2 個通過したことになることは明らかである．よっ

て，この瞬時は最小の時間間隔ではありえない．なぜなら，C_1がBの物体1個を通過するのに要した時間をさらに小さい新しい単位にとれるからである．

ゼノンの論証は，ギリシャ数学の発展に深い影響を与えたようで，その影響は，このゼノンの論証とも関連があったと考えられる共測不能量の発見のもたらした影響にも匹敵していた．ところで，ピュタゴラス学派ではもともと，大きさは小石（calculus）で表しており，そこから計算（calculation）という語も出てきた．しかしエウクレイデスの時代には，大きさの概念に完全な変化が起こっていた．大きさは一般に数や小石とではなく，線分と関連づけられるようになっていたのである．『原論』では，整数さえも線分によって表されている．数の領域のほうは依然として離散的特徴を持ち続けたが，連続量の世界（この世界は，ギリシャ以前の数学とピュタゴラス学派の数学のほとんどを包含した）となると数とは別個のものであり，幾何学的方法によって取り扱わなければならなかった．世界を支配するのは，数ではなく幾何学であると思われるようになったのである．このことは，たぶん英雄の時代による最も遠大な帰結であったろう．そしてこの帰結は，エレアのゼノンやメタポンティオンのヒッパソスにおおいに負うものであったと考えざるをえないだろう．

4.12 演　繹　法

ギリシャ以前の人々の数学上の処方せんを，ギリシャに現れつつあった演繹的構造に合うように書き変えることになった原因についてはいくつかの推測がある．一説によると，タレスが旅行中にギリシャ以前の数学内の食い違い——たとえば円の面積の求め方が，エジプトとバビロニアでは違うこと——に気づき，そのために，タレスやその初期の後継者たちは厳格な合理的方法の必要性を痛感したのだという．これよりもひかえめな見方では，演繹的方法の起源はずっとあと——たぶん共測不能量の発見のすぐあとの紀元前4世紀初頭——にまで下って位置づけられるとする．一方，数学以外の原因も提言されている．たとえば，演繹法は，結論がそこから必然的に導かれるような前提をまず探して，反対者にその結論を納得させようと努力するときの論理から生まれたという説もある．

演繹法が数学に入ってきた時期が紀元前6世紀であろうと4世紀であろうと，また，共測不能性の発見が紀元前400年より前であろうとあとであろうと，ギリシャ数学がプラトンの時代には劇的に変貌したことは疑問の余地がない．数

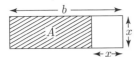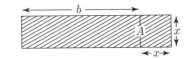

図 4.12

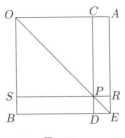

図 4.13

と連続量が二分されることによって，ピュタゴラス学派が受け継いできたバビロニア代数へ新しい取り組み方が必要になった．長方形の2辺の和と積が与えられたときに各辺の長さを求めよ，というような古くからの問題は，バビロニア人による数値的算法とは異なる扱い方をしなければならなくなった．「幾何学的代数」が古い「算術的代数」にとってかわらなければならなかったのである．また，この新しい代数では，面積に線を加えたり体積に面積を加えたりすることはありえなかった．以来，方程式の項には厳密な同質性が要求されることになり，メソポタミアの標準形 $xy = A, y \pm x = b$ も幾何学的に解釈されることになった．そして，その標準形から y を消去することによって読者が到達するであろう明白な結論は，これが，与えられた直線 b 上に長方形をつくる作図題になるということである．その際，その長方形の未知の幅 x は，長方形の面積が与えられた面積 A より正方形 x^2 だけ超過するようにとるか，あるいは（符号がマイナスのときには）与えられた面積 A よりも正方形 x^2 だけ不足するようにとらなければならない（図 4.12）．このようにして，ギリシャ人は「面積のあてはめ」という彼ら独自の方法で2次方程式の解法を築き上げたのである．その方法は幾何学的代数の一部をなすもので，エウクレイデス『原論』もそれを全面的に取り入れている．さらに，共測不能量は不安の種であったから，以後初等数学ではできるかぎり比を避けるようになった．たとえば，1次方程式 $ax = bc$ は比の式——2量の比 $a : b$ と $c : x$ の等式——としてよりは，面積 ax と bc の等式と見たのである．したがって，2量の比を並べたときの第4項にあ

75

たる x を作図するには，まず $b=OB$, $c=OC$ の長方形 $OCDB$（図 4.13）を作図し，そして OC 上に $OA=a$ となるように A をとっていた．そこで長方形 $OAEB$ を完成させ，対角線 OE を引いて CD との交点を P とするのである．ここで，長方形 $OARS$ と $OCDB$ は面積が等しいことから，CP が求める線分 x であることは明らかになる．そして，エウクレイデスが難物の比例を取り上げたのは，『原論』も第 V 巻になってからのことであった．

ギリシャの幾何学的代数は，現代の読者には過度に技巧的で難しく映るだろうが，それを実際に使ってその扱いに熟練した者にとっては，たぶん便利な道具だったことであろう．分配法則 $a(b+c+d)=ab+ac+ad$ は，ギリシャの学者にとっては，代数を学び始めたばかりの現在の学生よりもはるかに自明であったことは疑問の余地がない．なぜなら，ギリシャの学者には，この分配法則に対応する長方形の面積図を描くことはわけのないことであったからである（図 4.14）．その面積図ではただ，a と線分 b, c, d の和でできた長方形は a と線分 b, c, d それぞれの上に別々にできた長方形の和に等しいといっているにすぎない．さらに，恒等式 $(a+b)^2 = a^2 + 2ab + b^2$ が成り立つことも，この恒等式中に現れている 3 個の正方形と 2 個の等しい長方形を示す図（図 4.15）から明らかである．また，2 個の正方形の差 $a^2 - b^2 = (a+b)(a-b)$ も同様に図示される（図 4.16）．線分の和，差，積および商も，定規とコンパスだけで簡単に作図できる．平方根もまた幾何学的代数では何ら難しいことではない．実際，$x^2 = ab$ であるような線分 x を見つけたいと思ったら，現在の初等幾何学の教科書に載っている手順にただ従えばよい．すなわち，まず一直線上に，線分 ABC を $AB=a$, $BC=b$ となるようにとる（図 4.17）．そして AC を直径として半円（中心 O）を描き，B で垂線 BP を立てると，その線分 BP が求める線分 x である．たぶんそれ以前からの比を避ける例にならったのであろうが，これに対してエウクレイデスが与えた証明でも，比例よりも面積を用いていることは興味深

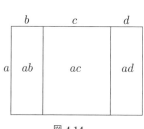

図 4.14

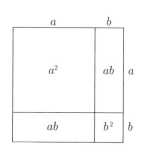

図 4.15

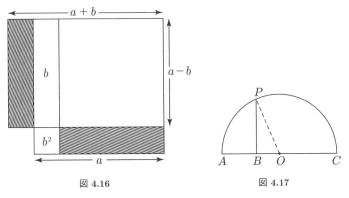

図 4.16　　　　　　　　図 4.17

いことである．図 4.17 で $PO = AO = CO = r, BO = s$ とおけば，エウクレイデスが示そうとしたことは，本質的には，$x^2 = r^2 - s^2 = (r-s)(r+s) = ab$ ということであった．

4.13　アブデラのデモクリトス

　数学における「英雄の時代」は 6 人の偉大な人物を生んだが，化学的哲学者としてのほうが有名なひとりの人物もそこに加えておかなければならない[*7]．その人アブデラのデモクリトス（紀元前 460–370 頃）は現在，唯物論的原子論の提唱者として称えられているが，存命中は幾何学者としても有名であった．彼は，当時としてはほかの誰よりも広範囲に――アテネ，エジプト，メソポタミア，そしてたぶんインドまでも――旅行して，得られる知識はすべて身につけたといわれている．しかし，数学における自らの業績を自負していたので，デモクリトスは，エジプトの「縄張り師」たちでも自分を追い越すことはできないと自慢していた．彼は数学の書物を多数書いたが，そのなかで現在まで残っているものは 1 巻もない．

　デモクリトスの数学を解く鍵が，彼の原子論の物理法則にあることは疑いがない．デモクリトスは，すべての現象は，空っぽの空間のなかをたえまなく運動している，（大きさや形が）どこまでも小さく無限の変化に富んだ貫けないほど硬い原子によって説明できると主張した．レウキッポスやデモクリトスの物理的原子論は，ピュタゴラス学派の幾何学的原子論から暗示を与えられたもの

訳注

[*7]　本文では，原子論を唱えたという意味で「化学的」とつけ加えられているが，今日いう化学ではない．

かもしれない．さらに，デモクリトスがおもに携わっていた数学の問題は，ある種の無限小的方法を要するものだったが，そのことは驚くにはあたらない．たとえば，エジプト人はピラミッドの体積が底面と高さの積の3分の1であることを知っていた．ただ，その事実を証明することは，彼らの能力をほぼ確実に越えるものであった．というのは，それには微積分法に相当する数学的観点が必要だったからである．アルキメデスはのちに，この成果はデモクリトスによるものだが，厳密な証明までは与えなかったと書いている．しかしそれはおかしい．なぜなら，もしデモクリトスがエジプトから伝わった知識にその時点で，何かをつけ加えたのならば，それがたとえ不十分だったにせよ，ある種の証明だったはずだからである．おそらくデモクリトスは，三角柱は高さと底面積が等しい3個の三角錐に分けることができることを明らかにし，高さと底面が等しい角錐は等しいという仮定から，このよく知られたエジプトの定理を演繹したのであろう．

　ピラミッドの体積は底面と高さの積の3分の1であるというこの仮定は，三角錐に無限小的方法を適用してのみ立証できることである．たとえば，底面と高さが等しい2個の角錐を，互いに1対1に対応している限りなく多く限りなく薄い同面積の断面からなるものとみなす（この方法は，これを考案した17世紀の幾何学者を称えて，ふつうカヴァリエーリの原理と呼ばれる）ならば，この仮定は正当化されると思われる．確証はないのだが，デモクリトスの思考の根底には，以上のようなぼんやりした幾何学的原子論があったのであろう．いずれにしても，ゼノンのパラドックスが出され，また共測不能量の存在がわかったあとでは，無限個の無限小を根拠とするような論証は受け入れられなかった．それゆえアルキメデスが，デモクリトスは厳密な証明を与えなかったと述べたのももっともである．同様な判断は，これもまたアルキメデスがデモクリトスのものとしている，円錐の体積はそれに外接する円柱の体積の3分の1であるという定理にもあてはまるであろう．この定理を，デモクリトスは角錐の定理に対する系とみなしていたらしい．というのも，円錐は本質的には辺数が無限に多い正多角形の底面を持つ角錐だからである．

　デモクリトスの幾何学的原子論はたちまちいくつかの問題に直面した．たとえば，角錐や円錐が，底面に平行でしかも無限に多く無限に薄い三角形や円形の断面からなっているとするならば，隣り合うどの2枚の薄層を取り上げて考えてもパラドックスが生じる．すなわち，もし隣り合った断面の面積が等しいならば，すべての断面が等しいことになり，全体は角錐や円錐ではなく，角柱

や円柱になるであろう．一方，隣りあった断面が等しくないならば，全体は階段状の角錐や円錐となって，ふつうに考えるようななめらかな表面の図形とはならないであろう．この問題の難しさは，共測不能量や運動のパラドックスの難しさと異質のものではない．著書『非共測な線分と立体について』で，デモクリトスは上に述べたような難点を分析したらしいが，その試みがどのような方向をとるものだったのかは知るすべがない．次の世紀の2組の有力な哲学学派であるプラトン学派とアリストテレス学派でデモクリトスが極端に不評だったことは，デモクリトスの思想の軽視を助長したのであろう．とはいえ，「英雄の時代」のおもな数学的遺産は，次の6問題に要約できる．すなわち，円の方形化，立方体の倍積，角の3等分，共測不能量の比，運動に関するパラドックス，そして無限小的方法の妥当性である．これらは，この章で取り上げた人々，すなわちヒポクラテス，アルキュタス，ヒッピアス，ヒッパソス，ゼノン，そしてデモクリトスに，もっぱらではないにしても，それぞれにある程度関係している．そして，彼らに匹敵する一連の人材はほかの時代にも輩出しえたであろうが，研究のために利用できる方法があれほど不十分だったにもかかわらず，これほど数多くの基本的な数学諸問題に対してかくも勇敢に挑戦した時代はなかったであろう．アナクサゴラスからアルキュタスまでの期間を「英雄の時代」と呼んだのは，まさにこの理由からである．

4.14 数学と教養科目

　アルキュタスを「英雄の時代」の数学者に含めたが，実は，彼はプラトン時代の数学においてはある意味で過渡的な人物である．アルキュタスは文字どおりでも比喩的にいっても，最後のピュタゴラス学派のひとりであった．彼は実生活でも数学でも，数とは非常に重要なものであると依然として信じていたが，来たる時代の波は幾何学を持ち上げ優位に立たせようとしていた．そして，そのおもな原因は共測不能性の存在であった．一方，アルキュタスは，自由教育の中核としていわゆる四科——算術，幾何学，音楽，天文学——を確立したといわれ，このことから，彼の考え方が現在までの教育学思想に重要な地位を占めるようになったのである．約2,000年もの間，しきたりとして君臨した七自由学芸は，このアルキュタスの四科と，文法，修辞学，およびゼノンの弁証法の三科からなるものであった．したがって，少なからず公平な目で見ようとする者は，「英雄の時代」の数学者たちは西欧の教育の伝統，とくに紀元前4世紀

の哲学者たちの手を経て受け継がれてきた教育の伝統の方向づけの多くに責任があった，と考えるであろう．

 4.15　アカデメイア

　紀元前4世紀は，ソクラテスの死によって始まった．そのソクラテスは，ゼノンの弁証法的方法を採用して，アルキュタスのピュタゴラス主義を排斥した．彼は若いときには，和 $2+2$ がなぜ積 2×2 と同じになるのかという問題やアナクサゴラスの自然哲学に引かれたと認めている．しかし数学も科学も，ものごとの本質を知りたいという自らの欲求を満たすことができないと悟ったとき，彼は善なるものを求めて独特の研究に没頭するようになった．

　ソクラテスの最期を非常に美しく描写しているプラトンの対話篇『パイドン』から，以下のように形而上学的な疑問がソクラテスの数学や自然科学への関心を強く妨げていたのがわかる．

> 1を1に足すとき，加法を施された1が2になる．つまり，2個の1を足し合せると2になるのは，加法を施したからであるということでは納得できない．互いに離したときにはそれぞれは1であって2ではないのに，それらを一緒にすると，単なる並置や集まりがなぜ2になることの原因となるのか，私にはわからない[*8)]．

　このことからもわかるように，数学の発達におけるソクラテスの影響は，たとえ実際にあったにせよ無視しうる程度のものであった．したがって，彼の弟子であり崇拝者でもあったプラトンが紀元前4世紀の数学を奨励したことは，いっそう意外なことである．

　プラトン自身は，専門的な数学の成果という面ではとくにめざましい貢献をすることはなかったにもかかわらず，彼は当時の数学活動の中心的存在として数学の発展を指導し鼓舞した．彼の学校であるアテネのアカデメイアの入口の上には，「幾何学を知らざる者，ここに入るべからず」という標語が刻んであった．このように，プラトンの数学への情熱は，彼を数学者としてではなく「数学者の育ての親」として高名にしたのである．

訳注 ──────
[*8)] 『プラトン全集1』(松永雄三訳)，岩波書店，1975，p.296（101 B–C）の箇所であるが，引用は英文に従った．

これから（プラトンとアリストテレスに加えて）業績に焦点を当てる人物た §15
ちは，紀元前399年のソクラテスの死と紀元前322年のアリストテレスの死の
間に生きていた，キュレネのテオドロス（紀元前390頃活躍），テアイテトス
（紀元前414–369），クニドスのエウドクソス（紀元前355頃没），メナイクモス
（紀元前350年頃活躍）とその兄弟ディノストラトス（紀元前350頃活躍）と
ピタネのアウトリュコス（紀元前330活躍）である.

アカデメイア

　これら6人の数学者たちは，紀元前5世紀のようにギリシャ世界の全域に散
らばっていたわけではなく，多かれ少なかれ，プラトンのアカデメイアと密接
な関係を持っていた. ところで，数学に対するプラトンのこのような尊崇の念
は，ソクラテスから受け継いだものでないことは明らかである. 事実，プラトン
の初期の対話篇には，数学についての言及はほとんど見られない. そのプラト
ンを数学的なものの考え方へと転向させたのが，彼が紀元前388年にシチリア
まで出向いて会った友人アルキュタスだったことは疑いない. たぶんその地で，
プラトンは5個の正多面体のことを知ったのであろう. それら5個の正多面体
のうちの4個を，プラトンは何世紀にもわたって人々の関心をそそってきたエ
ンペドクレスの宇宙図中の4原質に対応させた. 最後の5番目の正多面体であ
る正十二面体をプラトンが宇宙の象徴とみなしたのは，ピュタゴラス学派が十
二面体を尊敬していたことによるものであろう. 正多面体についてのプラトン
のこのような考察は，彼の『ティマイオス』と題する対話篇に載っている. こ
の題名はその対話篇中に第一対話者として登場しているピュタゴラス学派の学
者ティマイオスの名からとったものらしい. このロクリスのティマイオスがほ
んとうに実在したのか，あるいは現在の南イタリア地方で依然として根強かっ
たピュタゴラス学派的考え方の代弁者としてプラトンが創り上げた人物なのか
どうかはわかっていない. ところで正多面体は，プラトンが『ティマイオス』
のなかで科学的現象の解説にそれらを用いたことから，よく「宇宙立体」とか
「プラトンの立体」と呼ばれた. この対話篇は，プラトンが70歳近くになって
から書いたものらしいが，4原質を正多面体と結びつけたことを示す最初の確
かな証拠となっている. このような空想は大部分，ピュタゴラス学派のもので
あろう.

　プロクロスは，宇宙図形（正多面体）の作図をピュタゴラスによるものとし
たが，古典注釈者スイダスは，宇宙図形について初めて記したのはプラトンの
友人テアイテトス（紀元前414頃–369）であるといっている. テアイテトスは
アッティカの貴族のなかで最も裕福な家の一つに息子として生まれた. エウク

原質と正多面体

レイデス『原論』第 XIII 巻について書かれたある注釈（時代不詳）には，5 個の多面体のうち 3 個だけがピュタゴラス学派によるもので，八面体と二十面体はテアイテトスによって知られるようになったとある．テアイテトスは 5 個の正多面体について最も徹底的な研究を行ったひとりだったようで，したがって，「正多面体は 5 個あって 5 個に限る」という定理は彼によるものであろう．さらに，『原論』に見られる正多面体それぞれについての辺と外接球半径の比の計算も，もしかしたらテアイテトスが行ったものかもしれない．

　この若きアテネ人テアイテトスは，戦いで受けた傷と赤痢のせいで没した．彼の名が冠されたプラトンの対話篇はプラトンが亡くなった友人を偲んで書いたものである．そのなかに，これは約 30 年前のできごとであると断ったうえで，テアイテトスがソクラテスやテオドロスと共測不能量の本質について議論している場面がある．その議論は，これまでのところでは，『原論』第 X 巻の巻頭に見られる形に沿って行われたと考えられている．そこでは，共測可能量と共測不能量の区別だけでなく，互いに共測不能な長さで，平方したとき共測可能になるものと，不能のままであるものとの区別もなされている．たとえば $\sqrt{3}$ や $\sqrt{5}$ のような無理数は，長さとしては互いに共測不能だが平方すれば共測可能である．それはこれらの平方の比が 3 対 5 となるからである．一方，$\sqrt{1+\sqrt{3}}$ と $\sqrt{1+\sqrt{5}}$ のような無理量の対は，長さも平方したものも互いに共測不能である．

　友人テアイテトスを偲んで書かれた対話篇には，プラトンが賞賛していたもうひとりの数学者で，共測不能量論の初期の発展に貢献した人物も登場した．プラトンは『テアイテトス』で，$\sqrt{2}$ の非共測性という当時としては最新の発見について報告しているが，そのなかで，3 から 17 までの非平方整数の平方根の非共測性をいちばん初めに証明したのは，彼の師でテアイテトスの師でもあっ

たキュレネのテオドロスであるといっていた．しかし非共測性をどのようにして証明したのか，またなぜ $\sqrt{17}$ でやめたのかはわかっていない．いずれにせよ，$\sqrt{2}$ に対するアリストテレスの証明にならえば可能だったであろうし，そのような証明が『原論』第 X 巻ののちの版には新たに書き加えられている．古代の歴史書を参照すると，テオドロスは初等幾何学においていくつかの発見をし，それらの発見はのちにエウクレイデスの『原論』に取り入れられたということがわかる．しかし，テオドロスの著作そのものは失われている．

プラトンは数学の歴史においては，主として人々を鼓舞し，指導する役割を果たした人物として重要である．さらに，古代ギリシャにおける算術（アリトメーティケー，数論）と計算術（ロギスティケー）の明確な区別も，おそらく彼によるものであろう．プラトンは，「数を扱う術を学ばねば軍隊の配置の仕方もわからない」軍人とか商人には，計算術がふさわしいと考えた．一方，哲学者は，「変転の海から立ち上がって真の実在を把握していなければならない」から，算術家でなくてはならないとした．プラトンはさらに，『国家』のなかで，「算術は非常に偉大なしかも意識を高める力を持っている．その力が，抽象数についての推論へと知性を立ち向かわせたのだ」と述べている．このように，プラトンの数にまつわる思想は高められすぎて，神秘主義ひいては空想のごとき段階にまで達していた．『国家』の最後の巻ではある数について言及しており，それを「より良き生とより悪しき生の君主」と呼んでいる．この「プラトン数」についてはいろいろな推測がなされており，一説では $60^4 = 12{,}960{,}000$ となっている．この数はバビロニア数秘術では重要な数であった．これはたぶんピュタゴラス学派を通じてプラトンに伝わったのであろう．また，『法律』では，理想的な国家の市民数を 5,040（$7 \times 6 \times 5 \times 4 \times 3 \times 2 \times 1$）としていた．この数はときにプラトンの結婚数とも呼ばれるが，プラトンがどういう考えでそう決めたのかについてはさまざまな説が出されている．

プラトンは，算術において理論と計算を分け隔てたように，幾何学においても，職人や技術者たちの唯物的見解と対立するものとして純粋数学を擁護した．プルタルコスは自著『マルケルスの生涯』のなかで，プラトンが幾何学に機械的手段を用いることに憤激するさまを書いている．明らかにプラトンは，そのようなことは「幾何学の大事な長所を損ないだめにするもので，そのために，幾何学は純粋知性という非具体的対象に対して恥ずべきにも背を向けることになる」と見ていた．したがって．ギリシャ幾何学での作図を定規とコンパスのみで得られるものに限定してしまったことについて，プラトンに大いに責任が

あったといえるであろう．そう制限した理由は，直線や円の作図に用いる器具の単純さにではなく，むしろ作図してできる形の対称性にあったらしい．円の無限に多くある直径のどの一つをとっても，その円自身の対称軸になっている．与えられた直線に垂直に引いたいかなる直線も，その与えられた直線に対する対称軸になっているのとちょうど同じように，無限に延びる直線上のいかなる点も対称の中心とみなすことができる．イデアを神聖視していたプラトンの哲学が，幾何学図形のなかでも円や直線をとくに好み，それらに特別な役割を与えたのは，きわめて当然なことであったろう．これといくぶん似た考え方から，プラトンは三角形も賛美していた．プラトンの見解によれば，5個の正多面体の各面は単純な三角形，四角形，五角形ではなかった．たとえば，四面体の4面のそれぞれは，正三角形の各頂点から対辺に下した3垂線と各辺がつくる6個の小さな直角三角形からなると考えられる．したがってプラトンは，正四面体は斜辺が1辺の2倍である直角不等辺三角形24個からなっているとみなした．さらに彼は，正八面体は8×6すなわち48個の同様な三角形からなり，正二十面体は20×6つまり120個の三角形からなると考えた．同様にして，六面体（立方体）は24個の直角二等辺三角形でできていると考えた．それは，6個の正方形の面それぞれが，対角線を引いたときに4個ずつの直角三角形に分かれるからである．

　プラトンは，十二面体に対しては宇宙を表現するという特別な役割を与えており，「神は，それを全宇宙のために使われた」（『ティマイオス』55C）と謎めいた言葉を残している．プラトンは，十二面体は360個の直角不等辺三角形からなると考えたが，それは，五角形の各面に対角線と中線を5本ずつ引くと，12個の面のそれぞれには30個の直角三角形ができるからであった．そして1番目から4番目までの正多面体を伝統的な4種の宇宙原質と結びつけることによって，プラトンは『ティマイオス』のなかで，物質に関するみごとな統一理論を展開している．その理論とは，すべての物質は想像上の直角三角形から成り立っているとする説である．『ティマイオス』のなかでは，不活性物質の科学同様，生理学全体もそれらの三角形に基礎をおいていた．

　ピュタゴラスは数学を教養科目として確立したといわれるが，プラトンは，それを政治家教育課程の必修課目とすることにも功があった．もしかしたらアルキュタスに影響を受けたせいかもしれないが，プラトンは伝統的な四科に新しく1科目，立体幾何学を加えたいと思っていた．それは，立体幾何学が十分に重要視されていないと考えたからであった．プラトンはまた数学の基礎につ

いても論じており，いくつかの定義を明確にし，仮定を組み立て直している．
さらに彼は，幾何学で使う論理は実際に描く図形に対応するのではなく，それ
らの図形が表す絶対的イデアに対応するものであると強調していた．ピュタゴ
ラス学派は点を「位置を持つ単位」と定義したが，プラトンは点をむしろ直線
の始まりと考えた．「幅を持たない長さ」という直線の定義は，「その上に一様
に点をのせている」という直線の概念同様，プラトンの学派から生まれたもの
らしい．算術では，プラトンは奇数と偶数の区別を強調しただけでなく，「偶数
の偶数倍」や「偶数の奇数倍」および「奇数の奇数倍」のカテゴリーも強調し
た．しかし，このように，プラトンは数学の公理の数を増やしたといわれてい
るにもかかわらず，彼が考えたそのような公理を記したものは残っていない．

　明確にプラトンによる数学的貢献とされているものは，ほんのわずかである．
たとえばピュタゴラスの三つ組数の式——$(2n)^2 + (n^2-1)^2 = (n^2+1)^2$，$n$ は
自然数——にはプラトンの名が冠されているが，この式は，バビロニア人やピュ
タゴラス学派がすでに知っていた結果にちょっと手を加えたものにすぎない．
もっと本質的に重要なことは，いわゆる解析的方法がプラトンに始まるといわ
れていることであろう．論証的数学では，ふつうには公理や公準中のことがら
から，また特別な場合には手近な問題中のことがらから論証を始める．それか
ら一歩一歩進んで，証明すべき命題に到達する．それに対して，プラトンは前
提から結論に至る推論の鎖が明らかでないときは，その過程を逆にたどるほう
が教授法としてしばしば都合がよいと指摘したらしい．すなわち，証明すべき
命題から出発して，そこから成立することがわかっている結論を演繹するので
ある．そこでその推論の鎖の各段階をひっくり返すことができれば，その結果
として命題の正しい証明が得られる．しかし解析的にものを見ることが有効な
ことに気づいたのはプラトンが最初だったとは考えられない．というのは，あ
る問題を前もって検討してみること自体がすでに解析的だからである．プラト
ンが行ったと考えられることは，その手続きに明確な形を与え，あるいはもし
かしたらそれに名称を与えたことであろう．

　数学史におけるプラトンの役割については，依然として激しく議論されてい
る．彼を，並外れて深遠で鋭敏な思索家とする者もあれば，人々を惑わせて世
俗の仕事に関する問題から引き離し，ばかげた空論にふけらせた，いわば数学
の世界でのハーメルンの笛吹きだという者もいる．いずれにせよ，プラトンが
数学の発展に途方もない影響を及ぼしたことを否定する者は，まずいないであ
ろう．アテネにあったプラトンのアカデメイアは世界の数学の中心となり，紀

元前 4 世紀半ばに指導的な立場に立った教師や研究者たちはまさにこの学校の出身者たちであった．そのなかで最も偉大だったのが，クニドスのエウドクソス（紀元前 408 頃–紀元前 335 頃）である．彼はかつてプラトンの弟子だったことがあり，のちに当代随一の数学者かつ天文学者となっている．

4.15.1　エウドクソス

　数学における「プラトン的改革」という言葉を目にすることがある．この表現は当の変化を誇張している感はあるが，エウドクソスによる業績があまりにも重要なものであったので，「改革」と呼んでも不適切ではない．プラトンの青年時代には，共測不能量の発見がまさに論理学上の大問題を引き起こしていたが，それは，共測不能量が比例に関係する定理に大混乱を生じさせたからであった．たとえば正方形の対角線と辺のような二つの量の比が（整）数対（整）数になっていないとき，それら二つの量は共測不能であるという．それならば，共測不能量どうしの比はどうやって比べるのだろうか？ ところで，円の面積の比はそれぞれの直径上の正方形の比に等しいということをヒポクラテスがほんとうに証明していたとするならば，彼は比例や比の相等を扱う何らかの手段を持っていたに違いないことになる．しかし我々は，ヒポクラテスがどのようにして証明を進めたのか知らないし，あるいは彼が，新しくてしかも一般に通用する比の定義を与えたエウドクソスに，ある程度先んじていたのかどうかもわからない．どうやらギリシャ人は，4 量 a, b, c, d において，二つの比 $a : b$ と $c : d$ に同一の互除法的減法が行えればそれらは比例しており，$a : b = c : d$ という関係が成り立つという考え方を採用していたようである．つまり，比 $a : b$ と比 $c : d$ のそれぞれにおいて，小さいほうの同じ整数倍を大きいほうから引くことができ，さらにそれぞれの結果に対して余りの同じ整数倍をもとの小さいほうから引くことができる．またさらに，新しい余りの同じ整数倍をそれぞれ前の余りから引くことができ，以下同様に続けることができるということである．このような定義はさぞ使いにくかったことであろう．したがって，エウクレイデス『原論』第 V 巻でも使われている比例論の発見は，エウドクソスが成し遂げた素晴らしい業績であった．

　ただ，比という言葉そのものは，ギリシャ数学では本質的には無定義の概念であった．それというのも，比を同種の 2 量間の大きさの関係とするエウクレイデスによる「定義」は，定義としてはきわめて不十分だったからである．むしろそれよりも重要であるのは，倍加すれば互いに超過することのできる 2 量

は互いに比を持つというエウクレイデスの命題である．この命題は，本質的には
はいわゆる「アルキメデスの公理」とまったく同一のものである．しかもアルキ
キメデス自身，上の性質はエウドクソスによるとしていた．したがって，エウ
ドクソスの比の概念はゼロを除外するとともに同種の量の意味をはっきりさせ
ていることになる．たとえば，比を求めようとして線分を面積と比べたり，面
積を体積と比べたりするべきではない．

　比について以上のようなことを予備的に述べたのち，エウクレイデスは第V
巻の定義5でエウドクソスによる有名な比の定義を取り上げている．

> 　第1の量と第3の量の同数倍を，第2の量と第4の量の同数倍に対し
> て順にとったとき，それらが何倍であろうとも，それぞれともに大き
> いか，ともに等しいか，またはともに小さいとき，第1の量が第2の
> 量に対する比と第3の量が第4の量に対する比は同じであるという．
> （Heath 1981, vol.2, p.114）

つまり，4量 a, b, c, d に対して，与えられた整数 m, n について，$ma < nb$ な
ら $mc < nd, ma = nb$ なら $mc = nd, ma > nb$ なら $mc > nd$ という関係のい
ずれかが必ず成り立つときおよびそのときに限って，$a/b = c/d$ であるという
ことである．

　エウドクソスの比の相等の定義は，現在分数に使っているようなたすき掛け
の方法——$ad = bc$ なら $\frac{a}{b} = \frac{c}{d}$ ——と異なることはなく，通分に相当する方
法である．たとえば $\frac{3}{6}$ が $\frac{4}{8}$ に等しいことを示すためには，3と6に4を掛けて
12と24を得，4と8には3を掛けて同じ数の組12と24を得る．比の値に掛
ける2個の乗数として7と13をとることもできるので，そのときは初めの比の
数は21と42になり，次は52と104となる．そして，21が52より小さいよ
うに42も104より小さい．（ここでは，現在一般に使われている算法に従うた
め，エウドクソスの定義の第2項と第3項を交換したが，どちらでも同様の関
係が成り立つ．）しかしながら，以上のような算術的な例は自明なことと思われ
るため，エウドクソスの考え方の緻密さと有効性は正当に評価されない．彼が
与えた定義をより高く評価するには，a, b, c, d を非共測量に置き換えるか，ある
いはより適切には a と b をそれぞれ球とし，c と d をそれらの球の半径上の立
方体としてみるとよいであろう．そうなるとたすき掛けは無意味になり，エウ
ドクソスの定義は自明どころかその効用は大変なものになる．実のところ，厳

密にいうと，彼の定義は 19 世紀の実数の定義とそうかけ離れていないことがわかるであろう．というのは，そこでは有理数 $\frac{m}{n}$ を $ma \leq nb$ か $ma > nb$ に応じて，二つの部類に分けている[*9)]からである．共測数は無限に存在するから，ギリシャ人は自ら避けたいと願っていた概念———すなわち無限集合の概念———に暗に直面していたことになる．しかしともかく，比例を伴う定理には，いまやようやく満足できる証明が与えられるようになった．

4.15.2 取尽し法

　共測不能量によって生じた危機はエウドクソスの着想によって首尾よく解決されたが，もうひとつ未解決の問題があった．それは曲線図形と直線図形の比較の問題である．ここでもまた，その鍵を提供したのはエウドクソスであったらしい．それ以前の数学者たちは，曲線図形に多角形を内接・外接させて辺の数を無限に増やしていくことを考えたようだが，当時は極限の概念がまだ知られていなかったので，その論法にどう決着をつけたらよいかわからなかった．アルキメデスによると，現在アルキメデスの名を冠する公理を考案したのはエウドクソスである．連続性の公理[*10)]と呼ばれることもあるこの公理は，取尽し法の基礎であり，積分のギリシャ版ともいえるものである．この公理もしくは補助定理は，比を持つ 2 量（すなわち，どちらもゼロでないことをも意味する）が与えられたとき，一方を倍加してもう一方を超過させることができ，また逆も可能であるというものである．ただこの命題では，当時，ギリシャでときどき問題になっていたこれ以上分割できない不可分線分とか，定まった実無限小数についてのあいまいな議論は避けていた．それはまた，いわゆる接触角，すなわち「つの状の角」（曲線 C と C 上の点 P における接線 T がなす角）と，ふつうの角（直線角）の比較をも除外した．つの状の角はゼロとは異なる量と思われたのだが，直線角の尺度ではエウドクソスの公理は満たされない．

　エウドクソス（またはアルキメデス）の公理から，「背理法」によって，ギリシャの取尽し法の基礎となった命題を証明することは容易である．

　　ある量からそれの半分以上を取り去り，その残りからその半分以上を
　　取り去り，さらにそれを続けていけば，ついには，あらかじめ与えら

[*9)]　量の比 $\frac{b}{a}$ に対応して，有理数 $\frac{m}{n}$ を $\frac{m}{n} \leq \frac{b}{a}$ なるもの全体と $\frac{b}{a} < \frac{m}{n}$ なるもの全体とに分けている（デーデキントの切断）．

[*10)]　現在「実数の連続性」と呼ばれるものとは異なり，「実数における有理数の稠密性」と対応している．

れたいかなる小さな量よりも小さいある量が残るであろう.

§15

この命題を「取尽し性」と呼ぶが, エウクレイデスの第 X 巻命題 1 に相当し, 現代風にいい換えれば, 量 M が与えられ, しかも M と同種の量 ε が決められており, r が $\frac{1}{2} \leq r < 1$ の比であるとき, $M(1-r)^n < \varepsilon$ がすべての整数 $n > N$ について成り立つような正の整数 N を決めることができることになる. つまり, 取尽し性は $\lim_{n \to \infty} M(1-r)^n = 0$ という現代の表現に相当する. さらに, ギリシャ人はこの性質を使って, 曲線図形の面積や体積についての定理も証明した. とくにアルキメデスは, 円錐の体積は同じ底面と高さの円柱の 3 分の 1 であることの証明についても, 満足できる最初の証明はエウドクソスによると記していた. このことは, 取尽し法はエウドクソスが導入したものであるといっているように思われる. もしそうならば, 円の面積や球の体積に関連した定理にエウクレイデスが与えた証明は, おそらく (ヒポクラテスではなく) エウドクソスのおかげであったことになる. それ以前には, 円の面積は, そのなかに正多角形を内接させ, 辺の数を不定に多く増やしていくことにより取り尽くされるだろうと安易にいわれていた. そのような手続きを, エウドクソスの取尽し法は初めて厳密なものにしたのである. (古代ギリシャ人は「取尽し法」という言葉は使っていなかった. これは近代になってからの呼び名だが[*11], 数学史では十分に定着しているので, ここでも引き続き使うことにする.) エウドクソスが, この取尽し法を実際に用いたと思われる際の論法を示すために, 円の面積の比はそれぞれの円の直径上の正方形の面積の比に等しいということの証明を, 現代の記号を使って次に示す. エウクレイデスが『原論』第 XII 巻の命題 2 で与えている証明は, たぶんエウドクソスのものである.

円 c と円 C をとり, それぞれの直径を d と D, 面積を a と A とすると, $\frac{a}{A} = \frac{d^2}{D^2}$ が証明すべきことである. 間接法によって, ほかの可能性, すなわち $\frac{a}{A} < \frac{d^2}{D^2}$ と $\frac{a}{A} > \frac{d^2}{D^2}$ が成立しないことが示せれば, 証明は完成する. ゆえに, まず $\frac{a}{A} > \frac{d^2}{D^2}$ と仮定する. そうすると, $\frac{a'}{A} = \frac{d^2}{D^2}$ となるような量 $a' < a$ があるはずである. そこで $a - a'$ をあらかじめ定められた量 $\varepsilon > 0$ にとる. 円 c と円 C の内部に, 面積がそれぞれ p_n と P_n で, 辺の数が同じ n の正多角形を内接させ, 多角形の外側でしかも円の内側にあたる中間部分を考える (図 4.18). ここで辺の数を 2 倍にすると, この中間部分からその半分以上を取り去ることに

訳注 ────────────────────────

[*11] 英語で method of exhaustion. 取り尽くす (exhaurio) というラテン語を最初に用いたのは 17 世紀の数学者サン・ヴァンサンのグレゴワールである.

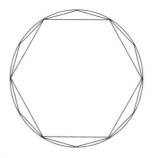

図 4.18

なるのは明らかである．したがって取尽し性により，辺の数を順次 2 倍にしていけば（つまり n を増やしていけば），$a - p_n < \varepsilon$ になるまで中間部分を減少させることができる．ところが，$a - a' = \varepsilon$ だから，$p_n > a'$ となる．さて，その前の定理で $\frac{p_n}{P_n} = \frac{d^2}{D^2}$ が示され，また $\frac{a'}{A} = \frac{d^2}{D^2}$ が仮定されていたので，$\frac{p_n}{P_n} = \frac{a'}{A}$ となる．ゆえに，すでに示したように，もし $p_n > a'$ ならば $P_n > A$ と結論しなければならない．ところが P_n は面積 A の円「に内接する」多角形の面積であるゆえ，P_n は A より大きくはなれない．誤った結論は誤った前提を意味することから，$\frac{a}{A} > \frac{d^2}{D^2}$ の可能性はないことが示せる．同様にして，$\frac{a}{A} < \frac{d^2}{D^2}$ の可能性のないことも示せる．よって，円の面積の比は各直径上の正方形の面積の比に等しいという定理は証明された．

4.15.3　数理天文学

　上記で証明した命題は，曲線図形の量を扱ったものとしては最初の厳密な定理だったと思われる．この定理はエウドクソスを，プラトンのアカデメイア会員による業績のなかでは数学への最も偉大な貢献である，積分演算の明らかな先駆者として位置づけるものである．それでもエウドクソスは，決して単なる数学者にとどまるような人物ではなく，科学史のほうでは科学的天文学の父としても知られている．ところで，プラトンは会友たちに，太陽，月，そして 5 個の既知の惑星の運動を幾何学的に表示してみよと持ちかけたといわれている．その際，それらの運動が一様円運動で構成されていなければならないというのが，明らかに暗黙の前提となっていた．そのような制約にもかかわらず，エウドクソスは 7 個の天体それぞれの運動を満足に描くことができた．すなわち，地球を中心とする同心で半径の異なる天球の集まりにおいて，個々の天球は，次のより大きな天球の表面に対して固定された軸のまわりを一様に回転してい

た．そうしてからエウドクソスは，個々の惑星にそれぞれ異なる回転系を与え
ている．それらの系を後継者たちは「同心球系」と呼んだ．以上述べた幾何学
的天文体系は，アリストテレスによって有名な水晶球体のペリパトス派宇宙論
に統合され，以後2,000年もの間，宇宙観を支配することになった．

　エウドクソスは疑いなくギリシャ時代における最も有能な数学者だったが，
その著作はすべて失われている．エウドクソスは，自分の考えた天文体系によ
れば，「ヒッポペデ」または「馬の足かせ」と呼ばれる曲線に沿うループ軌道上
の惑星運動も，円運動の組合せを用いて説明できると考えていた．数字の8を
球面上に描いたようなこの曲線は，球と球に内側から接している円柱の交線と
して得られるものである．しかもその曲線は，ギリシャ人が認めた数少ない新
しい曲線図形のひとつであった．当時は，曲線を新たに定義する方法としては
ただ2通りしかなかった．すなわち，(1) 一様運動の結合と，(2) 見なれた幾
何学図形の曲面どうしを交わらせたもの，である．エウドクソスのヒッポペデ
は，これら2種類の方法のどちらからも引き出せる曲線の好例である．エウド
クソスから約800年後にプロクロスは，エウドクソスは幾何学の一般定理の数
を増やし，分割（たぶん黄金分割のことであろう）の研究にプラトン的解析法
を応用したと伝えている．しかしエウドクソスが有名なのは，何といっても比
例論と取尽し法による．

4.15.4　メナイクモス

　数学史においては，エウドクソスは彼自身の業績によるだけにとどまらず，
弟子たちの業績を通じても記憶にとどめられるべきである．ギリシャには，師
から弟子へと伝統を継承する強いつながりがあった．それゆえ，プラトンはア
ルキュタス，テオドロスおよびテアイテトスから学んだし，そのプラトンの影
響は，さらにエウドクソスを通じてメナイクモスとディノストラトスの兄弟へ
と伝わったのである．この2人は両方とも数学において名声を得ている．すで
に述べたように，キオスのヒポクラテスは，立方体の倍積が達成できるのは連
比 $\frac{a}{x} = \frac{x}{y} = \frac{y}{2a}$ で表される特性を持つ曲線が見つかり，しかもその曲線の使用
が認められる場合であることを示していた．また，ギリシャ人は新しい曲線を
得る手段を2通りしか認めていなかったことも述べた．したがって，メナイク
モスが望み通りの特性を持った曲線がすぐ身近にあることを明らかにしたこと
は，彼自身にとっても大変な偉業であった．つまり，単独の図形から得られる
それにふさわしい曲線群があったのである——それらは，直円錐を母線に垂直

な平面で切断して得られたものであった．このことからメナイクモスは，のちに楕円，放物線*12)，双曲線と呼ばれるようになった曲線群の発見者とみなされている．

　円と直線は別として，日常経験において目で見て明らかなすべての曲線のなかでは，楕円がいちばん認識しやすい曲線であろう．楕円は，円を斜めに見たとき，または円柱状の丸太をのこぎりで斜めに切ったときには，いつでもそこに存在するからである．しかしメナイクモスが初めて楕円を発見したのは，別の研究の単なる副産物としてだったらしい．その研究というのはデロス問題を解くことであり，それに要したのが放物線や双曲線が持つ特性であった．

　メナイクモスは頂角が直角（つまり生成角が $45°$）の一葉直円錐から始めたが，それが母線に垂直な平面で切断されたとき，交わってできる曲線は次のようになることを発見した．すなわちその曲線の式は，現代の解析幾何学では $y^2 = lx$ となり，定数 l は頂点から切断平面までの距離である．メナイクモスがどのようにしてこの特性を導いたかはわからないが，それは初等幾何学の定理の範囲内で行われた．さて，円錐を ABC とし，それを母線 ADC に垂直な平面で切断して曲線 EDG が得られたとする（図 4.19）．すると，その曲線上の任意の点 P を通って円錐を水平に切断し，断面を円 PVR とするような平面がある．そこで，Q を曲線（放物線）と円 PVR のもうひとつの交点とする．図形の左

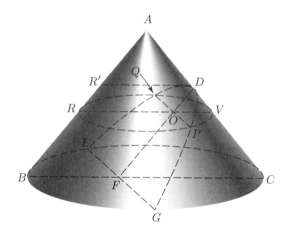

図 4.19

訳注

*12)　パラボラ（parabola）．このパラボラが物体の投射を描く曲線と考えられるようになったのは近代である．

右対称性から，点 O では $PQ \perp RV$ となる．ゆえに，OP は RO と OV の比例中項[13]である．さらに，三角形 OVD と BCA が相似だから $\frac{OV}{DO} = \frac{BC}{AB}$ となり，また三角形 $R'DA$ と ABC も相似だから $\frac{R'D}{AR'} = \frac{BC}{AB}$ となる．そこで，$OP = y$, $OD = x$ を点 P の座標とすると $y^2 = RO \cdot OV$ を得るが，等しいものどうしを置き換えれば，

$$y^2 = R'D \cdot OV = AR' \cdot \frac{BC}{AB} \cdot DO \cdot \frac{BC}{AB} = \frac{AR' \cdot BC^2}{AB^2} x$$

となる．ここで，線分 AR', BC, AB は曲線 $EQDPG$ 上のすべての点 P に対して一定であることから，この「直角直円錐切断」曲線の方程式は $y^2 = lx$ と書ける．この l は定数で，のちに円錐曲線の通径と呼ばれるようになったものである．類似の方法で，「鋭角直円錐切断」曲線については $y^2 = lx - \frac{b^2 x^2}{a^2}$，「鈍角直円錐切断」曲線については $y^2 = lx + \frac{b^2 x^2}{a^2}$ という形の方程式を得る．ここで a と b は定数で，切断平面は頂角が鋭角または鈍角の直円錐の母線にそれぞれ垂直とする．

4.15.5 立方体の倍積

メナイクモスは未来に明かされることになる多くの美しい性質を予見するすべを持たなかった．その彼が円錐曲線に出会ったのは，立方体倍積問題を解くのに適当な特性を持つ曲線を発見したときのことであった．現代の記号を使えば倍積問題の解はすぐ求められるし，切断平面（図 4.19）を移動すればどんな通径の放物線も見つけることができる．だから，辺 a の立方体を倍積したいときには，直角直円錐上に通径が a と $2a$ の 2 本の放物線をまず求める．そしてそれらの頂点を原点におき，2 本の軸をそれぞれ y 軸と x 軸にとれば，2 曲線の交点の座標 (x, y) は，連比 $\frac{a}{x} = \frac{x}{y} = \frac{y}{2a}$ を満たすであろう（図 4.20）．つまり，$x = a\sqrt[3]{2}$ と $y = a\sqrt[3]{4}$ である．したがって，この x 座標が求める立方体の 1 辺の長さとなる．

メナイクモスは，直角双曲線と放物線の使用によっても倍積問題は解けることを知っていたと考えられる．つまり，$y^2 = \left(\frac{a}{2}\right) x$ の放物線と $xy = a^2$ の双曲線を同じ座標系におくと，交点の座標は $x = a\sqrt[3]{2}$, $y = a/\sqrt[3]{2}$ であり，この x 座標が求める立方体の 1 辺の長さになっている．メナイクモスは今では広く知られている円錐曲線の性質もいろいろと知っていたようで，そのなかには双

訳注

[13] 円 PVR において RV は直径なので $RO \cdot OV = OP^2$ となり，OP は RO と OV の比例中項となる．

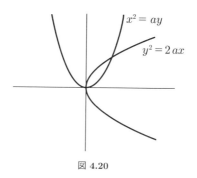

図 4.20

曲線の漸近線も含まれていた．それらの性質を使って，彼は上述したような現代的な式に匹敵する作業を行ったのであろう．メナイクモスは「幾何学全体をより完全なものにした」人物のひとりであったとプロクロスは述べている．しかし彼が実際に携わっていた仕事がどんなものだったのかは，ほとんどわかっていない．ただ，メナイクモスがアレクサンドロス大王を教えていたことはわかっている．生徒である王が幾何学への近道をたずねたときの有名な返答は，伝説ではメナイクモスのものとされている．「陛下，国を旅するには王の道と一般市民用の道がありましょうが，幾何学では万人にただ 1 本の道があるのみでございます」であった．円錐曲線の発見者をメナイクモスとした根拠の一つは，エラトステネスからプトレマイオス III 世エウエルゲテス王に宛てた書簡である．それは，およそ 700 年後にエウトキオスによって引用されたもので，立方体の倍積法が数種書いてあった．またそのなかには，アルキュタスのややこしい作図や，「円錐を切断してメナイクモスの 3 曲線族を得る」方法も載っていた．

4.15.6 ディノストラトスと円の方形化

メナイクモスの兄弟のディノストラトスもまた数学者であった．兄弟の一方が立方体の倍積問題を「解き」，もう一方が円の方形化問題を「解いた」．ヒッピアスの 3 等分線の終点 Q が持つ際立った性質が，おそらくこのディノストラトスによってひとたび注目されるや，円の方形化問題は単純なことがらとなってしまった．正方形 $ABCD$ の 1 辺を a として，3 等分線（図 4.21）の式が $\pi r \sin\theta = 2a\theta$ で与えられているとき，θ がゼロに近づくにつれ，r の極限値は $\frac{2a}{\pi}$ となる．このことは，微積分を学び，θ がラジアンのとき $\lim_{\theta \to 0} \frac{\sin\theta}{\theta} = 1$ であることを思い出せる者にとっては明らかなことである．パッポスがこの問

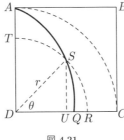

図 4.21

題に与えた証明は，たぶんディノストラトスから引用したのであろうが，初等幾何学の考え方だけに基づいたものであった．このディノストラトスの定理は，辺 a は線分 DQ と四分円弧 AC の比例中項，すなわち $\frac{\widehat{AC}}{AB} = \frac{AB}{DQ}$ であると主張している．ここで，典型的なギリシャ的間接証明法を用い，いくつかの代案を消去していくことによって，この定理を証明してみよう．まず $DR > DQ$ に対して $\frac{\widehat{AC}}{AB} = \frac{AB}{DR}$ であると仮定する．さらに，中心が D で半径が DR の円が3等分線と S で，正方形の辺 AD と T で交わっているとする．そして，S から辺 CD に垂線 SU を下ろす．対応する円弧の比はそれぞれの半径の比であることをディノストラトスは知っていたことから，$\frac{\widehat{AC}}{AB} = \frac{\widehat{TR}}{DR}$ が得られる．また，仮定から $\frac{\widehat{AC}}{AB} = \frac{AB}{DR}$ なので $\widehat{TR} = AB$ となる．しかし，3等分線の定義から $\frac{\widehat{TR}}{SR} = \frac{AB}{SU}$ である．ゆえに，$\widehat{TR} = AB$ から $\widehat{SR} = SU$ とならなければならないが，これは明らかに誤りである．なぜなら，垂線 SU は点 S から線分 DC へのいかなる直線や曲線よりも短いからである．ゆえに，比 $\frac{\widehat{AC}}{AB} = \frac{AB}{DR}$ における第4項 DR は DQ より大きくはなれない．同様にして，この第4項 DR が DQ より小さくなれないことも示せる．よって，ディノストラトスの定理は証明された——つまり，$\frac{\widehat{AC}}{AB} = \frac{AB}{DQ}$ である．

3等分線と DC の交点 Q が与えられれば，上述のように3本の直線分と円弧 AC に関する比例関係が得られる．それから比例第4項の単純な幾何学的作図により，円弧 AC と同じ長さの線分 b は容易に描くことができる．したがって，1辺が $2b$ でもう1辺が a の長方形を描けば，その面積はちょうど半径 a の円の面積と同じになる．またその長方形に等しい面積を持つ正方形は，その長方形の2辺の幾何平均を正方形の1辺にとれば，簡単に作図できる．ところで，ディノストラトスがヒッピアスの3等分線は円の方形化問題にも使えるこ

とを示したことから，この曲線は一般的に円積線*14)と呼ばれるようになった．もちろん，角の3等分や円の方形化問題にこの曲線を使うことは，競争の規則——円と直線しか認めない——に反するものであることを，ギリシャ人は常に承知していた．ヒッピアスやディノストラトスの「解法」は，発見者本人も自覚していたとおり詭弁的なものであった．このことから，正規の方法であろうと規定違反であろうと，とにかく別の解法を求めての研究が続けられ，その結果，いくつかの新しい曲線がギリシャの幾何学者たちによって発見された．

4.15.7　ピタネのアウトリュコス

紀元前4世紀後半，ディノストラトスとメナイクモスの2〜3年あとに，ひとりの天文学者が活躍した．彼は現存する最古のギリシャ数学の論文を書いたという栄誉を得ている．そのピタネのアウトリュコスが書いた論文「動天球について（*De sphaera quae movetur*）」は，古代の天文学者たちが広く用いた『小天文学』という論文集に収載されていた．「動天球について」自体は，天文学に必要な天球幾何学の初歩定理程度の内容で，深遠でもなければおそらくそれほど独創的なものでもない．そのおもな意義は，ギリシャ幾何学がいわゆる古典時代の典型的な体系に到達していたことを物語っている点にある．そのなかでは定理は明確に記述され，証明されている．さらに，よく知られていると思われる定理は証明や出典なしに使っている．したがって，この著者の時代，つまり紀元前320年頃のギリシャでは，すでに幾何学教科書の伝統が完全に確立していたと結論できる．

4.16　アリストテレス

最も博学な学者であるアリストテレス（紀元前384–322）は，エウドクソスと同様にプラトンの弟子であり，また，メナイクモスと同様にアレクサンドロス大王の師でもあった．彼は，主として哲学者でかつ生物学者だったが，数学者たちの活動も完全に把握していた．「不可分な線について」という論文がアリストテレスのものとされていることから，彼は当時第一級の論争の一つに加担していたのかもしれない．最近の研究では，この論文の信憑性に疑問が投げかけられているが，いずれにせよ，それはアリストテレスのリュケイオンでの討

訳注

*14)　quadratrix. 円の方形化（円積）に用いられる曲線．

議から得られたものであろう．論文の主旨は，プラトンのあとをついだアカデメイアの学頭クセノクラテスが信奉する，それ以上分割できない量についての学説は支持できない，ということであった．クセノクラテスの考えは，この分割不能量，すなわち面積や体積の無限小という概念を使えば，ゼノンのもののような数学的および哲学的思想にとって悩みの種だった多くのパラドックスを解明できるというものだった．アリストテレスもゼノンのパラドックスにはおおいに注目したのだが，常識を盾にとってそれに反駁する道を選んでしまった．アリストテレスは，プラトン派数学者たちとは異なり当時の抽象観念や専門的な事項に首を突っ込むことをためらったがために，後世にまで残るような数学に対する貢献はなしえなかった．しかしアリストテレスが展開した論理の根拠と，自らの膨大な著作のなかで数学的概念や定理について頻繁に言及していることを考えあわせれば，彼は数学の発展に確かに貢献したとみなすことができる．算術や幾何学での潜在的無限や実無限についてのアリストテレスの議論は，数学の基礎について書こうとしたのちの多くの著者たちに影響を与えた．しかし，数学者たちは「無限を必要としなければ使いもしない」というアリストテレスの言葉は，無限は数学者たちの楽園であるという現在の主張と対比されるべきであろう．以上述べてきたことよりもアリストテレスの業績としていっそう明確に重要なことは，彼の行った数学における定義や仮定の役割の分析である．

　紀元前323年にアレクサンドロス大王が急死し，帝国は崩壊した．そして，彼に仕えた将軍たちは，この若い征服者の支配していた領土を分割した．アテネではアリストテレスは外国人とみなされていたので，強大な権力を誇った軍人である生徒のアレクサンドロス大王が死んだ時点では，もはや自分には人気のないことを悟った．そのためアリストテレスはアテネを離れ，次の年に世を去った．さて，全ギリシャ世界を通じて，古い秩序は政治的にも文化的にも変化しつつあった．アレクサンドロス大王の統治のもとで，ギリシャと東洋の習慣や学問の融合が徐々に行われ新しい文明が生まれたが，それはギリシャの（Hellenic）というよりは，ギリシャ風（Hellenistic，ヘレニズム）の文明と呼ぶほうが適切である．そのうえ，この世界征服者アレクサンドロス大王によって築かれた新しい都市アレクサンドリアは，いまや数学の世界の中心地としてアテネにとってかわっていた．それゆえ，文明史ではギリシャ世界を二つの時代に分けるのが通例であり，アリストテレスとアレクサンドロス大王（デモステネスも）のほぼ同時の死が，格好な分割線となっている．そして，その前の時代をギリシャ時代，あとの時代をヘレニズム時代またはアレクサンドリア時代と呼んでいる．

次の数章では，この新しい時代の最初の1世紀の数学について述べるが，この1世紀はしばしば「ギリシャ数学の黄金時代」と呼ばれる．

4

ギリシャの伝統

5 アレクサンドリアのエウクレイデス
Euclid of Alexandria

> あるときプトレマイオス王がエウクレイデスに，
> 『原論』を読むよりもっと手っ取り早く
> 幾何学を学べる方法はないものかとたずねた．
> そこでエウクレイデスは，幾何学には王道はございません，と答えた．
> ——プロクロス・ディアドコス

5.1 アレクサンドリア

アレクサンドロス大王の死後，ギリシャ軍の将軍たちは内輪もめを起こしたが，紀元前305年以後には，帝国のエジプト部分はマケドニア出身の支配者プトレマイオスI世がしっかりと手中に収めていた．プトレマイオスI世はアレクサンドリアに二つの施設の基礎を築き，それらは何世代にもわたって学問の中心になった．それがムセイオンと図書館であり，ともにプトレマイオスI世と子息のプトレマイオスII世がふんだんに資源を投入し，またこの偉大な研究機関に各分野の一流の学者たちを呼び寄せた．そのなかに，これまでに書かれたなかで最も成功を収めた数学書——『原論』（ストイケイア，$\Sigma \tau o \iota \chi \varepsilon \hat{\iota} \alpha$）——の著者エウクレイデスがいた[*1]．しかしその著者およびベストセラーの名声に比べて，エウクレイデス自身の生涯については驚くほどわずかしか知られていない．その生涯があまりにも不明瞭であったため，彼の名には出生地がついていない．『原論』の各版では，著者の名をメガラのエウクレイデスとしていることがよくあり，数学史にもメガラのエウクレイデスの肖像画がたびたび出てくるが，それは間違いである[*2]．

アレクサンドリアのエウクレイデスは仕事の性質上，アカデメイアの場においてではないにしても，プラトンの弟子たちとともに学んだと考えられている．エウクレイデスにまつわる伝説では，弟子のひとりが幾何学を学んで何になるのかとたずねたとき，エウクレイデスはその弟子にコインを3オボロス与えるよう奴隷に命じ，「あの男は学ぶことによって何か得をしなければならないようだから」と言ったという．

訳注

[*1] 『原論』をはじめエウクレイデス全著作の和訳は次を参照．『エウクレイデス全集』全5巻，東京大学出版会，2008–．『原論』のみの全訳は，『ユークリッド原論』（追補版），共立出版，2011．

[*2] メガラのエウクレイデスは古代ギリシャのメガラ派を創設した哲学者．混同があることは16世紀に指摘されていたが，そのことを最初に印刷した（1572年）のはイタリアの数学者コンマンディーノである．

5.2 失われた著書

　エウクレイデスの著作のうち半数以上は失われており，そのなかには『円錐曲線論』4巻のように重要なものも含まれていた．この著書だけでなく，エウクレイデスよりやや年長の幾何学者アリスタイオスが書いたが失われた『立体軌跡論』も，まもなくアポロニオスによる円錐曲線についてのより包括的な著作にとってかわられた．そのほかエウクレイデスの失われた著作には，『曲面軌跡論』，『誤謬論』，『ポリスマタ』3巻（ポリスマタはポリスマの複数形）があった．しかしそれらの著作がどういう内容だったかは，古代の文献を参照してもはっきりとはわからない．わかっているかぎりでは，ギリシャ人が回転体以外の表面について研究することはなかった．

　エウクレイデスの『ポリスマタ』を失ったことは格別に残念なことである．のちにパッポスは，ポリスマとは，証明すべきことがらが提示されている定理と，作図すべきことがらが提示されている問題の中間にあるものであると述べた．ポリスマのことを，既知量と不定または未定の量の関係を決定する命題と表現した人々もいることから，ポリスマはもしかしたら，古代では関数の概念に最も近いものだったのかもしれない．

 ## 5.3 現存する著作

　エウクレイデスの著作では，次の5点が現在まで残っている．『原論』，『デドメナ』[*3)]，『図形分割論』，『天文現象論』と『光学』である．『光学』は，透視画法または直視幾何学についての初期の成果として興味深い．古代の人々は光学現象を3部門に分けて研究していた．すなわち（1）光学（直視幾何学），（2）反射光学（反射光線の幾何学），（3）屈折光学（屈折光線の幾何学）である．『反射光学』はときにエウクレイデスの作とされているが，その信憑性は疑わしく，たぶん約6世紀のちのアレクサンドリアのテオンのものであろう．エウクレイデスの『光学』は視線の「放射」説を採用しており，注目に値する．媒質中の活動が物体から目まで直線的に伝わるとする，競争相手のアリストテレスの教義とは対照的である．（自然学と違って）透視画法の数学では，それら2説のどちらを採用しても変わらないことに注目しておこう．『光学』の定理のなか

訳注 ─────────────
　[*3)]　デドメナとは与えられたものという意味．

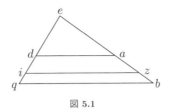

図 5.1

には,古代に広く使われていた性質——$0 < \alpha < \beta < \frac{\pi}{2}$ なら $\frac{\tan\alpha}{\tan\beta} < \frac{\alpha}{\beta}$——があった.この『光学』が書かれた一つの目的は,物は目に見えるのとちょうど同じ大きさであり透視画法でのような短縮は認められないとする,エピクロス派の主張に対抗することにあった.

エウクレイデスの『図形分割論』は,アラビアの学者たちが習得していなかったならば失われていたと思われる.本来のギリシャ語で書いたものは残っていないが,そのギリシャ語版の紛失以前にアラビア語版が出されていた(その際,原文中の証明のいくつかは「証明は簡単だから」という理由で省略された).それがのちにはラテン語に訳され,最終的には各国現代語に訳されたのである.このような経過は,ほかの古典にもあった.この『図形分割論』には,平面図形の分割についての 36 の命題が含まれていた.たとえば命題 1 は,三角形の底辺に平行で,三角形の面積を 2 等分する直線の作図を求めている.命題 4 は,台形 $abqd$(図 5.1)を両底辺に平行な直線で 2 等分する問題で,求める直線 zi は $\overline{ze}^2 = \frac{1}{2}(\overline{eb}^2 + \overline{ea}^2)$ であるような z を決めることにより定まる.ほかの命題では,平行四辺形を 1 辺上に与えられた点を通る直線で二つの等しい部分に分ける方法(命題 6)や,その定点が平行四辺形の外部にある場合の分け方(命題 10)などを求めている.最後の命題では,四辺形を 1 辺上の 1 点を通る直線で与えられた比に分ける方法を求めている.

この『図形分割論』に内容や目的が似ているのは『デドメナ』であり,ギリシャ語とアラビア語の両方で現在に伝わっている.これはアレクサンドリアのムセイオンで使うために作成されたもののようで,『原論』の初めの 6 巻の姉妹編であり,いわば教科書を補う便覧のようなものであった.それは,量と軌跡についての 15 の定義で始まり,本文は,問題中に出てくるであろう条件や量の意味を説明する 94 の命題からなっている.最初の二つの命題は,2 量 a, b が与えられればそれらの比が求まることと,一方の量とその量の 2 番目の量に対する比とが与えられれば 2 番目の量が求まることを述べている.それらに似た命題がさらに 24 ほどあり,代数的法則や公式としての役目を果たしていた.

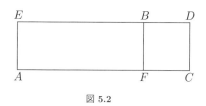

図 5.2

その次には平行線や比例量についての簡単な幾何学法則が載っており,それによって,学生たちに問題中に与えられているデータの意味を思い起こさせている.たとえば,2本の線分が与えられた比を持つとき,それらの線分上につくられた相似直線図形の面積比もわかるという助言をしている.命題のいくつかは,2次方程式の解を幾何学的表現で言い直したものであった.たとえば,与えられた(長方形状の)面積 AB を与えられた長さの線分 AC 上においたとき(図 5.2),全体の長方形 AD の面積と AB の面積の差 BC が与えられれば,長方形 BC の各寸法は求められる,という具合である.この真なることの証明は,現代代数学によれば容易である.まず AC の長さを a,長方形 AB の面積を b^2,FC 対 CD の比を $c:d$ とする.そして $FC = x$, $CD = y$ とおくと,$\frac{x}{y} = \frac{c}{d}$ かつ $(a-x)y = b^2$ となる.これから y を消去すると,$(a-x)dx = b^2c$ すなわち $dx^2 - adx + b^2c = 0$ となり,$x = \frac{a}{2} \pm \sqrt{\left(\frac{a}{2}\right)^2 - \frac{b^2c}{d}}$ を得る.エウクレイデスが与えた幾何学的解法は,根号の前のマイナス記号を除けばこの式と同じであった.『デドメナ』中の命題 84 と 85 は,連立方程式 $xy = a^2$, $x \pm y = b$ に対するよく知られたバビロニア式代数的解法を幾何学的表現に置き換えたもので,同じく連立方程式の解となっている.『デドメナ』の最後のいくつかの命題では,与えられた円内での線の長さと角度の関係を取り上げていた.

5.4 『原論』

『原論』は教科書であったが,決して最初の教科書ではなかった.同種の『原論』が,キオスのヒポクラテスのものを含めて,それ以前に少なくとも3部あったことがわかっているが,それらの痕跡も,それらに匹敵する古代の著作の形跡も見あたらない.エウクレイデスの『原論』は類書をはるかに引き離していたため,ただこれだけが残りえたのである.『原論』は,ときに考えられているように幾何学の知識すべての大要ではなく,むしろ「初等」数学全体を網羅する入門書であった.つまり(イギリスでの「高等算術」またはアメリカでの「数論」という意味での)算術と,(点,線,面,円,球の)総合幾何学および(現

代の記号を使う代数ではなく幾何学の衣をまとった）代数を内容としていた．計算法は含まれていないことに気づくであろうが，それは，計算法が数学教育に入っていなかったからであり，円錐曲線やさらに高等な平面曲線の研究が含まれていなかったのは，それらがより高度な数学に属するものだったからである．プロクロスは，『原論』の数学とそれ以外の数学の関係は，アルファベットの文字と言語全体の関係と同じようなものであると述べた．もし『原論』が情報をあますところなく網羅することを意図して書かれたのであるならば，たぶんエウクレイデスは，ほかの著者のことや最新の研究の話題や非公式な説明などを加えていたであろう．実際はそうではなく，『原論』は当面の仕事——つまり初等数学の基礎を論理的に順序よく解説すること——に厳しく限定されていた．しかし，のちの著者たちが原文に説明のための注釈を書き加えることがあったので，そのような加筆がさらにのちの写本家たちによって原本の一部として筆写されていった．そのような箇所は，現存する写本のいずれにも見られる．エウクレイデス自身も『原論』の独創性を主張するようなことはなかったから，先人たちの業績から多くを引用していたことは明らかである．ただ，『原論』の内容の整理配列はエウクレイデス自身が行ったと信じられている．また，証明のいくつかも彼が補ったものらしい．しかし歴史上最も有名なこの数学書が，どの程度まで独創的に書かれたものなのかについては，それ以上を推し量るのは困難である．

5.4.1 定義と公準

『原論』は 13 の巻もしくは章からなっている．そのうちの最初の 6 巻は初等平面幾何学，次の 3 巻は数論，第 X 巻は共測不能量，残りの 3 巻はおもに立体幾何学について書かれてある．『原論』には前置きとか序文のようなものはなく，第 I 巻はいきなり 23 の定義の一覧から始まっている．ただその際，ほかの用語を定義するための無定義要素群がなかったために，それらの定義の一部が定義になっていないという欠点があった．エウクレイデスのように「点とは部分を持たないものである」とか，「線とは幅のない長さである」とか，「面とは長さと幅のみを持つものである」という言い方は，点や線や面をほとんど定義していない．というのも，定義とはそれに先立つことがらを使って表現されなければならず，しかもそれらの先立つことがらは定義されることがらよりもよく知られていなければならないからである．その他のエウクレイデスのいわゆる「定義」も，それらが論理的循環に陥っているため，容易に反駁できる．そ

の例として，プラトンからとられたのではないかといわれる「線の端は点である」や，「直線とはその上にある点について一様に横たわる線である」とか，「面の端は線である」などがある．

　定義に続いて，エウクレイデスは5種の公準と5個の共通概念を挙げている．ところで，アリストテレスは公理（または共通概念）と公準をはっきり区別していた．彼によれば，前者はそれ自体で自明——つまりすべての学問に普遍的な真理——でなければならないが，後者はそれほど自明でなく，学習者の同意を必ずしも前提としないことがらであった．というのは，後者は当面の問題のみに関係することがらだからである．エウクレイデスが2種類の仮定を区別していたかどうかわからない．現存する写本はこの点に関して一致しておらず，場合によっては10項目の仮定が全部ひとまとめにされているものもある．現代の数学者たちは，公理と公準の間に本質的な違いはないと見ている．さて，『原論』のほとんどの写本では，次の10の前提を挙げている．

　公準　次のことが要請されているとせよ．
　1. 与えられた1点から他の点へ直線を引くこと．
　2. 有限な直線を連続して一直線に延長すること．
　3. 与えられた1点を中心とし，与えられた半径をもって円を描くこと．
　4. すべての直角は等しいこと．
　5. 1直線が2直線に交わるとき，同じ側の内角の和が2直角より小さいならば，この2直線は，限りなく延長されたとき，内角の和が2直角より小さい側において交わること．

　共通概念
　1. 同じものに等しいものは，また等しい．
　2. 等しいものに等しいものを加えれば，その全体は等しい．
　3. 等しいものから等しいものを引けば，その残りは等しい．
　4. 互いに重なりあうものは互いに等しい．
　5. 全体は部分よりも大きい．

　アリストテレスは，「ほかの条件が同じならば，少ない数の公準で済むほうがよい証明である」と書いていたが，エウクレイデスもこの原則に明らかに同意していた．たとえば公準3は，文字どおりの非常に狭い意味に解釈され，ときとしてエウクレイデス式（折りたたみ式）コンパスの使用法を述べたものとも

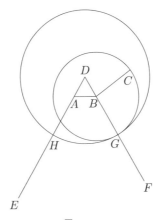

図 5.3

いわれている．このコンパスとは，先端が紙の上にある間は両脚が一定の角度で開いており，持ち上げると閉じるものである．つまりこの公準は，1本の線分を別の長い線分上に移し，端点からその線分と同じ長さのところにディバイダでしるしをつけることを許す，とは解釈されないのである．そのような線分を移す作図は，公準3を厳しく限定解釈しても常に可能であることが，第 I 巻の最初の3命題によって証明されている．命題1は，与えられた線分 AB 上に，A を中心として B を通る円と B を中心として A を通る円を描き，それら2円の交点（交わることを暗に仮定している）を C とすれば，確かに正三角形 ABC が作図されることを示している．命題2は命題1をもとにして，点 A を端点（図 5.3）とする，与えられた線分 BC に等しい長さの線分が作図できることを示している．まず，エウクレイデスは AB を結び，その上に正三角形 ABD を作図している．さらに，辺 DA と DB はそれぞれ E, F へと延長した．次に，B を中心とする C を通る円を描き，BF との交点を G とする．このとき，D を中心とする G を通る円を描いて DE との交点を H とすると，AH が求める線分であることは容易に示せる．そして最後の命題3で，エウクレイデスは命題2を使って，長さの等しくない2線分が与えられたときには，長い線分から短い線分と同じ長さの線分を切り取ることができることを示している．

5.4.2 第 I 巻の範囲

エウクレイデスは最初の3命題において，公準3を非常に狭く厳密に解釈しても，初等幾何学で距離を区分するときのように自由にコンパスが使えること

を示そうと大変な苦労をしていた．にもかかわらず，現代の厳密な規準から見ればエウクレイデスの仮定はひどく不十分なものであり，おまけに証明のなかで，エウクレイデスは公準をしばしば暗黙のうちに使っていたのである．たとえば『原論』最初の命題１では，２円が１点で交わることを証明なしで使っているが，この場合やこれと似た場合には，連続性の原理に相当するものを公準に加える必要がある．さらに，エウクレイデスが示した公準１と２は，異なる２点を結ぶ直線の唯一性も，また延長された有限直線の無限性も保証していない．それら２公準は単に，そういう直線は少なくとも１本あることと，延長線分の終点は定まっていないということを主張しているにすぎない．

　『原論』第Ｉ巻の大部分の命題は，高校で幾何を学んだ者なら誰でもよく知っている．そのなかには，三角形の合同（しかし重ねあわせを正当化する公理はない），定規とコンパスを使っての簡単な作図，三角形の角と辺についての不等式，平行線の性質（これは三角形の内角の和が２直角である事実に導く），および平行四辺形（与えられた角を持ち，与えられた三角形または与えられた直線図形に等しい面積の平行四辺形の作図を含む）についてのよく知られた定理がある．第Ｉ巻は，ピュタゴラスの定理とその逆の証明で終わっている（命題47と48）．そのピュタゴラスの定理のエウクレイデスによる証明は，現在の教科書に通常載っているような，直角三角形の斜辺に下した垂線によってできる相似三角形の辺々の簡単な比を利用するものとは違っていた．このピュタゴラスの定理を，エウクレイデスは「風車」とか「孔雀のしっぽ」，あるいは「花嫁の椅子」などと呼ばれる図形を使ってみごとに証明している（図5.4）．その証明は，AC 上の正方形が三角形 FAB の２倍に，したがってまた三角形 CAD の２倍に，さらにそれが長方形 AL にと次々に等しく，また BC 上の正方形が三角形 ABK の２倍に，そして三角形 BCE の２倍に，さらにそれが長方形 BL にと次々に等しいことを示すことによって完成する．よって，これら２個の正方形の和は２個の長方形の和——すなわち AB 上の正方形——に等しいとなる．この証明はエウクレイデス独自のものと考えられ，それ以前の証明の形についてはさまざまな臆測がなされている．エウクレイデスの時代以後，この方法に代わる証明法が数多く提示されてきている．

　エウクレイデスがピュタゴラスの定理のすぐあとにその逆の証明を載せたことは，賞賛に値する．その逆とは，三角形において１辺上の正方形が残りの２辺上の正方形の和に等しければ，その残りの２辺によってはさまれる角は直角である，ということである．それにひきかえ現代の教科書では，ピュタゴラス

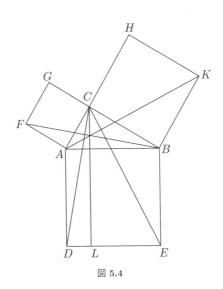

図 5.4

の定理の証明のあとの練習問題として，その証明には定理そのものではなくその教科書ではまだ証明されていない定理の逆を要するものがかなり多く見られる．『原論』には些細な欠陥は数多くあったかもしれないが，同書は論理性がもたらす成果の主だったものをすべて収めていた．

5.4.3 幾何学的代数

　『原論』の第 II 巻は短く，14 の命題しか載っていない．しかもそのどれもが，現代の教科書では役に立たないものであるが，エウクレイデスの時代にはこの巻は非常に重要な意味を持っていた．このような古代と現代の著しい観点の相違は容易に説明がつく．現在では，ギリシャの幾何学的代数に代わった記号代数や三角法があるからである．たとえば第 II 巻の命題 1 は，「2 線分があり，その一方がいくつかの線分に分かたれているとき，それら元の 2 線分が囲む長方形は，分けられなかった線分と，分けられた線分の各部分が囲む長方形の和に等しい」というものである．この定理は，図 5.5 において $AD(AP+PR+PB) = AD \cdot AP + AD \cdot PR + AD \cdot RB$ となることを主張しており，現在の算術の基本法則の一つである分配法則 $a(b+c+d) = ab+ac+ad$ を幾何学的にいい表したものにすぎない．『原論』の後の巻（巻 V と VII）には，乗法の交換法則と結合法則の証明も載っている．エウクレイデスの時代には，量は幾何学の公理や定理を満たす線分で描かれていた．

　『原論』第 II 巻は幾何学的代数であり，現代の記号代数とほとんど同じ目的を果

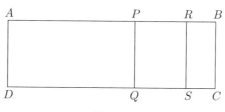

図 5.5

たしていた[*4]．現代代数学のおかげで量どうしの関係の操作が非常に楽になっていることは疑いのないことである．しかしエウクレイデス式「代数学」の 14 の定理に精通していたギリシャ幾何学者は，それらの定理の実際の計測問題への応用では，現在の熟練幾何学者よりもはるかに熟達していたこともまた疑いがない．確かに古代の幾何学的代数は理想的な手段とはいえなかったが，決して役に立たないというものではなかった．アレクサンドリアの生徒たちにとっては，現代代数学的に表現したものよりも視覚に訴えたもののほうが，ずっと鮮明であったに違いない．たとえば『原論』第 II 巻の命題 5 は，$a^2 - b^2 = (a+b)(a-b)$ を非実用的にまわりくどく表現したとみなすべきものである．

> ある線分を 2 点によってそれぞれ等しい線分と等しくない線分とに分けたとき，等しくない線分どうしの囲む長方形と二つの区分点の間の線分上の正方形の和は，もとの線分の半分の上の正方形に等しい．

エウクレイデスがこれに関連して用いている図は，ギリシャ代数学において重要な役割を果たしてきた．よって，それに説明をつけ加えながらここに再現してみる．（この章全体での翻訳と図のほとんどはヒース編集による『エウクレイデス原論 13 巻』に基づくものである．）図 5.6 において $AC = CB = a$, $CD = b$ とおくと，図の定理は $(a+b)(a-b) + b^2 = a^2$ であることを主張している．このことを幾何学的に証明するのは難しいことではない．しかしながら，この図の重要性は定理の証明にあるのではなく，むしろそれと類似の図のいくつかがギリシャの幾何学的代数学者たちによって用いられてきたことにある．たとえば a と b を $a > 2b$ を満たす 2 本の線分として $ax - x^2 = b^2$ で表される

訳注 ─────

[*4] 第 II 巻を幾何学の衣を被った代数学（幾何学的代数）とする見方はエウクレイデスの時代にはなく，後代（おそらく古代末期あるいは中世アラビア以降）においてである．エウクレイデス自身は代数学とは無縁であることに注意．第 II 巻に関する記述は，「現代的見地」からすると第 II 巻のいくつかの命題は代数展開と同値であることを示している．

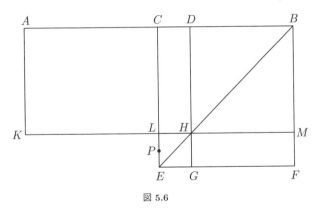

図 5.6

線分 x を作図するよう求められたとき，ギリシャの学者は，まず線分 $AB = a$ を引いてからそれを点 C で 2 等分したであろう．それから，C において長さが b の垂線 CP を立て，P を中心とし半径が $\frac{a}{2}$ の円を描き，AB との交点を D としたであろう．そのうえで，AB 上に幅が $BM = BD$ の長方形 $ABMK$ を作図すれば，正方形 $BDHM$ が完成する．この正方形の面積が，与えられた 2 次方程式を満たす値 x^2 である．ここでギリシャ人にならって，線分 $AB (= a)$ 上に，与えられた正方形 (b^2) に等しく長方形 AM よりも正方形 DM だけ小さい長方形 $AH (= ax - x^2)$ をあてはめてみた．証明には上に示した命題 (II. 5) を使えばよく，長方形 $ADHK$ は凹んだ多角形 $CBFGHL$ に等しいことが明らかである．すなわち，多角形 $CBFGHL$ は $\left(\frac{a}{2}\right)^2$ よりも正方形 $LHGE$ だけ小さく，その正方形の 1 辺は作図から $CD = \sqrt{\left(\frac{a}{2}\right)^2 - b^2}$ に等しいことがわかる．

『原論』第 II 巻命題 11 で用いた図 5.7 を，エウクレイデスは再び第 VI 巻命題 30（図 5.7）でも用いているが，それは，黄金分割の反復性を示すために現在多くの幾何学の本で採用されている図のもとになっている．すなわち，まず図 5.7 のグノーモーン $BCDFGH$ に点 L をつけ加えて長方形 $CDFL$（図 5.8）を完成させる．この大きい長方形 $LCDF$ に相似な小さい長方形 $LBHG$ の辺 GH 上に $GO = GL$ なる点 O をとって，グノーモーン $BCDFGH$ に相似なグノーモーン $LBMNOG$ を作図する．次に，長方形 $CDFL$ と $LBHG$ に相似なより小さい長方形 $BHOP$ のなかにグノーモーン $BCDFGH$ と $LBMNOG$ に相似なグノーモーン $PBHQRN$ をさらに作図する．このようにしてどこまでも続けていくと，集積点 Z に収束する相似長方形の入れ子構造の無限列を得る．ここで，Z は線分 FB と DL の交点であることが容易にわかるが，また同

109

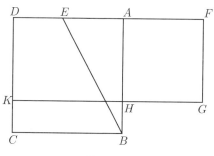

図 5.7

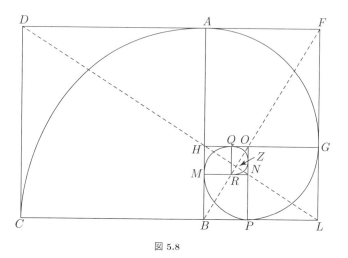

図 5.8

時にそれは各長方形の辺にそれぞれ点 $C, A, G, P, M, Q, \ldots$ で接する対数螺線の極でもある．そのほかにも，この魅力あふれる図からはいくつものめざましい性質を引き出すことができる．

第 II 巻の命題 12 と 13 は，ギリシャでまもなく開花しようとしていた三角法への関心を暗示している点で興味深い．読者は，それらの命題が，平面三角形に対する後の余弦法則を——まず鈍角について，次に鋭角について——幾何学的に公式化したものであることに気づくであろう．

命題 12 鈍角三角形において，鈍角の対辺上の正方形は鈍角をはさむ 2 辺上の正方形の和より，鈍角をはさむ辺の一つと，その辺への垂線がその辺の延長線を鈍角の外部で切り取った線分に囲まれた長方形の 2 倍だけ大きい．

命題 13 鋭角三角形において，鋭角の対辺上の正方形は鋭角をはさむ 2 辺上の正方形の和より，鋭角をはさむ辺の一つと，その辺への垂線がその辺を三

110

角形の内部で切り取った線分に囲まれた長方形の 2 倍だけ小さい.

命題 12 と 13 の証明ではピュタゴラスの定理を 2 度使っているが, それは, 現在の三角法でも見られる.

5.4.4 第 III 巻と第 IV 巻

『原論』の初めの 2 巻の内容は, ふつう, 大部分はピュタゴラス学派による業績と考えられている. 一方, 第 III 巻と第 IV 巻は円の幾何学を扱っており, その大部分はキオスのヒポクラテスから引用したものと思われる. これら 2 巻に見られる内容は, 現在の教科書に載っている円についての一連の定理と変わらない. たとえば第 III 巻の命題 1 では, 円の中心の作図を求めている. そして, 最後の命題 37 では, 円外の 1 点から円への接線と割線が引かれたときには, その点から接点までの線分上の正方形は, 割線の全体と割線の円の外に残る線分がつくる長方形に等しい, というよく知られた性質を述べている. 第 IV 巻には, 円に内接あるいは外接する図形についての命題が 16 あり, 現代の学生たちならそのほとんどを知っているはずである. 一方, 角の測定についての定理のほうは, 比例論の確立まで見あわされている.

5.4.5 比 例 論

『原論』全 13 巻のうち, 最も賞賛されるのは第 V 巻と第 X 巻で, 前者は比例の一般理論を, 後者は共測不能量の分類を扱っている. 共測不能量の発見は論理的な危機を招き, 比例に訴える証明に疑問が投げかけられるようになったのだが, この危機はエウドクソスが提示した原則でうまく回避することができた. それにもかかわらず, ギリシャの数学者たちには比例を遠ざける傾向があった. すでに述べたように, エウクレイデスも比例の使用をできるだけ先に引き延ばしており, 長さにおける $x : a = b : c$ というような関係も, 面積の等式 $cx = ab$ とみなしていた. しかし, 遅かれ早かれ比例が必要になるため, エウクレイデスは『原論』の第 V 巻で比例論に取り組んでいる. この巻全体は 25 の命題からなり, エウドクソスによるものであると極論する注釈者たちもいるが, それは考えられない. 第 V 巻中の定義のいくつか——たとえば比そのものの定義——は, あいまいで使いものにならないものである. しかし定義 4 は, 本質的にはエウドクソスおよびアルキメデスの公理と同じもので, それは, 「何倍かされて互いに他より大きくなりうる 2 量は相互に比を持つといわれる」となっている. 定義 5 は比の相等性についての定義だが, エウドクソスの比例の定義に

関連してすでに述べた内容とまったく同じである.

第 V 巻は数学全体にとって基本的に重要な主題を扱っている. その第 V 巻は, 和に対する積の分配法則 $Ma + Mb = M(a + b)$ と, 差に対する積の分配法則 $Ma - Mb = M(a - b)$, および乗法の結合法則 $(ab)c = a(bc)$ にそれぞれに同値な命題で始まっている. そのあとに, 比についての「より大きい」ことと「より小さい」こと, およびよく知られた比の性質の説明が続いていた. ところで, ギリシャの幾何学的代数は平面幾何では 2 次元より高い次元に, また立体幾何では 3 次元より高い次元にまで進めなかったとよくいわれるが, それは事実ではない. 比例の一般理論によれば, どんな次数の積でも可能だったはずである. というのも, $x^4 = abcd$ という形の方程式は $\frac{x}{a} \cdot \frac{x}{b} = \frac{c}{x} \cdot \frac{d}{x}$ のような形の線分比どうしの積に相当するからである.

第 V 巻で比例論を展開したあと, エウクレイデスはさらに第 VI 巻で, それを互いに相似な三角形や平行四辺形およびその他の多角形の間の比や比例の定理の証明に利用している. 注目に値するのは, ピュタゴラスの定理の一般化ともいうべき命題 31 の, 「直角三角形において, 直角に対する辺上の図形は, 直角をはさむ 2 辺上にその図形に相似して相似的に描かれた図形の和に等しい」である. プロクロスは, このように拡張したのはエウクレイデス自身であるといっている. この第 VI 巻は, 面積あてはめ法の一般化をも取り上げていた (命題 28 と 29). それは, 第 V 巻で比例の基礎をしっかりと築いたことから, 相似の概念を著者エウクレイデスがようやく使えるようになったことによる. したがって, 第 II 巻の長方形はいまや平行四辺形に置き換えられ, 命題の表現も, 与えられた直線上に, 与えられた直線図形に等しく, 与えられた平行四辺形に相似な平行四辺形だけ不足する (または超過する) 平行四辺形をあてはめること, となる. それらの作図は, 第 II 巻の命題 5 および 6 と同じく, 実際には 2 次方程式 $bx = ac \pm x^2$ を判別式が負でないという条件 (第 IX 巻命題 27 で示されている) のもとに解くことに相当している.

5.4.6 数　論

エウクレイデス『原論』は, よく幾何学だけを扱ったものと誤って考えられるが, 実際には, すでに取り上げたように, 二つの巻 (第 II 巻と第 V 巻) のほとんどはもっぱら代数的であり[*5)], 三つの巻 (第 VII 巻と第 VIII 巻と第 IX

訳注 ────────────

[*5)]　著者の言葉を補うと, 現代的には代数的に解釈できるという意味.

巻）はもっぱら数論にさかれている．ところで，この「数」という言葉は，ギ
リシャ人には常に，現代の自然数——正の整数——を意味していた．第 VII 巻
はさまざまな種類の数——奇数と偶数，素数と合成数，平面数と立体数（すな
わち，二つないし三つの整数の積）——を分類する 22 の定義で始まっており，
最後には「自分自身の部分に等しい」数として完全数を定義している．第 VII
巻，第 VIII 巻および第 IX 巻の定理は数論の初歩を学んだ読者にはなじみが
あるだろうが，それらの証明で使われる用語はおそらく，見なれないものであ
ろう．それらの巻すべてを通じて個々の数は線分で表され，したがって，エウ
クレイデスは数をたとえば AB というふうに呼ぶであろう（共測不能量の発見
によって，必ずしもすべての線分が整数と結びつけられるとは限らないことが
示された．しかしそれの逆——数は常に線分で表される——は明らかに真であ
る）．よって，エウクレイデスは「～は～の倍数」や「～は～の約数」という言
い方の代わりに，それぞれを「～は～によって測られる」と「～は～を測る」と
いい換えている．つまり，数 n と別の数 m の関係が $n = km$ と表せるような
数 k が存在するとき，n は m によって測られるというのである．

第 VII 巻は二つの命題で始まっており，それらは二つを合わせて数論上の名
高い算法になっている．それは現在，2 数の最大公約数（最大公約となる尺度）
をみつけるときに使われる「エウクレイデスの互除法」と呼ばれ，エウドクソ
スの公理を逆向きに何度も繰り返したもののように思われる．すなわち，等し
くない 2 数が与えられたとき，大きい数 b から小さい数 a を余り r_1 が a より
も小さくなるまで繰り返し引く．次に，その余り r_1 を a から，そのまた余り
の r_2 が $r_2 < r_1$ になるまで繰り返し引く．さらにその次にはまた r_2 を r_1 か
ら繰り返し引くというようにして，以下同様に続ける．そして，最後には余り
r_n を得るが，それは r_{n-1} を測り，したがって，a と b を含むそれに先立つす
べての余りを測っていることになる．よって，その余り r_n が a と b の最大公
約数である．さらにそのあとに続く命題のなかには，算術ではよく知られた定
理に相当するものがある．たとえば命題 8 は，$an = bm$ かつ $cn = dm$ なら
$(a - c)n = (b - d)m$ であること，命題 24 は，a と b が c に対して素なら ab も
また c に対して素であることを述べている．そして第 VII 巻は，いくつかの数
の最小公倍数を求める方法（命題 39）で終わっている．

第 VIII 巻は，『原論』13 巻のなかではあまり得るところのない巻の一つであ
る．この巻は，連比例をなす数（幾何数列）についての命題で始まり，平方数
や立方数についての簡単な性質をいくつか取り上げたのち，命題 27 の「相似

な立体数は，互いに立方数対立方数の比を持つ」で終わっている．この言明は，「立体数」$ma \cdot mb \cdot mc$ と「それと相似な立体数」$na \cdot nb \cdot nc$ があるとき，それらの比は $m^3 : n^3$ ——すなわち立方数対立方数——になるといっているにすぎない．

第 IX 巻は数論を扱っている 3 巻の最後の巻で，特別に興味深い定理をいくつか含んでいる．それらのなかで最も有名な定理は，命題 20 の「素数の個数は，定められたいかなる個数の素数よりも多い」である．エウクレイデスはここで，素数の個数は無限であるという有名な初等的証明を与えている．証明は間接法によって，素数の個数を有限と仮定すると矛盾に陥ることを示している．そこでまず素数の個数を有限と仮定して P を「すべて」の素数の積とし，数 $N = P + 1$ を考える．すると，N は素数ではありえない．なぜなら，P が「すべて」の素数の積であるという仮定に反するからである．ゆえに N は合成数となり，何らかの素数 p によって測られるはずである．けれども p は P のなかのどの素因数にもなれない．なぜなら，p はそのとき同時に 1 の因数でもなければならないからである．よって p は積 P のなかのすべての素数と異なる素数でなければならない．したがって，P が「すべて」の素数の積であるという仮定は誤りとなる．

第 IX 巻の命題 35 は幾何数列の和の公式を扱っており，次のようにエレガントだが変わった表現になっている．

> 任意個の数が連比例をなしているとき，第 2 項と末項からそれぞれ初項に等しい数が引き去られるとするならば，第 2 項と初項との差が初項に対するように，末項と初項との差が末項より前のすべての項の和に対するであろう．

この命題は，もちろん次の式

$$\frac{a_{n+1} - a_1}{a_1 + a_2 + \cdots + a_n} = \frac{a_2 - a_1}{a_1}$$

に相当し，したがって $a = a_1$ に対する公式

$$S_n = \frac{a - ar^n}{1 - r}$$

が導かれる．第 IX 巻の最後の命題 36 では，完全数についての有名な公式が導かれている．それは，「単位から始まり順次に 2 倍の比をなす任意個の

数が並べられ，それらの総数が素数になるまで足されたとき，その和に最後
の数を掛けてできる積は完全数となる」である．つまり現代の記号でいえば，
$S_n = 1 + 2 + 2^2 + \cdots + 2^{n-1} = 2^n - 1$ が素数であるならば $2^{n-1}(2^n - 1)$ は
完全数であるということである．証明は，第 VII 巻で与えられている完全数の
定義から容易に得られる．ところで，古代ギリシャ人は最初の 4 個の完全数 6,
28, 496, 8128 は知っていた．しかしエウクレイデスは，この命題 36 の逆——
上の公式で「すべて」の完全数が求められるかどうか——については答えてい
ない．今のところ，すべての「偶数の」完全数はエウクレイデスの式を満たす
ことがわかっているが，奇数の完全数が存在するのかどうかはいまだ未解決で
ある．現在知られている 24 個の完全数はすべて偶数だが[*6)]，これから完全数
はすべて偶数でなければならないと結論するのは危険であろう．

　第 IX 巻の命題 21 から 36 までは一貫性を持って書かれていることから，そ
れらの定理はかつては一つの独立した数学体系だったと考えられる．それは，
もしかしたら数学史では最古の体系かもしれず，形成されたのは紀元前 5 世紀
中期か初期と考えられる．第 IX 巻の命題 1 から 36 までは，エウクレイデス
がピュタゴラス学派の教科書から本質的な修正を施さずに取り出したものであ
るといわれている．

5.4.7　共測不能性

　『原論』第 X 巻は，初期現代代数学の出現までは最も賞賛され，かつ最も恐
れられていた．この巻では，$a \pm \sqrt{b}, \sqrt{a} \pm \sqrt{b}, \sqrt{a \pm \sqrt{b}}, \sqrt{\sqrt{a} \pm \sqrt{b}}$ という形
の共測不能線分を系統立てて分類している．ここで a と b は同次元のときは共
測可能であるとする．現在，この第 X 巻は，a と b が共測可能数のときに上述
の式で表される共測不能数に関するものと考えられがちだが，エウクレイデス
はこの巻を，算術よりもむしろ幾何学の一部とみなしていた．事実，第 X 巻の
命題 2 と 3 は，整数の場合のみを扱っていた第 VII 巻の初めの二つの命題を幾
何学量で言い直したものである．第 X 巻では，等しくない 2 線分にすでに述べ
たエウクレイデスの互除法を施し，余りが最後までその前の余りを測ることが
ないならば，その 2 量は共測不能であることを証明している．命題 3 は，その
算法を共測可能な 2 量に適用したときには，2 線分の最大公約の尺度が得られ
ることを示している．

訳注 ───────────────
[*6)]　2018 年 1 月 3 日時点で知られている完全数は 50 個．

第 X 巻にはほかのどの巻よりも多い 115 の命題が載っており，その大部分は現在の算術での無理数に対応する幾何学の量について論じたものである．それらの定理のなかには，$\frac{a}{b\pm\sqrt{c}}$ や $\frac{a}{\sqrt{b}\pm\sqrt{c}}$ の形の分数の分母有理化を，幾何学的に行ったものもあった．ところで，平方根とか平方根の和の平方根で与えられる線分は，共測可能数の和と同じくらい容易に定規とコンパスで作図できた．ギリシャ人がこのように算術的代数よりも幾何学的代数を選んだ理由の一つは，実数の概念がなかったために，後者のほうが前者よりもより一般的に見えたからであった．たとえば $ax - x^2 = b^2$ の根は常に作図することができる（ただし $a > 2b$ の場合）．しかしそれなら，エウクレイデスは第 X 巻の命題 17 と 18 で，この方程式の解が a と共測可能となる条件の証明のためになぜあれほど骨を折らなければならなかったのだろうか．彼は，解が a に関して共測可能か不可能かは，$\sqrt{a^2 - 4b^2}$ と a が共測可能か不可能かによることを示していた．このような配慮は，バビロニア人が彼らの連立方程式 $x + y = a, xy = b^2$ を計算問題に使っていたように，ギリシャ人も 2 次方程式の解を「数値的」な問題を解くために使っていたことを示すものといわれる．そのような場合には，解が整数の商として表されるか否かがわかったほうが都合がよかったであろう．ギリシャ数学を徹底的に研究すれば，幾何学的みせかけの下から，現存の古典書が描写しているよりも強い計算的，数値的近似への関心があったことを示す証拠が出てくると思われる．

5.4.8　立体幾何学

　第 XI 巻は 3 次元幾何学についての 39 命題を載せており，その大部分は，立体幾何学の基礎を学んだ者にとってはほとんどおなじみのものであろう．ただここでも，定義が完璧でないことはすぐにわかる．というのも，エウクレイデスは立体を「長さと幅と深さを持つものである」と定義し，「立体の端は面である」と言っているからである．定義のうちの最後の 4 項は，4 個の正多面体についてのものである．これらには四面体が含まれていないが，それはおそらく，それに先立って角錐を「数個の平面によって囲まれ，一つの平面を底面とし，ある 1 点を頂点としてつくられる立体」と定義していたからであろう．次の第 XII 巻の 18 の命題はすべて図形の測定に関するもので，その測定の際には取尽し法を使っている．この巻は，円の面積の比はそれぞれの直径上の正方形の比であるという定理の慎重な証明で始まっている．そしてその次に，円に使ったと同様な典型的二重背理法を，角錐，円錐，円柱および球の体積測定に

応用している．アルキメデスは，これらの定理の厳密な証明はエウドクソスの
ものであるといっているので，エウクレイデスはこの巻の多くをエウドクソス
の著作からとったのであろう．

　最後の第 XIII 巻は，そのすべてが 5 個の正多面体の性質にあてられている．
しめくくりの一連の定理は，この驚嘆すべき書物にふさわしいクライマックス
となっている．それらの定理の目的は，それぞれの正多面体を球のなかに「包
含」すること——つまり多面体の 1 辺と外接球の半径の比を求めること——で
あった．ギリシャの注釈者たちは，そのような計算をテアイテトスのものとし
ており，おそらく第 XIII 巻の多くがテアイテトスによるものなのであろう．そ
れらの計算への準備として，エウクレイデスは再びここで線分の外中比分割に
触れている．つまり，「外中比分割された大きいほうの線分に全体の線分の半
分を加えたものの上の正方形は，半分の上の正方形の 5 倍である」——これは
$\frac{a}{x} = \frac{x}{a-x}$ を解けば容易に確かめられる——を示したり，正五角形の対角線のい
くつかの性質を引用したりしている．次に，エウクレイデスは命題 10 で，有名
な定理，すなわち三角形の 3 辺がそれぞれ同じ円に内接する等辺の五角形，六
角形，十角形の 1 辺であるならば，その三角形は直角三角形である，を証明し
ている．命題 13 から 17 までは，球に内接する各正多面体の辺と直径の比を順
に示したものである．すなわち，$\frac{e}{d}$（辺対直径）の値は，正四面体が $\sqrt{\frac{2}{3}}$，正八
面体が $\sqrt{\frac{1}{2}}$，立方体つまり正六面体が $\sqrt{\frac{1}{3}}$，正二十面体が $\sqrt{\frac{5+\sqrt{5}}{10}}$，正十二面
体が $\frac{\sqrt{5}-1}{2\sqrt{3}}$ である．全『原論』中で最後の命題になる次の命題 18 では，正多面
体はそれら 5 個以外には存在しないことをあっさりと証明している．約 1,900
年後にこの事実にいたく感動した天文学者ケプラーは，それら 5 個の正多面体
こそが天空の構造に対して造物主が与えた鍵であったに違いないと信じ，5 個
の正多面体に基づく宇宙論を打ち立てた．

5.4.9　偽　　書

　古代には，高名な著者にその著者の作でないものを帰することはめずらしく
なかった．かくして，エウクレイデスの『原論』も版によっては第 XIV 巻，さ
らには第 XV 巻まであるが，これら 2 巻ともにエウクレイデス作でないことが
のちの学者たちによって明らかにされている．いわゆる第 XIV 巻は，エウクレ
イデスが球に内接する正多面体について行った比較をさらに発展させたもので
ある．そのおもな成果としては，同じ球に内接する十二面体と二十面体の表面

積の比はそれぞれの体積の比に等しいことが得られている．その比は立方体の辺と二十面体の辺の比で表され，値は $\sqrt{\dfrac{10}{3(5-\sqrt{5})}}$ である．第 XIV 巻はヒュプシクレス（紀元前 150 年頃に活躍）が著したらしいと考えられるが，その根拠となっているのは十二面体と二十面体を比較したアポロニオスの論文（現存しない）である．ヒュプシクレスは『星の出（*De ascensionibus*)』という天文学書の著者でもある．この本は，黄道十二宮の星座が昇る時刻を計算するバビロニアの手法をアレクサンドリアの緯度に適用し，また黄道の 360 度分割についても書いている．

偽書の第 XV 巻はできがよくなく，（少なくとも一部分は）コンスタンティノポリスのハギア・ソフィア大聖堂を建造したミレトスのイシドロス（520 年頃活躍）の弟子の作と考えられている．この第 XV 巻もまた正多面体に関するもので，一つの正多面体を別の正多面体に内接させる方法や，多面体中の辺や立体角の数の数え方や，辺で交わる 2 面がつくる 2 面角の測り方などを載せている．正多面体については上述のようにその性質を数多く列挙していながら，他方，ルネ・デカルトが認識し，その後レオンハルト・オイラーが提示したいわゆる多面体公式に古代の人々が誰も気づかなかったようであるのは興味深い．

✿ 5.4.10 『原論』の影響

エウクレイデスの『原論』は紀元前 300 年頃に書かれ，以来何度となく書き写されてきた．その間に間違いや改変が入り込むのは避けられないことであった．のちの世の何人かの編集者たち，とりわけ 4 世紀後期のアレクサンドリアのテオンが原作を書き改めようとした．一般に欄外注解の形をとった後世の加筆は，多くは歴史的な情報を補足してくれるし，またほとんどの場合，原文とは容易に区別できる．ボエティウスから始まったギリシャ語からラテン語への翻訳の伝達経路はある程度詳しく追跡されている．『原論』はアラビア語にも訳され，そのアラビア語版が主として 12 世紀にラテン語に訳され，最終的には 16 世紀にそのラテン語版が各国語版となって出版され，現在も数多く残っている．これら各国語訳の伝播の研究は意欲をかきたて続けている．

『原論』の最初の印刷版が出たのは 1482 年，ヴェネツィアでのことで，これは，印刷された数学書のなかでは最も古いものの一つである．以来，少なくとも 1,000 回は版を重ねていると思われる．おそらく，聖書を除いてこれほど版数の多い本はないだろう．そして間違いなく，このエウクレイデスの『原論』に肩を並べられるほどの影響力を持った数学書はいまだかつて存在していない．

シュラクサイのアルキメデス
Archimedes of Syracuse

> アルキメデスの頭脳は，ホメロスの頭脳よりも想像力に富んでいた．
> ——ヴォルテール

6.1 シュラクサイ包囲

第2次ポエニ戦争中，シュラクサイの町はローマとカルタゴの勢力争いに巻き込まれ，町は紀元前214年からの3年間ローマ軍に包囲されていた．聞くところでは，その包囲の間を通して，当時有数の数学者だったアルキメデスは敵を食い止めるための独創的な兵器を考案していたという．たとえば石を投げつける投石機や，ローマの船を吊り上げてから落として打ち砕くためのロープと滑車とかけ金の組合せ，船に火をつける仕掛けなどである．しかし，212年にシュラクサイがついに陥落したとき，ローマの将軍マルケルスが「あの幾何学者は生かしておくように」と命令していたにもかかわらず，アルキメデスはローマの1兵士に切り殺されてしまった．そのときアルキメデスは75歳だったといわれていることから，生年はおそらく紀元前287年であろう．父は天文学者で，アルキメデス自身も天文学で名声を得ていた．マルケルスはアルキメデスが天体の運行を表すためにつくった精巧な天象儀を自分の戦利品にしたといわれている．しかし，アルキメデスの生涯について書かれたものはどれも，彼自身は思考による抽象的産物に対する優れて独創的な取り組みに比べて機械装置にはあまり重きをおいていなかったという点で一致している．梃子(てこ)などの単純な装置を扱っているときでさえ，アルキメデスは実際の応用よりも一般法則に関心を抱いていたという．アルキメデスが興味を持った問題を説明した著作は，1ダース近く残っている[*1)]．

6.2 『平面の釣り合いについて』

梃子を初めて使ったのも，梃子の一般法則を初めて定式化したのもアルキメ

訳注 ─────────
[*1)] 翻訳には，田村松平責任編集『ギリシアの科学』(中央公論社, 1972)，伊東俊太郎責任編集『アルキメデス』(朝日出版社, 1981) などがある．

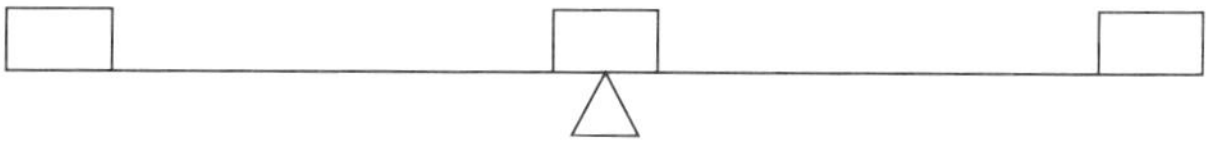

図 6.1

デスではなかった．アリストテレスの業績のなかに，梃子上の2個のおもりはそれらの重さが支点からの距離に反比例しているときに釣り合う，という命題があった．そしてその法則にアリストテレス学派の人々は，垂直な直線運動だけが地上の自然運動であるという彼らの説を関連づけた．一方アルキメデスは，彼らの理論よりももっともらしい静力学的公理——つまり左右対称な物体は平衡状態にある——から梃子の法則を演繹した．すなわち，重さ1のおもり3個を両端と中心にのせている長さが4で重さのない棒（図6.1）が，中心の支点によって釣り合っていると仮定する．すると，アルキメデスの対称性の公理から，その系は平衡状態にあることになる．しかし，さらにその系の右半分だけを考えると，対称性の公理から，右端と中心に置かれた距離2の2個のおもりを，右半分の腕の中点に一緒に持ってきても平衡状態は変わらないことがわかる．このことは，支点から長さ2のところに置かれた重さ1のおもりは，もう一方の腕の支点から長さ1のところに置かれた重さ2のおもりと釣り合う，ということである．この手順の一般化から，アルキメデスはアリストテレスの運動学的論議には頼らずに，静力学法則のみに基づいて梃子の法則を築き上げた．中世におけるこれらの概念の歴史を調べてみると，静力学的な見解と運動学的な見解の結合が，科学と数学の双方で進歩をもたらしたことがわかる．

　梃子の原理についてのアルキメデスの研究は，2巻からなる論文『平面の釣り合いについて』に収められている．これは「数理科学」とでもいうべき分野における本としては現存最古のものではない．というのは，約1世紀前にアリストテレスが『自然学』という題の8巻からなる影響力ある作品を書いていたからである．しかしアリストテレスの方法は思弁的で非数学的なのに対して，アルキメデスの論理の展開はエウクレイデスの幾何学に似ていた．単純な公準の集まりから，アルキメデスはいくつかの深遠な結論を演繹して数学と機械学の間の密接な関係を明らかにし，それが自然学と数学の双方にとって重要な意味を持つことになった．

6.3 『浮体について』

　アルキメデスを数理物理学の父と呼ぶのは当を得ていると思われる．その根

拠は『平面の釣り合いについて』だけでなく，2巻からなるもう1部の著作『浮体について』にもある．ここでもまたアルキメデスは，流体圧の性質の単純な公準から始めて，きわめて深遠な結果を得ていた．そして初めのほうの2命題では，かの有名なアルキメデスの流体静力学原理について述べている．

> 流体より軽い固体を流体中に入れれば一部分は沈むが，そのとき排除される流体の重さは固体の重さと等しい（第I巻命題5）．
> 流体より重い固体を流体中に入れれば固体は流体の底まで沈み，かつその固体は流体中で量れば真の重さよりも排除された流体の重さだけ軽くなる（第I巻命題7）．

この浮力の原理の数学的展開が，まさにアルキメデスを無我夢中で風呂から飛び出させた発見である．彼は裸のまま「ヘウレーカ！（わかった！）」と叫びながら家へ走り帰ったという．さらに，この話より信憑性は低いのだが，シュラクサイの王ヒエロンII世のためにつくられた金の王冠（たぶん輪状の冠）に銀を不正にまぜた疑いがある金職人が正直かどうかを調べるのに，この原理が役立った可能性がある．このようなごまかしは，同じ重さの金と銀の王冠を水をいっぱいたたえた容器に順に浸し，こぼれた水の量を量ってそれぞれの密度を比べるという，もっと簡単な方法で容易に見つけられたはずである．

アルキメデスの論文『浮体について』には，これまでに述べたような流体の単純な性質以上の多くのことがらが収められていた．たとえば第II巻は，ほとんど流体中に置かれた放物面体切片の平衡にあてられており，その静止位置は放物面体とそれが浮いている流体の相対比重に依存することを示している．そのなかで典型的なものは，次に示す命題4である．

> 回転放物面体の軸に直角に切られた切片が与えられ，その軸 a は $\frac{3}{4}p$（p はパラメータ）より大きく，その比重は流体の比重よりも小さいが，流体との比重の比は $(a - \frac{3}{4}p)^2 : a^2$ より小さくはないとする．もし，その放物面体の切片を流体中に，軸を垂直に対して任意の角度で，ただし底面が流体の表面に触れないように置くと，切片はそのままの位置にはとどまらずに，軸が垂直になるような位置に戻ってしまう．

さらにもっと複雑な例が長い証明とともにそのあとに続いていた．アルキメ

デスが，ナイル川から水を汲み上げて流域の耕作可能な土地を灌漑するという技術的な問題に興味を持つようになったのは，アレクサンドリアにおける交流によるものであろう．その目的のために発明された装置は現在では「アルキメデスのスクリュー」と呼ばれている．それは，傾斜している心棒に螺旋状に管を巻きつけたもので，心棒についているハンドルでそれを回転させて水を汲み上げるのである．彼はまた，十分に長い梃子とそれを支える支点が与えられれば地球をも動かせると豪語したとのことである．

6.4 『砂粒の計算者』

古代ギリシャでは理論と応用だけでなく，日常の機械的計算と数の性質の理論的研究もはっきり区別されていた．ギリシャの学者たちがさげすんでいたといわれるこの前者にはロギスティケー（計算術）という名称が与えられ，一方，高潔な哲学的探求であるアリトメーティケー（算術）は後者にのみ関係すると解されていた．

アルキメデスが生きたのは，アッティカ式記数法からイオニア式への転換が行われた頃であり，そのことが，彼が自らを格下げしてロギスティケーに貢献した理由であろう．『砂粒の計算者』のなかでアルキメデスは，全宇宙を埋め尽くすのに要する砂粒の数よりも大きな数を書き表すことができると自慢している．そうすることによって，彼は古代における最も大胆な天文学上の仮説の一つにも言及していた．それは，紀元前3世紀の中頃にサモスのアリスタルコスが提唱した，地球が太陽のまわりを回っているという考え方である．アリスタルコスは，視差がないのはそれらの恒星が地球から膨大な距離のかなたにあるためであると主張していた．ここでアルキメデスは，自分のした自慢話を立証するために，考えうるあらゆる大きさの宇宙を考慮に入れなければならなくなった．そこで，アリスタルコスの広大な宇宙を満たすのに必要な砂粒の数でも数えられることを示したのである．

アリスタルコスの宇宙対通常の宇宙の比は通常の宇宙対地球の比に等しいが，アルキメデスは，そのアリスタルコスの宇宙に要する砂粒の数は 10^{63} 個を越えることはないことを示した．ここでアルキメデスは 10^{63} のような記数法を用いていたのではなく，第8位の数の単位の 1,000 万個というように記していた（第2位の数は1万×1万で始まり，第8位の数は1万×1万の7乗から始まる）．また，これよりもはるかに大きな数でも表せることを示すため，アルキ

メデスはさらに用語を拡張して，第 1 万 × 1 万位以下の数を第 1 周期の数と呼ぶようにした．したがって第 2 周期は 0 が 800,000,000 個ある数 $(10^8)^{10^8}$ から始まる．この周期は 10^8 周期まで続き，結局，彼の方法では 1 のあとに約 8 万 × 100 万 × 100 万個の 0 が並ぶことになる．そして，このような巨大な数に関する研究に関連して，アルキメデスがほんの偶然に述べたことから，のちに対数の発見につながる法則が生まれた．すなわち，数の「位数」（底が 100,000,000 のときのベキ指数に相当する）の足し算は，それらの数の積に対応しているということである．

6.5 『円の測定について』

円の円周と直径の比の概算でも，アルキメデスは計算の腕前を見せていた．内接正六角形から始めて順次辺数を 2 倍にし，96 辺になるまで各多角形の周囲を計算したのである．多角形に施されるこのような反復手続きは，ときにアルキメデスのアルゴリズムと呼ばれるものに関連していた．それぞれ辺数 n の外接および内接正多角形の周囲を P_n と p_n として，まず数列 $P_n, p_n, P_{2n}, p_{2n}, P_{4n}, p_{4n}, \ldots$ を考える．この数列の第 3 項以降は，それぞれ前の 2 項の調和平均および幾何平均を交互に計算してならべた値，すなわち $P_{2n} = \frac{2p_n P_n}{p_n + P_n}, p_{2n} = \sqrt{p_n P_{2n}}$ である．また，この代わりに数列 $a_n, A_n, a_{2n}, A_{2n}, \ldots$ を使うこともできる．ここで，a_n, A_n はそれぞれ内接および外接正 n 角形の面積で，第 3 項以降は前の 2 項の幾何平均と調和平均を交互にとっていけば求まり，よって $a_{2n} = \sqrt{a_n A_n}$, $A_{2n} = \frac{2A_n a_{2n}}{A_n + a_{2n}}$ となる．外接六角形の周囲の算出のために平方根を求めたり，また幾何平均を求めたりするときにアルキメデスが行った計算は，バビロニア人の方法と似ていた．そしてアルキメデスが円について行った計算の結果が，不等式 $3\frac{10}{71} < \pi < 3\frac{10}{70}$ で表される π の近似値となった．この値は，エジプトやバビロニアの値よりも実際の値に近い（アルキメデスも，またほかのどんなギリシャの数学者も，円における円周対直径の比を表すのに記号 π を使っていなかったことを，心にとめておかなければならない）．この結果は『円の測定について』という論文の命題 3 で与えられ，この論文はアルキメデスの著作のうちでは中世で最も人気のあったものの一つである．

6.6 『螺線について』

アルキメデスも先人たちと同様に幾何学の三大問題に関心を持ち，アルキメデスの有名な螺線によって，それらのうちの2問に解法を与えた（もちろん，定規とコンパスだけで解いたわけではない）．螺線とは，平面内で端点のまわりを一様に回転する半直線上を端点から出発して一様に遠ざかる点の描く軌跡と定義される図形である．極座標では，螺線の方程式は $r = a\theta$ となる．そのような螺線が与えられれば，角の3等分は容易である．まず3等分する角の頂点と1辺を，それぞれ螺線の始点 O と回転する半直線の基線 OA に一致させてとる．その角の終辺と螺線の交点を P として，線分 OP を点 R と S で3等分し，さらに O を中心とする半径 OR, OS の円を描く（図6.2）．それらの円と螺線の交点を U, V とすると，半直線 OU と OV は角 AOP を3等分している．

ギリシャ数学は，可変性の概念にはほとんど注意を払わなかったので，本質的に静的な学問だとときにいわれてきた．しかしアルキメデスは螺線を研究しているうちに，微分法に似た運動学的考え方で曲線への接線を見つけたようである．つまり，二重の運動——座標軸原点からの一様な放射状の運動と原点のまわりの円運動——をする螺線 $r = a\theta$ 上の点を考えるうちに，アルキメデスは（速度の平行四辺形を使って）2本の運動成分の合力としてその運動の方向（したがって曲線への接線）を見つけたらしい．これは，円以外の曲線への接線を求めたものとしては最初の例と思われる．

アルキメデスの螺線の研究は，ギリシャ人の三大問題探求への一端をになうものであった．この螺線を，アルキメデスは友人であるアレクサンドリアのコノンによるものと書いていた．螺線を使うと角を何等分にもできるので，その目的のためにコノンは考え出したのであろう．しかしこの螺線はアルキメデス

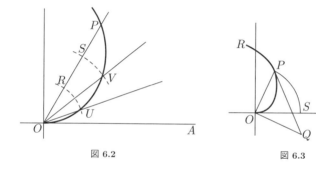

図 6.2　　　　　　　図 6.3

が示したように，円積線と同じく円の方形化にも使うことができた．まず，点 P において螺線 OPR への接線を引き，さらにその接線を，O を通って OP に垂直な直線と点 Q で交わらせる．アルキメデスはそこで，線分 OQ（点 P の極接線影という）の長さは，O を中心とし OP を半径とする円の，基線（極軸）と線分 OP（動径ベクトル）に切り取られる円弧 PS に等しいことを示している（図 6.3）．アルキメデスはこの定理を典型的な二重背理法で証明したが，微分を知っている学生なら，$\tan\psi = \frac{r}{r'}$（ここで，$r = f(\theta)$ は曲線の極方程式，r' は r を θ で微分したもの，ψ は点 P での動径ベクトルと曲線への接線のなす角）を思い出して検証できる．このように，アルキメデスの仕事の大部分は現代なら微積分学の科目に入れられるような内容のものであった．それは『螺線について』の場合にとくにそうであった．次に螺線上に点 P を，螺線と極座標が $90°$ の直線の交点にとると，極接線影 OQ は半径 OP の円の円周の $\frac{1}{4}$ にちょうど等しくなる．よって全円周は線分 OQ の 4 倍として容易に作図でき，したがってアルキメデスの定理[*2)]から，円と等しい面積の三角形が求められる．それから単純な幾何学的変換によってその三角形に等しい正方形が求まり，よって円積法が完成する．

6.7 『放物線の求積』

『螺線について』は大変称賛されたわりにはあまり読まれなかったが，それはアルキメデスの著作中で最も難解と一般に思われていたためであった．主として「取尽し法」を取り上げたアルキメデスの論文のなかで最も広く読まれたのが『放物線の求積』である．円錐曲線のことはアルキメデスが書く 1 世紀近くも前から知られていたが，その面積を求めることには何ら進展がなかった．円錐曲線すなわち放物線の弓形を方形化するには古代最高の数学者アルキメデスが必要だった．彼はこの求積を最終目的とする著作『放物線の求積』の命題 17 で，それを達成している．標準的なエウドクソスの取尽し法による証明は長くて複雑なのだが，アルキメデスは，放物線の弓形 $APBQC$ の面積 K は，底辺と高さが等しい三角形 T の面積の $\frac{4}{3}$ であることを厳密に証明した（図 6.4）．さらにそれに続く（そして最後に配された）7 命題では，アルキメデスはこの定理にもう一つ別の証明を与えていた．彼はまず，底辺を AC とする最大内接三角形

訳注

[*2)] 『円の計測』命題 1 の，半径 r の円の面積は，底辺がその円周に等しく，高さが r の三角形の面積に等しいことを指す．

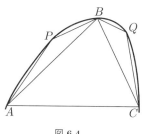

図 6.4

ABC の面積は，AB と BC をそれぞれ底辺とする内接三角形の和の 4 倍であることを示している．そしてこのような関係となる作図を次から次へと続けていけば，放物線の弓形 ABC の面積 K が無限数列の和 $T+\frac{T}{4}+\frac{T}{4^2}+\cdots+\frac{T}{4^n}+\cdots$ で与えられることが明らかになる．そして，その和はもちろん $\frac{4}{3}T$ である．しかしアルキメデスはこの無限数列の和については何も触れていない．というのは，無限が当時の人々に歓迎されなかったからである．その代わり二重背理法によって，K は $\frac{4}{3}T$ より大きくも小さくもなりえないことを証明していた（アルキメデスは「放物線」とはいわずに，先人たちのように「直切断」や「直円錐の切断」という言葉を用いていた）．

『放物線の求積』の前書きには，現在，通常アルキメデスの公理と呼ばれる仮定つまり補助定理がある．それは，「二つの等しくない面積が与えられたとき，大きいほうが小さいほうより超過する分を次々に自分自身に足していけば，与えられたいかなる有限の面積をも超過させることができる」というものである．この公理は，プラトンの時代に大いに論じられた無限小正数ないし不可分量の概念を事実上排除するものであった．アルキメデスは，率直に次のように認めていた．

> 昔の幾何学者たちもまたこの補助定理を使った．というのも，まさにこの補助定理を使って，彼らは円の面積の比は直径の 2 乗の比であること，球の体積の比は直径の 3 乗の比であること，さらに四角錐は底が同じで高さの等しい四角柱の $\frac{1}{3}$ であることを示してきたからである．また，すべての円錐は底が同じで高さの等しい円柱の $\frac{1}{3}$ であることも，彼らはこの補助定理に似た別の補助定理を仮定して証明した．

ここでいっている「昔の幾何学者たち」には，エウドクソスやその後継者たちが含まれていたのであろう．

6.8 『円錐状体と球状体について』

アルキメデスは，楕円や双曲線の一般的な弓形面積は求められなかったようである．放物線の弓形面積を現代の積分法で算出するには多項式以上は必要としないが，楕円や双曲線の弓形の求積（およびそれらの曲線や放物線の弧の長さ）の場合には，その積分に超越関数を必要とする．それにもかかわらず，著名な論文『円錐状体(コノイド)と球状体(スフェロイド)について』のなかで，アルキメデスは楕円全体の面積を求めていた．すなわち，「楕円の面積は軸によって決まる長方形に比例する」（命題6）である．もちろんこのことは，$\frac{x^2}{a^2}+\frac{y^2}{b^2}=1$ の面積は πab，つまり楕円の面積は半径が楕円の各半軸の幾何平均となっている円の面積に等しい，ということと同じである．さらに同じ論文のなかでアルキメデスは，主軸を中心とする回転楕円体，回転放物体，回転（二葉）双曲体からそれぞれ切り取られた切片の体積の求め方を示している．その際用いた方法は現代の積分に非常に似ているので，ここで一例を挙げてみよう．まず ABC を回転放物体（または円錐状体(コノイド)）の切片とし，その軸を CD とする（図 6.5）．そしてこの図形には，同じく CD を軸とする円柱 $ABFE$ が外接しているとする．そこで軸を長さ h の等しい n 個の部分に分け，それらの分割点を通り底面に平行な平面を考える．そしてそれらの平面が切る回転放物体の円形切片の上に，図で示すような円柱状の台を放物面にそれぞれ内接および外接するように作る．そうすれば，放物線の方程式と等差数列の和から，次のような比例式と不等式が容易に得られる．

$$\frac{\text{円柱 } ABEF}{\text{内接図形}} = \frac{n^2 h}{h+2h+3h+\cdots+(n-1)h} > \frac{n^2 h}{\frac{1}{2}n^2 h}$$

$$\frac{\text{円柱 } ABEF}{\text{外接図形}} = \frac{n^2 h}{h+2h+3h+\cdots+nh} < \frac{n^2 h}{\frac{1}{2}n^2 h}$$

アルキメデスは以前すでに，これらの外接図形と内接図形の体積の差がいちばん下の外接円柱切片1個の体積に等しいことを示していた．そして軸上の分

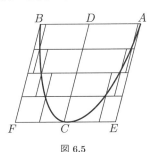

図 6.5

割点 n の数を増して各切片をもっと薄くしていけば，外接図形と内接図形の差はどんな定められた量よりも小さくできる．よって上の不等式から，求める結論「円柱の体積は円錐状体の切片の体積の 2 倍である」を得る．ただこのやり方には関数の極限の概念はなく，主としてそれが，現代の積分法とは異なる点である．極限の概念はきわめて身近なところにありながら，古代の人々がそれを定式化することは決してなかった．その定式化に最も近いところまで達していたアルキメデスさえも例外ではなかったのである．

6.9 『球と円柱について』

アルキメデスは数多くの素晴らしい論文を著したが，そのなかで後継者たちがいちばん称賛したのは『螺線について』であった．しかし著者自身はそれではなく『球と円柱について』のほうを好んでいたらしい．アルキメデスは自分の墓に，高さが球の直径と等しい直円柱に内接する球の図を彫るよう頼んだが，それは円柱と球の体積比がそれぞれの表面積比，すなわち 3 対 2 に等しいことを発見し，証明していたからであった．この性質はアルキメデスが『放物線の求積』を著したすぐあとに発見し，彼以前の幾何学者たちは知らなかったといっているものである．ところで，エジプト人は半球の表面積の求め方を知っていたとかつては考えられていた．しかし今では，アルキメデスが，球の表面積は球の大円面積のちょうど 4 倍であることに気づき，証明した最初の人物と考えられている．さらにアルキメデスは，「球の切片の表面積は，その切片の頂点から切片の底面の円周に引いた直線と同じ長さの半径の円の面積に等しい」ことを示した．このことはもちろん，もっとよく知られた命題「球の切片の表面積は，半径が球と同じで高さが切片と同じ円柱の側面積に等しい」と同値である．すなわち，球の切片の表面積は，球の中心から切片の底面つまり切断面までの距離には比例せずに，切片の高さ（または厚さ）のみに比例するということである．さらに球の表面についての重要な定理が命題 33 として載っていたが，それは次の正弦関数の積分に相当する定理を含む一連の予備定理のあとに続いて出てきたものであった．

円の切片 LAL' のなかに多角形を内接させ，その底辺を除くすべての辺は互いに等しくかつ偶数個で，しかも $LK\cdots A\cdots K'L'$ のように A が切片の中点になっているようにし，さらに底辺 LL' に平行で互

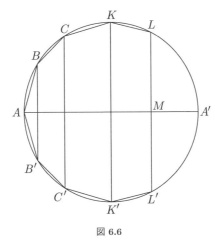

図 6.6

いに対をなす頂点どうしを結ぶ直線 $BB', CC', \ldots$ が引かれるならば，$(BB' + CC' + \cdots + LM) : AM = A'B : BA$ である．ここで，M は LL' の中点で，AA' は M を通る直径とする（図 6.6）．

これは，三角方程式

$$\sin\frac{\theta}{n} + \sin\frac{2\theta}{n} + \cdots + \sin\frac{n-1}{n}\theta + \frac{1}{2}\sin\frac{n\theta}{n} = \frac{1-\cos\theta}{2} \cdot \cot\frac{\theta}{2n}$$

を幾何学的にいい換えたものである．上の等式の両辺に $\frac{\theta}{n}$ を掛けて n を無限に大きくしたときの極限をとれば，この定理から $\int_0^\varphi \sin x \, dx = 1 - \cos\varphi$ を導くことは容易である．つまり左辺は

$$\lim_{n\to\infty} \sum_{i=1}^{n} \sin x_i \cdot \Delta x_i$$

となる．ここで $x_i = \frac{i\theta}{n}$ $(i=1,2,\ldots,n)$，$\Delta x_i = \frac{\theta}{n}$ $(i=1,2,\ldots,n-1)$ かつ $\Delta x_n = \frac{\theta}{2n}$ である．そして右辺は

$$(1 - \cos\theta) \lim_{n\to\infty} \frac{\theta}{2n} \cot\frac{\theta}{2n} = 1 - \cos\theta$$

となる．この特別な場合に相当する $\int_0^\pi \sin x \, dx = 1 - \cos\pi = 2$ については，アルキメデスはすでに先立つ命題で与えていた．

『球と円柱について』第 II 巻のある問題には，ギリシャの幾何学的代数についておもしろい見方が見られる．まず命題 2 でアルキメデスは，与えられた球切片の体積を求める自らの公式を証明している．次に命題 3 では，与えられた

球を平面で切って切片の表面積の比を与えられた値にするには，球の直径を与えられた比の切片に分割する直径上の1点を通り，しかも直径に垂直な平面を持ってくるだけでよいことを示している．そのあと命題4で，与えられた球を切って2切片の体積が与えられた比になるようにするにはどうしたらよいかを示しているのだが，これはそれまでのどれよりもはるかに難しい問題である．現代の記号で表すと，アルキメデスは方程式

$$\frac{4a^2}{x^2} = \frac{(3a-x)(m+n)}{ma}$$

に到達したことになる．ここで $m:n$ は切片の比である．上の式は3次方程式になるが，アルキメデスは，先人たちがデロス問題に使った円錐曲線を交差させる方法で取り組んでいる．おもしろいことに，ギリシャ人の3次方程式への取り組み方は2次方程式の場合とまったく違っていた[*3]．2次方程式の場合の「面積のあてはめ」から類推して「体積のあてはめ」を期待するところだが，それは採用されなかった．アルキメデスはまず代入によって，3次方程式を $x^2(c-x) = db^2$ の形に還元し，それからその3次式の正根の数に応じてそれぞれ別個に完全な分析を行うことにしていた．しかし，その分析はその後何世紀もの間行方不明だったらしく，6世紀初頭になって有力な注釈者アスカロンのエウトキオスが，アルキメデスの本物の分析が入っていると思われる断片を見つけた．それによると，解は放物線 $cx^2 = b^2y$ と双曲線 $(c-x)y = cd$ を交差させることによって求められていた．さらに進んで，彼は与えられた要件を満たす根の個数を決定する係数条件も見つけていた．その条件とは3次方程式 $b^2d = x^2(c-x)$ の判別式 $27b^2d - 4c^3$ を見つけることである．すべての3次方程式はアルキメデス型3次式に変換できるので，ここにおいて，一般3次方程式の完全な分析が本質的にはとらえられていたことになる．

6.10 『補助定理集』

これまでに取り上げてきたアルキメデスの論文のほとんどは高等数学に属するものだが，この偉大なシュラクサイ人は初等的な問題を出すことを嫌っていたわけではなかった．たとえば『補助定理集』には，いわゆる「アルベロス」すなわち「靴屋のナイフ」の研究が載っていた．この靴屋のナイフとは，図6.7のように2個ずつが互いに接する3個の半円によって囲まれる領域のことで，

訳注

[*3] 古代ギリシャに方程式は存在しない．以下の説明は現代的解釈である．

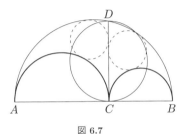

図 6.7

ここでは最大の半円の内部で 2 個の小半円の外部にあたる部分を指している. アルキメデスは命題 4 で, CD が AB に垂直であれば, CD を直径とする円の面積は靴屋のナイフの面積に等しいことを示している. 次の命題では, CD によって分けられた靴屋のナイフの二つの部分のそれぞれに内接する 2 円は互いに等しいことを示している.

『補助定理集』には, アルキメデスの有名な角の 3 等分法も載っていた（命題 8）. ABC を 3 等分する角とする（図 6.8）. 次に B を中心として円を描き, その円と AB, BC との交点をそれぞれ P, Q とし, BC の延長との交点を R とする. それから $CQBR$ の延長上に点 S をとり, S を P と結んだときの円との交点を T として, $ST = BQ = BP = BT$ となるように直線 STP を描く. そうすると, 三角形 STB と三角形 TBP は二等辺三角形だから, 角 BST はまさに 3 等分しようとしていた角 QBP のちょうど $\frac{1}{3}$ になっていることが容易にわかる. もちろん, アルキメデスや同時代の学者たちは, 上の方法はプラトンがいう意味での角の正統な 3 等分法ではないことを心得ていた. なぜなら, そこでは彼らが「ネウシス」と名づけた操作, つまり 2 図形の間への一定の長さの［傾斜］挿入が行われていたからである. ここで 2 図形とは QR の延長線と円で, 一定の長さ［の傾斜］とは $ST = BQ$ のことである.

『補助定理集』は本来のギリシャ語版のものはなく, 一度アラビア語を経て

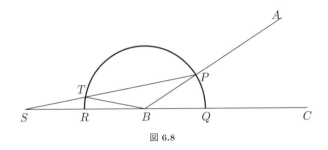

図 6.8

からラテン語版になったものが残っている（そのため，よくラテン語版の題名『諸前提の書（*Liber assumptorum*）』で引用される）．実は，現存する版は本文中でアルキメデスの名を数度引用していることから，正真正銘の彼の作ではありえない．しかし，たとえそれがアラビア人によってアルキメデスのものとされた種々雑多な定理の寄せ集めにすぎないとしても，実質的には本物であろう．また，アルキメデス作といわれている『牛の問題[*4)]』も，その信憑性に疑いが持たれているが，8個の未知量についての連立不定方程式を解くという，いわば数学者への挑戦といえるものである．ちなみにこの問題は，のちにいう「ペル方程式」の最初の例になっている．

6.11 半正多面体と三角法

アルキメデスの多くの著作が失われていることは，さまざまな文献から明らかである．たとえば，アルキメデスがいわゆる半正多面体となりうる，各面は正多角形だが必ずしも全部が同じ形ではない凸多面体の 13 例すべてを発見していたことも，（パッポスの注釈から）知られている．アラビアの学者たちは，ふつうヘロンの公式と呼ばれる三角形の面積を 3 辺の長さで表す式 $K = \sqrt{s(s-a)(s-b)(s-c)}$ （ここで s は周囲の $\frac{1}{2}$）は，ヘロンの時代より数世紀前にアルキメデスが知っていたといっている．またアラビアの学者たちは，「折れた弦の定理」もアルキメデスによるものとしている．この定理は，円において折れている弦 AB と BC（$AB \neq BC$）があり，M を弧 ABC の中点，M から長いほうの弦へ下した垂線の足を F とすると，F は折れた弦 ABC の中点になっているというものである（図 6.9）．ビールーニーはこの定理の証明を数例考えたようで，その一つは，図においてまず $FC' = FC$ となるように破線 MC' を引き，$\triangle MBC' \cong \triangle MBA$ であることを証明するものである．よって $BC' = BA$ となり，したがって $C'F = AB + BF = FC$ となる．アルキメデスがこの定理に三角法上の意義を見出したかどうかはわからないが，彼にとってこの定理は，現在の公式 $\sin(x-y) = \sin x \cos y - \cos x \sin y$ に似た役目を果たしたのではないかといわれている．ここでその同等性を示すために，まず $\overparen{MC} = 2x, \overparen{BM} = 2y$ とおく．すると $\overparen{AB} = 2x - 2y$ となる．ここで，これら 3 弧に対応する弦は，それぞれ $MC = 2\sin x, BM = 2\sin y$ お

訳注

[*4)] *Problema Bovinum*. 1773 年に G. E. Lessing によってドイツ，ヴォルフェンビェッテルのヘルツォク・アウグスト図書館で発見された．

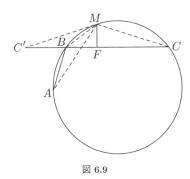

図 6.9

よび $AB = 2\sin(x-y)$ である．さらに MC と MB の BC 上への射影は，$FC = 2\sin x \cos y$ および $FB = 2\sin y \cos x$ である．最後に，折れた弦の定理を $AB = FC - FB$ と書き直し，弦をそれぞれ三角関数の式に置き換えれば，$\sin(x-y)$ の分解式が得られる．三角法のほかの公式も，もちろんこの同じ折れた弦の定理から導くことができることから，天文学の計算においてはこの定理がとても便利な道具であることにアルキメデスは気づいていたと考えられる．

6.12 『方 法』

ギリシャ語版やアラビア語版も数多く残っているエウクレイデスの『原論』と違って，アルキメデスの論文への手がかりは，か細い糸のようである．今ある写本はほとんどが 16 世紀初頭のたった 1 冊のギリシャ語写本からとられたもので，その写本自体も 9 世紀か 10 世紀頃に書かれた原典からの写本である．エウクレイデスの『原論』は，書かれて以来ほとんど中断することなく数学者たちに親しまれてきたが，アルキメデスの論文は波乱に富んだ経緯をたどってきている．アルキメデスの著作がほとんど，またひどいときにはまったく知られていない時代もあった．6 世紀の第一級の学者で熟練した注釈者エウトキオスの時代には，一般に知られていたのは数多いアルキメデスの著作のうちのわずか 3 作——『平面の釣り合いについて』，不完全ながら『円の測定について』，そして称賛すべき『球と円柱について』——だけであった．このような情況にありながらもアルキメデスの著作のうちのこれだけ多くのものが現在まで残りえたのは驚異である．アルキメデスの著作の来歴には驚嘆すべきことが数々あるが，その一つは最も重要な論文の 1 編が 20 世紀に発見されたことである．ア

ルキメデスはその論文を単に『方法』と呼んでいたが[*5]，それは紀元の初頭以来1906年に再発見されるまで，ずっと行方不明であった[*6]．

アルキメデスの『方法』は，彼のほかの著作には見られないアルキメデスの考え方を明かしてくれる点で，とくに重要な意義を持つ．彼のほかの論文は，論理的正確さにおいては珠玉だが，最終的定式化に至るまでの準備段階での分析についてはほとんど手がかりを示さなかった．証明に至った動機がまったくわからなかったことから，17世紀の一部の著述家たちは，アルキメデスは自分の研究がもっと称賛されるように，わざと研究方法を隠したのではないかと疑ってさえいた．この偉大なシュラクサイ人にとってそのような狭量な憶測がいかに不当なものであったかは，1906年の『方法』を含む写本の発見によって明らかになった．そのなかでアルキメデスは，自分を主要な数学的発見へと導いた「機械学的」研究を説明している．それらの機械学的研究に使った「方法」は，たとえば面積を線分の和と仮定したりしていたので，厳密さに欠けるとアルキメデスも考えていた．

現存する『方法』は15ほどの命題からなっているが，そのほとんどがアレクサンドリア図書館の館長だった数学者エラトステネスへの手紙の形式をとっている．アルキメデスは冒頭で，定理を証明するにはその内容をいくらかでも把握しておけばやりやすいと記している．例として円錐や角錐についてのエウドクソスの証明を引用しているが，その証明は，デモクリトスが提示した証明なしの命題が先にあったおかげで，だいぶやりやすくなっていた．次にアルキメデスは，自分はある「機械学的」研究方法を心得ており，それによっていくつかの証明への道が開かれたことを告げている．その方法で彼が最初に発見した定理は，放物線の切片の面積に関するものであった．『方法』の命題1では，機械学で重さを釣り合わせるときのように線分を釣り合わせて，その定理に到達したことを説明している．彼は，放物線の切片 ABC と三角形 AFC（FC は C における放物線の接線）の面積を，それぞれ放物線の直径 QB に平行な線分の集まりとみなした．すなわち放物線では OP のような線分の集まり，三角形では OM のような線分の集まりと考えるのである（図6.10）．ここで，OP に等しい線分を H（$HK = KC$）の位置に置くとすれば，それは K を支点として

訳注

[*5]　正式には『エラトステネスに宛てた機械学的方法』．

[*6]　翻訳は，アルキメデス（佐藤　徹訳・解説）『アルキメデス方法』（東海大学出版会，1990）．解説は，斎藤　憲『アルキメデス『方法』の謎を解く』（岩波書店，2014），リヴィエル・ネッツ，ウィリアム・ノエル『解読！アルキメデス写本』（光文社，2008）．

§12 『方法』

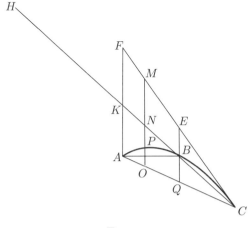

図 6.10

今ある位置での線分 OM と釣り合うであろう（このことは，梃子の原理と放物線の性質からわかる）．よって，放物線を重心が H と一致するような位置に置いたとき，その面積はちょうど三角形 AFC と釣り合うであろう．そのとき，三角形の重心は KC に沿って K から C へ $\frac{1}{3}$ のところにある．以上のことから，放物線弓形の面積は三角形 AFC の面積の $\frac{1}{3}$，つまり放物線の内接三角形 ABC の面積の $\frac{4}{3}$ であることが容易にわかる．

アルキメデスが好んで墓に彫らせた定理もまた，機械学的方法によって彼が思いついたものであった．それは『方法』の命題 2 に記されている．

> 球の切片と同底等高の円錐の体積との比は，球半径と補切片の高さの和と補切片の高さとの比に等しい．

この定理は，アルキメデスが発見したみごとな釣り合いの性質から容易に導かれる（そしてまた現代の公式によっても容易に確かめることができる）．まず円 $AQDCP$ を，O を中心，AC を直径とする球の断面とし，AUV を，AC を軸，UV を底の直径とする直円錐の断面とする（図 6.11）．また $IJVU$ を，AC を軸，$UV = IJ$ を直径とする直円柱とし，$AH = AC$ とする．そして軸 AC 上の点 S を通り AC に垂直な平面を考えると，その平面が円錐，球，円柱を切る切り口はそれぞれ半径 $r_1 = SR, r_2 = SP, r_3 = SN$ の円となるであろう．そうしてできた円の面積を A_1, A_2, A_3 としたとき，アルキメデスは A_1 と A_2 を動かして中心が H となるように置けば，A を支点として今ある位置の A_3 と

135

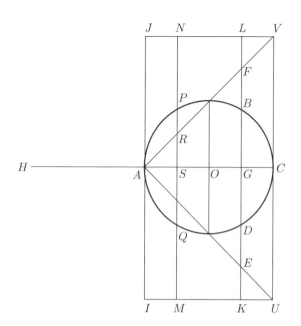

図 6.11

ちょうど釣り合うことを発見したのである．よって，球，円錐そして円柱の体積をそれぞれ V_1, V_2, V_3 とすると，$V_1 + V_2 = \frac{1}{2}V_3$ となり，$V_2 = \frac{1}{3}V_3$ であるので（デモクリトスとエウドクソスから）球の体積は $\frac{1}{6}V_3$ となるはずである．円柱の体積 V_3 はわかっているので，球の体積——現代の記号で $V = \frac{4}{3}\pi r^3$——もまたわかる[*7]．上と同じ釣り合いの方法を，底面の直径が BD の球切片や底面直径 EF の円錐および底面直径 KL の円柱にそれぞれ適用すれば，球切片の体積も球全体の場合同様に求めることができる．

円形切断面をもとの図形の頂点を支点として釣り合わせる方法を，アルキメデスは 3 種の回転体——回転楕円体，回転放物体，回転双曲体——の切片の体積を求めるために，また同時に回転放物体（コノイド）や半球および半円の重心を見つけるためにも用いていた．『方法』は，現代の微積分の教科書でよく

訳注 ────────────
[*7] 現代流に扱えば，次のようになる．$x = r_1, y = r_2, r = AO$ とすると，$r_3 = AC = AH = 2r$ である．また $AU = AV$ であるから $AS = SR = x, OS = r - x$ である．よって $(r-x)^2 + y^2 = (x-r)^2 + y^2 = r^2$ であり，$x^2 + y^2 = 2rx$ である．この両辺に $2r$ を掛け，さらに π を掛ければ $(\pi x^2 + \pi y^2) \cdot 2r = \pi (2r)^2 \cdot x$ となり，これがアルキメデスの釣り合いである．また，$x^2 + y^2 = 2rx$ の両辺に π を掛けて，両辺を $x = 0$ から $x = 2r$ まで積分すれば $V_1 + V_2 = \frac{\pi}{2} \cdot (2r)^3$ となり，これから $V = \frac{4}{3}\pi r^3$ が得られる．

§12 『方法』

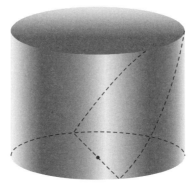

図 6.12

取り上げられる 2 個の立体——直円柱を 2 平面で切ってできるくさび形の部分（図 6.12）と互いに直交する 2 本の等しい直円柱の共有部分——の体積決定で終わっていた．

このように素晴らしい成果を収めた 2,000 年以上も昔のこの著作は，1906 年に，ほとんど偶然に再び陽の目を見た．ことのはじめは，デンマークの不屈の学者 J. L. ハイベアが，コンスタンティノープルに数学的内容のパリンプセストがあるという情報を書物から得たことにあった（パリンプセストとは，一度書いた羊皮紙の上に，前の内容を消して別の新しい内容を書きつけたものをいう．ただしもとの内容は完全には消えていない）．そのパリンプセストをつぶさに調べた結果，もとの文にはアルキメデスの文章が含まれているらしいことがわかったため，ハイベアは写真を使って，そのアルキメデスの文をほとんど読むことができた．原文は 185 枚にわたっており，数枚の紙のほかはほとんどが羊皮紙であった．それはまず 10 世紀にアルキメデスの文章が書き写され，その後 13 世紀頃にエウコロギオン（東方正教会で使われていた祈祷文や儀式文集）に使うためにそれを消して書き直されたが，幸運なことに，うまく消えていなかった．『球と円柱について』の数学的な内容の部分，『螺線について』の大部分，『円の測定について』と『平面の釣り合いについて』の一部および『浮体について』は，すべてほかの写本でも残っている．しかしいちばん重要な『方法』に関しては，そのパリンプセストだけが唯一現在まで残っている写本なのである．

そのパリンプセストは第 1 次世界大戦後，行方不明になったが，1990 年代にオークションに出品され再び世に知られることになった．1999 年に匿名の購入者がメリーランド州ボルチモアのウォルターズ美術館に預け，資料保存，古代

137

および中世研究，および画像化技術の各分野の専門家グループによるパリンプセストの徹底的研究への資金提供を開始した．グループは，部分的に消えているアルキメデスの文をほとんど記録することができたが，羊皮紙は 13 世紀に再利用されただけでなく，20 世紀に文章の上に宗教画がさらに上書きされていたため，作業は困難であった．原本を回復するために使われた 20 世紀の技術としては，とくにロチェスター工科大学とジョンズ・ホプキンズ大学のスペクトル画像装置のほか，スタンフォード線型加速器センターのシンクロトロンまでが駆り出された．

パリンプセストはある意味で，学問に対する中世と現代テクノロジーの貢献を象徴している．宗教的関心に強くとらわれていた中世の人々は，古代の最も偉大な数学者の最も重要な著作の一つをあやうく消し去るところであったが，失われていたかもしれないこの文書やその他多くの資料をたくまずして保存したのは，結局のところ中世の学識であった．同じように，現代のテクノロジーは物質を破壊する危険性があるとはいえ，保存されていた資料そのままの内容を細部にわたって見せてくれたのである．

7 ペルゲのアポロニオス
Apollonius of Perge

> アルキメデスとアポロニオスを知る者は，
> 後の世の一流の人々の偉業にも，
> それほど感嘆するものではないだろう．
> —ライプニッツ

7.1 著作と伝承

ヘレニズム時代全体を通してアレクサンドリアは西洋世界の数学の中心であった[*1]．アポロニオスはパンフィリア（小アジア南部）のペルゲに生まれたが，教育はアレクサンドリアで受けたようで，同地でしばらくの間教えてもいたらしい．ペルガモンにしばらくいたが，そこにはアレクサンドリアに次ぐ大図書館があった．彼の生涯についてはほとんどわからず，正確な生没年月日も不明だが，紀元前262年と190年ではないかといわれている．

最も有名で影響力のあった著書は現在残っている2作の一つの，『円錐曲線論』である．もう一方の『比例切断』はアラビア語のものしか残っていなかったが，1706年にエドモンド・ハリーがラテン語訳版を発表した．これは，2直線とそれら2直線上にそれぞれ定点が与えられているとき，与えられた3番目の点を通って1直線を引き，それが各直線から切り取る（各定点から測った）線分の比を与えられた比となるようにするという一般的問題のさまざまな例を扱ったものである．この問題は $ax - x^2 = bc$ の形の2次方程式を解くこと，すなわちある線分上に置かれた長方形に，ある正方形分だけ不足する長方形を付置することに相当する．

その他の著作ですでに失われているものについての知識は，4世紀の注釈者パッポスの概要によるところが大きい．アポロニオスは，前章で述べたいくつかのテーマに触れている．たとえば大きな数を表す体系を考案した．このアポロニオスの数体系はおそらく，パッポスの『数学集成』第II巻のなかの現存する最後の部分に一部が記されているものがその一部と思われる．

現存しないが『速算法』という表題の最後の著作で，アポロニオスは速く計算する方法を教えたようである．そのなかで彼は，アルキメデスのものよりも

訳注
[*1] アレクサンドリアはエジプトにあるのでむしろ地中海世界と考えたほうがよいであろう．

正確なπの近似値——たぶん我々が知っている3.1416——を計算していたといわれる．失われた多くの著作についても表題はわかっている．パッポスが簡単に説明を残したおかげで，題材がわかっているものもある．アポロニオスの6作は，エウクレイデスのさらに高等な論文2編（現在は紛失）とともにパッポスの「解析の宝庫」のなかに含まれていた．パッポスはその「解析の宝庫」を，一般的な原理を学んだのちさらに曲線問題を解く力をつけたいと欲する者への特別教義集であると説明していた．

7.2　失われた著作

17世紀は，失われた幾何学の本を復元しようとする競争が最も盛んであった時代だが，アポロニオスの論文はそのなかでも人気を集めていた．たとえば『平面の軌跡』の復元からは，次の2種の軌跡がそのなかで論じられていたことが推定されている．すなわち，（1）2定点からの距離の2乗の差が一定である点の軌跡は2点を結ぶ直線に垂直な直線である，および（2）2定点からの距離の比が一定（かつ1に等しくない）の点の軌跡は円である，である．後者の軌跡は，実際，現在「アポロニオスの円」と呼ばれているが，この呼称は誤りである．なぜなら，アリストテレスがすでにその軌跡のことを知っており，虹の半円形を数学的に証明しようとしてそれを使っていたからである[*2)]．

『面積切断』の問題は，切り取った線分を与えられた比にではなく与えられた長方形を含むようにすることを除けば，『比例切断』の問題と似ていた．その際，その問題からは$ax+x^2=bc$の形の2次方程式が導かれ，したがって，与えられた線分aに，ある長方形よりもある正方形分だけ超過する長方形を付置する問題になる．

アポロニオスの『定量切断』は，1次元解析幾何学ともいえる内容のものであった．そこでは，幾何学の形式をとった典型的なギリシャ的代数解析法を使って，次のような一般的問題を考察していた．直線上に4点A, B, C, Dが与えられたとき，同一直線上の5番目の点Pを，APとCPがつくる長方形とBPとDPがつくる長方形が与えられた比になるように決めよという問題である．この問題もまた2次方程式の解を求める問題に容易に帰着できる．アポロニオス

訳注 ─────

[*2)]　「アポロニオスの円」はエウトキオスが消失した『平面の軌跡』から引用した命題である．しかし「アポロニオスの円」についてはすでにそれ以前のアリストテレスが『気象論』第3巻で述べている．

は，ほかの場合同様，この問題も解の可能な範囲やその個数も含めて徹底的に研究していた．

論文『接触』は，上述の3編の著作とはちょっと異なったもので，パッポスも記したように，そこには現在「アポロニオス問題」としてよく知られているものが見える．3個のもの（点，直線，円のうちのどの組合せでもよい）が与えられたとき，それら3個すべてに接する円を描くという問題である（ここで点に接するとは，円がその点を通ることと理解する）．この問題には10通りの場合が考えられ，最もやさしい二つの場合（3点か3直線）から最も難しい場合（3円に接する円）まである．アポロニオスの解法そのものは現在わかっていないが，パッポスによる情報からそれを再現することは可能である．それにもかかわらず，16世紀と17世紀の学者たちは一般に，アポロニオスは最後の3円の場合は解いてはいないと感じていた．それゆえ，彼らはこの問題を自分たちの能力への挑戦とみなしたのである．定規とコンパスのみでそれに解答を与えた者のなかには，ニュートン（『普遍算術（*Arithmetica universalis*）』のなかで）もいた．

アポロニオスの『傾斜』では，「平面」の方法――すなわちコンパスと定規だけを使う方法――で解けるネウシス問題を考察していた（アルキメデスの3等分法は，もちろん「平面」の方法には属さない．それは現代になって，角は一般的には「平面」の方法では3等分できないことが証明されているからである）．パッポスによると，『傾斜』のなかで取り上げられていた問題の一つは，与えられた円のなかに，与えられた点に向かって傾斜する，与えられた長さの弦を挿入する，という内容のものであった．

古代には，アポロニオスのほかの著作についても言及がなされ，言及されたもののなかに『十二面体と二十面体の比較』もあった．そのなかでアポロニオスは，同じ球に内接する正十二面体と正二十面体の五角形と三角形の面はそれぞれ球の中心から等距離にある，という定理を証明していた（アリスタイオスはこの定理を知っていたらしい）．エウクレイデスが書いたのではないとされる『原論』第XIV巻中の主要な結果は，上のアポロニオスの命題からただちに導かれる．

§3 円と周転円

 7.3 円と周転円

アポロニオスは著名な天文学者でもあった．エウドクソスは惑星運動を表す

141

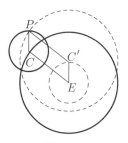

図 7.1

のに，プトレマイオスにならって同心球系を使ったが，アポロニオスは別の 2 種類の体系，すなわち周転円運動系と離心円運動系を提唱した．周転円の体系では，惑星 P は小円（周転円）のまわりを一様に動くと仮定され，P の中心 C は地球 E を中心とする大円（導円）上を一様に動くと考えられた（図 7.1）．

離心円の体系では，惑星 P は大円上を一様に動き，大円の中心 C' は E を中心とする小円上を動く．もし $PC = C'E$ ならば，アポロニオスも明らかに承知していたように，それら 2 種の幾何学体系は同値となる．同心球の理論は，アリストテレスの著作を通じて，近似運動というおおまかな表現で納得できる人々が好む天文学体系になったが，円と周転円あるいは離心円の理論のほうは，プトレマイオスの著作を通じて，詳細にわたる精密さと予測の正確さを欲する数理天文学者たちに受け入れられた．そして約 1,800 年もの間，エウドクソスとアポロニオスによる 2 種類の体系は，学者たちに認められようと仲よく張りあってきた．

 7.4 『円錐曲線論』

アポロニオスの主著『円錐曲線論』のうち，ギリシャ語で現存するのは半分，すなわち全 8 巻のうち最初の 4 巻のみである．幸い 9 世紀にサービト・イブン・クッラがそれに続く 3 巻をアラビア語に翻訳したものが現在まで残っている．1710 年にエドモンド・ハリーがそれら 7 巻をラテン語に翻訳し，以来多くの言語に訳されている．

アポロニオスが円錐曲線についての有名な論文を著したときは，円錐曲線が知られてから約 1 世紀半経っていた．その間に少なくとも 2 回，アリスタイオスとエウクレイデスによって円錐曲線についての一般論が書かれていた．しかし，エウクレイデスの『原論』がそれ以前の初等教科書にとってかわったよう

に，さらに高度な円錐曲線論では，アポロニオスの『円錐曲線論』がエウクレイ
デスの『円錐曲線論』をも含むその分野の競争相手をすべて駆逐してしまった．

　アポロニオス以前には，楕円，放物線，双曲線は，それぞれ頂角が鋭角，直
角，鈍角である3種の異なる直円錐の切断面として得られていた．それをアポ
ロニオスは，おそらく初めて，切断は円錐の母線に垂直である必要はなく，し
かも切断面の傾きを変えるだけで一つの円錐から3種類の円錐曲線すべてが得
られることを系統立てて示したのである．これは，3種類の曲線を互いに結び
つける重要な一歩であった．そしてもう一つの重要な一般化が行われた．それ
はアポロニオスが，円錐は直円錐——すなわち軸が底面に垂直——である必要
はなく，斜円錐でも同様に扱えることを示したからである．のちにエウトキオ
スが『円錐曲線論』の注釈を書いたときにそのような一般化にもよく通じてい
たのを見れば，アポロニオスが，斜円錐を切断しても直円錐を切断しても等し
く円錐曲線が得られることを示した最初の幾何学者であったと推論できる．最
後に，アポロニオスは一面葉の円錐（アイスクリームコーンのような図形）を
二面葉の円錐（反対方向を向いた無限に長い2個のアイスクリームコーン状の
図形を，頂点が一致し軸が一直線になるようにおいたもの）で置き換えること
によって，古代の図形を現代的観点に近づけた．事実アポロニオスは，次のよ
うな現在使われているものと同じ円錐の定義を与えていた．

　　常にある定点を通る無際限の長さの直線が，その点と同一平面上にな
　　い円の円周上の各点を通るように動くとき，その直線の軌跡は二面葉
　　の円錐となる．

　この新しい定義によって，双曲線は現在よく知られている二分枝曲線となっ
た．この曲線のことを，幾何学者たちはしばしば一つの双曲線の「二分枝」と
はいわずに「二つの双曲線」といっていたが，いずれにせよ双曲線の双対性が
認識されるようになった．

　数学の歴史では用語よりも概念のほうが重要だが，アポロニオスが行った円
錐曲線の呼称の変更は，並はずれて重要な意味を持つものであった．というの
も，約1世紀半の間，それらの曲線には発見されたときの方法をそのままつけ
ただけの呼び方——すなわち鋭角円錐の切断面（oxytomē），直角円錐の切断
面（orthotomē），鈍角円錐の切断面（amblytomē）——以外に独特な名称は何
もなかったのである．アルキメデスもこれらの名称をずっと使っていた（もっ

143

とも彼は，直角円錐切断面の同義語として「パラボラ（放物線）」という用語を使っていたといわれる）．それらの曲線に「エリップシス（楕円）」や「ハイパボラ（双曲線）」という名称を取り入れたのはアポロニオスであった（アルキメデスの言葉に従ったのであろう）．しかし「楕円」，「放物線」，「双曲線」という用語は別にそのことのために新しく考え出されたのではなかった．それらの言葉はたぶんピュタゴラス学派が，それ以前に2次方程式［に相当する問題］を面積付置で解こうとしたときに使った用語からとられたものであった．すなわち，楕円を意味する言葉ellipsis（不足）は，与えられた面積の長方形を与えられた線分に付置したとき正方形（またはほかの特定の図形）だけ不足する場合に使われ，双曲線を意味する言葉hyperbola（超過）は，与えられた面積が与えられた線分を超過する場合に使われた．放物線を意味する言葉parabola（付置または並置）は，超過もせず不足もしないことを意味した．アポロニオスはそれらの用語を，円錐曲線の名称として新しい意味合いで使うことにしたのである．ところで，現在よく使われている原点を頂点とする放物線の方程式は $y^2 = lx$（ここで l は，今では $2p$ または $4p$ と表されることもある「通径」もしくはパラメータ）である．つまり，パラボラはその上のいかなる点をとっても，縦線 y でつくる正方形は横線 x とパラメータ l でつくる長方形にちょうど等しいという特性を持っていることがわかる．同様に原点を頂点とする楕円と双曲線の方程式は $\frac{(x \mp a)^2}{a^2} \pm \frac{y^2}{b^2} = 1$，すなわち $y^2 = lx \mp \frac{b^2 x^2}{a^2}$（ここでも l は通径またはパラメータで $\frac{2b^2}{a^2}$）である．つまり，楕円の場合は $y^2 < lx$ で，双曲線の場合は $y^2 > lx$ である．そしてこれらの不等式の示す曲線の特性こそが，2,000年以上も昔にアポロニオスに上述のような名称をつけさせた動機であり，しかもいまだに確固たる呼称とさせている理由なのである．「楕円」，「放物線」，「双曲線」という用語を，切断面が円錐の第二面葉に届かない，ちょうど沿う，または突き通すという意味でアポロニオスが使ったという誤った印象を与えたのは注釈者エウトキオスで，その誤解が今でもかなり広く信じられている．しかしアポロニオスは『円錐曲線論』にはまったくそのようには書いていなかった．

　一つの二面葉斜円錐からすべての円錐曲線を引き出し，それらにまさにぴったりの名称を与えたことによって，アポロニオスは幾何学に重要な貢献をした．しかし円錐曲線の一般化については，彼はもっと進展させたかもしれなかったが，これは果たせなかった．また彼は，その気があれば楕円錐——またはどのような2次錐——からも同じ円錐曲線群を引き出せたはずであった．つまり，アポロニオスの「円」錐のいかなる平断面も，彼の定義における生成曲線または

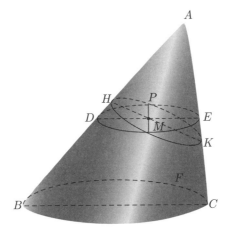

図 7.2

「基」として使うことができ，したがって「円錐」という呼称が不要になるのである．事実，アポロニオス自身が示していたように（第 I 巻命題 5），どの斜円錐も底面に平行な無限個の円形切断面からなるだけではなく，同時に彼が逆置断面と名づけたもうひと組の無限個の円形切断面の族をも含む．ここで BFC を斜円錐の底面とし，ABC をこの円錐の三角形の断面とする（図 7.2）．点 P を BFC に平行な円形切断面 DPE 上の 1 点とし，平断面 HPK を三角形 AHK と三角形 ABC が反対向きの相似の位置になるようにとる．アポロニオスはその断面 HPK を逆置断面と名づけ，それが円であることを示した．それは，三角形 HMD と EMK の相似性から $HM \cdot MK = DM \cdot ME = PM^2$ が導かれ，これは円特有の性質であることから容易に証明される（解析幾何学では，$HM = x, HK = a, PM = y$ とすると $y^2 = x(a-x)$，すなわち $x^2 + y^2 = ax$ となり，これはとりもなおさず円の方程式である）．

7.4.1 基本的特性

ギリシャの幾何学者たちは曲線群を 3 種類に分類していた．1 番目は「平面軌跡」ですべての直線と円からなり，2 番目は「立体軌跡」ですべての円錐曲線からなり，3 番目は「線型軌跡」でその他の曲線すべてをひっくるめたものであった．2 番目の名称は，円錐曲線がある条件を満たす平面上の軌跡として定義できなかったことから考えられたことに違いない．現在ではこの条件は求められているが，当時は，円錐曲線は立体幾何学的に 3 次元図形の切断面とし

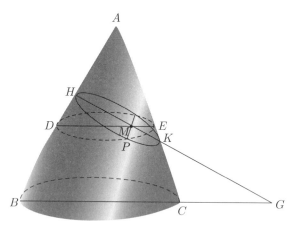

図 7.3

て定義された．アポロニオスは，先人たちのように3次元空間内の円錐から曲線を導いたが，以後はできるだけ速やかに円錐そのものの取り扱いから離れている．つまりアポロニオスは，円錐からその切断面の平面幾何学的基本性質すなわち特性 ("symptomē") を引き出したあとは，それらの特性をもとにした純粋に平面測定法的な研究へと進んでいる．ここではその研究のうちの楕円の場合 (第I巻命題13) を説明するが，その研究方法は，たぶんメナイクモスも含めた彼の先人たちが使った方法とほとんど同じものであったろう．まず ABC を斜円錐の三角形の断面とし，P を円錐の母線すべてを切る断面 HPK 上の点とする (図 7.3)．次に HK を延長して BC との交点を G とし，P を通る水平面を考えると，それは円錐を円 DPE で切り，平面 HPK を直線 PM で切っている．そこで PM に垂直な円 DPE の直径 DME を引く．すると，三角形 HDM と HBG が相似であることから $\frac{DM}{HM} = \frac{BG}{HG}$ が得られ，また三角形 MEK と KCG が相似であることから $\frac{ME}{MK} = \frac{CG}{KG}$ が得られる．ところで，円の性質によって $PM^2 = DM \cdot ME$ であり，よって $PM^2 = \frac{HM \cdot BG}{HG} \cdot \frac{MK \cdot CG}{KG}$ が導かれる．ここで $PM = y, HM = x, HK = 2a$ とおくと，上で説明した特性は方程式 $y^2 = kx(2a - x)$ に相当し，それは H を頂点とし HK を主軸とする楕円の方程式であることがわかる．またアポロニオスはこれと同様の方法で，双曲線についても方程式 $y^2 = kx(x + 2a)$ と同値な関係を導いていた．以上の2種の方程式は $k = \frac{b^2}{a^2}, l = \frac{2b^2}{a}$ ととることにより，容易に上の曲線の「名称」と一致するような形に変形できる．

7.4.2 共役直径

アポロニオスは，円錐を立体幾何学的にとらえることによって，今でいう円錐曲線上の点の平面座標間の基本的関係——3種の方程式 $y^2 = lx - \frac{b^2x^2}{a^2}, y^2 = lx$ および $y^2 = lx + \frac{b^2x^2}{a^2}$ で与えられる——を引き出したあと，もとの円錐にはよらないで，それらの平面方程式からその他の性質を導いていった．『円錐曲線論』についてアポロニオスは第I巻で，それらの曲線の基本的特性を「ほかの著者の著作よりも十分かつ一般的に」解明したと書いている．その言葉がどの程度真実なものかは，まさに第I巻で円錐曲線の共役直径の理論が展開されていることから了解される．つまりアポロニオスは，楕円または双曲線の1本の直径に平行な弦の中点全体の集合を2番目の直径とし，それら2本の直径を「共役直径」と呼んだ．実際，現在は円錐曲線を常に互いに垂直な直線を軸として考えているが，アポロニオスは共役直径の組を斜交座標軸に同値なものとして一般的に使っていた．しかもその共役直径による座標系は，円錐曲線を考える上では非常に有効に機能する座標系であった．なぜならアポロニオスは，楕円や双曲線の直径の端点を通る共役直径に平行な直線を引くと，その直線は「その円錐曲線に接し，ほかのいかなる直線もその直線と円錐曲線の間に入り込めない」——つまり，その直線は円錐曲線への接線である——ことを示したからである．ここには曲線の接線についての，アルキメデスの運動学的視点に対するギリシャのもう一つの静的な捉え方がはっきりと見てとれる．事実『円錐曲線論』ではしばしば，直径とその端点での接線が座標系として使われていた．

第I巻の命題のなかには，円錐曲線上の点 P を通る接線と直径に基づく系から，同一曲線上の第2の点 Q での接線と直径によって決まる新しい系へと座標変換に等しいことを行っているものがいくつかある（命題41から49）．またそれらとともに，円錐曲線はそのような座標系のどれによっても記述できることの証明も与えられていた．アポロニオスはとくに双曲線の性質をよく知っており，漸近線を座標系にとった．したがって，たとえば直角双曲線は方程式 $xy = c^2$ で与えられた．もちろんアポロニオスは，この関係がいつの日か気体研究の基礎となることや，彼の楕円の研究が現代天文学にとって必要不可欠なものになることなど，知る由もなかった．

第II巻では，共役直径と接線の研究がさらに続けられた．たとえば，P を双曲線上の1点，C をその中心とするとき，P での接線は P から等距離の点 L と L' で漸近線を切るというもの（命題8と10）（図7.4）や，CP に平行な弦 QQ' が漸近線と交わる点を K, K' とすると，$QK = Q'K'$ および $QK \cdot QK' = CP^2$

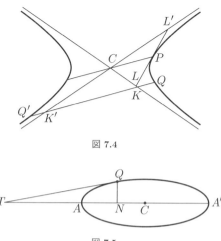

図 7.4

図 7.5

となる（命題 11 と 16）といった結果がある（これらの性質は総合幾何学的方法で証明されているが，現代の解析的方法を使えばそれらの正しいことが確認できる）．そのあとの第 II 巻の命題では，調和分割の理論を利用して円錐曲線に接線を引く方法を示している．たとえば楕円の場合，Q をその上の点とするき，アポロニオスは Q から軸 AA' 上に垂線 QN を下ろして A と A' に対する N の調和共役点 T を見つけている（命題 49）（図 7.5）．（つまり，線分 AA' の延長線上に $\frac{AT}{A'T} = \frac{AN}{NA'}$ となるような点 T を見つけた．いい換えれば，N が線分 AA' を内分割するのと同じ比に AA' を外分割する点 T を決めた，ということである）．そうすると，T と Q を通る線分は楕円に接している．点 Q が曲線上にない場合も，よく知られた調和分割の性質から上の場合に帰着できる（曲線と 1 点が与えられたとき，定規とコンパスを使ってその点から曲線への接線が引ける平面曲線は，円錐曲線以外にはないことが証明できる．しかしもちろん，アポロニオスはそのことを知らなかった）．

7.4.3　3 本線または 4 本線の軌跡

アポロニオスは，第 III 巻をとくに誇りに思っていたようである．というのは，『円錐曲線論』全 8 巻の序文で次のように書いていたからである．

> 第 III 巻は，立体の軌跡の作図とそれらの存在範囲の決定に役立つ，注目に値する定理を数多く含む．それらのなかで最も重要でかつ最も美しい定理は新しい定理である．それらを発見したとき，私はエウクレ

イデスが 3 本線または 4 本線の軌跡を描くことができていたわけではなく，たまたまその一部を，しかも不十分に明らかにしていたにすぎないことに気づいた．というのは，私の発見がなければ，その作図の完成は不可能だったからである．

ここで言及されている 3 本線または 4 本線の軌跡の問題は，エウクレイデスからニュートンに至る数学において重要な役割を果たしてきた．それは，平面上に 3 直線（または 4 直線）が与えられているとき，3 直線のうちの 1 本への距離の 2 乗が，ほかの 2 本への距離の積に比例しているような動点 P の軌跡を求めよ，という問題である（4 直線の場合には，点 P から 2 直線への距離の積がほかの 2 直線への距離の積に比例するように動く）．ただしこの際の距離は，点 P から引いた直線が与えられた各直線とそれぞれ与えられた角度で交わるときのその距離である．直線の標準形を有する現代の解析学的方法を使えば，その軌跡が——実または虚であれ，可約あるいは既約であれ——円錐曲線になることを示すのは容易である．たとえば 3 直線の軌跡の場合，直線の方程式がそれぞれ $A_1 x + B_1 y + C_1 = 0, A_2 x + B_2 y + C_2 = 0$ および $A_3 x + B_3 y + C_3 = 0$ で与えられているとき，距離を測る角度を $\theta_1, \theta_2, \theta_3$ とすれば，点 $P(x, y)$ の軌跡は

$$\frac{(A_1 x + B_1 y + C_1)^2}{(A_1^2 + B_1^2) \sin^2 \theta_1} = \frac{K(A_2 x + B_2 y + C_2)}{\sqrt{A_2^2 + B_2^2} \cdot \sin \theta_2} \cdot \frac{(A_3 x + B_3 y + C_3)}{\sqrt{A_3^2 + B_3^2} \cdot \sin \theta_3}$$

で与えられる．この方程式は一般に x と y についての 2 次式であることから，その軌跡は円錐曲線となる．しかし，ここに示したような現代的な解法では，アポロニオスが第 III 巻で行った証明の偉大さは十分にはわからない．アポロニオスは，慎重に言葉を選んだ命題を 50 以上も連ね，それらすべてを総合幾何学的方法で証明してから，ようやく求める軌跡にたどりついているのである．500 年ほどのちに，パッポスは n 本（$n > 4$）の直線についてこの定理の一般化を示したが，1637 年にデカルトが自ら考案した解析幾何学を試したのが，その一般化された場合だった．かくして数学の歴史において，「3 本線または 4 本線の軌跡」ほど重要な役割を演じた問題はまれであろう．

7.4.4 円錐曲線の交差

『円錐曲線論』の第 IV 巻では，「円錐曲線が互いに交わる交わり方は何通りあるか」を示したとアポロニオスは書いている．また彼は，ある円錐曲線が「双

曲線の相対する二分枝」と交わる点の数については「それまでの著者たちは何も論じておらず」，自分が初めてそれらの数についての定理をいくつか挙げたことを，とくに誇りにしていた．双曲線を二分枝としてとらえる考え方はアポロニオスが最初であり，彼は二分枝双曲線の発見の喜びとそれに関する定理の証明を満喫した．アポロニオスは，彼の時代にも現在同様に狭量な純粋数学への反対者がいて，上述のような結果が何の役にたつのかと冷笑すると書いていたが，それはこの第 IV 巻中の定理に関連して述べられたことであった．アポロニオスはそこで，「これらの定理は，それを証明するだけでも価値がある．ちょうどそれは，人が数学上のほかの多くのことがらを受け入れるのは，それ自体のためであってそのほかのためではないのと同じである」，と誇らしに主張していた（Heath 1961, p. lxxiv）．

▨ 7.4.5　第 V–VII 巻

円錐曲線に対して引いた極大および極小直線を取り上げた第 V 巻への序文でも，アポロニオスは「この問題はそれ自体のために研究する価値があると思われることの一つである」と述べている．アポロニオスの高尚な知的態度は称賛されなければならないが，当時はただ美しいばかりの理論で科学や工学への応用の見込みなどなかったものが，のちの時代には地上の力学や天体力学などの諸分野における基礎となったことも指摘しておくべきであろう．アポロニオスの極大値・極小値の定理も，実際には円錐曲線への接線と法線についての理論になっている．放物線への接線の性質がわからなければ，局所弾道分析も不可能であったろうし，惑星の軌道も，楕円への接線と無関係には考えられない．いい換えれば，1,800 年のちのニュートンの『プリンキピア（*Principia*）』を可能にしたのは，アポロニオスの純粋数学だったことは明らかである．さらにその『プリンキピア』は 1960 年代の科学者たちに月への往復旅行の夢をかなえさせたのである．古代ギリシャにおいてさえ，いかなる斜円錐も 2 組の円形切断面族を持つというアポロニオスの定理は，球面領域を平面に立体投影してつくる地図の作成に応用されていた．そのような応用を行ったのはプトレマイオスだが，ことによるとヒッパルコスも，同じことをしたかもしれない．このように数学の発展においては，当初は「それ自身のために研究する価値がある」と正当化されるだけであった問題が，のちには「実務家」にとって計り知れないほどの価値を持つようになるのはよくあることであった．

ギリシャの数学者たちによる曲線 C 上の点 P における接線の定義は，満足

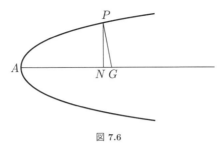

図 7.6

できるものではなかった．彼らは，接線 L とは，曲線 C と接線 L の間に P を通るほかの直線を引くことができないような直線と考えていたのである．もしかしたらアポロニオスはこの定義に満足できなかったために，点 G から曲線 C への法線を，点 G を通って曲線 C を点 P で切り，かつ点 P における曲線 C への接線に垂直な直線，と定義することを避けたのかもしれない．彼はその代わりに，点 G から曲線 C への法線は，点 G から曲線 C への距離が相対的に極大もしくは極小になっているような直線である，という事実を利用した．たとえば『円錐曲線論』第 V 巻命題 8 では，現在ではふつう微積分学の分野に属する放物線に対する法線の定理を証明している．現代ではその定理は，放物線 $y^2 = 2px$ 上のいかなる点 P における法線影も常に一定で，その値は p に等しい，と表現される．アポロニオスの言葉では，この性質はだいたい次のように表現された．

> 点 A が放物線 $y^2 = 2px$ の頂点で，G が $AG > p$ であるような軸上の点，また N が $NG = p$ であるような A と G の間の点であるとき，軸に垂線 NP を立てて放物線との交点を P とすると，PG は点 G からその曲線への最短の直線となり，したがって点 P における放物線の法線となる（図 7.6）．

アポロニオスの証明は典型的な間接法によるもので，P' を放物線上の別の 1 点としたとき，点 P' が点 P から離れると，それに応じて $P'G$ は増加することを示している．楕円や双曲線の場合に軸上の 1 点から法線を引く定理はもっと複雑なものだが，その証明が続いて与えられていた．さらに，P を円錐曲線上の点としたとき，法線を極小・極大のいずれとみなすにせよ，点 P を通る法線はたった 1 本でしかも点 P における接線に垂直であることも示していた．ここで留意すべきは，接線と法線が直交することは我々にとっては定義に基づく

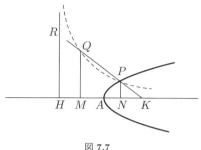

図 7.7

ものであるが，アポロニオスは定理として証明しており，また一方で極大・極小という性質は我々にとっては定理として導かれるものだが，アポロニオスにとっては法線の定義であったことである．第 V 巻のそのあとの命題では，円錐曲線への法線の問題をさらに掘り下げて，与えられた点から円錐曲線に引ける法線の数を示すための基準まで与えている．その基準は実質的には円錐曲線への縮閉線の方程式というべきものであった．要するにアポロニオスは，放物線 $y^2 = 2px$ において座標値が 3 次方程式 $27py^2 = 8(x-p)^3$ を満たす点は，点 P' が放物線上を点 P に近づくにつれて点 P' と点 P における放物線への法線の交点が近づく極限点である，ということを示したのである．すなわちその 3 次式を満たす点は，円錐曲線上の点の曲率中心（すなわち放物線の接触円の中心）となっている．また，方程式がそれぞれ $\frac{x^2}{a^2} \pm \frac{y^2}{b^2} = 1$ である楕円と双曲線の場合には，対応する縮閉線の方程式はそれぞれ $(ax)^{\frac{2}{3}} \pm (by)^{\frac{2}{3}} = (a^2 \mp b^2)^{\frac{2}{3}}$ となる．

　円錐曲線の縮閉線の条件を与えたのち，アポロニオスは軸上にない点 Q から円錐曲線への法線の引き方を示している．放物線 $y^2 = 2px$ の場合には，点 Q が放物線の外にあって軸上にないとき，まず軸 AK 上に垂線 QM を下して線分 $MH = p$ をとり，そして HA に垂線 HR を立てる（図 7.7）．それから Q を通って HA と HR を漸近線に持ち，放物線と点 P で交わる直角双曲線を描く．そこで $NK = HM = p$ を示せば，求める法線は直線 QP であることが証明できる．点 Q が放物線の内部にあるときは，P が Q と R の間にくるほかは同様である．またアポロニオスは，1 点から与えられた楕円や双曲線への法線も，同様に補助双曲線を使って作図していた．しかし楕円や双曲線の法線は接線の場合とは異なり，定規とコンパスだけでは作図できないことに注意しなければならない．接線と法線の問題について，古代人は，円錐曲線への「接線」の作図は「平面の問題」であるとしていた．それは円と直線を交わらせるだけ

で十分だからであった．一方，平面内の1点から与えられた有心2次曲線への「法線」の作図は「立体の問題」であるとしていた．それは直線と円だけでは達成できず，立体の軌跡（この場合は双曲線）を用いることによって得られるからであった．パッポスはのちに，アポロニオスが放物線の法線の作図を平面の問題としてではなく，立体の問題として扱ったことを厳しく批判した．というのは，アポロニオスが放物線の場合に使った双曲線は，それを円に置き換えることもできたからである．たぶんアポロニオスは，法線の作図の場合，3種類の円錐曲線の取り扱いを統一するためには直線・円への崇拝は断念すべきであると考えたのであろう．

アポロニオスは『円錐曲線論』第VI巻について，「先人たちが研究し残したことがらのほかに，円錐曲線の切片で等しいものや等しくないもの，相似なものや相似でないもの」についての命題を含み，「とくに，与えられた直円錐から，ある与えられた断面に等しい一つの断面を切り取る方法を示した」と説明している．2本の円錐曲線が相似であるとは，頂点から軸上の互いに比例する距離に引いた縦線が，それぞれ互いに対応する横線と同じ比に比例することをいう．第VI巻中の比較的やさしい命題のなかには，すべての放物線は相似であること（VI.11）や，放物線は楕円や双曲線とは相似になりえず，また楕円も双曲線とは相似になりえないこと（VI.14, 15）などの証明が含まれていた．ほかの命題（VI.26, 27）では，錐体を平行な2平面で切って断面が双曲線か楕円になるとき，それらの断面は相似ではあるが等しくはないことを証明していた．

第VII巻では共役直径の話に戻り，「円錐曲線の直径や直径上に描かれた図形についての多くの新しい命題」を載せている．そのなかには，次の定理の証明（VII.12, 13, 29, 30）のように現代の教科書にも見られるものもあった．

> すべての楕円あるいは双曲線において，どのような2本の共役直径上の正方形の和（楕円の場合）あるいは差（双曲線の場合）も，それぞれ各軸上の正方形の和あるいは差に等しい．

さらに，よく知られた定理——楕円あるいは双曲線の一組の共役軸の端点でそれぞれ接線を引いたとき，それら4接線がつくる平行四辺形は両軸がつくる長方形に等しい——の証明も載っていた．そして失われた『円錐曲線論』第VIII巻でも，同じような問題をさらに研究していたと推測されている．というのは，アポロニオスが第VII巻の序文で，第VII巻内の定理は第VIII巻の円錐曲線

の境界条件問題を解くために使われる，と書いていたからである．したがって，最後の第VIII巻は「補遺」ともみなせる．

7.4.6 解　説

アポロニオスの『円錐曲線論』は並々ならぬ幅の広さと深さを備えていたことから，我々にとっては明らかにごく基本的と思われる性質がいくつか書き落とされていたことに驚かされる．現在，円錐曲線は教科書に取り入れられ，「焦点」は際立って重要な役割を果たしているが，アポロニオスは，それらの点に特別な名前はつけず，ただ間接的に言及するだけであった．現在は周知の準線の役割に彼が気づいていたかどうかもはっきりしていない．アポロニオスは円錐曲線を5点で決定する方法を知っていたようだが，そのことは『円錐曲線論』には載っていない．もちろん，そのようにもどかしくなるような省略が行われたのは，そのうちのいくつかもしくはそういったもの全部がどこか別のところ，たとえばアポロニオスやほかの著者の現在では存在しない著作に載っていたから，ということも十分考えられる．古代数学のあまりにも多くの部分が失われているため，そのような語り部を欠いた議論はまったく危なっかしい限りである．

ギリシャの幾何学的代数には負の量はなかった．さらに，曲線の特性を研究するための座標系は，いつの場合も与えられた曲線にあとから当てはめられた．ギリシャ幾何学では，方程式は曲線によって決定されたといえようが，曲線は方程式によって定義されたとはいえそうもない．座標，変数および方程式は，特定の幾何学的情況から生じる補助的な概念であった．このことから，ギリシャ人には，曲線を，与えられた条件を満たす2個の座標値の描く軌跡として抽象的に定義するだけでは不十分であったと考えられる．軌跡がほんとうに1本の曲線となることを保証するためには，古代の人々は，それを立体幾何学的に立体の断面として表すか，あるいはそれを運動学的な作図の形で示すかのいずれかが自分たちの責務であると考えていたのである．

曲線のギリシャ的定義や研究には，現代の取り扱い方の融通性や幅広さがなかった．ギリシャ人はあらゆる時代を通してみても審美眼的には最も優れた民族の一つであったにもかかわらず，彼らが研究したのは天にも地にも円と直線のさまざまな組合せだけであった．古代における最も偉大な幾何学者アポロニオスが解析幾何学を発展させえなかったのは，おそらく思想の貧困というよりも曲線の種類の貧困に起因したものであろう．加えるならば，現代初期の解析幾何学考案者たちがルネサンスの代数のすべてを思いのままに使えたのに対し

て，アポロニオスが使えた道具は，より厳密ではあってもはるかに使いにくい
幾何学的代数に限られていた．

§4

『円錐曲線論』

8 逆 流
Crosscurrents

> ミツバチは…何らかの幾何学的洞察によって…
> 同じだけの材料を使って巣をつくったとき，
> 六角形は正方形や三角形よりも大きく，
> しかもより多くの蜜がたくわえられることを知っている．
> ——アレクサンドリアのパッポス

 8.1　変わる流れ

現在，「ギリシャ数学」という便利な言葉が，あたかも均一で明確な教理体系を示しているかのように用いられているが，それは非常に誤解を招きやすい．というのも，そのように均一で明確なものだとすると，ギリシャ人が知っていた数学とは，アルキメデスやアポロニオスのような洗練された幾何学に限られていた，ということになるからである．我々は，ギリシャ数学が期間にして少なくとも紀元前 600 年から紀元後 600 年まで，場所としてはイオニアからイタリア半島のつま先まで，またアテネやアレクサンドリア，さらにはほかの文明世界へも及んでいたことを思い起こさなければならない．残存する著作，とくに程度の低いほうの著作が少ないことが，ギリシャについての我々の知識が完全というにはほど遠いものであることを覆い隠している傾向がある．

ローマのひとりの兵士によるアルキメデスの死は不注意によるものだったかもしれないが，それはまさに不吉な前兆であった．ペルゲもシュラクサイもローマの支配下で栄えたが，古代ローマはその長い歴史を通して科学や哲学にほとんど貢献せず，数学に対してはなおさらであった．共和制あるいは帝政のいずれの時代にも，ローマ人は思索的もしくは論理的研究にはほとんど関心を示さなかった．一方，医学や農業のような実際的な技術はある程度熱心に奨励され，また地誌も好まれた．みごとな土木事業や記念建造物は科学の初歩に関係していたが，ローマの建築家たちはギリシャの理論的思考の偉大な集成を理解することをほとんど必要としない初歩的な経験則で満足していた．ローマ人が科学をどの程度知っていたかは，アウグスティヌスの時代の中頃に書かれて皇帝に献上されたウィトルウィウスの『建築論（De architectura）』からある程度推測できる．そのなかで著者は，自ら考えた数学上の三大発見と自分には思われたもの，つまり立方体における 1 辺と対角線の非共測性，3 辺がそれぞれ 3, 4, 5 の直角三角形，および王冠の組成についてのアルキメデスの計算について記

していた．エジプトのピラミッドやローマの水道橋のようなみごとな土木建造物は数学の水準の高さを示すものだとときにいわれるが，それを裏づける歴史的根拠はない．

　古代ギリシャの数学と関係がある二つの主要施設であるアテネのアカデメイアとアレクサンドリアの図書館は，最終的に消滅する前に数回にわたって，方向性が変えられていた．アカデメイアにはもはやプラトンが義務化した数学研究への強力な支援はなく，プロクロスの時代には数学への新たな関心は，新プラトン主義者のための安全な避難場所としての役割にあると考えられた．アレクサンドリアの博物館と図書館はもはや，かつてプトレマイオス I 世と II 世が与えた援助を受けられず，博物館の収蔵物を楽しんだといわれるプトレマイオス朝最後の王クレオパトラでさえ，アントニウスやカエサルを説き伏せて学問の探究に金を出させることは，おそらくできなかったであろう．

8.2　エラトステネス

　アルキメデスは著書『方法』をアレクサンドリアにいたエラトステネスに送ったが，送り先に選んだ相手はアレクサンドリアの図書館で多岐にわたる分野を代表していた男であった．エラトステネス（紀元前 275–194 頃）はキュレネの出身で，青年時代を長い間アテネですごした．彼は詩，天文学，歴史，数学，運動競技などの多くの分野で傑出しており，壮年期には，プトレマイオス III 世に息子の家庭教師になるようアレクサンドリアに招聘され，そこの図書館長にもなった．

　現在，エラトステネスの名で真っ先に想い起こされるのは地球の測量である．しかしそれは，彼の推定値が古代における最初の値とか最後の値であったということではなく，あらゆる点で最も優れた値だったからである．エラトステネスは，夏至の正午，太陽の光はシエネの深井戸のなかにまっすぐに差し込むのを観察した．それと同じ時刻に，同じ子午線上でシエネから 5,000 スタディア[*1)]北方のアレクサンドリアでは，太陽は天頂からの角距離が円の $\frac{1}{50}$ であることを示すような影をつくることを知った．図 8.1 において，対応する角 $S'AZ$ と $S''OZ$ は等しいことから，地球の周囲はシエネとアレクサンドリア間の距離の 50 倍になることは明らかである．したがって地球の全周は 250,000 スタディ

訳注
　*1)　スタディアはスタディオンの複数形．1 スタディオンは約 180 m．

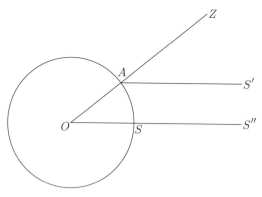

図 8.1

アとなる．この値がどの程度正確であったかが学者の間で議論の的になっている．一つにはスタディオンの長さについて異なった説があるからである．とはいえ，この測定値が偉業の結果であるというのは，ほぼ一致した意見である．

エラトステネスは多くの学問分野で貢献したが，数学の分野では「エラトステネスのふるい」，つまり素数を選り分ける系統的方法でよく知られている．すなわち，自然数全部を順に並べたうち，まず2を残してそのあと2個目ごとの数すべてを取り除き，次に3を残してそのあと（もとの数列で）3個目ごとの数すべてを取り去り，さらに5を残してそのあと5個目ごとの数すべてを取り去るというようにして，数 n のあと n 個目ごとの数すべてを取り除いていく．そうすれば，2を初めとする残った数はもちろん素数となる．エラトステネスは中項や軌跡についての本も書いたが，それらは失われてしまった．彼の論文『大地の測量について』さえも，そのうちのいくつかの項目はアレクサンドリアのヘロンやプトレマイオスなど他の人々によって書きとめられはしたものの，論文そのものはもはや存在しない．

8.3 角と弦

数理地理学に関する研究でエラトステネスが行ったように，アレクサンドリア時代の多くの天文学者が，角と弦の体系的関係の必要性を指し示す問題を扱った．弦の長さに関する定理は基本的には現代の正弦法則の応用である．

8.3.1 アリスタルコス

エラトステネスに先行した人々のなかに，サモスのアリスタルコス（紀元前

図 8.2

310 年頃–230 年頃) がいた．アルキメデスとプルタルコスによれば，アリスタルコスは太陽中心説を提示していたが，彼がその体系について記したものがあったとしてもすべて失われている．その代わり，おそらく太陽中心説を打ち出す前（紀元前 260 年頃）にアリスタルコスが書いた論文が残っている．それは，地球を中心とする宇宙を仮定した『太陽と月の大きさと距離について』である．そのなかでアリスタルコスは，月がちょうど半月のときには太陽と月への視線の間の角は，直角より 4 分円の $\frac{1}{30}$ だけ小さいことを観測していた（円を $360°$ とする考え方はその少しあとに導入された）．現在の三角法の言葉でいうと，月までの距離の太陽までの距離に対する比（図 8.2 で ME 対 SE）が $\sin 3°$ であるということになる．その頃はまだ三角法の表がつくられていなかったため，アリスタルコスは当時よく知られていた幾何学的定理から求めていた．その定理は現在では不等式 $\frac{\sin\alpha}{\sin\beta} < \frac{\alpha}{\beta} < \frac{\tan\alpha}{\tan\beta}$ $(0° < \beta < \alpha < 90°)$ と表される．それから $\frac{1}{20} < \sin 3° < \frac{1}{18}$ を導き，よって地球から太陽までの距離は，月までの距離の 18 倍より大きく 20 倍より小さいと主張した．この値は 400 をいくぶん下まわる現代の値にはほど遠いが，それでもアルキメデスがそれぞれエウドクソスとフィディアス（アルキメデスの父）のものとした値 9 と 12 よりましである．そのうえ，アリスタルコスが使った方法は非の打ちどころがなく，非は，角 MES を $87°$ と測定した観測誤差だけであった（実際には約 $89°50'$ になるはずであった）．

太陽と月への相対距離を決定したアリスタルコスは，さらに太陽と月の大きさの比が上述の比と同じであることも知った．このことは，太陽と月の見かけの寸法がほとんど同じであるという事実——すなわち地球上の観測者の目には太陽と月がほぼ同じ視角をなすこと——からわかる．論文『太陽と月の大きさと距離について』ではその視角は $2°$ となっているが，アリスタルコスはずっとよい値 $\frac{1}{2}°$ を出していたとアルキメデスはいっている．そしてその値から，アリスタルコスは地球の大きさと比較したときの太陽と月の大きさを近似的に求めることができた．すなわち，まず月食の観測から，月の位置にできる地球の

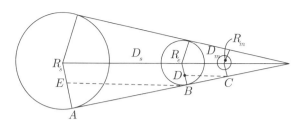

図 8.3

影の幅は月の直径の 2 倍であると結論した．そこで，R_s, R_e, R_m をそれぞれ太陽，地球，月の半径，D_s と D_m を地球から太陽と月への距離とすると，三角形 BCD と ABE が相似であることから，比 $\frac{R_e - 2R_m}{R_s - R_e} = \frac{D_m}{D_s}$ を得る（図 8.3）．この等式において D_s と R_s を近似値 $19D_m$ と $19R_m$ でそれぞれ置き換えると，さらに等式 $\frac{R_e - 2R_m}{19R_m - R_e} = \frac{1}{19}$ すなわち $R_m = \frac{20}{57} R_e$ を得る．ただ，ここで紹介したアリスタルコスの計算は実物をかなり簡素化させたものである．実際には，彼の推論は上述のものよりもはるかに綿密に実行され，次のような結果となった．

$$\frac{108}{43} < \frac{R_e}{R_m} < \frac{60}{19} \quad \text{および} \quad \frac{19}{3} < \frac{R_s}{R_e} < \frac{43}{6}.$$

8.3.2 ニカイアのヒッパルコス

ヒポクラテスからエラトステネスまでの 2 世紀半ほどの間，ギリシャの数学者たちは直線と円のいろいろな関係を研究し，それらをさまざまな天文学上の問題に応用した．しかし，体系的な三角法が生まれるまでには至らなかった．そののち，たぶん紀元前 2 世紀の後半に，おそらくニカイアの天文学者ヒッパルコス（紀元前 180 年頃–125 年頃）が最初の三角法の表を作成した．ところでアリスタルコスは，与えられた円における弧の弦に対する比は，中心角が 180° から 0° へと小さくなるにつれて減少し，限度である 1 に近づくことを知っていた．しかしヒッパルコス以前には，互いに対応する弧と弦の比をすべての角度について表にして示す者はいなかったようである．この点に関しては，アポロニオスのほうが先んじていたのではないかともいわれ，ヒッパルコスの三角法への貢献は，先人たちが用いたのよりもふさわしい弦の組を選んで計算したにすぎないものだともいわれる．ヒッパルコスが天文学に用いるために数表を作成したのは明らかである．彼はバビロニア天文学とプトレマイオスの間に生きた過渡的な人物であった．天文学におけるヒッパルコスのおもな貢献は，バビロニア人による経験的データを系統的に整理したこと，星の目録の作成，重要

な天文定数（たとえばひと月や 1 年の長さ，月の大きさ，黄道の傾斜角など）
の改定，そして最後に，春分点歳差の発見であった．

　円を 360° とする考え方を体系的に数学に取り入れるようになったのが正しく
はいつだったのかはわからないが，弦の表の作成との関連でヒッパルコスによ
るところ大であったようである．彼は，それ以前バビロニア天文学によるらし
い考え方に影響を受けてすでに度を 360 等分に細分していたヒュプシクレスか
ら，それを受け継いでいたとも考えられる．ヒッパルコスが実際にどのように
してその数表をつくったのかは，彼の著作が現存しないためにわからない（当
時広まっていたアラトスの天文詩についての注釈は残っている）．彼の方法は
これから述べるプトレマイオスの方法に似ていたと考えられる．というのは，
アレクサンドリアのテオンが 4 世紀にプトレマイオスの弦の表の注釈で，以前
ヒッパルコスが円の弦についての 12 巻からなる書物を著したと報告していた
からである．

8.3.3　アレクサンドリアのメネラオス

　テオンは，アレクサンドリアのメネラオス（西暦 100 年頃）の 6 巻からなる
もう 1 冊の著作『円における弦について』にも触れていた．『幾何学原理』を含
むメネラオスのそのほかの数学や天文学の著作については，のちのギリシャや
アラビアの注釈者たちが言及してはいたが，唯一後世に残りえたのは『球面論
（Sphaerica）』で，それもアラビア語訳だけであった．その『球面論』第 I 巻で
メネラオスは，エウクレイデスが『原論』第 I 巻で平面三角形の基本的性質を
かかげたのと同じように，球面三角形における基本的性質を明らかにしていた．
そのなかには，エウクレイデスが平面三角形について述べた基本的性質にはな
い定理が一つあった．それは，「2 個の球面三角形は，対応する角が互いに等し
いとき合同となる」である（メネラオスは，球面三角形の合同と対称とを区別
していなかった）．また，$A + B + C > 180°$ という定理も証明されていた．次
の『球面論』第 II 巻では球面幾何学の天文現象への応用を述べているがそれは
数学的にはあまり重要ではない．最後の第 III 巻では，有名な「メネラオスの
定理」が，典型的なギリシャ式球面三角法——円の弦についての幾何学あるい
は三角法——の一部として取り上げられている．図 8.4 の円において，現在で
あれば弦 AB を（円の半径掛ける）中心角 AOB の半分の角の正弦の 2 倍と書
く．しかしメネラオスとそのギリシャ人後継者たちは，AB を単に弧 AB に対
応する弦と称した．ここで BOB′ を円の直径とすると，弦 AB′ は（円の半径

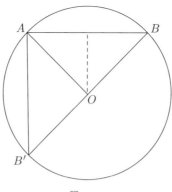

図 8.4

掛ける）角 AOB の半角の余弦の 2 倍である．したがって，タレスとピュタゴラスの定理によって導かれる等式 $AB^2 + AB'^2 = 4r^2$ は，現代の三角恒等式 $\sin^2\theta + \cos^2\theta = 1$ と同値になる．ヒッパルコスもメネラオスより前にその他の恒等式のことを知っていたらしいが，メネラオスもそれらの恒等式についてはよく知っていた．メネラオスはそのうちの 2 式を，彼の横断線定理の証明に補助定理として使っている．最初の補助定理は，現代の用語では次のようにいえる．「O を中心とする円の弦 AB が，点 C において半径 OD によって切られているならば，$\frac{AC}{CB} = \frac{\sin\widehat{AD}}{\sin\widehat{DB}}$ である」（図 8.5）．2 番目の補助定理もそれと同様の，「弦 AB の延長線が点 C' において半径 OD' の延長線によって切られているならば，$\frac{AC'}{BC'} = \frac{\sin\widehat{AD'}}{\sin\widehat{DB'}}$ である」．メネラオスはこれらの補助定理を証明なしで仮定していたが，おそらくそれ以前の著作，たぶんヒッパルコスの弦についての著書全 12 巻に証明が載っていたからであろう（読者がこれらの補助定理を証明するには，線分 AO と BO を引き，A と B それぞれから OD，OD' へ垂線を下ろして相似三角形の性質を使えば容易にできる）．

　平面三角形の場合の「メネラオスの定理」はエウクレイデスも知っていたらしく，したがって失われた『ポリスマタ』にも載っていたのではないかと考えられている．平面の場合，その定理は「三角形の各辺 AB，BC，CA が横断線によりそれぞれ点 D，E，F で切られるならば，$AD \cdot BE \cdot CF = BD \cdot CE \cdot AF$」である（図 8.6）．換言すれば，いかなる直線も，互いに隣接しない 3 本の線分の積が残りの 3 本の線分の積に等しくなるように三角形の 3 辺を切る，ということである．この性質は，初等幾何学で，もしくは簡単な三角法の関係式を応用すれば容易に証明できる．メネラオスは，この定理が同時代の人々に

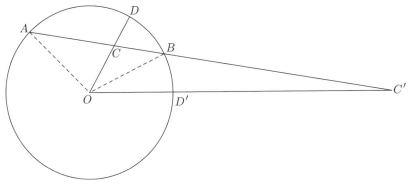

図 8.5

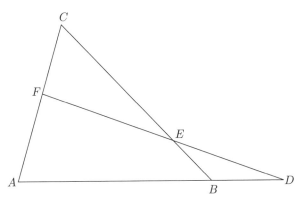

図 8.6

よく知られていると考えていたが，それをさらに球面三角形にまで拡張して，$\sin AD \sin BE \sin CF = \sin BD \sin CE \sin AF$ に相当する式まで導いた．その場合，絶対量の代わりに有向線分が使われるときには，両辺の積は大きさが同じでも符号は異なる．

8.4 プトレマイオスの『アルマゲスト』

全古代を通じてとびぬけた影響力があり重要であった三角法に関する著作は，『数学的統合 ($M\alpha\theta\eta\mu\alpha\tau\iota\kappa\dot{\eta}\ \Sigma\acute{\upsilon}\nu\tau\alpha\xi\iota\varsigma$)』であった[*2)]．それはメネラオスより約半世紀のちのアレクサンドリアのプトレマイオスが著したもので，13 巻から

訳注 ─────

[*2)] フランス語訳からの重訳がある．プトレマイオス『アルマゲスト』(上・下)，藪内清訳，恒星社，1958 年．

なっていた．その有名なプトレマイオスの『数学的統合』は「大統合」と呼ばれ，（アリスタルコスも含む）ほかの著者たちによるものは「小統合」と呼ばれて，その他の天文学書と区別されていた．

さらに前者は，しばしば``megistos（最も偉大な）''と呼ばれたことから，のちにアラビアではプトレマイオスの「統合」を『アルマゲスト』（Almagest，最も偉大なもの）と呼ぶならわしとなり，以後その名称で呼ばれている．

『アルマゲスト』の著者の一生については，『原論』の著者同様，わかっていることはほとんどない．ただ127年から151年まで，プトレマイオスがアレクサンドリアで観測を行ったことがわかっていることから，生年は1世紀の終わりと推定されている．10世紀の作家スイダスは，プトレマイオスはマルクス・アウレリウス（在位161–180年の皇帝）の治世にもまだ存命していたと報告している．

プトレマイオス『アルマゲスト』の方法は，ヒッパルコスの著書『円における弦について』に多くを負っていたと思われる．プトレマイオスはヒッパルコスが残した恒星位置目録を利用したが，三角表においても多くをその偉大な先輩から受け継いだかどうかは判定しかねる．しかし，幸運にもプトレマイオスの『アルマゲスト』が長い歳月による損傷にも耐えぬいてきたおかげで，彼の三角表だけでなくその作成に用いられた方法の説明も現存している．プトレマイオスの弦の計算の中心をなすのは，現在なお「プトレマイオスの定理」として知られる幾何学の命題，「$ABCD$ が円に内接する（凸）四辺形ならば，$AB \cdot CD + BC \cdot DA = AC \cdot BD$」であった（図8.7）．つまりそれは，円に内接する四角形の対辺どうしの積の和は対角線の積に等しい，ということである．このことは，BE を角 ABE が角 DBC に等しくなるように引いたとき，三角形 ABE と三角形 DBC は互いに相似となっていることから容易に証明できる．

プトレマイオスの定理で，より有用で特別な場合が，1辺，たとえば AD が円の直径のときである（図8.8）．そのとき，$AD = 2r$ とすれば，$2r \cdot BC + AB \cdot CD = AC \cdot BD$ が得られる．さらに弧 $BD = 2\alpha$，弧 $CD = 2\beta$ とおけば，$BC = 2r \cdot \sin(\alpha - \beta)$，$AB = 2r \cdot \sin(90° - \alpha)$，$BD = 2r \cdot \sin\alpha$，$CD = 2r \cdot \sin\beta$ および $AC = 2r \cdot \sin(90° - \beta)$ となる．よって上のプトレマイオスの定理から，$\sin(\alpha - \beta) = \sin\alpha\cos\beta - \cos\alpha\sin\beta$ が導かれる．同様にして公式 $\sin(\alpha + \beta) = \sin\alpha\cos\beta + \cos\alpha\sin\beta$ も導かれ，また余弦についても同様な1組の公式 $\cos(\alpha \mp \beta) = \cos\alpha\cos\beta \pm \sin\alpha\sin\beta$ が導かれる．そのため，

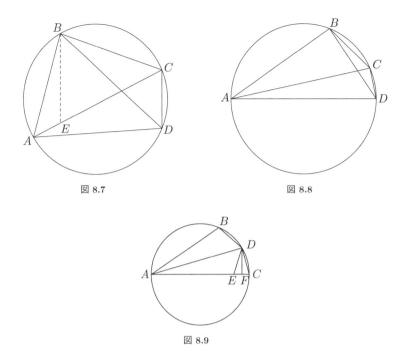

図 8.7　　　　　　　　　図 8.8

図 8.9

　これら和と差の 4 公式は，現在しばしばプトレマイオスの公式と呼ばれる．
　プトレマイオスが表を作成する際にとりわけ役立ったのが，上述の差の正弦——より正確には差の弦——の公式であった．さらにもう一つ役立った公式は，現在の半角の公式に相当するものであった．すなわち円の弧に対する弦が与えられたとき，その弧の半分に対する弦を，プトレマイオスは次のようにして求めた．まず D を $AC = 2r$ を直径とする円の弧 BC の中点とし，次に $AB = AE$ となるように E をとり，さらに EC を DF によって（垂直に）2 等分させる（図 8.9）．そうすれば，$FC = \frac{1}{2}(2r - AB)$ を示すことは難しくない．しかし初等幾何学から $DC^2 = AC \cdot FC$ であることがわかっているから，$DC^2 = r(2r - AB)$ が導かれる．そこで弧 $BC = 2\alpha$ とすると，$DC = 2r\sin\frac{\alpha}{2}$ および $AB = 2r\cos\alpha$ となり，よって現在では周知の公式 $\sin\frac{\alpha}{2} = \sqrt{\frac{1-\cos\alpha}{2}}$ を得る．つまり，弧の弦がわかればその半分の弧の弦もまたわかるということである．プトレマイオスは現代の三角法の基本公式に相当するものを手にして，望むだけ正確な弦の表を作成できるようになった．

8.4.1　360度の円

　ヒッパルコスの時代からようやく現代に至るまでは「三角比」のようなもの
は存在しなかったことを思い起こさなければならない．ギリシャ人やそのあと
のインド人，アラビアの人たちは，「三角線」を使った．それは，すでに見たよ
うに，初めは弦の形をとっていたことから，それらの弦に数値（または近似値）
を持たせることがプトレマイオスの仕事になった．そのためには，次の二つの
取り決めが必要であった．（1）円周を小分割するための何らかの体系，（2）直
径を小分割する何らかの規則，である．円周を $360°$ に分割することはギリシャ
ではヒッパルコスの時代から行われていたようだが，そのような取り決めがど
のようにして生じたのかはわかっていない．ただ，黄道帯を 12 の「宮」や 36
の「十分角（decan）」に分ける天文学から $360°$ という値が取り入れられたこ
とは考えられないことではない．約 360 日からなる 1 年の周期は，各宮を 30
に，各十分角を 10 に細分することによって，容易に黄道十二宮系および十分角
の体系と対応させることができる．したがって我々の一般的な角度体系は，こ
の対応関係に由来するものと考えられる．そのうえ，1 より小さい部分に対す
るバビロニアの位取り記数法はエジプトの単位分数やギリシャのふつうの分数
よりも明らかに優れていたことから，プトレマイオスが角度を 60 の「1 番目の
小部分（*partes minutae primae*）」に，さらにそのそれぞれを 60 の「2 番目の
小部分（*partes minutae secundae*）」にというように次々と細分化していった
のは，ごく自然の成りゆきであった．そして，翻訳者たちがそれらの角に対し
て用いたラテン語の語句から，我々の「分（minute）」や「秒（second）」が生
まれたのである．

　現在の三角恒等式をプトレマイオスの弦（chord）の言葉で表現し直すには，
次の簡単な関係式

$$\sin x = \frac{\mathrm{chord}\, 2x}{120}, \quad \cos x = \frac{\mathrm{chord}\,(180° - 2x)}{120}$$

を使えば容易である．すなわち公式 $\cos(x \pm y) = \cos x \cos y \mp \sin x \sin y$ は

$$\mathrm{cd}\,\overline{2x \pm 2y} = \frac{\mathrm{cd}\,\overline{2x}\,\mathrm{cd}\,\overline{2y} \mp \mathrm{cd}\,2x\,\mathrm{cd}\,2y}{120}$$

となる（chord は cd と略す）．ここで，弧（角）上の横棒は補弧を示す．注目
すべきは，角と弧だけでなく，それらに対応する弦も 60 進法で表されていたこ
とである．実際，古代の学者たちは近似値を正確に表記したいと思うときには
いつも，60 進法によって 1 より小さい部分を表すのが常であった．このことか

166

ら，60 進小数はふつうの分数と区別されて，「天文学者の分数」とか「自然学者の分数」と呼ばれるようになった．

8.4.2 作　表

以上のような測定体系を決めたことにより，プトレマイオスは角の弦を計算できるようになった[*3)]．たとえば，当該円の半径は 60 の部分からなっているから，60° の弧に対する弦もまた 60 の線状部分からなっていることになる．また 120° に対する弦は $60\sqrt{3}$ すなわち約 103 の部分と 55 分 23 秒で，プトレマイオスのイオニア式すなわちアルファベット式記数法では $\rho\gamma^{\text{p}}\nu\epsilon'\kappa\gamma''$ となる．このときプトレマイオスは，自らの半角公式によって，30° の弦や 15° の弦，さらにはもっと小さな角の弦も求められるようになっていた．しかし彼は半角公式の使用は見あわせて，代わりに 36° と 72° の弦を計算した．その際プトレマイオスが使った定理は，エウクレイデス『原論』第 XIII 巻命題 9 の「同じ円に内接する正五角形の 1 辺と正六角形の 1 辺と正十角形の 1 辺は，直角三角形の 3 辺となる」である．ちなみにエウクレイデスのこの命題は，プトレマイオスが考えた円に内接する正五角形の作図が正しかったことの証明にもなっている．まず O を円の中心，AB を直径とする（図 8.10）．そして C を OB の中点とし，OD を AB に垂直に引き，CE を CD に等しくとると，直角三角形 EDO の各辺はそれぞれ円に内接する正五角形，正六角形，正十角形の辺になっている．そこで，半怪 OB が 60 の部分からなるとすれば，正五角形と黄金分割の性質から，36° の弦 OE は $30(\sqrt{5}-1)$，すなわち約 37.082 または $37^{\text{p}}4'55''$，さらにギリシャ式には $\lambda\zeta^{\text{p}}\delta'\nu\epsilon''$ となる．ピュタゴラスの定理から，72° の弦は $30\sqrt{10-2\sqrt{5}}$ すなわち約 70.534 または $70^{\text{p}}32'3''$ または $o^{\text{p}}\lambda\beta'\gamma''$ となる．

また $s°$ の弧の弦がわかれば，タレスとピュタゴラスの定理から $\text{cd}^2\,\overline{s}+\text{cd}^2\,\overline{s}=$

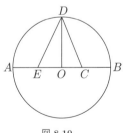

図 8.10

訳注 ─────

[*3)]　プトレマイオスの弦の表は和訳『アルマゲスト』の 26–29 頁に見える．

120^2 が導かれ，したがって $(180 - s)°$ の弧の弦は容易に求まる．したがって，プトレマイオスは $36°$ と $72°$ の補角の弦も知っていた．さらに彼は，$72°$ と $60°$ の弦から 2 本の弧の差の弦に対する公式を使って，$12°$ の弦を求めた．そして半角の公式を続けて用いることによって，$6°$，$3°$，$1\frac{1}{2}°$，$\frac{3}{4}°$ の弧の弦を次々に算出した．最後の二つの値は，それぞれ $1^{\mathrm{P}}34'15''$ と $0^{\mathrm{P}}47'8''$ である．プトレマイオスは，これら二つの値に 1 次補間を行って，$1°$ の弦に対する値として $1^{\mathrm{P}}2'50''$ を得た．そしてさらに半角の公式を使って――または角が非常に小さいので単に 2 で割って――$30'$ の弦の値 $0^{\mathrm{P}}31'25''$ を求めている．これは $\sin 15'$ が 0.004363 であることに相当し，それはほぼ小数点第 5 位まで合っていた．

　プトレマイオスの $\frac{1}{2}°$ の弦の値は，もちろん半径 60 の円に内接する七百二十角形の 1 辺の長さである．アルキメデスの九十六角形からは π の近似値として $\frac{22}{7}$ が算出されたが，プトレマイオスの場合には，その値は $6(0^{\mathrm{P}}31'25'')$ すなわち $3; 8, 30$ となった．彼が『アルマゲスト』のなかで使ったこの π の近似値は $\frac{377}{120}$ に等しく，小数で表せば約 3.1417 となる．しかしこの値は，それ以前にアポロニオスが算出していた可能性がある．

8.4.3 プトレマイオスの天文学

　和と差の弦や半弧の弦の公式で準備を整え，$\frac{1}{2}°$ の弦の満足できる近似値を得てから，プトレマイオスは秒まで正確な $\frac{1}{2}°$ から $180°$ まで $\frac{1}{4}°$ 刻みの弦の表の作成にとりかかった．それは実質的には $\frac{1}{4}°$ から $90°$ まで $\frac{1}{4}°$ 刻みの正弦表と同じものであった．その表は，『アルマゲスト』第 I 巻の最も重要な部分をなし，以後 1,000 年以上もの間，天文学者にとって必須のものとなった．この有名な『アルマゲスト』のほかの 12 巻では，とくに円と周転円を使って展開されたみごとな惑星運動の理論であるプトレマイオスの宇宙体系が述べられていた．アルキメデスやヒッパルコスやその他たいていの古代の偉大な思想家たちのように，プトレマイオスも本質的に地球中心の宇宙を想定していた．なぜなら，地球が動くとすると，見かけの恒星視差がないことや地球上の力学現象と矛盾することなどから，やっかいな問題に直面すると思われたからである．それらのやっかいな問題に比べれば，「不動」の星に見える球体が毎日回転するのに要する途方もない速度がいかに信じがたいものであるかなどは，とるに足らない問題となってしまったようである．

　かつてプラトンはエウドクソスに天文学上の「現象を救う」という課題を課した．それは，惑星の見かけの運行を説明するために，たとえば一様円運動の組合

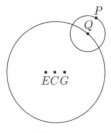

図 8.11

§4 プトレマイオスの『アルマゲスト』

せのような数学的モデルを作り出すことであった．しかしアポロニオスやヒッパルコスの円と周転円の体系のほうを数学者たちが好んだため，エウドクソスが考案した同心球の体系は，ほとんど捨て去られてしまった．そしてプトレマイオスがアポロニオスやヒッパルコスの体系に本質的な修正を加えたのである．プトレマイオスはまず，地球を導円の中心からややずらして地球のまわりの軌道を離心円とした．このような変更は彼以前にも行われていたが，プトレマイオスが導入した考え方は，科学的に非常に新奇なものであった．そのモデルはエカント（equant）と呼ばれ，惑星の運行を再現するためには有効なしくみであったが，その奇抜さゆえに，のちのニコラス・コペルニクスはそれを受け入れることができなかった．プトレマイオスはいろいろ試みたのだが，観測される惑星の運行に非常に近い体系を，円と周転円と離心円によって作り上げることはできなかった．そして彼が到達した解答が，円運動の一様性に固執するギリシャ的発想を捨て去り，代わりに一つの幾何学的な点を導入することであった．すなわち，地球 G と導円の中心 C を通る直線上にあって，惑星 P が運行する周転円の中心 Q の角運動が，そこから「見かけ」上一様であるように見える点，エカント E である（図 8.11）．このようにしてプトレマイオスは惑星の運行を正確に再現したが，もちろんそのしくみは単に運動学的なものにすぎず，円運動が一様でないことから生じる動力学的疑問に答えようとするものではなかった．

8.4.4 プトレマイオスのその他の著作

プトレマイオスの名声は現在ではほとんど『アルマゲスト』だけに結びつけられているが，彼の著作はもちろんほかにもある．重要なもののなかに 8 巻からなる『地理学』があったが，それは『アルマゲスト』が天文学者にとっての必須の書であったように，当時の地理学者にとって聖書のようなものであった．

この『地理学』では現在使われているような緯度・経度の体系を導入し，また投影図法を解説して，8,000 にものぼる町や川やその他地球上の重要な特徴ある箇所を整理した一覧表を載せていた．残念なことに，当時は経度決定のための十分な方法がなかったため，かなりの誤差は避けられなかった．しかしそれよりも重大なことは，地球の大きさを見積る段になってプトレマイオスがまずい選択をしたらしいことである．エラトステネスの 250,000 スタディアという値をとらずに，ポンペイオスとキケロの師でストア派のポセイドニオスが提唱した値 180,000 スタディアのほうをとったのである．したがってプトレマイオスは，かのユーラシア世界が地球の周囲に占める割合を実際よりも大きく見積ってしまった．つまり，実際は経度にして約 130° だったところを 180° 以上とした．この大幅な間違いによって，コロンブスを含むのちの航海者たちは，ヨーロッパからインドへと西に向かう航海はそんなに大変なものではないと誤解した．もしコロンブスがプトレマイオスの推定による地球の大きさが実際よりも大きく下まわることを知っていたならば，彼は決して航海に出なかったかもしれない．

　プトレマイオスの地理学は，実地よりも理論のほうが優れていた．それは，アラビア語からのラテン語訳としてのみ残っている別冊論文で，プトレマイオスが地図投影法を 2 種類述べていたことからわかる．著作『アナレンマ』では正射図法を説明していたが，それはこの方法についての現存する最古の記述である．もっともヒッパルコスは，正射図法をすでに使っていたらしい．球を平面に正射影するこの変換では，球面上の点は互いに垂直な 3 平面上に直角に投影される．もう一つの論文『球面平面法（*Planisphaerium*）』でプトレマイオスは，球面上の点を極から出る直線束で平面上に投影する立体投影法を取り上げていた．その場合，射影は南極から赤道平面に対して行われた．彼は，そのような変換では，投影の極を通らない円は赤道平面上の円に投影され，極を通る円は直線に投影されることを知っていた．プトレマイオスはさらに，そのような変換が等角写像であるという重要な事実，つまり角度が保存されることにも気づいていた．プトレマイオスが地理学に果たした役割の重要性は，写本の形で現在に伝わる中世最古の地図，といっても 13 世紀以前のものは 1 点もないのだが，それらが 1,000 年以上も昔のプトレマイオスがつくった地図を原型としていたという事実から推し量ることができる．

8.4.5 光学と占星術

プトレマイオスは『光学』という本も書いたが，それはアラビア語から訳し直されたラテン語版として，不完全ながらも残っている．その『光学』では，視覚の物理学と心理学，鏡の幾何学，屈折法則解明への初期の試みなどを取り上げていた．

プトレマイオスの著作については，『テトラビブロス（$Tetrabiblos$）』を語らずしては完全といえないだろう．というのは，この本は我々が見過ごしがちな古代の学問の一面を見せてくれるからである．確かに『アルマゲスト』は，筋道が立った科学的天文学の確立に活用された，優れた数学と正確な観測データの手本であった．それに対して『テトラビブロス』（4巻からなる書物の意）のほうは，古代世界の大半がとりつかれていた一種の星辰崇拝を扱ったものであった．プトレマイオスは『テトラビブロス』のなかで，間違いをおかすおそれがあるからといって，医者と同様に，占星術師たちの活動に水をさすべきではないと論じている．

『テトラビブロス』と『アルマゲスト』の違いは占星術と天文学の違いだけでなく，それらの著作で使われた数学の種類が異なっていたことにもあった．後者がギリシャの総合幾何学をたくみに用いていたのに対して，前者は当時の一般大衆が合理的な思考よりも算術的計算のほうにより関心を持っていたことを示唆している．少なくともアレクサンドロス大王の時代から古典世界の終幕までの期間には，ギリシャとメソポタミアの間に多くの交流があったことは疑いがなく，バビロニアの算術や代数的幾何学がヘレニズム世界にかなりの影響を及ぼし続けていたことは明らかだと思われる．一方，ギリシャの演繹幾何学のほうは，メソポタミアではアラビア人に征服されるまで歓迎されていなかったようである．

8.5 アレクサンドリアのヘロン

アレクサンドリアのヘロンといえば，数学史では彼の名を冠した三角形の面積公式
$$K = \sqrt{s(s-a)(s-b)(s-c)}$$
が最もよく知られている．ここで a, b, c は三角形の3辺で，s はそれらの辺の和の半分，すなわち周囲の半分である．この「ヘロンの公式」についてアラビアの人々は，それ以前にアルキメデスが知っており，証明も得ていたことは

171

疑いないといっている．しかし，現在残っているものでは，ヘロンの『測量術（*Metrica*）』のなかの証明がいちばん古い．現在ではこの公式は一般に三角法で導かれるが，ヘロンの証明はそれまでの慣例どおり幾何学的に行われていた．『測量術』は，1896 年にコンスタンティノープルで 1100 年頃の写本が再発見されるまでは，アルキメデスの『方法』同様，長い間埋もれていた．ところで，「幾何学（geometry）」という言葉はもともと「土地の測量」を意味したが，エウクレイデス『原論』やアポロニオス『円錐曲線論』にあるような古典的幾何学は，日常的な土地の測量からはおよそかけ離れたものであった．一方，ヘロンの著作はギリシャの数学すべてが「古典的な」ものばかりではなかったことを示している．また，形状の研究には明らかに——数におけるアリトメーティケー（算術，数の理論）とロギスティケー（計算術，計算の技術）の区別に相当する——2 通りの段階があった．その一つは際立って合理的であることから幾何学，もう一方は，きわめて実用的であることから測地学とでも呼ぶのが適当と思われる．バビロニア人は前者の能力には欠けていたが，後者においては力量があり，ヘロンに見られる数学も本質的にはバビロニア型であった．確かに『測量術』にはときには証明も見られるが，長さや面積および体積を測定した数値的な実例が大半であった．また，ヘロンが示した結果と古代メソポタミアの問題集には強い類似点が見られる．たとえばヘロンは，正 n 角形の面積 A_n を 1 辺 s_n の正方形によって表し，$A_3 = \frac{13}{30}s_3{}^2$ から $A_{12} = \frac{45}{4}s_{12}{}^2$ までの表をつくっていた．ただその際，ギリシャ以前の数学と同じく，ヘロンもまた正確な結果と近似にすぎない結果を明確には区別していなかった．

　古典幾何学とヘロンの測量法の違いは，彼のもう 1 冊の著書『幾何学（*Geometrica*）』で取り上げられ解かれているいくつかの問題ではっきりと示されている．その一つは，円の直径，周，面積の和が与えられているとき，それらそれぞれの値を求める問題である．エウドクソスの原則によれば，このような問題は，取り扱う 3 種の量の次元が異なるという理由で理論的考察から除外されたことであろう．しかし，深く考えずに数だけを対象とするならばこの問題も意味をなす．そのうえ，ヘロンはこの問題を一般的な場合について解いたのではなく，ここでもギリシャ以前の方法からヒントを得て，和が 212 となる特定の場合を選んでいた．彼の解法は段どりだけで解説ぬきの古代の料理法のようであった．直径の値 14 は，円周率 π にアルキメデスの値を用い，正方形を完成して 2 次方程式を解くバビロニアの算法を用いれば容易に求められる．それに対してヘロンは，ただ「212 に 154 を掛け，841 を足し，平方根をとり，29

を引いて 11 で割れ」という簡潔な指示を与えているだけである．これでは数学の教え方とはいえそうもないが，ヘロンの著書は実務家のための手引き書として書かれたものであった．

ヘロンは，量の次元同様，解の一意性にもあまり注意を払わなかった．ある問題では，面積と周囲の和が 280 のときの直角三角形の各辺を求めている．それはもちろん不定問題であるが，ヘロンはアルキメデスの三角形の面積公式を使ってただ 1 個の解を与えた．現代の記号では，s を三角形の半周，r を内接円の半径としたとき，$rs+2s=s(r+2)=280$ となる．ヘロン式レシピの原則「常に因数を探し求めよ」によって $r+2=8$ と $s=35$ を選べば，面積 rs は 210 となる．しかし三角形は直角三角形であるから，斜辺 c は $s-r$ すなわち $35-6=29$ で，2 辺 a, b の和は $s+r$ すなわち 41 に等しくなる．よって a と b の値は 20 と 21 として容易に求まる．ヘロンは 280 のほかの因数分解についてはまったく触れていないが，もちろん別の因数を選んでいれば異なる解に導かれていたはずである．

8.5.1　最短距離の原則

ヘロンはあらゆる形態の計測——測地学だけでなく光学や機械学においても——に関心を持っていた．光の反射法則はエウクレイデスやアリストテレスも（たぶんプラトンも）知っていたが，入射角と反射角が等しいことが自然現象は無駄をしないとするアリストテレスの原則からの帰結であることを示したのは，ヘロンであった．彼はそれを著書『反射光学（Catoptrica）』のなかで，簡単な幾何学論法で示している．つまり，光が光源 S から鏡 MM' を経て観察者の目 E に到達するとき，角 SPM と角 EPM' が等しいと経路 SPE が最短となる（図 8.12）．ほかのいかなる経路 $SP'E$ も SPE ほど短くないことは，MM' に

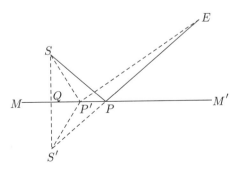

図 8.12

§5 アレクサンドリアのヘロン

垂直に SQS' (ただし $SQ = QS'$) を引いて経路 SPE と $SP'E$ を比べれば明らかである．すなわち，経路 SPE と $SP'E$ の長さはそれぞれ $S'PE$ と $S'P'E$ に等しく，$S'PE$ は直線（角 $M'PE$ は角 MPS に等しいゆえ）であることから，$S'PE$ が最短経路となるのである．

　ヘロンは科学技術史では，著書『プネウマティカ（$Pneumatica$）』に記されていた原始的な蒸気機関の発明者として知られている．さらに温度計の前身の発明者としても，また流体の特性や単純な機械の原理をもとにしたさまざまなおもちゃや機械装置の発明者としても知られている．ヘロンは『機械術（$Mecanica$）』のなかで，アルキメデスでも解明できなかった原理——斜面の原理——による簡単な機械のしくみ（独創的ではあったが不正確）を示した．また，彼の名前は平方根を求める算法にもつけられ，「ヘロンの近似法」と呼ばれているが，その反復近似法は実際には，彼より 2,000 年も昔のバビロニア人の発明であった．ヘロンがメソポタミア数学の多くを学びとっていたことは明らかだが，小数の位取り法の重要性は認識していなかったようである．どうやら，60 進小数は天文学者や自然学者にとっては標準的な道具になっていたが，一般市民にとってはなじみのないものにとどまっていたらしい．ふつうの分数はギリシャ人もある程度は使っていた．初めは分子を分母の下に書き，のちに上下を逆にしていた（分子と分母を隔てる横棒はなかった）．しかしヘロンは，実務家用にものを書くときには単位分数のほうを好んで用いたようである．たとえば 25 を 13 で割った商を，彼は $1 + \frac{1}{2} + \frac{1}{3} + \frac{1}{13} + \frac{1}{78}$ と記した．この古代エジプトの単位分数への執着は．ヨーロッパでもヘロン以後少なくとも 1,000 年は続いた．

8.6　ギリシャ数学の衰退

　ヒッパルコスからプトレマイオスまでの 3 世紀にわたる期間は応用数学が上昇気流に乗っていたときであった．数学は世俗のいとなみと密接な関係を持つときに最も効果的に発達するといわれることもあるが，ここで取り上げている時期は，それとは正反対の事例に該当しよう．ヒッパルコスからプトレマイオスに至る期間には，天文学，地理学，光学および機械学での進歩はあったが，数学では三角法を除いて重要な発展はなかった．その衰退の原因をギリシャの幾何学的代数の不完全さと難解さとする考えもあれば，ローマからの冷たい風とする考えもある．いずれにしても，三角法と測量法がもてはやされていた時期は進歩の欠如が特徴であった．しかしながら，現代への橋わたし役となったイ

ンドやアラビアの学者たちを最も引きつけたのは，まさにギリシャ数学のこのような面だったのである．しかしインドやアラビアの人々の話に移る前に，ときに「銀の時代」とも呼ばれるギリシャ数学の小春日和の時期に目を向けなければならない．

次に取り上げるプトレマイオスからプロクロスまでの期間は，ほぼ 4 世紀（2 世紀から 6 世紀まで）に及ぶが，これから述べることのもとになるのは主として，ほんの一部分しか残っていない 2 編の著述とそれよりも重要度で劣るいくつかの著作だけである．

8.7　ゲラサのニコマコス

古代ギリシャにおいては，「算術（アリトメーティケー）」という言葉は計算というよりも数の理論を意味したことを思い出さなければならない．ギリシャの算術はたいてい，我々が数学と考えているものよりも哲学との共通点のほうが多かった．そのため，ギリシャの算術は後期アレクサンドリア時代の新プラトン主義において大きな役割を演じたのである．このことは，100 年頃にエルサレムから遠くないゲラサに住んでいた新ピュタゴラス学派のニコマコスの著書『算術入門（*Introductio arithmeticae*）』においてとくに顕著であった．ニコマコスはシリア出身だといわれることもあるが，著作においては，ギリシャの哲学的傾向が間違いなく支配的であった．ニコマコスの『算術入門』は，現存する限りでは 2 巻しかないが，もとはもっと長かったものの要約版とも考えられる．いずれにせよ，そのような損失があったとしても，ディオファントスの『算術』のうちの 7 巻が失われているのに比べれば，さほど惜しくはない．我々が知りうる限りでは，ニコマコスには数学的能力がほとんどなく，数の最も初等的な性質にしか関心がなかった．著者ニコマコスが，『算術入門』には $\iota \times \iota\,(10 \times 10)$ までの乗法表もあったほうが都合がよいと考えた事実からも，その著作の程度が判断できよう．

ニコマコスの『算術入門』は，ピュタゴラスが行った数の偶奇の分類で始まり，さらにそれを偶の偶（2 のベキ乗）と偶の奇（$2^n \cdot p$，p は奇で $p > 1$ かつ $n > 1$）と奇の偶（$2 \cdot p$，p は奇で $p > 1$）に分けている．また，素数，合成数および完全数の定義や，エラトステネスのふるいの記述や，最初の 4 個の完全数（6 と 28 と 496 と 8,128）の表も載せている．その本にはさらに，比や比の結合の分類（整数の比はピュタゴラスの音階理論にとっては必須のもので

175

あった）や，2次元および3次元の図形数（ピュタゴラスの算術においてはきわめて大きな存在であった）のもっと徹底的な取り扱いや，いろいろな平均（これもピュタゴラス哲学では好みの話題であった）についての包括的記述などが載っている．ほかの何人かの著者たちのように，ニコマコスは1と2は実際には数の体系の生成元にすぎないから，厳密な意味での数の最初は3であるとみなした．ニコマコスの考えでは，数とは，優るとか劣る，年下とか年上というような性質を備え，しかも親が子孫へ性質を伝えるように，数も性質を伝えることができた．そのような算術的擬人観を背景にしていたにもかかわらず，『算術入門』には比較的高度な定理が一つ載せられていた．つまり，奇整数を $1; 3+5; 7+9+11; 13+15+17+19; \ldots$ の形にまとめたとき，これらに引き続く整数の和はすべて立方数になることにニコマコスは気づいた．そしてそれを，ピュタゴラスがその昔見つけた初めの n 個の奇数の和は n^2 であるという性質と合せて，初めの n 個の完全立方数の和は初めの n 個の整数の和の平方に等しいという結論を導いた．

8

逆

流

8.8　アレクサンドリアのディオファントス

　ギリシャの数学が一様に高レベルだったわけではないことはすでに述べた．というのは，紀元前3世紀の輝かしい時期のあとに衰退が起こり，おそらくプトレマイオスの時代にある程度の足踏みを見たあと，実質的な回復は250年から350年頃の「銀の時代」の100年間まで待たなければならなかったからである．後期アレクサンドリア時代とも呼ばれるこの期間の初めにはギリシャの代表的代数学者，アレクサンドリアのディオファントスがおり，期間の終わり頃にはギリシャ最後の重要な幾何学者，アレクサンドリアのパッポスが出現した．アレクサンドリアのように，エウクレイデスの時代（紀元前300年頃）からヒュパティアの時代（紀元415年）までの長きにわたって数学活動の中心であった都市はほかにない．

　ディオファントスの生涯はきわめて不確かで，どの世紀に生きた人物かも明確にはわからないほどである．一般には，紀元250年頃に活躍したと考えられている．『ギリシャ詞華集（*Anthologia graeca*)』のなかの算術問題集に次の言い伝えが載っていた[4]．

訳注 ─────────────────────────
[4]　『ギリシア詞華集』（沓掛良彦訳），第4巻，京都大学学術出版会，2017.

176

神はディオファントスに一生の 6 分の 1 を少年として過ごすことを認め，そのあと一生の 12 分の 1 経ってから頬髭を生えさせた．さらに一生の 7 分の 1 経ったあと結婚生活に入らせ，5 年後に息子をお与えになった．ああ晩年に生まれたあわれな子よ！　息子は父の一生の半分を生きたのち，冷酷な死に連れていかれてしまった．父は深い悲しみをこの数の学問で 4 年間癒やしたあと，生涯を閉じた（Cohen and Drabkin 1958; p.27）．

　このなぞなぞが歴史的に正しいとすれば，ディオファントスは 84 歳まで生きたことになる．ディオファントスはよく代数学の父と呼ばれるが，それを文字どおりに受け取るべきではないことが以下のことからわかる．彼の研究は現代初等代数学の基礎となっている種類の数学ではまったくなく，そうかといってエウクレイデスに見られるような幾何学的代数に近いものでもなかった．現在わかっているディオファントスのおもな著作は『算術 ($'A\rho\iota\theta\mu\eta\tau\iota\kappa\acute{\alpha}$)』で，本来は 13 巻からなっていたが，現存するのは前半の 6 巻だけである[*5)*6)]．

8.8.1　ディオファントス『算術』

　ディオファントス『算術』は，高度の数学的技量と創意を特徴とする著作であった．その点で『算術』は初期アレクサンドリア時代の偉大な古典とも肩を並べることができるが，実際には『算術』はそれらの古典，またさらにはいかなる伝統的なギリシャ数学とも何ら共通点がなかった．ディオファントス『算術』は本質的に新しい分野の数学であり，異なった研究方法をとるものだった．それは幾何学的方法と決別し，むしろバビロニア代数学にかなり近いものであった．しかし，バビロニアの数学者が 3 次までの「確定」方程式の「近似」解をおもに扱っていたのに対して，（現存する限りの）ディオファントスの『算術』では，「確定・不定」両方の方程式の正確な解を求めることに終始していた．また，『算術』では不定問題の解法に重点がおかれていたことから，そのような問題を扱う分野（ときに不定解析と呼ばれる）は，以来ディオファントス解析と呼ばれるようになった．

訳注 ————————————

[*5)]　ギリシャ語で現存するのは 6 巻だけであるが，それらとは異なるアラビア語版が 4 巻現存する．

[*6)]　1968 年に新たに 4 巻のアラビア語訳がイランのマシュハドにある図書館で発見された．これらは1198 年の写本である．（参考文献：J. Sesiano, *Books IV to VII of Diophantus' Arithmetica: in the Arabic Translation Attributed to Qustā ibn Lūqā*, Springer-Verlag, 1982.）

代数学は現在，もっぱら記号化された命題で成り立っており，ギリシャ文学や初期ギリシャ数学が書き記されていたような日常の情報伝達手段としての書き言葉で成り立っているのではない．代数学の歴史的発展には，3段階があるといわれてきた．すなわち（1）修辞的段階つまり初期段階で，この段階ではすべてが完全に言葉で書き表される．次は（2）略号化段階つまり中間段階で，何らかの省略記号が採用される．最後が，（3）記号化段階つまり最終段階である．代数学の発展をこのように勝手に3段階に分類することはもちろんあまりに安直ではあるが，それでも，過去のできごとに対する第1近似としては有効でありうる．そうした構造のなかでは，ディオファントスの『算術』は2番目の分類に入る．

　残存する『算術』では，全6巻を通じて数のベキ乗や関係および演算を表す略号が体系的に使われている．たとえば，未知数はギリシャ文字 σ に似た記号[*7]（数を意味するギリシャ語 $arithmos$ の最後の文字 ς らしい）で表され，その平方は Δ^{Υ} [*8]，立方は K^{Υ} [*9]，4乗は平方・平方と呼んで $\Delta^{\Upsilon}\Delta$，5乗は平方・立方と呼んで ΔK^{Υ}，そして6乗つまり立方・立方は $K^{\Upsilon}K$ と書き表した．ディオファントスは，現在の指数法則に相当する結合法則についてもよく知っていた．彼の略号と現代の代数的記号表示のおもな違いは，前者には演算とか関係を示す特殊記号と指数表記がないことである．

8.8.2　ディオファントスの問題

　主として表記法のことを考えれば，ディオファントスは代数学の父と呼ばれるにふさわしいであろうが，略号化に至った動機と考え方についていえば，そのような呼び方はあまり適切とはいえない．『算術』は，代数演算や代数関数または代数方程式の解を系統立てて解説したものではなく，150題からなる問題集である．解法の普遍性を意図していたことも考えられなくはないが，とにかく全問題を数値例によって与え，それについて解いている．しかも，前提を明記して進むということはなく，また可能な解すべてを見つけるという努力もしていない．さらに，確定問題と不定問題をはっきり区別することもなく，解の

訳注

[*7]　T. L. Heath は *Diophantos of Alexandria; A study in the history of Greek algebra*, Cambridge U. P., 1885, p.62 で「この記号は Alpha と Rho の2文字 $[\alpha\rho]$ で始まる語の初めの2文字の組合せが転化していったものと思われる」と述べている．（Ch. iv notation and definitions of Diophantos, pp.57–82）

[*8]　Δ^{Υ} は $\delta\acute{\upsilon}\nu\alpha\mu\iota\varsigma$（平方）の $\delta\upsilon$ の大文字 Δ^{Υ} とされている．

[*9]　K^{Υ} は $\kappa\acute{\upsilon}\beta o\varsigma$（立方）の $\kappa\upsilon$ の大文字 K^{Υ} とされている．

個数が一般に無限である不定問題にすら，ただ一つの解しか与えていなかった．未知数をいくつか含む問題で未知量のすべてがそのうちの一つで代表できる場合には，ディオファントスはその一つの未知量ですべての未知量をたくみに表すことによって解いていた．

　ディオファントスは不定解析に対しても，上とほとんど同じ方法を使った．ある問題では，2 数のうちのどちらかにもう一方の平方を足したとき，完全平方となるような 2 数を求めている．これは，有理数のみが答と認められるディオファントス解析の典型的な例である．問題を解くにあたり，ディオファントスは 2 数を x と y とはせずに x と $2x+1$ とおいた．こうしておけば 2 番目を 1 番目の平方に足したとき，x にどんな値を入れようとも結果は完全平方となる．さて，そこではさらに $(2x+1)^2 + x$ も完全平方でなければならないとされる．ところがこのとき，ディオファントスは解が無限に得られることを指摘してはいない．彼は，ある完全平方の式，この例では $(2x-2)^2$ を選んでそれを $(2x+1)^2 + x$ に等しいとおき，それから x の 1 次式を導いて満足していた．結果は $x = \frac{3}{13}$ で，したがってもう一方の $2x+1$ は $\frac{19}{13}$ となる．もちろんこの場合，$(2x-2)^2$ の代わりに $(2x-3)^2$ とか $(2x-4)^2$，あるいはそれらに類似の式を選ぶこともできたはずで，そのときには求められる性質を持つ別の数の組に到達する．これで，ディオファントスの著作に示されている一つの「解法」に近いやり方がわかる．つまり，2 個の数が 2 条件を満たさなければならないとき，まず 2 条件のうちの一方を満たすように 2 数を選び，そのあとで 2 番目の条件を満たす問題へと目を向けるのである．要するにディオファントスは，未知数 2 個の「連立」方程式をそのまま扱うことはせずに，まず逐次条件によって未知数を 1 個だけにしていたのである．

8.8.3　代数におけるディオファントスの位置

　『算術』中の不定問題には，$x^2 = 1 + 30y^2$ や $x^2 = 1 + 26y^2$ のような方程式を含むものがいくつかあるが，それらはいわゆる「ペル方程式」$x^2 = 1 + py^2$ の例である．そしてそこでも，ただ一つの解で十分であると考えられていた．しかし，ただ一つの解を得れば満足していたからといってディオファントスを批判するのは，ある意味で公平ではない．なぜなら，彼は問題を解いたのであって方程式を解いたのではないからである．ディオファントスの『算術』は代数学の教科書ではなく，むしろ代数学の応用問題集であった．その意味でディオファントスはバビロニアの代数学者に似ているが，彼が扱った数はもっぱら抽

象的なものであって，エジプトやメソポタミアの代数のように穀物の量とか畑の大きさとか貨幣単位などに言及することはなかった．さらに，ディオファントスは「正確」な有理数解のみに関心があったのに対して，バビロニア人は計算そのものへと気が向いており，方程式の無理数解の近似値も取り入れて計算していた．

　『算術』の問題のうちの何題がディオファントス自身の創案なのか，またはほかの類似の問題集から取り入れたものかどうかはわかっていない．たぶんそれらの問題や方法のいくつかは，起源をバビロニアまで遡れるであろう．それというのも，パズルとか練習問題は，何世代にもわたって繰り返し現れるものだからである．現在の我々にはディオファントスの『算術』は著しく独創的であるように見えるが，それはこの『算術』に対抗しうる問題集が失われているからであろう．ディオファントスがこれまで考えられていたほど学問的に孤立した存在ではなかったらしいことは，すでに 2 世紀初頭頃の問題集（したがってたぶん『算術』よりも古い）にディオファントス流記号がいくつか見られることからわかる．それでも，ディオファントスはギリシャのほかのいかなる非幾何学的数学者よりも重大な影響を今日の数論に与えた．とくにピエール・ド・フェルマが有名な「大」もしくは「最終」定理に到達しえたのは，ディオファントスの『算術』中の「与えられた平方を 2 個の平方に分けること」（II.8）を読んでその問題の一般化を試みたことによるものである．

8.9　アレクサンドリアのパッポス

　ディオファントスの『算術』は，ギリシャ数学復活の時期に値する素晴らしい著作ではあったが，書かれた動機と内容の点においては，初期アレクサンドリア時代の 3 人の偉大な幾何学者によるみごとな論理的著作とは遠くかけ離れたものであった．しかも当時，代数学は演繹的論法よりも実際に問題を解くことに適していると思われ，したがってディオファントスの優れた労作がギリシャ数学の主流に加えられることはなかった．ディオファントスが多角数について書いた短い著作は初期ギリシャ人の関心に近いものだったが，それさえもギリシャの論理的な思想に迫るものとは考えられない．一方，古典幾何学を熱心に研究する者は，たぶんメネラオスを例外として，アポロニオスの死後 400 年あまり現れることはなかった．しかし，ディオクレティアヌスの治世（284–305 年）に，再びアレクサンドリアにエウクレイデスやアルキメデスやアポロニオ

180

スをかつてとらえたのと同じ精神に感動した 1 人の学者が現れた.

8.9.1 『数学集成』

320 年頃にアレクサンドリアのパッポスが『数学集成（$\Sigma\nu\nu\alpha\gamma\omega\gamma\eta$）』という著書を編纂した．これはいくつかの理由で重要なものである．第 1 に，ギリシャ数学の部分についてきわめて貴重な歴史的記録を提供しており，それらは『数学集成』がなければ知りえなかったであろう．たとえば，アルキメデスが 13 個の半正多面体すなわち「アルキメデスの立体」を発見したことを我々が知りえたのは，『数学集成』の第 V 巻からである．第 2 に，『数学集成』にはエウクレイデス，アルキメデス，アポロニオス，あるいはプトレマイオスの命題に対する別証明や補助定理が載っていた．最後に，『数学集成』にはそれ以前のいかなる著作にも書かれていない新発見や一般化が記載されていた．パッポスのいちばん重要な著作であるこの『数学集成』は全部で 8 巻からなっていたが，第 I 巻全部と第 II 巻の初めの部分は残っていない.

『数学集成』の第 III 巻は，パッポスが古典ギリシャ幾何学の論理的厳密さを，微妙な点まで完全に理解していたことを示している．その第 III 巻で，「平面的」問題と「立体的」問題および「線型」問題を厳しく区別していた．すなわち 1 番目は円と直線だけで作図できる問題，2 番目は円錐曲線を使って解ける問題，3 番目は直線や円や円錐曲線以外の曲線を必要とする問題である．次にパッポスは，古代の三大問題の解法をいくつか記してから，倍積問題と角の 3 等分問題は 2 番目の問題つまり立体的問題で，円積問題は線型問題であるとしていた．パッポスが実質上ここで主張していることは，それらの古典問題は平面的問題には属さないゆえ，プラトンの条件下では解決不可能であるということである．しかし，そのことが厳密に証明されたのは，19 世紀になってからであった.

第 IV 巻で，パッポスは再び，個々の問題ではそれに合う作図をしなければならないと主張している．つまり，立体的問題を解くのに線型軌跡を使ったり，平面的問題を解くのに立体軌跡または線型軌跡を使ったりすべきではないということである．角の 3 等分は立体的問題であると主張して，円錐曲線の採用を提案した．それにひきかえアルキメデスは，あるときは「ネウシス（傾斜）」すなわち定規を徐々に傾けていく作図法を使い，別のときには線型軌跡である螺線を使ったりしていた．パッポスによる角の 3 等分法の一例は，次のようなものである．与えられた角 AOB を，中心を O とする円のなかにおき，OC をその角の 2 等分線とする（図 8.13）．そして，A を一つの焦点とし，OC を対応す

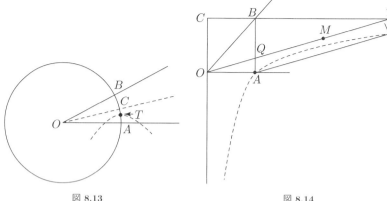

図 8.13   図 8.14

る準線，離心率を 2 とする双曲線を描く．すると，その双曲線の一分枝は円周を点 T で切断し，そのとき角 AOT はちょうど角 AOB の $\frac{1}{3}$ となっている．

　パッポスが提案したもう一つの角の 3 等分法は，直角双曲線を次のように用いるものである．まず，与えられた角 AOB の 1 辺 OB を長方形 ABCO の対角線とし，A を通って BC と OC（それぞれの延長線）を漸近線とする直角双曲線を描く（図 8.14）．次に，A を中心として半径が OB の 2 倍の円を描き，双曲線との交点を P として，P から CB の延長線上に垂線 PT を下ろす．そうすれば，双曲線の性質から，O と T を通る直線は AP に平行で，角 AOT は角 AOB の $\frac{1}{3}$ であることが容易に証明できる．パッポスは角の 3 等分法の出典を明らかにしていないが，この方法をアルキメデスも知っていたのではないかと思わずにはいられない．というのも，B を通りかつ QT を直径とし，M を中心とする半円を描くと，OB = QM = MT = MB であるから，それは本質的にはアルキメデスの「ネウシス」による作図と同じだからである．

　パッポスは第 III 巻では平均の理論についても述べており，一つの半円内において算術平均と幾何平均と調和平均を同時に示す興味深い作図を与えている．

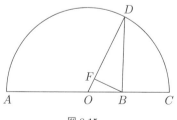

図 8.15

つまり，O を中心とする半円 ADC において，$DB \perp AC$ かつ $BF \perp OD$ ならば，DO，DB，DF はそれぞれ二つの量 AB と BC の算術平均，幾何平均，調和平均であることを示した（図 8.15）．ここでパッポスは，証明は自分で考えたが，図は氏名不詳のある幾何学者によるものであるといっていた．

8.9.2 パッポスの定理

パッポスの『数学集成』には，興味深い情報や重要な新しい成果が豊富に載っている．新しい成果とは，多くの場合以前からある定理の一般化という形をとるが，そのような例が2例，第 IV 巻に載っていた．その一つは，ピュタゴラスの定理の初等的一般化である．ABC を「任意」の三角形とし，$ABDE$ と $CBGF$ を3辺のうちの2辺上につくった「任意」の平行四辺形とするとき，パッポスは辺 AC 上に，面積がほかの二つの平行四辺形の和に等しい第3の平行四辺形 $ACKL$ を作図していた（図 8.16）．それは，辺 FG と ED を延長して H で交わらせ，HB を結んでさらに延長して AC と J で交わるようにし，最後に HBJ に平行に AL と CK を引けば容易にできる．ふつうパッポスの名がつけられているこの一般化が，ほんとうに彼によるものだったのかどうかはわかっていない．それ以前にヘロンが知っていた可能性も指摘されている．第 IV 巻にあるパッポスの名のつくもう一つの一般化は，靴屋のナイフについてのアルキメデスの定理の拡張である．それは，図 8.17 のように内接円 $C_1, C_2, C_3, C_4, \ldots C_n, \ldots$ を順に描いて，どれもが半円 AB と AC に接し，かつ円自身も順に接し合っているようにすると，n 番目の円の中心から底辺 ACB への垂直距離は，n 番目の円の直径の n 倍になっているというものである．

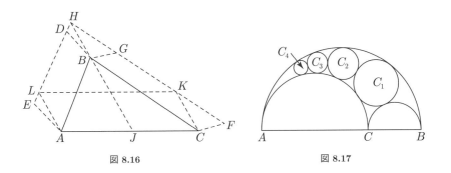

図 8.16　　　　　　　　　　　図 8.17

8.9.3 パッポスの問題

　後世の注釈者たちは『数学集成』の第 V 巻を好んだが，それは，その巻のなかでミツバチの利口さについての問題が取り上げられたからであった．パッポスは，周囲の等しい正多角形では辺数の多いほうが面積も大きいことを示し，ミツバチは四角柱や三角柱の巣ではなく六角柱の巣をつくることから，ある程度の数学的知識を証明していると結論づけた．第 V 巻ではさらにほかの等周問題，たとえば周囲が与えられたときには，円はほかのいかなる正多角形よりも大きな面積を占めることも証明していた．しかし，そのあたりのことについては，パッポスは 500 年ほど昔のゼノドロス（紀元前 180 年頃）の著書『等周図形について』をほとんどまねて書いたらしい．それは，のちの注釈者たちがゼノドロスの著作の断片をいくつか保存していたことから判明した．ゼノドロスのその論文のなかには，表面積の等しいすべての立体図形のなかで球は最大の体積を有する，という命題もあったが，それには不完全な証明しか与えられていなかった．

　『数学集成』の第 VI 巻と第 VIII 巻は，おもに天文学，光学，機械学（斜面の法則発見の試みも含む．ただしうまくいかなかった）への数学の応用を扱っている．第 VII 巻は，数学史の上でそれら 2 巻よりもはるかに重要である．パッポスは自ら一般化を好んだことから，第 VII 巻では解析幾何学の基本的原理にかなり近いところまで達していた．ところで，古代の人々が平面曲線を定義する方法として認めていたのは，(1) 1 点の運動を 2 方向への動きの合成とする運動学的定義，(2) 円錐や球や円柱のような幾何学的曲面を平面によって切断したもの，だけであった．後者の曲線には，ペルセウス（紀元前 150 年頃）が発表した円環曲線（spiric section）という名の 4 次曲線がいくつか含まれているが，それらは円環体つまりトーラスを平面で切断して得られる．また，ときおり空間曲線もギリシャ人の注意を引いたが，それらには円柱螺線やアルキメデスの螺線を球面上に描いたものに類似したものも含まれていた．パッポスはそのどちらも知っていたが，ギリシャ幾何学がおもに扱っていたのは平面曲線，それもきわめて限られた数の平面曲線だけであった．したがって，『数学集成』の第 VII 巻で，パッポスが無数の新しい曲線を暗示するような一般化された問題を提起していることはきわめて注目に値する．その問題は，それの最も単純な場合も含めてふつう「パッポスの問題」と呼ばれるが，もととなった 3 本線または 4 本線に関する命題は，エウクレイデスの時代にまで遡れるものらしい．すでに説明したように，この問題はアポロニオスの箇所でも「3 本線または 4

本線の軌跡」と呼ばれた．エウクレイデスは明らかにその軌跡の特別な場合しか解いていなかったが，アポロニオスのほうは，今は失われた著作のなかで完全な解を与えていたようである．それにもかかわらずパッポスは，一般解を得るための幾何学者たちの試みは失敗したかのような印象を与え，それらの軌跡がすべて円錐曲線となることを初めて示したのは自分であるかのように述べていた．

　もっと重要なことに，パッポスは上述の問題をさらに押し進め，5本線以上の場合も考察した．平面上の6本線の場合には，そのうちの3本の直線からの距離の積が残りの3本の直線までの距離の積と定比をなすという条件で1本の曲線が決定されることに，パッポスは気づいた．その際，曲線は，ある立体と別の立体の比が一定であるという条件で定義される．6本線より多い場合については，パッポスは「4次元以上になるとそのなかにおさまるものは何もない」といって，それ以上進むことをためらった．しかし，パッポスはさらに，「我々の時代の少し前の人々は，これこれの線分が囲む長方形にこれこれの正方形や長方形を掛ける，というように，理解可能なことを何ひとつ示さない説明に甘んじていた．しかし，そのようなことがらは，一般に合成比によって述べられ証明されるかもしれない」と続けた．それら氏名不詳の先人たちが，次数4以上の曲線を含む解析幾何学に向かって非常に重要な1歩をふみ出す用意ができていたことは明らかである．それはちょうど，ディオファントスが高い次数の数について，平方・平方とか立方・立方とかいう表現を用いていたことと同じであった．もしパッポスがそのことをさらに押し進めて研究していたならば，デカルトに先んじて，平面的，立体的，ないし線型の軌跡の間の古典的区別をはるかにしのぐ，曲線の一般的な分類や理論を樹立していたかもしれない．パッポスの問題における直線の数が何本になっても，1本の特定の曲線が決定されるというパッポスの観察は，古代幾何学全体を通して，軌跡についての最も一般的な考え方である．またディオファントスが考案した代数の略号も，それによって曲線の性質をいくつか明らかにするのに適切なものであったといえよう．しかし，ディオファントスが代数学者だけにとどまっていたと同様に，パッポスも根っからの幾何学者にすぎなかった．したがって彼は5本線より多い場合についてこの問題を総合した者はいないと驚きをもって評するにとどまったのである．パッポス自身，それらの軌跡の研究をさらに深めることはせず，「それらの軌跡については誰もそれ以上の知識を持たず，ただ曲線と呼ぶのみである」と書き残している．その問題に次に必要とされていたのは，代数学と幾何

学双方に等しく関心のある数学者の出現であった．そのような人物としてデカルトが登場したとき，解析幾何学考案の出発点の役割をになったのがまさにこのパッポスの問題であったことは注目に値する．

8.9.4 『解析の宝庫』

『数学集成』の第 VII 巻には，パッポスの問題のほかにも重要な内容が書かれている．一つにはいわゆる解析の方法について，ならびに「解析の宝庫」として知られた諸著作の詳細な記述が与えられている．パッポスは解析について，「探し求めていることがらをあたかもそれが認められているかのように受け入れ，そのことがらから出発して結果を順にたどり，総合の結果として認められていることがらにたどりつく方法である」と説明している．解析のことを「逆の解法」と理解し，その解法の各段階を逆にたどると正当な証明になっているものだと考えたのである．もし成立しえないと認められることがらに解析が導くならば，その問題自体もまた成立しえないということになる．なぜなら，誤った結論は誤った前提を意味するからである．パッポスは，「解析の宝庫」に載っている著作の著者たちがこの解析と総合の方法を使っていることを指摘し，「これは，一般的な基礎をひととおり学んだあとに，与えられた曲線問題を解く力をつけたいと欲する者たちのための学説集である」，と説明している．そしてパッポスは，「解析の宝庫」のなかの著作の例として，アリスタイオスやエウクレイデスやアポロニオスによる円錐曲線論を挙げていた．アポロニオスの『円錐曲線論』に 487 の定理が載っていたことがわかったのはこのパッポスの記述によるものである．したがって，現存する 7 巻全体で命題が 382 になることから，失われた 8 番目の巻には命題が 105 載っていたと結論できる．パッポスが「解析の宝庫」に載せたという著作のうちの約半分は失われてしまっているが，そのなかにはアポロニオス『比例切断』，エラトステネス『中項について』，そしてエウクレイデス『ポリスマタ』があった．

8.10 パッポス–ギュルダン定理

『数学集成』の第 VII 巻には，3 種の円錐曲線は焦点と準線によって決まることについての最古の記述がある．アポロニオスは，有心円錐曲線が焦点によって決定されることを知っていたようだが，放物線が焦点と準線によって決定されることはパッポス以前には知られていなかった可能性がある．この第 VII 巻

で初めて姿を現している定理がもう一つあるが,それには17世紀の数学者パウル・ギュルダンの名がつけられている.その定理とは,「平面上の閉曲線をその曲線を横切らない直線のまわりに回転させたときにできる立体の体積は,曲線が囲む面積にその面積の重心が回転中に通過する距離を掛ければ求められる」,というものである.パッポスはこのきわめて一般的な定理を誇りに思い,それももっともなことであった.というのは,この一般定理は,「曲線と曲面と立体についてのあらゆる種類の定理を数多く含み,しかもそれらの定理がすべてその一般定理の証明で一度に証明される」からであった.「ギュルダンの定理」は『数学集成』の写本を補完するものであったかもしれない.いずれにしても,この定理は長い衰退期もしくはその後にもたらされた顕著な進歩である.パッポスは,上と類似の定理,「曲線をその曲線を横切らない直線のまわりに回転させたときにできる立体の表面積は,その曲線の長さと回転中に曲線の重心が通過する距離の積に等しい」,も示していた.

8.11 アレクサンドリア支配の終焉

　幾何学を復興させようとしたパッポスの試みが不成功に終わった結果,『数学集成』は古代最後の真に重要な数学の著作となった.ギリシャではさらに1,000年,数学の著作が書き続けられ,ほぼ1,000年昔に始まった影響を与え続けたが,パッポス以後の著者はひとりとて,彼の水準に達しなかった.彼らの著作のほとんどが昔の論文の注釈に終始していた.そのような注釈がその後多数出まわるようになったのにはパッポス自身にも多少の責任があった.それは,彼がエウクレイデス『原論』やプトレマイオス『アルマゲスト』などの注釈を書いていたからである.しかしそれらは現在断片しか残っていない.もっと後に書かれた注釈は,アレクサンドリアのテオン(365年頃活躍)の作品のように,数学的成果よりも歴史的情報を得るうえで役立っている.テオンは現在まで残りえた『原論』の重要な版の作成にも役割を果たしていた.また,ディオファントスやアポロニオスについての注釈を書き,父テオンが書いたプトレマイオスの注釈の一部を改訂した女性,ヒュパティアの父としても知られている.異教の新プラトン主義の熱心で影響力のある教師であったヒュパティアは,狂信的なキリスト教集団の敵意を買い,彼らの手にかかって415年に悲惨な死を遂げた.アレクサンドリアでの彼女の死という劇的な衝撃によって,この事件のあった年を古代数学の終焉の年とする者もいるが,より具体的にいえば,アレ

クサンドリアが数学の重要な中心であった時代の終焉である．

8.12　アレクサンドリアのプロクロス

アレクサンドリアに若い学者プロクロス（410–485）が生まれた．彼はアテネに行き，アカデメイアの最後の指導者のひとりとして新プラトン学派のリーダーとなった．プロクロスは数学者である以上に哲学者であったが，彼の所見は多くの場合，初期ギリシャ幾何学の歴史において欠くことのできないものである．なかでも非常に重要なのが，『エウクレイデス「原論」第Ⅰ巻への注釈』である．というのも，その執筆中にプロクロスの手元にはエウデモス『幾何学史』とパッポス『「原論」への注釈』とがあったことは間違いないからである．このエウデモス『幾何学史』は現在残っておらず，またパッポス『「原論」への注釈』のほうもほとんど失われている．したがって，エウクレイデス以前の幾何学の歴史について現在知りうるのは，大部分プロクロスのおかげである．彼のこの『エウクレイデス「原論」第Ⅰ巻への注釈』にはエウデモス『幾何学史』からの要約や大幅な抜粋が含まれていたことから，その部分はのちに「エウデモスの摘要」と呼ばれるようになった．また一方で，「一定の長さの線分が，その端点を互いに交わる 2 直線上におきながら動くとき，線分上の 1 点の描く図形は楕円の一部をなす」，という定理がプロクロスによるものといわれているが，上述の摘要こそ，数学へのプロクロスのいちばん重要な貢献と見ることができよう．

8.13　ボエティウス

プロクロスがアテネで執筆している間に，西ローマ帝国は徐々に崩壊への道をたどっていた．帝国滅亡の年はふつう 476 年とされるが，それはその年に，ゴート族のオドアケルにより皇帝が退位させられたからである．伝統的なローマ元老院の権威はまだいくらか残っていたが，元老院自身はすでに政治的支配力を失っていた．そうした情況のなかで，古代ローマが生んだ最高の数学者のひとりであったボエティウス（480 頃–524 年頃）は，古い由緒ある貴族の出身であることから，自分が難しい立場にあることを悟った．ボエティウスは哲学者でかつ数学者だっただけではなく，同時に政治家でもあったから，強大化する東ゴート勢力をおそらく嫌悪の目で見ていたろう．ボエティウスは七自由学

芸のうちの数学系四科のそれぞれについて教科書を書いたが，それらはおもしろみがなく，古典のきわめて初歩的な短縮版にすぎなかった．『算術』はニコマコス『算術入門』の要約でしかなく，『幾何学』はエウクレイデスを手本として『原論』の初めの4巻中の簡単な部分を証明なしで載せているだけであり，『天文学』はプトレマイオス『アルマゲスト』からの引用であり，『音楽』はエウクレイデスやニコマコスやプトレマイオスの初期の著作からかなり借用したものであった．それらの入門書は中世の修道院学校で広く使われていたことから，のちに書き加えられることもあったであろう．したがって，どこまでがボエティウス自身のものであるかを正確に決めるのは難しい．それでも，彼が数学と哲学の関係および数学の簡単な測定問題への応用という，数学の二つの側面におもなる関心を持っていたことは明らかである．

　ボエティウスは，崇高な目的と揺るぎない品位を兼ね備えた政治家であったらしい．彼と息子たちは順次執政官を勤め，ボエティウスは皇帝テオドリックの首席顧問のひとりであった．しかし，何らかの政治的もしくは宗教的原因から，哲学者ボエティウスは皇帝の不興を買ってしまった．一説によると，ボエティウスはキリスト教徒で（パッポスもそうだったらしい），三位一体説を信奉したために，アリウス派の皇帝にうとんじられたという．また，古いローマの秩序を西側にとりもどそうと，東ローマ帝国の助けを求めた政治的分子にボエティウスが近づきすぎたことが理由とも考えられる．いずれにせよ，ボエティウスは長い牢獄生活のあと，524年か525年に処刑された（ちなみに皇帝テオドリックはそのわずか1年後の526年に死去した）．ボエティウスは獄中で，彼の最も有名な『哲学の慰め』を書いた．その随筆は死に直面しながら散文体や韻文体で記したもので，アリストテレスやプラトンの哲学に照らしながら道義的責任について論じていた．

 ## 8.14　アテネが残した断片

　ヒュパティアの死が数学の中心地としてのアレクサンドリアの終わりを告げたように，ボエティウスの死は西ローマ帝国における古代数学の終末を告げるものとみなすことができよう．ただ，アテネでは数学の研究がさらに数年続いた．このアテネでは，偉大で独創的な数学者はひとりも出なかったが，アリストテレス学派の注釈者シンプリキオス（520年活躍）がギリシャ幾何学に十分な関心を持った結果，現存するものでは最古の幾何学の断片と思われるものを

残してくれた．というのは，『自然学』のなかでアリストテレスが円や円切片の求積法について言及していたことから，シンプリキオスがその機会を利用して，エウデモスがヒポクラテスの月形図形求積法について書き記したことを「一言一句」忠実に引用した．その記述は数ページにわたり，シンプリキオスによってエウデモスが写した月形図形求積法の詳細を完全に伝えている．そのなかの証明の少なくとも一部，とくにやや古めかしい言い回しの箇所は，ヒポクラテス自身の言葉をエウデモスが引用したものと思われる．このように，この史科は，我々が直接触れることができるプラトンの時代以前のギリシャ数学のなかで，最も実物に近いものである．

　本来哲学者であったシンプリキオスの時代には，一般に『ギリシャ詞華集』と呼ばれる本が出まわっており，それの数学に関する部分は，2,000 年以上も前のリンド・パピルスに載っていた問題を強く思い出させる[*10)]．『ギリシャ詞華集』には約 6,000 のエピグラムが載っており，そのうちの 40 題を超えるものが数学の問題であった．これらの問題は，5 世紀か 6 世紀の文法学者と思われるメトロドロスが集めたものであるらしい．そのほとんどが，本章ですでに述べたディオファントスの年齢についてのエピグラムも含めて，単純な 1 次方程式になった．たとえば，リンゴを 6 人に分配するのに，1 人目はリンゴ全体の $\frac{1}{3}$，2 人目は $\frac{1}{4}$，3 人目は $\frac{1}{5}$，4 人目は $\frac{1}{8}$，5 人目は 10 個をとると，最後の 1 人にはリンゴが 1 個残るとき，リンゴは何個あったかという問題があった．ほかに，現在の初等代数学の教科書に典型的に見られる次のような問題もあった．「1 番目の水道管が水槽をいっぱいにするのに 1 日かかり，2 番目は 2 日，3 番目は 3 日，そして 4 番目は 4 日かかるならば，それら 4 本の水道管を全部いっしょに使ったときには水槽をいっぱいにするのに何日かかるか」．ところで，『ギリシャ詞華集』中の問題はメトロドロスが独自に考案したものではなく，さまざまな出典から集めたものであったらしい．なかにはプラトンの時代より前と思われるものもあり，必ずしもギリシャ数学の総体が，正統な古典ギリシャ数学と我々が考えがちなものでなかったことを物語っている．

訳注 ───────────

[*10)]　和訳は『ギリシア詞華集』第 4 巻，沓掛良彦訳（京都大学学術出版会，2017）．

8.15　ビザンツ*11)の数学

　シンプリキオスやメトロドロスと同時代の人々のなかには，アルキメデスやアポロニオスの著作を十分に理解できるほどの教育を受けた人々がいた．そのなかに，アルキメデスのいくつかの論文やアポロニオス『円錐曲線論』についての注釈を書いたエウトキオス（480年頃生まれ）もいた．アルキメデスが『球と円柱について』のなかで述べていた，互いに交差する円錐曲線を使って3次方程式を解く方法を我々が知りえたのは，このエウトキオスのおかげである．彼の注釈がなかったならば，アルキメデスのその方法が現在まで伝わることはなかったであろう．エウトキオスによるアポロニオス『円錐曲線論』の注釈のほうは，優れた数学者でかつコンスタンティノポリスの聖ソフィア聖堂の建造者でもあった，トラッレスのアンテミオス（534年頃活躍）に捧げられたものであった．そのアンテミオスは，糸を使った楕円の作図法を示し，また放物線の焦点の性質について述べた『燃焼鏡について』という著作を著している．アンテミオスの同僚で，聖ソフィア聖堂建造を引き継いだミレトスのイシドロス（520年頃活躍）もかなり有能な数学者であった．エウトキオスの注釈を紹介して，アルキメデスやアポロニオスの著作への関心を再びかりたてたのは，このイシドロスである．よく知られたT定規と糸を使う放物線の作図法は，おそらく彼の発案であろう．もしかすると，エウクレイデスの『原論』中の偽作とされる第XV巻も，彼が書いたものかもしれない．アルキメデスの著作のギリシャ語版やアポロニオス『円錐曲線論』の初めの4巻が現在まで残りえたのは，以上のようなコンスタンティノポリス・グループ——つまりエウトキオス，イシドロスとアンテミオス——の活躍によるところが大きいといえるだろう．

　527年に東ローマ帝国の皇帝になったユスティニアヌスは，アテネの哲学学校［アカデメイア］で教えられている異教的学問が正統派キリスト教にとっては脅威であることを悟ったらしい．その結果，哲学学校は529年に閉鎖され，学者たちは散り散りになってしまった．その頃，シンプリキオスたち何人かの哲学者は，避難所を東方に求めた．その地をペルシャに見出し，ササン朝の統治下でいわゆる「亡命アテネ・アカデメイア」を設立した．したがって529年は，古代ヨーロッパでの数学発展の終わりを告げる年としばしば考えられてき

訳注 ——
*11)　ギリシャ語ではビュザンティオン，英語ではビザンティン，ドイツ語ではビザンツ（ビュツァンツ）という．

た．それ以後，ギリシャ科学の種はオリエントの国々で育つこととなり，それはおよそ 600 年後にラテン世界が受け入れ体制を整えるまで続いた．529 年という年にはもう一つ，価値観変化の徴候ととれる重要なできごとがあった．その年に神聖なモンテカッシーノ修道院が設立されたのである．

　もちろん，529 年を境にギリシャ数学がヨーロッパから完全に姿を消したわけではない．ビザンツ帝国では注釈が相変わらずギリシャ語で書かれ，ギリシャ語の写本が保存され，書き写された．プロクロスの時代に，アテネのアカデメイアは新プラトン主義学習の中心になっていた．新プラトン主義の思想は東ローマ帝国で強い影響を及ぼし，6 世紀にヨハネス・フィロポノスが，また 11 世紀にミカエル・プセロスがニコマコス『算術入門』の注釈を書いたのも，そのためである．プセロスは，2 世紀あとのゲオルギオス・パキュメレス（1242–1316）と同様に，数学四学科の要約をギリシャ語で書いた．パキュメレスとその同時代人のマクシモス・プラヌデスがともに，ディオファントス『算術』の注釈を書いている．これらの例は，古代ギリシャの伝統の細い糸が東ローマ帝国で，中世期の最後の最後まで連綿と続いていたことを示している．しかし数学の精神は，人々が幾何学の価値を論ずることが少なくなり，代わりに神による救済をもっと頻繁に論ずるようになって失われた．したがって，数学の発展の次の段階を見るには，ヨーロッパに背を向けて東方世界に目を転じなければならない．

8

逆

流

9 古代および中世の中国[*1)]
Ancient and Medieval China

誰もこれこそといった方法を知らない…
この世に当然といえる正しいやり方などなく，
方法のなかにこれだけが良いといった技はない．

—嵆康

9.1 最古の教科書

揚子江および黄河流域に栄えた文明は，ナイル川の三角州あるいはチグリス–ユーフラテス川流域に栄えた文明と時代的には同じ頃であるが，中国における数学史の年代記述は，エジプトやバビロニアの年代記述に比べて信頼性に欠ける．ほかの古代文明の場合と同様に中国にも，計数，計測，および物体の計量という形での初期数学活動の名残はある．またピュタゴラスの定理は，知られているかぎり最古の数学教科書にも先んじて知られていたようである．しかし，中国の数学文書の年代を決定するのは決して容易ではない．初期の古典で初版本が残っているのがわかっているものは一つとしてない．1980年代の初めに発見された，竹簡に書かれた文書が紀元前2世紀の封印された墓所で発見されたことから[*2)]，関連するいくつかの古典の年代がわかった．一般に数学古典の最古のものとみなされている『周髀算經』についても，その年代推定は，ほぼ1,000年の開きがある．紀元前1200年頃の中国数学の良好な記録だと考えた人もいれば，紀元前1世紀の文書と考えた人々もいた．実際は，異なった時代に複数の人物が書いたものかもしれない．紀元前300年以後と考えるのが妥当と思われ，そうすると漢王朝時代（紀元前202年）かそれに近い年代ということになる．「周髀」という言葉は，天空の円軌道の研究にグノーモーンを用いたことを指しているらしい．したがって，『周髀算經』は直角三角形の性質の紹介やピュタゴラスの定理や分数の用法に関する研究を含んでいるとはいえ，天文学上の計算を扱った書物である．この書物は周の公である旦（周公旦）と暦を司る長官（商高）の対話の形式をとっており，長官が周公旦に次のように説明し

訳注
- [*1)] 中国数学の原典訳には藪内清責任編集『中国天文学・数学集』，朝日出版社，1980；藪内清責任編集『中国の科学』，中央公論社，1975 などがある．
- [*2)] 1983年湖北省張家にて発見された前漢時代の数学書の訳がある．張家山漢簡『算数書』研究会編著『漢簡「算数書」：中国最古の教科書』，朋友書店，2006．

ている．正方形は地球に関わり，円は天空に属するから，数の技法は円と正方形から導かれる．

9.2 『九章算術』

『周髀算經』とほとんど同じくらい古く，おそらく中国のすべての数学書のなかで最も影響力の大きかった書物は『九章算術』つまり算術に関する九章であった．この書物は，測量，農業，共同経営，土木，徴税，計算，方程式の解法および直角三角形の性質に関する 246 の問題を取り上げている．この時代のギリシャ人が論理的に整理されかつ体系的に説明された論文を書いていたのに対して，中国人は具体的な問題を集めて積み重ねるという，バビロニアやエジプトに見られる様式を習いとしていた．

この文書に限らず中国の文書では，正確な結果と近似値が並置されていることに驚かされる．三角形や長方形や台形の面積には正しい公式が使われている．円の面積は直径の 2 乗の 4 分の 3，あるいは円周の 2 乗の 12 分の 1 をとることによって求められたが——π の値を 3 にとれば正しい結果が得られている——しかし『九章算術』では円の弓形の面積を求めるために $\frac{s(s+c)}{2}$ という近似値を使っている．ここで，s は矢（つまり半径から辺心距離を引いた値）であり，c は弓形の弦つまり底辺である．三数法を使って解く問題もあり，また平方根や立方根も求められている．『九章算術』のなかの第 8 章は，正数と負数の両方を使って連立 1 次方程式の問題を解いている点で重要である．その章の最後の問題は，5 個の未知数を持つ 4 個の方程式を扱っているが，そのような不定方程式の問題はその後も東洋人が好んだ分野であった．第 9 章つまり最終章は直角三角形の問題を扱っているが，それらの問題の一部はのちにインドやヨーロッパで再び取り上げられた．それらの問題の一つに，1 辺が 1 丈（＝ 10 尺）の正方形の池の中央に水面から 1 尺頭を出したアシが生えていて，そのアシを池の縁にひっぱるとちょうど表面に届くとき，その池の深さを求めよ，という問題がある．やはりよく知られた問題が折れ竹の問題である．高さ 1 丈の竹があり，その竹が途中から折れて先端が幹より 3 尺離れた地面に達している．その竹の折れ目までの高さを求めよ，という問題である．

中国人はことのほか図表を好んだ．そのため魔方陣（古くからあるがその起源は不明）の最初の記録が中国に見られても驚くにはあたらない．下に示した魔方陣は，水利学者として名声を博したという伝説の夏の禹王の統治時代に，

洛水の亀によって人間にもたらされたものとされている．

$$\begin{array}{ccc} 4 & 9 & 2 \\ 3 & 5 & 7 \\ 8 & 1 & 6 \end{array}$$

§3

算木

このような図表に関する関心から，『九章算術』の著者は，次に示す連立 1 次方程式

$$3x + 2y + z = 39$$
$$2x + 3y + z = 34$$
$$x + 2y + 3z = 26$$

をまず下記左のような行列に並べ，それに列どうしの演算を施し，右の行列に変換してから解いた．

$$\begin{array}{cccc} 1 & 2 & 3 \\ 2 & 3 & 2 \\ 3 & 1 & 1 \\ 26 & 34 & 39 \end{array} \qquad \begin{array}{cccc} 0 & 0 & 3 \\ 0 & 5 & 2 \\ 36 & 1 & 1 \\ 99 & 24 & 39 \end{array}$$

右図は方程式 $36z = 99$，$5y + z = 24$ および $3x + 2y + z = 39$ を意味しており，それらの方程式から z，y および x の値が次々と簡単に求められる．

 ## 9.3　算　木

中国の数学が伝統を絶やすことなく続いていたならば，現代的方法を先取りするめざましい成果が数学の発展を大きく変えていたかもしれない．しかし中国の文化は突然の中断によって著しく妨げられた．たとえば紀元前 213 年に中国皇帝は焚書を命じた．これは圧政の時期には世界的によくあることである．文書の一部が筆写か口承によって後世に残されたのは間違いなく，学問は確かに持続したが，数学は商業や暦の問題に重点をおくことになった．

中国と西欧，中国とインドの間には接触があったらしいが，借用した知識の範囲と方向については学者の意見が分かれている．たとえば中国にバビロニアあるいはギリシャの影響を見たいとすると，中国人が 60 進分数を用いなかったという問題に直面する．中国の命数法は基本的には 10 進法のままであり，記数法はむしろほかの地域と著しく異なっていた．中国においては早くから，記数

195

法として2種類の工夫が用いられていた．つまり，一方では乗法的原理が支配し，他方では位取り記数法の様式が使われた．前者では1から10までの数字に対して個別の符号が当てられ，また10のベキ乗に対しては別の符号があてられた．そして（左から右へ，あるいは下から上へと）奇数の位を占める数字に，そのあとに続く10のベキ乗の符号を掛ける形で書かれた．つまり678という数は，6とそのあとに100を表す符号，次に7とそのあとに10を表す符号，そして最後に8を表す符号の順に書かれたようである．

「算木」の記数法では，1から9までの数字は | ‖ ‖‖ ‖‖‖ ‖‖‖‖ 丅 丅丅 丅丅丅 丅丅丅丅 という形で，またそれらの10倍数は ＿ ＝ ≡ ≣ ≣̲ ⊥ ⊥̲ ⊥̳ ⊥̳̲ という形で表された．これら18個の符号を右から左に並ぶ位に交互に用いることによって希望どおりの大きさの数を表現できた．たとえば56,789という数は ‖‖‖‖ ⊥ 丅丅 ⊥̳ 丅丅丅丅 になる．バビロニアの場合と同様に，空の位を表すための符号は比較的あとになって現れた．1247年のある文書のなかに，1,405,536という数が丸いゼロ符号を用いて | ≡ ○ ≣ ‖‖‖‖ ≡ 丅 と書かれている．（14世紀の算術三角形に見られるように，ときどき縦棒と横棒が入れ替わっていることがあった．）

算木が最初に現れた年代を正確に判定することはできないが，紀元前数百年，つまりインドで位取り記数法が採用されるずっと以前に使われていたことは確かである．10進法というより100進法というべき中国の位取り記数法は，算板による計算に便利であった．隣接する10倍数を明確に区別した記数法によって，中国人は列を示す垂直の罫のない算板を混乱なく使うことができた．8世紀以前には，ゼロを記すべき位は空白のまま残されていた．西暦300年より古い文書には，数表や乗法表が言葉で詳細に書き写されていたが，計算は実際には算板上の算木によってなされたのである．

9.4 そろばんと10進小数

紀元前300年頃の算木は単に計算結果を記数するだけの道具ではなかった．竹や象牙，あるいは鉄でつくられた算木を役人たちが袋に入れて持ち運び，計算道具として使った．「算木は飛ぶように見え，その動きがあまりにも速いので目で追うことができないほどである」と11世紀の著述家が描写したほど，算木は器用に操作された．たぶん，計算は算板上の算木のほうが筆算よりも速くできたであろう．事実，算板と算木の利用は非常に効果的であったから，そろばん（abacus）つまり針金でつながれた可動式の珠を持つ固定計算枠は，一般に

§4 そろばんと10進小数

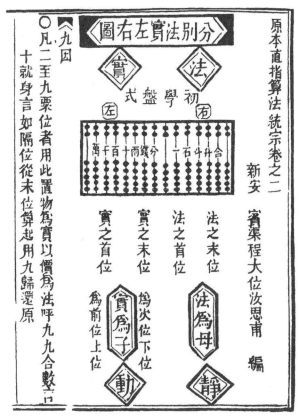

早い時期に印刷されたそろばんの図.『算法統宗』(1592年) より (1959年のジョセフ・ニーダム著『中国の科学と文明』第 III 巻, 76 ページからの複写).

考えられているほど早くから使われてはいなかった. 中国で「算盤 (珠算盤)」, 日本では「そろばん」と呼ばれる現在の形のものが最初に明確に記述されたのは 16 世紀であるが, それより 1,000 年前にはそれに先行するものが使われていたであろう.「abacus」という言葉はたぶんセム語の abq つまり土に由来すると思われるが, そのことは中国の場合と同様にほかの地域においても, その計算道具が算板に用いられた土または砂を張った盆から生まれたことを示している. 中国における算板の使用が西欧より先だった可能性はあるが決して確かではなく, また明確かつ信用できる年代は不明である. アテネの国立博物館には紀元前 4 世紀のものらしい算板風の大理石板があるし, それより 1 世紀前にヘロドトスが「エジプト人は計算をするとき手を右から左に動かし, ギリシャ人は手を左から右へ動かす」と記述しているのは, おそらくある種の算板の使

用法のことを述べていたのであろう．そのような計算道具が本当のそろばんに道を譲った正確な年代を判定することは困難であるし，中国，アラビアおよびヨーロッパに現れたそろばんがそれぞれ独立した発明であったかどうかを判断することもできない．アラビアのそろばんは針金のそれぞれに 10 個の珠を持ち，中央に仕切りの横棒はなかったが，中国のそろばんは仕切りの横棒で区切られていて，それぞれの針金の下段に 5 個，上段に 2 個の珠があった．中国のそろばんでは，1 本の針金につながれた上段の珠 1 個は，下段の 5 個の珠に相当した．そして，数は仕切りの横棒に向かってその数に合った珠を動かすことによって記録された．

中国の記数法の説明は，分数の使用なくして完結しないだろう．中国人は通分に関する演算に精通していて，それとの関連で最小公分母を発見した．また，ほかのことがらについても見られるように，性差との類似性を見出し，分「子」，分「母」という呼び名を用いた．「陰」と「陽」（相反するもの，とくに性についての対立）を強調することによって，分数の扱い方をより一層理解しやすいものにしたのである．しかしながら，それよりも重要なことは，中国では分数を 10 進法化しようとする傾向が見られたことである．メソポタミアにおいて 60 進法に基づく度量衡が 60 進法の記数法を導いたように，中国でも度量衡において 10 進法に固執したことが分数操作における 10 進法的習慣をもたらした．しかもそれは紀元前 14 世紀という昔にまで遡れるといわれている．計算における 10 進法的工夫も，ときに分数操作を軽減するために採用されていた．たとえば『九章算術』について 1 世紀に書かれた注釈書には，開平や開立の 10 進法化を容易にする $\sqrt{a} = \frac{\sqrt{100a}}{10}$ や $\sqrt[3]{a} = \frac{\sqrt[3]{1000a}}{10}$ に相当する，現在よく知られている平方根や立方根についての公式の使用が見られる．負数の概念は，中国人にとってそれほど難しいことではなかったようである．というのは，彼らは 2 組の算木を使って計算すること——赤の組を正の係数または数に，黒の組を負の係数または数に使って計算すること——に慣れていたからである．それにもかかわらず，負数が方程式の解になりうるという考え方は受け入れなかった．

9.5 円周率 π の値

中国最古の数学は，地球上のほかの地域の同時代の数学と著しく異なっていることから，独自に進歩したという仮説が成り立ちそうである．いずれにしても，たとえ紀元 400 年以前に何らかの交流があったとしても，当時中国に流入

した数学よりも多くの数学が中国から外に出たといっても差し支えなかろう.
時代が下ると,この問題は一層難しくなる.初期の中国の数学においてπの値
として3を用いたということは,メソポタミアへの依存の論拠にはまずならな
い.その主たる理由は,西暦1世紀以降中国において,より正確なπの値を求
める研究がほかのいかなる地域よりも根気よく続けられていたからである.た
とえば3.1547, $\sqrt{10}$, $\frac{92}{29}$ あるいは $\frac{142}{45}$ というような値が発見されている.そ
して,『九章算術』の重要な注釈者である劉徽が3世紀に,正九十六角形を用い
て3.14という数値を,また三千七十二角形を考えることによって3.14159と
いう近似値を導いた.劉徽による『九章算術』の注釈には,四角錐台の体積の
正確な決定を含む数多くの求積問題が載っている.円錐台に対しても同様の公
式が応用されたが,πの値には3が使われていた.並はずれているのは,互い
に垂直な2本の対辺を持つ四面体の体積がそれら2本の辺とそれらの共通垂線
との積の6分の1であるという公式である.また,1次方程式を解くために仮
置法が使われているが,未知数が5個で方程式が4個のディオファントス問題
を,行列図表を使って解くというような,より洗練された解答も見られる.高
次方程式の根の近似値は,「ホーナー法」という方法に似た工夫によって求めら
れたようである.また,劉徽は『九章算術』への注釈のなかに,たどりつくこ
とができない塔や山腹の樹木の測定に関する問題を数多く書き残している.

　円周率πの値への中国人の熱中は,祖沖之(430–501)の研究で頂点に達し
た.祖沖之が出した値の一つはよく知られているアルキメデスの $\frac{22}{7}$ であった
が,彼はそれを「約率」(近似値)と述べている.彼のいう「密率」(正確な値)
は $\frac{355}{113}$ であった.西欧の影響の可能性を探し求めることに固執するならば,そ
の値は15世紀までどこを探してもそれに匹敵する値がないほど優れた近似値
で,その値はプトレマイオスの値 $\frac{377}{120}$ の分子と分母からアルキメデスの値の分
子と分母をそれぞれ引くことによって得られると説明できるだろう.しかし祖
沖之はその計算をさらに進めて,「盈数」(過分値)として3.1415927を,「朒
数」(不足値)として3.1415926を与えた.そのような範囲に至るまでの計算
は,息子の祖暅之が手伝ったようであるが,彼の著作の一つに書かれていたと
思われる.しかし,その書物は残っていない.いずれにしても,彼が得た結果
は当時としては目覚ましいものであり,現在,月面の地名に彼の名前が記され
ているのも当を得たことである.

　劉徽と祖沖之の研究は,中国におけるそれ以前の活動による既知の実例より
も,理論と証明への関心が大きかったことを示している.ただしπの計算の実

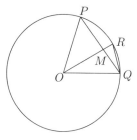

図 9.1

例は，この事実を覆い隠す可能性がある．というのは，π の値の正確さは理論的洞察よりはむしろ計算における根気の問題だからである．つまりピュタゴラスの定理だけで，望みどおりの正確な近似値を十分に与えることができるのである．円に内接する正 n 角形の周の長さが既知である場合，円に内接する正 $2n$ 角形の周辺の長さはピュタゴラスの定理を 2 回使うことによって計算できる．実際，C を中心が O で半径が r の円（図 9.1）とし，$PQ = s$ を周の長さが既知である内接正 n 角形の辺とすると，辺心距離 $OM = u$ は，$u = \sqrt{r^2 - (\frac{s}{2})^2}$ で与えられる．これから矢 $MR = v = r - u$ がわかる．そのとき，円に内接する正 $2n$ 角形の辺 $RQ = w$ は $w = \sqrt{v^2 + (\frac{s}{2})^2}$ で求められる．これからその正 $2n$ 角形の周の長さがわかる．以上の計算は，劉徽が示したように $w^2 = 2rv$ に注目することによって短縮できる．そして，以上の手順を繰り返すことによって，円周にますます近づく近似値が得られ，それによって π が決定される．

6 世紀から 10 世紀まで，算術と数論を扱った十種の数学書「算経十書」が，算学（王朝の子弟のための学校で教えられる数学）の基本とされた．それらの数学書とは，初期の『周髀算経』と『九章算術』に加えて，その後の劉徽などの，多分に派生的な教科書であった．「算経十書」が扱ったテーマは，算術と数論，直角三角形，不規則な面積や体積の計算などであった．

10 世紀から 13 世紀の間に中国数学の新たな飛躍的進歩は認められないが，この時期に紙や羅針盤などの大きな技術革新が出現した．中国の数学の問題は概して，実用的であるよりも絵のように美しいものが多いように思われるが，中国文明はほかにも相当数の技術革新をもたらした．印刷と火薬の使用（8 世紀）はほかのどこよりも中国が早かったし，また宋代後期にあたる 13 世紀の中国数学の最盛期よりも早かった．

9.6　13世紀の数学

宋代後期は，中国における中世数学が高みに達した時期とみなすことができる．元が支配域を拡大してイスラーム世界との交流が増したこの時期には，大勢の数学者が算術および測定の伝統的教えを，より高次の定方程式および不定方程式の解を求める新たな方法に結びつけた．

当時，数学者たちは中国各地で研究を進めていたが，彼ら相互の交流はほとんどなかったようである．またギリシャ数学の場合と同様に，当時あった数学書のなかで現在残っているのは比較的少ないことも事実である．

その時期の数学者に李治（1192–1279）がいた．北京の数学者であったが，ときに役人になったかと思うと世捨て人，学者，教育者も経験し，長く興味深い人生を送った．1260年にフビライ・ハーンから帝国年代記編者の地位を提示されたが，鄭重に辞退した．彼の著書『測圓海鏡』（円の測定についての海鏡）には，直角三角形に内接あるいは傍接する円を扱ったり，それらの辺と半径の関係を定めたりする問題が170題掲載されている．そのなかには4次方程式になるような問題もあった．李治は6次方程式ぐらいまで扱ったとされているが，方程式の解法は記述していない．しかし，彼の解法も朱世傑（活動期1280–1303）やホーナーが用いた解法と大差なかったようである．ホーナー法を用いたほかの数学者に，秦九韶（1202頃–1261頃）と楊輝（活動期1261頃–1275頃）がいた．秦九韶はわずか100日の就任期間の間に莫大な財産を手にした無節操な知事であり長官であった．彼の著書『数書九章』（九章からなる数学書）は中国の不定解析の頂点に立つものであり，それには彼の発案による連立合同式の解法手順が書かれている．またその著書で，ホーナー法の各段階を並列に並べることによって71,824の平方根も求めている．彼は $x^2 - 71824 = 0$ の根 x の最初の近似値を200とし，その根から200を引いて $y^2 + 400y - 31824 = 0$ を得た．さらにこの方程式に対して，y の近似値60を見つけ，y から60を引いて第3の方程式 $z^2 + 520z - 4224 = 0$ を得た．第3の方程式の根 z は8である．したがって，x の値は268となる．同様にして3次および4次方程式を解いた．

これと同じ「ホーナー」法を楊輝も使っている．楊輝の生涯についてはほとんど何もわかっていない．彼は多作の算術家で，現存する著書のなかには中国最初の 4×4 以上の魔方陣の記述があり，そこには 4×4 から 8×8 までのそれぞれについて2面，9×9 から 10×10 までのそれぞれについて1面，その

例が示されている.

また，楊輝の著作には，中国数学の黄金時代の幕引きをした朱世傑の『四元玉鑑』を通して人口に膾炙していた，級数の和といわゆるパスカルの三角形も含まれていた.

朱世傑は宋代の最後で最高の数学者であったが，彼についてはほとんどわからず，生年と没年すら不明である．現在の北京の近くの燕山に住んでいたが，2編の著作を書く機会があったとはいえ，数学を教えることによって生計をたてる放浪の学者として，およそ20年間を過ごしたようである．2編の著作のうちの最初のものは1299年に書かれた『算学啓蒙』（数学入門）であり，比較的初等的な数学書であった．その数学書は，中国においては一度姿を消し19世紀になって再び現れるが，朝鮮や日本に大きな影響を与えた．歴史的にも数学的にもより重要な著作は，1303年に書かれた『四元玉鑑』（四元についての貴重な鏡）である．その数学書も18世紀に中国において姿を消したが，次の世紀に再発見されている．四元とは天・地・人・物を指し，同一方程式の4個の未知数を表している．その数学書は中国の代数の発展のなかで頂点に立つものである．というのは，それは連立方程式と14次という高次方程式を扱っているからである．朱世傑はそのなかで，「飜法」と呼んだ置換法について述べている．中国においてはその原理はずっと以前に登場していたようであるが，一般には500年後のホーナーの名前で呼ばれている．たとえば方程式 $x^2 + 252x - 5292 = 0$ の解法において，朱世傑は最初に根の近似値として $x = 19$（根は $x = 19$ と $x = 20$ の間にある）をとり，次に彼の「飜法」つまりこの場合には $y = x - 19$ という置換を用いて方程式 $y^2 + 290y - 143 = 0$（根は $y = 0$ と $y = 1$ の間にある）を得た．次に $y^2 + 290y - 143$ の根を（近似値として）$y = \frac{143}{1+290}$ とし，それに対応する x の値を $19\frac{143}{291}$ とした．方程式 $x^3 - 574 = 0$ については $y = x - 8$ を用いて $y^3 + 24y^2 + 192y - 62 = 0$ を得て，根を $x = 8 + \frac{62}{1+24+192}$ つまり $x = 8\frac{2}{7}$ とした．さらにいくつかの例で，朱世傑は小数の近似値も求めている.

『四元玉鑑』には下記のような級数の和が多数見られる.

$$1^2 + 2^2 + 3^2 + \cdots + n^2 = \frac{n(n+1)(2n+1)}{3!}$$

$$\frac{1 + 8 + 30 + 80 + \cdots + n^2(n+1)(n+2)}{3!} = \frac{n(n+1)(n+2)(n+3)(4n+1)}{5!}$$

しかし証明は示されていないし，また中国においてこの種の問題が繰り返された形跡は，19世紀頃までないようである．朱世傑は和を有限差分法に従って扱ったが，その原理の一部は中国では7世紀からあったようである．しかし，

§6

13世紀の数学

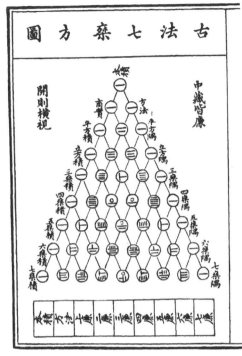

1303年に朱世傑の『四元玉鑑』の扉に描かれた「パスカルの三角形」.「古法七乗方圖」と名づけられ, 8乗までの2項係数が表にされている（ジョセフ・ニーダム『中国の科学と文明』第III巻, 135ページより）.

その方法は朱世傑の著作に書かれてまもなく, 何世紀間も姿を消していた.

『四元玉鑑』は算術三角形の図表で始まっている. 西欧ではそれは「パスカルの三角形」と呼ばれているが, そう呼ぶのはふさわしくない（上図参照）. 朱世傑が示した配列では, 2項展開の8乗の係数までが示されているが, それらの係数は算木の符号とゼロのような丸い符号で明確に表現されている. 朱世傑はその三角形が自分の功績によるものではないとし, それを「8乗以下の係数を見つけるための古くからある方法の図」として引用している. 6乗までの2項係数を同じように並べたものが楊輝の著作にも見られたが, そこではゼロのような丸い符号は使われていなかった. 1100年頃の中国の数学書のなかに2項係数を図表にする方法についての言及があるから, 算術三角形は中国でその頃に考案されたと見てよいであろう. 中国における整数乗の2項式に対する2項定理の発見が, その起源においてベキ乗よりむしろ根の開法に関係していたのは興味深いことである. ところで, 中国で2項定理が使われていた頃に, オマ

203

ル・ハイヤームはその定理に相当するものを知っていたようである．しかし，それを記した現存するアラビア最古の書物は，15世紀のカーシーによるものである*3)．その頃には中国の数学は衰退し，『九章算術』の伝統と商業算術が再び重視されるようになっていた．神秘的な雰囲気を醸し出した記号言語に覆われた目覚ましい理論の業績が復活したのは，16世紀と17世紀になって西欧の学識との交流が密になったあとのことであった．

9

古代および中世の中国

訳注 ———————————————————————

*3)　「パスカルの三角形」はさらに遡ることができ，10世紀のアラビアの数学者カラジーにも見える．

10 古代と中世のインド
Ancient and Medieval India

> 真珠貝と苦難の年月の混合……
> あるいは高価な水晶とありふれた小石の混合
> ——ビールーニーの『インド誌』

10.1 インドにおける初期の数学*1)

モヘンジョダロとハラッパーでの考古学者による発掘で，エジプトでピラミッドがつくられていた時代（紀元前 2650 年頃）にインダス川流域にも古代の高度な文明があったことが証明されているが，その時代のインドの数学書は何一つ残っていない．しかし，しっかり構築された度量衡制があったことを示す証拠があり，また 10 進記数法の実例が発見されている．ところがその時期とその後の数世紀間，インド亜大陸には人々の大きな動きと征服が起きた．その結果発生した言語と方言の多くは，いまだに解読されていない．したがって，この広い地域での数学活動を時間と場所に沿って示すことは，今のところ困難である．現在知られているインド最古の言語は書き言葉ではなく口伝の一部であることで，言葉の問題はさらに難しくなっている．とはいえ，その言語すなわちヴェーダに用いられたサンスクリット語は，古代インドの数学的概念について，最古の具体的なことがらを教えてくれる．

ヴェーダ文書すなわち古代の基本的に宗教的な書物には，大きい数と 10 進法についての記述がある．とくに興味深いのが，護摩壇を建てるのに使ったれんがの大きさ，形，比率である．エジプトと同じようにインドにも「縄張り師」がいた．そして寺院の設計や祭壇の測定および建造に関連して得られたわずかな幾何学的知識は，「シュルバスートラ」つまり「縄の法則」と呼ばれる知識体系となった．シュルバ（またはシュルヴァ）は測定用の縄を指し，スートラは宗教的儀式または科学に関する規則または格言を記した書物を意味する．縄を張るという動作は，まさにエジプト幾何学の起源を思い起こさせる．そしてその動作と寺院儀式の関係は，数学がおそらく宗教的儀式から生まれたのであろ

訳注
*1) インド数学原典訳については次を参照．矢野道雄責任編集『インド天文学・数学集』，朝日出版社，1980；楠葉隆徳・林隆夫・矢野道雄『インド数学研究』，恒星社厚生閣，1997．インド数学については，林隆夫『インドの数学』，中央公論社，1993．

うと考えさせる．しかしその法則の年代推定は困難であり，同時にエジプト人が後のインドの数学者たちに影響を与えたかどうかも疑わしい．インド数学においては，中国の場合以上に伝統の継承が著しく欠けている．

10.2 『シュルバスートラ』

シュルバスートラはいくつかあって，現存するおもなものはすべて詩の形式で書かれており，バウダーヤナ，マーナヴァ，カーツヤーヤナの名前がつけられているが，最もよく知られているのはアーパスタンバである．これらの年代は紀元前1000年紀の前半と思われるが，それより早い，または遅いという説もある．これらの書物のなかに，長さが3, 4, 5や5, 12, 13や8, 15, 17や12, 35, 37のような「ピュタゴラスの」三つ組数を構成する3本の縄を用いて直角三角形をつくる法則が見られる．シュルバスートラへのメソポタミアの影響が考えられないこともないが，影響があったとかなかったという確たる証拠は発見されていない．アーパスタンバは長方形の対角線の2乗が隣りあった2辺の2乗の和に等しいことを示していた．それに比べて簡単に説明がつかないのが，アーパスタンバが与えたもう一つの法則で，エウクレイデス『原論』II巻にある幾何学的代数の一部にきわめてよく似たものである．長方形$ABCD$と等しい面積を持つ正方形を描くために（図10.1），$AF = AB = BE = CD$になるように長いほうの辺を短いほうの辺で区切り，区間CEとDFを2等分するHGを描く．さらに，$FK = HL = FH = AM$になるようにEFをKに，GHをLに，ABをMにそれぞれ延長してLKMを描く．ここで，LGに等しい対角線を持ち，短いほうの辺がHFである長方形を描く．そうすれば，その長方形の長いほうの辺が求める正方形の1辺となる，というのがその法則で

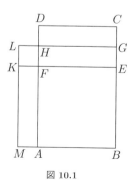

図 10.1

ある．

また，直線形状を曲線形状に，またその逆に変換する法則もある．シュルバスートラの起源と年代とが憶測の域をまったく出ないため，その法則が古代エジプトの測量に関係があったのか，それとものちのギリシャの祭壇の倍積問題に関係があったのか不明である．

 10.3 『シッダーンタ』

紀元前 2000 年に遡るとされるヴェーダ文書のなかに算術級数および幾何級数についての言及があるが，それを裏づける当時のインドの文献は何も残っていない．また，非共測量についての最初の認識がシュルバスートラの時代のインドに見出されるはずだといわれてきたが，そのような主張も十分に実証されていない．シュルバスートラの時代のあとに，『シッダーンタ（$Siddh\bar{a}nta$）』つまり（天文学の）体系の時代が続いた．『シッダーンタ』は，『パウリシャ・シッダーンタ（$Pauli\acute{s}ha\ Siddh\bar{a}nta$）』，『スールヤ・シッダーンタ（$S\bar{u}rya\ Siddh\bar{a}nta$）』，『ヴァシシシュタ・シッダーンタ（$Vasisishta\ Siddh\bar{a}nta$）』，『パイターマハー・シッダーンタ（$Paitamaha\ Siddh\bar{a}nta$）』，『ローマンカ・シッダーンタ（$Romanka\ Siddh\bar{a}nta$）』という 5 種類の版がある．そのうち完全な形で現存しているのは 400 年頃に書かれた『スールヤ・シッダーンタ（太陽系）』だけのようである．叙事詩の連の形式で書かれた原文によれば，それはスールヤつまり太陽神についての書物である．主要な天文学的原理は明らかにギリシャのものであるが，それは相当古いインドの民間伝承とともに記されている．380 年頃に書かれた『パウリシャ・シッダーンタ』を要約したインドの数学者ヴァラーハミヒラ（活動期は 505 年頃）は，ほかの 4 編の『シッダーンタ』の名前も挙げていた．アラビアの学者ビールーニーが『パウリシャ・シッダーンタ』にしばしば言及し，ギリシャ起源あるいはその影響を示唆した．のちの著者たちは，各『シッダーンタ』に書かれた内容は本質的に同じで，いいまわしだけが違っていたと報告している．したがって，『スールヤ・シッダーンタ』と同じようにほかの『シッダーンタ』も，サンスクリット語の詩で書かれたほとんど説明もなく証明もない謎めいた法則からなる天文学の概要書であったと想像できる．

一連の『シッダーンタ』は 4 世紀後期あるいは 5 世紀前期に書かれたと一般に考えられているが，それに書かれている知識の出所については意見が大きく分かれている．インドの学者たちは各『シッダーンタ』の著者の独創性と非依

存性を強く主張しているが，一方西欧の著者たちは明確なギリシャの影響を見ようとする傾向がある．たとえば『パウリシャ・シッダーンタ』では，一連の『シッダーンタ』が書かれたと推定される時期の少し前にアレクサンドリアに住んでいた占星術師パウロの書物から相当にとられているようである（事実，ビールーニーは『パウリシャ・シッダーンタ』がアレクサンドリアのパウロによるものだと明言している）．そして，このことが，『シッダーンタ』の一部とプトレマイオスの三角法および天文学の間の明らかな類似性を容易に説明する．たとえば『パウリシャ・シッダーンタ』は，π の値として $3\frac{177}{1250}$ を使っているが，これはプトレマイオスの 60 進数 3; 8, 30 と本質的に一致する値である．

たとえインド人がアレクサンドリアのコスモポリタン的ヘレニズム文化から三角法の知識を得たとしても，彼らが手にした材料は著しく新しい形をとった．プトレマイオスの三角法は円の弦とその弦に対する中心角の間の関数関係に基づいていたが，『シッダーンタ』の著者たちはそれを弦の「半分」と中心角の「半分」の対応に変換した．したがって，明らかにインドにおいて角の正弦という現代三角関数の基礎が生まれたのである．つまり正弦関数の導入こそが一連の『シッダーンタ』の数学史における主要な貢献である．半弦の使用の起源はギリシャ人ではなくインド人であり，現代の用語「正弦（sine）」は，翻訳での偶発事故（後述）ではあったが，サンスクリット語の名称「ジヴァ（$jiv\bar{a}$）」からきている．

10.4　アールヤバタ

『シッダーンタ』が書かれた直後の 6 世紀に，それとまったく同じ種類の内容を扱った書物を書いたことで知られるインドの数学者が 2 人いた．そのうち年長で重要な人物はアールヤバタである．彼の最も有名な，499 年頃に書かれた『アールヤバティーヤ（$\bar{A}ryabhat\bar{\imath}ya$）』とは天文学と数学を扱った詩形式の薄い書物である．この時代以前に何人かのインド人数学者の名前が知られていたが，彼らの書物は少々の断片を除いて残っていない．この点で，インドにおけるアールヤバタ『アールヤバティーヤ』の占める位置は，およそ 8 世紀以前のギリシャにおけるエウクレイデス『原論』にどこか似ている．どちらもそれまでの成果の要約であり，また 1 人の著者が編纂したものである．しかしそれら 2 点の書物の間には類似点よりも際立った違いがある．エウクレイデス『原論』が純粋数学を高度な抽象と明晰な論理構造と明白な教育上の意図を持って

秩序づけられ，まとめられたものであるのに対して，『アールヤバティーヤ』は123連の韻文からなる短い叙述詩であり，天文学や求積法に用いられる計算方法の補足を意図しており，演繹的方法論はまったく見られない．『アールヤバティーヤ』の約3分の1は，「ガニタパーダ」つまり数学に関係している．その部分は10のベキ乗の第10位までの呼び方で始まり，整数の平方根と立方根の求め方が続いている．次に求積法について述べられているが，それらの約半分は間違っている．三角形の面積は底辺と高さの積の半分と正しく与えられているが，錐体の体積もまた底面と高さの積の半分とされている．円の面積は円周と直径の半分の積と正しく与えられているが，球の体積は大円の面積とその面積の平方根の積であるという間違った記述をしている．さらに，四辺形の面積の計算においても，正しい算法と正しくない算法が並置されている．台形の面積は互いに平行な辺の和の半分とその両辺に垂直な線分の積として表されているが，そのあとに，いかなる平面図形の面積も2辺を決め，それらを掛け合わせることによって求められるという不可解な説が述べられている．『アールヤバティーヤ』に書かれていることのなかで，インド人の学者が誇りをもって指摘したのは次の命題である．

　　100に4を加え，8倍して62,000を加えよ．その結果は，直径が20,000
　　の円の円周の近似値である（Clark 1930, p.28）．

　ここで，πとして3.1416が使われていることがわかるが，その値はもともとプトレマイオスが用いた値であることを思い出さなければならない．アールヤバタがここでギリシャの先人たちの影響を受けていた可能性は，彼が半径の単位数としてムーリアド（10,000）を採用していることから高くなる．
　『アールヤバティーヤ』の特徴をなす部分は等差数列に関する部分であり，そこには数列の項の和を求めたり，初項と公差と項の和が与えられている数列の項数を決めたりするための一般的な算法が含まれている．最初の算法はそれ以前の著者によって昔から知られていた．2番目の算法は次のように妙に複雑な説明がなされている．

　　数列の和に公差の8倍を掛け，初項の2倍と公差の差の2乗を加え，
　　その平方根をとり，初項の2倍を引き，公差で割り，1を加え，2で割
　　れ．その結果が項数となる．

『アールヤバティーヤ』のほかの部分も同じであるが，ここでも上の算法を導いた動機や証明は与えられていない．たぶん，その規則は 2 次方程式の解法を通して得られたのであろうが，その知識はメソポタミアかギリシャに由来したものと思われる．複利（つまり等比数列）に関するいくつかの複雑な問題に続いて，著者は飾った言葉で単純比例における第 4 項を求めるというきわめて初歩的な問題にとりかかっている．

　　　三数法において，果実に願望を掛け，約数で割れ．その結果が願望の
　　　果実となる．

これはもちろん，$\frac{a}{b} = \frac{c}{x}$ であれば $x = \frac{bc}{a}$ であるというよく知られた公式である．ここで a は「約数」，b は「果実」，c は「願望」，x は「願望の果実」である．実際，アールヤバタ『アールヤバティーヤ』には，単純なものと複雑なもの，正確なものと不正確なものが入り乱れている．500 年後のアラビアの学者ビールーニーはインド人の数学の特徴を，ありふれた小石と高価な水晶の混合物と評したが，それは『アールヤバティーヤ』については実にふさわしい評言であった．

 10.5　数　　字

『アールヤバティーヤ』の後半では時間の計算と球面三角法を扱っている．しかし，ここでは後世の数学に不滅の足跡を残すことになった原理——10 進位取り記数法——を取り上げることにする．アールヤバタがどのように計算を行ったかは正確にはわかっていないが，「桁から桁へ，それぞれの桁が前の桁の 10 倍となる」という彼の言葉は，位の原理の適用が頭にあったことを示している．「位価」はバビロニア記数法の基本原理であり，おそらくインド人は，インドで用いられていた整数の 10 進法にその原理を適用できることにしだいに気づいたのであろう．インドにおける数値記数法は，ギリシャで見られたのとほぼ同じ発展の仕方を遂げたようである．モヘンジョダロにある最古の碑文では，最初は単純な縦の刻印が見られ，それらをいくつかの組にまとめて並べていたが，アショカ王の時代（紀元前 3 世紀）には，ヘロディアノス式と似た記数法が使われていた．この新しい記数法でも繰り返しの原理がそのまま続けられたが，4，10，20 および 100 に対しては別の新しい高次記号が採用された．

210

その後，このいわゆるカローシュティー文字が，ブラーフミー文字という別の
記数法に徐々に道を譲ることになった．ブラーフミー文字による記数法はギリ
シャのイオニア式記数法でのアルファベットによる数表記に似ていた．インド
におけるこの変化が，ギリシャにおいてヘロディアノス数字がイオニア式数字
にとってかわられた時代のすぐあとに起こったのは，単なる偶然の一致であろ
うか．

　整数に対するブラーフミー文字による数表記から現在の記数法に至るまでに，
ちょっとした2段階が必要であった．その第1段階は，位取り原理を用いるこ
とによって，最初の9個の単位数につけられた符号がそれらの10倍数の符号に
も，あるいは同様にそれらのいかなる10のベキ乗の倍数の符号にも使えるとい
う事実を知ったことである．この認識に立てば，最初の9個の符号を越えるす
べてのブラーフミー符号は不必要になった．しかし，符号が9個に減ったのが
いつであったかはわかっていないし，またさらなる節約的な記数法への変化は
徐々にしか起こらなかったようである．現存する証拠から，その変化はインド
において起こったと思われるが，それを促した原因が何であったかは確かでな
い．いわゆるインド数字はインド社会内部で独自に発展したのかもしれないし，
あるいは最初はインドとペルシャの交流によって発展したのかもしれない．ペ
ルシャではバビロニアの位取り記数法が記憶されていて，それによってブラー
フミー記数法が修正されることになった可能性がある．あるいはまた，その新
しい記数法は，東方の中国との交流によってもたらされたのかもしれない．中
国では擬似の位取り法をとる算木が符号を9個に減らすヒントになった可能性
があるからである．さらにまた，符号の減少は最初アレクサンドリアにおいて
ギリシャのアルファベット記数法でなされ，その考え方がインドに伝わったと
いう説もある．アレクサンドリア時代の後期には，常分数を表すのに分母の下
に分子を書くという初期ギリシャの習慣は，分子の下に分母を書く形式に変え
られたが，その形式こそ，分子と分母の間の横棒は用いないながら，インド人
によって採用された形式であった．残念なことに，インド人はその新しい整数
記数法を小数点以下には応用しなかった．そのため，イオニア式記数法からの
変化に潜む主要な長所は失われた．

　インド数字についての最初の明確な言及は，662年のシリアの僧セウェロス・
セーボーフトの書物に見られる．ユスティニアヌス帝がアテネの哲学学校［ア
カデメイア］を閉鎖したあと，一部の学者はシリアに移り，そこにギリシャの
学問の拠点をつくった．セーボーフトは一部の学者が非ギリシャ的学問に対し

て示す侮蔑的態度に憤慨していたと見えて，ギリシャ語を話す人々に「彼ら以外にも物知りがいる」ことを知らしめるべきだと考えた．それを例証するために，彼はインド人とその「天文学における鋭い発見」，とりわけ「インド人の有益な計算法と筆舌に尽くせぬ計算」に注意を向けさせた．「この計算が 9 個の符号を使うことによってなされていることだけは言っておきたい」，とセーボーフトは付け加えている（Smith 1958, Vol. I, p.167）．当時その数字がしばらくの間使われていたことは，595 年のインドの平板に 346 という日付けが 10 進法位取り記数法で書かれていたことからわかる．

10.6 ゼロ記号

ここで述べておかなければならないのは，「10 個」ではなく「9 個」の記号が論じられていたのは，インド人が明らかにまだ現代的記数法への移行の第 2 段階——すなわち欠けている位の表記法，つまりゼロ記号の導入——に至っていなかったことを暗示していることである．数学の歴史には不思議なことが多数あって，「インド最古の確実なゼロの記録は，876 年の碑文のなかに見られる」（Smith 1958, Vol. II, p.69）という事実——つまり，ゼロを除く 9 個の数字が最初に論じられてから 2 世紀以上も経っていたことも小さくない不思議の一例である．（空位を表す記号とは明確に区別される）ゼロという数が 9 個のインド数字と同時に生まれたのかどうかすら確定してはいない．可能性がきわめて高いのは，ゼロがギリシャ世界，おそらくアレクサンドリアで最初に発見され，そこで 10 進位取り記数法が確立したあとにインドに伝播されたという説である．

位取り記数法における桁保持用のゼロの歴史は，その概念が東半球においても西半球においても，コロンブスの時代よりはるか以前に独立して登場したという事実があるため一層複雑なものになる．

インドの記数法に 10 番目の数字，つまりゼロを表す丸い鷲鳥の卵が導入されたことによって，整数の現代的記数法が完成した．中世インドにおける 10 個の数字の形は現在使われている形と相当かけ離れてはいたが，記数法の原理は確立されていた．一般にインド式と呼ばれているこの新しい記数法は，すべて古くからあった 3 点の基本原理，つまり（1）10 進法，（2）位取り記数法，（3）10 個の数字のそれぞれに対する符号，の単なる新しい組合せにすぎない．それら 3 点の原理はどれもがもとを正せばインド人が考案したものではなかったが，それらを最初につなぎ合わせて現代の記数法をつくったのは，おそらくインド

人であったろう．

ここでゼロを表すインドの記号——それは我々が使っている記号でもある——の形について一言述べておく．丸い形はかつて，ギリシャ文字のオミクロン，つまり「οὐδέν」すなわち空を表す言葉の頭文字に由来すると考えられていたが，最近の研究でその起源は間違いであると見られている．現存するプトレマイオスの弦に関する数表の写本の一部に載っている空位を表す記号はオミクロンに似ているようだ．しかし，ギリシャの60進小数表記に見られる初期のゼロ記号は丸形ではあるが，いろいろな装飾を施されていて単純な鷲鳥の卵形とは著しくかけ離れている．そのうえ，15世紀の東ローマ帝国において，古いアルファベット式数字からあとのほうの18文字を切り捨て，初めの9文字にゼロ記号を加えることによって10進位取り記数法がつくられたとき，加えられたゼロ記号はオミクロンとはまったく異なる形であった．それは，あるときは小文字の h を逆さまにした形に似ていたし，またあるときは点のように見えた．

10.7 三 角 法

整数記数法体系の開発は，インドが数学の歴史に果たした2件の最も重要な貢献の一つであった．もう一つの貢献は，ギリシャの弦の表に代わる三角法の正弦関数に相当するものを導入したことである．現存する最古の正弦関係の表は，一連の『シッダーンタ』と『アールヤバティーヤ』に載っているものである．そこには90°までの角の正弦がそれぞれ $3\frac{3}{4}°$ の目盛で24等分されて与えられている．共通の長さの単位で円弧と正弦を表すために，半径が3,438にとられ，円周が $360 \cdot 60 = 21,600$ にとられていた．このことは，π の値がプトレマイオスの値と有効数字4桁まで一致することを意味している．別のところで，アールヤバタは π の代わりに $\sqrt{10}$ を使ったが，その値がインドにおいてしばしば使われていたことから，インドの π の値といわれることがある．

また $3\frac{3}{4}°$ の正弦の値として，『シッダーンタ』と『アールヤバティーヤ』は弧の単位数——つまり $60 \times 3\frac{3}{4} = 225$ ——をとった．それを現代用語でいえば，小さい角の正弦はその角を弧度（事実上，インド人が使っていたもの）で測った値にほとんど等しいということになる．正弦表のさらに先の項を求めるために，インド人は次に示す漸化公式を用いた．すなわち，$n=1$ から $n=24$ までの数列において，第 n 項の正弦を s_n で表し，また初めの n 個の正弦の和を S_n で表すとすれば，$s_{n+1} = s_n + s_1 - \frac{S_n}{s_1}$ となる．この公式から，$\sin 7\frac{1}{2}° = 449$,

$\sin 11\frac{1}{4}^\circ = 671$, $\sin 15^\circ = 890$, ならびに以下続いて $\sin 90^\circ = 3,438$ までを簡単に導くことができ，それらは『シッダーンタ』と『アールヤバティーヤ』の数表に載っている値である．そのうえ，その数表には，現在，角の正矢（versed sine）と呼ばれている値——つまり，現代三角法では $1 - \cos\theta$，インド三角法では $3438(1 - \cos\theta)$——が $\operatorname{vers} 3\frac{3}{4}^\circ = 7$ から $\operatorname{vers} 90^\circ = 3,438$ まで載っている．その数表の各項の値を 3,438 で割れば，その結果は現代の三角関数表の対応する値とほぼ一致することがわかる（Smith 1958, Vol. II）．

10.8 乗　　法

　三角法は明らかに天文学にとって有用かつ正確な道具であった．インド人がいかにして漸化式などの結果に到達したかは正確にはわかっていないが，差分方程式や補間に対する直観的な取り組み方がそのような結果をもたらしたようだということが示唆されてきた．インド数学はギリシャ幾何学の厳格な合理主義との対比において，しばしば「直観的」であるといわれている．インド三角法にはギリシャの影響が認められるが，インド人は簡単な求積法を心得ていたから，それに関係するギリシャの幾何学を借用する必要はなかったようである．古典的幾何学問題や円以外の曲線の研究に関しては，インドにはほとんどその痕跡がないし，円錐曲線さえ，中国人同様インド人も見過ごしていたようである．その代わりインドの数学者たちは，通常の算術演算に関係することであろうと確定方程式あるいは不定方程式の解法に関係することであろうと，数に関係する研究には熱中した．インドでは加法や乗法は現在行われているのとほとんど同じように実行された．ただし彼らは，消し去ることのできる白い塗料を伴った小さな黒板または砂や粉で覆った板を用いて，初めの頃は小さいほうの数を左側に書き，左から右へと計算を進めることを好んでいたようである．掛け算にはさまざまな名前で呼ばれる方法があり，格子法，「ジェロシーア（gelosia）」，枠組法，鎧戸法，四辺形法などと呼ばれていた．その方法の背後にある原理は，次の二つの実例から容易に理解できる．最初の例（図 10.2）では，456 に 34 を掛けている．その際，被乗数を格子の上に書き，乗数を左側に書いて，部分積を四角い枠のなかに書いた．対角行の数字を足すと，格子の下と右に積 15,504 が読み取れる．別の配置も可能であることを示すために，もう一つの例を図 10.3 に示す．ここでは，被乗数 537 を枠の上に置き，乗数 24 を右側に置くと，積 12,888 が左と下に出る．さらにこれ以外の変形例も容易に工夫できる．もちろ

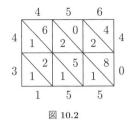
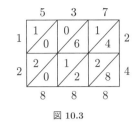

図 10.2　　　　　　図 10.3

ん，基本原理においては「ジェロシーア」は現在の掛け算とまったく同じで，枠の配置は部分積によって生じる10を桁から桁へと「桁送り」する際の精神集中を軽減するための便利な工夫にすぎない．その結果，格子法で必要とされる「桁上り」の計算は，対角行に沿って行われる最後の足し算におけるのみとなる．

10.9　長　除　法

　「ジェロシーア」掛け算がいつどこで始まったかはわかっていないが，インドが最も有力な発祥の地であると思われる．その掛け算は少なくとも12世紀にはインドで使われており，インドから中国やアラビアに渡ったようである．そしてアラビアから14, 5世紀にイタリアに伝わり，その形がヴェネツィアなど各地の家の窓にかけられたブラインドに似ていたことから，「ジェロシーア」という名前がつけられた．（「ジャルージ（jalousie）」という現在使われている言葉はイタリア語の「ジェロシーア」に由来し，ヴェネツィア式ブラインドとしてフランス，ドイツ，オランダ，ロシアで使われている）．アラビア人（およびその影響を受けたのちのヨーロッパ）は，ほとんどの算術的手法をインドから学んだようである．したがって「抹消法」または「ガレー法」（ガレー船に似ていることに由来する）と呼ばれる長除法の様式もまたインドに起源があると思われる（次ページ図参照）．その方法を説明するために，44,977を382で割ってみよう．図10.4に現在の方法を示し，図10.5にガレー法を示す．ガレー法は現在の方法と非常によく似ているが，被除数を中央に置く点が違う．というのは，数字を抹消しつつ，差を被減数の「下」ではなく「上」に置いて引き算を進めていくからである．したがって，剰余283は下ではなく右上に現れる．

　図10.5に示した計算過程は，途中の減数たとえば2,674，あるいは途中の差たとえば2,957のそれぞれの数字が必ずしも同一の行にないということと，減数は中央より下方に，また差は中央より上方に書かれていることがわかれば，

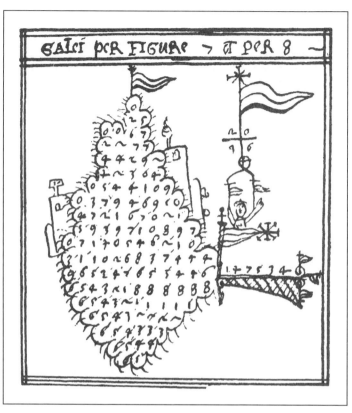

16 世紀のガレー式割り算．ヴェネツィアのある修道士の未公刊の手稿より．その手稿の標題は『聖ラウレトゥス修道院のヴェネツィア人修道僧 D. ホノラトゥスの算術書』である．コロンビア大学図書館プリンプトン・コレクション所蔵．

```
       117
382)44977
    382
     677
     382
    2957
    2674
     283
```

図 10.4

$$
\begin{array}{r|ccccc|l}
 & & & 2 & & & \\
 & & \not{2} & \not{3} & & & \\
 & & \not{3} & \not{0} & 8 & & \\
 & \not{1} & \not{6} & \not{7} & \not{5} & 3 & \\
382 & \not{4} & \not{4} & \not{9} & \not{7} & \not{7} & 117 \\
 & \not{3} & \not{8} & \not{2} & \not{2} & \not{4} & \\
 & & \not{3} & \not{8} & \not{7} & & \\
 & & \not{2} & \not{6} & & &
\end{array}
$$

図 10.5

容易にたどることができる．各数字が何列目にあるかは意味を持つが，何行目にあるかは意味を持たない．数の累乗根を求めることも，後の「パスカルの三角形」で表された2項定理との関連で考えると，おそらく上に述べた「ガレー法」にどこか似たやり方によったのであろう．しかしインドの著者たちは彼らが行った命題についての計算法や証明を残さなかった．ただバビロニアと中国の影響が根の開法に役立った可能性はある．「9による検算」つまり「九去法」もインド人の発明であるとよくいわれているが，ギリシャ人は，これを大々的に使いはしなかったものの，その性質をそれ以前に知っていたようである．そして，この方法を一般に使うようになったのはアラブ人で，11世紀になってからだったと思われる．

10.10　ブラフマグプタ

前述の2, 3節を読んだ読者は，正当な根拠がないながらも，インド数学に統一性があったという印象を受けたかもしれない．というのは，しばしば時代を明記することなしに，単に「インド起源」として発展の地域を特定してきたからである．問題はインドの年代決定がきわめて不確実であるという点にある．作者不明の算術書を含む重要なバクシャーリー写本の内容は，人によって3ないし4世紀，6世紀，あるいは8ないし9世紀以後のものと推定年代が異なり，バクシャーリー写本はインド起源ではないかもしれないという示唆さえある[*2)]．アールヤバタの著作を500年頃のものとしてきたが，アールヤバタという名前の数学者が2人いて，『アールヤバティーヤ』を我々が考えている年長のアールヤバタのものと確信を持っていうことはできない．インド数学には，ギリシャ数学に比べて歴史に関する問題点が多い．というのは，インドの著者が先人を参照することはまれであり，数学への取り組みにおいて驚くべき独立性を発揮したからである．したがって，アールヤバタより1世紀以上あとに中央インドに住んでいたブラフマグプタ（活動期は628年）は，東部インドに住んでいた先人アールヤバタとほとんど共通点がない．ブラフマグプタはπについて二つの値——「概算値」として3,「適切な値」として$\sqrt{10}$——を挙げているが，それらはもっと正確なアールヤバタの値とは異なる．ブラフマグプタの最もよく知られている著書『ブラフマスプタ・シッダーンタ（*Brāhmasphuṭa*

訳注

[*2)]　オックスフォード大学ボードリアン図書館は，バクシャーリー写本の年代を炭素年代測定によって3世紀から4世紀のものであると2017年に発表した．

Siddhānta)』の三角法において，彼は半径としてアールヤバタの 3,438 ではなく 3,270 を採用した．しかし一点においては先人に似ている．それは，正しい答と間違った答を併記したことである．彼は二等辺三角形の「おおざっぱな」面積を，底辺の半分に等辺の一方を掛けることによって得ている．また，底辺が 14 でほかの辺がそれぞれ 13 と 15 の不等辺三角形については，「おおざっぱな」面積を底辺の半分にほかの 2 辺の算術平均を掛けることによって求めた．「正確な」面積を求めるためには，ブラフマグプタはアルキメデス–ヘロンの公式を用いた．三角形に外接する円の半径としては，三角法によって得られる正しい答 $2R = \frac{a}{\sin A} = \frac{b}{\sin B} = \frac{c}{\sin C}$ に相当するものを得ているが，もちろんそれは弦についてプトレマイオスが得ていた結果の焼き直しにすぎない．ブラフマグプタの仕事のなかで最も素晴らしい業績は，おそらく四辺形の面積を求めるために「ヘロンの公式」を一般化したことであろう．その公式

$$K = \sqrt{(s-a)(s-b)(s-c)(s-d)}$$

——ここで a, b, c, d はそれぞれ辺の長さであり，s は周の長さの半分である——は，今でも彼の名前をとどめている．しかしながら，彼の名誉は，その公式が「円に内接する」四辺形の場合にのみ正しいという注釈をつけなかったために低減する．任意の四辺形に対する正しい公式は，

$$K = \sqrt{(s-a)(s-b)(s-c)(s-d) - abcd\cos^2\alpha}$$

（ただし α は相対する 2 角の和の半分）である．四辺形の「おおざっぱな」面積を求める公式として，ブラフマグプタは相対する辺の算術平均との積というギリシャ時代以前の公式を示した．たとえば辺が $a = 25$, $b = 25$, $c = 25$, $d = 39$ である四辺形の場合，「おおざっぱな」面積として 800 を与えていた．

10.10.1 ブラフマグプタの公式

ブラフマグプタの代数への貢献は，上の求積法に関する公式よりも重要である．というのは，2 次方程式において一方の根が負の場合も含めて 2 根を求めるという一般的解法を示したからである．

事実，負数とゼロについての体系化された算術は，彼の著作の最初に見られる．負の量についての公式に相当するものは，たとえば $(a-b)(c-d) = ac+bd-ad-bc$ のようなギリシャ幾何学の減法定理を通じて知られていたが，インド人はそれを正の数と負の数に関する数値公式に変換したのである．さらに，ギリシャ人

は無の概念を理解していながら決してそれを数として解釈しなかったのに対して，インド人は無を数として解釈した．しかしながら，ブラフマグプタはここでもまた，$0 \div 0 = 0$ であると主張することによって功績をいくぶん損なったが，$a \neq 0$ のときの $a \div 0$ という厄介な問題については言質を残さなかった．

> 正数割る正数あるいは負数割る負数は正数である．ゼロ割るゼロはゼロである．正数割る負数は負数である．負数割る正数は負数である．正数または負数割るゼロは分母にゼロを持つ分数である．（Colebrook 1817, Vol.I）

また，ギリシャ人とは異なり，インド人は無理根も数とみなしていたことを記しておかなければならない．このことは代数において途方もなく大きな役割を果たしたし，またインドの数学者たちはその一歩を踏み出したことによっておおいに称賛されてきた．インドの数学者たちが正確な答と不正確な答をうまく区別できなかったことはすでに見てきた通りであり，また，彼らが共測量と非共測量の違いを深刻に受け止めていなかったであろうこともきわめて当然なことであった．彼らにとって無理数の受け入れについての障害は何もなかったし，また後世のインドの人々も，19 世紀になって数学者たちが確固たる基礎に基づいて実数の体系を確立するまで，批判することなく先人の例に従ってきたのである．

これまでに述べてきたように，インド数学は玉石混淆であった．しかし，良いほうの数学の一部は超一流であり，なかでもブラフマグプタは絶賛に値する．インド人の代数学は不定解析の研究においてとくに注目に値するが，それに対してブラフマグプタはいくつかの貢献をしている．一例を挙げると，彼の研究のなかに $m, \frac{1}{2}(\frac{m^2}{n} - n), \frac{1}{2}(\frac{m^2}{n} + n)$ の式で表されたピュタゴラスの三つ組数をつくるための公式が見られる．しかしそれは古バビロニアの公式の変形にすぎないが，ブラフマグプタはその公式によって有名になったようである．先に述べたブラフマグプタの四辺形の面積公式は，各辺，対角線および面積がすべて有理数であるような四辺形を見つけ出すために，対角線の公式

$$\sqrt{\frac{(ab+cd)(ac+bd)}{ad+bc}}, \quad \sqrt{\frac{(ac+bd)(ad+bc)}{ab+cd}}$$

とともに用いられた．彼が求めた四辺形の一つに，辺が $a = 52$, $b = 25$, $c = 39$, $d = 60$ で対角線が 63 と 56 の四辺形があった．その場合，彼の公式で正確な面

積 1,764 が得られるにもかかわらず，彼は「おおざっぱな」面積 $1,933\frac{3}{4}$ を与えている．

 ## 10.11　不定方程式

　同胞の多くがそうであったように，ブラフマグプタも明らかに数学それ自体に愛着を持っていた．というのは，実用面ばかりを考える技術者であれば，ブラフマグプタが四辺形について抱いたような疑問は持たないからである．整数 a, b, c による 1 次のディオファントス方程式 $ax + by = c$ の「一般」解を与えた最初の人物がブラフマグプタらしいということを知れば，彼の数学に対する姿勢にますます敬服する．上の方程式が整数解を持つためには，a と b の最大公約数が c の約数でなければならないが，ブラフマグプタは，もし a と b が互いに素であれば，上の方程式のすべての解は，［一つの解を $x = p, y = q$ とするときに］m を任意の整数とした式 $x = p + mb, y = q - ma$ によって与えられることを知っていた．また彼は 2 次のディオファントス方程式 $x^2 = 1 + py^2$ も示唆していた．その方程式には間違ってジョン・ペル（1611–1685）の名前がつけられているが，最初に登場したのはアルキメデスの牛の問題のなかのことであった．そのペル方程式のいくつかの場合については，ブラフマグプタの同胞のバースカラ（1114–1185 頃）が解いている．ブラフマグプタが 1 次のディオファントス方程式の「すべての」整数解を与えたことは彼の名声を大いに高めたが，一方，ディオファントス自身は不定方程式の特殊解を一つ与えることで満足していた．ブラフマグプタがディオファントスと同じ例題をいくつか用いていることから，ここで再びインドに対してギリシャの影響があったらしいこと——あるいは両者が，おそらくバビロニアという共通の起源を持った可能性——が見られる．また，ディオファントスの場合と同様にブラフマグプタの代数でも略号化が行われていたことも興味深いことである．足し算は並置により，引き算は減数の上に点を書くことにより，また割り算は現在の横棒のない分数表示のように被除数の下に除数を書くことにより表示された．掛け算と開法（求根）の計算は，未知量の場合と同様に，適当な言葉の略語を用いて表示された．

10.12 バースカラ

インドは中世後期に数多くの数学者を輩出したが，ここではそのなかからただひとり——12世紀の代表的数学者バースカラの仕事について述べることにする．彼こそ，たとえばペル方程式の一般解を与え，ゼロによる除法の問題を考察することによって，ブラフマグプタの仕事の間隙の一部を埋めた人物であった．その昔，アリストテレスは4のような数とゼロの比は存在しないと述べたが，ギリシャ数学にはゼロを含む算術はなかったし，またブラフマグプタはゼロによるゼロ以外の数の割り算については言明を避けていた．したがって，バースカラの『ビージャガニタ（$B\bar{\imath}jaga\d{n}ita$）』において初めて，ゼロで割った商が無限になるという命題が見られるのである[*3]．

> 命題：被除数3，除数0，商は分数 $\frac{3}{0}$. 分母がゼロのこの分数は無限量と呼ばれる．除数としてゼロを持つ分数からなる無限量においては，たとえ多数が足されたり引かれたりしても，不変である．それはちょうど，無限で不変な神のもとでは，何事も不変であるのと同じである．

上の命題は見込みがありそうに見えるが，バースカラはそのあとで $\frac{a}{0}\cdot 0 = a$ と主張していることから，彼はゼロによる除法問題を明確には理解していなかったことがうかがわれる．

バースカラはインドが生んだ最後の重要な中世数学者のひとりであり，彼の業績はそれ以前のインド人の貢献の頂点に立つものである．彼の最もよく知られた著作『リーラーヴァティー（$L\bar{\imath}l\bar{a}vat\bar{\imath}$）』で，彼はブラフマグプタやその他の学者からとった問題に彼自身が得た新しい知識を加えてまとめた．その著作の標題そのものはインド思想の非等質性を示すためにつけられたようにも思われる．というのは，その題名はバースカラの娘の名前であり，伝説によれば，彼女は父親が占星術の予言を盲信したために婚期を逸したといわれているからである．バースカラは娘がある日のある特定の時刻にのみ幸運な結婚ができると算定した．結婚式の当日，結婚を熱望していた娘は，その時刻が近づいてきたので水時計の上に身をかがめていた．そのとき，まったく気づかないうちに，彼女の髪飾りから1粒の真珠が落ち，水の流れを止めてしまった．そして，そ

訳注

[*3] ビージャガニタは種子数学と訳される．和訳は，林隆夫『インド代数学研究』，恒星社厚生閣，2016.

の不運なできごとに気づいたときには，幸運な時刻はすでに過ぎ去っていた．父親は不幸な娘を慰めるために彼女の名前をこの著作につけたという．

10.12.1 『リーラーヴァティー』

『ビージャガニタ』と同様に『リーラーヴァティー』にも，インド人が好きな分野の問題が数多く盛られている．たとえば1次および2次の確定方程式および不定方程式，簡単な求積法，等差および等比数列，無理数，ピュタゴラスの三つ組数などである．中国でよく知られた（ブラフマグプタも取り上げた）「折れ竹」の問題は，次に示す形で表されている．もし32ハスタ（腕尺）の高さの竹が風で折れ，その先端が根元から16ハスタ離れた地面に達しているとき，その竹が折れたところは地面からどれだけの高さか？ また，ピュタゴラスの定理を使う問題には次のものがある．孔雀が柱の先端にとまっており，その柱の根元には蛇穴がある．孔雀が柱の高さの3倍離れたところにいる蛇を見ていて，蛇がその穴に逃げ込む前に一直線に襲いかかった．孔雀と蛇が同じ距離を動いたとすれば，両者は穴から何キュービットのところで出会うことになるか？

上の2題は『リーラーヴァティー』が異質の問題の寄せ集めであることをよく物語っている．というのは，それらの問題が見かけ上よく似ていて，しかもただ一つの答が要求されているにもかかわらず，一方は確定問題であり，他方は不定問題だからである．円と球の扱いにおいても，『リーラーヴァティー』は正確な記述と近似的な記述の区別をしていない．円の面積は円周掛ける直径の $\frac{1}{4}$ として，また球の体積は表面積掛ける直径の $\frac{1}{6}$ として正確に与えられているが，円周の直径に対する比に関しては，バースカラは3,927対1,250または「おおさっぱな」値 $\frac{22}{7}$ のどちらか一方を使うよう勧めている．前者はアールヤバタが述べたものの実際には使わなかった比である．バースカラにしてもほかのインドの著者にしても，彼らが提言した比の値がすべて単なる近似値にすぎなかったことに気づいていたふしはない．しかしバースカラは四辺形がその辺によって一意に決まらないことを知っていたから，先人たちが一般的な四辺形の面積や対角線を求めるためにブラフマグプタの公式を用いたことを厳しく批難した．だが，明らかにバースカラもその公式が実は，円に内接するすべての四辺形について正しいことに気づいていなかったのである．

『リーラーヴァティー』と『ビージャガニタ』に載っているバースカラの問題の多くは，明らかにそれ以前のインド固有の問題に由来していた．したがって，バースカラが不定解析を扱うのが最も得意であったのも不思議なことではない．

以前にブラフマグプタが提示したペル方程式 $x^2 = 1 + py^2$ について，バースカラは $p = 8, 11, 32, 61, 67$ の 5 個の場合に特殊解を与えている．たとえば $x^2 = 1 + 61y^2$ では，$x = 1{,}776{,}319{,}049$ と $y = 22{,}615{,}390$ という解を与えた．これは，こと計算においてはみごとな離れ業であるが，その証明については読者の努力にゆだねることにしよう．バースカラの著作には，ディオファントス問題のほかの例がたくさん載っている．

10.13　マーダヴァとケーララ学派

14 世紀末にインドの南西海岸沿いに数学者の一団が出現し，ケーララ地方にいたことから「ケーララ学派」と呼ばれるようになった．その学派はマーダヴァの指導のもとに結成されたものと思われるが，マーダヴァの最もよく知られている業績は，通常はニュートンの名がつけられている正弦および余弦のベキ級数と，ライプニッツによるとされている $\frac{\pi}{4}$ の級数の展開である．マーダヴァのその他の業績に，小数第 11 位まで正確な π の計算，多角形を用いた円周の計算，通常はジェイムズ・グレゴリによるものとされている逆正接級数の展開や，その他さまざまな級数展開と天文学への応用などがある．

マーダヴァ本人の文書はほとんど残っておらず，業績のほとんどが弟子や，後世のケーララ学派の人々による記述や引用の形で現在に伝えられている．

ケーララ学派は級数展開と幾何学，算術および三角法の手法に加えて，天文観測における驚異的な偉業によって，伝播と影響についてのかなりの憶測を呼んできた．しかし，これまでのところ，この学派に関する主たる憶測を裏づける十分な資料はない．とはいえ，この学派やそれ以前の文書が最近翻訳されており，そこから多くのことが学べる．（西欧の 17 世紀の偉大な数学者についても，残っているのは成果のほんの数例である．古代および中世のサンスクリット語の文書に見られる数学の特質をより詳細に知ることができる翻訳の例が Plofker 2009 に載っている．）

11 イスラームの覇権
The Islamic Hegemony

> ああ，だが人々は私の計算が歳月を人の寿命に合わせてきたという．
> そうだろうか？ もしそうならば，まだ生まれない明日と
> 消え去った昨日を暦から消し去ることによったのだ．
> ──オマル・ハイヤーム（フィッツジェラルド訳『ルバイヤート』より）

11.1 アラビア人*1) による征服

中世において数学に影響して最も大きく変革をもたらしたできごとの一つは
イスラーム世界の驚異的な広がりであった．預言者ムハンマドがメディナに移っ
た聖遷（ヘジラ）の年，すなわち西暦 622 年から 1 世紀以内に，イスラーム世
界がアラビアからペルシャへ，さらに北アフリカからスペインへと拡大した．

ブラフマグプタが著作活動をしていた頃，アラビア南部のシバ帝国が崩壊し，
アラビア半島は深刻な危機に陥っていた．半島にはおもにベドウィン族という
読み書きができない砂漠の遊牧民が住んでいた．その遊牧民のなかに，570 年
頃にメッカに生まれた預言者ムハンマドがいた．彼は遊牧をしている間にユダ
ヤ教徒やキリスト教徒と接触したが，その接触を通じて心のなかに湧き上がっ
た宗教的感情の混交によって，やがてムハンマド自身が民族の指導者として送
られた神の使徒と思われるようになった．彼は約 10 年間，メッカで伝道して
いたが，622 年に命をねらう陰謀が降りかかったため，メディナへの移住の申
し出を受け入れた．ヘジラといわれるこの「脱出」はイスラーム時代——数学
の発展に強烈な影響を及ぼした時代——の幕開けとなった．ムハンマドはこの
とき，宗教的指導者であると同時に軍事指導者にもなっていた．10 年後，彼は
メッカを中心地とするイスラーム教国家を打ち立てていたが，その国のなかで
は，同じ一神教であるユダヤ教徒やキリスト教徒も保護と礼拝の自由を与えら
れていた．632 年，ビザンツ帝国（東ローマ帝国）討伐を計画中にムハンマド
はメディナで没した．しかし彼の突然の死は決してイスラーム教国家の拡大を
妨げることにはならなかった．というのは，彼の信奉者たちが隣接する地域を
驚くべき速さで征服したからである．ダマスクスやエルサレムやメソポタミア
の河川流域の多くが数年以内に征服者の手に落ちた．641 年までには長期にわ

訳注 ————

*1) 原文では「アラブ人」が頻繁に用いられるが，ここで指しているのは民族ではなくアラビア世界
の人々のことなので，それを示すものとして以下では「アラビア人」と置き換えておく．

たって世界の数学の中心地であったアレクサンドリアが攻め落とされた．こうした征服ではよくあることだが，図書館の書籍は焼き払われた．そのとき与えられた損害がどの程度のものであったかは不明であるが，それ以前の軍事的および宗教的狂信者による破壊や長期にわたる完全な放置によって，かつては世界最大であったその図書館には，燃やそうにももはや書物があまり残っていなかったと考えられている．

　1世紀以上もの間，アラブの征服者たちは身内どうしで争ったり，敵と戦ったりしていたが，750年頃までには好戦的な心が弱まった．このときには，イスラーム国家は二つに分裂していた．一方はモロッコの西アラビアであり，もう一方は最高指導者（カリフ）マンスールの支配のもとにバグダードに首都を築いた東アラビアである．バグダードの町はまもなく数学の新しい中心地となった．しかしバグダードのカリフは，その名前が帝国の貨幣に刻まれ，「臣民」の祈祷文句のなかに入れられてはいたものの，帝国の東半分に住むイスラーム教徒すべての忠誠を得ることすらできなかった．言い換えれば，アラビア世界は政治的というよりは経済的かつ宗教的な統一体だったのである．アラビア語は知識人のための一種の混成国際語であったが，必ずしも共通語ではなかった．したがって，文化を語るときにはアラビアではなくイスラームというほうが適当であろうが，両者をあまり区別しないで使うことにする．

　アラビア人の征服のあとの初めの1世紀間は政治的にも知的にも混乱の時期であった．したがって，現代的記数法の起源がどこにあったかをつきとめるのは困難であろう．アラビア人は当初は知的関心を持っていなかったと思われ，言語を除けば被征服者に押しつけるべき文化をほとんど持っていなかった．この点については，ローマがギリシャを征服したとき，捕虜であるギリシャ人が征服者であるローマ人を文化的な意味で捕虜にしたといわれる状況の再現であった．750年頃までには，アラビア人は歴史を繰り返させる用意ができていた．というのは，征服者たちは侵略した文明が持っていた学問を熱心に吸収し始めたからである．770年代までには，アラビア人の間で『シッダーンタ』と呼ばれる天文学と数学に関する書物がインドからバグダードにもたらされていたことがわかっている．数年後，おそらく775年頃にこの『シッダーンタ』はアラビア語に翻訳され，またそれほど年月を経ないうちに（780年頃）プトレマイオスの占星術に関する書物『テトラビブロス』がギリシャ語からアラビア語に翻訳された．錬金術と占星術は，征服者たちが知的関心に目覚めたときに最初に興味を引かれた学問分野の一部であった．「アラビアの奇跡」は，政治的帝国

が速やかに出現したことよりもむしろ，アラビア人が知的に目覚めると，速やかに隣接する国々の学問を吸収したことによって実現されたのである．

11.2　知恵の館

　ムスリム帝国の最初の1世紀には科学的成果はなかった．実際，この時期（およそ650年から750年まで）には，数学の進歩は最悪の状態だったようである．というのは，アラビア人にはまだ知的意欲がなく，またほかの国々の学問についての関心も極端に低かったからである．8世紀の後半にイスラーム世界が突然文化的に目覚めなかったとしたら，もっと多くの古代の科学や数学の成果が失われていたろう．当時のバグダードにはユダヤ人やネストリウス派キリスト教徒を含む学者がシリア，イラン，メソポタミアなどから招かれた．そして，アッバース朝の3人の偉大な学問の庇護者——マンスール，ハールーン・ラシード，マアムーン——のもとで，バグダードは第2のアレクサンドリアとなった．今日『千夜一夜物語』で馴染みの深い第2代カリフ（ハールーン・ラシード）の統治時代に，エウクレイデスの仕事の一部が翻訳された．しかし，アラビア人が全面的に翻訳に情熱を傾けたのは，7代目カリフのマアムーン（809–833）の時代であった．マアムーンは，夢にアリストテレスが現れたことによって，プトレマイオス『アルマゲスト』やエウクレイデス『原論』全巻を含む，入手可能なあらゆるギリシャの書物をアラビア語に翻訳させることを決心したといわれている．ギリシャの写本は，アラビア人が不安定ながら和平を保っていた東ローマ帝国から交渉ののちに入手した．

　マアムーンは古代アレクサンドリアの図書館に匹敵する「知恵の館（*Bait al-ḥikma*）」をバグダードに設立した．当初から主として重点がおかれたのは，最初はペルシャ語から，のちにはサンスクリット語とギリシャ語からアラビア語への翻訳であった．知恵の館には徐々に，多くはビザンツから集められた古代の写本が収蔵された．そして最後に観測所が知恵の館の資産に加えられた．そこに所属していた数学者と天文学者のなかにムハムマド・イブン・ムーサー・フワーリズミーがいたが，その名前はエウクレイデスと同様に，のちに西欧においてよく知られるようになった．9世紀に翻訳で活躍したほかの人物にはバヌー・ムーサー，キンディー，サービト・イブン・クッラがいた．モンゴルがバグダードを侵略した13世紀には，知恵の館の図書館が破壊されたが，このときは書物が燃やされず川に投げ込まれたという．たちまちインクが水で流され

てしまったため，燃やされたのと同じことであった．

 ## 11.3　フワーリズミー

　ムハンマド・イブン・ムーサー・フワーリズミー（780 頃–850 頃）は 6 点以上の天文学および数学に関する書物を書いた．そのなかでいちばん古い書物は，インドに由来する『シッダーンタ』に基づいて書かれたようである．天文表とアストロラーベおよび日時計に関する論文に加えて，フワーリズミーは数学史においてきわめて重要な役割を果たした算術と代数に関する 2 点の書物を書いた．そのうちの 1 点は『インド人たちの数について（De numero indorum）』という標題のラテン語訳の写本の形で唯一残っているが，アラビア語の原本はなくなっている．ブラフマグプタの著作のアラビア語訳本に基づいていると思われるその書物のなかで，フワーリズミーがインド数字について完璧な説明を与えていることから，現代的記数法がアラビア起源であるという，広く知れわたっている誤った印象を生み出した張本人であると思われる．フワーリズミーはその記数法の起源については明言しなかったが，それがインド起源であることを当然のことと考えていた．しかしその後彼の著作のラテン語訳がヨーロッパに現れたとき，そそっかしい読者がその書物ばかりでなく，記数法までもその著者によるものと考えるようになったのである．そしてその新しい記数法は，フワーリズミー，あるいはさらに不注意にアルゴリスミの（algorismi）記数法と呼ばれるようになった．最後には，インド数字を用いる記数法が単に「アルゴリズム」と呼ばれるようになる[*2)]．もともと［定冠詞アルをつけたアル＝］フワーリズミーの名前に由来したアルゴリズムという言葉は，今ではもっと一般的に，ある手順あるいは演算についての独特の解き方——たとえば最大公約数を求めるためのエウクレイデスの互除法——を意味している．

11.3.1　ジャブル

　フワーリズミーの名前は彼の算術によって，ありふれた英単語になった．また彼の最も重要な著作の標題『ジャブルとムカーバラの書（Ḥisāb al-jabr wa'l muqābala）』から，彼はさらによく知られた日常語を提供した．「代数（algebra）」という言葉はこの標題の al-jabr に由来したのである．というのは，のちにヨー

訳注

[*2)]　–rism がギリシャ語で数を意味する $\alpha\rho\iota\theta\mu\acute{o}\varsigma$ に由来する arithmetic などとの混同により –rithm となった．

ロッパがこの名前を持つ数学の分野をその書物から学んだからである．フワーリズミーもほかのアラビアの学者たちも省略記号や負数を使わなかった[*3]．にもかかわらず，『ジャブルとムカーバラの書』（以下では単に『代数学』と呼ぶことにする）はディオファントスとブラフマグプタのどちらの著作よりも現在の初等代数学に近い．というのは，その書物は不定解析の難問を扱ってはいないが，方程式とりわけ2次方程式の解法について簡単かつ初歩的な解説をしているからである．アラビア人は一般に前提から結論に至る明快な論法と整然とした組織を好んだ．その点に関しては，ディオファントスもインド人もかなわなかった．インド人は連想と類推，直観と審美的で想像力に富む才能で秀でていたのに対して，アラビア人の数学に対する姿勢はより実際的かつ現実的であった．

　『代数学』はラテン語とアラビア語の2種の版で現在に伝えられてきたが，ラテン語訳の『アルゲブラとアルムカバラの書（*Liber algebrae et almucabalae*）』には，アラビア語の草稿のかなりの部分が抜けている．たとえば，ラテン語訳本には序文がない．その理由はおそらく，アラビア語で書かれた著者の序文が預言者ムハンマドと「信徒たちの指導者」マアムーンに対する度を超した賛辞だったからであろう．フワーリズミーはマアムーンが次のように彼を励ましたと書いている．

> 完成と縮約（の法則）を用いた計算法についての短い本を書きなさい．その本で扱うことがらは，算術において最も簡単かつ有用なことがら，たとえば相続，遺産，分配，訴訟，商取引や，何によらず相手との交渉において常に必要なことがら，あるいは土地の測量，運河の掘削，幾何学的計算その他さまざまなことがらに関するものに限るように．
> （Karpinski 1915, p.96）

　「ジャブル」と「ムカーバラ（muqābala）」という言葉が正確に何を意味しているかは確かではないが，ふつう，上の訳に示されたような意味に類した解釈がなされている．「ジャブル」という言葉は「復元」あるいは「完成」というような意味であると考えられ，方程式の項を取り去ってほかの辺に移項することを指すようである．「ムカーバラ」という言葉は「縮約」あるいは「対置」を指すとい

訳注 —————————

[*3]　マグレブ（北西アフリカ）では一部省略記号が用いられた．

われている．つまり，方程式の両辺にある同類項を消去することである．スペインにおけるアラビアの影響は，フワーリズミーの時代から相当あとの『ドン・キホーテ』のなかにも見られる．そのなかで「アルヘブリスタ（algebrista）」という言葉が接骨医つまり「もとにもどす人」の意で用いられている．

11.3.2　2次方程式

フワーリズミーの『代数学』のラテン語訳は，数の位取りの原理についての短い序論で始まり，次の短い6章に，根，平方および数（つまり x, x^2 および定数）という3種類の数量からなる6種の方程式の解法が続いている．三つの短い段落からなる第1章は，平方が根と等しい場合，つまり現代の表記では $x^2 = 5x$, $\frac{1}{3}x^2 = 4x$ および $5x^2 = 10x$ として表現される場合を扱っており，それらの答としてそれぞれ $x = 5$, $x = 12$ および $x = 2$ を与えている（根 $x = 0$ のほうは認められていなかった）．第2章は平方が数に等しい場合を扱い，第3章は根が数に等しい場合を解いているが，ここでも変数項の係数が1と比べて等しいか大きいか小さいかの3種類の場合を網羅するために，各章で3例を説明している．第4, 5および6章はさらに興味深い．というのは，それらの章は3項からなる2次方程式の3種の標準的例題を順番に扱っているからである．つまり，（1）平方と根が数に等しい場合，（2）平方と数が根に等しい場合，（3）根と数が平方に等しい場合，である．その解法は，特定の例題に応用された「平方の完成」について，「レシピ」方式で書いてある．たとえば第4章には，$x^2 + 10x = 39$, $2x^2 + 10x = 48$ および $\frac{1}{2}x^2 + 5x = 28$ の3方程式についての説明がある．それぞれの場合について，正の答だけが与えられている．第5章では，たった1題の例——$x^2 + 21 = 10x$——だけが扱われているが，公式 $x = 5 \mp \sqrt{25 - 21}$ に対応する根3と7が両方とも与えられている．ここでフワーリズミーは，我々が判別式といっている式が正でなければならないという事実に注意を喚起している．

> また，上の形の方程式においては，根の半分をとり，それを平方したとき，たとえ得られた値が［方程式の左辺の］平方に続く数より小さくなったとしても，方程式自体は存在することも理解しなければならない．

第6章でも，たった1題の例——$3x + 4 = x^2$——しか扱われていない．と

いうのは，x^2 の係数が 1 でないときにはいつでも（第 4 章に示したように），最初に式をその係数で割ればよいことを著者が思い出させているからである．そこでは再び平方の完成の手順が説明なしに詳細に示されているが，その手順は解答 $x = 1\frac{1}{2} + \sqrt{(1\frac{1}{2})^2 + 4}$ を得ることに相当している．しかしここでも根は 1 個しか与えられていない．というのは，もう一方の根が負になるからである．

上に述べた 6 種類の型の方程式は，正の根を持つ 1 次および 2 次方程式のすべての場合を尽くしている．しかし法則の随意性および第 1 章から第 6 章までの厳密な数値的構成は，古代バビロニアと中世インドの数学を思い起こさせる．ただインド人が得意とした不定解析を除外していることやブラフマグプタに見られるような省略記号をいっさい使わないことは，インド起源というよりはむしろメソポタミア起源の可能性を示唆しているのかもしれない．しかし第 6 章の先を読むと，まったく新しい光がこの疑問に当てられる．フワーリズミーは次のように続けている．

> 6 種類の型の方程式について，数に関するかぎりは十分述べてきた．しかしながらここで，数で説明したのと同じ問題が幾何学的にも真であることを証明する必要がある．

上の文の印象は，バビロニアやインドよりも明らかにギリシャのものである．そのため，アラビアの代数の起源については 3 通りの主要な学説がある．第 1 はインドの影響を強調し，第 2 はメソポタミア，つまりシリア–ペルシャの伝統を力説し，そして第 3 はギリシャからの感化を指摘する学説である．おそらく，ほんとうのところはそれら 3 学説の組合せであろう．イスラームの哲学者たちはアリストテレスを称賛し真似するほどであったが，折衷を好むアラビアの数学者たちはいろいろなところから適当な要素を選択したようである．

11.3.3 幾何学的基礎

フワーリズミー『代数学』には間違えようのないギリシャ的要素が見られるが，最初の幾何学的証明には古典的なギリシャ数学との共通点はほとんど見られない．方程式 $x^2 + 10x = 39$ に対して，フワーリズミーは x^2 を表すために正方形 ab を書き，その正方形の 4 辺にそれぞれ $2\frac{1}{2}$ の幅を持つ長方形 c, d, e, f を加えた．そこで大きい正方形を完成しようとすれば，（図 11.1 に点線で示したように）4 隅にそれぞれ面積が $6\frac{1}{4}$ の小さな正方形をつけ加えなければならな

11

イスラームの覇権

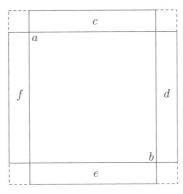

図 11.1

い．つまり，大きい「正方形を完成」するために $6\frac{1}{4}$ の 4 倍つまり 25 を加え，結果として大きい正方形の総面積 $39 + 25 = 64$ を得る（このことは与えられた方程式の右辺から明らかである）．したがって，大きいほうの正方形の 1 辺は 8 となり，それから $2\frac{1}{2}$ の 2 倍つまり 5 を引くことによって $x = 3$ を得る．こうして，第 4 章で出た答が正しいことが証明されている．

第 5 章と第 6 章の幾何学的証明はいくぶん複雑である．方程式 $x^2 + 21 = 10x$ について，著者は x^2 を表すために正方形 ab を，また 21 を表すために長方形 bg を書いている．すると，正方形と長方形 bg からなる大きな長方形は面積が $10x$ でなければならないから，辺 ag あるいは辺 hd は 10 でなければならない．ここで hd を e で 2 等分し，hd に垂直な et を書き，$tc = tg$ になるように te を c まで延ばすことによって正方形 $tclg$ と $cmne$ を完成すれば，長方形 tb の面積は長方形 md の面積に等しくなる（図 11.2）．しかし正方形 tl の面積は 25 であり，また，グノーモーン $tenmlg$ の面積は 21 である（なぜなら，そのグノーモーンの面積は長方形 bg の面積に等しいからである）．したがって正方形

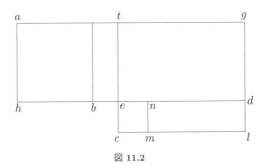

図 11.2

nc の面積は 4 であり，その辺 ec の長さは 2 となる．さらに $ec = be$ でしかも $he = 5$ であるから，$x = hb = 5 - 2$，つまり $x = 3$ となる．そしてこのことが第 5 章で与えられた算術的解答が正しいことの証明となっている．もう一つの根 $x = 5 + 2 = 7$ については図形を修正して用いているし，また第 6 章ではこれに類した型の図形を用いることによって，代数的に求められた答を幾何学的に証明している．

11.3.4 代数の問題

フワーリズミー『代数学』からとられた図 11.2 とエウクレイデス『原論』に見られるギリシャの幾何学的代数の図を比較すると，アラビアの代数学とギリシャの幾何学とには多くの共通点があったという結論に達せざるをえない．とはいえ，フワーリズミー『代数学』の最初の算術的な部分は，ギリシャ的思考と明らかに性質を異にする．バグダードでなされたと思われることは，まさに我々が国際的な知的センターに期待するようなことであった．アラビアの学者たちは，ギリシャの天文学，数学，医学および哲学——可能な限り彼らが習得した学科——に対して称賛を惜しまなかった．しかしながら，ネストリウス派の高僧セーボーフトが 662 年にインド人の 9 個の不思議な数字に最初に注意を喚起したときに述べた「彼ら以外にも物知りがいる」ということに，アラビアの学者たちも注目せざるをえなかった．たぶんフワーリズミーは，ほかのいろいろな場合にもしばしば目にとまるアラビア的折衷主義の典型だったのであろう．彼の記数法がインドからのものであったことはほぼ確実であり，彼の方程式の体系的な代数学的解法はメソポタミアのものの発展型だったようであり，また解答のための彼の論理的な幾何学的構想は明らかにギリシャからのものであった．

フワーリズミー『代数学』は前半をほぼ方程式の解法で占められているが，それ以外の問題にも触れている．たとえば，$(10 + 2)(10 - 1)$ や $(10 + x)(10 - x)$ のような積を含む 2 項式の演算法も含まれている．アラビア人は負の根および負の絶対量を受け入れなかったものの，現在でいう符号つきの数を支配している法則には通じていた．また，著者の 6 種類の型の方程式のいくつかについてはさらに別の幾何学的証明も与えている．最後に，『代数学』は 6 編の章つまり 6 種類の型を例証するために多種多様な問題を扱っている．たとえば第 5 章では，10 を 2 個の数に分けて「それぞれの数にその数自体を掛けて得られた積の和が 58 に等しくなる」ようにする方法を求めている．ラテン語訳ではなく現

存するアラビア語版には，次に示すような相続問題に関する拡張された議論も含まれている．

§3

フワーリズミー

　ある男が 2 人の息子を残して死んだが，資産の 3 分の 1 は他人に譲ることを遺言していた．そして彼は 2 人の息子のうちの 1 人に 10 ディルハム（銀貨）の財産と 10 ディルハムの相続権を残した．

その答は我々が期待するようなものではない．というのは，他人は 5 ディルハムを受け取るだけだからである．アラビアの法律では，1 人の息子が自分の相続分以上の遺産を父親から受けるとき，その息子は彼の受けるすべてを手に入れるが，その一部は遺産相続分と，また残りは父親からの贈り物とみなされるという．アラビアにおいて代数学が奨励されたのは，ある程度この遺産相続を取り決める法律の複雑さに原因があったようである．

11.3.5 ヘロンの問題

　フワーリズミーの問題のうちのいくつかは，アラビアの数学がバビロニア-ヘロンの数学の流れに依拠していることのむしろ明確な証拠となっている．それらの問題の 1 例は，図形と寸法が同じであることから直接ヘロンからとられたと考えられる．それは，辺の長さが 10 ズィラーウで底辺の長さが 12 ズィラーウの二等辺三角形（図 11.3）のなかに正方形が内接するとき，その正方形の 1 辺の長さはいくらかという問題である．『代数学』の著者は最初にピュタゴラスの定理を用いて三角形の高さが 8 ズィラーウであることを見つけている．したがって，三角形の面積は 48 平方ズィラーウとなる．彼は正方形の 1 辺の長さを「モノ」[*4)] と呼び，「モノ」からなる正方形は，大きな三角形の面積から正方

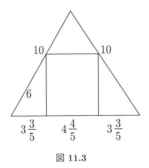

図 11.3

訳注 ──────

*4) アラビア代数学では，1 次の未知数をアラビア語で shay'（シャイ）と呼び，これは物や商品を意味する．

233

形の外側にあってしかも大きな三角形の内部にある 3 個の小さい三角形の面積を引き去ることによって得られることに着目している．すると下方にある 2 個の小さい三角形の面積の和は，「モノ」と 6 引く「モノ」の半分との積であり，上方の小さい三角形の面積は，8 引く「モノ」と「モノ」の半分との積であることがわかる．それらのことから，彼は「モノ」——正方形の 1 辺の長さ——が $4\frac{4}{5}$ ズィラーウであるという明確な結論を導いている．この問題の形式についてのヘロンとフワーリズミーのおもな違いは，ヘロンが答を $4\frac{1}{2}\frac{1}{5}\frac{1}{10}$ のような単位分数で表していることである．しかし，両者の類似性のほうがこの差異よりもはるかに明白であることから，この例を数学史における連続性が例外ではなくむしろ標準であるという一般原則の確証とみなしても差し支えない．したがって不連続性が起こったと思われる歴史的箇所については，その見かけ上の急変は間隙を埋める記録の散逸が原因であったかもしれないと，まずは考えなければならない．

11.4　アブドゥル・ハーミド・イブン・トゥルク

　フワーリズミー『代数学』は，その学問に関して最初に書かれた書物であると一般に考えられているが，トルコで出版された刊行物がそれについていくらかの疑問を提起している．『混合方程式における論理的必然性』という標題のアブドゥル・ハーミド・イブン・トゥルクの著作の写本は，明らかにフワーリズミーの『代数学』とほとんど同じ内容の『ジャブルとムカーバラ（*Al-jabr wa'l muqābala*）』という著作の一部であった．しかもその著作は『代数学』とほぼ同じ時代，もしかしたらもっと早い時期に出版されていた．『混合方程式における論理的必然性』の現存する章にはフワーリズミーの『代数学』とまったく同じ型の幾何学的証明が示されており，まったく同じ例題 $x^2 + 21 = 10x$ が使われている例もある．ある点では，アブドゥル・ハーミドの説明のほうがフワーリズミーより徹底している．というのは，判別式が負なら 2 次方程式は解を持たないことを証明するために，彼は幾何学的図形を与えているからである．両者の著作に見られる類似性と両者に見られる体系的構成は，当時の代数学がこれまでふつうに考えられてきたほど新しい発展の所産ではなかったということを示しているように思われる．伝統的で秩序だった説明がなされている教科書が一斉に現れると，その学科は飛躍的に進歩しがちである．フワーリズミーの後継者たちは，ひとたび問題が方程式に変形されれば，「ジャブルとムカーバラ

の法則に従って演算せよ」と述べて済ますことができた．ともかく，フワーリズミー『代数学』が残りえたのは，彼の著作が当時のアラビアの代数学に特有の優れた教科書の一つであったからだと解釈できる．その著作は代数学にとって，幾何学にとってのエウクレイデス『原論』のようなもの——つまり現代までに手に入った最良の初歩的解説書であった．しかしフワーリズミーの著作には，現代世界においてその目的を十分に果たすためには取り除かれなければならない重大な欠陥があった．つまり，修辞的な言葉の様式にかわる記号による表記法が開発されなければならなかったのである．しかし，数を表す言葉を数を表す記号に置き換えたことを除いて，アラビア人はその段階へは決して踏みださなかった[*5]．

11.5　サービト・イブン・クッラ

9世紀は数学の伝播と発見の輝かしい世紀であった．というのは，その世紀は前半にフワーリズミーを生んだばかりでなく，後半にサービト・イブン・クッラ（826–901）を生んだからである．サービア教徒のサービトは古代メソポタミアの都市ハッラーンで生まれた．そこは現在のトルコ南東部にあって，かつては同地域の有名な交易路の一つに沿っていた．若い頃から三つの言語に通じていたサービトはムーサー三兄弟のひとりの目にとまり，バグダードに来て「知恵の館」で兄弟たちとともに学ぶよう勧められた．サービトは数学と天文学のほか医学にも堪能になり，バグダードのカリフによって宮廷天文学者に任命されると，とくにギリシャ語とシリア語からの翻訳の伝統を築いた．エウクレイデス，アルキメデス，アポロニオス，プトレマイオス，エウトキオスらの著作のアラビア語訳については，彼に負うところがはかりしれない．サービトの努力がなければ，現存するギリシャの数学書の数はもっと少なかったろう．たとえばアポロニオス『円錐曲線論』は最初の7巻ではなく最初の4巻のみだったに違いない．

　そのうえサービトは，修正や一般化を示唆するほど翻訳した古典の内容を完全に理解していた．親和数の素晴らしい公式は彼によるものとされている．すなわち，p, q, r が素数で，$p = 3 \cdot 2^n - 1$, $q = 3 \cdot 2^{n-1} - 1$, $r = 9 \cdot 2^{2n-1} - 1$ であれば，$2^n pq$ と $2^n r$ は親和数である，つまりそれぞれが相手の真約数の和

訳注

[*5]　p.228 の訳注参照．アラビア数学における省略記号法は次を参照．三浦伸夫『数学の歴史』（放送大学教育振興会，2018）．

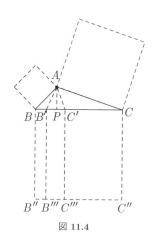

図 11.4

に等しい．またサービトもパッポスのように，ピュタゴラスの定理を直角三角形であろうと不等辺三角形であろうとすべての三角形に適用できるように一般化した．三角形 ABC の頂点 A から，角 $AB'B$ と角 $AC'C$ がそれぞれ角 A に等しくなるように，辺 BC を点 B' と C' で分割する線を引けば（図 11.4），$\overline{AB}^2 + \overline{AC}^2 = \overline{BC}(\overline{BB'} + \overline{CC'})$ である．サービトはその定理の証明を示さなかったが，その証明は相似三角形に関する定理によって簡単に与えられる．事実その定理は，エウクレイデスがピュタゴラスの定理の証明に用いた風車ふうの図形のみごとな一般化をもたらした．たとえば角 A が鈍角なら，辺 AB 上の正方形は長方形 $BB'B'''B''$ に等しく，辺 AC 上の正方形は長方形 $CC'C'''C''$ に等しい．ここで，$BB'' = CC''' = BC = B''C''$ である．つまり，AB および AC 上の正方形の和は，BC 上の正方形から長方形 $B'C'C'''B'''$ を引いた値である．角 A が鋭角なら，B' と C' の位置は AP に関して逆転する．ここで P は点 A からの垂線が辺 BC と交わる点である．この場合には，AB および AC 上の正方形の和は BC 上の正方形に長方形 $B'C'C'''B'''$ を加えて増大した値となる．角 A が直角なら，点 B' および C' が点 P に一致するから，その場合にはサービトの定理はピュタゴラスの定理そのものとなる（サービトは図 11.4 に示したような点線を引かなかったが，このようにいくつかの場合を確かに考察していた）．

　サービトの学問への貢献にはほかにも，ピュタゴラスの定理の別の証明，放物線と放物面によってできる切片の研究，魔方陣についての論考，角の 3 等分と天文学の新理論などがある．サービトは，アリストテレス–プトレマイオスの天文学の要約において，以前は 8 個と考えられていた同心天球に，大胆にも 9

番目の天球をつけ加えている．そして，一方向つまり一つの向きのみに限られたヒッパルコスの分点歳差の代わりに，サービトは往復運動に見られる「分点の秤動」を提起した．

§6 数字

 11.6 数　字

　アラブ帝国の境界内にさまざまな民族的背景を持った人々，つまりシリア人，ギリシャ人，エジプト人，ペルシャ人，トルコ人その他多くが住んでいた．彼らのほとんどは共通の信仰，つまりイスラームを信仰していた．ただしキリスト教とユダヤ教は許容されていた．また，ギリシャ語とヘブライ語が使われることもあったが，大多数は共通の言語，つまりアラビア語を使っていた．常にかなり根強い派閥意識があり，ときにはそれが噴出して紛争になった．サービト自身はギリシャびいきの社会で育ったが，その社会はアラビアびいきであったサービトに敵対した．そのような文化的差異がときに明白に現れた．たとえば10世紀と11世紀の学者アブル・ワファー（940–998）とカラジー（1029年頃）の著作にそれが見られる．彼らは著作の一部では天文学書『シッダーンタ』を通してアラビアに入ってきたインド数字を用いたが，ギリシャのアルファベット方式による記数法（文字はもちろんギリシャ文字に相当するアラビア文字である）を採用した．最終的にはより優れたインド数字が勝ち残ったが，インド式記数法を用いた仲間うちでさえ数字の形はかなり異なっていた．インドでも明らかに数字の変形が広く行われていたが，アラビアにおいてはこの変形が顕著であった．そのためにアラブ世界を二分する東と西で使われていた形についてまったく異なった起源を示唆する学説があるほどである．おそらく，東方のサラセン人の数字は直接インドに由来し，西方のムーア人の数字はギリシャまたはローマの形式が起源だったのであろう．この変形は空間と時間におけるゆっくりした変化の結果であったというほうがより確かかもしれない．というのは，現在のアラビア数字は，今なおインドで使われている現代的な「デヴァナーガリー（Devanāgarī）」（つまり「神の」）数字と著しく異なっているからである．結局重要なのは，記数法に内在する法則であって，数字がどんな形をしているかではない．我々の数字は，イスラーム文化圏のエジプト，イラク，シリア，アラビア，イランなどで現在使われている数字——つまり ١٢٣٤٥٦٧٨ ٩ ٠ ——にはほとんど似ていないという事実にもかかわらず，しばしばアラビア数字と呼ばれる．これら2種の記数法の法則が同じであり，我々の数字の

237

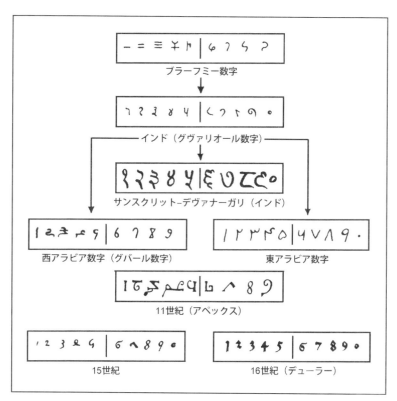

現代数字の系譜．カール・メニンガー著『数詞と数字』（ゲティンゲン：ファンデルエータ
&ルプレヒト，1957–1958，全 2 巻）第 II 巻，p.233 より．
［K. メニンガー『図説 数の文化史』（内林政夫訳），八坂書房，2001 年，p.321.］

形がおそらくアラビアに由来したのであろうという理由から，我々の数字をアラビア数字と呼んでいる．しかしながら，アラビア数字の背後にある法則はおそらくインド起源であろう．したがって，我々の記数法はインド式記数法あるいはインド–アラビア式記数法と呼ぶほうがよいことになる（上図参照）．

11.7 三　角　法

　記数法においてギリシャ起源の方式とインド起源の方式の間に競争があったように，天文学の計算においても最初アラビアには 2 種類の三角法があった．『アルマゲスト』に見られるようなギリシャの弦の幾何学と，『シッダーンタ』に由来するインドの正弦表である．ここでもまた争いはインド側の勝利に終わり，アラビアの三角法は最終的に正弦関数の上に大部分が確立された．やはり

この正弦三角法のヨーロッパへの伝播もまた，インドから直接伝わったのではなくアラビアを経由した．

　正接，余接，正割および余割関数の発見をある時期に，さらにはある人物に特定しようという試みがなされることがあるが，それは確信を持ってできることではない．インドとアラビアには，太陽の高度によって変化する一定の長さの棒またはグノーモーンの影の長さについての一般理論があった．しかし，用いられる棒やグノーモーンについての長さの標準単位はなく，しばしば手を広げた長さや身長が使われた．一定の長さの垂直なグノーモーンに対する水平な影は，我々が太陽の仰角の余接と呼ぶものであった．また「逆の影」——つまり垂直の壁から水平に突き出た棒またはグノーモーンによってその壁にできる影——は，我々が太陽の仰角の正接と呼ぶものであった．「影の斜辺」——つまりグノーモーンの先端から影の先端までの距離——は余割関数に相当するものであり，「逆の影の斜辺」は我々のいう正割に相当した．この影の長さを測るという伝統は，サービト・イブン・クッラの時代にはアジアにおいて十分に確立されていたようであるが，この斜辺の値（正割あるいは余割の値）が表にされることはめったになかった．

11.8　10世紀および11世紀の重要事項

　アブル・ワファーによって，三角法はより体系的な形式を帯び，倍角や半角の公式のような定理が証明されるようになった．インドの正弦関数はギリシャの弦にとってかわりはしたが，三角法の結果を論理的に整理することに動機を与えたのはやはりプトレマイオス『アルマゲスト』であった．正弦法則は本質的にはプトレマイオスも知っていたし，またブラフマグプタの著作にも暗示されてはいる．しかし，球面三角形に対してその法則を整然と公式化したという理由で，正弦法則はしばしばアブル・ワファーと，その同時代人のアブー・ナスル・マンスールによるものとされている．また，アブル・ワファーは10進法8桁に相当する値を使って $\frac{1}{4}°$ ごとの新しい正弦表を作成した．彼はまた正接表にも寄与したし，全部で6種類の一般三角関数とそれらの間の関係を利用したが，それら新しい三角関数の利用が中世に広く受け継がれることはなかったようである．

　アブル・ワファーは三角法学者であると同時に有能な代数学者であった．彼はフワーリズミー『代数学』に注釈をつけ，また最後の偉大な古典の一つ——ディ

オファントス『算術』——をギリシャ語から翻訳した．アブル・ワファーの後継者であるカラジーは明らかにその訳本を用いて，やがてアラビアにおけるディオファントスの信奉者となった——ただし，ディオファントス解析には手をつけなかった*6)．つまり，カラジーはインド人の不定解析よりもむしろフワーリズミーの代数に関心を持っていたのである．とはいえ，2次方程式に幾何学的証明を与えるというアラビアの慣例に従ったにもかかわらず，彼は（フワーリズミーとは違って）ディオファントスのように2次方程式だけにとどまっていなかった．とりわけ，$ax^{2n} + bx^n = c$という形の方程式に対する最初の数値解法を与えたのはカラジーだといわれている（しかし正根を持つ方程式だけが考慮されていた）．したがってそこでは有理数の解を求めるというディオファントスの流儀は取り除かれていた．まさにこの方向，つまり2次より高次の方程式を（ベキ根によって）代数的に解くということこそが，ルネサンスにおける数学がとった初期の発展の方向だったのである．

　カラジーの時代（11世紀初頭）は，アラビアの学問の歴史において輝かしい時代であり，手短に触れる価値のある数多くの同時代人がいた．手短にというのは，彼らがそれほど有能でなかったからではなく，彼らがもともと数学者ではなかったからである．

　イブン・シーナー（980–1037）は西洋ではアヴィケンナ*7)という名前のほうがよく知られているが，イスラーム圏にあって第一の学者であり科学者であった．しかし百科事典のように広い彼の興味のなかでは，数学は医学や哲学に比べると果たした役割が小さかった．彼はエウクレイデス『原論』の要約をし，九去法を解説した（その結果，確証はないままに九去法の発明はときに彼のものとされている）．しかし，それよりも彼は，数学を天文学と物理学に応用したことでよく記憶されている．

　アヴィケンナはギリシャの学問とイスラーム思想を融和させたが，一方，彼と同時代人のビールーニー（973–1048）は，アラビア人に——ひいては我々に——『インド誌』という著名な著作を通じてインドの数学と文化を知らせた．疲れ知らずの旅行者であり批判精神旺盛な思索家でもあったビールーニーは，『シッダーンタ』と位取り記数法に関する余すところのない説明を含んだ共感的で率直な記述を残した．アルキメデスがヘロンの公式に精通していたことを

訳注 ————————————

*6) ただしカラジーは『バディーア』で不定方程式を論じている．
*7) アヴィセンナ，アビセンナなどさまざまな表記ができる．

我々に教えてくれたのも，またヘロンの公式とブラフマグプタの公式に証明を与えたのも，彼である．そしてまた，後者の公式が円に内接する四辺形のみに当てはまることを彼は正しく述べている．円に九辺形を内接させる問題では，ビールーニーはそれを $\cos 3\theta$ に対する三角公式によって方程式 $x^3 = 1 + 3x$ を解く問題に変形し，それに 1; 52, 15, 17, 13 という 60 進小数の近似解を与えた．その値は [10 進法に換算すると] 6 桁超の精度に相当する．また，グノーモーンの長さに関する章ではビールーニーはインド人の影の長さの計算法について説明している．彼の思考の大胆さは，解答を与えはしなかったが，地球が地軸を中心に回転をしているかどうかについての論考に表れている（それ以前にアールヤバタが回転する地球が宇宙の中心にあることを示唆していたようである）．

　ビールーニーは，とくに比重の研究と噴井戸の原理についての考察によって物理学にも貢献した．しかし物理学者および数学者としての彼は，西洋ではアルハゼンと呼ばれたイブヌル・ハイサム（965 頃–1039）にはかなわなかった．アルハゼンの論文で最も重要なのが，『光学』であった．その論文はプトレマイオスの反射と屈折に関する研究に刺激されて書かれたもので，それが今度は中世および近世初頭のヨーロッパの科学者たちを触発した．アルハゼンが考えた疑問のなかには，眼の構造，水平線に近いところにある月が大きく見える現象，太陽が水平線下 19° になるまで薄明が続くことの観測から大気の厚さを推定すること，などがあった．光源からの光が観測者の眼にちょうど反射する点を球面鏡上に見つける問題は，現在に至るまで「アルハゼンの問題」と呼ばれている．それは古代ギリシャ風にいえば「立体の問題」であり，円錐曲線によって解くことのできる問題である．アルハゼンはその分野に非常に詳しかった．彼はアルキメデスのコノイドに関する成果をさらに進めて，放物線の一部と放物線の軸と縦軸が囲む部分を放物線の頂点における接線のまわりに回転して得られる体積も求めている．

 11.9　オマル・ハイヤーム

　アラビアの数学は問題なく次の 4 部分に分けることができる．(1) おそらくインドに起源を持つと考えられる位取り原理に基づく計算術，(2) ギリシャ，インドおよびバビロニアに起源を有するにもかかわらず新しくかつ体系的に，特徴的な形に作りかえられた代数学，(3) 本体はおもにギリシャに由来するが，アラビア人がインドの方式を適用し，かつ新しい関数や公式をつけ加えてでき

た三角法，（4）ギリシャに由来するが，アラビア人が随所で一般化を行うことによって寄与した幾何学，である．アルハゼンより約1世紀あとに，東洋では科学者として，しかし西洋では最も偉大なペルシャの詩人のひとりとして知られていた人物による重要な貢献があった．オマル・ハイヤーム（またはウマル・ハイヤーミー，1050頃–1123）．この名前は「テントづくり」を意味するが，フワーリズミー『代数学』よりさらに進んだ3次方程式を含む『代数学』の著者である．アラビアにおける先人たちがそうであったように，オマル・ハイヤームは2次方程式について算術的解法と幾何学的解法の両方を示した．一般3次方程式には，算術的解法が不可能であると信じて（のちの16世紀に示されたように，それは誤解であった），幾何学的解法だけを与えた．3次方程式を解くために相交わる円錐曲線を用いるという方法はそれ以前にすでにメナイクモス，アルキメデスとアルハゼンによって使われていた．しかしオマル・ハイヤームは，称賛に値する手順を用いて（正根を持つ）すべての3次方程式に当てはまる方法を一般化した．初期の著作のなかで3次方程式に出会ったとき，彼は「3次方程式は平面幾何学によっては（つまり直定規とコンパスだけでは）解けない．なぜならば3次方程式は立方体を含むからである．それを解くには円錐曲線を必要とする」，と明確に述べている（Amir-Moez 1963, p.328）．

　3次より高次の方程式については，明らかにオマル・ハイヤームは上述のような幾何学的方法を考えなかった．というのは，空間は3次元を越える次元を含まず，「代数学者が連続量において平方の平方と呼ぶところのものは理論上のことであって，それは現実にはどのみち存在しない」，と考えたからである．オマル・ハイヤームが3次方程式に応用した非常にまわりくどい――しかも誇らしげな――手順は，現代の表記法と概念を使えば次のようにはるかに簡潔に述べることができる．3次方程式を $x^3 + ax^2 + b^2x + c^3 = 0$ としよう．そして，その式の x^2 を $2py$ で置き換えると（$x^3 = x^2 \cdot x$ であるから）$2pxy + 2apy + b^2x + c^3 = 0$ が得られる．得られた方程式は双曲線を表し，また置換に用いられた等式 $x^2 = 2py$ は放物線を表すから，その双曲線と放物線を同一座標軸上に書けば，2本の曲線の交点の横座標がこの3次方程式の根となる．したがって，それ以外の多くの円錐曲線の対が3次方程式の解法のために同じように使えることは明らかである．

　オマル・ハイヤームの業績についてのこれまでの解説は，彼の天賦の才の公正な評価とはいえない．というのは，オマル・ハイヤームは負の係数を考察しなかったから，問題を係数のパラメータ a, b, c が正，負またはゼロのそれぞれ

242

に応じて多くの場合分けをしなければならなかった．そのうえ，彼はそれぞれの場合について円錐曲線を明確に同定しなければならなかった．なぜなら，オマル・ハイヤームの時代には一般係数の概念がなかったからである．また，与えられた3次方程式のすべての根が求められたわけでもなかった．というのは，オマル・ハイヤームは負の根を正しい根と認めなかったし，円錐曲線の交点のすべてについて注目したわけでもなかったからである．また，それ以前のギリシャの3次方程式の幾何学的解法においては係数が［連続量の］線分であったが，オマル・ハイヤームの著作では係数が特定の数になっていたことも述べておかなければならない．アラビア的折衷主義の最も実り多い貢献の一つは，数値的代数と幾何学的代数の間のへだたりを埋めようとする傾向があったことである．この傾向を決定的に押し進めたのははるかにのちのデカルトであるが，オマル・ハイヤームが「代数学を未知数を得る際の細工であると考えるものは代数学を虚しく考察してきた．代数学と幾何学が見かけ上異なるということに気をとられてはならない．代数学とは証明された幾何学的事実にほかならない」と書いたとき，彼はその方向に向かっていたのである．また，エウクレイデスの比例論を数値的方法で置き換える試みのなかで，オマル・ハイヤームは無理数の定義に近づき，そして実数の一般概念と真剣に取り組んでいた．

オマル・ハイヤームは『代数学』のなかで，2項式の4，5，6およびさらに高次のベキ乗の係数を見つけるために発見した法則を別の場所で説明したと書いているが，そのような著作は残っていない．彼がここで言及したものは，ほぼ同時代に中国にも見られるらしいいわゆるパスカルの三角形であったと思われる．そのような偶然の一致を説明するのは容易ではないが，もっと証拠がそろうまではそれらは別個の発見であったとしておくべきであろう．当時，アラビアと中国の交流は大々的に行われてはいなかったが，中国とペルシャを結ぶ絹の道があったのだから，情報はその道を経由してぽつりぽつりと伝わっていたかもしれない．

11.10　平行線公準

イスラームの数学者が幾何学よりも代数学と三角法に引かれていたのは明らかであるが，幾何学のある領域は彼らに特別の関心を抱かせた．エウクレイデスの第5公準（平行線公準）の証明である．ギリシャ人の間でさえその公準を証明する試みは事実上，「幾何学の有名な第4番目の問題」となったが，イス

ラームの数学者の何人かはその試みを続けた．たとえばアルハゼンは3角が直角である四辺形（18世紀の研究にかんがみてときに「ランベルトの四辺形」と呼ばれる）を取り上げ，残りの4番目の角もまた直角でなければならないことを証明したと考えた．四辺形に関するその「定理」から第5公準が成り立つことが容易に示される．アルハゼンはその「証明」のなかで，与えられた直線から等距離を保ちながら動く点の軌跡は必ず与えられた直線に平行な直線になると仮定していた．これは現代ではエウクレイデスの第5公準に相当するとされている仮定である．それに対してオマル・ハイヤームは，アリストテレスが幾何学に運動を導入することを非難していたのを根拠に，アルハゼンの証明を批判した．そして彼は，2辺が等しくかつ両辺とも底辺に垂直な四辺形（これも18世紀の研究にちなんで一般に「サッケーリの四辺形」と呼ばれる）から始め，四辺形のほかの（上方の）2角を調べた．それらの角は当然互いに等しい．もちろん，そこで三つの可能性が生じる．すなわち，その角は（1）鋭角，（2）直角，あるいは（3）鈍角のいずれかである．そこでオマル・ハイヤームは，彼がアリストテレスによるとしている原理，つまり収束していく2本の直線は交わらなければならないという原理に基づいて，（1）と（3）を除外した．これもまた，エウクレイデスの平行線の公準に相当する仮定であった．

11.11　ナシールッディーン・トゥーシー

オマル・ハイヤームが1123年に没した頃，イスラームの科学は衰退期に入っていたが，イスラームの貢献がオマル・ハイヤームの死によって突然なくなってしまったわけでもない．13世紀，そしてまた15世紀にも，著名なイスラームの数学者が現れている．たとえばマラーガでは，征服者チンギス・ハーンの孫でフビライ・ハーンの弟にあたるフラグ・ハーンに仕えた天文学者ナシールッディーン・トゥーシー（1201–1274）は，サッケーリの四辺形に関する例の3仮説（鋭角，直角，鈍角）から始めて，平行線の公準を証明する努力を続けた．彼の「証明」は次に示す仮説に基づいていたが，これもまたエウクレイデスの公準に相当するものであった．

> 直線 u が A において直線 w に垂直であり，また直線 v が B において直線 w に対して傾いているとすれば，直線 u から直線 v に引いた垂線の長さは，直線 v が直線 w と鋭角をなす側では線分 AB より短く，直

線 v が直線 w と鈍角をなす側では線分 AB より長い.

アラビアの非ユークリッド幾何学の先駆者たち 3 人の最後に控えるトゥーシーの上の考察は，17 世紀にジョン・ウォリスによって翻訳され出版された．その仕事が，18 世紀初めの 30 年間になされたサッケーリの研究の出発点になったようである．

トゥーシーはアブル・ワファーの研究を継承し，平面および球面三角法に関する最初の体系的論説を書いた．彼は三角法をそれ自体独立した学問として扱い，ギリシャやインドの場合のように単なる天文学の補助的知識としては扱わなかった．トゥーシーは例の 6 種類の三角関数を用いて，平面および球面三角形の各種の問題を解くための公式を与えている．トゥーシーの仕事は不幸にしてヨーロッパではよく知られなかったため，その影響は限られた．しかし天文学においては，トゥーシーの仕事はのちにコペルニクスの注意を引きつけることになった可能性がある．アラビア人は天体に関してアリストテレスとプトレマイオスの両方の説を採用していた．つまり，両宇宙論間の対立点に気づくと，両方の説を融合させ，改良する道を探し求めた．その点に関してトゥーシーは，ふつうの周転円の作図において二つの一様な円運動を組み合わせることによって，直線的な往復運動を生みだすことができることを観察していた．つまり，一点が周転円上を時計方向に一様な円運動で回り，一方その周転円の中心が同じ大きさの導円に沿って上記の点の速度の半分で時計と逆方向に動くとすれば，その点は直線分を描くことになる（要するに，一つの円がその直径の 2 倍の円に内接しながら滑らずに回転するならば，小円の円周上のある点の軌跡は大円の直径となる）．この「ナシールッディーンの定理」（いわゆる「トゥーシー・カップル」）は 16 世紀にニコラス・コペルニクスやジェロラモ・カルダーノの知るところとなった——あるいは彼らによって再発見された．

11.12 カーシー

トゥーシー以降，イスラームの数学は衰退し続けたが，イスラームの貢献についての説明は，15 世紀初頭の一人物の著作に言及しない限り十分とはいえないであろう．その人物ジャムシード・カーシー（1380 頃–1429）は，モンゴルの征服者ティムールの孫のウルグ・ベク皇太子の後援を得た．ウルグ・ベクは宮殿のあるサマルカンドに天文台を設け，学問所を設立していた．カーシーも

そこに集まった科学者の集団に加わった．カーシーはペルシャ語とアラビア語で書いたおびただしい数の著作によって数学と天文学に貢献した．また，サマルカンドの学生たちが使う主要な教科書を書いた．それらは算術，代数とそれらの建築，測量，商業その他の関連分野への応用の入門書となった．カーシーの計算技能には並ぶ者がなかったようである．特筆すべきは彼の計算の正確さであり，とくに中国人に由来すると考えられるホーナー法の特殊例を使った方程式の解法にそれが見られる．また，中国から10進小数を使う習慣を会得した可能性もある．カーシーは10進小数の歴史において重要な人物である．彼はこの点における自身の貢献の重要性を認識しており，10進小数の発明者と自認していた．先人がいなかったわけではないが，おそらくカーシーは多数桁の精度を必要とする問題においては10進小数が60進小数とまったく同じ程度に便利であることを示唆した最初の60進小数使用者であろう．それでもなお，ベキ乗根を求めるための系統的な計算では60進小数を使い続けた．ある数の n 乗根を求める方法の説明で，彼は次の60進小数の6乗根を得ている．

$$34, 59, 1, 7, 14, 54, 23, 3, 47, 37; 40$$

これは，ホーナー法の手順——根の見当をつけて根を漸減し，そして根を展開もしくは掛ける——と，現在の組立除法に似た方法を用いた計算の驚異的成果であった．

カーシーが長々とした計算を楽しんだのは明らかで，したがって自分の計算した π の近似値を誇りとしたのも当然であった．その近似値は，先人の与えたいかなる値よりも正確であった．彼は計算した 2π の値を60進法と10進法の「両方」で表記した．前者——$6; 16, 59, 28, 134, 51, 46, 15, 50$——は過去の値を強く思い起こさせるものであり，後者——6.2831853071795865——はある意味で未来の10進小数の使用を予測するものであった．そして16世紀後期に至るまで，いかなる数学者もこの計算の離れ技に肉迫することができなかった．サマルカンドの天文台でつくられた正弦表の根底にはカーシーの計算技能があったと思われる．カーシーの著作のなかには，「パスカルの三角形」の形で2項定理が再び現れている．それは中国で「パスカルの三角形」が出版されてからちょうど1世紀後にあたり，またヨーロッパで本として出版されるほぼ1世紀前のことであった．

カーシー以前に数学に対して重要な貢献をしたイスラームの人々は，これま

でに述べてきた人数よりもかなり多かった．というのも，ここでは主要人物だけを中心に述べたにすぎないからである．しかしながら，カーシー以後の数学への貢献者の数は無視できる程度である．アラビアの学問が衰退し始めたとき，ヨーロッパでの学問が上り坂にあって過去の時代が残した知的遺産を受け入れる準備ができていたのは，まことにとても幸運なことであった．

12 西のラテン語圏
The Latin West

数学を無視することはすべての知識を傷つけることとなる．
数学に無知な者はほかの科学やこの世のものごとを
理解できないからである．　　　　　　　　　　　—ロジャー・ベイコン

12.1　はじめに

　時間と歴史は継ぎ目のない統一体だから時代区分は人間の仕業である．しかし，座標系が幾何学において有用であるのとちょうど同じように，できごとを時期または地域に区分すると歴史において都合がよい．政治史の観点からは476年のローマ帝国の崩壊を中世の開始とし，1453年のトルコによるコンスタンティノポリスの陥落を中世の終焉とするのが慣例になっている．本書においては，単純に500年から1450年の期間を包括的に中世の数学とみなすことにする．中世数学史の大部分を構成していたのが，おもに5種類の言語で書き上げられた5種類の偉大な文明であった．前4章では，これらの代表的な中世文明のうちの4種類，すなわちそれぞれギリシャ語，中国語，サンスクリット語とアラビア語による，ビザンツ帝国，中国，インド，およびイスラームの各文明の貢献について述べた．この章では，西ローマ帝国の数学を検討する．ここでは唯一といえるような中心地がなく，単一の話し言葉もなかったが，ラテン語が学者たちの共通語であった．

12.2　暗黒時代の概要

　6世紀は西ローマ帝国の一部を形成していた国々にとって厳しい時期であった．内戦，侵略，移住などによって地域の多くが過疎と貧困に見舞われた．有名な学校制度を含むローマの制度の大部分が機能不全に陥った．増えていったキリスト教会が，それ自体も内紛に無関係ではなかったものの，唯一，徐々に教育制度を構築していった．ボエティウス，カッシオドルス（480頃–575頃），セビリヤのイシドルス（570–636）らによる数学への限られた貢献は，こうした背景のもとで評価しなければならない．この3人の誰もが，とくに数学を得意としたわけではなく，彼らの算術と幾何学への貢献は，修道院学校と図書館

で自由学芸の初歩を教えることを目指していた状況のなかで行われたことを見逃してはならない．

ボエティウスと同時代のカッシオドルスは，ボエティウスの後を継いでテオドロスに仕える行政長官となり，退職後は自身が設立した修道院で過ごした．彼はそこに図書館を設置し，ギリシャ語とラテン語の手書きのテクストを正確に書き写すという素晴らしい技法を修道士たちに教えた．これによって，キリスト教および「異教」の古代のテクストを保存することに大きな役割を果たすことになる活動の準備ができた．

同時代の人々が，当時で最も博学な人物と考えていたセビリヤのイシドルスは，大部の本『語源（*Etymologiae*）』[*1)]を書いた．これは20巻からなり，そのうちの1巻が数学に関するものであった．この巻は算術，幾何学，音楽，天文学の4科に分かれていた．ボエティウス『算術』と同様に，算術と幾何学の部分は数および図の初歩的な定義と性質に限られていた．

これらの人物が秀でていたのは，科学の真の「暗黒時代」にあって，伝統的学問の基礎を保存することに役立ったことである．続く2世紀間，学問の闇はとどまるところを知らず，尊者ベーダ（673-735頃）がイギリスで，復活祭の月日を決めるのに必要な数学や指による数表示についてペンを走らせる音のほかは，ヨーロッパでは学問的な音は何も聞こえなかったといわれたほどである．復活祭の月日も指による数表示も重要であった．前者はキリスト紀元で年間カレンダーをつくるのに必要だし，後者によって無学な民衆が算術で商取引をすることができたのだから．

12.3　ジェルベール

800年にシャルルマーニュ（カール大帝）が教皇によって皇帝に任じられた．彼は自分の帝国を暗黒時代の低迷から立ち直らせようと努め，その計画のもとに，何年か前にトゥールに呼んでいた教育者，ヨークのアルクイン（735頃-804）を，フランスの教育を活性化させるために招聘した．それによって十分に改善されたことから，一部の歴史家はそれをカロリング・ルネサンスと呼んだ．しかし，アルクインは数学者ではなかった．数6が完全数であることから天地創造に6日かかったと彼が説明したのは，おそらく新ピュタゴラス思想の影響で

訳注

[*1)]　部分訳（第6巻のみ）は，『中世思想原典集成5 後期ラテン教父』(平凡社，1993), 505-565頁.

あった．アルクインが初学者のために書いたといわれる算術や幾何学や天文学の著作を除けば，次の2世紀間にフランスやイギリスにおいて数学はほとんど存在しなかった．ドイツにおいては，ラバヌス・マウルス（784-856）が，ベーダの数学と天文学についてのわずかばかりの仕事を，とくに復活祭の月日の計算との関連で継承した．しかし次の1世紀半の間，西ヨーロッパにおける数学の状況には目立った変化はなかった．そしてその変化は，最終的に教皇シルヴェステルII世まで上りつめた人物によってもたらされることになる．

　ジェルベール（940頃-1003）はフランスに生まれ，スペインとイタリアで教育を受け，ドイツで神聖ローマ帝国皇帝オットーIII世の家庭教師として，のちには助言者として仕えた．また最初はランスで，のちにラヴェンナで大司教を務めたこともあったジェルベールは，999年にローマ教皇に昇任してシルヴェステルを名乗った．その名前は学識で有名であった以前の教皇にちなんだと考えられなくもないが，コンスタンティヌス時代の教皇シルヴェステルI世が教皇職と帝国の統一の象徴であったことによると考えたほうが確実性が高い．ジェルベールは世俗政治および教会政治の両面で活躍したが，同時に教育者でもあった．彼には算術と幾何学についての著作があるが，それらはたぶん，西ヨーロッパの教会付属学校の教育を支配してきたボエティウスの伝統にならったものだったのであろう．しかしジェルベールの解説本より興味深いことは，彼がヨーロッパでインド・アラビア数字の使い方を最初に教えた人物であったらしいということである．ジェルベールがそれらの数字をいかにして知るようになったのかは明らかではない．ムーア人*2)の学問には西方またはグバール（塵の意）数字によるアラビアの記数法が含まれているが，現存する文書にはアラビアの影響を示す証拠はほとんどない．992年にスペインでなされたイシドルス『語源』の写本にはそれらの数字が載っているが，ゼロは含まれていない．ところが，ボエティウスのいくつかの写本には，同じような形の数字が，計算板すなわち算板上で用いられる駒（アペックス）として現れている．他方，ボエティウスのアペックスそれ自体も後代の写本家によって書き込まれたものかもしれない．このように，インド・アラビア数字のヨーロッパへの導入の経緯は，おそらく500年ほど昔にこの記数法が発明されたときの状況とほぼ同じように混沌としていた．そのうえ，ジェルベール以後の2世紀間，ヨーロッパにおいてこの新しい記数法が継続的に用いられたかどうかもはっきりしていない．

訳注 ―――――――――――――――――――――――――――
*2)　ここでは北西アフリカおよびイベリア半島のムスリムを指す．

13世紀になって初めてインド・アラビア式記数法はヨーロッパに明確に導入されることになったが，それは1人の人物ではなく数人の人々の功績によるものであった．

12.4 翻訳の世紀

人は隣人の言語を理解できなければ隣人の知恵を吸収することができない．イスラーム教徒は9世紀にギリシャ文化の言葉の障壁を乗り越え，西洋ラテン世界の人々は12世紀にアラビアの学問への言葉の障壁を克服した．12世紀の初めにおいては，ヨーロッパ人はアラビア語に精通していないかぎり，ほんとうの意味で数学者や天文学者になることを望めず，12世紀早期のヨーロッパはムーア人，ユダヤ人，またはギリシャ人ではない数学者の存在を誇ることができなかった．同世紀の終わりに優れた，きわめて独創的な数学者がキリスト教国イタリアに現れた．その時代は古い考え方から新しい考え方への移行の時代であり，一連の翻訳に伴う必要性から学問の復活が始まった．当初，翻訳はアラビア語からのラテン語がほとんどであったが，13世紀になるとアラビア語からスペイン語，アラビア語からヘブライ語，ギリシャ語からラテン語や，アラビア語からヘブライ語を通してラテン語への組合せなど，多くの翻訳が行われていた[*3]．

十字軍が学問の伝播に好ましい影響を及ぼしたかどうか判断するのは簡単ではないが，おそらく伝達経路を助成する以上に破壊したものと思われる．いずれにしても，12世紀にはスペインとシチリア島を通る経路が最も重要であり，その経路は1096年から1272年の十字軍の略奪でもほとんど破壊されなかった．西洋ラテン世界における学問の復活は十字軍の期間中ではあったが，それはおそらく十字軍をものともしないで生じたことであった．

当時，イスラーム世界とキリスト教世界を結ぶ主要なかけ橋が3本あった．スペインとシチリア島と東ローマ帝国である．そのなかで最も重要だったのがスペインであった．しかし，おもな翻訳者がすべてスペインの知的かけ橋を利用したわけでもなかった．たとえばイングランド人バスのアデラード（1075頃–1160）はシチリア島と東方には行ったことがあるのがわかっているが，スペインには行ったことがなかったようである．アデラードがいかにしてイスラー

訳注
[*3] この翻訳の時代は「12世紀ルネサンス」と呼ばれ，それについては次を参照．伊東俊太郎『十二世紀ルネサンス』，講談社，2006．

ム教徒の学問に触れたのかは明らかではない．アデラードは1126年にフワーリズミーの天文表をアラビア語からラテン語に翻訳した．1142年にはエウクレイデス『原論』の主要な版を翻訳した．それは，アラビア語からラテン語に翻訳された最も早い数学古典の一つであった．アデラードによる『原論』の翻訳は，続く1世紀間には大きな影響を及ぼすに至らなかったが，それは決して単発の仕事というわけではなかった．後に（1155年頃）彼はプトレマイオス『アルマゲスト』をアラビア語からラテン語に翻訳している．

　イベリア半島，とくに大司教が翻訳を奨励していたトレドには，本格的な翻訳学校が開設されていた．かつては西ゴート王国の首都であり，その後712年からキリスト教徒の手に落ちた1085年までイスラーム教徒の手中にあったトレドは，学問の中継点として理想的な場所であった．トレドの図書館にはムスリムたちの写本が豊富にあった．またトレドではキリスト教徒やイスラーム教徒，ユダヤ教徒などからなる民衆の多くがアラビア語を話していたから，各言語間の情報の流れが容易になっていた．翻訳者たちの国際色の豊かさは次の人物名を見れば明らかである．チェスターのロバート，ダルマティアのヘルマン，ティヴォリのプラトン，ブリュージュのルドルフ，クレモナのゲラルド，セビリヤのファンなどであり，最後のファンは改宗したユダヤ教徒であった．しかしこれらの人物はスペインにおける翻訳事業に携わった人々のほんの一部にすぎない．

　スペインにいた翻訳者のなかで最も多くの作品を残したのは，おそらくクレモナのゲラルド（1114–1187）であろう．彼は，プトレマイオスを理解するためにアラビア語を学ぶ目的でスペインに赴き，アラビア語からの翻訳に残りの人生を捧げた．ゲラルドの偉業としては，サービト・イブン・クッラがアラビア語に翻訳したエウクレイデス『原論』の改訂版をさらにラテン語にしたこと，のちに『アルマゲスト』を翻訳し，主としてそれによってプトレマイオスが西側に知られるようになったこと，ならびに，ほかに80点以上の写本の翻訳があった．

　ゲラルドの翻訳のなかには，フワーリズミー『代数学』のラテン語訳もあった．しかしそれよりも早く，しかもそれ以上に人気があった『代数学』の翻訳が，1145年にチェスターのロバートによってなされていた．それはフワーリズミーの論文の最初の翻訳であり，ヨーロッパにおける代数の出発点を印したとみなすことができるであろう（ロバートはそれよりも数年前にクルアーンを翻訳していたが，それもまたもう一つの「最初」であった）．チェスターのロ

バートは 1150 年にイギリスに戻ったが，スペインでの翻訳作業はゲラルドらによって絶えることなく続けられた．フワーリズミーの著作は当時明確に人気があったから，『代数学』の翻案には上に述べた以外にティヴォリのプラトンやセヴィーリャのファンの名前がつけられたものもあった．西ヨーロッパは突然，かつてギリシャ幾何学に熱中したときとは比べものにならないほど，アラビア数学に熱中した．そうなったのは，おそらくローマ共和国およびローマ帝国の時代にギリシャ幾何学が達していた水準に比べて，アラビアの算術および代数学がより初歩的な水準にあったことが一因であろう．ギリシャの三角法は比較的有用で初等的な学問であったにもかかわらず，ローマ人はそれにあまり興味を示さなかった．それに反して 12 世紀のラテン語系学者たちは，天文学の著作に現れたアラビアの三角法に熱中した．

12.5 算板派と筆算派

　フワーリズミーの名前に関連して混乱が起こり，それによって「アルゴリズム」という言葉ができたのは，12 世紀の翻訳時代とそれに続く世紀のことであった[*4]．また，インド数字がバスのアデラードやセビリヤのファンによってラテン語の読者に提示されたのと同じ頃，インド式記数法に似た方法が占星術や哲学，数学などに関する著述家アブラハム・イブン・エズラ（1090 頃–1167）によってユダヤ人に紹介された．ビザンツ文化において，ギリシャ語のアルファベットの最初の 9 文字に特殊なゼロ記号を補った数字がインド数字の代わりをしたように，イブン・エズラは整数を表すための 10 進位取り記数法にヘブライ語のアルファベットの最初の 9 文字とゼロを示す丸を用いた．このように，インド・アラビア数字に関する記述が数多くあるにもかかわらず，ローマ式記数法からの移行は驚くほどゆっくりとしていた．その理由は，おそらく算板による計算がすっかり定着していたからであろう．算板の場合には，紙とペンだけによる計算の場合に比べて新しい記数法の利点がはっきりしないからである．かくして数世紀の間，「算板派」と「筆算派」の間に峻烈な競争があったが[*5]，「筆算派」が完全な勝利を収めたのは 16 世紀になってからのことであった．
　13 世紀にはいろいろな分野の著述家が「アルゴリズム（アラビア数字による筆算法）」の大衆化を手助けしたが，ここではとくに 3 人の人物について述べるこ

訳注
　[*4)]　本書 11.3 節参照．
　[*5)]　必ずしも競争があったわけではなく，筆算の途中で算板を使用することもあった．

253

グレゴール・ライシュ著『哲学者の女神マルガリータ (*Margarita Philosophica*)』(フライブルク, 1503 年) に掲載された木版画. 算術の女神が筆算家と算板家に教えている. ここでは筆算家と算板家をボエティウスとピュタゴラスが代表しているが, それは正しくない.

とにする. 最初にフランスのフランシスコ会修道士であったヴィルデュのアレクサンドル (活動期 1225 年頃), 次にイングランドの教師ハリファックスのジョン (1200–1256 頃) 別名サクロボスコ, 第 3 にイタリアの商人フィボナッチ, つまり「ボナッチョの息子」の呼び名のほうがよく知られているピサのレオナルド (1180 頃–1250) である. アレクサンドル『アルゴリスモの歌 (*Carmen de algorismo*)』は詩集であり, その内容は整数に関する基本演算の完全な記述である. そこでは数字としてインド・アラビア数字が用いられ, ゼロは一つの数として扱われている. サクロボスコ『通俗アルゴリズム (*Algorismus vulgaris*)』は計算を実際に即して説明したものであり, 中世後期を通じて学校で使われた天文学についての彼の初歩的小冊子『天球論 (*Sphaera*)』と人気を競っていた. フィボナッチがこの新しい算法を記述した著作は有名な古典となっており, 1202

年に完成している．それには誤解されやすい題名『算板の書（*Liber abaci*）』がついているが，算板に関する本ではない．それは代数的な方法と問題に関する完璧な論述であり，そのなかでインド・アラビア数字の使用が強く推奨されている．

 12.6　フィボナッチ

　フィボナッチの父親ボナッチョはピサの人で北アフリカで商売をしていた*6)．息子レオナルドはイスラーム教徒の教師のもとで勉強し，エジプト，シリア，ギリシャを旅した．したがってフィボナッチがアラビアの代数的方法に夢中になったのも当然であった．そのアラビアの方法には，幸運なことにインド・アラビア数字が使われていたが，不運なことに修辞的な表現方法しか使われていなかった．『算板の書』はほとんど現代風ともいえる概念で始まっていたにもかかわらず，中世のイスラームおよびキリスト教世界双方に見られる思想——算術と幾何学が結びつけられ，相互に助け合うという思想——の特徴を示していた．その観点はもちろん，フワーリズミー『代数学』を思い起こさせるが，それは同時にラテン世界におけるボエティウスの伝統にも受け入れられていた．それでも『算板の書』は幾何学よりも数のことをはるかに多く取り上げている．同書はまず「9個のインド数字」と「アラビア語でzephirumと呼ばれる」記号0について述べている．ちなみに現在の「cipher」や「zero」は「zephirum」とその異形に由来する．フィボナッチがインド・アラビア式記数法について記述したことは，それの伝播過程において重要であった．しかしその記述はこれまでに述べたように，最初の説明でもなければ，その後サクロボスコやヴィルデュのアレクサンドルが書いたもっと初等的な説明が得たような人気も博さなかった．たとえば分数の横棒はフィボナッチによってふつうに使われていたが（アラビアではそれ以前に知られていた），一般に使われるようになったのはつい16世紀になってからであった（斜線は1845年にオーガスタス・ド・モルガンが提案した）．

12.6.1　『算板の書』

　『算板の書』は現代の読者が読むに値する本ではない．なぜなら，開平法を含むふつうの筆算つまり算術的手順の説明のあとで商取引の問題に重点をおき，

訳注
*6)　フィボナッチについては次を参照．三浦伸夫『フィボナッチ』，現代数学社，2016．

しかも通貨交換の計算での複雑な分数式を用いているからである．ところで，小数に応用できるという位取り記数法の主たる利点が，インド・アラビア数字の登場以来 1,000 年もの間利用者にほぼ完全に見落とされていたということは，歴史の皮肉の一例である．その点に関しては，誰よりもフィボナッチに責任がある．というのは，彼は 3 種類の分数——常分数，60 進分数，単位分数——を用いはしたが，10 進小数を用いなかったからである．事実『算板の書』では，分数の最も扱いにくい二つの形——単位分数と常分数——が多用されている．そのうえ，次に示すような退屈な問題だらけであった．帝国通貨の 1 ソリドゥスは帝国通貨の 12 デナリウスである．帝国通貨 1 ソリドゥスがピサ市の通貨で 31 デナリウスになるとすれば，帝国通貨 11 デナリウスではピサ市の通貨を何デナリウス得られるか．レシピめいた説明で，その答は苦心して $\frac{5}{12}28$（つまり，我々の $28\frac{5}{12}$）と解かれている．フィボナッチはいつも帯分数の分数部分を整数部分の前に置いていた．たとえば $11\frac{5}{6}$ と書くかわりに $\frac{1}{3}\frac{1}{2}11$ と書き，単位分数や整数の並置は足すことを意味していた．

フィボナッチは単位分数を好んだ，あるいは読者が単位分数好みだと思っていたらしい．『算板の書』には常分数から単位分数への変換表がついていることからそれがわかる．たとえば分数 $\frac{98}{100}$ は $\frac{1}{100}\frac{1}{50}\frac{1}{5}\frac{1}{4}\frac{1}{2}$ に分解されているし，$\frac{99}{100}$ は $\frac{1}{25}\frac{1}{5}\frac{1}{4}\frac{1}{2}$ と表されている．また，彼の並はずれた着想によって $\frac{1}{5}\frac{3}{4}$ と $\frac{1}{10}\frac{2}{9}$ の和は $\frac{1}{2}\frac{6}{9}\frac{2}{10}1$ と表されている．$\frac{1}{2}\frac{6}{9}\frac{2}{10}$ という表記はこの場合，

$$\frac{1}{2\cdot 9\cdot 10}+\frac{6}{9\cdot 10}+\frac{2}{10}$$

を意味する．

『算板の書』には通貨の両替に関する問題がたくさんあるが，その一つに類似の表記例が見られる．もし $\frac{1}{4}\frac{2}{3}$ ベザントが $\frac{1}{7}\frac{1}{6}\frac{1}{2}$ ロトゥルスに値するならば，$\frac{3}{4}\frac{8}{10}\frac{83}{149}\frac{11}{12}$ ベザントは $\frac{1}{8}\frac{4}{9}\frac{7}{10}$ ロトゥルスに値するという記述がそれである．気の毒なのは，このような分数体系を扱わなければならなかった中世の商人である．

12.6.2 フィボナッチ数列

『算板の書』の大部分は退屈な内容であるが，問題の一部は後世の著述家が引用するほどおもしろいものであった．それらのなかに，『リンド・パピルス』に書いてあった類似の問題に着想を得たと思われる，古代の生き残りのような問題があった．フィボナッチはその問題を次のように表現している．

§6

フィボナッチ

7人の老人がローマへ旅行した．老人はそれぞれ7頭のラバを連れ，ラバはそれぞれ7個の荷袋を持ち，荷袋にはそれぞれ7個のパンが入っていた．また，パンにはそれぞれ7本のナイフが用意されていて，ナイフにはそれぞれ7個のさやがついていた．

『算板の書』のなかで後世の数学者に最も刺激を与えた問題は疑いもなく次に示すものである．

毎月1対のウサギが1対のウサギを生み，生まれた1対のウサギが翌月から1対のウサギを生み始めるとすれば，1対のウサギから始めて1年間に合計何対のウサギが生まれるか．

上の有名な問題は「フィボナッチ数列」$1, 1, 2, 3, 5, 8, 13, 21, \ldots, u_n, \ldots$ のもとをなすものである．ここで，$u_n = u_{n-1} + u_{n-2}$ である．つまり，最初の2項以後の項はそれぞれ先行する2項の和になっている．この数列は美しくかつ重要な性質を多くもつことがわかってきている．たとえば，連続する2項はどれも互いに素であること，また $\lim_{n \to \infty} \frac{u_{n-1}}{u_n}$ が黄金分割比 $\frac{\sqrt{5}-1}{2}$ であることが証明できる．また，この数列は植物の葉序や生物の生長の問題にも応用できる[*7]．

12.6.3 3次方程式の解法

『算板の書』はフィボナッチの最もよく知られた著作で，1228年に改訂版が出たが，学校関係で広く認められることはなかったようで[*8]，印刷されたのは19世紀になってからであった．フィボナッチは疑いもなく中世キリスト教世界で最も独創的で有能な数学者であったが，著作の大部分はあまりにも高度で同時代の人々に理解されなかった．『算板の書』以外にもフィボナッチの論述には優れた内容のものがあった．1225年の『精華（Flos）』には，ディオファントスを思い出させるような不定方程式問題と，エウクレイデスやアラビア人や中国人を思い出させるような確定方程式問題が含まれていた．

フィボナッチは明らかに多くのさまざまな古典から引用していた．彼の3次

訳注 ────────

[*7] フィボナッチ数列の歴史については次を参照．中村滋『フィボナッチ数の小宇宙（ミクロコスモス）改訂版』，日本評論社，2008．

[*8] 実際には14–16世紀イタリアの算法学校では，『算板の書』をイタリア語に翻案したものが広く用いられていた．

方程式 $x^3 + 2x^2 + 10x = 20$ の扱い方は，算法と論理の相互関係を見るうえでとくに興味深い．彼はこの方程式にはエウクレイデス的意味で根が存在しないことを初めて証明したが，その際にとった態度は現代的立場に近いものであった．ここでいうエウクレイデス的意味とは，根が整数比であるとか，あるいは a と b を有理数とすれば根が $a + \sqrt{b}$ の形になることをいう．このことは，当時においてはその方程式が代数的手段によってきちんと解けないことを意味していた．そこでフィボナッチは正根を 6 桁の 60 進小数――1; 22, 7, 42, 33, 4, 40 ――で近似的に表そうとした．それは驚くべき成果であるが，彼がいかにしてその結果を得たのかはわかっていない．おそらくフィボナッチは，すでに見たようにそれ以前に中国において知られていたいわゆる「ホーナー法」をアラビア人を通じて学んでいたのであろう．上の結果は，その時代までに，あるいはその後 300 年間にヨーロッパにおいて得られた代数方程式の無理根の最も正確な近似値である．フィボナッチが商行為においてではなく理論的な数学の研究において 60 進小数を用いたということは，その時代の特色を示している．おそらくこのことが，インド・アラビア数字が 13 世紀の『アルフォンソ表』のような天文表にすぐには用いられなかった理由であろう．「自然学者」の（60 進）小数が使われていたような分野では，常分数や単位分数が必要であった商業ほどには，さし迫って 60 進小数を置き換える必要がなかったのである．

12.6.4 数論と幾何学

　フィボナッチは 1225 年に，『精華』だけでなく不定解析に関する素晴らしい著作『平方の書（Liber quadratorum）』も出している．『精華』と同じように，それにもいろいろな問題が含まれていたが，その一部はフィボナッチが招かれた皇帝フェデリーコ II 世の御前数学試合からとられていた．提示された問題の一つは，ディオファントスが大いに好んだ問題に驚くほどよく似た，ある有理数の平方に 5 を加えても，あるいはそれから 5 を引いても，結果がある有理数の平方になるような有理数を求めよ，という問題である．この問題とその解答 $3\frac{5}{12}$ は両方とも『平方の書』に載っている．またその著作では，ディオファントスの著作に現れ，アラビア人によって広く用いられた次の恒等式がしばしば使われている．

$$(a^2 + b^2)(c^2 + d^2) = (ac + bd)^2 + (bc - ad)^2 = (ad + bc)^2 + (ac - bd)^2$$

　一部の問題や解法のなかで，フィボナッチはアラビア人の業績を厳密にたどっ

ているように思われる．

フィボナッチは本来代数学者であったが，1220年に『幾何学の実用 (*Practica geometriae*)』という著作も書いている．それは（今は失われた）エウクレイデスの『図形分割論』のアラビア語訳とヘロンの計測法についての著作に基づいたとされている．そのなかには，三角形の中線が互いに他を 2:1 の比に分割することの証明や，ピュタゴラスの定理の3次元への類推などが含まれていた．フィボナッチはバビロニアとアラビアの傾向を継承し，幾何学の問題を解くために代数を用いたのである．

12.7　ヨルダヌス・ネモラリウス

これまで述べた若干の説明から，フィボナッチがまれに見る有能な数学者であったことが明白であろう．確かに，900年間の中世ヨーロッパ文化のなかで彼には相手にとってふさわしいライバルはいなかったが，ときに考えられているようにまったく唯一の存在でもなかった．フィボナッチほどではなかったが，彼と同時代にヨルダヌス・ネモラリウス（1225–1260）という有能な年少者がいた．ヨルダヌス・ネモラリウスつまりネモレのヨルダヌスは，すでに述べた13世紀の誰よりもアリストテレス的科学観を代弁する人物であり，のちに中世の静力学学派と呼ばれることのある学派の創始者となった．古代の人々が証明しようとして徒労に終わった斜面の法則，すなわち斜面に働く力はその斜面の勾配に反比例する，を初めて正しく公式化したのが彼である．ここで，勾配は斜面上に与えられた長さとその長さが垂直に切り取る高さの比——つまり「斜面上の長さ」と「垂直高」の比——によって測られる．これを三角法の術語で示せば $F : W = \frac{1}{\operatorname{cosec} \theta}$ となり，それは現代の公式 $F = W \sin \theta$ に相当する．ここで W は荷重，F は力，θ は傾斜角である．

ヨルダヌスは静力学ばかりでなく算術や幾何学や天文学の本も書いている．とくに『算術 (*Arithmetica*)』は16世紀までパリ大学で人気のあった注釈書のもとをなすものであった．これは計算についての著作ではなく，ニコマコスとボエティウスの伝統にならった準哲学的著作であった．そこには，完全数の倍数は超過数であり，完全数の約数は不足数であるという定理のような理論的結果が含まれている．『算術』はとくに数を表すために数字に代えて文字を用いた点で重要である．それによって一般的な代数定理の記述が可能になったのである．エウクレイデス『原論』第VII巻から第IX巻までに見られる算術的定

理においては，数は文字を付した線分によって表されていた．また，フワーリズミー『代数学』の幾何学的証明には，文字つきの図形が用いられていた．しかし『代数学』で用いられていた方程式の係数は，数字によって表現されていようが言葉で書かれていようが，すべて特定の数であった．一般化の概念はフワーリズミーの説明で暗示されていたが，彼は幾何学では容易に得られる一般的命題を代数で表現しようとはまったく考えなかった．

『算術』における文字の使用は「パラメータ」の概念を示唆したが，ヨルダヌスの後継者たちは概して彼が文字によって表そうとしたもくろみを見落としていた．彼らはヨルダヌスの別の著作『与えられた数について（De numeris datis）』に見られる代数のアラビア的側面に興味をより多く引かれたようである．その著作は，与えられた数からある種の条件に従ってその数に関係するほかの数を見つけ出すための代数法則，あるいは特定の制限を満足する数を決定する代数法則などを寄せ集めたものである．典型的な例は次のようなものである．ある数が 2 個の部分に分けられ，それらの積が与えられるならば，分けられてできた 2 個の数は必然的に決められる．

ヨルダヌスがその例に対する 2 次方程式の解法に相当する規則を完全に一般的な形で初めて述べたのは，大きな手柄であった．ほんの少ししてから彼はそれの具体例をローマ数字で表し，数 X を 2 個の部分に分け，それらの積が XXI になるようにするために，ヨルダヌスは以前に示された段階を踏んでそれらの部分が III と VII であることを知った．

12.8 ノヴァーラのカンパヌス

3 世紀にわたって人気のあった算術法則の解説書『証明付算法（Algorismus または Algorithmus demonstratus）』もまたヨルダヌスの作とされている．『証明付算法』にもやはりボエティウスとエウクレイデスの影響が見られるが，同時にアラビアの代数的特徴も見られる．それよりさらに強くエウクレイデスの影響が見られるのが，法王ウルバヌス IV 世付きの司祭であったノヴァーラのヨハンネス・カンパヌス（活動期 1260 年頃）の著作であった．中世末期の，エウクレイデスのアラビア語からラテン語への権威ある訳本はカンパヌスによるもので，それが最初に印刷版として登場したのは 1482 年のことであった．その翻訳に際してカンパヌスは，さまざまなアラビアの文献とともにアデラードによるラテン語訳本を参考にした．ヨルダヌスもカンパヌスも接触角，つまりつ

260

の状角について論じたが，その話題は数学がより哲学的かつ思弁的様相を帯びた中世後期に活発な議論を巻き起こした．カンパヌスは，接触角——すなわち円の弧と弧の端点における接線によってできる角——と相交わる2直線のつくる角を比較すると，エウクレイデス『原論』の第 X 巻命題 1, つまり「取尽し法」の基本命題との矛盾が生じるらしいことに気がついた．直線角は明らかに接触角より大きい．そこで，大きいほうの直線角から半分以上を取り去り，続いてその残りの角から半分以上を取り去るというように，そのたびに角の半分以上を減じることを続けていくならば，最後には小さいほうの接触角より小さい直線角が得られることになる．しかしこれは明らかに正しくない．そこでカンパヌスは，取尽し法の命題は同種の量に適用すべきであって，接触角は直線角とは異なるものであると正しく結論した．

ヨルダヌスとカンパヌスの関心の一致は，カンパヌスが訳した『原論』第 IV 巻の最後に，ヨルダヌス『三角形について (*De triangulis*)』に載っている角の 3 等分とまったく同じ内容が記述されている事実にも見られる．唯一の違いは，カンパヌスの図のなかの文字の順がラテン語の順であり，一方ヨルダヌスの図のなかで使用されたラテン文字の順序は，ギリシャの影響に基づくアラビア語アルファベットの順だったことである．その角の 3 等分は，古代のものと違って基本的に次に示すようなものである．

3 等分されるべき角 AOB を半径 $OA = OB$ の円の中心に頂点がくるようにとる（図 12.1）．中心 O から OB に直角になるような半径 OC を引き，A を通り $DE = OA$ になるような直線 AED を引く．最後に，O を通り AED に平行な直線 OF を引く．すると，角 FOB は求めようとする角 AOB の 3 分の 1 となる．

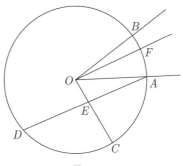

図 12.1

12.9　13世紀の学問

　フィボナッチの業績によって，西ヨーロッパは数学的成果の水準においてほかの文明と肩を並べるようになってきたが，それはラテン文化全体において起こったことのほんの一部にすぎなかった．有名な大学の多く——ボローニャ，パリ，オックスフォード，ケンブリッジなど——は12世紀末期と13世紀初頭に設立されたが，この時期は壮大なゴシック様式の大聖堂——シャルトル，ノートルダム，ウェストミンスター，ランス——が建築された時期でもあった．アリストテレスの哲学や科学も復興され，大学や教会付属学校で教えられた．13世紀は，たとえばアルベルトゥス・マグヌス，ロバート・グロステスト，トマス・アクィナス，ロジャー・ベイコンなどの偉大な学者や聖職者の時代でもあった．そのうちグロステストとベイコンのふたりは，彼ら自身は数学者として大したことはなかったが，教育科目における数学の重要性を強く訴えていた．また，多くの実用的な発明——おそらく中国に由来すると思われる火薬と羅針盤，イタリアに由来する眼鏡，ほんの少し遅れて機械時計——がヨーロッパで知られるようになった時期も13世紀であった．

 12.10　アルキメデス復活す

　12世紀にはアラビア語からラテン語への翻訳の大きな潮流があったが，13世紀にはそれとは違った翻訳の流れが見られた．たとえば，アルキメデスの著作の大部分は中世の西ヨーロッパではほとんど知られていなかったが，1269年にムールベクのヴィレム（1215頃–1286）がアルキメデスの科学および数学に関する主要な著作をギリシャ語からラテン語に翻訳した（その原本は1884年にヴァチカンで発見された）．フランダース出身でコリントの大司教と呼ばれたムールベクのヴィレムは，数学をほとんど知らなかった．そのため，彼の過度の直訳（今ではギリシャ語の原典を再生するのに役立っている）はあまり有用ではなかったが，そのとき以来アルキメデスの著作の大部分が少なくとも手に入るようになった．実際，ムールベクのヴィレムの訳には，アラビア人にとって明らかに馴染みの薄かったアルキメデスの著作，たとえば『螺線』，『放物線の求積』，『円錐状体と球状体』などが含まれていた．とはいえ，アルキメデスの数学の理解においては，イスラーム教徒のほうが中世のヨーロッパ人よりも歩を進めることができたのであった．

12世紀にアルキメデスの著作が，飽くことを知らないクレモナのゲラルドの注意をまったく引かなかったわけではない．彼は小品『円の測定』のアラビア語訳をラテン語に翻訳しており，それはその後数世紀にわたってヨーロッパで使われた．また，1269年以前にもアルキメデス『球と円柱』の一部が流布していた．それら二つの例では，アルキメデスが行ったことの全体について正しい認識を持ちえなかったから，多数の主要な著作を含むムールベクのヴィレムの翻訳はきわめて重要であった．確かに彼の翻訳は次の2世紀間，たまにしか使われなかったが，少なくとも後世に残ったのである．そして，その翻訳がレオナルド・ダ・ヴィンチやルネサンスのほかの学者たちの知るところとなり，16世紀に初めて印刷されたのはムールベクのヴィレムの訳であった．

§11
中世の運動学

12.11　中世の運動学

　数学の歴史は，平坦で連続する発達の記録ではなかった．したがって，13世紀の高揚がその勢いをいくぶんか失っていったとしても驚くにはあたらない．より高度な古典幾何学の復活を促したパッポスに相当する人物は当時のラテン世界にはいなかったのである．パッポスの著作もラテン語やアラビア語のものはなかった．アポロニオス『円錐曲線論』についてさえ，当時光学に関連してあちこちで書かれた論文からわかってきた放物線のごく簡単な性質以上のことはほとんど知られていなかった．ちなみに光学は，スコラ哲学者を魅了してやまなかった科学の分野であった．力学もまた，13世紀と14世紀の学者の興味を引いていた．というのは，その時点で彼らはアルキメデスの静力学とアリストテレスの運動学の両方を手にしていたからである．

　アリストテレスの運動に関する結論は問題視されなかったわけではなく，とくにフィロポノスによって修正が示唆されていたことは先に述べた．14世紀には，一般的には変化の研究，とりわけ運動の研究が各大学でもてはやされ，とくにオックスフォード大学やパリ大学において盛んであった．オックスフォードのマートン・カレッジではスコラ哲学者たちが，現在一般にマートン規則と呼ばれる一様な変化率の公式を導き出していた．その規則は距離と時間について，基本的に次のことをいっている．ある物体が一様に加速しながら運動するならば，その物体が到達する距離は，別の物体が先の物体の所要時間の中間時点での速度で同じ時間だけ一様に運動した場合の到達距離に等しくなる．これを現在の言葉でいえば，平均速度は初速度と終速度の算術平均であるということ

263

になる．一方，パリ大学では，運動力についてフィロポノスが提唱した考え方より詳細で明確な理論（インペトゥス理論）が研究されていた．そこには我々の慣性に近い概念が認められる．

12.12　トーマス・ブラドワディーン

中世後期の自然学者の多くが大学教師と聖職者であったが，ここでは数学者としても卓越していたふたりのみに注目する．最初は，哲学者で神学者で数学者でもあり，カンタベリー大司教の地位にまで昇ったトーマス・ブラドワディーン（1290?–1349）である．第2の人物は，パリの学者でリジューの司教になったニコル・オレーム（1323?–1382）である．比例の概念はこのふたりによって拡張された．

エウクレイデス『原論』には論理的に妥当な比例論つまり比の相等が含まれており，それを古代と中世の学者たちが科学的諸問題に応用してきた．与えられた時間内に等速運動によって通過する距離はその運動速度に比例し，また与えられた距離についてみれば，所要時間は速度に反比例する，ということである．

一方アリストテレスは，抵抗媒体中で働く運動力を受ける物体の速度は一方ではその力に比例し，他方ではその抵抗に反比例すると考えたが，それはまったく正しくなかった．その定式化は，のちの学者たちにとっていくつかの点で常識に反するように思われた．力 F が抵抗 R よりも大きい場合には，速度 V は $V = K\frac{F}{R}$ に従って与えられるであろう．ここで K はゼロでない比例定数である．しかし抵抗が力と釣り合うかまたは越えているときには，速度はそもそも得られないはずである．その不合理を回避するためにブラドワディーンは一般化した比例理論を用いた．彼は1328年に書いた『比例論考（*Tractatus de proportionibus*）』のなかで，ボエティウスの2倍や3倍の比例論，あるいはさらに一般化した比例論，いわゆる「n 倍」の比例論を発展させた．彼の理論は言葉で表現されているが，現代の表記法でいえば，この例における量は2乗，3乗さらには n 乗という風にベキ乗で変化することになる．同じような方法で，その比例論に2分の1，3分の1さらには n 分の1の比が導入された．そこでは，それらの量は平方根，立方根さらには n 乗根という風に変わる．

こうしてブラドワディーンは，アリストテレスの運動論に代わる運動論を提案する準備を整えた．彼は次のように述べている．ある比つまり比例式 $\frac{F}{R}$ によって与えられる速度を2倍にするためには，比 $\frac{F}{R}$ を2乗する必要がある．速

度を 3 倍にするためには，その「割合」つまり比 $\frac{F}{R}$ を 3 乗しなければならない．速度を n 倍にするためには，比 $\frac{F}{R}$ を n 乗しなければならない．これを現在の表記法でいえば，速度は $V = K \log \frac{F}{R}$ という関係によって与えられるということと同等である．というのは，$\log(\frac{F}{R})^n = n \log \frac{F}{R}$ だからである．つまり，$V_0 = \log \frac{F_0}{R_0}$ とすれば，$V_n = \log(\frac{F_0}{R_0})^n = n \log \frac{F_0}{R_0} = nV_0$ となる．しかし，ブラドワディーン自身その法則を実験的に確かめることをしなかったのは明らかである．また，その法則が広く受け入れられることもなかったらしい．

ブラドワディーンはそのほかにも数冊の数学書を書いたが，それらはすべて当時の時代精神をよく表すものであった．彼の『算術』と『幾何学』には，ボエティウス，アリストテレス，エウクレイデス，およびカンパヌスの影響が見られる．また，当時「深遠博士 (Doctor profundus)」と呼ばれていたブラドワディーンは，接触角や星状多角形のようなテーマにも興味を持った．それらのテーマは両方ともカンパヌスやそれ以前の著作にすでに現れている．星状多角形は，その特殊な場合として正多角形を含むが，その起源は古代に遡る．星状多角形とは，円周を n 等分した n 個の点の一つから始めて，n 個の点を m 個おきに順次直線で結ぶことによってつくられる多角形のことである．ここで $n > 2$ で m と n は互いに素である．『幾何学』にはアルキメデス『円の測定』についてちょっと触れた箇所さえある．ブラドワディーンの著作のすべてに見られる哲学的傾向は，『思弁的幾何学 (Geometrica speculativa)』や『連続体論 (Tractatus de continuo)』に最も明確に認められる．これらの著作でブラドワディーンは，連続量は無数の不可分量を含むけれども，そのような数学的原子で構成されているのではなく，同種類の無数の連続体からなると論じた．彼の見解はときに現代の直観主義者の見方に似ているといわれる．いずれにしても，トマス・アクィナスなどスコラ哲学者の間で人気があった連続体についての中世の思索は，のちに 19 世紀のカントルの無限の概念に影響を与えた．

12.13　ニコル・オレーム

ニコル・オレームはブラドワディーンよりあとの時代の人物で，彼の著作にはブラドワディーンの概念の拡張が見られる．1360 年頃に書かれた『比の比について (De proportionibus proportionum)』でオレームは，ブラドワディーンの比例論を一般化していかなる有理分数指数をも含むようにしたうえで，比の結合法則を与えている．それは現在，$x^m \cdot x^n = x^{m+n}$ および $(x^m)^n = x^{mn}$

で表されている指数法則に相当するものである．その法則のそれぞれについて，彼は特定の例を示している．また，『比の算法（*Algorismus proportionum*）』という別の著作のうしろのほうで，それらの法則を幾何学および自然学の問題に応用している．また，オレームは分数指数を表すために特別の表記法を使うことも示唆した．というのは，『比の算法』に下のような表現があり，

それで「一つと半分の比」——つまり主平方根の3乗——を表し，また，次のような形

$$\frac{1 \cdot p \cdot 1}{4 \cdot 2 \cdot 2}$$

で $\sqrt[4]{2\frac{1}{2}}$ を表しているからである．現在，我々はベキ乗やベキ乗根を表す記号法を当然のことと思っており，数学の歴史においてそれらの記号法の発展が遅かったことに思いをはせることはほとんどない．オレームの業績で表記法よりもさらに独創的だったのが，無理数の比の可能性を示唆したことである．それについて彼は，たとえば $x^{\sqrt{2}}$ と表されるような領域に向かって研究を進めていた．それは高等超越関数についての数学史上おそらく最初の示唆であろう．しかし，適切な用語と表現法を欠いたために，オレームは無理数のベキ乗の概念をうまく発展させることができなかった．

12.14　形相の幅

　無理数によるベキ乗の概念はオレームの最も輝かしい考察であったといえるかもしれないが，彼が最も影響を及ぼしたのはその分野ではなかった．彼の時代以前のほぼ1世紀の間，スコラ哲学者たちは変化する「形相」の量化を論じていた．形相とはアリストテレスの概念の一つで，おおよそものの質に相当する概念である．変化する形相とは，運動している物体の速度や，温度が一様でない物体における点から点への温度変化などである．その議論は，当時の分析手段が適切でなかったために際限なく冗長なものであった．そうした不利な点があったにもかかわらず，マートン・カレッジの論理学者たちは，すでに述べたよ

§14 形相の幅

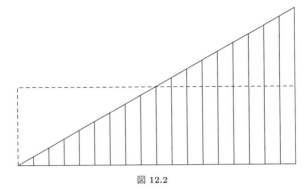

図 12.2

うに「一様に非一様な」形相——つまり変化率の変化率は一定である形相——の平均値に関する重要な定理に到達していた．オレームはその結論をよく知っており，そのうえで 1361 年以前のある時点に素晴らしい考えを思いついた．それは，物事が変わる様子を絵やグラフに描いたらどうだろう，というものであった．もちろん，現在でいう関数のグラフ表示を暗示するものがここに見られる．米国の科学史家マーシャル・クラーゲットが，ジョヴァンニ・ディ・カサーリが描いた，オレームより早期のグラフらしきものを発見していたが，そこでは経度線（長さの線）が垂直の位置に置かれている（Clagett 1959, pp.332–333, 414）．しかしオレームの表示は明瞭さと影響力の点でカサーリのものに優っている．

　オレームは，測定可能なものはすべて連続量としてとらえることができると書いている．そこで彼は，一様に加速する運動体を表すために速度と時間によるグラフを描いた．水平な線に沿って時間の各瞬間を表す点（経度つまり長さ）をつけ，各瞬間に対して経度線に垂直な線分（緯度つまり幅）を引き，その線分の長さで速度を表した．それらの線分の端点が直線上に並び，一様に加速する運動が停止状態から始まるとすれば，速度を表す線（いわゆる縦座標）の全体は直角三角形になるであろうとオレームは考えた（図 12.2）．直角三角形の面積が通過した距離を表すことから，オレームはマートン規則に幾何学的証明を与えたことになる．経過時間の中間点における速度は終速度の半分になっているからである．そのうえ，この図は一般に 17 世紀のガリレオによるものとされている運動の法則を明らかに導いている．この幾何学図形から，時間の前半に対応する面積と後半に対応する面積の比が 1 : 3 であることが明らかである．時間を 3 等分すれば，（面積によって与えられる）通過距離の比は 1 : 3 : 5

267

になる．また4等分すれば，距離の比は1：3：5：7になる．のちにガリレオが観察したように，一般にそれらの距離の比は互いに奇数の比となり，最初の連続した n 個の奇数の和は n の2乗であるから，通過した総距離は時間の2乗に比例して変わる．つまり，このことは落体についてのガリレオの有名な法則にほかならない．

　オレームが用いた「緯度つまり幅」と「経度つまり長さ」という言葉は，一般的な意味では現在の縦座標と横座標に相当するものであり，彼のグラフ表示は現在の解析幾何学に近いものである．もちろん，座標を利用したのは彼が初めてだったわけではなく，彼以前にもアポロニオスなどが座標系を用いていた．しかし変量をグラフ表示するというオレームの方法は目新しいものであった．ただ，彼は未知量が一つの関数は一つの曲線として表現できるという基本原理を把握していたようではあるが，その観察結果を1次関数の場合以外に有効に役立てることはできなかった．そのうえ，オレームの主たる興味は，曲線の下側の面積にあった．したがって，すべての平面曲線は，一つの座標系に関しては，1変数の関数として表現できることを彼が理解していたとは考えにくい．我々ならば一様加速度運動における速度のグラフは直線になるというところを，オレームは「強度ゼロで終わる一様に非一様な性質はすべて直角三角形として考えられる」と書いた．つまりオレームは，(1) 関数の変化の仕方（つまり，その曲線の微分方程式）と (2) 曲線の下側の面積の変化の仕方（つまり，その関数の積分）とについて関心を傾けたのである．そして彼は一様加速度運動のグラフの傾きが一定なこと——現在の解析幾何学における2点を結ぶ直線の方程式に相当し，ひいては微分三角形の概念を導くことになる観察——を指摘した．さらにオレームは，距離関数つまり面積を求める際に，簡単な積分を明らかに幾何学的に行ったが，それは結果としてマートン規則を導いた．彼は速度と時間によって決まる曲線の下側の面積がなぜ通過した距離を表すことになるかを説明しなかったが，たぶんその面積が各微小時間の速度をそれぞれ表す多数の垂直線つまり不可分な線からなると考えたのであろう．

　当時，形相の幅と呼ばれた関数のこのグラフ表示は，オレームの時代からガリレオの時代まで継続して，人気のあるテーマであった．『形相の幅についての論考 (*Tractatus de latitudinibus formarum*)』はオレーム自身か，ことによるとオレームの弟子が書いたもので，それは多数の写本となって世に出まわり，1482年から1515年の間に少なくとも4回印刷されている．しかしそれはオレームが書いた大著『力と測定の図形化論考 (*Tractatus de figuratione potentiarum et mensurarum*)』の要約にすぎなかった．そのなかでオレームは「形相の幅」の3次元への拡張まで示唆していた．そこでは2個の独立変数を持つ関数が体積として図示され，その体積は参照平面の一部分の点上に，与えられた規則に従って立てられた縦座標の全体からなるものであった．

12.15 無限級数

14世紀の西欧の数学者たちは独創的で精緻な思考力を持っていたが，代数学と幾何学の才能には欠けていた．したがって，彼らの貢献は古典の拡張にではなく，新しい観点の創造にあった．その一つは無限級数の研究で，先行していたものとしては古代の反復算法とアルキメデスの無限等比数列の総和法だけで，基本的には西欧では新奇なテーマであった．ギリシャ人が「無限嫌悪（*horror infiniti*）」を持っていたのに比べて，中世後期のスコラ哲学者は可能的無限と実在的（つまり「完成された」）無限の両方にしばしば言及した[*9)]．14世紀のイギリスで，論理学者だったが「計算者（Calculator）」という名前のほうがよく知られていたリチャード・スワインズヘッド（活動期1350年頃）は，次のような形相の幅の問題を解いている．

> 与えられた時間間隔の前半を通じて変化が一定の強度で続き，次の4分の1では2倍の強度，次の8分の1では3倍の強度と以下無限に続くとすれば，時間間隔全体における平均強度は，2番目に分けた区間の変化の強度（つまり初期強度の2倍）となる．

このことは，次の無限級数の和が2であるというのと同じである．
$$\frac{1}{2}+\frac{2}{4}+\frac{3}{8}+\cdots+\frac{n}{2^n}+\cdots=2$$
「計算者」はグラフ表示を知らなかったから，言葉による長たらしくて退屈な証明を与えたが，オレームはグラフ的手法を使ってその定理をより簡単に証明した．オレームは次のような別の無限級数も扱っており，和として $\frac{4}{3}$ を得ている．
$$\frac{1\cdot 3}{4}+\frac{2\cdot 3}{16}+\frac{3\cdot 3}{64}+\cdots+\frac{n\cdot 3}{4^n}+\cdots=\frac{4}{3}$$
これらに類似の問題は次の1世紀半の間，学者たちの心をとらえ続けた．無

訳注 ────────────

[*9)] 可能的無限は潜在的無限，実在的無限は現実的無限や実無限とも呼ばれる．

限級数についてのオレームの貢献には，これ以外にも，調和級数が発散することの証明があった．彼は級数
$$\frac{1}{2}+\frac{1}{3}+\frac{1}{4}+\frac{1}{5}+\frac{1}{6}+\frac{1}{7}+\frac{1}{8}+\cdots+\frac{1}{n}+\cdots$$
の連続する項をいくつかのグループに分け，第 1 項を第 1 グループ，次の 2 項を第 2 グループ，次の 4 項を第 3 グループ……というようにした．したがって第 m グループは 2^{m-1} 個の項を含むことになる．こうするとグループは無限に生じ，各グループに属する項の和は少なくとも $\frac{1}{2}$ になることが明らかである．したがって，順番に十分多くの項を足していけば，その和は与えられたいかなる数をも越えてしまうことになる．

12.16　レヴィ・ベン・ゲルション

　レヴィ・ベン・ゲルション（ゲルソニデス）(1288–1344) はプロヴァンスに住んだユダヤ人の学者で，多くの数学の著作をヘブライ語で発表した．プロヴァンスは当時フランスの領土ではなかったが，そこでユダヤ人たちはフランスの「端麗王」フィリップ IV 世の迫害を受けていた．レヴィ・ベン・ゲルションはアヴィニョン教皇クレメンス VI 世の寛容な支援を受け，モーの司教の要請でテクストの一つを書いた．彼の学識は幅広く，最もよく知られているのはおそらく神学者と哲学者としてであるが，数多くの学問分野に造詣が深く，プロヴァンスの学識あるエリートに尊敬されていたようである．彼はほかからは影響を受けていない思想家で，ユダヤ教の神学であろうとプトレマイオスの天文学説であろうと，研究したほとんどの分野で認められていた考えに疑問を持ったらしい．

　1321 年に書いた『計算術 (*Sefer Maaseh Hoshev*)』でゲルションは，後にいわゆる高等代数学の課程に見られた多くのテーマ——たとえば開平法・開立法，級数の求和，順列と組合せ，2 項係数など——について説明した．また，当時は一般的ではなかった方法を用いた証明も行った．1342 年には『数の調和』を書いたが，それには (1, 2), (2, 3), (3, 4) と (8, 9) だけが，因数が 2 または 3 に限られる 2 連続数であることの証明が含まれていた．ゲルションの幾何学へのおもな貢献は 2 冊の本であり，その一つでエウクレイデスの最初の V 巻の注釈をしている．また，平行線公準の独立性についても論じた．

　ゲルションの最大の本は，1317 年から 1328 年にかけて書いた 6 巻からなる『神の戦争 (*Sefer Milhamot Ha-shem*)』である．その第 V 巻の大部を占める

「天文学」はアヴィニョン教皇庁でラテン語に翻訳され、それには別に発行されたゲルションの『正弦、弦および弧について』も含まれていた。この本には、平面三角形の正弦定理の証明と正弦および正矢の表の作成に関する考察を含む、三角法についてのゲルションの主要な理論が書いてあった。彼の表は $\frac{3}{4}°$ まで、きわめて正確である。天文学の研究としては、角距離の測定に用いられる「ヤコブの杖」やその他の天文学用測定具の説明のほか、前記のプトレマイオスに関して理論と観測結果の一致が不十分であることへの批判などがあった。

12.17 ニコラウス・クザーヌス

測定可能なものはすべて直線（緯度つまり幅）で表すことができ、測定の数学は神学的見地からも実際的見地からも、ルネサンス期の早い時期に盛んになるであろうとオレームが論じていた。同様の考えを持っていたのがニコラウス・クザーヌス（1401–1464）であり、彼は時代の弱点を体現していた人物である。というのも、彼は中世と近代の境目に生きており、科学におけるスコラ哲学の弱みは測定をしなかったことにあったと考えた。「知性（*mens*）」とは語源において「測定（*mensura*）」に関連しているから、知識は測定に基礎をおかなければならないというのが彼の考えであった。

ニコラウス・クザーヌスは人文主義者たちの古代への関心の影響も受けており、新プラトン主義の考えを信奉していた。そのうえ彼はラモン・リュイ（1232–?）の著作を研究し、アルキメデスの著作の一部の翻訳版を読むことができた。だが残念なことに、ニコラウス・クザーヌスは数学者としてよりも聖職者として秀でていた。教会では枢機卿にまで上りつめたのに対して、数学界では円の方形化に成功したと勘違いした人物といわれている。「相反するものの和合」という哲学的信条から、彼は最大と最小は関連しており、したがって円（考えうる最多の辺を持つ多角形）は三角形（最少の辺を持つ多角形）に一致するに違いないと信じるに至った。内接多角形と外接多角形を巧みに平均化することによって求積に到達したと彼は考えた。彼は古代最高の英知を魅了した問題を解こうとした最初の近代ヨーロッパ人のひとりであり、その努力が同時代人を刺激して彼の研究の批判に向かわせたことに比べれば、彼が間違っていたことは大した問題ではない。

12.18 中世の学問の衰退

　ヨーロッパの数学史を中世初期の暗黒時代からスコラ哲学時代の最盛期までたどってきた．7世紀の沈滞のどん底から13世紀および14世紀のフィボナッチやオレームの業績に至るまでの進歩はめざましいものであったが，中世の業績は古代ギリシャにおける数学的偉業には決して及ぶものではなかった．数学の進歩は世界のいかなる場所——バビロニア，ギリシャ，中国，インド，イスラーム世界またはローマ帝国——においても，間断なく遂げられたわけではなかった．したがって西ヨーロッパにおいて，ブラドワディーンやオレームの業績のあとに衰退が始まったことも驚くにはあたらない．1349年にトーマス・ブラドワディーンは黒死病に倒れたが，この病魔はヨーロッパを襲った最悪の災厄であった．1, 2年という短い期間にその疫病によって死んだ人の数は，およそ人口の3分の1から半分に達した．そしてこの大惨事は必然的に深刻な混乱と士気の喪失をもたらした．14世紀に数学の分野で先頭に立っていたイギリスとフランスが，15世紀には百年戦争やバラ戦争によってさらに荒廃していったことを考えれば，学問の衰退のあり様も理解できることであろう．15世紀には衰えつつあるオックスフォード大学やパリ大学のスコラ哲学に代わって，イタリア，ドイツおよびポーランドの大学が数学の分野で先頭に立つことになった．そこで，次は主としてこれらの国々を代表する人々に触れることにする．

13 ヨーロッパのルネサンス
The European Renaissance

§1
概
説

> 私がしばしば用いるように，1組の平行線
> すなわち同一の長さの2本線 ═ を使うことを提唱する．
> なぜなら，二つのものが等しいことを表す表記法として，
> これ以上のものはないからである．
> ——ロバート・レコード

 13.1 概　説

　1453年のコンスタンティノポリスの陥落は，ビザンツ帝国の崩壊を告げるものであった．そのとき，亡命者たちが古代ギリシャの書物の貴重な写本を携えてイタリアに逃がれ，おかげで西ヨーロッパ世界が古代の業績に触れるようになったとよくいわれる．しかし，コンスタンティノポリスの陥落がそれとはまったく逆の影響をもたらしたということも考えられる．すなわち，文学と数学双方の古典の頼りになる供給源を，西欧世界はもはやあてにできなくなったということである．この件についての最終的評価がどう落ち着くにせよ，15世紀の中頃に数学活動が再度高まりを見せていたことには疑いの余地がない．当時，ヨーロッパは黒死病による肉体的，精神的ショックから立ち直りつつあったし，またその頃発明されたばかりの1字ずつ植字できる活字を使った印刷術によって，学問的著作がそれまでになく多くの人々の手に入るようになっていた．1447年には西欧で初めて書物が印刷され，しかも15世紀の終わりまでにさまざまな著作が合計30,000版以上も世に出ていた．そのなかでは数学の書物の数はわずかなものであったが，それでも，それらはすでにあった手写本とともに数学発展の基礎となった．

　しかしながら，当時なじみのなかったギリシャ幾何学の古典を印刷術によって復元することは，アラビアの代数学や算術の書物を中世ラテン語訳で印刷することに比べれば，当初あまり意味のないことであった．15世紀には，ギリシャ語が読める者や，アラビア人よりも優れたギリシャ幾何学者の著作を役立てられるほど数学的能力のある者はほとんどいなかったからである．この点で数学は，文学はもちろん自然科学とも異なっていた．というのは，15世紀や16世紀の人文主義者たちが，新たに再発見されたギリシャの科学や芸術上の遺産にかつてないほど惚れこんだのにひきかえて，それまで親しんでいたラテン語やアラビア語の著作を逆に低く評価するようになっていたからである．他方，古

273

典数学はエウクレイデスの最も初歩的な部分を除けば高度の予備教育を受けた者にしか理解できなかった．そのため，数学分野でのギリシャの著作の存在が明らかになっても，当面はそれまで続いた中世の数学的伝統に重大な影響を及ぼすことはなかった．つまり，ラテン語による中世の初等幾何学や比例理論の研究は，アラビア人の算術演算や代数学的方法の研究同様，アルキメデスやアポロニオスの著作の研究の難解さに比べれば大して難しくはなかったのである．要するに注目を集め印刷されたのは比較的初歩的な分野だけであった．同時に，生まれ変わった数学の専門用語と視野を特徴づける重要な差異が見えてきた．レギオモンタヌスと呼ばれた人物ほどこの移行期に影響を与えた変動因子を代表する人生を送った者はおそらくほかにいないであろう．

 ## 13.2　レギオモンタヌス

　おそらく 15 世紀で最も影響力が大きかった数学者ヨハン・ミュラー（1436–1476）はフランケン地方のケーニヒスベルク近くで生まれ，レギオモンタヌスと名乗った．これは「王の山」を意味するラテン語である．早くから数学と天文学に関心を持っていた早熟な学徒であったレギオモンタヌスは，ライプツィヒ大学で授業を受けたあと 14 歳でウィーン大学に移り，そこでゲオルク・ポイルバハ（1423–1469）に師事するかたわら幾何学を教え，ポイルバハと共同で天文学の観測と理論の研究をした．ポイルバハの死の 1 年前に，当時，神聖ローマ帝国のローマ教皇特使であったベッサリオン枢機卿がウィーンにやって来た．ギリシャ正教会とローマカトリック教会の統合のために尽力していたことと，ギリシャ古典の知識を広めたいと考えていたことで知られていた人物である．彼はプトレマイオス『アルマゲスト』の新訳を見ることに格別の関心を持っており，ポイルバハに訳すよう勧めた．ポイルバハが遺言でその仕事をレギオモンタヌスに遺し，ベッサリオンに愛着を覚えるようになったレギオモンタヌスはベッサリオンに付いてローマに赴き，そこで過ごしたりパドヴァ大学で教えたりした．一方ベッサリオンはヴェネツィア共和国のローマ教皇特使となって世界の大勢の学者に会った．その学者たちの何人かは彼らの影響力を発揮して，主要な天文台や図書館の蔵書をベッサリオンが利用できるように計らった．

　中央ヨーロッパで当時，個人や機関が数学と天文学で先導的な役割を果たしていた都市は，ウィーン，クラクフ，プラハ，ニュルンベルクなどであった．レギオモンタヌスがドイツに戻ってから居住したのがニュルンベルクだった．こ

の都市はその後，本の印刷（と学問，美術および発明）の中心地となり，16 世紀半ばにかけて最高の科学古典のいくつかが同地で出版された．ニュルンベルクでレギオモンタヌスは新たな後援者を得ていた．そしてその商人の援助によってレギオモンタヌスは印刷機と天文台を設置した．彼が印刷することを望んだ本の販売目録が今も残っている．それにはアルキメデス，アポロニオス，ヘロン，プトレマイオス，ディオファントスなどの書物の訳本が含まれていた．また，レギオモンタヌスがさまざまな天文機器の設計をしたこともわかっている．トルクエタム，アストロラーベなどであるが，一部はレギオモンタヌスの小さい工場で作られた．彼は天文学のさまざまな矛盾を解決することを望んでいたが，しかし，その望みもほかの計画と同様に実行されずに終わった．というのは，彼が暦の改訂についての協議のためにローマに呼ばれたからで，論争のうちに同地で死去した．

　天文学におけるレギオモンタヌスのおもな貢献は，ポイルバハが着手したプトレマイオス『アルマゲスト』のラテン語新訳を完成させたことである．天文学の新たな教科書であるポイルバハ『惑星の新理論（*Theoricae novae planetarum*）』が 1472 年にレギオモンタヌスの印刷所で出版された．それは当時広く出まわっていたサクロボスコ『天球論』を改良したものであった．レギオモンタヌスの翻訳事業では彼自身による教科書も生まれた．その 1 冊の『プトレマイオスのアルマゲスト要約』は，それまでの初等的な記述天文学の注釈ではしばしば省略されていた数学的部分を重点的に解説している点で注目に値する．しかし，数学にとってもっと重要であったのは，彼の『全形状三角形論（*De triangulis omnimodis*）』であった．三角形の解法を系統立ってまとめたその著作によって，三角法が復活したからである．

　人文主義者たちは自分たちの古典語に気品と純粋さを求めたため，人文科学のみならず科学の新訳を歓迎した．なぜなら，野蛮な中世ラテン語や中世ラテン語にかなり入り込んでいたアラビア語を毛嫌いしていたからである．レギオモンタヌスは人文主義者たちと同様に古典の学問を好んだが，彼らのほとんどと違ってスコラ哲学とイスラームの学問の伝統のほか，実践数学者による実際的な新工夫も尊んだ．

13.2.1　三　角　法

　1464 年頃に書かれたレギオモンタヌスの『全形状三角形論』第 I 巻は量や比についての基本的な概念の記述で始まっているが，それらの大部分はエウクレ

イデスからとられたものであった．そのあとに，直角三角形の性質を使う三角形の解法が 50 題以上続いていた．第 II 巻は正弦法則についての明確な説明と証明で始まり，確定条件を与えられた場合の平面三角形の辺，角および面積を問う問題が載せられている．その一例は次のようなものであった．「三角形の底辺とその辺の対角がわかっており，しかも底辺からの高さか面積のいずれかが与えられているならば，各辺の長さは求められる」．第 III 巻では三角法が使われる以前の「球面幾何学」についての古代ギリシャの文書に見られたような定理が述べられ，第 IV 巻では球面上の正弦法則を含む球面三角法について記している．

面積の「公式」を言葉で書き表して使ったのがレギオモンタヌスの『全形状三角形論』の目新しさの一つであったが，正接関数を除外した点で，同書はナシールッディーン・トゥーシーの扱いに及ばなかった．とはいえ正接関数は三角法についてのレギオモンタヌスの別の著作『方位表 (*Tabulae directionum*)』では取り上げられていた．

プトレマイオスの表の改訂を重ねるうちに新しい三角法の表が必要と考えられるようになり，15 世紀の天文学者の何人かがそれらの表の作成にあたっていたが，そのなかにレギオモンタヌスもいた．当時，端数を避けるために円の半径つまり *sinus totus* に大きな数値をとることが慣例であった．レギオモンタヌスは先輩たちにならって，自分の正弦表の一つでは半径に 600,000 を，別の表では 10,000,000 や 600,000,000 を採用している．そして『方位表』の正接関数の表では，半径を 100,000 としていた．彼はその関数を「正接」とは呼ばず，1° ごとに記された各数値は単に数「*numerus*」と呼び，表には「実り多い表 (*Tabula fecunda*)」という題をつけていた．たとえば 89° に対する値は 5,729,796 で，90° に対してはただ「無限」と記されている．

三角法についての上述の 2 冊の著作が出版される前にレギオモンタヌスが突然没し，そのために，それらの著作が世に出るのが大幅に遅れた．『方位表』は 1490 年に出版されたが，それよりも重要な著作『全形状三角形論』が印刷出版されたのは，ようやく 1533 年になってからのことであった（1561 年に再版）．それでも，彼の著作の内容は写本によって，レギオモンタヌスが仕事をしていたニュルンベルクの数学者仲間に知れわたっていった．そしてそれが 16 世紀初めの数学研究に影響を与えたことは十分に考えられる．

13.2.2 代 数 学

レギオモンタヌスは三角形の一般的研究から幾何学的作図題へと研究を進めたが，それらの作図題はどこかエウクレイデス『図形分割論』を連想させるようなものであった．そのなかには，たとえば三角形の1辺とその辺に対する三角形の高さとほかの2辺の比が与えられたとき，そのような三角形を作図するという問題があった．ただその際の取り扱い方には古代の慣習からの著しい逸脱が見られた．すなわち，エウクレイデスの命題では常に一般量を取り上げていたのに対して，レギオモンタヌスは線分に特定の数値を与えている．彼が一般的命題と意図したものにおいてもそうであった．そして線分にこのような特定の数値を与えたことによってレギオモンタヌスは，アラビアの代数学者たちが考案して12世紀の翻訳時代にヨーロッパにもたらされた算法を活用できることとなったのである．上述の作図題においては，未知の辺の一つは既知の数係数の2次方程式の1根として表すことができ，しかもその根は，エウクレイデス『原論』やフワーリズミー『代数学』でよく知られている方法で作図することができる（レギオモンタヌスの表現を借りれば，彼は求める未知の部分を「モノ」と呼び，「モノ」と「平方」の法則を使って——つまり2次方程式を用いて——解いた）．レギオモンタヌスの別の作図題である4辺が与えられたときの円に内接する四辺形の作図も同様にして解くことができる．

代数学におけるレギオモンタヌスの影響は限られたものであったが，その原因は，彼が記号ではなく文章での記述に固執したことと早世したことだけではなかった．彼が死去すると原稿はニュルンベルクの後援者の手に渡ったのだが，後援者はこの著作を後世の人々が読めるような効果的な手段を講じなかった．ヨーロッパの人々は代数学を，大学，教会の書記，発達中の商業活動や他分野の学者を通じてじわじわと伝わったギリシャ語，アラビア語，ラテン語での細々とした伝承によって，苦労し，時間をかけて学んだのである．

13.3 ニコラ・シュケの『三部作』

ルネサンス初期の数学者は，ほとんどがドイツとイタリアの出身であった．しかしフランスでも1484年には，その水準と意義において約3世紀前のフィボナッチ『算板の書』以来，おそらく最も優れた書物が書かれていた．しかもその書物は，『算板の書』と同じく19世紀まで印刷されることがなかった．その書物とは，ニコラ・シュケ（1445–1488）が書いた『数の学三部作（*Triparty en* la science des nombres）』である．しかし著者のシュケについては，パリに生まれ，医学の学士号をとり，リヨンで開業したこと以外ほとんど何もわかっていない．『三部作』は，それ以前のいかなる算術や代数の本にも似ておらず，著者が文中で言及している著者もボエティウスとカンパヌスだけであった．そこにはイタリアの影響がはっきり見られることから，シュケはフィボナッチ『算板の書』を知っていたのかもしれない．

『三部作』の第1部は数に対する合理的な算法を述べたもので，そのなかにはインド・アラビア数字についての説明もあった．インド・アラビア数字について，シュケは「10番目の数字は値を持ったり意味したりはせず，よってそれは零とか無とか値を持たない数字とか呼ばれる」，と述べている．この著作は本質的には修辞的な性格を持ち，四則の基本演算も「プラス（$plus$）」，「マイナス（$moins$）」，「で掛ける（$multiplier\ par$）」，「で割る（$partyr\ par$）」という言いまわしになっていた．このうち初めの二つは，ときに中世風に $\overline{p}$, $\overline{m}$ と略されていた．平均の算出について，シュケは「平均数の法則（$regle\ des\ nombres\ moyens$）」なるものを与えており，それによって a, b, c, d が正のとき $\frac{a+c}{b+d}$ は $\frac{a}{b}$ と $\frac{c}{d}$ の間にある，となっていた．第2部では数の根が一部略号化されて載っていた．たとえば $\sqrt{14 - \sqrt{180}}$ は今の形とそれほどかけ離れていない $\mathbf{R})^2.14.\overline{m}.\mathbf{R})^2 180$ となっていた．

『三部作』の最後の飛び抜けて重要な第3部は，「最初のものの法則（$Regle\ des\ premiers$）」——つまり未知のものに対する法則，要するに我々のいう代数——を扱っている．ところで，15世紀や16世紀には，未知のものに対してはさまざまな名称が用いられていた．たとえば res（ラテン語），$chose$（フランス語），$cosa$（イタリア語），$Coss$（ドイツ語）などである．その点，シュケの言葉「premier」はちょっと変わっている．さらにシュケは，2乗を $champs$（ラテン語では $census$），3乗を $cubiez$，4乗を $champs\ de\ champ$ と名づけていた．またそれらの倍数に対して，大変重要なベキ記号を発案している．すなわち，未知数のベキ乗の名称を，その未知数のある項の係数に指数記号をつけて表しているのである．したがって現在の $5x$, $6x^2$, $10x^3$ は『三部作』では $.5.^1$, $.6.^2$, $.10.^3$ と記されていた．さらにゼロや負の指数は，正のベキ乗記号に別の印をつけて表した．したがって $9x^0$ は $.9.^0$ となり，$9x^{-2}$ は $.9.^{2\cdot\mathrm{m}}$ で表され，$.9.\ seconds\ moins$（2マイナス）を意味した．このような記号法の採用によって指数法則があらわになり認識しやすくなったが，シュケはこの指数法則をオレームの比についての著作から知ったのかもしれない．シュケは，たとえ

ば.72.¹ 割る.8.³ を.9.²·ᵐ と記しているが，これはすなわち $72x \div 8x^3 = 9x^{-2}$ ということである．さらにこれらの法則に関連して彼は2のベキ乗間の関係も観察しており，指数が0から20までの2のベキ乗の表をつくって，各ベキ乗の指数の和は各ベキ乗の積に対応することを示している．その表は，取り上げた数値間の開きの大きいことを除けば，底が2の対数表の縮小版といえるものであった．そしてシュケのような表は次の世紀には何度もつくられ，それらが結局，対数発見へと結びついたことは明らかである．

『三部作』の第3部の後半は方程式の解法にあてられている．そこには先人たちがすでに取り上げていた問題が数多く載っていたが，それと同時に，重要で目新しいことがらも少なくとも一つは書いてあった．それは，.4.¹ egaulx a m̄.2.⁰ (すなわち $4x = -2$) に見られるように，シュケが代数方程式に初めて独立した負数を持ち込んだことである．一般的には，彼は方程式の根としてゼロは認めなかったが，ただ求める数が0であると気づいた場合が1例あった．また，式 $ax^m + bx^{m+n} = cx^{m+2n}$（係数と指数は特定の正整数）の考察では，シュケはいくつかの式からは虚根が導かれることを見つけている．しかしそれらの場合に，彼はただ「そのような数はありえない．（Tel nombre est ineperible.）」と付け加えた．

シュケの『三部作』はパッポスの『集成』のように，著者がどの程度独創的に書いたものなのか決めかねる本である．両者が直前の人々を手本にしたことは間違いないのだが，特定の誰であったと断定することはできない．さらにシュケの場合には，彼がのちの著者たちに与えた影響が確認できない．それは，『三部作』が1880年になるまで印刷されず，ほとんどの数学者が知らなかったことによる．しかし，たまたま『三部作』を手にした者のなかには，『三部作』から非常に多くのことを利用した者もいたため，たとえシュケの名前を挙げていたとしても，現代の基準でいえば剽窃罪に問うことができるほどであった．エティエンヌ・ド・ラ・ロシュが1520年にリヨンで出版し，1538年に再版した『最新算術集成（L'arismethique nouvellement composèe）』は，『三部作』をかなりまねたものであることがわかっている．したがって，『三部作』はまったく影響を与えなかったわけではない，としておいたほうが無難であろう．

13.4　ルカ・パチョーリの『大全』

ルネサンス最初の代数，すなわちシュケの代数はひとりのフランス人の考案に

グレゴール・ライシュ著『哲学者の女神マルガリータ』(1503年)の扉．中央の頭が三つある女神のまわりに七自由学芸を表す人物が並ぶ．算術は中央にすわり，算板を持っている．

よるものである．しかしルネサンスの時代にいちばんよく知られた代数は，シュケの著作から 10 年後にイタリアで出版されたものであった．実際，修道士ルカ・パチョーリ（1445–1514）の著作『算術，幾何，比および比例大全（スンマ）（*Summa de arithmetica, geometrica, proportioni et proportionalita*)』は『三部作』をあまりにも徹底的に影の薄いものにしてしまったため，代数学の古い歴史記述では 1202 年の『算板の書』から 1494 年の『スンマ』まで一足とびに跳んで，その間のシュケやほかの人々の著作は省略してしまうのが通例であった．しかし『スンマ』に至るまでの道のりは一世代の代数学者たちによって準備されて

いた．というのは，フワーリズミー『代数学』は，遅くともニューヨークのプリンプトン・コレクションの写本の一つが書かれた 1464 年にはイタリア語に訳されていたからである．しかもその写本の著者は，それを書くにあたっては代数学の分野における数多くの先人たちの著作をもとにしたと述べており，そのなかには 14 世紀に遡る著者名もいくつかあった．ところで，科学のルネサンスは古代ギリシャの古典を掘り起こすことによって火がつけられたとよくいわれる．しかしながら，数学のルネサンスはとくに代数の興隆を特徴としており，その意味では中世の伝統の継承以外の何者でもなかった．

　1487 年には書き上げられていたパチョーリ『大全』は，その独創性以上に大きな影響力を持つもので，算術，代数，きわめて初歩的なユークリッド幾何学，および複式簿記の 4 分野に及ぶ資料のみごとな集大成であった（情報源は概して明らかにされていない）．パチョーリ（別名ルカ・ディ・ボルゴ）はしばらくヴェネツィアで豪商の子弟の家庭教師をしていたことがあり，したがってイタリアでは商業算術の重要性が増しつつあったことをよく知っていたのは間違いない．印刷された最初の算術書は 1478 年に匿名のもとにトレヴィーゾで出版されたが，とくに基本演算，二数法および三数法，商業への応用を取り上げていた．そのすぐあとにもっと専門的な商業算術の本が何冊か出ており，パチョーリはそれらの書物から自由に引用していた．そのなかに，コロンブスによるアメリカ新大陸発見の年にトリノで出版されたフランチェスコ・ペロス（活躍期 1450–1500）の『算術摘要（*Compendia de lo abaco*）』があった．このなかで 10 のベキ乗による整数の割り算を表すのに小さな点が用いられていたことから，その小さな点は現在の小数点の前身といえる．

　『三部作』と同じくその土地の言葉で書かれた『スンマ』は，著者が以前から書きためていた未出版の著作や当時の一般知識を集大成したものであった．算術の項では乗法や平方根算出のための工夫を主として扱い，代数の項では 1 次および 2 次方程式の標準解を取り上げている．『スンマ』にはシュケのベキ乗記号は載っていないが，省略記号は以前よりも増えている．そしてこの頃にはイタリアでは文字 *p* と *m* がそれぞれ加法と減法の記号として広く用いられており，パチョーリも *co*, *ce*, *ae* をそれぞれ *cosa*（未知数），*censo*（未知数の平方），*aequalis*（等しい）の略字として使っていた．未知数の 4 乗には当然 *cece*（平方の平方）を用いた．そして 3 次方程式についてはオマル・ハイヤームの考えを受け継いで，パチョーリも代数的には解けないと信じた．

　『スンマ』に載っていたパチョーリの幾何学上の業績は大したものではなかっ

た．もっとも彼の幾何学の問題のいくつかには特定の数値が与えられていることから，それらはレギオモンタヌスの幾何学の問題を思い出させる．パチョーリの幾何学はあまり注目を集めなかったが，『スンマ』の商業に関係した箇所はあまりにも世間の評判になったために，著者であるパチョーリは一般的には複式簿記の父とみなされている．

　パチョーリは信頼できる肖像画が残っている最初の数学者である．彼は1509年にさらに2度幾何学に挑戦し，エウクレイデスの平凡な訳本と『神聖比例論（De divina proportione）』という豪勢な題名の著作を出版した．後者は正多角形や正多面体と，のちに「黄金分割」と呼ばれた比を扱ったものである．この本は説明図が素晴らしいことで注目に値するもので，図の作者はレオナルド・ダ・ヴィンチ（1452–1519）といわれている．レオナルド・ダ・ヴィンチはよく数学者とみなされる．彼のノートには，月形図形の求積法，正多角形の作図，重心や二重曲率を持つ曲線についての考察などが記されていたが，彼をいちばん有名にしたのは科学や透視画法への数学の応用であった．数百年後，ルネサンスの数学的透視法の概念は，幾何学の新しい分野へと発展することになった．しかしそれらの発展に対しては，左ききのダ・ヴィンチが鏡文字でひそかにノートに記していたさまざまな考察がはっきりそれとわかるほどの影響を及ぼしたわけではなかった．ダ・ヴィンチは万能なルネサンス人の典型といわれているが，数学以外の分野ではそのような評価に対する十分な根拠がある．ダ・ヴィンチは大胆で独創的な考え方の天才であり，芸術家であると同時に技術者でもあるという，行動力と熟考力を併せ持った人物であった．しかし当時の数学の主流であった代数学の発展には深く関わってはいなかったようである．

13.5　ドイツの代数と算術

　「ルネサンス」という言葉を見聞きすると必ずイタリアの文学，芸術，科学の至宝を思い浮かべるが，それは，芸術や学問への関心がヨーロッパのほかの地域にさきがけてイタリアで目に見えて呼びさまされたからである．イタリアではさまざまな概念の混沌とした対立のなかから，人々が自然の自主的な観察や知性による判断に，より大きな信頼をおくことを学んでいた．さらにイタリアは，アルゴリズム（算法）やアルジャブル（代数学）を含むアラビアの学問がヨーロッパに伝わった二つの主要経路の一方にもあたっていた．だからといって，レギオモンタヌスやシュケの業績も示しているように，ヨーロッパのほかの地域がは

るかに遅れをとっていたわけではなかった．たとえば，ドイツでは代数学の本があまりにも多く出まわったため，未知数を示すドイツ語の「Coss」がヨーロッパのほかの地域で他の呼び名を駆逐してしまい，代数学が「コスの技法（cossic art）」と呼ばれるようになった時期もあった．さらに，加法と減法を表すドイツ語の記号も，最終的にイタリア語の p と m にとってかわった．パチョーリの『スンマ』が出版される前の 1489 年に，ドイツ人のライプツィヒ大学講師（「自由学芸士」）であったヨハネス・ヴィトマン（1462–1498）が『巧妙で親切な商業用算術（Behende und hübsche Rechnung auff allen Kauffmanschafften）』を出版しており，それが現在の記号 + と − が印刷された形で現れた最古の書である．記号 + と − は，初めは倉庫の荷の過不足を示すために使われていたが，そのうちになじみ深い算術演算の記号になった．ちなみに，ヴィトマンは当時のドイツの数学者たちに非常によく知られていたフワーリズミー『代数学』の写本を所有していた．

　数多いドイツ語の代数学書のなかには，1524 年にドイツの高名な算術教師アダム・リーゼ（1492–1559）が著した『コス（Die Coss）』もあった．リーゼは，（トークンとローマ数字を使った）古い計算法から（ペンとインド・アラビア数字を使う）新しい方法への移行に対して，最も大きな影響を与えたドイツの著述家である．彼の一連の算術書があまりにも優れていたことから，「アダム・リーゼのように（nach Adam Riese）」といういいまわしが，ドイツではいまだに算術計算における正確さへの賛辞として残っているほどである．リーゼは『コス』のなかでフワーリズミー『代数学』について触れ，また代数学の分野における数人のドイツの先人たちについても言及している．

　16 世紀前半にはドイツ語の代数書が立て続けに出版された．そのなかで最も重要なのがウィーンの数学の家庭教師クリストフ・ルドルフ（1500 頃–1545 頃）の『コス（Coss）』（1525 年）とペトルス・アピアヌス（1495–1552）の『計算（Rechnung）』（1527 年），そしてミヒャエル・シュティーフェル（1487 頃–1567）の『算術全書（Arithmetica integra）』（1544 年）である．『コス』は，現代と同じ根号（$\sqrt{}$）だけでなく 10 進小数も使用している最初の印刷本の一つであることから，とくに重要である．『計算』は，その商業用算術の表題のページにいわゆる「パスカルの三角形」が印刷されており，しかもそれがパスカルの生まれる 100 年ほど前であったことから，思い起こす価値のある 1 冊である．3 番目のシュティーフェルの『算術全書』は，16 世紀に出されたドイツ代数学書すべてのなかで最も重要なものである．それにもパスカルの三角形が

有名な算術教師アダム・リーゼの算術教科書の一つ（1529年）のページ．筆算家と算板家を描いている．

載っているが，より重要なのがその著作での負数，ベキ根，ベキ乗の扱い方である．すなわち，方程式に負の係数を採用することによって，シュティーフェルは2次方程式の多様な例を見かけ上一つの形式に整理することができた．ただその際，いつ＋を使い，いつ－を使うかをある特別な規則に従って説明しておかなければならなかった．そのうえ，彼でさえ方程式の根として負数を認めることができなかった．シュティーフェルは一時は修道士であったが，のちにルター派の巡回説教師となり，またしばらくはイエナの大学で数学の教授をしていた．彼は，「イタリア式」の p と m の記号を排除して「ドイツ式の」記号＋と－を普及させた多くの著述家のひとりであった．シュティーフェルは負数を「不合理な数（$numeri\ absurdi$）」と呼ぶ一方で，その性質については十分に知り尽くしていた．無理数については，「無限という雲のようなものに覆われている」と言ってその取り扱いをためらっていた．さらに，シュケが2の0乗から20乗までの数列において現れる等差数列と等比数列の関係を表にしたよう

に，シュティーフェルもまた両数列の関係に注目して，ベキ乗の表を $2^{-1} = \frac{1}{2}$, $2^{-2} = \frac{1}{4}$, $2^{-3} = \frac{1}{8}$ まで拡張した（ただし，指数記号は使わなかった）．代数学での未知量のベキ乗に対しては，シュティーフェルは『算術全書』ではドイツ語の Coss, Zensus, Cubus, Zenzizensus の略語をそれぞれ用いていたが，のちの著作『コス数の算法について（De algorithmi numerorum cossicorum）』では未知数を一つの文字で表し，未知数のベキ乗についてはその文字の繰り返しで表すことを提唱した．その方式をのちにトーマス・ハリオット（1560–1621）が採用した．

13.6 カルダーノの『アルス・マグナ』

『算術全書』は，1544年までに一般に知られていた代数学を扱ったかのようであったが，翌年にはある意味でまったく時代遅れになっていた．シュティーフェルは2次方程式の例は多数示していたが，混合3次方程式の問題は一つも示していなかったからである．理由は簡単で，シュティーフェルはパチョーリやオマル・ハイヤーム同様，3次方程式の代数的解法を知らなかった．しかし1545年にジロラモ・カルダーノ（1501–1576）の『アルス・マグナ（Ars magna）』が出版されてからは，3次だけでなく4次方程式の解法までもが常識になった．そのような予想を越えた著しい進歩は代数学者たちにとってあまりにも強烈な衝撃であったことから，『アルス・マグナ』が出版された1545年はしばしば近代数学の始まりの年とされている．ただ，ここではっきりさせておかなければならないのは，カルダーノは3次あるいは4次の方程式のいずれの解法についても，最初の発見者ではなかったことである．そのことは，彼自ら『アルス・マグナ』のなかで率直に認めていた．すなわち，3次方程式を解く手がかりはニコロ・タルターリャ（1500頃–1557）から得たと明言していた．一方4次方程式の解法のほうは，カルダーノのかつての書生（quondam amanuensis）だったルドヴィーコ・フェラーリ（1522–1565）が最初に発見した．カルダーノが『アルス・マグナ』で言い忘れたのが，3次方程式の解法の秘密を暴露しないとタルターリャに立てた固い誓いのことであった．タルターリャは，3次方程式の解法を自分の代数学の著作中のとっておきの成果にして名声を得ようともくろんでいたのである．

タルターリャに必要以上に同情が寄せられないように，タルターリャがムールベクのヴィレムから引用したアルキメデスの翻訳をあたかも自分がした翻訳

であるかのように思わせて出版（1543 年）したことを付言しておこう．また，『さまざまな問題と発明（*Quesiti et inventioni diverse*)』（ヴェネツィア，1546年）でも，おそらくヨルダヌス・ネモラリウスからの引用であった斜面の法則を，タルターリャはしかるべき断り書きをしないで書いている．実のところ，タルターリャの 3 次方程式の解法そのものも，ヒントはさらに昔の著作から得たとも考えられる．カルダーノとタルターリャの支持者の間で繰り広げられた，込み入った見苦しい論争の真相が何であったにせよ，ふたりの当事者のどちらもがその解法の最初の発見者でなかったことは確かである．この件のほんとうの主役はどうやら，今では名前もほとんど忘れられている人物――ボローニャ大学の数学教授シピオーネ・デル・フェッロ（1465 頃–1526）であったらしい．このボローニャ大学とは中世最古の大学の一つで，伝統的に数学に強かった．しかし，フェッロがどのようにしていつその素晴らしい発見をなしえたのかはわかっていない．フェッロ自身はその解法を発表しなかったのだが，死の前に，学生のひとりだった平凡な数学者アントニオ・マリア・フィオル（ラテン語名フロリドゥス）に明かしていた．

　3 次方程式の代数解が存在するといううわさが広まっていたらしく，そのうわさに刺激されて 3 次方程式の研究に没頭するようになったとタルターリャは記している．独力でか，あるいは得られた手がかりをもとにしてか，タルターリャは 1541 年には 3 次方程式の解法を会得していた．そしてそのニュースが知れわたると，フィオルとタルターリャの数学試合が開かれることになった．その試合は，競技者が互いに相手に 30 題ずつ問題を出し，それを一定期間内に解くことで争われた．ところが決着の日になったとき，タルターリャはフィオルが出した問題をすべて解いていたのに対して，哀れフィオルはタルターリャの問題を 1 題も解いていなかった．その理由は比較的簡単なことであった．すなわち，現在，3 次方程式は本質的にはすべて一つの形に帰着でき，しかも一つに統一された方法で解けると考えられている．しかし負の係数が実質上使われていなかった当時は，3 次方程式の種類は正や負の値をとる係数の場合に応じてそれと同じ数だけあった．そしてフィオルが解くことができたのは，根の 3 乗と根の和がある数に等しい場合，つまり $x^3 + px = q$ の形だけだったのである．もっとも当時は，係数 p, q には特定の数値（正）だけが使われていた．一方タルターリャのほうは，根の 3 乗と 2 乗の和がある数に等しいという形の方程式の解法もすでに得ていた．しかもその形は 2 乗の項を取り去ることによってフィオルの形に直せることもタルターリャは知っていたらしい．というのは，

§6 カルダーノの『アルス・マグナ』

ジロラモ・カルダーノ

3乗の項の係数が1ならば，2乗の項を等号の右側に移したときその2乗の項の係数は根の和である，ということがそのときまでにわかってきていたからであった．

　タルターリャの勝利を伝え聞いたカルダーノは，後援者になってくれそうな人を紹介するからといってすぐさまタルターリャを自宅に招いている．言語障害があったせいもあるのか，タルターリャにはそれまで有力なうしろだてがなかった．タルターリャがまだ子どもだった1512年にブレーシャはフランスに攻め落とされたが，そのとき受けた刀傷がもとで，彼は言葉が不自由になっていた．そのため，彼には「タルターリャ」つまりイタリア語で吃音者というあだ名がつけられ，以来彼は生まれたときにつけてもらった名前ニコロ・フォンタナの代わりにずっとその名を使うことにしたのである．一方のカルダーノは

タルターリャとは対照的に，医者として世俗的な成功を収めていた．その名声があまりにも高かったために，あるときはセント・アンドルーズの大主教の病気（喘息だったらしい）を診断するようスコットランドまで呼ばれたこともあった．カルダーノは，生まれが私生児のうえ占星術師でばくち打ちで宗教の面でも異端であったが，それでもボローニャ大学やミラノ大学の教授として尊敬され，最後には法王から年金まで授与されている．カルダーノの息子のひとりは自分の妻に毒を盛っているし，もうひとりの息子はならず者で，カルダーノの書生のフェラーリは自分の妹に毒を盛られて死んだといわれている．このような苦難があったにもかかわらず，カルダーノは多作な著者で，取り上げたテーマも自らの一生や趣味から科学や数学にまで及んでいた[1]．

彼のおもな科学的著作である『事物の精妙さについて（*De subtilitate rerum*）』という大作から，カルダーノが時代の申し子であったことは明らかである．その本のなかで，彼はスコラ哲学を通じて伝わったアリストテレスの自然学について延々と語っていたが，それと同時に当時の新発見にも熱中していった[2]．それとほとんど同じことが数学についてもいえた．というのは，カルダーノの数学もまたその時代の典型だったからである．彼はアルキメデスのことはほとんど知らず，またアポロニオスのことはなおさら知らなかったが，それでも代数学と三角法には十分に精通していた．カルダーノは 1539 年にはすでに『実用算術（*Practica arithmetice*）』を出版しており，そのなかで立方根を含む分母の有理化も取り上げている．その 6 年後に『アルス・マグナ』が出版されているが，その頃にはカルダーノはヨーロッパで最も有能な代数学者になっていたようである．しかしながら，『アルス・マグナ』は現在では退屈な読物になってしまった．そこでは，さまざまな形の 3 次方程式が，次数の異なる項が等号の同じ側にある場合や反対側にある場合について，たんねんに解かれている．ここで，各項がそれぞれ等号の同じ側や反対側にある場合といったのは，各項の係数が正でなければならなかったからである．カルダーノは数についての方程式を扱っていたにもかかわらず，考え方においては幾何学的なフワーリズミーの方法に従っていた．したがってカルダーノの方法は「立方完成」のための方法といえるかもしれない．もちろん，そのような方法にもいくつかの利点はあ

訳注 ———————————

[1]　この 3 次方程式解法の優先権論争については次が詳しい．オア『カルダノの生涯』（安藤洋美訳），東京図書，1978.

[2]　カルダーノの自伝は 2 点ある．『カルダーノ自伝』（清瀬・澤井訳），海鳴社，1980（平凡社ライブラリーに収録，1995），『わが人生の書』（青木・榎本訳），社会思想社，1980.

る．たとえば x^3 は体積だから，次に示すカルダーノの方程式中の $6x$ もまた体積と考えなければならず，したがって数 6 は面積の次元を持たなければならない．そしてこのことから，カルダーノが用いた以下のような置換法が思いつかれたのである．

カルダーノはフワーリズミーの忠実な信奉者だったから略号はほとんど使わず，しかもアラビア人と同じく，自分の取り上げた特定の数係数の方程式で一般的な場合も表していると考えていた．たとえば「立方体と辺の 6 倍の和を 20 に等しくせよ」（すなわち $x^3 + 6x = 20$）の場合には，カルダーノは明らかにその方程式を「立方体と辺で数に等しい」——つまり $x^3 + px = q$ という形の式「すべてを」代表するものと考えていたのである．この方程式の解法を言葉で説明すると 2 ページは要するので，ここでは次のような記号を用いる．すなわち，x を $u - v$ で置き換え，u と v の積（面積とみなされる）が上の 3 次方程式の x の係数の 3 分の 1（つまり $uv = 2$）となるように u, v をとる．そうすると方程式は $u^3 - v^3 = 20$ となり，置換法によって v を消去すれば $u^6 = 20u^3 + 8$ が導かれるが，これは u^3 についての 2 次方程式である．よって u^3 は $\sqrt{108} + 10$ であることがわかり，さらに関係式 $u^3 - v^3 = 20$ から $v^3 = \sqrt{108} - 10$ であることもわかる．ゆえに $x = u - v$ から $x = \sqrt[3]{\sqrt{108} + 10} - \sqrt[3]{\sqrt{108} - 10}$ を得る．この特定の数係数の場合について自らの解法を示したのち，カルダーノは一般解を言葉で表現している．それは現在の式では，3 次方程式 $x^3 + px = q$ の解を

$$x = \sqrt[3]{\sqrt{\left(\frac{p}{3}\right)^3 + \left(\frac{q}{2}\right)^2} + \frac{q}{2}} - \sqrt[3]{\sqrt{\left(\frac{p}{3}\right)^3 + \left(\frac{q}{2}\right)^2} - \frac{q}{2}}$$

と定式化することに相当する．

カルダーノはさらにほかの例，たとえば「辺と数に等しい立方体」も取り上げた．その際には $x = u - v$ の代わりに置換 $x = u + v$ を行っており，そのほかは本質的には上述の例と同じである．ただ，その場合には一つめんどうなことがあった．たとえば，一般解の式に $x^3 = 15x + 4$ の場合をあてはめると，$x = \sqrt[3]{2 + \sqrt{-121}} + \sqrt[3]{2 - \sqrt{-121}}$ となるのである．カルダーノは負数に平方根は考えられないことは承知していたが，$x = 4$ が根であることも事実であった．このような事態におかれたときにも彼の一般解の公式に意味を持たせるためにはどうしたらよいのか，それはカルダーノにとって理解に苦しむことであった．ところで，カルダーノはすでに以前，別の問題に関連して負数の平方根を，あまり深刻に考えずに扱ったことがあった．その問題とは，10 を二つの部分に

§6

カルダーノの『アルス・マグナ』

分け，それらの積が 40 となるようにするというものである．それを代数法則に従ってふつうに解けば，$5+\sqrt{-15}$ と $5-\sqrt{-15}$（カルダーノ記号では 5p:Rm:15 と 5m:Rm:15）という解が導かれる．カルダーノはこれら負数の平方根を「詭弁的である」とし，その場合の結果は「役に立たないのと同様に理解しがたい」ものであると結論していた．確かに上述のような負数の平方根をとるという操作は理解しがたいことであるが，役に立たないどころのものではないことを，のちの著者たちが示すことになる．したがって，少なくともこのような不可解な情況に何らかの注意を向けたことは，カルダーノの功績といえる．

13.6.1 フェラーリの 4 次方程式の解法

4 次方程式の解法については，『アルス・マグナ』のなかでカルダーノが，それは「ルドヴィーコ・フェラーリによるもので，彼は私の依頼によって考案した」と記していた．ここでも全部で 20 の例が順に取り上げられていたが，現代の読者には 1 例を挙げれば十分であろう．すなわちそれは，「正方形掛ける正方形と正方形と数とで辺に等しくせよ」である（カルダーノは，3 乗の項の係数の 4 分の 1 だけ根に足すか減らすかして 3 乗の項を消去する方法を知っていた）．さて，カルダーノの $x^4+6x^2+36=60x$ の解法は，本質的には次のようなものであった．

1. まず両辺に 2 乗の項や数を適当に足して，左辺が完全平方になるようにする．
2. 次に方程式の両辺に新しい未知数 y を含む項を足して，左辺がまた完全平方となるようにする．
3. 次の重大な段階は，右辺の 3 項式が完全平方となるように y を選ぶことである．そのためには，もちろん判別式をゼロにとればよい．この判別式とは古代からよく知られた公式である．
4. 段階 3 の結果は y についての 3 次方程式 $y^3+15y^2+36y=450$ となり，これは現在，4 次方程式の「分解 3 次方程式」と呼ばれる．これを前出の3 次方程式の一般解の公式を使って y について解く．
5. 段階 4 で得られた y の値を段階 2 で得られた x についての方程式に代入し，両辺の平方根をとる．
6. 段階 5 の結果は 2 次方程式となるから，それを解いて求める x の値を出す．

3次および4次方程式の解法は，バビロニア人が約4,000年も昔に2次方程式の平方をつくる方法を知って以来の，代数学に対するおそらく最大の貢献であろう．このように，『アルス・マグナ』でおおやけにされた発見ほど代数学の発展に多大な刺激を与えたものはなかった．ところが，3次や4次の方程式の解法は決して実用的な考察の結果として得られたものではなく，また技術者や実務数学者にとって価値あるものでもなかった．しかもある種の3次方程式の近似解は古代にすでに知られていたし，カルダーノより1世紀前のカーシーは，実際の問題から導かれるいかなる3次方程式でも，正確な解に近い値はいくらでも求めることができていた．タルターリャ–カルダーノの一般解の式は論理的にはきわめて重要なものだが，実務上は逐次近似法に匹敵するほど役に立つものでない．

13.6.2 『アルス・マグナ』の影響

『アルス・マグナ』の最も重要な成果は，そこで公表された発見がさまざまな方面の代数学研究に途方もない刺激を与えたことである．それによって方程式の研究が一般化され，とくに5次方程式の解を探求するようになったのも当然のことであった．したがって，数学者たちはここに至って古代の古典的幾何学問題に匹敵する解決不能な代数学の問題に直面することになった．それによって優れた数学が生み出されたのだが，5次方程式については否定的な結論に終わることになった．

3次方程式の解法がもたらしたもう一つの直接的な成果は，新しい種類の数に初めて本格的に目が向けられたことであった．無理数は確固とした基礎づけがなされていなかったが，カルダーノの時代には一般に認められていた．というのも，無理数は有理数で容易に近似できたからである．負数は正数では容易に近似できるしろものでないためにもっと難しかったが，向きの概念（つまり直線上での方向）の採用によりもっともらしく思えるようになっていた．カルダーノは，それらの無理数や負数を「仮想の数（*numeri ficti*）」と呼びながらも使っていた．しかし，当時の代数学者が無理数や負数の存在を否定しようと思えば，古代ギリシャ人のように，ただ方程式 $x^2 = 2$ や $x + 2 = 0$ は解けないというだけで済んだ．同様に，代数学者たちは $x^2 + 1 = 0$ のような方程式は解けないというだけで複素数も回避できていた．負数の平方根は必要とされていなかったのである．しかし，3次方程式の解法となると情況はすっかり変わってしまった．3次方程式の3根がすべて実数でゼロでないときはいつでも，

カルダーノ–タルターリャの解の式には必ず負数の平方根が現れたからである．結果は実数となることがわかっていたのだが，その結果に到達するには複素数についてのある程度の理解がなければ不可能であった．実数の根だけに限定したとしても，複素数をも考慮に入れざるをえなくなったのである．

 13.7 ラファエル・ボンベリ

その頃，フィレンツェのほとんど独学の水力技術者ラファエル・ボンベリ（1526–1572）が当時の代数学書を研究していて，自ら「とっぴな考え」と名づけた着想を得た．それは複素数の関係することがらすべてが「詭弁に基づいているように見えた」からであった．3次方程式の一般解に見られる3乗根号内の二つの被ベキ数は，互いにその符号が1箇所異なるだけである．実際，すでに見たように，方程式 $x^3 = 15x+4$ からは $x = \sqrt[3]{2+\sqrt{-121}} + \sqrt[3]{2-\sqrt{-121}}$ が導かれる．ところが x に直接値を代入してみる方法からは，$x=4$ がこの方程式の唯一の正根であることもわかる（カルダーノは，等号の一方の辺のすべての項がもう一方の辺の項すべてよりも高次であるときは，方程式は一つ，しかもただ一つの正根を持つと書き記していた——これはデカルトの符号律に一部先立つものである）．ボンベリは，被ベキ数どうしと同じようにベキ根そのものも互いに関係づけられるのではないか，という妙案を思いついた．今の言葉でいえば，実数4は共役複素数からなっていると考えたのである．実数部分の和が4ならば，それぞれの実数部分は2であることは明らかである．また，$2+b\sqrt{-1}$ の形の数が $2+11\sqrt{-1}$ の立方根となっているなら，そのときには b は1でなければならないことも容易にわかる．よって，$x = 2+1\sqrt{-1} + 2-1\sqrt{-1}$ すなわち $x=4$ となる．

ボンベリはその独創的な推論によって，将来，共役複素数が果たすことになる重要な役割を示したのであった．しかし当時においては，そのような観察は，3次方程式を解くという実際の作業にとっては何の助けにもならなかった．それというのも，ボンベリのやり方では，根の一つがあらかじめわかっていなければならなかったからである．その場合，方程式はすでに解かれているし，それ以上何の公式も必要としない．要するに，そのような予備知識がなければボンベリの方法は通用しないのである．しかも，カルダーノ–タルターリャの公式で得られるような複素数の立方根を代数的に解こうとどう試みても，複素数の立方根が現れる3次式を解いた結果は，まさにもとと同じような3次式となっ

てしまう．つまり出発点に逆戻りしてしまうのである．そのような袋小路は3根がすべて実数のときにはいつも生じたことから，それは「簡約できない例」と呼ばれている．そこでは確かに未知数は式で表されていたが，立方根を含むそのままの形では実際にはほとんど役立たなかった．

ボンベリは1560年頃，著書『代数学（$L'algebra$）』を著した．しかしそれは彼の死の約1年前の1572年まで印刷されず，それもほんの一部分だけのことであった．それでもこの本が重要なのは，一つには，それがシュケの記号を思い起こさせるような記号体系を採用していたからである．ボンベリは $x^2 + 5x - 4$ を，ときどき 1 **Z** p.5**R**m.4（つまり 1 zenus plus 5 res minus 4）と書いていた．しかし別の形で表すこともあって，それはおそらくド・ラ・ロシュの『最新算術集成（$L'arismethique$）』の影響によるものであろう．その場合には，未知量のベキ乗は単に短い円弧の上にアラビア数字を書いて表された．ボンベリの『代数学』の第IV巻と第VI巻には幾何学の問題が満載されており，それを代数学の方法で解くのであるが，レギオモンタヌスの方法にやや似ていながらも新しい記号体系を使っていた．ある種の三角形に内接する正方形の辺を求める問題では，記号を多用した代数を幾何学に役立てていたが，ボンベリは逆の方向も用いた．『代数学』において，3次方程式を代数学によって解く際，立方体の再分割という観点から幾何学的証明も行っていたのである．幾何学の将来，ひいては数学全般の将来にとって不運なことに，『代数学』の最後の数巻は1572年の出版には含まれず，1929年になるまで手稿のままであった．

ボンベリ『代数学』では，加法と減法はふつうのイタリア式記号 p と m で表されていたが，相等関係を表す記号はまだ使われていなかった．しかし，現在ふつうに使われている等号は，ボンベリが『代数学』を書く以前にすでに現れていた．その書物はイギリスで1557年に出版された，ロバート・レコード（1510–1558）『才知の砥石（$The\ Whetstone\ of\ Witte$）』であった．

 13.8 ロバート・レコード

イギリスでは，数学はブラドワディーンの死後約2世紀間は停滞し，16世紀初頭に出たわずかな著作も，パチョーリなどイタリアの著者にかなり依存したものであった．したがってレコードは16世紀全体を通じてイギリスで何らかの名声を得たほぼ唯一の数学者であった．彼はウエイルズに生まれ，オックスフォードとケンブリッジの両大学で数学を学び，かつ教えた．1545年にはケン

ブリッジ大学から医学の学位をとり，のちにエドワード VI 世とメアリー I 世の侍医になっている．レコードは実質的にイギリス数学学派を創始した．レコードは，彼に先立つシュケやパチョーリ，またのちのガリレオのように，自国語で文章を書いたが，そのために大陸での彼の影響が限られたものだったのかもしれない．現存しているレコードの数学書のなかで最初に書かれたのは『諸学芸の基礎（*The Grounde of Artes*）』（1541 年）で，算板や筆算による計算とそれらの商業への応用を載せた大衆的な算術書であった．その本はエドワード VI 世にも献納され，版も 24 回以上重ねられたが，同書のレベルと形式は，次の問題から判断できよう．

> さて，この方程式について，あなたはどう答えるだろうか．私があなたに馬を 1 頭売ったとする．その馬には蹄鉄が 4 個はめられ，個々の蹄鉄に釘が 6 本打ってあるのだが，1 本目の釘には 1 オブ，2 本目の釘には 2 オブ，3 本目の釘には 4 オブ，と以下同様にして最後の釘になるまで順次 2 倍した金額をあなたは支払わなければならないとする．では問うが，馬の値段はしめていくらになるであろうか．

レコードの天文学書『知識の城（*The Castle of Knowledge*）』ではコペルニクスの天文体系を認め，引用していた．『知識への小道（*The Pathewaie to Knowledge*）』はエウクレイデス『原論』の要約で，英語で書かれた最初の幾何学書である．これらの著書はともに 1551 年に出版された．レコードの著作で最も頻繁に引用されるのは，彼が獄中で没するほんの 1 年前の 1557 年に出版された『才知の砥石』である．題名の「砥石」は，ラテン語で砥石を cos ということから，明らかに「coss（未知数）」をもじったものである．したがって，その本ではもっぱら「cossike practice」（すなわち代数学）を扱っていた．その本はシュティーフェルがドイツに対して果たしたと同じ貢献をイギリスに対して果たしたが，ほかの貢献も一つあった．それはなじみ深い等号が初めて現れたことである．それについてのレコードの説明はこの章の冒頭に引用したとおりである．しかし，その等号が競争相手に完全に打ち勝つまでには 1 世紀以上を要した．レコードはメアリー I 世と同じ 1558 年に没し，そのあとにエリザベス I 世の長い統治が続いたが，レコードに匹敵する数学書を書く者はイギリスには現れなかった．エリザベス朝時代に抜きん出た数学者を輩出したのは，イギリスやドイツやイタリアよりもむしろフランスであった．しかし，そのフラ

ンスの数学者の業績を取り上げる前に，ここで明確にしておかなければならない 16 世紀前期の特徴がいくつかある．

§9 三角法

 13.9 三 角 法

　16 世紀に最も発展を遂げた数学は代数学であったが，三角法もそれほど目覚ましくはないながらも進歩していた．三角表作成は退屈な仕事ではあるが，その表は天文学者や数学者たちにとってきわめて有用なものである．その意味において，16 世紀初頭のポーランドとドイツは非常に大きな貢献をした．ニコラス・コペルニクス (1473–1543) は，地球が太陽のまわりを回っていることを人々に納得させることによって世界観の変革に成功した天文学者だと現代人のほとんどが考えている（アリスタルコスも試みたが失敗した）．しかし，天文学者とはほぼ必然的に三角法学者でもあるので，したがって我々は，天文学と同じく数学においてもコペルニクスのおかげを被っている．

13.9.1 コペルニクスとレティクス

　レギオモンタヌスの存命中にポーランドはすでに学問の「黄金時代」を享受しており，1491 年にコペルニクスが入学したクラクフ大学は，数学と天文学で非常に高い名声を得ていた．コペルニクスはさらにボローニャ，パドヴァ，フェラーラの各大学で法学，医学，天文学を学び，ローマでしばらく教鞭をとったのち，フラウエンブルクの司教座聖堂参事会員になるべく 1510 年にポーランドに戻っている．そして通貨改定やチュートン騎士国の取締りなどの行政上のおびただしい責務があったにもかかわらず，コペルニクスは名高い著作『天球の回転について（*De revolutionibus orbium coelestium*）』を書き上げた．これは 1543 年，彼の没した年に出版されている．この著作はかなりの部分が三角法にさかれているが，その三角法の部分はその前年に『三角形の辺と角について（*De lateribus et angulis triangulorum*）』の書名で出版されていた．そこで扱われていた三角法は，ニュルンベルクでほんの 10 年前に出版されていたレギオモンタヌスの『三角法』に似たものであった．しかしコペルニクスの三角法についての構想は 1553 年以前に遡ると思われ，したがってそのとき，彼はレギオモンタヌスの著作は知らなかったろう．だがそれでも，コペルニクスの三角法の最終的な形は一部レギオモンタヌスに由来することが十分に考えられる．というのは，1539 年にコペルニクスはゲオルク・ヨアヒム・レティクス

（1514–1576）を学生として迎えているが，レティクスはヴィッテンベルクの教授でニュルンベルクを訪れたことがあった．レティクスは 3 年間ほどコペルニクスとともに仕事をしたが，このレティクスこそが，師コペルニクスの同意のもとに『第一報告（*Narratio prima*）』（1540 年）というコペルニクス天文学についての最初の短い解説書を出版し，また有名な『天球の回転について』出版のための最初の手はずを整えた人物であった．ちなみに『天球の回転について』の出版を完遂したのはアンドレアス・オジアンダーである．したがって，コペルニクスの古典的名著『天球の回転について』に見られる三角法は，レティクスを通じてレギオモンタヌスの三角法に密接に関係していると考えられる．

　三角法におけるコペルニクスの能力が高かったことは，『天球の回転について』に掲載された定理だけでなく，その本の初期の写本に著者が書き入れながら印刷本には載らなかった一つの命題にも見ることができる．その削除された命題とは，二つの円運動の合成によってできる直線運動についてのナシールッディーンの定理（こちらは本に載っている）の一般化である．このコペルニクスの定理は次のようなものである．小円が，直径が小円の 2 倍である大円の内側を滑ることなしに転がるとき，小円内の円周を除く部分に固定された点の軌跡は楕円となる．ついでながら，カルダーノはナシールッディーンの定理は知っていたが，コペルニクスの軌跡のことは知らなかった．その軌跡の定理は 17 世紀に再発見されている．

　『天球の回転について』に載せた三角法定理によって，コペルニクスはレギオモンタヌスの業績を広く知らしめたが，彼の教え子であったレティクスはそれよりもさらに先へ進んだ．レギオモンタヌスとコペルニクスの考えを，自身の見解も加えて一体化させ，当時までに書かれたなかで最も精緻な三角法の著作——2 巻からなる『三角形の宮殿（*Opus palatinum de triangulis*）』——を書き上げたのである．ここに初めて三角法が成熟した．レティクスは，円の弧によって関数値を決めるという伝統的な方法を廃し，代わりに直角三角形の 2 辺の長さに注目した．さらに，6 種の三角関数，つまり正弦，余弦，正接，余接，正割，余割のすべての数値を算出して精巧な三角表を作ったため，三角関数の6 種全部が完全に使えるようになった．当時，10 進小数はまだ一般的に使われていなかった．そのため，レティクスは正弦と余弦については斜辺（半径）を10,000,000 にとり，ほかの 4 関数については底辺（または隣接する辺または半径）を 10,000,000 にとって，角度は $10''$ ごとにとっていた．レティクスは底辺を 10^{15} として正接と正割の表をつくり始めていたが，完成を待たずに没した

ため，その著作は教え子のファレンティン・オトー（1550–1605 頃）が加筆編集して 1596 年に完成した．

§10

幾何学

 13.10 幾 何 学

16 世紀の純粋幾何学は代数や三角法と比べると目立った進歩が少なかったが，代表的な人物がまったくいなかったわけではない．ドイツではヨハネス・ウェルナー（1468–1522）やアルブレヒト・デューラー（1471–1528）の，イタリアではフランチェスコ・マウロリーコ（1494–1575）やパチョーリの貢献があった．ここでもう一度，これらの両国がルネサンス期に数学に大きく貢献したことを述べておこう．ウェルナーはレギオモンタヌスの三角法存続のために尽くしたが，それよりも幾何学的に重要だったのは，1522 年にニュルンベルクで印刷された『円錐曲線の原理』という 22 巻からなるラテン語の著作であった．その著作がアポロニオス『円錐曲線論』よりも優れていたと評することはできないにしても，ウェルナーの時代には『円錐曲線論』はまったくといってよいほど知られていなかったので，それはパッポス以後に再び円錐曲線への関心を呼びさまさせたほとんど最初といえる本となった．ウェルナーはおもに立方体倍積問題に関心を持っていたことから，放物線と双曲線を集中的に取り上げ，それらの標準平面方程式をギリシャ人同様，円錐から立体的に導いていた．しかし，コンパスと定規を使って放物線上の点を記していくというウェルナーの平面的手法は，ギリシャ人の方法とはちょっと異なる独創的なものだったようである．その方法を説明すると，まず 1 点 a で互いに接し，その点に立てた共通法線にそれぞれ点

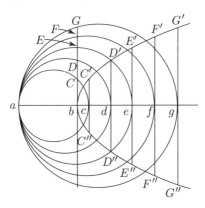

図 13.1

$c, d, e, f, g, \ldots$ で交わる円束を描く（図 13.1）．それから，その共通法線に沿っ
て，求めたいパラメータ（通径）に等しい距離 ab を区切る．そして点 b において
線分 bG を ab に垂直に立て，それが各円を切る点をそれぞれ $C, D, E, F, G, \ldots$
とする．それから点 c において ab に垂直に bC と等しい長さの線分 cC' と cC''
を立て，次に点 d において bD に等しい長さの垂直な線分 dD' と dD'' を立て
る．さらに e において bE に等しい長さの垂直な線分 eE' と eE'' を立て，以下
同様に続ける．そうすれば，図から，点 $C', C'', D', D'', E', E'', \ldots$ はすべて，
頂点が b，軸が ab 上，パラメータが ab の放物線上にあることがわかる——そ
してそれは $(cC')^2 = ab \cdot bc,\ (dD')^2 = ab \cdot bd, \ldots$ と続く関係式によって容易
に確かめることができる．

13.10.1 透視画法の理論

ウェルナーの仕事は古代の円錐曲線の研究と非常に関連性の深いものであっ
た．しかしその一方で，イタリアとドイツでは，数学と芸術の間に比較的新し
い関係が育ちつつあった．すなわちルネサンス芸術が中世の芸術と異なった重
要な点とは，3 次元空間の物体を平面に描き表すのに透視画法を採用したこと
であった．フィレンツェの建築家フィリッポ・ブルネレスキ（1377–1446）は
この透視画法におおいに注目したといわれるが，透視画法についての正式な記
述が最初になされたのは，レオン・バティスタ・アルベルティ（1404–1472）の
1435 年の著作『絵画論（*Della pittura*）』においてのことであった（出版は 1511
年）．アルベルティはまず短縮遠近法の原理の一般的解説から始め，次に彼が考
案した方法，水平な「基平面」上の正方形の集まりを垂直な「立画面」上に描
き出す手法を説明している．まず基平面から長さ h だけ上にあり立画面から長
さ k だけ手前の「定点」S に目をおく．そのとき，基平面と立画面の交わりは
「基線」，S から立画面への垂線の足 V は「視心」（または主消点），V を通って
基線に平行な直線は「消線」（または水平線），さらにこの消線上にあって V か
ら k だけ離れている点 P と Q は「距離点」という．そこで，基線 RT 上に等間
隔に点 A, B, C, D, E, F, G をとる（図 13.2）．その際，D は S および V を通る
垂直平面と基線 RT の交点にとる．そこでこれらの点と V をそれぞれ直線で結
ぶと，S を中心としてそれらの直線群を基平面に投影したものは，平行で等間
隔な線分の集まりとなるであろう．さらに，P（または Q）を B, C, D, E, F, G
と結んで AV と点 H, I, J, K, L, M で交わる直線群をつくり，これら AV 上の
各点からそれぞれ基線 RT に平行に直線を引けば，立画面上の台形の集まりは

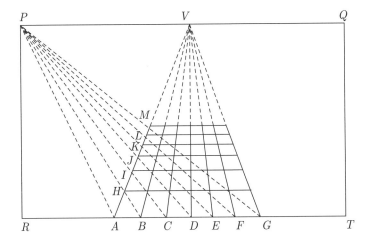

図 13.2

§10 幾何学

基平面上の正方形の集まりに対応する．

　透視画法をさらにもう1歩発展させたのがイタリアのフレスコ画家ピエロ・デッラ・フランチェスカ（1415頃–1492）で，その成果は『絵画の遠近法（*De prospectiva pingendi*）』（1478年頃）に見られた．アルベルティが基平面上の平面図形を立画面上に表すことに専念していたのに対して，フランチェスカは3次元の物体を定点から見たときの形を立画面上に描くという，もっと複雑な問題を扱った．フランチェスカは『正立体（*De coporibus regularibus*）』という著作も書いており，そのなかでは，正五角形の対角線が互いに他を分かつ「黄金分割」について述べ，また軸が互いに直交している相等しい2円柱の共有体積を求めている（アルキメデスの『方法』は当時まだ知られていなかった）．このような芸術と数学の結びつきは，レオナルド・ダ・ヴィンチの著作にもはっきりと見られた．今は失われているが，ダ・ヴィンチは透視画法について『絵画論（*Trattato della pittura*）』という著作を書いており，その冒頭に「数学者でない者にこの本を読ませてはならない」という忠告を書いていた．さらに，数学的関心と芸術的関心の同じ結びつきの例が，ダ・ヴィンチの同時代人でウェルナーと同じニュルンベルク出身のアルブレヒト・デューラーにも見られた．デューラーの作品にはさらにパチョーリの影響も見受けられ，それはとくに1514年の名高い版画「メレンコリアI」において顕著であった．すなわち，その版画には魔方陣がはっきりと刻まれていた．

　これは，西洋において魔方陣が使われた最初の例であるとよくいわれるが，

299

16	3	2	13
5	10	11	8
9	6	7	12
4	15	14	1

それ以前にパチョーリが未刊の書『量の力（*De viribus quantitatis*）』のなかで，そのような正方形への関心を示していた．

　しかし，デューラーの数学への関心は，算術的というよりもはるかに幾何学的なものであった．それは，彼の最も重要な本の題名『線，平面，立体におけるコンパスと定規による測定法教程（*Underweysung der Messung, mit dem Zirckel und Richtscheyt, in Linien Ebnen unnd gantzen Corporen*）』でもわかる[*3]．1525 年から 1538 年にかけてドイツ語やラテン語で数版にわたって出されたこの著作には，著しく目新しいことがらがいくつか載っていた．そのなかで最も重要なのが，彼の発見した新しい曲線群であった．それは，ルネサンスの人々が古代人の業績の上に容易に改良を加えることができた一つの分野であった．というのは，古代人はほんの一握りの曲線しか扱わなかったからである．たとえばデューラーは，円上に定点を一つとり，その円を別の円の周上を転がすことによって，その定点の軌跡として外サイクロイドを描いている．しかし，必要な代数学的手段を欠いたために，それを解析的に検討することはなかった．同じことが，デューラーが螺線状空間曲線を平面上に投影して螺線を求めた際にできたほかの平面曲線についてもいえた．デューラーの著作には，プトレマイオスの方法に従って作図された正確な正五角形の図が載っていた一方で，彼自身によるほんの近似にすぎない作図も載っていた．

　七角形や九角形についてもデューラーは独創的な作図をしたが，もちろんそれらは不正確なものであった．そのデューラーの近似正九角形の作図は次のように行われた．まず O を円 ABC の中心とし，A，B，C をそれぞれ内接正三角形の頂点とする（図 13.3）．A，O，C を通る円弧を描き，同様に B，O，C および B，O，A を通る円弧も描く．次に AO を点 D と E で 3 等分し，また

訳注 ————————————

[*3]　和訳がある．デューラー『アルブレヒト・デューラー「測定法教則」注解』（下村耕史訳・編），中央公論美術出版，2008.

§10 幾何学

アルブレヒト・デューラーの画「メレンコリア I」（大英博物館蔵）.
右上隅の 4×4 の魔方陣に注意.

E を通って O を中心とする円を描き，その円と円弧 AFO, AGO の交点をそれぞれ F, G とする．そうすれば，角 FOG と $40°$ の差は $1°$ 以内となって，線分 FG はこの小さいほうの円に内接する正九角形の 1 辺にほとんど等しくなる．上述したような芸術と幾何学の関係は，専門的な数学者たちが関心を寄せ

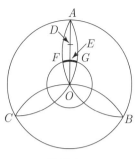

図 13.3

ていたならば非常に生産的なものとなったことであろう.しかしそのようなことは,デューラー以後1世紀以上も起こらなかった.

13.10.2 地図製作

地図製作者にとって,さまざまな種類の投影法は欠くべからざるものである.一方,地理学上の探険によって世界がいっそう広くなり,よりよい地図が求められるようになったが,それにはスコラ哲学や人文主義はほとんど役に立たなかった.なぜなら,新しい発見によって中世や古代の地図は時代遅れになっていたからである.その状況で地図の革新を果たした最も重要な人物のひとりが,ドイツの数学者で天文学者のペトルス・アピアヌス(別名ビーネヴィツ,1495–1552)であった.彼は1520年に世界を旧世界と新世界としたおそらく最初の地図を出版しており,そのなかで新大陸を「アメリカ」としていた.1527年には商業算術の本を出しているが,その扉には算術三角形つまりパスカルの三角形が初めて印刷されて載っていた.アピアヌスの地図はよくできてはいたが,プトレマイオスの方法にできるだけ忠実に従ったものであった.したがって,ルネサンス固有の特徴と考えられる斬新さを探し求めるのなら,ブリュッセルの神聖ローマ皇帝カールV世の宮殿に出入りしていたことのある,フランドルの地理学者ゲラルドゥス・メルカトル(本名ゲラルト・クレメル,1512–1594)に目を転じたほうがよいであろう.コペルニクスがプトレマイオス天文学に背いたように,メルカトルは地理学においてプトレマイオスとたもとを分かったといえる.

生涯の前半,メルカトルはプトレマイオスの方法に頼りきっていたが,1554年には,プトレマイオスが概算した地中海の幅を 62° から 53° に訂正できるほどプトレマイオスの影響から脱していた(実際は約 40°).さらに重要なことに,

初めて印刷されたパスカルの三角形．ペトルス・アピアヌスの算術書（インゴルシュタット，1527年）の扉ページに載っていたもので，パスカルがこの三角形の性質を研究する100年以上前のもの．

メルカトルは1569年に，新しい原理に基づく最初の世界地図「地球の新大記述（*Nova et aucta orbis terrae descriptio*）」を出版した．メルカトルの時代に一般に使われていた地図は，通常2組の等間隔な平行線が互いに直交してできる格子をもとにして描かれており，そのうちの1組は緯度，もう1組は経度を表した．しかし，この地図では経度1°に相当する長さはその場所の緯度によって

異なるのに，その長さの違いは，ふつう無視された．その結果，地形が実際よりゆがんで見えたし，地図上に2点をとってそれらを直線で結んで航路を決める航海士たちには，方角のずれとなった．一方，プトレマイオスの立体投影法では形は保存されたが，共通の格子網は使われていなかった．そこで理論と実際をいくらか調和させるために，メルカトルは自らの名がのちに冠された投影法を創案した．以来，このメルカトル投影図法には改良が加えられ，地図製作法の基本になっている．さて，そのメルカトル投影図法の第1歩は，地球を限りなく長い直円柱に赤道（または別の大円）で内接する球とみなすことであった．それから地球の中心を投影の中心として，地表上の点を円柱上に投影するのである．この円柱を母線に沿って切断して広げれば，地表上の経線と緯線が，互いに直交する直線網になっている．その際，となりあう経線間の間隔は等しくなっているが，となりあう緯線間の間隔は異なっている．実際，緯線間の間隔は赤道から遠ざかるにつれて急速に大きくなるため，地図の形と方向にゆがみが生じる．しかしメルカトルは，それらの間隔を経験によって修正していけば，方向と形（もっとも大きさは別）の保存は可能であることを発見している．そして1599年に，ケンブリッジ大学の特別研究員で英国皇太子ヘンリーの家庭教師であり，有能な船乗りでもあったエドワード・ライト（1558–1615）が，メルカトル図法に理論的根拠を与えた．そのために彼が用いた関係式は，地図上での赤道からの距離を D，緯度を φ として，$D = a \ln \tan\left(\frac{\varphi}{2} + 45°\right)$ というものであった．

13.11　ルネサンスの動向

ルネサンス期には目立った特徴がいくつかあった．すなわち，これまで検討してきた人々の職業が多種多様であったこと，さまざまな言語の数学書が手に入るようになったこと，そして数学の応用が増えたことである．中世の数学者のほとんどが教会という組織の支援を受けていたのに対して，ルネサンスの数学者はレギオモンタヌスをはじめとして，支援基盤を徐々に，当時のしだいに増大する商業的利益に移していった．そして計算担当者や教師，地図製作者や技師を必要とする国家元首や都市機関に雇われる者が増えていった．医師や医学教授も少なからずいた．またルネサンス期初めの数学書のほとんどがラテン語で手に入った．つまり前述のように，もともとギリシャ語やアラビア語，ヘブライ語で書かれていたものもラテン語に翻訳されていたのである．16世紀末

には，最初から英語，ドイツ語，フランス語，イタリア語，オランダ語などで書かれた数学書も出るようになっていた．

ルネサンス期の数学は簿記，力学，測量術，芸術，地図製作法，光学など広範に応用され，それら実用的な技術についての本も数多く書かれた．応用が急激に重視されるようになっていたが，それを誰よりも強く奨励したのがラムス（別名ピエール・ド・ラ・ラメ，1515–1572）で，教育的な意味で数学に貢献した人物である．ラムスは 1536 年，コレージュ・ド・ナヴァールでの修了論文において，アリストテレスの述べたことはすべて間違いであるという大胆な主張を擁護していた．アリストテレス哲学が正説と同義だった時期のことである．ラムスは多くの面で当時の時代風潮に反目した．フランスで哲学を教えることを禁止された彼は，大学のカリキュラムを改訂して論理学と数学にもっと注目するよう提言した．またエウクレイデス『原論』にさえ満足せず，それの改訂版も出していた．しかしラムスの幾何学の能力は乏しいものであった．彼は，思弁的な高等代数学や幾何学よりも実用的な初等数学のほうに自信を持っていた．ラムスの論理学はプロテスタント諸国ではかなりの人気を博したが，彼がサン・バルテルミの虐殺で殉死したことも理由の一つであった．これによって注目されるのが，宗教改革の最初の世紀には，実地数学者向けに日常語で書かれた著作のほとんどがヨーロッパのプロテスタント地域で生み出されたのに対して，伝統的な古典の研究と注釈のほとんどがカトリック地域で行われたという事実である．

古代の名著への関心は，シチリア島に生まれ，住み，没した，ギリシャ人の血を引く司祭マウロリーコの例に見られるように，依然として強かった．マウロリーコは古代の著作のなかでも高等なものへの関心を呼び起こすことにおおいに貢献した学者であった．16 世紀前半の幾何学はエウクレイデスに見られる基本的性質に強く依存していた．ウェルナーは例外だったが，アルキメデス，アポロニオス，またはパッポスの幾何学をほんとうによく知っていた者はほとんどいなかった．理由は簡単で，それら古代の著書のラテン語訳は 16 世紀の中頃まで一般には出まわっていなかったからである．そうしたラテン語訳の過程でマウロリーコはイタリアの学者フェデリコ・コンマンディーノの協力を得た．ところで，タルターリャが別の人物によるアルキメデスの訳を借用して 1543 年に出版したのは前述のとおりであるが，続いて翌 1544 年にギリシャ語版が出され，1558 年にヴェネツィアでコンマンディーノによるラテン語訳が出版された．

ギリシャ語で残りえたアポロニオス『円錐曲線論』全 8 巻中の 4 巻はラテン語に訳され，1537 年にヴェネツィアで印刷された．1548 年に完成したマウロリーコによる訳は 1 世紀以上も出版されぬままおかれ，世に出たのは 1654 年のことであった．しかしコンマンディーノによる別の訳は，1566 年にボローニャで印刷されている．パッポス『数学集成』のほうは，アラビアや中世ヨーロッパではほとんど知られていなかったが，これもコンマンディーノの不屈の努力によって訳されている．もっとも印刷されたのは 1588 年のことであった．またラテン語のみならずギリシャ語も読めたマウロリーコは，当時徐々に入手可能になりつつあった膨大な古代幾何学の遺産全体によく通じていた．事実，マウロリーコは，パッポスがアポロニオスの最大値および最小値の研究——すなわち円錐曲線に法線を引く問題——について記した記述から，当時失われていた『円錐曲線論』第 V 巻の復元を試みている．その点でマウロリーコは，デカルト以前における幾何学への重要な刺激の一つとなる流行——すなわち失われた著作一般の復元，とりわけ『円錐曲線論』のうしろの 4 巻の復元——を代表する人物であった．その後，1575 年のマウロリーコの死から 1637 年のデカルトの『幾何学 (La géométrie)』出版までの期間，幾何学は足ぶみ状態にあり，それは代数学が発展を遂げて代数的幾何学が成立可能な段階になるまで続いた．ルネサンスは純粋幾何学を，芸術や透視画法が指し示した方向に発展させることができたはずであったが，そのような可能性も，代数的幾何学が創案されたまさにその時代まで顧みられることはなかった．

　1575 年には，西ヨーロッパは古代の主要な数学書で現存するもののほとんどを復元していた．アラビアの代数学も習得され，さらに 3 次・4 次方程式の解法と部分的な記号化がともに採用されたことによって改良も加えられていた．また三角法も独立した学問になっていた．17 世紀への移行期における中心人物は，フランス人のフランソワ・ヴィエトであった．

13.12　フランソワ・ヴィエト

　ヴィエト (1540–1603) の本職は数学者ではなかった．若い頃に法律を学び，弁護士を開業してブルターニュ高等法院の一員になっていた．その後，王の諮問委員会の一員に加えられ，初めはアンリ III 世に，さらにアンリ IV 世に仕えている．ヴィエトが敵の暗号文書の解読に大変な成功を収めたため，悪魔と結託しているとスペイン人から非難されたのは，アンリ IV 世（ナヴァール王）

に仕えていたときのことである．ヴィエトが数学を研究したのは余暇のことであったが，それにもかかわらず算術，代数学，三角法および幾何学に貢献している．アンリ IV 世がフランス王に即位する前の 6 年間ほどは，ヴィエトはアンリの庇護を受けていなかったので，その期間をおもに数学研究に費やした．ところで，ヴィエトは算術においては 60 進小数に代わる 10 進小数の提唱者として記憶されなければならない．彼の最初期の仕事の一つ，1579 年の『数学的表（*Canon mathematicus*）』のなかで，ヴィエトは次のように記している．

> 60 進小数や 60 進法は，数学では慎重に使うかまったく使わないようにすべきである．そして $\frac{1}{1000}$ と 1000, $\frac{1}{100}$ と 100, $\frac{1}{10}$ と 10 のような 10 のベキ乗の倍数を頻繁に，もしくはそれらのみを使うべきである．

したがってその著作のなかの数表や計算では，ヴィエトは自らの主張どおり 10 進小数を使っていた．そして直径 200,000 の円に内接および外接する正方形の各辺についてはそれぞれ $141{,}421{,}^{356{,}24}$ と $200{,}000{,}^{000{,}00}$ と記し，それらの平均は $177{,}245{,}^{385{,}09}$ としていた．その数ページ先では半円周が $314{,}159{,}^{\frac{265{,}35}{1{,}000{,}00}}$ と記され，さらに先のほうではその数値が **314,159,265,36** と整数部分が太字で示されていた．ときには，整数部分と小数部分を区切るために縦の線を引くこともあった．たとえば，直径が 200,000 の円に内接する正九十六角形の辺心距離は，約 **99,946**|458,75 と書き表された．

13.13　解　析　術

ヴィエトの最も称賛されるべき貢献は疑いなく代数学におけるものであった．というのは，この分野において，彼が現代の考え方に最も近づいていたからである．数学は推論の一形式であって，技巧の寄せ集めではない．代数学の理論においては，ある特定の数係数を持つ方程式での「物（未知数）」の値を見つけることに心を奪われているかぎりは，まず前進はありえなかった．未知数や未知数のベキ乗，また演算や等号関係の記号や略称はすでに工夫がもたらされていた．シュティーフェルは，すでに未知量の 4 乗を $AAAA$ と書き表すほどになっていた．しかし彼には，すべての方程式のうちのどれか 1 種類，たとえば 2 次方程式全体とか 3 次方程式全体を一つの方程式で代表させるというような考えはなかった．幾何学者であれば，図を使ってたとえば ABC ですべての三角

形を代表させることができたが，代数学者には，たとえばそれ一つですべての 2 次方程式を表せるようなものはなかった．確かに，エウクレイデス以来，文字は未知・既知を問わず量を表すために使われてきており，ヨルダヌスも自由に使っていた．しかし，既知とされている量を，求めるべき未知量から区別する方法は何もなかった．ここでヴィエトが，きわめて有効でかつ簡便な約束ごとを考え出した．すなわち，未知または未定とされる代数的量を表すのに母音文字を用い，既知または定められている大きさや数を表すのに子音文字を用いたのである．ここに代数学では初めて，パラメータという重要な概念と未知量の概念の間に明確な区別がおかれた．もしもヴィエトが当時すでにあったその他の記号を採用していたら，すべての 2 次方程式をただ一つの式 $BA^2 + CA + D = 0$ で書き表していたかもしれない．ここで A は未知数，B，C，D はパラメータである．しかし残念なことに，彼が現代的であったのは一部のことがらに限られ，それ以外では古代的・中世的であった．ヴィエトは加法や減法に対して賢明にもドイツ流の記号を採用し，さらに賢明なことにパラメータと未知数にそれぞれ異なる記号を用いていたにもかかわらず，それ以外では彼の代数学は言葉とその省略形によって成り立っていたからである．たとえば，未知量の 3 乗は A^3 でも AAA でもなく $A\ cubus$ と書き，2 乗は $A\ quadratus$ と書いた．乗法はラテン語の in で，除法は除数と被除数の間に横線を引いて表した．相等については，ヴィエトはラテン語の $aequalis$（等しい）の略語を用いていた．このように変革というものは，ひとりの人物によって一部始終が果たされるわけではなく，一歩ずつ段階を踏んで達成されるに違いない．

　その後，ヴィエトを越えた段階がいくつかあったが，その一つはハリオットによるものであった．彼は，未知数の 3 乗を AAA と記すシュティーフェルの考えを復活させた．その表記法は，ハリオット没後の 1631 年に出版された著書『解析術演習（$Artis\ analyticae\ praxis$）』のなかで一貫して使われていた．その表題は，アラビア風の名称 algebra（代数学）を嫌っていたヴィエトの以前の本にヒントを得たものであった．ヴィエトは，algebra に代わる名称を探すうちに，「モノ（cosa）」つまり未知量を含む問題は，パッポスや古代の人々が「解析（analysis）」と呼んでいた手順に従っておおむね解かれていることに気づいたのである．すなわち，既知のことがらから証明すべきことがらへと推論を進めていく代わりに，代数学者たちは常に，未知数が与えられているという仮定から出発して，未知数を決定するのに必要な条件を演繹した．たとえば，現代の式で $x^2 - 3x + 2 = 0$ を解きたいと思ったときには，この方程式を満たす x

の値があるという前提のもとに推論を進める．そしてその前提から必要とされる結論 $(x-2)(x-1)=0$ を引き出し，したがってその式は $x-2=0$ または $x-1=0$（もしくは両方）を満たすことから，x は 2 か 1 でなければならないことがわかる．しかしながら，上の推論の過程を逆にたどれないならば，解があるという前提が証明されたことにはならないので，二つの数のうちの一方あるいは両方が方程式を満たすことにはならない．つまり，解析のあとには，その逆も含めた総合的な証明が行われなければならない．

代数学では上述の論理形式が非常に頻繁に使われたことから，ヴィエトは代数学を「解析術」と名づけた．さらに彼は，代数学が包含する広大な領域をはっきりと認識し，未知量といってもとくに一つの数とか幾何学的な線である必要はないことにも気づいていた．かねてから代数学では方程式の「類形」や種類を論じていたことから，ヴィエトは自分の代数学を古い「数計算法（*logistica numerosa*）」に対比させて「記号計算法（*logistica speciosa*）」と呼んでいる．ヴィエトの代数学は 1591 年に印刷された『序説（*Isagoge*）』に示されているが，いくつかあった彼のほかの代数学書は死後何年間も陽の目を見ることがなかった．それらすべての著書のなかで，ヴィエトは方程式における同次性の原理を主張しており，したがってたとえば $x^3+3ax=b$ のような方程式では，a を *planum*（平面），b を *solidum*（立体）と名づけていた．これはある種の柔軟性のなさを示すものであり，その欠点は 1 世代のちのデカルトによって取り除かれた．しかし，同次性の原理も何らかの利点は持っており，ヴィエトもその点を見抜いていたことは確かである．

ヴィエトの代数学はその表現式が一般的であったことから注目に値するものだが，斬新な特徴はそのほかにもいくつかあった．一つには，ヴィエトが 3 次方程式の解法に新しい方法を提案したことである．一般の 3 次方程式を $x^3+3ax=b$ に同値な標準形に還元してから新しい未知量 y を導入し，それを y^3 についての解が容易に求められるような式によって x と関連づけた．さらにヴィエトは，方程式中の根と係数の間のいくつかの関係にも気づいていたが，負の係数や根は考えていなかったため，その関係の研究をさらに発展させることはできなかった．たとえば彼は，$x^3+b=3ax$ が二つの正根 x_1 と x_2 を持つならば，$3a=x_1{}^2+x_1x_2+x_2{}^2$ と $b=x_1x_2{}^2+x_2x_1{}^2$ という関係が成り立つことを知っていた．これはもちろん，我々の定理——3 次方程式において x^3 の係数が 1 であるとき，x の項の係数は二つずつ順にとった根の積の和で，定数項は 3 根の積の符号を逆にしたものである——の特別な場合である．要するに，ヴィエ

トは方程式論での根の対称式をもう少しで導けるところまでいっていたのである．しかし，根と係数の関係を明確に言い表すことは，1629 年のアルベール・ジラール（1595–1632）の『代数学新知見（*Invention nouvelle en l'algèbre*）』まで待たなければならなかった．それは，ヴィエトが正根しか認めていなかったのに対して，ジラールは負根や虚根を認めていたからである．さらにジラールは，負根は正根と反対方向に並んでいることにあらかた気づいていたが，それは数直線の概念に先んじるものであった．ジラールは「幾何学での負数は逆進を示し，一方，正数は前進を示す」と言っていた．また，方程式はその方程式の次数に等しい個数の根を持つことができるという認識も，ジラールにおおいに負っていると思われる．ジラールは方程式の虚根についても，それらが根から方程式を組み立てる際の一般法則にきちんと従っているゆえ，捨て去ることはしなかった．

　ジラールの発見によく似たことがらは，それ以前にトーマス・ハリオットによって発見されていた．しかしそれらは，ハリオットが癌で没した 1621 年からさらに 10 年のちまで印刷されなかった．ハリオットは，女王エリザベス I 世の統治の晩年に起こった政争に妨げられて出版できなかったのである．彼は，ウォルター・ローリー卿の 1585 年の新世界への探検に測量技師として加わっており，したがって北アメリカに足を踏み入れた最初の実質的な数学者となった（それ以前には，ある程度の数学教育を受けた若い牧師ファン・ディアスが，1518 年にコルテスのユカタン半島探検に同行していた）．帰国後，ハリオットは『ヴァージニアの新天地についての簡潔で忠実な報告（*A Briefe and True Report of the New Found Land of Virginia*）』（1588 年）を出版している[*4)]．そして後援者ローリー卿が女王の寵愛を失い死刑に処せられてからは，ハリオットはノーサンバーランド伯ヘンリー・パーシーから年 300 ポンドの年金を受けている．しかし，この伯爵も 1606 年，エリザベスのあとを継いだジェームズ I 世によってロンドン塔に幽閉されてしまった．ハリオットは塔にいたパーシーとの面会を続け，それによる苦悩や健康不良のために，自らの数学研究の成果を出版するまでには至らなかった．

　ハリオットは根と係数および根と因数の関係は知っていたが，ヴィエト同様，負根や虚根には注意を払わなかった．しかし表記法においては，ハリオットは記

訳注 ───────────

[*4)] ハリオット『ヴァージニア報告』平野敬一訳，『イギリスの航海と植民 2』（岩波書店，1985），301–371 頁.

号の使用を推進していた．「より大きい」と「より小さい」を示す不等号＞と＜の導入は彼によるものである．レコードの等号がついに採用されることになったのも，ハリオットがそれを使ったのが一因であった．ハリオットは新しい記号の使用に関しては，年少の同時代人ウィリアム・オートレッドよりもずっと寛容であった．そのオートレッドは，ハリオットの『解析術演習（*Artis analyticae praxis*）』の出版と同じ 1631 年に『数学の鍵（*Clavis mathematicae*）』を出版しているが，そこで使われていたベキ乗記号は，ヴィエトへと一歩逆行するものだった．たとえばハリオットが $AAAAAAA$ と記したところを，オートレッドは $Aqqc$（つまり A の 2 乗掛ける 2 乗掛ける 3 乗）としていた．オートレッドが発案した新しい記号すべてのなかで現在も広く用いられているものはただ一つ，乗法記号のななめ十字 × である．

　ヴィエトの方程式の同次性は，彼の考え方が常に幾何学的であったことを示しているが，彼の幾何学は，多くの先人たちの幾何学のような初歩的なものではなく，アポロニオスやパッポスに匹敵するような高度なものであった．ヴィエトは基本的な代数演算を幾何学的に解釈するうちに，定規とコンパスで平方根までは作図可能であることに気づいた．しかもその際，2 量間に等比中項が二つ挿入できれば，立方根の作図，さらにはいかなる 3 次方程式の幾何学的解法も可能になる．この場合，図から $x^3 = ax + a$ の形の 3 次方程式が導かれたことから，正七角形が作図できることをヴィエトは示した．実際，どの 3 次または 4 次の方程式も角の 3 等分や 2 量間への二つの等比中項の挿入によって解くことが可能になる．ここで，非常に重要な一つの傾向――すなわち新しく出現した高等代数と古代の高度な幾何学の連関――がはっきり見える．そして，解析幾何学はそう遠いものではなく，ヴィエトが不定方程式の幾何学的研究を避けていなければ，解析幾何学を発見していたかもしれない．ヴィエトの数学的な関心は並はずれて広範なもので，ディオファントスの『算術』も読んでいたほどであった．しかし，ある幾何学問題で最終的に未知量が二つの方程式に導かれたとき，ヴィエトはそれを不定問題であるといいかげんに片づけてしまった．ヴィエトの総合的なものの見方からして，彼が不定問題の幾何学的性質にまで立ち入ることを期待したくなるところである．

13.13.1　方程式の近似解

　ヴィエトの業績は多くの点で非常に過小評価されているが，ただあることがら，つまり中国ではずっと以前から知られていたある方法に関しては，その発

見者として過大評価されてきたようである．晩年の著書『ベキの数値解法（*De numerosa potestatum ... resolutione*)』（1600 年）でヴィエトは方程式の近似解を求める方法を与えており，それは現在ホーナー法と呼ばれるものと実質上同じものである．

▦ 13.13.2　三　角　法

　ヴィエトの三角法は彼の代数学同様，普遍的で幅広い観点に立っていたことが特徴であった．したがってヴィエトが文字を使う代数学の実質上の創始者であったのと同じように，彼をときに測角術とも呼ばれる三角法の総合的で解析的な研究方法の父と呼んでも差し支えないであろう．もちろんここでもまた，ヴィエトは先人たち，とくにレギオモンタヌスとレティクスの仕事を出発点にしていた．彼はレギオモンタヌスのように三角法を独立した数学の一部門と考え，またレティクス同様，円の半弦に直接訴えることなしに概して研究を進めた．前出の『数学的表』（1579 年）では，ヴィエトは 6 種の三角関数すべての値を分きざみの角に対して詳しく算出した三角表を載せていた．ヴィエトが 60 進法小数ではなく 10 進法小数を奨励していたことはすでに述べた．しかし彼は三角法ではできるかぎり小数を避けるべく，正弦と余弦に対しては「sinus totus」つまり斜辺を 100,000 にとり，正接，余接，正割，余割については「底辺」ないし「垂線」を 100,000 にとっていた（ただ，正弦を除いて上述のような呼称は使っていなかった）．

　非直角三角形の問題では，ヴィエトは『数学的表』のなかでそれらを直角三角形に分割して解いていた．しかし，その数年あとの『数学的ことがらについてのさまざまな回答の書（*Variorum de rebus mathematicis responsorum liber*)』（1593 年）では，現在の正接法則

$$\frac{\frac{a+b}{2}}{\frac{a-b}{2}} = \frac{\tan\frac{A+B}{2}}{\tan\frac{A-B}{2}}$$

と同等な命題を載せていた．

　ヴィエトはこの関係式を用いた最初の人物であったと思われるが，それを初めて印刷したのはドイツの医師で数学教授のトーマス・フィンク（1561–1656）で，1583 年の著書『円形幾何学 14 巻（*Geometriae rotundi libri XIV*)』でのことであった．

　この頃，さまざまな種類の三角恒等式がヨーロッパ全土で見られるようになり，その結果，三角形の解法における計算よりも三角関数どうしの解析的な関

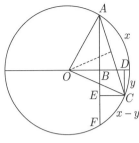

図 13.4

数関係に重点がおかれるようになっていた．そしてそのような関係のなかに，和と差の法則と呼ばれる，関数の積を和や差に転換する一連の公式が含まれていた（そこからその法則は「和と差」を意味するギリシャ語の「プロスタパエレシス」と名づけられた）．ヴィエトは，たとえば次のような図から公式

$$\sin x + \sin y = 2\sin\frac{x+y}{2}\cos\frac{x-y}{2}$$

を引き出していた．すなわち $\sin x = AB$ および $\sin y = CD$ とおくと（図13.4），

$$\sin x + \sin y = AB + CD = AE = AC\cos\frac{x-y}{2} = 2\sin\frac{x+y}{2}\cos\frac{x-y}{2}$$

が導かれる．

そしてこの公式において $\frac{x+y}{2} = A$, $\frac{x-y}{2} = B$ とおけば，もっと有用な式 $\sin(A+B) + \sin(A-B) = 2\sin A\cos B$ が得られる．また，角 x, y を OD の同じ側にとれば，上と同様にして $\sin(A+B) - \sin(A-B) = 2\cos A\sin B$ を得る．さらに公式 $2\cos A\cos B = \cos(A+B) + \cos(A-B)$ と $2\sin A\sin B = \cos(A-B) - \cos(A+B)$ もだいたい同じようにして導かれる．

上述の一連の公式はときに「ウェルナーの公式」と呼ばれるが，それは，ウェルナーがそれらを天文計算の簡略化のために使っていたことによるらしい．それらの公式のうちの少なくとも一つ，すなわち余弦の積を余弦の和に転換する式は，イブン・ユーヌスの時代のアラビア人たちも知っていた．しかし，和と差の法則が広く用いられるようになったのは，ようやく16世紀になってから，より正確にはこの世紀も終わりに近くなってからのことであった．たとえば 98,436 に 79,253 を掛けたいときは，$\cos A = 49,218$（つまり $\frac{98,436}{2}$）と $\cos B = 79,253$ とおくことができる（現代の表記法で書くときには，小数点を仮に各数値の前において計算し，解答の小数点を調節する）．次に三角関数表から角 A と B の

値を読み取り，さらにもう一度表から $\cos(A+B)$ と $\cos(A-B)$ の値を探す．そうすればそれらの和が求める積である．ここで，求める積はいかなる掛け算も行わずに得られていることに注目しよう．また，ここに取り上げた和と差の法則による掛け算の例では時間と労力がさほど節約されているわけではないが，当時はすでに有効数字 12 桁や 15 桁の三角表が珍しくなかったことを思えば，和と差の法則によって労力が節約できた様子がはっきりする．この法則は当時のおもだった天文台で採用されたが，それらのなかにはデンマークのティコ・ブラーエ（1546–1601）の天文台もあった．そのティコの天文台からは，さらにスコットランドのネイピアにまでその方法が伝えられている．商のほうは，正割と余割の表を使えば同様に求められる．

たぶん，ヴィエトによる三角法の測角術への一般化が最も顕著に見られるのは，彼の倍角公式であろう．正弦と余弦に対する 2 倍角の公式は，もちろんプトレマイオスも知っており，したがって 3 倍角の公式は，二つの角の和の正弦と余弦に対するプトレマイオスの公式から容易に導くことができる．さらにプトレマイオスの公式を繰り返し用いれば $\sin nx$ や $\cos nx$ に対する公式も導かれたが，大変な労力を要することであった．そこでヴィエトは，直角三角形やよく知られた恒等式

$$(a^2 + b^2)(c^2 + d^2) = (ad + bc)^2 + (bd - ac)^2 = (ad - bc)^2 + (bd + ac)^2$$

をたくみに使って，現在

$$\cos nx = \cos^n x - \frac{n(n-1)}{1 \cdot 2} \cos^{n-2} x \sin^2 x$$
$$+ \frac{n(n-1)(n-2)(n-3)}{1 \cdot 2 \cdot 3 \cdot 4} \cos^{n-4} x \sin^4 x - \cdots$$

および

$$\sin nx = n\cos^{n-1} x \sin x - \frac{n(n-1)(n-2)}{1 \cdot 2 \cdot 3} \cos^{n-3} x \sin^3 x + \cdots$$

と記す式に相当する倍角公式に到達した．そして上の 2 式においては，各項は交互に符号を変え，係数は算術三角形の対応する行の値が交互に現れていることから，ここに三角法と数論の著しいつながりが見られる．

13.13.3 三角法で解く方程式

ヴィエトは，自分の求めた公式と 3 次方程式の解の重要な関係にも注目した．そして，三角法は，すでに壁——3 次方程式の既約な場合——に突き当たっていた

代数学に，小間使いとして仕えることができるのではないかと考えた．ヴィエトが $\S 13$
その考えを抱いたのは明らかに，角の3等分問題から3次方程式が導かれることに
気づいたからであった．たとえば方程式 $x^3 + 3px + q = 0$ において $mx = y$（あと
で m が任意の値をとれるようにこうおく）を代入すれば $y^3 + 3m^2 py + m^3 q = 0$
を得る．これを3倍角の公式 $\cos^3\theta - \frac{3}{4}\cos\theta - \frac{1}{4}\cos 3\theta = 0$ と比較すると，
$y = \cos\theta$ かつ $3m^2 p = -\frac{3}{4}$ ならば，$-\frac{1}{4}\cos 3\theta = m^3 q$ であることに気づく．こ
こで p は与えられているから，m の値は求められる（しかも3根が実数のとき
は常に実数となる）．そして q の値がわかっていることから 3θ は容易に求まり，
よって $\cos\theta$ も求まる．したがって y の値，さらに y から x の値も求まる．ま
た，条件を満たしうる角すべてを考慮に入れれば，3個の実根もすべて求めら
れる．ヴィエトが示したこの既約3次方程式を三角法で解く方法は，のちにジ
ラールが1629年の著書『代数学新知見』のなかで実際に詳しくたどっていた．

解析術

ヴィエトは1593年に，彼の倍角公式を試すめったにない機会に恵まれた．そ
れは，ベルギーの数学者で医学教授のアドリアン・ファン・ルーメン（1561–1615）
が，45次方程式

$$x^{45} - 45x^{43} + 945x^{41} - \cdots - 3795x^3 + 45x = K$$

の解を算出するよう公開問題を出したときのことである．当時，アンリ IV 世
の宮廷に北海沿岸の低地帯諸国（現在のベネルクス三国にあたる）から派遣さ
れていた大使は，フランスには同胞ファン・ルーメンが出した問題を解ける数
学者はいないであろうと豪語していた．フランスの名誉を守るよう求められた
ヴィエトは，問題の方程式は $K = \sin 45\theta$ を $x = 2\sin\theta$ によって書き表したと
き出てくる式であることに気づき，素早く正根を算出した．ファン・ルーメン
はヴィエトの快挙にいたく感動して彼を表敬訪問した．それを機にふたりは頻
繁に連絡をとり，問題を出し合うようになった．ヴィエトがファン・ルーメン
に，与えられた3円に接する円を作図するアポロニオスの問題を出すと，ファ
ン・ルーメンは双曲線を使ってそれを解いた．

三角法を算術や代数の問題に用いることによって，ヴィエトは三角法の適用
範囲を拡大していった．さらに，彼の倍角公式は測角関数の周期性を明らかに
できたはずだったが，ヴィエトやその同時代人たちがそこまで進めなかったの
は，たぶん負数に対するためらいがあったせいであろう．16世紀末や17世紀
初頭には三角法の研究がかなり熱狂的に行われたが，それらの成果はおもに総
合的研究や教科書となって現れた．「三角法」という名称が使われるようになっ

315

たのもこの時期のことで，それはハイデルベルク大学でファレンティン・オトーのあとを継いだバルトロメウス・ピティスクス（1561–1613）の解説書の表題として使われた．この著作は 1595 年に初めて出版されたときは球面学の本の補遺であったが，その後 1600 年，1606 年，および 1612 年に単独で出版されている．またちょうどその頃，対数も発達しており，以来それは三角法の相棒となっている．

13

ヨーロッパのルネサンス

14 近代初期の問題解答者たち
Early Modern Problem Solvers

§2
10進小数

> 数学自体には欠点は何も見出されない．
> 問題は，人々が「純粋数学」の素晴らしい役立て方を
> 十分に把握していないことにある．　　——フランシス・ベイコン

14.1 計算の利用のしやすさ

16世紀末と17世紀初頭には，増加する商人，地主，科学者，実地数学者たちは，算術計算と幾何学的測定を簡単にする方法を用意すること，および，ほとんどが読み書きもできず計算に弱い人々が当時の商取引に関与できるようにすることの必要性を痛感していた．

数学の問題を解くための効果的な手段を探究していた人々のなかには有名な人物も大勢いた．そのうちには影響力の強い人物が西欧のあちこちにいたが，ほんの少数の例を挙げよう．イタリアのガリレオ・ガリレイ（1564–1642），イギリスのヘンリー・ブリッグズ（1561–1639），エドマンド・ガンター（1581–1626）およびウィリアム・オートレッド（1574–1660），フランドルのブルージュ出身のシモン・ステヴィン（1548–1620），スコットランドのジョン・ネイピア（1550–1617），スイスのヨースト・ビュルギ（1552–1632），ドイツのヨハネス・ケプラー（1571–1630）などである．ビュルギは時計・機器製作者，ガリレオは物理学者，ステヴィンは技師であった．ヴィエトの研究がとくに二つの要因，つまり（1）古代ギリシャの古典の再生，および，（2）中世と近世の代数学の比較的新しい成果から生まれたことはすでに述べた．そして16世紀全体および17世紀初頭を通して，理論数学者たちは専門家も素人も実際的な計算技術に関心を示したが，それは2,000年前にプラトンが二分法を強調したこととも際だって対比されるものである．

14.2 10進小数

ヴィエトは1579年に60進小数の代わりに10進小数を導入するよう提言していた．さらに1585年には北海沿岸低地帯諸国の都市ブルージュ出身の指導的数学者シモン・ステヴィンが，整数同様，分数にも10進法を採用するよう，

317

より強い呼びかけを行った．ステヴィンはナッサウのオラニエ公マウリッツに主計長および公共事業担当長官として仕え，一時はマウリッツに数学を教授したこともあった．

　ステヴィンは数学だけでなく科学史においても重要な人物である．あるとき友人とともに，一方の重さがもう一方の 10 倍である二つの鉛の球を 30 フィートの高さから落として，それらが下に置いてある板を打つ音がほとんど同時に聞こえるのを観察した．しかし，その実験についてステヴィンが出版した報告（1586 年フラマン語）は，ガリレオがのちに行ったといわれながらも，その信憑性には非常に疑問が持たれている同様な実験に比べると，ほんのわずかな注目しか集めなかった．また一方でステヴィンは，ふつう斜面の法則の発見者とされており，それは彼の有名な「球の輪」の図によって立証されている．ところがその法則は，それ以前にヨルダヌス・ネモラリウスによって与えられていた．

　ステヴィンはアルキメデスの理論的な著作にいたく心酔していたが，このフランドル人技師の研究には，古代よりもルネサンスの特徴であった実用的傾向が流れている．かくしてステヴィンは，1 世紀ほど前のイタリアのパチョーリを手本にした複式簿記を低地帯諸国に導入した中心人物であった．また，商業や工学や数学の表記法において，それよりもはるかに広範な影響を及ぼしたのが，フラマン語の『十分の一（De thiende）』という題で 1585 年にライデンで出版されたステヴィンの小冊子であった．これのフランス語版が『小数（La disme）』という題で同じ年に出版されたことによってこの本の人気が高まった．

　ステヴィンは，決して 10 進小数の発明者ではなく，またそれを初めて系統立てて使ったわけでもないことは明らかである．前述のように，10 進小数の偶然ではない使用が古代中国，中世のアラビア，そしてルネサンスのヨーロッパで見られており，ヴィエトが 1579 年に 10 進小数をはっきりと提唱した頃には，研究の最先端の数学者たちにはおおかた受け入れられていた．とはいえ，一般の人々はもちろんのこと実地数学者にまで広く知られるようになったのは，ステヴィンが 10 進小数の体系を初歩から詳しく説明してからのことであった．ステヴィンは，「人々の間で必要なすべての計算を，分数なしの整数だけで，聞いたことがないほどやすやすと行う方法」をすべての人に教えたいと願っていた．ステヴィンは 10 進小数の表記にヴィエトのように分母を使うことはせず，代わりに各位の数の上またはうしろの丸のなかに，除数である 10 のベキ乗の指数を書き入れた．したがって π の値はだいたい

⓪ ① ② ③ ④

3⓪ 1① 4② 1③ 6④　　または　　3　1　4　1　6.

のように記された. また「10 分の 1」,「100 分の 1」などの代わりに, 我々がいま
だに 60 進小数の位をいうときに分や秒を使うのにやや似た,「第 1 位 (Eerste)」,

§2

10
進
小
数

THIENDE.　　　13

HET ANDER DEEL

DER THIENDE VANDE

WERCKINCHE.

I. VOORSTEL VANDE

VERGADERINGHE.

Wefende ghegeven Thiendetalen te ver-
gaderen: hare Somme te vinden.

T'GHEGHEVEN. Het fijn drie oirdens van
Thiendetalen, welcker eerfte 27 ⓪ 8 ① 4 ②
7 ③, de tweede, 37. ⓪ 6 ① 7 ② 5 ③, de derde,
875 ⓪ 7 ① 8 ② 2 ③. TBEGHEERDE. Wy
moeten haer Somme vinden. WERCKING.

Men fal de ghegheven ghe-
talen in oirden ftellen als
hier neven, die vergaderen-
de naer de ghemeene manie
re der vergaderinghe van
heele getalen aldus:

⓪	①	②	③
2 7	8	4	7
3 7	6	7	5
8 7 5	7	8	2
9 4 1	3	0	4

Comt in Somme (door het 1. probleme onfer
Franfcher Arith.) 9 4 1 3 0 4 dat fijn (t'welck de
teeckenen boven de ghetalen ftaende, anwijfen)
9 4 1 ⓪ 3 ① 0 ② 4 ③. Ick fegghe de felve te wefen
de ware begheerde Somme. BEWYS. De ghege-
ven 27 ⓪ 8 ① 4 ② 7 ③, doen (door de 3e. bepa-
ling) 27$\frac{8}{10}$, $\frac{4}{100}$, $\frac{7}{1000}$, maecké t'famen 27$\frac{8+7}{1000}$.
Ende door de felve reden fullen de 37 ⓪ 6 ① 7 ②
5 ③, weerdich fijn 37$\frac{675}{1000}$; Ende de 875 ⓪ 7 ①
8 ②

ステヴィンの著書（1634 年版）のなかの 1 ページ. ステヴィンの 10 進小数の表記法を説
明している.

「第 2 位（Tweede）」などの用語を使った．

 14.3　記　数　法

　ステヴィンは実際的な考え方の数学者で，数学の思索的な面にはほとんど関心がなかった．虚数について彼は次のように書いている．「研究すべき筋道の通ったことがらが十分あるから，はっきりしないことがらに時間をとられるには及ばない．」それでも彼は狭量だったわけではなく，ディオファントスの本を読んでからは，思考の手助けとしての記数法の重要性を痛感するようになった．相等などはヴィエトやほかの同時代の人々にならって言葉で表現したが，ベキ乗については純粋に象徴的な記号のほうを好んだ．つまりステヴィンは，彼の 10 進小数の位取り記数法を代数に持ち込んで，Q（平方）の代わりに②，C（立方）の代わりに③，QQ（平方–平方）の代わりに ④，等々と書いた．ただこの記号は，ボンベリの『代数学』から思いついたとも十分考えられる．またそれは，未知数のベキ指数を係数の数字の上にローマ数字で表したビュルギの記号に対応するものでもあった．したがって，たとえば x^4+3x^2-7x をビュルギは

$$\begin{array}{ccc} \text{iv} & \text{ii} & \text{i} \\ 1 & +\ 3 & -\ 7 \end{array}$$

と書き，ステヴィンは

$$\begin{array}{ccc} ④ & ② & ① \\ 1 & +\ 3 & -\ 7 \end{array}$$

と書いたであろう．またステヴィンは，ボンベリやビュルギよりもさらに先に進んで，このような記号を次数が分数の場合にも拡張すべきであると提案した（オレームはすでに分数のベキ指数や幾何学の座標系を使っていたにもかかわらず，それが 17 世紀初めの低地帯諸国やフランスでの数学の進歩に与えた影響は，たとえあったにしても非常に間接的なものにすぎなかったらしいことは興味深い）．ステヴィンは，分数のベキ指数を実際に使うことはなかったにもかかわらず，丸のなかの $\frac{1}{2}$ は平方根，丸のなかの $\frac{3}{2}$ は立方の平方根を意味するとはっきり述べている．ステヴィンの著作の編集をしたアルベール・ジラールは少しあとに，ベキ指数記号として丸のなかの数字を採用しており，しかもその際，その丸のなかの数字は $\sqrt{}$ や $\sqrt[3]{}$ という記号の代わりとして根に対して

使えることも示していた．このように急速な進歩を遂げつつあった記号代数学は，ジラールの『代数学新知見』からわずか8年後のデカルトの『幾何学（*La géométrie*）』において完成する．

　分割記号として初めて小数点を使用したのは，一般には1588年に母校ボローニャ大学の数学教授の座に就いた地図製作者 G. A. マジーニ（1555–1617）の著書『平面三角法（*De planis triangulis*）』（1592年）か，クリストファー・クラヴィウス（1537–1612）の『正弦表』（1593年）のどちらかであるとされている．クラヴィウスはバンベルクに生まれ，18歳になる前にイエズス会に入会した．ポルトガルのコインブラ大学での初期教育を含めて，教育はイエズス会内で受けた．そして生涯の大半を，ローマのコレージョ・ロマーノ（イエズス会の学校）で教えてすごした．クラヴィウスは広く読まれた教科書を多数著した．そのために小数点の使用が促進されたと考えても差し支えない．しかし小数点が一般に使われるようになったのは，20年以上経ってネイピアが使ったあとのことになる．1616年に出版されたネイピアの『対数の驚くべき規則の叙述（*Mirifici logarithmorum canonis descriptio*）』の英語版では10進小数が現在のように整数部分と小数部分が小数点で区切られていた．1617年に棒を使った計算について述べた著書『ラブドロギア（*Rhabdologia*）』（棒計算術）で，ネイピアはステヴィンの10進演算に言及し，分割記号として点かコンマを使うことを提唱した．死後，1619年に出版されたネイピアの『対数の驚くべき規則の構成（*Mirifici logarithmorum canonis constructio*）』によって，イギリスでは小数点が標準になったが，ヨーロッパの多くの国では今に至るまでコンマが使われている．

14.4　対　　数

　1614年に対数についての著作を発表したジョン・ネイピア（またはネペル）はスコットランドの地主マーチストン男爵で，広大な領地を管理し，プロテスタントの信者であり，さまざまなことがらについて執筆した人物である．ネイピアは数学の特定の側面，主として計算と三角法に関係する部分にのみ関心を持っていた．「ネイピアの棒」または「ネイピアの骨」は格子法による掛け算がすぐできるように表面に掛け算表が刻まれた棒の束であり，「ネイピアの類似式」や「ネイピアの円部分法則」は，球面三角法を覚えるのに役立つ公式であった．

ネイピアは，対数の発明からその出版までに 20 年間もかかったといっており，それから計算すると，対数を思いついたのは 1594 年頃ということになる．そのときネイピアは，ある与えられた数の逐次ベキ乗数列をいくつか頭に描いていたようである．それらの数列は，たとえば 50 年前のシュティーフェルの『算術全書』やアルキメデスの著作などでときおり明らかにされていたものである．そのような数列においては，ベキ乗の指数の和や差が，それらベキ乗項どうしの積や商に対応していることは明らかであった．しかし，基数がたとえば 2 である整数ベキの数列では，となりあう項の間隔が開きすぎていて補間が非常に不正確なものになってしまうため，計算に役立てることはできなかった．ネイピアがこの問題を思案していたとき，スコットランド王ジェイムズ VI 世の侍医ジョン・クレイグが彼を訪れ，デンマークのティコ・ブラーエの天文台ではプロスタパエレシス（和と差の法則）を使用していることを知らせた．ネイピアはこの話におおいに元気づけられ，いっそう努力を重ねた結果，ついに 1614 年に前述の『対数の驚くべき規則の叙述』の出版に至った．

　ネイピアの対数の基本的考え方は，ごく簡単に説明できる．まず，与えられた数の整数乗からなる幾何数列の各項を互いに近い値に抑えておくためには，与えられた数としては 1 にきわめて近い数をとる必要がある．したがってネイピアは，与えられた数として $1 - 10^{-7} (= .9999999)$ を選んでいた．すると，この昇ベキ数列の各項は，確かに互いに近くなっている——いや実のところ近づきすぎていた．そこでネイピアは，数列全体としての釣り合いを考えるため，また小数を避けるために，各項に 10^7 を掛けた．すなわち，$N = 10^7 (1 - \frac{1}{10^7})^L$ とすれば，L は数 N のネイピア「対数」となるのである．したがって，10^7 のネイピア対数は 0，また $10^7 (1 - \frac{1}{10^7}) = 9999999$ のネイピア対数は 1，等々となる．またそのとき，数 N と対数 L を 10^7 で割れば，実質上，底が $\frac{1}{e}$ の対数体系が得られたことになる．というのは，$(1 - \frac{1}{10^7})^{10^7}$ の値は $\lim_{n \to \infty} (1 - \frac{1}{n})^n = \frac{1}{e}$ に近いからである．しかし，忘れてならないのはネイピアには対数体系の底という概念がなかったことである．なぜなら，彼の対数の定義は現在のものとは異なっていたからである．ネイピアの対数の原理は次のように幾何学的に説明された．まず，線分 AB と半直線 $CDE\ldots$ を引く（図 14.1）．そして動点 P を A からスタートさせ，B からの距離に比例してしだいに減少する速度で AB 上を移動させる．それと同時に点 Q を C からスタートさせて，P が運動を始めたときと等しい均一の速度で $CDE\ldots$ 上を移動させる．ネイピアはこの変化する距離 CQ を距離 PB の対数と呼んだ．

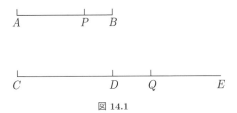

図 14.1

§4 対数

ネイピアによる幾何学的定義は，もちろんすでに示した数値的記述と一致する．それを示すには，まず $PB = x$, $CQ = y$ とおく．そして AB を 10^7 とし，P の初速度も 10^7 にとって上の幾何学的定義を現代の微分記号で表せば，$\frac{dx}{dt} = -x$ および $\frac{dy}{dt} = 10^7$, $x_0 = 10^7$, $y_0 = 0$ となる．よって $\frac{dy}{dx} = -\frac{10^7}{x}$ すなわち $y = -10^7 \ln cx$ が得られる．ここで c は初期境界条件から 10^{-7} である．ゆえに $y = -10^7 \ln\left(\frac{x}{10^7}\right)$ つまり，$\frac{y}{10^7} = \log_{1/e}\left(\frac{x}{10^7}\right)$ となる．要するに，距離 PB と CQ を 10^7 で割れば，ネイピアの定義は前出の $\frac{1}{e}$ を底とする対数体系そのものと一致する．いうまでもなく，ネイピアは，対数表の数値を幾何学的にではなく計算によって求めており，それは彼が新しく作り出した言葉「対数 (logarithm)」からもわかる．ネイピアは，最初はベキ乗の指数を「人工数」と呼んでいたが，のちに二つのギリシャ単語 logos（比）と arithmos（数）から複合語 logarithm を作り上げた．

ネイピアは彼の対数系においては底を考えていなかったが，それでもその対数表は .9999999 のベキ乗に相当する乗法の繰り返しで作成されたものであった．そしてその対数表では明らかに，ベキ乗数（または数）は指数（または対数）が増加するにつれて減少している．それは当然のことで，なぜなら彼が底として使っていたのは 1 より小さい $\frac{1}{e}$ だったからである．また，ネイピアの対数と現在の対数のさらに顕著な違いは，積（または商）に対するネイピアの対数が，概してそれぞれの対数の和（または差）に対応していなかったということである．つまり，$L_1 = \mathrm{Log}\, N_1$, $L_2 = \mathrm{Log}\, N_2$ とすると，$N_1 = 10^7(1 - 10^{-7})^{L_1}$ および $N_2 = 10^7(1 - 10^{-7})^{L_2}$ であり，これから $\frac{N_1 N_2}{10^7} = 10^7(1 - 10^{-7})^{L_1 + L_2}$ となる．したがってネイピアの対数の和は，$N_1 N_2$ の対数ではなく $\frac{N_1 N_2}{10^7}$ の対数であるということになる．このことは，もちろん商，ベキ乗，ベキ根についても同様であり，たとえば $L = \mathrm{Log}\, N$ のときには $nL = \mathrm{Log}\, \frac{N^n}{10^{7(n-1)}}$ となる．しかし，このような差異も小数点を移動すれば解消することで，さして重要なことではない．ネイピアが積とベキ乗に関する規則を完全に知り尽くしていたことは，次の彼の言葉からもわかる．「比が 2 対 1 であるすべての数（ネイピアは数

323

をサイン「sine」と呼んでいた）の組において，それぞれの対数をとると，差は6,931,469.22 となり，比が 10 対 1 の組ではすべて，対数の差は 23,025,842.34 となる．」ここで，小数点を動かせば，それらの差はそれぞれ 2 と 10 の自然対数になっていることがわかる．よって，ネイピアが考えていた対数とは厳密には異なるとしても，自然対数のことを「ネイピアの対数」と呼んでも差し支えない．

対数関数の概念は，ネイピアの対数の定義や対数についての彼の著作すべてのなかでそれとなく示されていたが，彼にとっては，関数関係は最大の関心事ではなかった．ネイピアが対数体系を苦労して築き上げたのは，ただ一つの目的——計算，とくに掛け算と割り算の簡素化——のためであった．さらに，彼が意図していたのは三角法における計算であったことは，我々が単に数のネイピア対数と呼ぶものを，ネイピアは正弦の対数と実際に呼んでいたことから明らかである．図 14.1 では，線分 CQ は $\sin PB$ の対数と呼ばれた．しかし，そのような呼び名にしたからといって，理論上や実際面で何らかの実質的な差異が生じたわけではなかった．

14.4.1　ヘンリー・ブリッグズ

1614 年のネイピアの著作『対数の驚くべき規則の叙述』は，すぐにその真価を認められた．なかでもそれを最も熱烈に称賛した者のなかに，オックスフォード大学で最初のサヴィル幾何学教授でありグレシャム・カレッジでの最初の幾何学教授であったヘンリー・ブリッグズがいた．ブリッグズは 1615 年にスコットランドのネイピアの家を訪れ，対数法を改良できないものかと話し合っている．そして，ブリッグズが 10 のベキ乗を使うことを提案したところ，ネイピアも自分もそれを考えていたと同意した．それもそのはず，ネイピアはかつて $\log 1 = 0$ と $\log 10 = 10^{10}$ を用いる対数表を（小数を避けるために）提案したことがあった．最終的にふたりは，1 の対数は 0，10 の対数は 1 とすべきであるという結論に達した．しかしネイピアには，ふたりの考えを実行に移せるほどのエネルギーはもはや残っていなかった．彼は 1617 年に没したが，その年に棒についての記述のあるネイピアの『ラブドロギア』が出版された．また，対数についてのネイピアの 2 番目の傑作『対数の驚くべき規則の構成』では，対数表の作成時に用いた方法を詳しく解説していたが，出版されたのは死後の 1619 年のことであった．したがって，最初の常用対数，すなわちブリッグズ対数表の完成は，ブリッグズひとりの肩にかかることになった．ブリッグズは，ネイ

ピアのように 1 に近い数の「ベキ乗」をとることはせず，代わりに $\log 10 = 1$ から始めて順に「根」をとっていくことによってほかの対数を見つけていった．たとえば，まず $\sqrt{10} = 3.162277$ を求めてから $\log 3.162277 = .5000000$ を出し，また $10^{\frac{3}{4}} = \sqrt{31.62277} = 5.623413$ から $\log 5.623413 = .7500000$ を求めている．この手法をさらに続けて，ブリッグズはほかの常用対数も次々に算出していった．そしてネイピアの没年である 1617 年に，ブリッグズは『1 から 1000 までの数の対数（*Logarithmorum chilias prima*）』——14 桁まで算出した対数表——を出版している．その後 1624 年の『対数算術（*Arithmetica logarithmica*）』で，ブリッグズはその表をさらに拡張して，1 から 20,000 までと 90,000 から 100,000 までの常用対数を同じく 14 桁まで載せている．さらに 1 から 100,000 までの 10 桁の完全な対数表を，3 年後にふたりのオランダ人，測量技師のエゼヒエル・ド・デカーと書籍出版者アドリアーン・ヴラークが出版した．この表は訂正が加えられて，3 世紀以上にわたって標準版であり続けた．こうして，対数計算は現在と変わらずに行えるようになったが，それは，ブリッグズの対数表で現在の通常の対数法則すべてが成り立ったからである．ちなみに，現在使われている「仮数」や「指標」という言葉も 1624 年のブリッグズの本が起源である．ところで，ブリッグズが常用対数表の作成にとりかかっている間に，一方では同時代の数学教師ジョン・スパイデルが三角関数の自然対数を導き，それを 1619 年の自著『新しい対数（*New Logarithmes*）』に載せていた．また，実はそれ以前に，対数に関するネイピアによる最初の船乗り用の著書をエドワード・ライト（1559–1615）が訳した 1616 年の英語版にもすでに自然対数がいくつか見られた．新しい発見のなかでも，対数の発明ほど急速に広まったものも珍しい．しかもその結果として対数表が速やかにもたらされたのである．

14.4.2 ヨースト・ビュルギ

ネイピアは対数の著作を出版した最初の人物であったが，同じ頃にそれときわめて似た考え方を，スイスでヨースト・ビュルギも独自に考案していた．それどころか，もっと早い 1588 年に対数の概念をビュルギが思いついていた可能性がある．それはネイピアが同様の研究を始めた時期の 6 年前にあたる．しかし，ビュルギが自分の得た結果を出版したのはようやく 1620 年のことで，ネイピアが『対数の驚くべき規則の叙述』を出版した 6 年後であった．プラハで出版されたビュルギのその本には『算術および幾何数列の表（*Arithmetische und geometrische Progress-Tabulen*)』という題がつけられていたことから，ビュルギが対数の研究へと導かれた背景もネイピアの場合と似かよっていたことがわかる．両者の対数の差異はおもに彼らの用いた用語と数値にあり，基本的原理は同じものであった．つまり，1よりも少し小さい数（ネイピアは $1-10^{-7}$ を使った）から出発する代わりに，ビュルギは1よりも少し大きい数——$1+10^{-4}$——を選び，またその数のベキ乗に 10^7 を掛ける代わりに 10^8 を掛けた．さらにもう一つ些細な違いがあった．それは，ビュルギが表作成時にベキ乗指数のすべてに10を掛けていたことである．すなわち，$N = 10^8(1+10^{-4})^L$ としたとき，ビュルギは $10L$ を「黒い数」N に対応する「赤い数」と呼んだ．この体系においてすべての黒い数を 10^8 で割り，またすべての赤い数を 10^5 で割れば，実質上，自然対数系を得たことになる．たとえば，ビュルギは黒い数 1,000,000,000 に対して赤い数 230,270.022 を与えているが，それは小数点を移動すれば $\ln 10 = 2.30270022$ といっているのに等しい．この値は現代の値と比べてもそれほどかけ離れてはおらず，とくに $(1+10^{-4})^{10^4}$ と $e = \lim_{n\to\infty}(1+\frac{1}{n})^n$ の値はまったく一致しているわけではないのだが，有効数字4桁までは同じであることを考えれば，悪くない近似値である．

ビュルギは，ネイピアが先に公表したために発明の栄誉をのがしてしまったものの，独立した発見者とみなされるべきである．それに，ビュルギの対数は，黒い数が増加するにつれて赤い数も増加した点で，ネイピアのものよりも現在の対数に近いものであった．しかし両者の対数体系は，積や商の対数がそれぞれの対数の和や差になっていないという不便さでは一致していた．

14.5 数学器具

対数の発明は小数使用の普及と同様に，計算を容易にする数学器具を発明するための17世紀の取り組みと深いつながりがあった．注目に値する器具が3種類ある．それは18世紀と19世紀初めの計算用セクター（比例コンパス）につながる器具，ガンター尺と初期の計算尺，それに最初の加算器および計算器である．

14.5.1 計算用セクター

第一グループの器具はトーマス・フッドとガリレオ・ガリレイが発明した．ガリレオはもともと，医学の学位をとるつもりであったが，エウクレイデスとアル

§5 数学器具

キメデスに引かれたことから，最初はピサ大学で，その後パドヴァ大学で数学の教授になった．だからといって，ガリレオが崇拝したエウクレイデスやアルキメデスと同じ高水準の数学を教えたわけではない．当時の大学のカリキュラムに数学はほとんど入っておらず，ガリレオの講義の大部分は，今なら物理学や天文学，または応用工学に属するものであった．そのうえガリレオは，ヴィエトがそうであったような「数学者のなかの数学者」ではなく，数学実践者とでもいうべき存在であった．特殊目的の計算装置と呼べるガリレオの発明品のなかに，脈測定装置があった．ガリレオは計算手法に関心を持っていたことから，1597年に「幾何学用および軍事用コンパス」と名づけた有名な器具を作製して販売した．

　1606年の小冊子『幾何学用および軍事用コンパスの操作（*Le operazioni del compasso geometrico et militare*）』のなかでガリレオは，ペンや紙や算板を使わずにこのコンパスを使ってさまざまな計算を迅速に行う方法を詳しく述べている．そのもととなった原理は非常に初等的なもので，精度もきわめて低かった．それにもかかわらず，ガリレオのその道具が金銭的な成功を収めたということは，軍事技術者やほかの実務家たちが計算の際にそのような手助けを必要としていたことを明示している．実はビュルギも類似の道具をつくっていたのだが，ガリレオのほうが事業の才があったために成功したのである．ガリレオのコンパスとは，現在のふつうのコンパスのように支点のまわりを回転する2本の脚からなっており，それぞれの脚にはさまざまな目盛が刻まれていた．図14.2は250までの目盛を等間隔に目盛っただけの算術目盛りで，ガリレオはそれを使った多々ある計算のうちでもいちばん単純な計算について，彼としては初めての解説を次のように加えている．たとえば，与えられた線分を5等分したいときには，ふつうのコンパス（またはディヴァイダー）を与えられた線分の

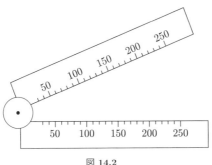

図 14.2

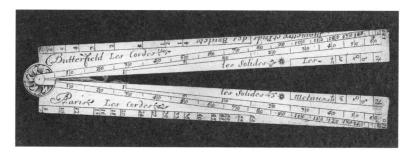

バターフィールドの比例コンパス（スミソニアン協会，国立アメリカ歴史博物館所蔵）

長さに広げる．それから幾何学コンパスを広げて，ディヴァイダーの両端に幾何学コンパスの両脚の同じ位置にある5の整数倍の目盛——たとえば200——が一致するようにおく．そうしてからその幾何学コンパスの開きを固定しておいて，ディヴァイダーの両端を200の$\frac{1}{5}$の40に合わせれば，そのディヴァイダーの両端の間の長さがちょうどもとの線分の5分の1となる．ガリレオによるそのほかのコンパスの応用例には，図面の縮尺の変更とか複利の場合の金額の算出に至るまでのさまざまな計算法が示されていた．

14.5.2 ガンター尺と計算尺

広く使われた計算装置で計算尺の先駆けとなったものを発明したのが，オックスフォード大学クライストチャーチ・カレッジを卒業し，二つの教会の牧師を務めたエドマンド・ガンター（1581–1626）である．ヘンリー・ブリッグズの友人で，グレシャム・カレッジのブリッグズを足繁く訪ねていたガンターは，1620年にグレシャム・カレッジの天文学教授に任ぜられた．その直後に著書『セクター，クロス・スタッフその他の器具の説明および用途（*Description and Use of the Sector, the Crosse-staffe and Other Instruments*）』を出版している．彼はこの本で「ガンター」または「ガンター尺」と呼ばれるようになった器具について説明した．それは長さ2フィートの対数尺を1対のディヴァイダーとともに使うものであった．これを含む数々の数学器具へのガンターの貢献を促したのは，掛け算など数学の計算が苦手な船乗り，測量士などを助けたいという気持ちであった．ガンターの名が冠されたその他の装置には，測量士用ガンターチェイン，すなわち環が100個ある長さ66フィートの携帯用鎖（1エイカーは43,560すなわち$66 \times 66 \times 10$平方フィートである）もあった．また，彼は磁気偏角の研究や永年変化の観察によって航海術にも貢献した．

1624年にエドモンド・ウィンゲイトがパリで科学者と技術者の一団にガンター尺を展示した．その結果，同年にその器具の説明がフランス語で発表されることになった．ウィンゲイトはそれを「比例規（rule of proportion）」と呼んだ．フランス語の説明によれば，この器具は4種の線，つまり数の線，正接の線，正弦の線，そして2本の1フィートの線——1本は1インチごとと1インチの10分の1ごとに分割され，もう1本は10分の1と100分の1ごとに分割されていた——でできていた．

この器具の大きな欠点は，その長さにあった．それを17世紀半ばには，ウィンゲイトが定規を2本に分け，さらに目盛りを追加して比例規の両側を使うようにして改良していた．ほかにも多くのイギリス人革新家たちが改良品を出した．

一方，1630年代初めに数点の計算尺が世に出た．ウィリアム・オートレッド（1574–1660）は円形と線形の計算尺を発明し，またディヴァイダーを使わなくて済むようにガンター定規を2本用いた．早期に計算尺を考案した人物にもうひとり，リチャード・デラメインがいた．彼は先に発表したことを理由に，オートレッドより早く発明したと主張した．

いくつかの発明によって関心を呼び起こされたことに加えて先取権論争もあって，計算尺は急速に，日常的に計算をする職業の人々の標準装備になった．数学的原理は依然として17世紀初頭の発見に関わるものであったが，20世紀に最もよく知られていた計算尺の形態は，エコール・ポリテクニクに長く所属していたフランス陸軍将校アメデー・マネーム（1831–1906）の1850年の構造に従ったものであった．

14.5.3 加算器と計算器

17世紀には機械仕掛けの加算器および計算器も現れた．その歴史は，計算目盛および計算尺の歴史とは逆であった．つまり計算器の場合はそこに新しい数学原理はなく，その点では対数の概念を用いた装置と同根であった．しかし計算器の採用ははるかに遅れた．その主たる原因は，複雑な構造を必要とし，費用も高かったことにあった．最も有名な3人を挙げよう．ヴィルヘルム・シッカート（1592–1635）はヘブライ語の教授として，またのちには数学と天文学の教授として大学にも籍をおいたルター派の牧師で，ケプラーと連絡を取り合っていた．ケプラーは，彫刻師と算術家としてのシッカートの才能を利用していたのである．シッカートは機械装置の設計をいくつか描いたが，製造された唯一の装置は火事で消失してしまった．一方，ブレーズ・パスカルは父親の税お

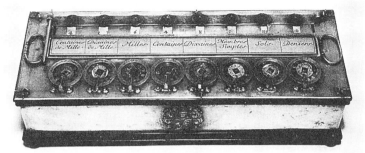

パスカルの加算器（IBM 所蔵）

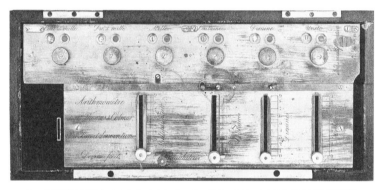

トマの最初のアリトモメトル（スミソニアン協会，国立アメリカ歴史博物館所蔵）

よび商計算を助けるために加算器を設計し，機械のいくつかは販売用に製造して中国にまでも出現したが，約 10 年後に製造を停止した．広場で大勢の成人たちに九九表の練習をさせたエアハルト・ヴァイゲルの教え子であったライプニッツは，移動台車の原理を用いて掛け算における繰り上げの概念を具現したが，科学界の指導的会員たちに自身の機械への関心を持たせようとする試みはうまくいかなかった．計算器産業が軌道に乗ったのは，19 世紀になってシャルル・グザヴィエ・トマ・ド・コルマールが彼のいうアリトモメトル（算術計数器），つまり段付き胴型移動台式計算器を作製してからのことであった．

14.5.4 数　表

対数の応用が最も顕著に成功したのは数表の作成と使用法においてのことであった．最初の対数表が出現した 17 世紀から，電子機器がほかの計算補助具のほとんどにとってかわった 20 世紀末に至るまで，数表は老若男女のポケットや机上にあった．電子計算器が定着するまで，計算関連の代表的な雑誌は『数表そ

§5 数学器具

シュウツ階差機関（スミソニアン協会，国立アメリカ歴史博物館所蔵）

の他の計算補助具（*Mathematical Tables and Other Aids to Computation*）』という名称であった．

　ヘンリー・ブリッグズは，ネイピアの対数を知る以前にすでに対数表を作成していた．彼は 1602 年に『磁気偏角が与えられた場合に棒の高さを知るための表』を，1610 年には『航海術改善のための表』を出版していた．ブリッグズとネイピアが初めて会ったあと，ふたりはしばしば対数表について話し合った．1617 年の対数に関するブリッグズの最初の出版物と，その後の『対数算術』についてはすでに述べた．英語版の『英国三角法（*Trigonometria Britannica*）』はブリッグズの死後の 1633 年に，ゲリブランドによって出版された．ブリッグズの『対数算術』から 300 年後の 1924 年には，小数第 20 位までの表の最初の部分が出版された．

　それ以前の 1620 年にガンターも，正弦と正接の 7 桁の対数表を『三角形の規則つまり人工的正弦正接表』として出版していた．その後のほとんどの対数三角関数表は，小数位数においてこれを超えるものではなかったが，1911 年にパリでアンドワイエが 60 分の 10 秒ごとに対する小数第 14 位までの表を発表した．その頃には表計算は機械化されていた．1820 年代にチャールズ・バベッジが「階差機関」すなわち差異法を適用し，同時加算を行って結果を印刷することによって表計算の間違いをなくすための機械を設計していた．うまく作動した最初の階差機関を設計したのはスウェーデン人のイェオリと息子のイェドヴァルトのシュウツ父子で，その機械で 1850 年代末にニューヨーク州オールバニのダドリー天文台においてさまざまな特殊表計算を行った．

14.6　無限小算法——ステヴィン

ステヴィンやケプラーやガリレオはすべて実践家であったから，アルキメデスの方法そのものは必要としたが，彼らは取尽し法に見られた論理的精密さは避けようとした．しかし最終的に微積分を導いたのは，主として古代の無限小算法に修正を施した者にほかならず，ステヴィンはそのような修正を初めて提言した人々のひとりであった．このブルージュの技術者は，ニュートンやライプニッツが微積分を発表するちょうど1世紀ほど前の1586年に，自著『静力学』のなかで，三角形の重心はその中線上にあることを次のように証明していた．三角形 ABC のなかに，高さが等しく向かいあう2組ずつの辺がそれぞれ底辺と中線に平行であるような多数の平行四辺形を内接させる（図14.3）．すると，左右対称な図形は釣り合っているというアルキメデスの原理によって，それら内接図形の重心は中線上にあることになる．ここで，そのような平行四辺形は三角形 ABC のなかに無限個内接させられるし，またその個数が多くなればなるほど，内接図形の和と三角形の差は小さくなる．したがってその差をいくらでも小さくできることから，三角形の重心も中線上にあるといえる．一方，流体圧力についてのいくつかの命題では，ステヴィンは上述の幾何学的方法を，極限値に収束する数列を用いた「数による証明」で補っていた．しかしこの「オランダのアルキメデス」が得意であったのは，算術的証明よりもむしろ幾何学的証明のほうであった．

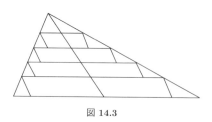

図 14.3

14.6.1　ヨハネス・ケプラー

ステヴィンが無限個の無限小という考え方を物理学に応用することに関心を持っていたのに対して，ケプラーはそれを天文学，とくに1609年発表の楕円軌道に関連して使う必要があった．ケプラーは早くも1604年には，光学の研究や放物面鏡の特性から，円錐曲線に関心を持っていた．そしてアポロニオスが円錐曲線を3種の異なる型の曲線——楕円，放物線，双曲線——と考えよう

§6 無限小算法——ステヴィン

ヨハネス・ケプラー

としたのに対して，ケプラーはすべてを一つの族もしくは類に属する5種類の円錐曲線と考えるほうを選んだ．ケプラーは強い想像力と数学的調和を求めるピュタゴラス的感覚とを働かせて，1604年には自著『ウィテロ「光学」への補足』のなかで円錐曲線についていわゆる連続性の原理を展開していた．すなわち，2焦点が交点上で一致しているとみなされる相交わる2直線からなる円錐曲線から出発すると，焦点の一方がもう一方から遠ざかるにつれて次々と無限に多くの双曲線が現れる．そして焦点の一つが無限遠に遠ざかったときには，もはや2分枝の双曲線ではなくなり，放物線となる．この動く焦点がさらに無限遠を通り越して反対方向から再び接近してくるときには，また無限に多くの楕円が現れる．そして最後に2焦点が一致して，円になるのである．

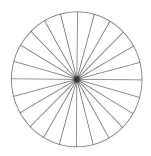

図 14.4

　このように，放物線には焦点が二つあり，その一方は無限遠にある，という考え方はケプラーによるものである．また，「焦点」（ラテン語で「炉ばた」）という言葉も，彼が初めて用いたものであった．この「無限遠点」という大胆でしかも数多くの成果をもたらした考え方は，1 世代あとのジラール・デザルグの幾何学においてさらに拡張される．一方，ケプラーは天文学における無限小問題についても有効な研究方法を見つけ，1609 年の著書『新天文学（$Astronomia\ nova$）』で，天文学における第 1 と第 2 法則を発表した．すなわち，(1) 惑星は太陽を焦点の一つとする楕円軌道上を運行し，しかも (2) 惑星と太陽を結ぶ動径ベクトルは等しい時間内に等しい面積を通る．

　ケプラーはこのような面積問題を扱うとき，面積を，一つの頂点が太陽にあってほかの 2 頂点は軌道上の互いに無限に近い 2 点にあるような無限に小さい三角形からなっているとみなした．このようにして，彼は未熟ながらもオレームの方法に似た一つの積分法を使うことができた．この方法によって，たとえば円において，円の中心を頂点とする無限に細い三角形（図 14.4）の高さが半径に等しくなっていることに気づけば，その面積を求めることができる．そこで，円周上にある無限に小さな底辺をそれぞれ $b_1, b_2, \ldots b_n, \ldots$ とすると，円の面積——すなわち小三角形の面積をすべて足したもの——は $\frac{1}{2}b_1 r + \frac{1}{2}b_2 r + \cdots + \frac{1}{2}b_n r + \cdots$ つまり $\frac{1}{2}r(b_1 + b_2 + \cdots + b_n + \cdots)$ となる．各 b の総和は円周 C であることから，円の面積 A は $A = \frac{1}{2}rC$ と表される．これは，すでにアルキメデスがもっと詳しく証明していた古代以来の有名な定理にほかならない．

　ケプラーは，同様の論法で楕円の面積も求めた．それは，当時は知られていなかったが，アルキメデスがすでに得ていた結論であった．つまり，楕円は半径 a の円の各縦線の長さを与えられた比，たとえば $b : a$ の比に短縮することによって得られ，したがってオレームにならえば，楕円や円の面積は，曲線上

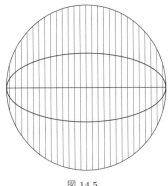

図 14.5

の点を結ぶ縦線全体の和と考えることができる（図 14.5）．その際，面積の成分どうしが $b:a$ の比にあることから，面積どうしも同じ比にあるはずである．よって，円の面積は πa^2 であることがわかっているから，楕円 $\frac{x^2}{a^2}+\frac{y^2}{b^2}=1$ の面積は πab となるはずである．この結果は正しいものであったが，楕円の周囲の長さについては，ケプラーは近似式 $\pi(a+b)$ を与えるのが精いっぱいであった．一般の曲線の長さ，とくに楕円の周の長さは，さらにあと半世紀間も数学者をてこずらせることになる．

ケプラーはティコ・ブラーエとともに最初はデンマーク，のちにはプラハで研究をしたが，ブラーエの没後は神聖ローマ皇帝ルドルフ II 世に数学者として仕えている．そのときのケプラーの仕事の一つは，天空十二宮図によって星占いをすることであった．当時の数学者たちは，皇帝に仕える者も大学で働く者も，自分たちの才能にさまざまな活路を見出していた．ケプラーがオーストリアのリンツにいた 1612 年はちょうど葡萄酒のあたり年だったことから，彼は葡萄酒樽の容量の見積りに当時採用されていたおおざっぱな方法を見直す研究を始めた．それらの方法をアルキメデスのコノイドやスフェロイド（回転楕円体）の体積についての方法と比べ，さらにアルキメデスも取り上げなかったさまざまな回転体の体積の算出へと進んだ．たとえば，円の弓形をその弦のまわりに回転してできた図形のうち，弓形が半円よりも小さいときの図形をシトロン（レモンに似たもの），大きいときの図形をリンゴと呼んでいる．ケプラーの体積測定法は，立体を無限個の無限小部分からなるとみなすもので，したがってそれは上述の楕円の求積の場合とほとんど同じものであった．またその際，ケプラーはアルキメデスの「二重帰謬法」を使わず，以後その点では，現在までのほとんどの数学者たちがケプラーを見習っている．

ケプラーは体積測定の考え方をまとめて，1615年に『葡萄酒樽の立体幾何学（*Stereometria doliorum*）』という題の本として出版した．その本はその後20年間ほどはたいして関心を呼ばなかったようであるが，1635年に出版されたガリレオの弟子ボナヴェントゥーラ・カヴァリエーリの名高い本『不可分者の幾何学（*Geometria indivisibilibus*）』のなかでは，ケプラーの考え方が体系的に拡張されていた．

15 解析，総合，無限，数論
Analysis, Synthesis, the Infinite, and Numbers

> この無限の空間にただよう永遠の沈黙が私を恐怖に陥れる——パスカル

15.1 ガリレオの『新科学対話』

ケプラーが葡萄酒樽の研究をしていた頃，ガリレオは自作の望遠鏡で天空を見渡したりボールを斜面に転がしたりしていた．ガリレオの取り組みの結果は有名な著書2冊で報告された．一方は天文学に，他方はその他の物理学に関するものであった．両者ともイタリア語で書かれ，表題『天文対話』(1632 年)と『新科学論議』(1638 年)を持つ．前者はプトレマイオスとコペルニクスの宇宙観の優劣に関する対話で，サルヴィアーティ(科学の知識がある学者)，サグレード(ふつうの知識人)およびシンプリーチョ(鈍感なアリストテレス信奉者)という男3人のみが登場した．この対話で，ガリレオは自身がどちらを選ぶかについて疑う余地をほとんど残さなかったため，裁判にかけられて拘禁された．追放されていた年月に，それでも『新科学論議』を書いた．これは力学と物質の強度に関する対話で，同じ顔ぶれの3人の人物が登場した．ガリレオの2冊の偉大な著書のどちらにしても厳密な意味では数学ではなかったが，数学，それもしばしば無限大と無限小の特性に訴える多くの点がどちらにも内在していた．

無限小は自分の力学に本質的なものであるとガリレオが考えたため，無限大よりもガリレオに直接的な関係があった．ガリレオは，力学は彼が創造したまったく新しい科学であるという印象を与え，以後，あまりにも多くの著者が，この主張に同意してきた．しかし，形相の幅[*1)]については，ガリレオがオレームの業績に完全に精通していたのはほぼ間違いなく，『新科学論議』のなかで数回オレームの三角形の図形表示に似た速度の図形を使う機会があった．とはいえ，ガリレオはオレームの考えを体系化し，欠けていた数学的精度を与えた．力学へのガリレオの新たな貢献のなかに，投射体の動きを均一の水平成分と均

訳注

[*1)] 形相の幅 (latitude of forms) については本書 12.14 節参照．

ガリレオ・ガリレイ

一に加速する垂直成分に分析したことがあった．その結果，彼は投射体の軌跡が，空気抵抗を無視すれば，放物線であることを示すことができた．円錐曲線が 2,000 年近くも研究された末に，そのうちの 2 種の曲線がほぼ同時に科学に適用できることがわかったのは驚くべき事実である．それらは天文学における楕円と物理学における放物線である．ガリレオは誤って，しなやかなロープ，針金，または鎖（catena）を垂れ下がらせたときにできる曲線のなかに放物線のさらなる応用を発見したと考えた．しかし同世紀の後年に数学者らが，この曲線すなわち懸垂線（catenary）は放物線ではなく代数的ですらないことを証明した．ガリレオは，水平軌道上を転がる車輪の縁の 1 点がなぞる，現在サイクロイドと呼ばれる曲線を認識しており，そのアーチの下の面積を求めようとした．だがせいぜいできたのは，紙上に曲線を描いてアーチを切り抜き，その

§1 ガリレオの『新科学対話』

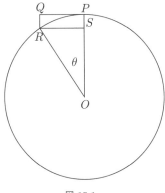

図 15.1

重さを量ったことにとどまり，その結果，面積は生成円の面積の 3 倍より少し小さいとの結論を出した．ガリレオはこの曲線の研究を放棄し，サイクロイドは橋の魅力的なアーチになるであろうと述べるにとどまった．

　さらに重要な数学への貢献を，ガリレオは 1632 年に『天文対話』で行った．それは，より高次の無限小の考えの概略をサルヴィアーティが示した「第 3 日」のことであった．回転する地球上の物体はその回転によって接線方向に投げ出されるはずだとシンプリーチョは論じたが，サルヴィアーティの論はこうであった．地球が小角度 θ だけ回転する間に，物体が地球上にとどまるために落ちるべき距離 QR は，物体が接線方向に水平に移動する距離 PQ に比べて無限小である（図 15.1）．したがって，前方への力に比べてきわめて小さい下降傾向であっても，物体を地球上にとどめるのに十分であろう．ここでのガリレオの論は，$PS = \mathrm{vers}\,\theta$ は直線 PQ または RS または弧 PR に比べて，より高次の無限小であるということである．

　さらにサルヴィアーティは，幾何学における無限大から算術における無限大にシンプリーチョを導いた．すなわち，整数の数列を一つずつたどっていくと完全平方数がますますまれになるという事実にもかかわらず，すべての整数と完全平方数の間に 1 対 1 の対応が成り立っていると指摘したのである．完全平方数を数えていくという単純な方法によって，各整数が必然的に完全平方数と対応し，逆もまた同様であって 1 対 1 の対応が確立する．完全平方数ではない整数が多数ある（そしてその比率が，大きい数を考えるにつれて増加する）としても，「数があるのと同数の平方数があると言わざるをえない」．ここでガリレオは，集合の一部が全体集合と等しいことがありうるという無限集合の基本

的性質と直面していたのだが，ガリレオはこの結論には踏み出さなかった．サルヴィアーティは，完全平方数は整数の数より少なくないという正しい結論に達していたが，あえてそれらが等しいと述べることができなかった．そうではなく，単に「『等しい』，『より大きい』，『より小さい』という特性は，無限に適用されるものではなく，有限量に適用されるのみである」と結論づけた．さらに，一つの無限数が別の無限数より大きいとはいえず，無限数は有限数より大きいとすらいえないとまで主張した（今では正しくないことがわかっている）．ガリレオはモーゼと同様に，約束の地が見える所まで来たが，そこに入ることはできなかった．

15.2　ボナヴェントゥーラ・カヴァリエーリ

　ガリレオは数学における無限大について著書を書くつもりはあったが，もし書いていたとしてもまだ発見されていない．一方，弟子のボナヴェントゥーラ・カヴァリエーリ（1598–1647）はケプラーの『葡萄酒樽の立体幾何学』や古代および中世の見方に刺激を受け，またガリレオの激励に促されて，無限小についての自身の考えを本の形にした．カヴァリエーリは修道会（イエス会．よくイエズス会と書かれるが，別の修道会である）の一員で，ミラノとローマに住んだあと，1629年にボローニャ大学で数学の教授になった．当時の特徴として，彼は純粋および応用数学の多くの分野——幾何学，三角法，天文学，光学——について著作を残し，また対数の価値を理解した最初のイタリア人著者であった．1632年の著書『普遍的天体測定帳（$Directorium\ universale\ uranometricum$）』で，正弦，正接，正割，および正矢とそれらの対数の8桁までの表を発表したが，世界が彼を記憶にとどめているのは，むしろ近世で最も影響力のある本の1冊，1635年に出版された『不可分者による連続体の幾何学（$Geometria\ indivisibilibus\ continuorum$）』による．

　この本の基礎にある論旨は本質的に，オレーム，ケプラー，ガリレオが暗示した，面積は線分つまり「不可分者」で成り立っているとみなすことができ，立体の体積も同様に，不可分な面積つまり原子なみの極微な体積でできているとみなすことができるというものである．当時のカヴァリエーリはほとんど実感してはいなかったが，彼は実に立派な足跡をたどっていた．というのは，これはまさしく，アルキメデスが，当時すでに失われていた『方法』で用いていた種類の論法だったのである．しかしカヴァリエーリはアルキメデスと違って，こ

の種の論法の背後にある論理的欠陥について良心の呵責を感じてはいなかった．

無限小を含む方程式では，高次の無限小は最終結果に影響を及ぼさないから捨て去ることができるという一般原則の源は，カヴァリエーリの『不可分者による連続体の幾何学』だとしばしば誤っていわれている．これはガリレオの著作のいくつかで暗示されており，同時代のフランス人数学者の業績でより明確に述べられていたことから，カヴァリエーリがこうした考えをよく知っていたことは疑いがないが，カヴァリエーリはこの原則についてほぼ反対の考えを持っていた．カヴァリエーリの方法には逐次近似法も項の省略もなかった．というのは，彼は二つの図形の要素間に厳密な 1 対 1 対応をつけていたからである．次数がどうであれ，いかなる要素も捨て去られることはなかった．その一般的対処法と一見それらしく見える不可分者の方法は，多くの立体幾何学の本で今でも「カヴァリエーリの定理」と呼ばれている次の命題に顕著である．

> 二つの立体の高さが等しく，底面に平行で底面からの距離が等しい平面で切った断面が常に一定の比率であれば，立体の体積も同じ比率である（Smith 1959, pp.605–609）．

カヴァリエーリは，微積分学における現代の式

$$\int_0^a x^n dx = \frac{a^{n+1}}{n+1}$$

に相当する，きわめて有用な幾何学の定理に意識を集中していった．その定理の内容と証明は，現在の読者がよく知っているものとは大違いである．というのは，カヴァリエーリは底辺に平行な平行四辺形の線分のベキ乗を，対角線が平行四辺形を分割してできた二つの三角形のいずれかの対応する線分のベキ乗と比較したからである．平行四辺形 $AFDC$ が対角線 CF によって二つの三角

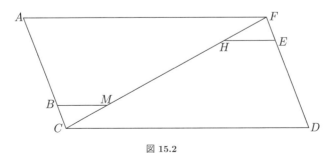

図 15.2

形に分割され（図 15.2），HE が三角形 CDF の底辺 CD に平行な不可分者だとする．次に，$BC = FE$ として CD に平行な BM を引くと，三角形 ACF の不可分 BM が HE と等しいことを容易に示すことができる．したがって，三角形 CDF の不可分者のすべてを三角形 ACF の等しい不可分者と対にすることができ，したがって二つの三角形は等しい．平行四辺形は二つの三角形の不可分者の合計だから，構成要素である三角形の一つの線分の 1 乗の和が平行四辺形の線分の 1 乗の和の半分である，すなわち［正方形の場合を見れば］

$$\int_0^a x \, dx = \frac{a^2}{2}$$

であることは明らかである．同様の，ただしかなり複雑さの増した論議によって，カヴァリエーリは三角形の線分の平方の和が平行四辺形の線分の平方の和の 3 分の 1 であることを示した[*2]．線分の 3 乗についてはその比を $\frac{1}{4}$ とした．のちに証明をもっと高いベキ乗に持っていき，最終的に 1647 年の『幾何学演習六題（*Exercitationes geometricae sex*)』で，n 乗では比が $\frac{1}{n+1}$ になるという重要な一般化を主張した．これは同時期にフランスの数学者たちも知るところとなっていたが，カヴァリエーリが最初にこの定理を発表した．それは微積分学における多くのアルゴリズムへの道を開くことになった．求積の問題を大いに助けた『不可分者による連続体の幾何学』が第 2 版として 1653 年に再度出版されたが，その頃には数学者たちは新たな方向で卓越した業績を達成していたため，カヴァリエーリの面倒な幾何学的アプローチは時代遅れになった．

　カヴァリエーリの業績で，断然最重要である定理は

$$\int_0^a x^n dx = \frac{a^{n+1}}{n+1}$$

と同等のものだったが，もう一つの貢献も重要な結果につながった．螺線 $r = a\theta$ と放物線 $x^2 = ay$ は古代から知られていながら，それまで誰も両者間の関係に気づいていなかったところ，カヴァリエーリが直線の不可分者を曲線の不可分者と比較することを思いついた．たとえば放物線 $x^2 = ay$（図 15.3）を腕時計のスプリングのように巻いて頂点 O の位置は変えずに点 P を点 P' に移したとすると，放物線の縦座標は，こんにち直交座標と極座標というものの間の関係式 $x = r$ および $y = r\theta$ によって動径ベクトルに変換すると考えることができる．するとアポロニオスの放物線 $x^2 = ay$ 上の点がアルキメデス螺線 $r = a\theta$

訳注

[*2]　この場合は幾何学的には四角錐と四角柱の対比になる．

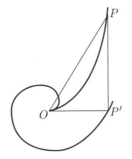

図 15.3

上にくる．カヴァリエーリはさらに，PP' を半径 OP' の円周と等しくとると，螺線の1回目の回転が囲む面積は，放物線の弧 OP と動径ベクトル OP の間の面積とまったく等しいと述べた．ここで，解析幾何学と微積分学に相当する研究が見えてくるが，カヴァリエーリが書いたのはこれらの分野が本格的に考案される以前のことであった．数学の歴史のほかの部分と同様に，画期的な里程標は突然現れるのではなく，なだらかとはいえない発展のいばらの道に沿ったいくぶんかはより明快な定式化にすぎないことがわかる．

 15.3　エヴァンジェリスタ・トリチェリ

　カヴァリエーリが死去した 1647 年に同じくガリレオの弟子である若いエヴァンジェリスタ・トリチェリ（1608–1647）も死去した．だがトリチェリはいろいろな意味で，カヴァリエーリが概略をあまりにも漠然と描くにとどまった無限小の基礎概念に基づいて急速に前進していた新世代の数学者の代表であった．トリチェリがこれほど早死にしなかったなら，イタリアは引き続き新たな革新の先頭に立つ一員であったかもしれない．実際は，フランスがまぎれもなく 17 世紀中盤の数学の中心であった．

　トリチェリはイエズス会のいくつかの施設で数学教育を受けたあと，6 年間秘書を務めたベネデット・カステリのもとで学んだ．サイクロイドに興味を持つようになったのは，ことによるとガリレオを通じてマラン・メルセンヌに促されてのことかもしれない．トリチェリもメルセンヌと同様に，ガリレオに心服していた．トリチェリはカステリの往復書簡を扱っていた間に自らガリレオの注意を引いた．1643 年にトリチェリはメルセンヌにサイクロイドの求積を送り，1644 年には『放物線の大きさについて（*De dimensione palabolae*）』とい

343

う著書を出版し，付録としてサイクロイドの求積法と接線の作図法をつけた．ジル・ペルソンヌ・ド・ロベルヴァルのほうが先にこれらの結果に達していたことにトリチェリが言及しなかったため，ロベルヴァルは1646年に，（極大と極小について）トリチェリが彼自身とピエール・ド・フェルマから盗用したと非難する手紙を書いた．ロベルヴァルの発見が早かったのは今では明らかだが，発表が早かったのはトリチェリであり，彼はおそらくその面積と接線を単独で再発見したのであろう．トリチェリは，一方ではカヴァリエーリの不可分者の方法を利用して，他方では古代の「取尽し法」を利用して2種類の求積を行った．曲線の接線を求めるためには，アルキメデスの接線によく似た運動の合成を螺線に取り入れた．

運動の合成という考えはトリチェリやロベルヴァルの創意ではなかった．というのは，アルキメデス，ガリレオ，デカルトほかが利用していたからである．トリチェリはこれらの人々の誰かからこの考えを得た可能性がある．トリチェリもロベルヴァルも，運動学的手法をほかの曲線にも応用した．たとえば放物線上の点は，準線から遠ざかるのと同じ速度で焦点から遠ざかる．したがって，接線はこれら2方向の線がなす角の2等分線になる．またトリチェリはさらに高次のパラボラ[*3)]についてはフェルマの接線の方法を利用し，カヴァリエーリの放物線と螺線の比較を，弧長と面積を考慮することによって拡張した．1640年代に彼らは，螺線 $r = a\theta$ の最初の回転の長さが放物線 $x^2 = 2ay$ の $x = 0$ から $x = 2\pi a$ の長さに等しいことを示した．一般化を常に目指したフェルマは，より高次の螺線 $r^n = a\theta$ を取り入れ，これらの弧と高次のパラボラ $x^{n+1} = 2ay$ の長さを比較した．トリチェリは各種の螺線を研究して対数螺線の求長法を発見した．

無限小に関わる問題は当時抜群に人気があったが，とくにトリチェリは熱中した．たとえば『放物線の大きさ』でトリチェリは，不可分者と「取り尽くし法」の使用にほぼ二分した方法を用いて，放物線の求積の証明を21通り行った．最初のカテゴリーに属する一つは，アルキメデスがおそらく当時は残っていなかったと思われる『方法』で示した機械的求積とほとんど同じであった．予想どおりというべきか，第2のカテゴリーの一つはほぼ，当時現存してよく知られていたアルキメデスの著書『放物線の求積』で示されたものである．こ

訳注 ───────
[*3)] 古典的には $y = x^2$ と $y = \frac{1}{x^2}$ に対応する曲線はそれぞれパラボラ（放物線），ハイパボラ（双曲線）と呼ばれてきた．その拡張で，高次化した $y = x^n$，$y = \frac{1}{x^n}$ の形の曲線もパラボラ，ハイパボラと本書では呼ぶ．ただし一般的名称ではない．352，353，363ページにも登場する．

れに関連してトリチェリが自身の手法を算術化していたら現代の極限概念に非常に近づいたろうが，トリチェリもカヴァリエーリなどほかの同時代のイタリア人の強い幾何学の影響下にあった．それでも，トリチェリは不可分者を柔軟に使って新発見を達成した点で，彼らをはるかにしのいでいた．

トリチェリを大いに喜ばせた 1641 年の新規の業績は，双曲線 $xy = a^2$，縦軸 $x = b$，および横軸で囲まれたような無限の面積を x 軸のまわりを回転すると，できた立体の体積が有限でありうると証明したことであった．無限の広がりを持つ図形が有限の量を持ちうることを発見したのは自分が最初だとトリチェリは信じていたが，この点について，高次の双曲線の下の面積に関するフェルマの研究に先んじられていたかもしれず，ことによるとロベルヴァルにも，そして間違いなく 14 世紀のオレームに先を越されていた．

1647 年に早世する直前にトリチェリが取り組んでいた問題のなかに，式を書けば $x = \log y$ となる曲線をスケッチしたものがあった．これはおそらく，計算手段として対数を発見した人物の死から 30 年後に描かれた最初の対数関数のグラフであろう．トリチェリはこの曲線，その漸近線および縦座標で囲まれた部分と，その部分を x 軸のまわりに回転させて得られた立体の体積にもたどり着いた．

トリチェリは，しばしば天才の世紀といわれる 17 世紀の数学者のなかで最も前途有望なひとりであった．メルセンヌがフェルマ，デカルトおよびロベルヴァルの業績を，1635 年からのガリレオとの往復書簡と 1644 年のローマへの旅によってイタリアに知らしめた．トリチェリはすぐに新しい方法をマスターした．ただし，常に代数より幾何学的アプローチを好んだ．トリチェリは 1641–1642 年に年老いて盲目になったガリレオと短期間接触したが，これによって，この後輩に物理科学への関心が沸き起こった．こんにち，トリチェリはおそらく数学者としてよりも気圧計の発明者として思い起こされるであろう．彼はまた，ある地点から発射された発射体について，初期速度は一定だが仰角がさまざまな放物線経路を研究し，放物線の包絡線も別の放物線であることを発見した．距離対時間の方程式から速度を時間の関数とする，またその逆の方程式に進むなかで，トリチェリは求積問題と接線問題の逆の関係を見た．トリチェリが通常の寿命を享受していたとしたら，微積分学の発明者になれた可能性があるが，39 歳の誕生日のわずか数日後にフィレンツェで，非情な病気によって短い生涯を閉じた．

15.4 情報伝達者メルセンヌ

17世紀の中盤には，フランスが数学の中心であったことに議論の余地はない．それを代表する人物はルネ・デカルト（1596–1650）とピエール・ド・フェルマ（1607 ないし 1608*4)–1665）であったが，ほかに同時代の 3 人のフランス人も重要な貢献をした．ジル・ペルソンヌ・ド・ロベルヴァル（1602–1675），ジラール・デザルグ（1591–1661）およびブレーズ・パスカル（1623–1662）である．本章の残りの部分では，これらの人物に焦点をあてる．第 2 の焦点は，北海沿岸の低地帯諸国で活躍したデカルトのあとの世代で，デカルト数学のいくつかのハイライトを生み出した．

数学の専門組織はまだ存在しなかったが，イタリア，フランス，イギリスには弱いながらも組織化された学術団体があった．イタリアのアカデミア・デイ・リンチェイ（ガリレオが所属していた）とアカデミア・デル・チメント，フランスのキャビネ・デュピュイ*5)，イギリスのインヴィジブル・カレッジなどである．さらに，当時は手紙のやりとりを通じて数学情報の交換を助けた人物がいた．ミニモ会修道士マラン・メルセンヌ（1588–1648）である．彼はデカルトとフェルマをはじめとする当時の多くの数学者と親しい友人であった．メルセンヌが 1 世紀早く生きていたとしたら，3 次方程式の解法に関する情報の伝達があれほど遅れることはなかったかもしれない．というのは，メルセンヌが何かを知ると，まもなく「文芸共和国」全体にそれが知らされたからである．

15.5 ルネ・デカルト

デカルトはフランスのラ・エーで生まれ，ラ・フレーシュのイエズス会の学校で徹底した教育を受けた．そこではクラヴィウスの教科書が基本教育として使われていた．その後，ポアティエ大学で法律を学んで学位をとったが，法律にはあまり熱心ではなかった．数年間，彼はさまざまな軍事行動に従軍してあちこちに旅をした．最初はナッサウ公マウリッツのもとでオランダに従軍し，次にバイエルン公マクシミリアン I 世の軍に従い，のちにはフランス軍に従っ

訳注

*4) 従来フェルマの生年は 1601 年とされていたが，21 世紀になって新史料が発見され，それによると 1607 年 10 月 31 日から 12 月 6 日までの間に誕生したと解釈するのが妥当とされる．

*5) ジャック–オーグスト・ドゥトゥが開きデュピュイ兄弟が受け継いだ 17 世紀パリの私的アカデミー．

§5 ルネ・デカルト

ルネ・デカルト

てラ・ロシェルの攻撃に参加した．デカルトは実は，職業軍人ではなく，短期間の軍役と軍役の間に個人で旅行し，研究もした．その間に，ヨーロッパ各地で代表的な学者の何人かに会った．パリではメルセンヌや，アリストテレス学派の思想を自由に批判していた学者仲間に会った．こうした刺激を受けたデカルトは「近代哲学の父」になっていき，科学的世界観の変革を提示するとともに数学の新分野を確立した．彼の最も有名な著作，1637年の『諸科学において理性を正しく導き真理を探求するための方法序説（*Discours de la méthode pour bien conduire sa raison et chercher la verité dans les sciences*）』において，デカルトは哲学的研究のための研究計画を発表した．そのなかで彼が期待したのは，体系的疑念を通して明確かつ厳密な概念に到達し，その概念から無数の妥当な結論を導けるようになることであった．科学に対するこの取り組みから，デカルトは，万物は物質（つまり外延）と運動によって説明できると

いう仮説に到達した．全宇宙は停止することなく渦動し続ける物質で成り立っており，すべての現象は接触し合う物質によって生み出される力で機械的に説明されると彼は考えた．デカルト科学はほぼ 1 世紀の間大人気を博したが，その後ニュートンの数学的推論に必然的に道を譲った．皮肉なことに，のちにデカルト科学の打倒を可能にしたのは大部分，デカルトの数学であった．

15.5.1 解析幾何学の考案

デカルトの哲学と科学は，過去を断ち切ることにおいてほとんど革命的であったが，それに反して彼の数学は以前の伝統とつながっていた．

デカルトは，1619 年の冷たい冬をバイエルン軍とともに過ごす頃には，数学に本気で興味を持つようになっていた．その軍隊生活で彼は午前 10 時まで床から出ず，問題を考えぬいていた．彼が通常レオンハルト・オイラーの名で呼ばれる多面体の公式 $v + f = e + 2$（ここで，v, f および e はそれぞれ，単純な多面体の頂点，面，辺の個数である）を発見したのは，この生涯初期の期間であった．9 年後，デカルトはオランダにいる友人に，数論と幾何学で大いに前進したからもう望むことはないと書き送った．その前進がどういうものだったかはわかっていない．というのもデカルトが何も発表しなかったからだが，彼の考えの方向は 1628 年のオランダの友人宛の手紙に記されている．その手紙で彼は，3 次または 4 次方程式の根を放物線によって作図するための法則を示している．これはもちろん，メナイクモスが約 2,000 年前に立方体の倍積のために行ったこと，またオマル・ハイヤームが 1100 年頃に一般 3 次方程式に行ったことと基本的に同種である．

デカルトが 1628 年に解析幾何学を完成していたかどうかは確かではないが，デカルト幾何学の考案日がそれよりずっとあとだったとは考えられない．このときデカルトはフランスを離れてオランダに行き，そこで次の 20 年間を過ごした．オランダに落ち着いて 3, 4 年後に，古典学者であった別のオランダ人の友人がパッポスの 3 本および 4 本の直線の問題に彼の注意を促した．古代人はその問題を解けなかったと誤解していたデカルトは，新しい方法を適用して難なく問題を解いた．これによって彼は自身の考え方に力と普遍性があることを知り，その結果，有名な著作『幾何学（La géométrie）』を書いた．それによって解析幾何学が当時の人々に知られるようになったのである．

15

解析，総合，無限，数論

348

15.5.2 幾何学の算術化

『幾何学』は独立した著書としてではなく，デカルトが自身の哲学的方法全般を説明するために書いた『方法序説（*Discours de la méthode*）』の3編の付録のうちの1編として世に出された．ほかの2編の付録は屈折の法則の最初の発表（ヴィレブロルト・スネルが先に発見していた）を掲載した『屈折光学（*La dioptrique*）』と，虹に関する最初の，おおむね満足できる定量的説明などを含む『気象学（*Les météores*）』であった[*6)]．『方法序説』の初版は著者名抜きで出版されたが，誰が書いたかは一般に知られていた．

デカルト幾何学は今では解析幾何学と同義になっているが，デカルトの基本的なねらいは現代の教科書の目的とは大きくかけ離れていた．主題は冒頭で，次のように明確に述べられている．

> 幾何学のいかなる問題も，何本かの線分の長さがわかれば問題なく作図ができるような諸項へと，容易に帰着させることができる．

この文書が示すように，目標は一般に幾何学の作図であって，必ずしも幾何学を代数に還元することではない．デカルトの業績は単に代数の幾何学への応用といわれることがあまりにも多いが，実際には代数演算の幾何学用語への翻訳という特徴も同様に存する．『幾何学』の最初の節の表題は，「算術の計算は幾何学の操作にどのように関係するか」となっている．第2の節では「乗法，除法および開平を幾何学的に行う方法」が述べられている．ここでデカルトは，フワーリズミーの時代からオートレッドに至るまでにある程度なされたこと，つまり代数演算に幾何学的背景を持たせることを行っていた．5種の算術演算が定規とコンパスによる簡単な作図に対応することが示され，それによって幾何学に代数用語を導入することの正当性を示している．

デカルトは先人の誰よりも記号代数と代数の幾何学的解釈において徹底していた．ルネサンス以降，着実に進歩していた形式的代数は，デカルトの『幾何学』で頂点に達した．同書は代数を学ぶ現代の学生でも表記法に関して苦労することなく読める最初の数学の教科書である．そこで見られるほぼ唯一の古い記号が，等号＝の代わりに使われている ∞ である．ある基本的な点においてデカルトはギリシャの伝統と決別した．たとえば x^2 と x^3 を面積と体積とみな

訳注 ————

[*6)] デカルト『デカルト著作集1』（白水社，1973）に所収．のちに『幾何学』のみ，ルネ・デカルト『幾何学』（原亨吉訳）（ちくま学芸文庫，2013）として出版．

す代わりに，それらもまた線分と解釈した．それによって少なくとも明示的には斉次性の原理を捨てることができたが，幾何学的意味は保持していた．デカルトは，$a^2b^2 - b$ のような式を書き下し，彼が述べたように「量 a^2b^2 は 1（つまり単位線分）で 1 回割られ，量 b は 1 を 2 回掛けたと考えなければならない」という意味を持たせた．デカルトが形式における斉次性を頭のなかの斉次性に置き換えたのは明らかである．これが彼の幾何学的代数をより柔軟性のあるものにした．実際，融通がききすぎて，こんにち我々は正方形を心に描くことすらしないで xx を「x の平方」と読んでいる．

15.5.3 幾何学的代数

第 I 巻には 2 次方程式の解法に関する詳細な説明が含まれているが，それは古代バビロニアに見られた代数的感覚ではなく，どちらかといえば古代ギリシャ風つまり幾何学的感覚で書かれている．たとえば方程式 $z^2 = az + b^2$ を解くのに，デカルトは次のようにした．長さ b の線分 LM を引き（図 15.4），L において $\frac{a}{2}$ に等しくかつ LM に垂直な線分 LN を立てる．さらに N を中心に半径 $\frac{a}{2}$ の円を描き，M と N を通って O と P においてその円と交わる直線を引く．そうすれば，$z = OM$ が求めるべき線分となる．（デカルトは上の方程式の根 PM を無視した．なぜなら PM は「偽の」数つまり負数だからである．）さらに $z^2 = az - b^2$ と $z^2 + az = b^2$ の形の，ほかの正根を持つ場合の 2 次方程式についても同様の作図を行っている．

2 次方程式の解法を含む代数演算を幾何学的に解釈する方法を説明したあと，デカルトは代数を幾何学の確定問題に応用することに向かい，それらの問題に対する一般的方法を，下記のようにルネサンスの学者よりはるかに明確に定式化している．

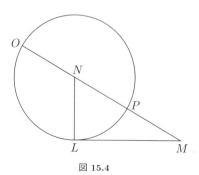

図 15.4

したがって，どのような問題を解く場合にも，まず解がすでに得られたと仮定し，その解の作図に必要と思われるすべての線分に——既知の線分ばかりでなく未知の線分にも——名前をつける．そして，既知および未知の線分の間に区別をつけないまま，一つの量を2通りに表現できることがわかるまで，それらの線分の間の関係を最も自然に説明できるように何とか解きほぐさなければならない．そうして得られた二つの式は，互いに等しいから，一つの方程式（一つの未知量を持つ）が得られる．

『幾何学』の第I巻と第III巻を通じて，デカルトはおもにこの種の幾何学的な問題を取り扱っている．そこでは，最終的に得られる代数方程式に含まれる未知量はただ一つであった．デカルトは，その結果として得られる代数方程式の次数こそが求める幾何学的作図の手法を決めるものであることをよく知っていた．

ある問題が通常の幾何学によって，つまり平面上に描かれた直線と円を使うことによって解かれるならば，最後の方程式が完全に解かれる段階では，たかだか2乗の未知量が1個残るであろう．それはその方程式の根とある既知量との積に，別のある既知量を加えるかあるいは引くかしたものに等しくなっているであろう．

ここに，ギリシャ人が「平面問題」と呼んだものが2次方程式にすぎなかったのだという明快な記述が見える．立方体の倍積と角の3等分が3次方程式になることをヴィエトがすでに示していたから，デカルトは，証明は不十分ではあったが，それらの問題が直定規とコンパスでは解けないことを明確に述べたことになる．したがって，古代の三大問題のうちの円の方形化だけが未解決のまま残された．

『幾何学』という標題によって，その論文が幾何学を主として扱ったものであると考え違いをしてはならない．『幾何学』が付録であった『方法序説』において，デカルトはすでに代数と幾何学の利点を，どちらにも偏ることなく比較して論じていた．彼は後者が図形にあまりにも頼りすぎて想像力をいたずらに消耗させることをとがめ，また前者を精神を混乱させる乱雑かつ不可解な技法であるとして非難した．したがって，彼の方法のねらいは次の2点であった．(1)

代数的手続きを通じて，幾何学を図形の使用から解放すること，および (2) 幾何学的解釈を通じて，代数演算に意味を与えること．デカルトは，数学はすべてまったく同じ基本的原理から出発すると確信し，各分野における最も優れた方法を使おうと決意した．したがって，『幾何学』における彼の手続きは，まず幾何学的問題から始めて，それを代数方程式の用語に変換し，次に 2 次方程式について彼が行ったように，その方程式をできるかぎり簡単にしてから，それを幾何学的に解くことであった．

15.5.4 曲線の分類

　デカルトは自身の方法が 3 本および 4 本の直線に関する軌跡の問題の処理に有効であることにおおいに気を良くし，その問題の一般化に取り組んだ──この問題は『幾何学』の 3 巻全体を通じてアリアドネの導きの糸さながらに随所に記されている．直線の数が 6 本ないし 8 本あるいはそれ以上になったとき，パッポスが軌跡についてもはや論述できなかったことを知り，デカルトはそれらの場合の研究を始めた．デカルトは直線が 5 本ないし 6 本の場合には軌跡は 3 次式になり，直線が 7 本ないし 8 本の場合には 4 次式になり，以後も同様に展開していくことに気づいた．しかしデカルトはそれらの軌跡の形には何の関心も示さなかった．というのは，彼は与えられた横座標に対応する縦座標を幾何学的に作図する効果的な方法という問題にとりつかれていたからである．たとえば，5 本の直線の場合の軌跡について，もしそれらの直線がすべて平行である場合を除けば，その軌跡は x にある値を与えたとき y に対応する線が定規とコンパスだけで作図可能であるという意味で初等的な軌跡であると，デカルトは誇らしげに述べていた．もしそれらの直線のうちの 4 本が平行でかつ互いに距離 a だけ離れていて，第 5 番目の直線がほかの 4 本の直線と垂直に交わっているとし（図 15.5），さらにまたパッポスの問題における定比もこの定数と同じ a にとられているとすれば，その軌跡は $(a + x)(a - x)(2a - x) = axy$ で与えられ，この式はのちにニュートンがデカルトのパラボラあるいは三叉曲線と呼んだ 3 次式 $x^3 - 2ax^2 - a^2x + 2a^3 = axy$ にほかならない．この曲線は『幾何学』のなかに繰り返し現れるが，デカルトはそれを完全に描くことはしなかった．この曲線に関する彼の関心は次の 3 点であった．(1) この曲線の方程式をパッポスの軌跡として導くこと，(2) 低次の曲線の運動によってこの曲線が生成されることを示すこと，(3) さらに高次の方程式の根を作図するためにこの曲線を次々に使うこと．

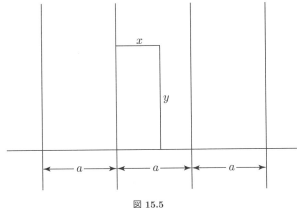

図 15.5

　デカルトは，横軸上の各点 x に対して縦座標 y が定規とコンパスだけで描けることから，三叉曲線も平面図形の手法だけで作図できると考えた．しかしそれはパッポスの問題において無作為にとられた 5 本あるいはそれ以上の直線に関する軌跡に対しては，一般に不可能なのである．直線が 8 本を超えない場合には，その軌跡は x と y の多項式となる．したがって x 軸上に与えられた点に対応する縦座標 y の作図は，すでに述べたように，通常は円錐曲線を利用しなければならず，3 次または 4 次方程式の幾何学的解法を必要とする．また，パッポスの問題で直線が 12 本を超えない場合には，その軌跡は 6 次を超えない x と y の多項式となり，その作図は一般に円錐曲線を越えた曲線を必要とする．ここに至ってデカルトは，幾何学の作図可能性の問題においてギリシャ人をしのぐ重要な前進を遂げたのであった．古代人は，パッポスがそうであったように，彼らが立体問題や線型問題と呼んだ問題をしぶしぶ認めることはあったけれども，直線と円以外の曲線を用いた作図を実際には決して正当な問題と認めなかった．とくに線型問題はがらくた入れにほうり込まれるような種類の問題とされ，実質的な地位すら認められていなかった．

　そこでデカルトは，幾何学の確定問題の正統的な分類にとりかかった．2 次方程式になるような問題，つまり直線と円によって作図可能な問題を，まず第 1 種の問題とした．次に 3 次および 4 次方程式になるような問題，つまりその根が円錐曲線を用いることによって作図可能な問題を，第 2 種の問題とした．さらに 5 次あるいは 6 次方程式になるような問題，つまり三叉曲線あるいはより高次のパラボラ $y = x^3$ のような 3 次曲線を導入することによって作図可能となる問題は，第 3 種の問題とした．デカルトはこのようにして分類を進めて

幾何学の問題と代数方程式を種類別に分け，$2n$ あるいは $2n-1$ 次の方程式の根の作図を第 n 種の問題であると設定した．

　二つの次数を組にしたデカルトの分類は代数的考察によって確立されたようである．また 4 次方程式の解は 3 次分解方程式の解に還元できることが知られていたから，デカルトは $2n$ 次方程式の解が $2n-1$ 次分解方程式の解に還元できると早まった推論をドした．しかし何年も経ってから，このデカルトの魅力的な一般化は成り立たないことが示された．しかし彼の業績は作図可能性の原則を緩和するのに有効であり，その結果としてより高次の平面曲線が扱われるようにもなったのである．

15.5.5 　曲線の求長

　デカルトの幾何学問題の分類では，パッポスが「線型」として一括して考えた問題のすべてではなく，ある一部だけが含まれていたことは注目に値しよう．4 次を越える幾何学的作図に必要な新しい曲線の導入に際して，デカルトは通常の幾何学公理にもう一つ公理を追加した．

　　2 本あるいはそれ以上の線（または曲線）を，それらの交点が別の線
　　を定めながら，一方から他方の上へと移すことができる．

　上の公理自体は，ギリシャ人が円積曲線，シッソイド，コンコイド，螺線などの曲線を運動学的に生成したときに実際に行ったことと違わない．しかし，古代人がそれらを一括して考えたのに対して，デカルトはここでそれらの曲線を，こんにち代数的曲線と呼ばれるシッソイドおよびコンコイドと，こんにち超越曲線と呼ばれる円積曲線や螺線曲線などとを注意深く区別した．デカルトは前者の型の曲線に，直線，円および円錐曲線と同様にれっきとした幾何学的地位を与え，それらをひっくるめて「幾何学的曲線」と呼んだ．また後者の型の曲線を幾何学から完全に除外し，「機械的曲線」という烙印を押した．デカルトが上の決定を下した根拠は「推論の正確さ」であった．彼が言うには，機械的曲線は「相互の関係が正確に決まらない 2 種の独立した運動によって描かれる曲線として考えられなければならない」――たとえば，円積曲線や螺線を生みだす運動の場合，その相互関係は円の直径に対する円周の比で表される．要するに，デカルトは代数的曲線を「正確に」描かれた曲線と考え，超越曲線を「不正確に」描かれた曲線と考えた．というのは，後者は一般に円弧の長さによっ

て定義されるからである．上の事実に関して，デカルトは『幾何学』のなかで次のように書いている．

> 幾何学は，あるときはまっすぐで，あるときは曲がっている糸のような線（または曲線）を含むべきでない．なぜならば，直線と曲線の比は未知であって[*7]，また人間の知力ではとらえることができないと信じるからである．したがって，そのような比に基づく結論は厳密かつ正確なものとして受け入れられるものではない．

ここでは，デカルトはアリストテレスが示唆しアヴェロエス（イブン・ルシュド，1126–1198）が断言した，いかなる代数的曲線も正確な長さを求められないという定説を繰り返しているにすぎない．興味深いことに，『幾何学』が出版された翌年の 1638 年に，デカルトは偶然，ある「機械的」曲線を発見したが，それはのちに求長可能であることが判明した．『新科学論議』に端を発した（透過可能と仮定された）回転する地球上での物体の落下軌道の問題は，フランスにおけるガリレオの代弁者であったメルセンヌを介して広く議論されていた．そして，その問題がデカルトに，可能性のある軌道として等角螺線あるいは対数螺線 $r = ae^{b\theta}$ を思いつかせたのである．したがって，もしデカルトがそのような非幾何学的曲線をそれほどまでにきっぱりと拒否しなかったならば，1645 年に最初の曲線の現代的求長法を発見したトリチェリに先んじていたかもしれない．トリチェリは，アルキメデスやガリレオやカヴァリエーリから学んだ無

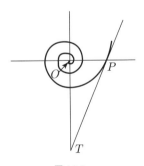

図 15.6

訳注
[*7] ガリレオの同心円の回転が想起される．はりあわされた大小の同心円の大きい円を直線上に転がして 1 回転させたとき，大円の円周と同じ長さの線分が得られるが，同時に小円のほうも大円の円周と同じ長さの線分上を 1 回転する．

限小の方法によって，対数螺線が極 O を中心に時計と反対方向に巻いているとき，その螺線の $\theta = 0$ からの全長は $\theta = 0$ における極接線 PT の長さにぴったり等しいことを示した（図 15.6）．もちろん，その素晴らしい成果は「代数的」曲線が求長不能であるとするデカルト説を論破することにはならなかった．事実デカルトは，その曲線が機械的であるから正確に決められないということばかりでなく，その曲線の弧が極を漸近点として持つから決して極に到達しないということをも，主張しようと思えばできたのである．

15.5.6 円錐曲線の同定

『幾何学』全編は，事実上代数を幾何学に，また幾何学を代数に徹底的に応用することにもっぱらさかれている．しかし，この著書にはこんにち解析幾何学と通常考えられているようなものはほとんど見あたらない．直交座標についての体系的な記述もない．というのは，斜交座標が通常当然のものと思われていたからである．したがって，距離，勾配，分割点，2 本の直線のなす角や，それに類した予備的なことがらについての公式も書かれていない．そのうえ，この論文のどこを探しても曲線の方程式から直接座標をとって描かれた新しい曲線は一つも見あたらない．また，デカルトは曲線を描くことにほとんど興味を抱かなかったから，負の座標の意味を決して完全には理解していなかった．デカルトは負の縦座標が正の縦座標に対してある意味で反対方向に向けられたものであるという一般的な理解を持っていたが，負の横座標は決して用いなかった．さらに，解析幾何学の基本原理——二つの未知量を持つ不定方程式は軌跡に対応するという発見——は，第 II 巻になってようやく現れるが，それもことのついでに触れられているにすぎない．

> それらの軌跡問題のいずれを解くことも，ある点を完全に決めるために条件が一つ不足しているような，そういった点を見つけることにほかならない．……そのような場合はすべて二つの未知量を含む方程式が得られる．

一例に限って，デカルトは軌跡を詳細に調べた．それはパッポスの 3 本および 4 本の直線の場合の軌跡問題に関連するものであった．そのために，デカルトは方程式 $y^2 = ay - bxy + cx - dx^2$ を導き出した．それは原点を通る円錐曲線の一般方程式である．たとえその文字係数を正数であると解したとしても，

それは円錐曲線族の解析に対してそれまでになされたいかなる成果よりもはるかに包括的なアプローチであった．デカルトは円錐曲線が直線，放物線，楕円または双曲線であるために必要な係数の条件を示したが，それはある意味で円錐曲線方程式の特性を見分けることに相当した．デカルトは，原点と軸を適当にとることによって，円錐曲線方程式の最も単純な形が得られることを理解していたが，その標準形を示すことはしなかった．このように基本的な詳細の説明をほとんど省略したため，その成果は同時代人にとってきわめて理解しにくいものとなった．最後にデカルトは，読者の発見の楽しみを奪わないために多くを語らないままに残したとつじつまの合わない主張をすることによって，説明の不備を正当化しようとした．

説明が不備ではあるが，『幾何学』第 II 巻こそ現代的な解析幾何学の観点に最も近づいている．そこには立体解析幾何学の基本原理についての記述さえ見られる．

もしある点を決めるために二つの条件が不足しているならば，その点の軌跡は面となる．

しかしながら，デカルトはそのような方程式の実例を挙げることはしなかったし，また 3 次元解析幾何学の手がかりとなる上記の短い示唆を発展させることもしなかった．

15.5.7 法線と接線

デカルトは自分の研究の重要性を十分に認識していたから，それが古代の幾何学に対して，キケロの修辞学が子供の初歩的な読み書きに対して果たしているのと同じような関係にあると考えていた．我々の目から見れば，彼の過誤は不定方程式よりもむしろ定方程式に力点をおいたことであった．デカルトは，面積の大きさや接線の向きのような曲線の性質はすべて，ひとたび二つの未知量を持つ方程式が与えられれば完全に決まることを知っていたが，この知見を十分に活用することはなかった．デカルトは次のように述べている．

曲線上の任意に与えられた点においてその曲線に直角な直線を引く一般的方法を見つければ，曲線の研究にとって満足な手引きを与えたことになるであろう．これは私が知っている，いや，ずっと知りたいと

思っていた，幾何学における最も有益かつ普遍的な問題であるといえよう．

　曲線に対する法線（あるいは接線）を求める問題がきわめて重要であるというデカルトの認識はまったく正しかったが，彼が『幾何学』において発表した方法は，ちょうど同じ頃にフェルマが開発した方法に比べればまわりくどいものであった．

　『幾何学』第 II 巻には「デカルトの卵形線」に関する問題も多く書かれている．それは光学ではきわめて重要な曲線であり，糸による楕円の作図として知られる「庭師の方法」の一般化によって得られる．すなわち D_1 と D_2 がそれぞれ 2 定点 F_1 と F_2 から動点 P までの距離であるとすれば，また m と n が正整数で K が正定数であるとすれば，$mD_1 + nD_2 = K$ であるような P の軌跡はこんにちデカルトの卵形線として知られている．しかしデカルトはそれらの曲線の方程式を使わなかった．彼はまた自分の方法を「3 次元空間における物体上の点が正規に運動することによって生成すると考えられるすべての曲線」に拡張できることを十分に理解していたが，それ以上詳しく確かめることはしなかった．『幾何学』第 II 巻は「したがって，曲線の理解に必須のことがらは何一つ省略しなかったと思う」という言葉で終わっているが，その言葉はいかにもおこがましい．

　『幾何学』第 III 巻つまり最終巻は，第 I 巻の話題——定方程式の根の作図——の再開である．ここでデカルトは，そのような作図において「我々は常に，問題の解法に用いることのできる最も簡単な曲線を注意深く選ばなければならない」と警告している．もちろん，このことは考慮中の方程式の根の性質を十分よく知らなければならないということ，とくにその方程式が可約であるかどうかを知らなければならないことを意味している．そうしたことから，第 III 巻は実質的には方程式の初等理論に関する議義であるといえる．第 III 巻では，有理根がもしあればそれらを見つける方法，根が一つわかっているときに方程式の次数を下げる方法，ある量だけ方程式の根を増減したりあるいはある数で根を乗除したりする方法，第 2 項を消去する方法，可能な「真の」根と「偽の」根（つまり正根と負根）の数をよく知られた「デカルトの符号律」によって決める方法，および 3 次や 4 次方程式の代数的解を見つける方法が述べられている．最後にデカルトは，すでに述べたさまざまな種類の問題に適用できる最も簡単な作図法を示してきたと念押ししている．とくに角の 3 等分と立方体の倍

積は第2種の問題に属し，それらの作図には円と直線以外のものが必要であることを指摘している．

15.5.8 デカルトの幾何学概念

デカルトの解析幾何学について述べるにあたって，彼の思索がこんにち座標系の利用にしばしば関連づけられる実用的なことがらといかにかけ離れたものであったかを明確にしておかなければならない．デカルトは測量技師や地理学者のように点を位置づけるために座標という枠組を設定したわけでもなかったし，また座標を数の対と考えたのでもなかった．その点では，こんにちしばしば用いられる「デカルト積」という言葉も時代錯誤である．最終的にはデカルトの『幾何学』もアポロニオスの『円錐曲線論』も過度に有用な役割を果たす運命にあったものの，前者はちょうど後者が古代にそうであったように，当時における非実用的理論の素晴らしい成果であった．そのうえ，斜交座標の使い方はそのどちらの場合にもほとんど同じであり，したがって現代解析幾何学の起源が中世の形相の幅というよりもむしろ古代にあるということの確証となっている．それに対して，ガリレオに影響を与えたオレームの座標は，目的においても見かけにおいても，アポロニオスやデカルトの観点よりも現代の観点に近い．明らかではないが，たとえデカルトがオレームの関数の図形表示に精通していたとしても，デカルトが自身の思索のなかに，形相の幅の目的と彼自身の幾何学的作図の分類の間に何らかの類似点を見つけていたと思われる形跡はまったく見当たらない．関数の理論は最終的には，デカルトの仕事から多くを学んだが，形相ないし関数の概念はデカルトの幾何学を導くにあたってそれとわかるはっきりした役割を果たさなかったのである．

数学的才能に関しては，たぶんデカルトは当代随一の思索家であったろうが，本来は数学者ではなかった．彼の幾何学は科学と哲学に捧げられた生涯におけるほんの挿話にすぎなかったし，また後年になってときどき文通によって数学に貢献したものの，この分野においてはほかに大きな業績を残さなかった[8]．1649年にデカルトはスウェーデン女王クリスティーナの招きに応じて彼女に哲学を講じ，ストックホルムに科学アカデミーを設立した．デカルトは決して体が丈夫ではなく，スカンジナヴィア半島の冬は彼にはあまりにも過酷であった．そして1650年の2月に世を去った．

訳注 ─────

[8]『デカルト全書簡集』I–VIII巻（知泉書館，2012–2016）．

15.6　フェルマの軌跡

　数学の才能の面でデカルトに競争者がいたとすれば，それはフェルマであったが，彼は決して職業的な数学者ではなかった．フェルマはトゥールーズで法律を学び，そこで初めは法律家（請願委員）として，のちに勅撰委員として地方議会で働いた．つまり彼は多忙の人であったが，気晴らしとして古典文学，科学や数学に親しむ時間を持ったようである．その結果，1629 年までに数学におけるきわめて重要な発見をし始めている．その年，フェルマは当時人気のあった娯楽の一つであった，現存する古典的論文に書かれた情報に基づいて，失われた古典を「復元」する作業に加わった．フェルマはパッポスの『数学集成』に引用されている内容からアポロニオスの『平面の軌跡』を復元することを引き受けた．その仕事の副産物が，遅くとも 1636 年までになされた解析幾何学に関する基本原理の発見であった．

　　最終的な方程式に二つの未知量があるときは必ず，一つの軌跡が得ら
　　れ，それらの未知量の一方は他に促されて直線か曲線を描く．

　デカルトの『幾何学』が現れる前年に書かれたこの深遠な命題は，フェルマがヴィエトの解析をアポロニオスの軌跡の研究に応用したことから生まれたようである．その場合，デカルトの場合と同じように，座標の利用は実用的な考察に由来したものではなく，また中世の関数の図形表示[*9]に由来したわけでもなかった．それはルネサンスの代数を古代の幾何学に起源を持つ問題に応用することを通して生まれたのであった．しかしながら，フェルマの観点はデカルトのものとまったく同じというわけではなかった．なぜなら，フェルマは「定」代数方程式の根を幾何学的に作図するかわりに「不定」方程式の解の概形を描くことに力点をおいたからである．そのうえ，デカルトが『幾何学』をパッポスの難問の周辺に構築したのに対して，フェルマは『平面および立体軌跡入門（*Ad locos planos et solidos isagoge*）』という小論のなかで，説明を最も単純な軌跡だけに限定した．また，デカルトが 3 本および 4 本の直線の場合の軌跡から始めて，それらの直線のうちの 1 本を横軸として用いたのに対して，フェルマは 1 次方程式から始め，それを描くために任意に座標系を選んだのである．

訳注
　[*9]　中世に関数は存在しなかった．ここではオレームなどの形相の幅における諸関係を指す．

ヴィエトの記号を用いて，フェルマはまず1次方程式の最も簡単な例，すなわちラテン語で「A における D は E における B に等しい」（つまり，現代表記では $Dx = By$）を描いた．もちろん，その図形は座標の原点を通る直線，というよりはむしろ終点が原点である半直線である．というのは，フェルマもデカルトと同様に，負の横軸を使わなかったからである．さらに一般的な1次方程式 $ax + by = c^2$（フェルマはヴィエトの斉次性を踏襲した）を両座標軸によってさえぎられる第1象限の線分として描いた．そして，自分の方法が軌跡を扱うのに優れていることを示すために，フェルマはその新しい方法によって発見した問題を次のように発表した．

§6

フェルマの軌跡

　　平面上に何本かの定直線が与えられるとき，ある点からそれらの線に
　　それぞれ与えられた角度で引かれた線分を何倍かしたものの和が一定
　　になるような点の軌跡は，直線である．

もちろん，上の命題は線分がその座標系において1次関数であるという事実，およびすべての1次方程式が直線を表すというフェルマの命題の単なる系である．

フェルマは次に，$xy = k^2$ が双曲線であり，$xy + a^2 = bx + cy$ という形の方程式が（座標軸の平行移動によって）$xy = k^2$ という形の方程式に変形できることを示した．彼は方程式 $x^2 = y^2$ を1本の直線（あるいは半直線）とみなした．というのは，彼は第1象限に限って考察していたからである．そして，その他の2次同次方程式をその形に変形した．次に $a^2 \pm x^2 = by$ が放物線であり，$x^2 + y^2 + 2ax + 2by = c^2$ が円であり，$a^2 - x^2 = ky^2$ が楕円であり，$a^2 + x^2 = ky^2$ が双曲線（この場合については両方の分枝を示している）であることを示した．数個の2次の項が現れるようなさらに一般的な2次方程式に対して，フェルマはそれらを上に述べたような形に直すために座標軸の回転を使っている．この著作の「極致」として，フェルマは次の命題を考察した．

　　何本かの定直線が与えられるとき，ある点からそれらの線にそれぞれ
　　与えられた角度で引かれた線分の長さを2乗したものの和が一定にな
　　るような点の軌跡は，立体軌跡である．

この命題は，二つの未知量を持つ2次方程式のいろいろな場合について，フェ

ルマが行った徹底的な解析から明らかである.『平面および立体軌跡入門』の付録として,フェルマは『軌跡による立体問題の解法』を加え,確定 3 次および 4 次方程式は円錐曲線によって解くことができることを指摘した.それはデカルトの幾何学のなかに巨大な影として現れていた課題でもあった.

■ 15.6.1 高次元解析幾何学

フェルマの『平面および立体軌跡入門』は彼の生存中には出版されなかった.そのため多くの人々は解析幾何学をもっぱらデカルトの発明とみなしていた.こんにちでは,フェルマは基本的にはまったく同じ方法をデカルトの『幾何学』が現れる以前に発見していたこと,また彼の仕事は 1679 年に『数学の諸研究 (*Varia opera mathematica*)』として発表されるまでは,書簡の形で回覧されていたことが明らかになっている.残念なのは,フェルマが生存中にほとんど何も出版しなかったことである.というのは,彼の説明はデカルトに比べるとはるかに体系的かつ啓蒙的だったからである.そのうえ,フェルマの解析幾何学はどちらかといえば,一般に縦軸を横軸に直角にとる現代の解析幾何学により近かった.また,デカルトと同様にフェルマも 3 次元以上の解析幾何学の存在に気づいていた.というのは,彼は別のところで次のように書いているからである.

> たった一つの未知量を持ち,軌跡の問題から区別するために「確定的」と呼ぶことのできるある種の問題が存在する.また,二つの未知量を持ち,決してただ一つの未知量にすることのできない別種の問題も存在する.後者は軌跡の問題である.前者の問題では,人はただ一つの点を探し求めるが,後者の問題では曲線を探し求める.しかし,求める問題が 3 個の未知量を持つとすれば,その方程式を満たすためには点あるいは曲線ばかりでなく面全体をも求めなければならない.そうなると面としての軌跡が問題になる.等々…

上の記述における最後の「等々…」に 3 次元を越える幾何学の示唆がある.しかし,たとえフェルマが実際にそのことを心に描いていたとしても,それ以上追究することはしなかった.3 次元の幾何学ですら実りのある進展は 18 世紀になるまで待たなければならなかったのである.

15.6.2 フェルマの微分法

フェルマは 1629 年という早い時期に彼の解析幾何学に到達していた可能性がある．というのは，その頃に軌跡の研究に関係の深い二つの重要な発見をしているからである．それらのうち重要なほうの発見は 2，3 年後の『極大と極小を求める方法（*Methodus ad disquirendam maximam et minimam*)』という論文に書かれている．しかしそれもまた彼の生存中には出版されなかった．フェルマは（現代の表記法で）$y = x^n$ という形の方程式で与えられる軌跡の研究を行っていた．そのため，それらの軌跡はこんにち n が正の場合は「フェルマのパラボラ」，n が負の場合は「フェルマのハイパボラ（双曲線)」と呼ばれることが多い．ここにより高次な平面曲線に関する解析幾何学が認められるのであるが，フェルマはさらに先へ進んだ．彼は $y = f(x)$ の形の多項式の曲線において，この関数 $f(x)$ が極大値または極小値をとる点を見つける非常に巧妙な方法に気づいたのである．彼はある点における $f(x)$ の値とその近傍の点における $f(x + E)$ の値を比較した．通常それらの値は明らかに異なっているであろうが，なめらかな曲線の頂あるいは底では，その変化はほとんど気づかないほどになるであろう．したがって，極大および極小の点を見つけるためにフェルマは，正確にはぴったり一致はしないがそれらの値がほとんど等しいと考え，$f(x)$ と $f(x + E)$ が同等であるとおいたのである．そのとき 2 点間の間隔 E を小さくすればするほど，仮の等式は真の方程式にますます近くなる．ゆえにフェルマは E で全体を割ったあと，$E = 0$ とおいた．このようにして，彼は多項式の極大点および極小点の座標を得たのである．要するに，これはこんにち微分と呼ばれている手順にほかならない．というのは，フェルマの方法は次の式

$$\lim_{E \to 0} \frac{f(x + E) - f(x)}{E}$$

の値を求め，E をゼロに等しいとおくことに相当しているからである．したがって，ラプラスに倣って，フェルマを解析幾何学のもう一方の発見者とすると同時に，微分学の発見者として賞賛するのは当を得ている．フェルマは極限の概念を持っていなかったが，その他の点では，彼の極大と極小の方法は現代の微分学の方法と平行している．

フェルマは，解析幾何学を展開していたちょうどその時期に，近傍値の手法を $y = f(x)$ の形の代数曲線に応用し，接線を求める方法も発見していた．たとえば，曲線 $y = f(x)$ 上の点 $P(a, b)$ において接線を求めるとしよう．そのと

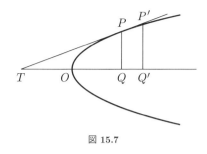

図 15.7

き，座標 $x = a + E, y = f(a + E)$ を持つ曲線上の近傍点は接線にあまりにも近いところにあるから，その点はほとんど曲線上にあると同時に接線上にもあるとみなしうる．したがって，点 P における接線影を $TQ = c$（図 15.7）とするならば，三角形 TPQ と $TP'Q'$ はほぼ相似であると見ることができる．これから次の比

$$\frac{b}{c} = \frac{f(a+E)}{c+E}$$

が得られる．上の式をたすきに掛けて，$b = f(a)$ であることを使って c について解き，右辺の分子と分母を E で割り，最後に $E = 0$ とおくことによって，接線影 c は容易に求められる．フェルマの手続きは次の式

$$\lim_{E \to 0} \frac{f(x+E) - f(x)}{E}$$

が $x = a$ における曲線の勾配であることをいっているが，その手続きを十分には説明せず，このことは極大および極小の方法と類似するとだけ述べていた．とりわけデカルトは，1638 年に上の方法をメルセンヌから知らされたとき，その方法は一般的には正しくないと攻撃した．そしてフェルマへの挑戦状として，以後ずっと「デカルトの正葉線」と呼ばれるようになった曲線，$x^3 + y^3 = 3axy$ を提出した．当時の数学者たちが負の座標にまったくなじみがなかったという事実は，その曲線を第 1 象限のたった一つの「フォリウム（folium）」つまり「葉」としてしか描かなかった，あるいは，ときに各象限に 1 枚ずつ葉のある四つ葉のクローバーとして描いたことから見て明らかである．デカルトは最終的にはフェルマの接線の方法の正しさをしぶしぶ認めたが，フェルマは受けてしかるべき尊敬を決して受けたことはなかった．

15.6.3　フェルマの積分法

　フェルマは $y = x^m$ の形の曲線に対する接線の求め方を発見したばかりでなく，1629 年の少しあとにそれらの曲線の下側の面積に関する定理——カヴァ

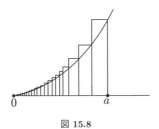

図 15.8

リエーリが 1635 年と 1647 年に発表した定理——も発見した．その面積を求めるときフェルマはまず，m のすべての正整数値に対する結果を確認するために，整数のベキ乗の和の公式つまり不等式

$$1^m + 2^m + 3^m + \cdots + n^m > \frac{n^{m+1}}{m+1} > 1^m + 2^m + 3^m + \cdots + (n-1)^m$$

を用いたようである．その公式自体もカヴァリエーリの仕事より進んだものであった．なぜなら，カヴァリエーリは $m=1$ から $m=9$ までの場合に限定していたからである．しかしのちにフェルマはこの問題を扱うためのもっとうまい方法を開発した．それは m の整数値ばかりでなく分数値にも応用可能であった．曲線の方程式を $y = x^n$ とし，$x=0$ から $x=a$ までの区間の曲線の下側の面積を求めるとする．ここでフェルマは，$x=0$ から $x=a$ までの区間を横座標上に $a, aE, aE^2, aE^3, \ldots$ という点を順にとることによって無限に多くの小区間に細分した．ここで E は 1 より小さい量である．それらの点において，その曲線に対して縦線を立て，（図 15.8 に示したような）長方形を使って曲線の下側の面積を近似した．それらの逐次近似用の外接長方形の面積はいちばん大きい長方形から順に，等比数列 $a^n(a-aE), a^n E^n(aE - aE^2), a^n E^{2n}(aE^2 - aE^3), \ldots$ で与えられる．そして，それらを無限に足した和は次の公式

$$\frac{a^{n+1}(1-E)}{1-E^{n+1}} \quad \text{または} \quad \frac{a^{n+1}}{1+E+E^2+\cdots+E^n}$$

となる．ここで E が 1 に近づくと——つまりそれらの長方形がより狭くなると——長方形の面積の和はその曲線の下側の面積に近づく．したがって，上に示した長方形の和の公式において $E=1$ とすると $\frac{a^{n+1}}{n+1}$ が得られ，それが $x=0$ から $x=a$ までの区間における曲線 $y=x^n$ の下側の面積となる．この関係が有理分数値 $\frac{p}{q}$ に対しても成り立つことを示すために，$n = \frac{p}{q}$ とおいてみよう．その場合，等比数列の和は次の公式

$$a^{\frac{p+q}{q}} \left(\frac{1-E^q}{1-E^{p+q}} \right) = a^{\frac{p+q}{q}} \left(\frac{1+E+E^2+\cdots+E^{q-1}}{1+E+E^2+\cdots+E^{p+q-1}} \right)$$

となり，$E = 1$ のときその値は

$$\frac{q}{p+q} a^{\frac{p+q}{q}}$$

となる．なお, 現代的に $\int_a^b x^n dx$ を求めたいときには, それは $\int_0^b x^n dx - \int_0^a x^n dx$ にあたることを知りさえすればよい．

また（$n = -1$ を除く）n の負数に対して，フェルマは同様の手続きを用いた．ただしその場合には，E は 1 より大きくとられ，上方から 1 に近づけられた．そして得られた面積は $x = a$ から無限大までの曲線の下側にあたった．したがって，$\int_a^b x^{-n} dx$ を求めるためには，その関係は $\int_a^\infty x^{-n} dx - \int_b^\infty x^{-n} dx$ にあたることを知りさえすればよかったのである．

15.7 サン・ヴァンサンのグレゴワール

とくに $n = -1$ の場合には上述の手続きでは成功しない．しかし，フェルマより年上の同時代人サン・ヴァンサンのグレゴワール（1584–1667）が『円と円錐曲線の方形化に関する幾何学的研究（*Opus geometricum quadraturae circuli et sectionum coni*）』のなかでその場合に決着をつけた．この著作は 1647 年まで出版されなかったが，フェルマが接線や面積の研究をしていたおそらく 1622–1625 年以前には，その大部分が完成していた．サン・ヴァンサンのグレゴワールはヘントに生まれ，ローマとプラハでイエズス会の教師をし，のちにスペインのフェリペ IV 世の家庭教師になった．彼は旅行に出るたびに論文執筆を中断したため，『円と円錐曲線の方形化に関する幾何学的研究』の出版がずっとあとになったのである．その論文のなかで，グレゴワールは x 軸に沿って $x = a$ から間隔が等比で順次増加するような点で区切り，それらの点から双曲線 $xy = 1$ に対して縦線を立てるならば，それらの連続した縦線によって区切られる双曲線の下側の面積はそれぞれ等しくなることを示した．つまり，横座標は等比数列的に増えるのに対して，その曲線の下側の面積は等差数列的に増えるのである．このことから，グレゴワールやその時代の人々が $\int_a^b x^{-1} dx = \ln b - \ln a$ に相当する関係を理解していたことがわかる．不幸にして，サン・ヴァンサンのグレゴワールはその不可分者の方法を円の方形化に誤って応用して方形化ができたと信じてしまい，その誤りが彼の名声を失墜させた．

フェルマは無限小解析のいろいろな局面，すなわち接線，求積，体積，曲線の長さ，重心に関心を抱いた．したがって，$y = kx^n$ に対する接線を求めるときは，係数に指数を掛け指数を 1 だけ下げればよく，また面積を求めるときは，

指数を上げその指数で割ればよいことに気づかなかったはずがない．それら二つの問題が互いに逆の関係にあることに気づかなかったのであろうか．ありえないと思われるが，それでもなお，こんにち微分積分学の基本定理とされているその関係に彼が注意を喚起した様子はどこにも見あたらない．

　求積問題と接線問題の逆の関係は，サン・ヴァンサンのグレゴワールが求めた双曲線下の面積と 1638 年にメルセンヌを通じて提出されたデカルトの接線から曲線を求める問題の解析を比較すれば，明らかなはずであった．その種の問題はいくつかフロリモン・ド・ボーヌ（1601–1652）によって提示されていた．彼はブロワの法学者で，同時に実績のある数学者でもあり，デカルトでさえ称賛の意を表していた．それらの問題の一つは，曲線への接線の式がこんにちの微分方程式 $a\frac{dy}{dx} = x - y$ を満たす，そのような曲線を決定する問題であった．デカルトはその解が非代数的であることに気づいていたが，対数が関与することを，どうやら見落としたらしい．

15.8　数　　論

　フェルマの解析幾何学および無限小解析への貢献は彼の業績のほんの 2 例にすぎない．そして，たぶんそれらは彼の好みの問題ではなかった．ところで，1621 年にディオファントスの『算術』が，パリの非公式な学者集団の構成員であったクロード・ガスパール・ド・バシェ（1591–1639）によってギリシャ語版とラテン語版をもとに復元された．ディオファントスの『算術』は埋もれたままではなかった．レギオモンタヌスがかつてそれを出版しようと考えていたことからもそれがわかる．16 世紀にはいくつかの訳本が出されたが，数論に関する成果はほとんどもたらされなかった．おそらく，ディオファントスの仕事は実務家にとってはあまりにも非実用的であり，思索家にとってはあまりにも算法的だったからであろう．しかし，それは現代数論の創始者となったフェルマにとっては大変魅力のあるものであった．完全数と親和数，三角数，魔方陣，ピュタゴラスの三つ組数，整除性や，とりわけ素数といった多彩な内容が，彼の興味をとらえたのである．フェルマは自身の定理のいくつかを「無限降下法」と自ら名づけた方法によって証明した．それは一種の逆向きの数学的帰納法であり，フェルマはこの手法を最初に使ったなかのひとりであった．彼の無限降下法を説明するために，それを古くからあるよく知られた問題，すなわち $\sqrt{3}$ が有理数ではないことの証明に応用してみよう．まず $\sqrt{3} = \frac{a_1}{b_1}$ と仮定しよう．

ここで a_1 と b_1 は $a_1 > b_1$ であるような正整数とする。さて

$$\frac{1}{\sqrt{3}-1} = \frac{\sqrt{3}+1}{2}$$

が成り立つから，左辺の $\sqrt{3}$ を $\frac{a_1}{b_1}$ で置き換えると，次の式

$$\sqrt{3} = \frac{3b_1 - a_1}{a_1 - b_1}$$

が得られる。不等式 $\frac{3}{2} < \frac{a_1}{b_1} < 2$ を考慮に入れると，$3b_1 - a_1$ と $a_1 - b_1$ はそれぞれ a_1 および b_1 より小さい正整数 a_2 および b_2 とおくことができ，したがって $\sqrt{3} = \frac{a_2}{b_2}$ となることがわかる。上の論法は無限に繰り返すことができ，$\sqrt{3} = \frac{a_n}{b_n}$ を満たしながら次々と小さくなっていく整数 a_n と b_n の無限降下数列が得られる。これは最小の正整数が存在しないという間違った結論を導く。したがって，$\sqrt{3}$ が整数どうしの商であるという前提は間違いでなければならない。

この無限降下法を用いて，フェルマは $4n+1$ の形の素数はすべて二つの平方数の和としてただひと通りに書けるという，ジラールの主張を証明することができた。フェルマはもし $4n+1$ が二つの平方数の和でなければ，その形で二つの平方数の和で表せないより小さい整数が必ず存在するということを示した。この逆向きの帰納的関係を使うと，$4n+1$ で最小の整数 5 は二つの平方数の和ではないという間違った結論に導かれる（実際は $5 = 1^2 + 2^2$）。したがって，上の一般的定理は正しいことが証明されたことになる。次に $4n-1$ の形の整数は二つの平方数の和ではありえないこと，そして 2 を除くすべての素数は $4n+1$ または $4n-1$ の形のいずれかであることは容易に証明される。したがってフェルマの定理から素数は二つの平方数の和であるものとそうでないものに容易に分類できる。たとえば素数 23 はそのように分割できないが，素数 29 は $2^2 + 5^2$ と書くことができる。フェルマは，どちらの形の素数も二つの平方数の差としてただ 1 通りに表せることを知っていた。

15.8.1 フェルマの定理

フェルマは無限降下法を用いて，二つの立方数の和に分割可能な立方数は存在しない，つまり $x^3 + y^3 = z^3$ となるような正整数 x, y および z は存在しないことも証明した[*10]。それをさらに進めて，2 より大きい整数 n について，

訳注 ———————————

[*10] この記述は誤り。フェルマが証明したのは指数が $n = 4$ の場合で，$n = 3$ の場合はオイラーが証明した。

$x^n + y^n = z^n$ となるような正整数 x, y および z は存在しないという一般的命題を述べている．彼はバシェの『アレクサンドリアのディオファントスの算術 6 巻（*Diophanti alexandrini arithmeticorum libri sex*）』の訳本の余白に，この有名な定理の実に素晴らしい証明を見つけたと書き残したため，その定理はそれ以来フェルマの「最終定理」あるいは「大定理」と呼ばれるようになった．しかし，非常に残念なことに，フェルマはその定理の証明を示さず，その代わりに「余白が狭すぎて書ききれない」とだけ書き残したのであった．たとえフェルマがほんとうにそれを証明していたとしても，それはこんにちまで見つかってはいない．第 1 次世界大戦以前に，その解法に対して 10 万マルクの賞金がかけられたこともあって，さまざまな努力が試みられたにもかかわらず，その問題は 1990 年代まで未解決のままであった*11)．しかし，その解法を求める研究は，解答不能であった古代の幾何学 3 大問題を解く努力がもたらした成果よりも優れた副産物を数学にもたらしてきた．

おそらくフェルマの時代より 2,000 年ほど前に，$2^n - 2$ が n によって整除可能なときおよびそのときに限って，1 より大きい整数 n は素数であるという「中国の仮説」*12)があった．しかし，その予想の半分は間違いであることがこんにちわかっている．というのは，$2^{341} - 2$ は 341 で割りきれるが，$341 = 11 \cdot 31$ は合成数だからである．しかし，あとの半分は確かに正しく，いわゆる「フェルマの小定理」はこのことを一般化したものである．それは，$2^{36} - 1$ を含む $a^{p-1} - 1$ の形の数のいろいろな場合について考察して得られたもので，p が素数で a と p が互いに素であるときにはいつでも，$a^{p-1} - 1$ は p で割りきれるという定理である．次にフェルマは，たった五つの場合 ($n = 0, 1, 2, 3, 4$) から帰納し，第 2 の予想，つまり，こんにち「フェルマ数」として知られる，$2^{2^n} + 1$ の形の整数は常に素数であるという推論を提示した．しかし 1 世紀後にオイラーがその予想が間違っていることを示した．というのは，$2^{2^5} + 1$ は合成数だからであった．事実，こんにちでは 5 以上の n で $2^{2^n} + 1$ が素数でないものが数多く知られているし，またフェルマが知っていたフェルマ数以外にさらに一つでも素数のフェルマ数が存在するかどうかさえ疑問に思われ始めている．

フェルマの小定理は素数のフェルマ数に関する推論よりうまくいった．この定理の証明はライプニッツが原稿に残したし，1736 年にオイラーが別の優雅で

訳注 ────────────

*11)　1994 年にアンドリュー・ワイルズが証明し，1995 年にその証明が正しいことが確認された．

*12)　『九章算術』の文章を 19 世紀の中国人が誤解して主張した仮説．

かつ初等的な証明を出版している．オイラーの証明は，フェルマやパスカルが精通していた数学的帰納法を巧妙に使ったものである．事実，数学的帰納法つまり反復による推論はときに「フェルマの帰納法」と呼ばれ，科学的帰納法あるいは「ベイコンの帰納法」と区別されている．

　フェルマはまさに数学における「アマチュアの王者」であった．当時の職業的数学者たちの誰ひとり，数学において彼以上の発見や貢献をした者はいなかった．しかしフェルマは非常に謙虚な人物であったから，事実上何一つ出版しなかった．彼は自分の考えをメルセンヌ（ついでながら，彼の名前は「メルセンヌ数」つまり $2^p - 1$ の形の素数に関連して後世に伝えられている）に手紙で知らせることで満足していたため，彼の業績の多くに与えられるべき優先権を失うはめになった．その点に関しては，フェルマは彼の最も有能な友人のひとりであった同時代人のロベルヴァルと同じ運命をたどった．ちなみにロベルヴァルは「メルセンヌ集団」の一員で人づきあいの悪い教授であったが，この章で触れるフランス人のなかでただひとりの，ほんとうの意味での職業的数学者であった．

15.9　ジル・ペルソンヌ・ド・ロベルヴァル

　ロベルヴァルが約 40 年間勤めたコレージュ・ロワイヤルの「ラムス教授職の座に就く」ための資格は，3 年ごとに行われる選抜試験によって決められた．その問題は在職者によって用意された．1634 年にロベルヴァルはその試験に合格したが，その理由は彼がカヴァリエーリの方法に類似した不可分者の方法を発展させたことによるらしい．ロベルヴァルはその方法を他人には明かさなかったために，1675 年の死までその職を守ることができた．しかし，このことはロベルヴァルが発見したほとんどの業績についての名声を失うことを意味し，また優先権に関する数多くの争いに巻き込まれることになった．それらのうち最も激しかったのが，サイクロイドに関する論争であった．サイクロイドは 17 世紀にしばしば論争の的になったことから，「幾何学者たちのヘレン」[*13)] という名前がついたほどである．1615 年にメルセンヌがサイクロイドに注目するよう数学者たちに呼びかけたが，それはおそらく，ガリレオを通じてその曲線を耳にしていたからであろう．ロベルヴァルがパリに着いた 1628 年に，メルセンヌ

訳注
[*13)] ヘレンは古代ギリシャのヘレネーの英語名．絶世の美女で，彼女をめぐって争いが絶えなかった．

は彼にその曲線の研究を勧めている．1634年に，ロベルヴァルはその曲線の一つのアーチの下側の面積が生成円の面積のちょうど3倍であることを示した．さらに1638年にはその上のどの点においてもその曲線の接線を引く方法（その問題はほぼ同じ頃にフェルマとデカルトも解いた）を発見し，またアーチの下側の面を底線のまわりに回転することによってできる体積も求めていた．さらにその後，ロベルヴァルはその面を対称軸，あるいは頂点における接線のまわりに回転してできる体積をも求めた．

　ロベルヴァルはサイクロイド（彼は車輪を意味するギリシャ語トロコイから「トロコイド」と命名した）に関する発見も発表しなかった．それは，彼の座をねらう志願者にそれと類似の問題を出題するつもりでいたからかもしれない．前述のように，それでトリチェリが発表の先取権を得ることになった．ロベルヴァルは，サイクロイド上の点 P の運動が大きさの相等しい二つの運動，つまり平行運動と回転運動に依存して決まることに気づいた．生成円が底線 AB 上を回転していくとき（図15.9），P は水平方向に移動すると同時に円の中心 O のまわりを回転する．したがって，平行運動に対して P を通る水平線 PS が描かれ，回転成分に対して生成円の接線 PR が描かれる．そして，平行運動と回転運動との大きさが等しいから，角 SPR の2等分線 PT は求めるサイクロイドへの接線となる．

　ロベルヴァルのほかの貢献のなかに，1635年に書かれた正弦曲線の半アーチの最初のスケッチがある．このことは，三角法がその分野の思考を支配してきた計算重点主義を離れて，徐々に関数として取り扱われる方向に向かいつつあることを示す例として重要であった．ロベルヴァルは，彼の不可分者の方法を用いることによって $\int_a^b \sin x \, dx = \cos a - \cos b$ に相当する等式を示すことができた．ここでもまた，当時においては求積問題のほうが接線問題よりも扱いや

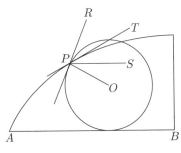

図 15.9

すかったことがわかる．

 ## 15.10　ジラール・デザルグと射影幾何学

　デカルトとフェルマの時代に数学が大きな進歩を遂げたのは，解析幾何学と無限小解析の分野でのことであった．その二つの分野における成功こそが，当時の人々を数学のその他の分野に対しては相対的に無関心にさせた可能性がある．フェルマ以外に数論に熱中した人物がいなかったことはすでに述べた．また純粋幾何学もその時代には不当なまでにまったく無視された．アポロニオスの『円錐曲線論』も一度はフェルマの好みの研究に加えられたが，解析的方法が彼の見方を変えてしまったのである．そうこうしているうちに，『円錐曲線論』はきわめて非実用的な想像力を持った実際家——リヨンの建築家で軍の技師であったジラール・デザルグの注意を引くことになった．デザルグはしばらくパリに住み，先に述べた数学者集団に加わっていた．しかし，建築学および幾何学における透視画法の役割についての彼の考え方はあまりに非正統的だったため，ほとんど支持を得られなかった．そのため彼はリヨンに戻り苦心の末，ほとんど独力で新しい種類の数学をあみ出したのである．その成果をまとめた書物は，それまでに書かれたもののなかで最も不評を買った偉大な書物の1冊となった．その長ったらしい標題，《*Brouillon projet d'une atteinte aux événements des rencontres du cône avec un plan*（パリ，1639）》さえ嫌悪の情を起こさせた．これは『円錐と平面の出会いによって生じる結果を扱おうとする試みに関する草稿』とでも訳されるのであろうが，その標題の冗長さはアポロニオスの標題『円錐曲線論』の単純明快さときわめて対照的である．しかしながら，デザルグの研究のもとになっていた考え方は単純そのものであった．それはルネサンス絵画の透視画法とケプラーの連続の原理に由来する．斜めから見れば円は楕円のように見えることや，ランプのかさの影の輪郭はそれが天井や壁に投射されると円になったり双曲線になったりすることは，誰でも知っている．そのように形や大きさは光線がつくる円錐を切断する入射面に従って変化する．しかし，ある種の性質はその変化がどうであろうともまったく同じであり，デザルグが研究したのはまさにそれらの性質であった．その性質の一つは，円錐曲線は何回射影されても円錐曲線のままであるということである．ケプラーが少し異なった理由から示唆したように，円錐曲線は一つの緊密な族を形成している．しかしこの見方を受け入れるにあたって，デザルグはケプラー同様，放物線は

「無限遠に」焦点を持ち，平行線は「無限遠点で」交わっていることを仮定しなければならなかった．このような考え方は透視画法の理論でもっともらしく説明される．というのは，太陽からの光はふつう平行光線——円柱つまり平行光線束——からなるとみなされるが，一方地球上の光源からの光線は円錐つまり点光線束として扱われるからである．

デザルグの用語法は伝統的なものではなかったが，彼の円錐曲線の扱い方は素晴らしいものであった．彼は円錐曲線を「のし棒による投射（coup de rouleau）」と呼んだ．彼の多くの新造語のなかでこんにちまで残っている唯一の言葉が「対合（involution）」である．これは，一直線上に対の点をいくつかとったとき，その直線上の一定点からそれらの対の点への距離の積がそれぞれの対について一定の値になるような点の集まりを指す．彼は調和分割された点を4点対合と呼び，その配列が射影的に不変であることを示した．このことは別の視点からパッポスも理解していた．そして，完全四角形が調和的特性を持つことから，デザルグの円錐曲線の扱いにおいては，それが重要な役割を果たした．というのは，彼はそのような四角形（図 15.10 の $ABCD$）が円錐曲線に内接しているとき，対角点（図 15.10 の E, F および G）のうちの2点を通る直線はその円錐曲線に関して第3の対角点の極線になっていることを知っていたからである．もちろん，彼はある点の円錐曲線に関する極線と円錐曲線の交点はその点から円錐曲線に引いた接線の接点となっていることも知っていた．また直径を計量的に定義するかわりに，デザルグはそれを無限遠に位置する点の極線とみなす考えを導入した．このような射影的方法によるデザルグの円錐曲線の扱いには快い統一性があったのだが，それは過去との断絶が大きすぎて受け入れられなかった．

デザルグの射影幾何学はアポロニオスやデカルトやフェルマの計量的幾何学に比べて普遍性の点で非常に優れた利点があった．というのは，一つの定理の

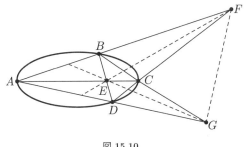

図 15.10

数多くの特殊例が一つの総括的な命題に一体化されるからである．しかしながら，当時の数学者はその新しい幾何学的方法を受け入れなかったばかりでなく，それを危険で不健全なものとして積極的に反対した．デザルグの『草稿』の印刷本はほんのわずかしかなかったため，その世紀の終わりまでにすべてなくなってしまった．デザルグはこの著作を，売るためではなく，友人たちに配布するために出版したからである．この印刷本は完全に失われてしまっていたが，1847年にパリの図書館で，デザルグの数少ない賞賛者の1人であったフィリップ・ド・ライールによる筆写本が発見された．現在でも，デザルグは『草稿』の著者としてではなく，その書物には記載されていない命題，つまり次に示す有名なデザルグの定理の発見者として知られている．

> 二つの三角形が，それぞれ対応する頂点の対を結ぶ直線が1点に集まるような位置にあるとき，それぞれ対応する辺の対によってできる交点はすべて同一直線上にある．またその逆も成り立つ．

2次元と3次元のどちらでも成り立つこの定理は，1648年にデザルグを熱愛する友人で信奉者の彫刻師アブラアム・ボス（1602–1676）によって最初に出版された．その書物の標題は『透視画法を使うためのデザルグ氏の一般的方法 (*Manière universelle de M. Desargues, pour pratiquer la perspective*)』であった．ボスがデザルグのものだと明確に述べたその定理は，19世紀には射影幾何学の基本命題の一つとなった．ところで，この定理は，3次元の場合には結合公理から容易に導かれるのに，2次元の場合の証明にはさらにもう一つ条件が必要になるというのは興味深いことである．

15.11　ブレーズ・パスカル

デザルグは射影幾何学の先覚者であったが，生涯栄誉を手にすることはなかった．そのおもな理由は，彼の最も有望な弟子であったブレーズ・パスカルが数学を捨てて神学に進んでしまったからである．パスカルは数学の天才であった．その父親もまた数学が好きで，「パスカルの蝸牛線」は息子ブレーズよりもむしろ父親エティエンヌの名をとってつけられている．蝸牛線 $r = a + b\cos\theta$ はヨルダヌス・ネモラリウスがすでに知っており，また古代人には「円のコンコイド」として知られていたようだが，エティエンヌ・パスカルがその曲線を徹底

的に研究したことから，ロベルヴァルの提言に従ってその曲線はそれ以来彼の名前で呼ばれるようになったのである．

14 歳のとき，ブレーズは父親とともにパリの「メルセンヌ集団」の非公式な会合に参加した．そこでパスカルはデザルグの考え方を知った．そして 2 年後の 1640 年に，当時 16 歳の若さで『円錐曲線試論（*Essai pour les coniques*）』を出版した[*14]．それはたった 1 ページの印刷物であったが，歴史上最も実り豊かなページに数え上げられるものであった．それには著者自身によって「神秘の六角形（*mysterium hexagrammicum*）」[*15]と書かれた命題が記されており，その命題はそれ以後パスカルの定理として知られるようになった．その定理は要するに，円錐曲線に内接する六角形の対辺の延長線の交点はすべて 1 本の直線上にあるというものである．パスカルはその定理を上のようには表現しなかった．というのは，たとえば円に内接する正六角形の場合には，射影幾何学の無限遠点と無限遠直線の助けを借りなければ，その定理は正しくないからである．パスカルはデザルグ流の用語を用いて，もし A, B, C, D, E および F を円錐曲線に内接する六角形の順に並ぶ頂点としたとき，P が AB と DE の交点で Q が BC と EF の交点であるならば（図 15.11），PQ と CD と FA は「同位の」線である（言いかえれば，それらの線は点束であろうと平行線束であろうと，一つの束の構成要素である）と述べた．若きパスカルはさらに続けて，円錐曲線上にある点における接線の作図を含むいくつもの系をその定理から導いた，と述べている．この小論『円錐曲線試論』を思いつかせたものがあることをパスカルは率直に認めていた．というのは，パスカルはデザルグの定理を引用したあとで，「この問題に関して私が見つけたささやかなことも，師デザルグの著作に負うものであることを述べておきたい」と記しているからである．『円錐曲線試論』はパスカルの数学の研究歴にとって幸先のよいスタートであったが，彼の数学的興味はくるくると変わった．18 歳の頃には計算機械の設計に関心を持ち 2, 3 年のうちに約 50 台の機械を作って売っている（第 14章，p.330 の図参照）．そして 1648 年には流体静力学に興味を持つようになった．その成果は空気の重さを確証した有名なピュイ・ド・ドーム山での実験や流体静力学の逆理を解明した水圧に関する実験であった．1654 年には再び数学

訳注
[*14] パスカルの数学論文の和訳は次に含まれる．『パスカル数学論文集』（原亨吉訳），ちくま学芸文庫，2014.
[*15] この単語は『円錐曲線試論』にはなく，パスカルの円錐曲線に関する稿本（消失）にあったとライプニッツは E. ペリエ宛書簡（1676 年 8 月 30 日）で述べている．

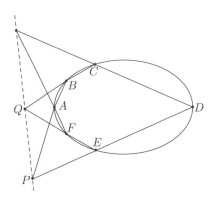

図 15.11

に戻り，互いに関連のない二つの研究に着手している．その一つは『円錐曲線詳論』になるはずであった．それは 16 歳のときに出版された『円錐曲線試論』を明らかに継承するものであったが，ついに印刷されなかったため今日残ってはいない．ライプニッツはその原稿の写しを見てメモを残したが，それがパスカルの円錐曲線に関する詳論について今日残っているすべてである（『試論』のほうの写本は 2 部だけ残っている）．ライプニッツのメモによれば，『円錐曲線詳論』にはよく知られた 3 本および 4 本の直線の場合の軌跡についての章と，「大いなる問題（*magna problema*）」——与えられた円錐曲線を与えられた回転錐面上に載せる問題——についての章があった．

15.11.1 確　率

1654 年にパスカルが『円錐曲線詳論』の研究を続けていた頃，友人のシュヴァリエ・ド・メレが彼に次のような問題を出した．サイコロを 8 回振る競技で，競技者は 1 の目を 1 回出そうとしている．しかし 3 回失敗したところでその競技は中断されてしまった．そのとき競技者はどのように補償されるべきであろうか．パスカルはその問題についてフェルマに手紙を書いた．そして 2 人の手紙のやりとりが現代確率論の実質的な出発点となった．しかしカルダーノが 1 世紀前にすでに考察していたことは見過ごされてしまっていた．パスカルもフェルマもその成果を詳しくは書かなかったが，1657 年にクリスティアン・ホイヘンスがそれら 2 人のフランス人の文通に刺激されて小論文『サイコロ遊びにおける推論について（*De ratiociniis in ludo aleae*）』を出版した．一方パスカルは確率の研究を算術三角形に結びつけ，カルダーノの成果をはるかにし

のぐほどに発展させた．そのため，この数を並べた三角形はそれ以来パスカル §11
の三角形と呼ばれるようになった．その三角形自体は600年以上前から知られ
ていたが，パスカルは次に示すようないくつかの新しい性質を明らかにした．

> すべての算術三角形において，二つのます目が同一の底辺のなかで隣
> り合っているならば，上方のます目にある数と下方のます目にある数
> の比は，上方のます目から底辺の最上段に至るまでのます目の数と下方
> のます目から底辺の最下段に至るまでのます目の数の比になっている．

（パスカルは図 15.12 において，同一の縦列の位置にあるます目を「同一垂直階
数のます目」，同一の横列の位置にあるます目を「同一水平階数のます目」，同一
の右上に向う斜めの対角線上にあるます目を「同一底辺のます目」と呼んだ）．
上の性質の証明方法はその性質自体よりも重要である．というのは，その証明
法に関して 1654 年にパスカルが数学的帰納法の素晴らしく明快な説明を与え
たからである．

フェルマはパスカルを数論の研究に向かわせようとして，1654 年に自身の
最も素晴らしい定理の一つ（19 世紀まで証明されなかった定理）をパスカルに
送った[16]．

> すべての整数は，1 個か 2 個か 3 個の三角数，1 個か 2 個か 3 個か 4
> 個の四角数，1 個か 2 個か 3 個か 4 個か 5 個の五角数，または 1 個か
> 2 個か 3 個か 4 個か 5 個か 6 個の六角数で成り立っている．しかも，
> これは際限なく続けられる．

しかしパスカルは数学の達人であるとはいえ，同時に素人愛好家でもあったか

1	1	1	1	1	1	1
1	2	3	4	5	6	
1	3	6	10	15		
1	4	10	20			
1	5	15				
1	6					
1						

図 15.12

訳注 ————————————

[16] 多角数定理と呼ばれるもので，1813 年コーシーによって一般的に証明された．

377

日本の「パスカルの三角形」．村井中漸の『算法童子問』(1781年) より．算木数字も示されている．

ら，この問題を追究することはしなかった．

15.11.2 サイクロイド

1654年11月23日の夜10時半から12時半頃の間に，パスカルは宗教的法悦を経験し，科学と数学を捨て神学に取り組むことになった．その成果が『プロヴァンシアル (*Lettres provinciales*)』と『パンセ (*Pensées*)』であった．しかし，1658年から1659年のほんの短期間だけ，パスカルは数学の研究に戻った．1658年のある夜，歯痛かあるいはほかの病気で眠れなくなり，痛みをまぎらわせようとサイクロイドについて考え始めた．すると不思議なことに痛みはおさまった．そのときパスカルはそれを，数学の研究が神の機嫌を損ねるものではないというお告げと理解した．そして，サイクロイドに関係する面積や体積や

重心をいくつか求めたあとで，当時の数学者にそれに類した6題の問題を提示し，正解者の第1位と第2位に賞を与えることを申し出た．また審査員のひとりにロベルヴァルを指名した．しかし宣伝の仕方や時期があまりにも悪かったため，たった2組の解答しか寄せられず，しかもそれらの解答には少なくとも数箇所の計算違いがあった．そのためパスカルは賞を出さなかったが，自分自身の解答をほかの結果とともに出版した．それらはすべて，一連の『A. デトンヴィルの手紙（*Lettres de A. Dettonville*, 1658, 1659)』のなかの『ルーレットの歴史（*Histoire de la roulette*)』（ルーレットとはフランス語では通常，サイクロイドを指す）のあとに出た（Amos Dettonville という名前は『プロヴァンシアル』で使われている筆名 Louis de Montalte のアナグラムであった）．懸賞問題と『A. デトンヴィルの手紙』によってサイクロイドは関心の的になったが，同時に蜂の巣をつつくような論議を引き起こすことにもなった．最終審査に残った2名，アントワーヌ・ド・ラルーヴェール（1600–1664）とジョン・ウォリスはどちらも有能な数学者で，賞が与えられなかったことを不服とした．またイタリアの数学者たちは，パスカルの『ルーレットの歴史』が発見の優先権をロベルヴァルのみに与えて，事実上トリチェリには何の名誉も与えていないことに憤慨した．

　サイクロイドに関する懸賞問題や，たとえば螺線と放物線の弧が等しいことなど『デトンヴィルの手紙』で扱っているほとんどの問題は，ロベルヴァルとトリチェリには知られていたことであった．しかし，それらの問題のなかには初めて印刷物になったものもあった．新しく得られた成果のなかに，一般のサイクロイド $x = aK\phi - a\sin\phi, y = a - a\cos\phi$ のアーチの弧の長さと楕円 $x = 2a(1 + K)\cos\phi, y = 2a(1 - K)\sin\phi$ の半周とが等しいことが含まれていた．その定理は記号によってというよりもむしろ言葉で表現され，1658年から1659年までのパスカルの証明のほとんどと同様に，基本的にはアルキメデスの方法で証明されていた．

　1658年の『四分円正弦論（*Traité des sinus du quart de cercle*)』のなかの正弦関数の求積に関連するものを見ると，パスカルは積分学の発見に驚くほど近づいていた——あまりにも近づいていたため，のちにライプニッツがパスカルのその論文を読んでいたとき，まさに一条の光が突然自分を照らしたと書いているほどである．もしパスカルがトリチェリのように39歳を少し過ぎた頃に死ぬようなことがなかったならば，あるいは彼がもっとひたむきな数学者であったならば，あるいは彼が幾何学や数理哲学的思索よりも算法に魅せられていた

§11

ブレーズ・パスカル

ならば，彼は疑いなく偉大な発見においてニュートンやライプニッツに先んじていたであろう．

 15.12 フィリップ・ド・ライール

1661 年のデザルグ，1662 年のパスカル，1665 年のフェルマの死によって，フランスの数学の偉大な時代は幕を閉じた．ロベルヴァルは確かにその後約 10 年間生き続けたが，彼の貢献ももはや重要でなくなっていたし，出版を拒否したことによって彼の影響力も限られた．したがって，当時フランスで唯一の偉大な数学者といえば，デザルグの弟子で，デザルグ同様建築家のフィリップ・ド・ライール (1640–1718) であった．彼は純粋幾何学に明らかに興味を示し，1673 年に円錐曲線に関する最初の研究を行ったが，それは総合幾何学的なものであった．しかし彼はその後の解析的な風潮との関係を絶つようなことはしなかった．ライールは後援者ジャン・バティスト・コルベールのために注視し続けたのである．したがって，コルベールに献じた著作『円錐曲線新原論 (*Nouveaux élémens des sections coniques*)』(1679 年) において，デカルトの方法が重要な役割を演じていた．そのデカルトの方法というのは計量的かつ 2 次元的なもので，楕円と双曲線の場合には 2 焦点からの距離の和と差による定義から，また放物線の場合には焦点と準線への距離の相等関係から出発する．しかし，ライールはデザルグの用語の一部も解析幾何学に持ち込んだ．彼が用いた解析学的用語のなかで，「原点」だけが後世に残っている．おそらくその用語法のために，同時代の人々は立体解析幾何学への真の第一歩を記したライールの『新原論』に書かれていた重要なことがら——ライールは 3 個の未知量を持つ方程式によって解析的に与えられる曲面の例を初めて示した——を正しく認識しえなかったのであろう．ところでライールはそれまで，フェルマやデカルトと同様，ただ 1 本の基準線上つまり軸 OB 上にただ 1 点の基準点つまり原点 O をとるだけだったが，『新原論』のなかではそれに基準面つまり座標面 OBA を付け加えた（図 15.13）．そしてライールは，彼の座標系に照らして，軸 OB からの垂直距離 PB が距離 OB（P の横座標）より一定量 a だけ大きいような点 P の軌跡は $a^2 + 2ax + x^2 = y^2 + v^2$（ここで v はこんにち一般に z で表される座標軸）であることを発見した．もちろんその軌跡は錐体となる．

1685 年にライールは，『円錐曲線 (*Sectiones conicae*)』という簡潔な標題を持つ書物のなかで，総合幾何学的方法に再び帰っている．その書物は，アポ

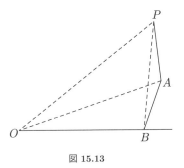

図 15.13

ロニオスのギリシャ語の『円錐曲線論』を，デザルグのフランス語を用いてライールがラテン語に訳し直したものとみなすことができよう．射影の観点からそこで扱われたよく知られた題材のなかには，完全四角形の調和的性質，極および極線，接線および法線，共役直径などがある．

　こんにち，ライールの名前は円錐曲線に関する彼の総合幾何学的あるいは解析幾何学的論文のなかのいかなることがらにも付けられていないが，フランス科学アカデミーの『会報（*Mémoires*）』に載った「ルーレット」に関する 1706 年の論文のなかの定理につけられている．その論文のなかで，ライールは小円が 2 倍の直径を持つ大円の内側を滑ることなく回転するならば，（1）小円の円周上の点の軌跡は線分（大円の直径）となり，（2）円周上になく，小円に対して固定されている点の軌跡は楕円になることを示している．すでに述べたように，上の定理の（1）の部分はナシールッディーン・トゥーシーが知っていたし，（2）の部分はコペルニクスが知っていた．ライールの名前は当然，記憶されるべきではあるが，彼が最初の発見者ではなかった定理に彼の名前がついたのは気の毒なことである．

15.13　ゲオルク・モール

　真価が認められなかったこの時代の幾何学者はライールだけではなかった．1672 年にデンマークの数学者ゲオルク・モール（1640–1697）が『デンマークのエウクレイデス（*Euclides danicus*）』という一風変わった書物を出版し，そのなかで，コンパスと定規を用いて点と点を結ぶいかなる作図（つまりいかなる「平面」問題）も，コンパスだけで可能なことを示した．つまり，パッポスやデカルトやその他の人々が，最小限の道具を使うという倹約の原則を主張してきたにもかかわらず，多くの古典的作図題においては，その原則に合致する

と思われていたコンパスと定規の二つの道具を使うことで，実はその原則を犯してきたことが，モールによって指摘されたのである．明らかに，人はコンパスで直線を描くことはできない．しかし，直線上の異なる2点が既知であるときはいつでも，その直線は既知であるとみなすことにすれば，ユークリッド幾何学における定規の使用は不要になる．当時の数学者たちはこの驚嘆すべき発見にほとんど注目しなかったため，定規を使わずにコンパスだけを使う幾何学には，モールの名前ではなく，125年後にその原理を再発見したロレンツォ・マスケローニの名前がつけられた．モールの書物はまったくこの世から消え失せていたが，1928年にコペンハーゲンの書店をひやかしていた数学者によって偶然発見された．そして，マスケローニの定規の不要性の証明には先人がいたことがわかったのである．

 15.14 ピエトロ・メンゴーリ

　初めから不運続きであったモールの著作『デンマークのエウクレイデス』が出版された1672年に，円の方形化に関するもう1冊の書物『円の方形化問題 (*Il problema della quadratura del circolo*)』が，やはり真価の認められなかった当時の3人目の数学者ピエトロ・メンゴーリ（1625–1686）によってイタリアで出版された．聖職者でもあったメンゴーリは，カヴァリエーリ（メンゴーリはボローニャ大学で彼の生徒であり，またそのあとを継いだ）やトリチェリやサン・ヴァンサンのグレゴワールの影響のもとで育った．不可分者や双曲線の下側の面積に関する彼らの研究を続けているうちに，メンゴーリはその種の問題をある方法——つまり無限級数の利用——によって取り扱うことを学んだ．無限級数が役に立つことが，初めて明らかになり始めたばかりのところであった．たとえば，メンゴーリは交代調和級数 $\frac{1}{1}-\frac{1}{2}+\frac{1}{3}-\frac{1}{4}+\cdots+\frac{(-1)^{n-1}}{n}+\cdots$ の和が $\ln 2$ であることを知っていた．彼は項をまとめることによって，オレームの結論，つまり一般には1689年にヤコブ・ベルヌーイが発見したとされる定理，すなわち調和級数そのものが収束しないことを再発見していた．また，一般にはホイヘンスの業績とされている三角数の逆数の和が収束することも示した．

　1670年代に研究をしながら真価が認められなかった3人の数学者を見てきたが，彼らが正当に評価されなかった理由の一つは，数学の中心が彼らの祖国になかったことである．かつて指導的地位にあったフランスとイタリアにおいて

数学は衰退の途にあり，デンマークは主流からはずれていた．この章で扱っている時代，つまりデカルトとフェルマの時代とニュートンとライプニッツの時代の間を通して，数学がとくに栄えていた二つの地域があった．大英帝国と北海沿岸の低地帯諸国*17)である．そこでは，フランスやイタリアやデンマークで見られたような孤立した人物ではなく，数人の優れたイギリスとオランダおよびフランドルの数学者たちに出会うことになる．

15.15　フランス・ファン・スホーテン

すでに述べたように，デカルトは20年間オランダで過ごしたから，オランダにおける彼の数学的影響は絶大で，なかでも解析幾何学はヨーロッパのほかのいかなる地よりも速やかに根づいた．1646年にライデン大学では，フランス・ファン・スホーテン（1615–1660）が数学教授として父親のあとを継いだ．主として息子のほうのファン・スホーテンとその教え子たちによって，デカルト幾何学が急速に発展した．デカルトの『幾何学』はもともと，学者間の共通語であるラテン語による出版ではなく，またその説明は難解を極めた．それら二つの障害を克服したのが，ファン・スホーテンが1649年に補助的な資料をつけて出版したラテン語訳であった．そのファン・スホーテンの『ルネ・デカルトによる幾何学（$Geometria\ a\ Renato\ Des\ Cartes$）』はその後大幅に増補され，1659–1661年に2巻本として出され，また1683年と1695年に追加版が出版された．このような事情から，解析幾何学はデカルトが導入したが，ファン・スホーテンが確立したといっても過言ではなかろう．

デカルト幾何学についての解説的な入門書の必要性が急速に認識されるようになったことから，デカルトの『幾何学』が出版されてから1年も経たないうちに作者不明の入門書がひとりの「オランダ人」によって書かれていた*18)．しかしそれは出版されなかった．それとは別の年に，デカルトは『幾何学』に関するさらに詳細な注釈書を受け取り，それを承認したが，それはフロリモン・ド・ボーヌが書いた『摘要（$Notae\ breves$）』という標題の書物であった．それにはデカルトの考え方が，簡単な2次方程式で表される軌跡にむしろ重点をおき，しかもフェルマの『序説（$Isagoge$）』風に説明されていた．たとえば，ド・

訳注
*17)　現在のオランダ，ベルギー，ルクセンブルク地方．
*18)　デカルトの友人であるハーストレヒトによる『デカルト氏の「幾何学」のための計算論集』（1638年頃）を指す．和訳は『デカルト数学論文集』（法政大学出版会，2018）に所収．

ボーヌは $y^2 = xy + bx$, $y^2 = -2dy + bx$, $y^2 = bx - x^2$ がそれぞれ双曲線，放物線，楕円を表すことを示している．ド・ボーヌのその書物は，ファン・スホーテンによるさらに詳細な注釈とともに 1649 年のラテン語訳『ルネ・デカルトによる幾何学』に収められ，広く知られるようになった．

 15.16　ヤン・デ・ウィット

　解析幾何学に対するさらに大きな貢献が，1658 年にファン・スホーテンの仲間のひとりでオランダの国務長官として知られたヤン・デ・ウィット（1629–1672）によってなされた．デ・ウィットはライデンで法律を学んでいたが，ファン・スホーテンの家に同居していた間に数学に関心を抱くようになった．彼はルイ XIV 世の謀略に反抗する戦争中，オランダ北部 7 州の国務を司って多忙を極めた．1672 年，フランスがオランダに攻め入ったとき，デ・ウィットはオレンジ公の軍隊によって公職を追放され，激昂した群衆に捕えられて八つ裂きにされてしまった．彼は活動家であったにもかかわらず，若い時期に暇を見つけて『曲線原論（*Elementa curvarum*）』という書物を書いていた．その書物は 2 巻に分かれ，第 I 巻には円錐曲線に関する各種の運動学的定義や面積測定法上の定義が書いてあった．それらの定義のなかには焦点–準線比による定義も見られることから，現在使われている「準線（directrix）」という用語は彼に由来する．彼が示した楕円のもう一つの作図法は，離心角をパラメータとしながら二つの同心円を使って描く，現在よく使われている方法である．第 I 巻でとられている方法は多分に総合的であるが，第 II 巻ではそれとは対照的に座標がきわめて体系的に使われている．そのため，第 II 巻は解析幾何学についての最初の教科書であるといわれてきたが，それにも一理ある．デ・ウィットの研究の目的は x と y についてのすべての 2 次方程式を座標軸の平行移動と回転によって標準形に変換することであった．彼はそのような 2 次方程式は，いわゆる判別式が負かゼロか正かによって，それぞれ楕円と放物線と双曲線になることを見極める方法を知っていた．

　悲劇的な死を遂げるわずか 1 年前に，デ・ウィットは政治家としての目標を数学者としての視点に結びつけて『終身年金論（*Waerdye van Lyf-renten naer Proportie van Los-renten*）』（1671 年）という論考にまとめあげていた．その論考はおそらくホイヘンスの確率に関する小論が動機となって書かれたという．その論考のなかで，デ・ウィットはこんにちでは数学的期待値の概念とされて

いることがらについて述べている．また，フッデとの手紙のなかで，彼は2人ないしはそれ以上の人間の集団における最終生存者を基準にした年金問題を考察していた．

15.17 ヤン・フッデ

1656–1657年にファン・スホーテンは自身の著作『数学演習（*Exercitationes mathematicae*）』を出版していた．そのなかで，彼は代数の幾何学への応用の分野における新しい成果を示した．またそれには彼の最も有能な弟子たち，たとえばヤン・フッデ（1628–1704）らによる発見も含まれていた．フッデは貴族で，およそ30年間アムステルダムの市長を務めた人物である．フッデはホイヘンスやデ・ウィットと運河の管理の問題や確率および平均余命の問題に関して文通をしていた．1672年には，フランス軍の進攻を阻止するためにオランダ国土を水びたしにする作戦を指揮している．1656年に双曲線の求積法に関する論文を書いたが，メンゴーリと同じように無限級数を用いていた．しかし，その原稿は失われたままである．ファン・スホーテンの『数学演習』には，フッデの4次曲面の座標の研究に関する一節がある．その記述は明快とはいえないものであったが，ライールの研究にさえ先立つ立体解析幾何学の先駆的な研究であった．そのうえ，フッデは，正負に関係なくすべての実数を表すために，方程式に文字係数を導入した最初の数学者だったようである．方程式の理論においてヴィエトの記号法を一般化する過程で最後に到達するこの段階は，フッデの著作『方程式変形論（*De reductione aequationum*）』に示されていたが，その書物もまたファン・スホーテンの1659–1661年版『ルネ・デカルトによる幾何学』に一部として収められていた．

フッデの時代に最も人気のあった研究領域は，解析幾何学と数学的解析の二つであったが，市長になる前のフッデはその両方に貢献した．1657–1658年に，フッデは下記のように微積分の算法を明らかに目指した二つの法則を発見していた．

1. もし r が多項式

$$a_0 x^n + a_1 x^{n-1} + \cdots + a_{n-1} x + a_n = 0$$

の重根で，また $b_0, b_1, \ldots, b_{n-1}, b_n$ が等差数列の項であれば，r はまた

$$a_0 b_0 x^n + a_1 b_1 x^{n-1} + \cdots + a_{n-1} b_{n-1} x + a_n b_n = 0$$

の根でもある．

2. もし $x = a$ のときに多項式

$$a_0 x^n + a_1 x^{n-1} + \cdots + a_{n-1} x + a_n$$

が極大または極小となるならば，a は方程式

$$n a_0 x^n + (n-1) a_1 x^{n-1} + \cdots + 2 a_{n-2} x^2 + a_{n-1} x = 0$$

の根である．

この「フッデの法則」の最初のものは，現代の定理，つまり r が $f(x) = 0$ の重根であるならば，r は同時に $f'(x) = 0$ の根でもあるという定理の遠まわしな言い方である．また 2 番目はフェルマの定理にちょっと手を加えたもので，こんにちでは $f(a)$ が多項式 $f(x)$ の極大または極小値であるならば，$f'(a) = 0$ であるという定理である．

 15.18 ルネ・フランソワ・ド・スリューズ

フッデの法則は広く知られていた．というのは，それらの法則はファン・スホーテンの『ルネ・デカルトによる幾何学』の第 I 巻に引用され，1659 年に出版されていたからである．その 2, 3 年前には接線についての同様の法則が，同じく低地帯出身の聖堂参事会員ルネ・フランソワ・ド・スリューズ（1622–1685）によって用いられていた．彼はワロンの名家の出で，リエージュで生まれ育った人物である．リヨンとローマで勉学し，そこでイタリアの数学者たちの業績を知る機会を得たようである．トリチェリの影響を受けた可能性があるが，おそらく別個に，1652 年に f が多項式のとき $f(x, y) = 0$ の形の方程式で表される曲線への接線を見つける常套手段を発見した．その方法は 1673 年になってようやく王立協会報の『フィロソフィカル・トランザクションズ』に掲載されたが，次のようにいうことができる．求める接線の接線影は，$f(x, y) = 0$ から y を含むすべての項を取り出して，各項での y のベキ指数をそれぞれの項に掛けて足し合せたものを分子とし，x を含むすべての項を取り出して，各項での x のベキ指数をそれぞれの項に掛けて足し，合わせたあと x で割ったものを分母として得られる商である．もちろんこれについてはこんにちの表記で商 $y \frac{f_y}{f_x}$

を求めることに相当するが，この結果については1659年頃にフッデにも知られていた．このような例は，ニュートンの研究以前にも微積分学における発見が次々となされていた様子を物語るものである．

スリューズはデカルトの x, y よりもヴィエトやフェルマの A, E の記号のほうを好んでいたにせよ，低地帯の伝統を受け継いだ人物のひとりであったから，彼もまたデカルト幾何学の熱心な推進者であった．1659年にスリューズは『メソラブム（$Mesolabum$）』という広く知れ渡った書物を出版した．その本は方程式の根を幾何学的に作図するというよく知られた話題を扱っていた．1本の円錐曲線が与えられたとき，いかなる3次または4次方程式の根もこの円錐曲線と適当な円の交点によって作図できることをスリューズは示した．また，1657年から1658年にかけてホイヘンスおよびパスカルと交わした書簡のなかで彼が明らかにした曲線族にもスリューズの名前がつけられている．パスカルによって命名されたそれらのいわゆるスリューズの「真珠曲線」は，$y^m = kx^n(a-x)^b$ の形の方程式で与えられる曲線である．ところでスリューズは $y = x^2(a-x)$ のような場合も真珠形になると誤って考えていた．というのは，当時負の座標が理解されていなかったために，その曲線が軸（横軸）に対して対称であると考えたからである．しかし，ファン・スホーテンの最も優れた弟子との名声を得ていたクリスティアン・ホイヘンス（1629–1695）は，極大および極小点と変曲点を見つけ，正と負の両方の座標についてその曲線を正しく描くことができた．変曲点はホイヘンス以前にも，フェルマやロベルヴァルなど何人かが発見していた．

§19

クリスティアン・ホイヘンス

15.19　クリスティアン・ホイヘンス

クリスティアン・ホイヘンスはオランダの名家の出で，外交官コンスタンティン・ホイヘンスの息子であった．子どものとき，ともに父親の友人であったデカルトとメルセンヌの両方から数学を学ぶよう勧められた．クリスティアンは国際的に名高い科学者となり，光の波動説におけるホイヘンスの原理や土星の輪の観測，振子時計の事実上の発明で知られている．ホイヘンスの最も重要な数学的発見は，時計の改良の研究との関連でなされた．

15.19.1　振子時計

ホイヘンスは単振子の振動は厳密には等時的ではなく，振子の振幅の大きさ

クリスティアン・ホイヘンス

に依存することを知っていた．別の言い方をすれば，もしある物体がなめらかな半球上の器の側面に置かれ，そこから放たれるとするならば，その物体がいちばん低い所に達するまでにかかる時間は，その物体が放たれた高さにほとんど無関係であるのだが，まったく無関係であるとはいえない，ということである．ホイヘンスが振子時計を発明したのが，ちょうどパスカルがサイクロイドに関する懸賞問題を出した時期，つまり 1658 年であったことから，ホイヘンスは半球状の器を，断面が逆さまのサイクロイド・アーチ状である器で置き換えたらどうなるかを考えた．その結果，そのような器では内面上のいかなる高さから物体を放そうとも，物体はぴったり同じ時間でいちばん低い所に達することを知って歓喜した．つまり，サイクロイド曲線はまさに等時曲線であり，逆さまのサイクロイド・アーチ上では，物体がどの位置から放たれようとも，その物体はぴったり同じ時間でその点から最低点に滑り落ちるのであった．しか

§19 クリスティアン・ホイヘンス

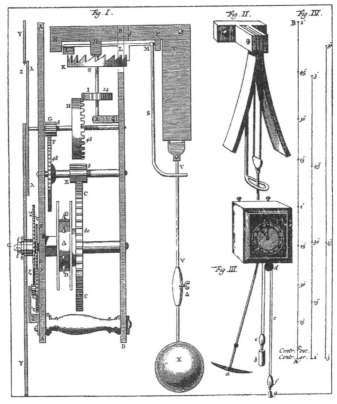

ホイヘンス著『振子時計 (*Horologium oscillatorium*)』(1673 年) の図.
Fig.II はサイクロイド・アーチ状に振動するサイクロイドのはさみ状のあごを示している.

し大問題が残っていた. それは振子を円弧ではなくサイクロイドを描くように振動させるにはどうしたらよいかという問題である. ここでホイヘンスはさらに素晴らしい発見をした. もし 2 本の逆さまのサイクロイドの半アーチ PQ と PR の中間の尖点 P から長さがその半アーチに等しい振子を吊したとすれば, その振子の玉は半アーチ PQ と PR が部分を構成するサイクロイドとまったく同じ大きさでかつ同じ形のサイクロイド・アーチ QSR を描くように振動する (図 15.14). 言いかえれば, 時計の振子が 2 本のサイクロイドのはさみ状のあごの間を振動するときには, 振子はまさに等時運動をするのである.

ホイヘンスはサイクロイドのはさみ状のあごを持つ振子時計をいくつか作ったが, 作動させてみると正確さにおいてはふつうの単振子による時計と同じであった. というのは, 単振子による時計は振子の振幅を非常に小さくとれば,

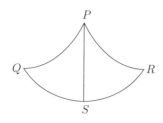

図 15.14

ほとんど等時性をもつからであった．しかしホイヘンスはこの研究において，数学的にきわめて重要な発見をした．すなわち，サイクロイドの伸開線はもとのサイクロイドと同じサイクロイドになり，また反対にサイクロイドの縮閉線はもとのサイクロイドと同じサイクロイドになるのである．この定理およびその他の曲線の伸開線と縮閉線に関する結果は，ホイヘンスによって本質的にはアルキメデスおよびフェルマの方法，つまり隣接点をとってその間隔をゼロにしたときの結果に注目する方法を使って証明された．デカルトとフェルマはその方法を曲線への法線と接線に応用したが，ホイヘンスはそれをここで平面曲線のいわゆる曲率半径を求めるために応用したのである．たとえば，ある曲線 C_i 上の隣接点 P と Q で法線を求め，それらの交点を I とすれば，その曲線上に沿って Q が P に近づくとき，動点 I は定点 O に近づく（図 15.15）．ここで定点 O を点 P に対するその曲線の曲率の中心といい，距離 OP を曲率半径という．そのとき，与えられた曲線 C_i 上の点 P に対する曲率の中心 O の軌跡は，C_i の縮閉線として知られる第 2 の曲線 C_e となる．逆に，C_e が縮閉線と

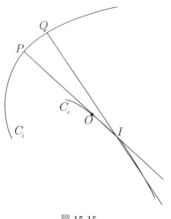

図 15.15

なる曲線 C_i はすべて，曲線 C_e の伸開線と呼ばれる．したがって，C_i への法線群の包絡線は，各法線を接線とするもう 1 本の曲線つまり C_e になることが明らかである．ところで図 15.14 において，曲線 QPR は曲線 QSR の縮閉線となり，また曲線 QSR は曲線 QPR の伸開線となっている．吊り糸の位置は，振子の玉が行ったり来たりするとき，QSR に対する法線および QPR に対する接線となっている．振子の玉が一方の側に寄れば寄るほど，糸はサイクロイドのはさみ状のあごに一層巻きつき，また，振子の玉が最低点 S に向かって戻れば，糸はあごに巻きつかなくなる．このことから，ホイヘンスはサイクロイド QSR を「伸開によって描かれた（*ex evolutione descripta*）」，サイクロイド QPR を「縮閉された（*evoluta*）」と称した（それ以来，フランス語では「伸開線（développante）」と「縮閉線（développée）」という用語が使われている）．

15.19.2 伸開線と縮閉線

　曲率半径と縮閉線の概念は，アポロニオスの『円錐曲線論』に関する純粋な理論的研究のなかにその前兆が見られていたが，これらの概念はホイヘンスが振子時計に興味を抱いたことによって初めて，数学のなかで不滅の地位を占めることになった．解析幾何学はもともと理論的考察の産物であったが，ホイヘンスの曲率の概念は実用的関心によってその開発が促されたのであった．理論と実用という二つの観点の相互作用は，ホイヘンスの仕事が適切に示しているように，しばしば数学に実りのある成果をもたらしてきていることがわかる．ところでホイヘンスのサイクロイドの振子は，ロベルヴァルが以前に発見していながら出版しなかったサイクロイドの自明な求長法を彼にもたらした．（図 15.14 における）弧 QS が振子の糸が曲線 QP に巻きついたときにできあがるという事実は，直線 PS の長さが弧 QP の長さにぴったり等しいことを示している．したがって直線 PS はサイクロイド QSR の生成円の直径の 2 倍だから，このサイクロイドの完全な弧の長さはその生成円の直径の 4 倍でなければならないことがわかる．伸開線および縮閉線の理論からは同様にほかの多くの曲線の求長法が導かれることから，代数曲線は求長不能であるとするアリストテレス–デカルトの教義はますます深刻な議論を呼ぶことになった．

　1658 年にホイヘンスの仲間のひとりでファン・スホーテンの弟子でもあったヘンドリク・ファン・ヘーラート（1633–1660?）が，半 3 次放物線 $ay^2 = x^3$ がエウクレイデス的な方法で求長できることを発見し，その議論に終止符を打った．その発見は 1659 年にファン・スホーテンの『ルネ・デカルトによる幾何

学』の重要事項の一つとして発表された．しかし，その成果はヘーラートより少し前にイギリス人ウィリアム・ニール（1637–1670）が別個に達成していたし，また少しあとにフランスのフェルマも別個に知りえていた．これも，発見がほぼ同時に行われた顕著な例である．フェルマの数学に関するすべての発見のなかで，彼の手によって出版されたのは，一般にニールのパラボラと呼ばれる半3次放物線の求長法だけであった．その解法は 1660 年に，アントワーヌ・ド・ラルーヴェールが書いた『サイクロイドに関する拡張された古代人たちの幾何学 7 巻（*Veterum geometria promota in septem de cycloide libris*)』の補稿として発表された．ラルーヴェールはパスカルの賞をとろうと奮闘した円の方形化の研究者である．フェルマの求長法は，曲線の小さな弧とその弧の端点における接線によってつくられる外接図形との比較から導かれたものであった．ファン・ヘーラートの方法はその弧の変化率に基づいていた．それはこんにちの記号では方程式 $\frac{ds}{dx} = \sqrt{1 + (y')^2}$ で表される．

すでに『無限算術（*Arithmetica infinitorum*)』のなかでウォリスが記していたことであるが，ニールの求長法は，小さな弧が実質的には辺が横軸と縦軸の増分となっている直角三角形の斜辺であること，つまり現代の式で $ds = \sqrt{dx^2 + dy^2}$ に相当することに基づいたものであった．ニールの求長法は 1659 年にジョン・ウォリスによって，『前半はサイクロイド，後半はシッソイドに関する 2 編の論考（*Tractatus duo, prior de cycloide, posterior de cissoide*)』のなかで発表された．その論考に引き続いて 2, 3 カ月後にはパスカルがサイクロイドに関する著作を発表している．これらのことは，微積分学の発明の直前に，数学者たちがサイクロイド熱に浮かされていた様子を物語っている．

ホイヘンスの伸開線と縮閉線に関する研究が出版されたのはようやく 1673 年になってのことで，彼の有名な著作『振子時計（*Horologium oscillatorium*)』のなかで発表された[*19]．振子時計についてのこの著作は，十余年後のニュートンの『プリンキピア（*Principia*)』への入門書の役割を果たした傑作である．それには円運動における求心力の法則や振子運動に関するホイヘンスの法則，運動エネルギーの保存則，その他の力学における重要な成果が盛り込まれていた．ホイヘンスは生涯を通して数学全般に広い興味を持ち続け，なかでも高次の平面曲線に強い関心を示した．シッソイドの長さを求め，トラクトリクス（牽引曲線）の研究をした．ガリレオは懸垂線を放物線とみなしたが，ホイヘンス

訳注 ———

[*19]　『科学の名著 第 II 期 10 ホイヘンス』(朝日出版社, 1989).

はそれが非代数曲線であることを示した．1656年には，無限小解析を円錐曲線に応用し，放物線の求長を双曲線の求積（つまり対数を求めること）に帰着させた．その翌年には，回転放物体（アルキメデスの「コノイド」）の切片の表面の求積の最初の成功者となり，回転放物面の平面化が初等的方法で達成できることを示した．

　ファン・スホーテンは1660年に没したが，その年にイギリスで王立協会が設立された．それは世界の数学の中心に新たな変化があった時期ともいえる．その頃ファン・スホーテンのまわりに集まっていたライデン・グループはすでに勢いを失いつつあったし，1666年にホイヘンスがパリへ行ってしまったこともさらに大きな打撃となった．一方で，数学の活発な研究活動が大英帝国に起こりつつあり，それは王立協会の創立によってますます鼓舞されたのであった．王立協会は1662年に勅許が下されてから350年間，名声を保ち続けている．

参 照 文 献
References

とくに複数の章と関連する本については全般的参考文献も参照のこと.

1 起 源

Ascher, M. *Mathematics Elsewhere: An Exploration of Ideas Across Cultures* (Princeton, NJ: Princeton University Press, 2002).

—— and R. Ascher. "Ethnomathematics," *History of Science*, **24** (1986), 125–144.

Bowers, N., and P. Lepi. "Kaugel Valley Systems of Reckoning," *Journal of the Polynesian Society*, **84** (1975), 309–324.

Closs, M. P. *Native American Mathematics* (Austin: University of Texas Press, 1986).

Conant, L. *The Number Concept: Its Origin and Development* (New York: Macmillan, 1923). レビ・レオナルド・コナント著,小田信夫訳『数の起源と発達』(宝文館,1934)

Day, C. L. *Quipus and Witches' Knots* (Lawrence: University of Kansas Press, 1967).

Dibble, W. E. "A Possible Pythagorean Triangle at Stonehenge," *Journal for the History of Astronomy*, **17** (1976), 141–142.

Dixon, R. B., and A. L. Kroeber. "Numeral Systems of the Languages of California," *American Anthropologist*, **9** (1970), 663–690.

Eels, W. C. "Number Systems of the North American Indians," *American Mathematical Monthly*, **20** (1913), 263–272 and 293–299.

Gerdes, P. "On Mathematics in the History of Sub-Saharan Africa," *Historia Mathematica*, **21** (1994), 345–376.

Harvey, H. R., and B. J. Williams. "Aztec Arithmetic: Positional Notation and Area Calculation," *Science*, **210** (Oct. 31, 1980), 499–505.

Lambert, J. B., et al. "Maya Arithmetic," *American Scientist*, **68** (1980), 249–255.

Marshak, A. *The Roots of Civilisation: The Cognitive Beginnings of Man's First Art, Symbol and Notation* (New York: McGraw-Hill, 1972).

Menninger, K. *Number Words and Number Symbols*, trans. P. Broneer (Cambridge, MA: MIT Press, 1969). K. メニンガー著,内林政夫訳『図説数の文化史—世界の数字と計算法』(八坂書房,2001)

Morley, S. G. *An Introduction to the Study of Maya Hieroglyphics* (Washington, DC: Carnegie Institution, 1915).

Schmandt-Besserat, D. "Reckoning before Writing," *Archaeology*, **32**, no. 3 (1979), 23–31.

Seidenberg, A. "The Ritual Origin of Geometry," *Archive for History of Exact*

参照文献

Sciences, **1** (1962a), 488–527. "The Ritual Origin of Counting," ibid., **2** (1962b), 1–40. "The Ritual Origin of the Circle and Square," ibid., **25** (1972), 269–327.

Smeltzer, D. *Man and Numbers* (New York: Emerson Books, 1958).

Smith, D. E., and J. Ginsburg, *Numbers and Numerals* (Washington, DC: National Council of Teachers of Mathematics, 1958).

Struik, D. J. "Stone Age Mathematics," *Scientific American*, **179** (Dec. 1948), 44–49.

Thompson, J. Eric S. *Maya Hieroglyphic Writing*, 3rd ed. (Norman: University of Oklahoma Press, 1971).

Zaslavsky, C. *Africa Counts: Number and Pattern in African Culture* (Boston: Prindle, Weber and Schmidt, 1973).

———. "Symmetry Along with Other Mathematical Concepts and Applications in African Life," in: *Applications in School Mathematics*, 1979 Yearbook of the NCTM (Washington, DC: National Council of Teachers of Mathematics, 1979), pp. 82–97.

2　古代エジプト

Bruins, E. M. "The Part in Ancient Egyptian Mathematics," *Centaurus*, **19** (1975), 241–251.

———. "Egyptian Arithmetic," *Janus* **68** (1981), 33–52.

Chace, A. B., et al., eds. and trans. *The Rhind Mathematical Papyrus*. Classics in Mathematics Education, no. 8 (Reston, VA: National Council of Teachers of Mathematics, 1979; abridged republication of 1927–1929 ed.). A.B. Chace 著，平田寛監修，吉成薫訳『リンド数学パピルス―古代エジプトの数学 1〜2（普及版）』（朝倉書店，2006）

Clagett, Marshall. *Ancient Egyptian Science: A Sourcebook*, Vol. 3, *Ancient Egyptian Mathematics* (Philadelphia, PA: American Philosophical Society, 1999).

Engels, H. "Quadrature of the Circle in Ancient Egypt," *Historia Mathematica*, **4** (1977), 137–140.

Gillings, R. J. *Mathematics in the Time of the Pharaohs* (Cambridge: MIT Press, 1972).

———. "The Recto of the Rhind Mathematical Papyrus and the Egyptian Mathematical Leather Roll," *Historia Mathematica*, **6** (1979), 442–447.

———. "What Is the Relation between the EMLR and the RMP Recto?" *Archive for History of Exact Sciences*, **14** (1975), 159–167.

Guggenbuhl, L. "Mathematics in Ancient Egypt: A Checklist," *The Mathematics Teacher*, **58** (1965), 630–634.

Hamilton, M. "Egyptian Geometry in the Elementary Classroom," *Arithmetic Teacher*, **23** (1976), 436–438.

Knorr, W. "Techniques of Fractions in Ancient Egypt and Greece," *Historia Mathematica*, **9** (1982), 133–171.

Neugebauer, O. "On the Orientation of Pyramids," *Centaurus*, **24** (1980), 1–3.

Parker, R. A. *Demotic Mathematical Papyri*, Brown Egyptological Studies, 7 (Providence, RI: Brown University Press, 1972).

——. "Some Demotic Mathematical Papyri," *Centaurus*, **14** (1969), 136–141.

——. "A Mathematical Exercise: P. Dem. Heidelberg 663," *Journal of Egyptian Archaeology*, **61** (1975), 189–196.

Rees, C. S. "Egyptian Fractions," *Mathematical Chronicle*, **10** (1981), 13–30.

Robins, G., and C. C. D. Shute, "Mathematical Bases of Ancient Egyptian Architecture and Graphic Art," *Historia Mathematica*, **12** (1985), 107–122.

Rossi, Corinna. *Architecture and Mathematics in Ancient Egypt* (Cambridge, UK: Cambridge University Press, 2004).

Rottlander, R. C. A. "On the Mathematical Connections of Ancient Measures of Length," *Acta Praehistorica et Archaeologica*, **7–8** (1978), 49–51.

Van der Waerden, B. L. "The (2:n) Table in the Rhind Papyrus," *Centaurus*, **23** (1980), 259–274.

Wheeler, N. R. "Pyramids and Their Purpose," *Antiquity*, **9** (1935), 5–21, 161–189, 292–304.

3 メソポタミア

Bruins, E. M. "The Division of the Circle and Ancient Arts and Sciences," *Janus*, **63** (1976), 61–84.

Buck, R. C. "Sherlock Holmes in Babylon," *American Mathematical Monthly*, **87** (1980), 335–345.

Friberg, J. "Methods and Traditions of Babylonian Mathematics: Plimpton 322, Pythagorean Triples, and the Babylonian Triangle Parameter Equations," *Historia Mathematica*, **8** (1981), 277–318.

——. "Methods and Traditions of Babylonian Mathematics. II," *Journal of Cuneiform Studies*, **33** (1981), 57–64.

——. *A Remarkable Collection of Babylonian Mathematical Texts* (New York: Springer, 2007).

Høyrup, J. "The Babylonian Cellar Text BM 85200+ VAT 6599. Retranslation and Analysis," *Amphora* (Basel: Birkhäuser, 1992), 315–358.

——. "Investigations of an Early Sumerian Division Problem," *Historia Mathematica*, **9** (1982), 19–36.

Muroi, K. "Two Harvest Problems of Babylonian Mathematics," *Historia Sci.*, (2)**5**(3) (1996), 249–254.

Neugebauer, O. *The Exact Sciences in Antiquity* (New York: Harper, 1957; paperback publication of the 2nd ed.). O. ノイゲバウアー著, 矢野道雄・斎藤潔訳『古代の精密科学 (新装版)』(恒星社厚生閣, 1990)

——, and A. Sachs. *Mathematical Cuneiform Texts* (New Haven, CT: American Oriental Society and the American Schools of Oriental Research, 1945).

Powell, M. A., Jr. "The Antecedents of Old Babylonian Place Notation and the Early History of Babylonian Mathematics," *Historia Mathematica*, **3** (1976),

417–439.

Price, D. J. de Solla. "The Babylonian 'Pythagorean Triangle' Tablet," *Centaurus*, **10** (1964), 219–231.

Robson, E. *Mesopotamian Mathematics, 2100–1600 BC: Technical Constants in Bureaucracy and Education* (Oxford, UK: Clarendon Press, 1999).

———. *Mathematics in Ancient Iraq: A Social History* (Princeton, NJ: Princeton University Press, 2008).

Schmidt, O. "On 'Plimpton 322': Pythagorean Numbers in Babylonian Mathematics," *Centaurus*, **24** (1980), 4–13.

4 ギリシャの伝統

Allman, G. J. *Greek Geometry from Thales to Euclid* (New York: Arno Press, 1976; facsimile reprint of the 1889 ed.).

Berggren, J. L. "History of Greek Mathematics. A Survey of Recent Research," *Historia Mathematica*, **11** (1984), 394–410.

Boyer, C. B. "Fundamental Steps in the Development of Numeration," *Isis*, **35** (1944), 153–168.

Brumbaugh, R. S. *Plato's Mathematical Imagination* (Bloomington: Indiana University Press, 1954).

Burnyeat, M. R. "The Philosophical Sense of Theaetetus' Mathematics," *Isis*, **69** (1978), 489–513.

Cajori, F. "History of Zeno's Arguments on Motion," *American Mathematical Monthly*, **22** (1915), 1–6, 39–47, 77–82, 109–115, 145–149, 179–186, 215–220, 253–258, 292–297.

Cornford, R. M. *Plato's Cosmology. The Timaeus of Plato*, trans. with a running commentary (London: Routledge and Kegan Paul, 1937).

Fowler, D. H. "Anthyphairetic Ratio and Eudoxan Proportion," *Archive for History of Exact Sciences*, **24** (1981), 69–72.

Freeman, K. *The Pre-Socratic Philosophers*, 2nd ed. (Oxford,UK: Blackwell, 1949).

Giacardi, L. "On Theodorus of Cyrene's Problem," *Archives Internationales d'Histoire des Sciences*, **27** (1977), 231–236.

Gow, J. A. *Short History of Greek Mathematics* (Mineola, NY: Dover, 2004; reprint of 1923 ed.).

Heath, T. L. *History of Greek Mathematics*, 2 vols. (New York: Dover, 1981; reprint of 1921 ed.).

———. *Mathematics in Aristotle* (Oxford, UK: Clarendon, 1949).

Lasserre, R. *The Birth of Mathematics in the Age of Plato*, trans. H. Mortimer (London: Hutchinson, 1964).

Lee, H. D. P. *Zeno of Elea* (Cambridge, UK: Cambridge University Press, 1936).

McCabe, R. L. "Theodorus' Irrationality Proofs," *Mathematics Magazine*, **49** (1976), 201–202.

McCain, E. G. "Musical 'Marriages' in Plato's Republic," *Journal of Music Theory*, **18** (1974), 242–272.

Mueller, I. "Aristotle and the Quadrature of the Circle," in: *Infinity and Continuity in Ancient and Medieval Thought*, ed. N. Kretzmann (Ithaca, NY: Cornell University Press, 1982), pp. 146–164.

Plato. *Dialogues*, trans. B. Jowett, 3rd ed., 5 vols. (Oxford, UK: Oxford University Press, 1931; reprint of 1891 ed.).

Smith, R. "The Mathematical Origins of Aristotle's Syllogistic," *Archive for History of Exact Sciences*, **19** (1978), 201–209.

Stamatakos, B. M. "Plato's Theory of Numbers. Dissertation," *Michigan State University Dissertation Abstracts*, **36** (1975), 8117-A, Order no. 76–12527.

Szabó, Á. "The Transformation of Mathematics into Deductive Science and the Beginnings of Its Foundation on Definitions and Axioms," *Scripta Mathematica*, **27** (1964), 27–48, 113–139. サボー「数学の演繹的科学への変貌と定義・公理に基づく数学的基礎づけの起源」, A. K. サボー著, 伊東俊太郎, 中村幸四郎, 村田全訳『数学のあけぼの―ギリシアの数学と哲学の源流を探る』(東京図書, 1976), pp. 1–90 に所収

Von Fritz, K. "The Discovery of Incommensurability by Hippasus of Metapontum," *Annals of Mathematics,* (2) **46** (1945), 242–264.

Wedberg, A. *Plato's Philosophy of Mathematics* (Westport, CT: Greenwood, 1977).

White, R. C. "Plato on Geometry," *Apeiron*, **9** (1975), 5–14.

5 アレクサンドリアのエウクレイデス

Archibald, R. C., ed. *Euclid's Book on Divisions of Figures* (Cambridge, UK: Cambridge University Press, 1915).

Barker, A. "Methods and Aims in the Euclidean *Sectio Canonis*," *Journal of Hellenic Studies*, **101** (1981), 1–16.

Burton, H. "The Optics of Euclid," *Journal of the Optical Society of America*, **35** (1945), 357–372.

Coxeter, H. S. M. "The Golden Section, Phyllotaxis, and Wythoff's Game," *Scripta Mathematica*, **19** (1953), 135–143.

Fischler, R. "A Remark on Euclid II, 11," *Historia Mathematica*, **6** (1979), 418–422.

Fowler, D. H. "Book II of Euclid's *Elements* and a Pre-Eudoxan Theory of Ratio," *Archive for History of Exact Sciences*, **22** (1980), 5–36, and **26** (1982), 193–209.

Grattan-Guinness, I. "Numbers, Magnitudes, Ratios, and Proportions in Euclid's Elements: How Did He Handle Them?" *Historia Mathematica*, **23** (1996), 355–375.

Heath, T. L., ed. *The Thirteen Books of Euclid's Elements*, 3 vols. (New York: Dover, 1956; paperback reprint of 1908 ed.).

参照文献

Herz-Fischler, R. "What Are Propositions 84 and 85 of Euclid's *Data* All About?" *Historia Mathematica*, **11** (1984), 86–91.

Ito, S., ed. and trans. *The Medieval Latin Translation of the* Data *of Euclid*, foreword by Marshall Clagett (Basel: Birkhäuser, 1998). 伊東俊太郎著，村上陽一郎ほか編『伊東俊太郎著作集 12（欧文論文集）』（麗澤大学出版会，2010）に所収

Knorr, W. R. "When Circles Don't Look Like Circles: An Optical Theorem in Euclid and Pappus," *Archive for History of Exact Sciences*, **44** (1992), 287–329.

Theisen, W. "Euclid, Relativity, and Sailing," *Historia Mathematica*, **11** (1984), 81–85.

Thomas-Stanford, C. *Early Editions of Euclid's Elements* (San Francisco: Alan Wofsy Fine Arts, 1977; reprint of the 1926 ed.).

6 シュラクサイのアルキメデス

Aaboe, A., and J. L. Berggren. "Didactical and Other Remarks on Some Theorems of Archimedes and Infinitesimals," *Centaurus*, **38** (4) (1996), 295–316.

Bankoff, L. "Are the Twin Circles of Archimedes Really Twins?" *Mathematics Magazine*, **47** (1974), 214–218.

Berggren, J. L. "A Lacuna in Book I of Archimedes' *Sphere and Cylinder*," *Historia Mathematica*, **4** (1977), 1–5.

——. "Spurious Theorem in Archimedes' *Equilibrium of Planes:* Book I," *Archive for History of Exact Sciences*, **16** (1978), 87–103.

Davis, H. T. "Archimedes and Mathematics," *School Science and Mathematics*, **44** (1944), 136–145, 213–221.

Dijksterhuis, E. J. *Archimedes* (Princeton, NJ: Princeton University Press, 1987; reprint of 1957 ed., which was translated from the 1938–1944 ed.).

Hayashi, E. "A Reconstruction of the Proof of Proposition 11 in Archimedes' Method," *Historia Sci.*, (2) **3** (3) (1994), 215–230.

Heath, T. L. *The Works of Archimedes* (New York: Dover, 1953; reprint of 1897 ed.).

Knorr, W. R. "On Archimedes' Construction of the Regular Heptagon," *Centaurus*, **32** (4) (1989), 257–271.

——. "Archimedes' 'Dimension of the Circle': A View of the Genesis of the Extant Text," *Archive for History of Exact Sciences*, **35** (4) (1986), 281–324.

——. "Archimedes and the Measurement of the Circle: A New Interpretation," *Archive for History of Exact Sciences*, **15** (2) (1976), 115–140.

——. "Archimedes and the Pre-Euclidean Proportion Theory," *Archives Internationales d'Histoire des Sciences*, **28** (1978), 183–244.

——. "Archimedes and the Spirals: The Heuristic Background," *Historia Mathematics*, **5** (1978), 43–75.

Netz, Reviel. "The Goal of Archimedes' *Sand-Reckoner*," *Apeiron*, **36** (2003), 251–290.

Neugebauer, O. "Archimedes and Aristarchus," *Isis*, **34** (1942), 4–6.

Phillips, G. M. "Archimedes the Numerical Analyst," *American Mathematical Monthly*, **88** (1981), 165–169.

Smith, D. E. "A Newly Discovered Treatise of Archimedes," *Monist*, **19** (1909), 202–230.

Taisbak, C. M. "Analysis of the So-Called Lemma of Archimedes for Constructing a Regular Heptagon," *Centaurus*, **36** (1993), 191–199.

——. "An Archimedean Proof of Heron's Formula for the Area of a Triangle: Reconstructed," *Centaurus*, **24** (1980), 110–116.

7 ペルゲのアポロニオス

Coolidge, J. L. *History of the Conic Sections and Quadric Surfaces* (New York: Dover, 1968; paperback publication of 1945 ed.).

——. *History of Geometrical Methods* (New York: Dover, 1963; paperback publication of 1940 ed.).

Coxeter, H. S. M. "The Problem of Apollonius," *American Mathematical Monthly*, **75** (1968), 5–15.

Heath, T. L. "Apollonius," in: *Encyclopedia Britannica*, 11th ed., **2** (1910), 186–188.

——, ed. *Apollonius of Perga. Treatise on Conic Sections* (New York: Barnes and Noble, 1961; reprint of 1896 ed.).

Hogendijk, J. P. "Arabic Traces of Lost Works of Apollonius," *Archive for History of Exact Sciences*, **35** (3) (1986), 187–253.

——. "Desargues' 'Brouillon Project' and the 'Conics' of Apollonius," *Centaurus*, **34** (1) (1991), 1–43.

Neugebauer, O. "The Equivalence of Eccentric and Epicyclic Motion According to Apollonius," *Scripta Mathematica*, **24** (1959), 5–21.

Thomas, I., ed., *Selections Illustrating the History of Greek Mathematics*, 2 vols. (Cambridge, MA: Loeb Classical Library, 1939–1941).

Toomer, G. J., ed. *Apollonius: Conics Books V-VII. The Arabic Translation of the Lost Greek Original in the Version of the Banu Musa.* Sources in the History of Mathematics and the Physical Sciences 9 (New York: Springer, 1990).

Unguru, S. "A Very Early Acquaintance with Apollonius of Perga's Treatise on Conic Sections in the Latin West," *Centaurus*, **20** (1976), 112–128.

8 逆　流

Andersen, K. "The Central Projection in One of Ptolemy's Map Constructions," *Centaurus*, **30** (1987), 106–113.

Aaboe, A. *Episodes from the Early History of Mathematics* (New York: Random House, 1964). A. アーボー著，中村幸四郎訳『古代の数学』（河出書房新社，1971）

Barbera, A. "Interpreting an Arithmetical Error in Boethius's *De Institutione Musica* (iii. 14–16)," *Archives Internationales d'Histoire des Sciences*, **31** (1981), 26–41.

Barrett, H. M. *Boethius. Some Aspects of His Times and Work* (Cambridge, UK:

Cambridge University Press, 1940).

Berggren, J. L. "Ptolemy's Maps of Earth and the Heavens: A New Interpretation," *Archive for History of Exact Sciences*, **43** (1991), 133–144.

Carmody, F. J. "Ptolemy's Triangulation of the Eastern Mediterranean," *Isis*, **67** (1976), 601–609.

Cuomo, S. *Pappus of Alexandria and the Mathematics of Late Antiquity* (Cambridge, UK: Cambridge University Press, 2000).

Diller, A. "The Ancient Measurements of the Earth," *Isis*, **40** (1949), 6–9.

Dutka, J. "Eratosthenes' Measurement of the Earth Reconsidered," *Archive for History of Exact Sciences*, **46** (1993), 55–66.

Goldstein, B. R. "Eratosthenes on the 'Measurement' of the Earth," *Historia Mathematica*, **11** (1984), 411–416.

Heath, T. L. *Aristarchus of Samos: The Ancient Copernicus* (New York: Dover, 1981; reprint of the 1913 ed.).

——. *Diophantus of Alexandria: A Study in the History of Greek Algebra*, 2nd ed. (Chicago: Powell's Bookstore and Mansfield Centre, CT: Martino Pub., 2003; reprint of 1964 edition, with new supplement on Diophantine problems).

Knorr, W. "The Geometry of Burning-Mirrors in Antiquity," *Isis*, **74** (1983), 53–73.

Knorr, W. R. " 'Arithmetike Stoicheiosis': on Diophantus and Hero of Alexandria," *Historia Math*, **20** (1993), 180–192.

Lorch, R. P. "Ptolemy and Maslama on the Transformation of Circles into Circles in Stereographic Projection," *Archive for History of Exact Sciences*, **49** (1995), 271–284.

Nicomachus of Gerasa. *Introduction to Arithmetic*, trans. M. L. D'Ooge, with "Studies in Greek Arithmetic" by F. E. Robbins and L. C. Karpinski (New York: Johnson Reprint Corp., 1972; reprint of the 1926 ed.).

Pappus of Alexandria. *Book 7 of the "Collection,"* ed. and trans. with commentary by A. Jones, 2 vols. (New York/Heidelberg/Berlin: Springer, 1986).

Ptolemy's Almagest, translated and annotated by G. J. Toomer (New York: Springer-Verlag, 1984).

Robbins, F. E., "P. Mich. 620: A Series of Arithmetical Problems," *Classical Philology*, **24** (1929), 321–329.

Sarton, G. *Ancient Science and Modern Civilization* (Lincoln: University of Nebraska Press, 1954). ジョージ・サートン著，好田順治訳『古代の科学史―現代文明の源流として』（河出書房新社，1981）

——. *The History of Science*, 2 vols. (Cambridge, MA: Harvard University Press, 1952–1959).

Sesiano, J. *Books IV to VII of Diophantus' "Arithmetica" in the Arabic Translation Attributed to Qusta ibn Luqa* (New York/Heidelberg/Berlin: Springer, 1982).

Smith, A. M. "Ptolemy's Theory of Visual Perception," *Transactions of the Amer-*

ican Philosophical Society, **86**, pt. 2, Philadelphia, PA, 1996.

Stahl, W. H. *Roman Science* (Madison: University of Wisconsin Press, 1962).

Swift, J. D. "Diophantus of Alexandria," *American Mathematical Monthly*, **43** (1956), 163–170.

Thompson, D'A. W. *On Growth and Form*, 2nd ed. (Cambridge, UK: Cambridge University Press, 1942).

Vitruvius, *On Architecture*, ed. and trans. F. Granger, 2 vols. (Cambridge, MA: Harvard University Press, and London: William Heinemann, 1955; reprint of the 1931 ed.). ウィトルウィウス著，森田慶一訳註『ウィトルーウィウス建築書』（東海大学出版会，1969）［原典からの訳］

9 古代および中世の中国

Ang Tian-se. "Chinese Interest in Right-Angled Triangles," *Historia Mathematica*, **5** (1978), 253–266.

Boyer, C. B. "Fundamental Steps in the Development of Numeration," *Isis*, **35** (1944), 153–168.

Gillon, B. S. "Introduction, Translation, and Discussion of Chao Chun-Ch'ing's 'Notes to the Diagrams of Short Legs and Long Legs and of Squares and Circles,'" *Historia Mathematica*, **4** (1977), 253–293.

Hoe, J. "The Jade Mirror of the Four Unknowns——Some Reflections," *Mathematical Chronicle*, **1** (1978), 125–156.

Lam Lay-yong. "The Chinese Connection between the Pascal Triangle and the Solution of Numerical Equations of Any Degree," *Historia Mathematica*, **7** (1980), 407–424.

——. "On the Chinese Origin of the Galley Method of Arithmetical Division," *British Journal for the History of Science*, **3** (1966), 66–69.

——. *A Critical Study of the Yang Hui Suan Fa, a 13th Century Mathematical Treatise* (Singapore: Singapore University Press, 1977).

—— and Shen Kang-sheng. "Right-Angled Triangles in Ancient China," *Archive for History of Exact Sciences*, **30** (1984), 87–112.

Lam, L. Y. "Zhang Qiujian Suanjing: An Overview." *Archive for History of Exact Sciences*, **50** (1997), 201–240.

Libbrecht, U. *Chinese Mathematics in the Thirteenth Century* (Cambridge, MA: MIT Press, 1973).

Martzloff, J.-C. *A History of Chinese Mathematics*, trans. S. S. Wilson (Berlin: Springer, 2006; reprinted from the original French Masson 1987 ed.).

Mikami, Y. *The Development of Mathematics in China and Japan* (New York: Chelsea, 1974; reprint of the 1913 ed.).

Needham, J. *Science and Civilization in China*, Vol. 3 (Cambridge, UK: Cambridge University Press, 1959). ジョセフ・ニーダム著『中国の科学と文明 4 数学』（思索社，1975）

Shen, K., J. N. Crossley, and A. W-C Lun. *The Nine Chapters on the Mathe-*

matical Art Companion and Commentary (Oxford: Oxford University Press; Beijing: Science Press, 1999).

Sivin, Nathan, ed. *Science and Technology in East Asia* (New York: Science History Publications, 1977).

Smith, D. E., and Y. Mikami. *A History of Japanese Mathematics* (Chicago: Open Court, 1914). David Eugene Smith, Yoshio Mikami 著, 松本登志雄訳『日本数学史』(e ブックランド社, 2009)

Struik, D. J. "On Ancient Chinese Mathematics," *Mathematics Teacher*, **56** (1963), 424–432.

Swetz, F. "Mysticism and Magic in the Number Squares of Old China," *Mathematics Teacher*, **71** (1978), 50–56.

Swetz, F. J., and Ang Tian-se. "A Chinese Mathematical Classic of the Third Century: The Sea Island Mathematical Manual of Liu Hui," *Historia Mathematica*, **13** (1986), 99–117.

Wagner, D. B. "An Early Chinese Derivation of the Volume of a Pyramid: Liu Hui, Third Century A.D.," *Historia Mathematica*, **6** (1979), 164–188.

10 古代と中世のインド

Clark, W. E., ed. *The Aryabhatia of Aryabhata* (Chicago: University of Chicago Press, 1930).

Colebrooke, H. T. *Algebra, with Arithmetic and Mensuration, from the Sanskrit of Brahmegupta and Bhascara* (London: John Murray, 1817).

Datta, B., and A. N. Singh. *History of Hindu Mathematics: A Sourcebook*, 2 vols. (Bombay: Asia Publishing House, 1962; reprint of 1935–1938 ed.). Note review by Neugebauer in *Isis*, **25** (1936), 478–488.

Delire, J. M. "Quadratures, Circulature and the Approximation of $\sqrt{2}$ in the Indian Sulba-sutras," *Centaurus*, **47** (2005), 60–71.

Filliozat, P.-S. "Ancient Sanskrit Mathematics: An Oral Tradition and a Written Literature," in: *History of Science, History of Text*, R. S. Cohen, et al., eds. Boston Studies in Philosophy of Science 238 (Dordrecht: Springer Netherlands, 2005), pp. 137–157.

Gold, D., and D. Pingree. "A Hitherto Unknown Sanskrit Work Concerning Madhava's Derivation of the Power Series for Sine and Cosine," *Historia Scientiarum*, **42** (1991), 49–65.

Gupta, R. C. "Sine of Eighteen Degrees in India up to the Eighteenth Century," *Indian Journal of the History of Science*, **11** (1976), 1–10.

Hayashi, T. *The Bakshali Manuscript: An Ancient Indian Mathematical Treatise* (Groningen: Egbert Forsten, 1995).

Keller, Agathe. *Expounding the Mathematical Seed: A Translation of Bhaskara I on the Mathematical Chapter of the Aryabhatiya*, 2 vols. (Basel: Birkhäuser, 2006).

Pingree, D. *Census of the Exact Sciences in Sanskrit*, 4 vols. (Philadelphia: American Philosophical Society, 1970–1981).

Plofker, Kim. *Mathematics in India* (Princeton, NJ: Princeton University Press, 2009).

Rajagopal, C. T., and T. V. Vedamurthi Aiyar. "On the Hindu Proof of Gregory's Series," *Scripta Mathematica*, **17** (1951), 65–74; also cf. **15** (1949), 201–209, and **18** (1952), 25–30.

———, and M. S. Rangachari. "On an Untapped Source of Medieval Keralese Mathematics," *Archive for History of Exact Sciences*, **18** (1978), 89–102.

Sinha, K. N. "Sripati: An Eleventh Century Indian Mathematician," *Historia Mathematica*, **12** (1985), 25–44.

Yano, Michio. "Oral and Written Transmission of the Exact Sciences in Sanskrit," *Journal of Indian Philosophy*, **34** (2006), 143–160.

11 イスラームの覇権

Amir-Moez, A. R. "A Paper of Omar Khayyam," *Scripta Mathematica*, **26** (1963), 323–337.

Berggren, J. L. *Episodes in the Mathematics of Medieval Islam* (New York: Springer-Verlag, 1986; reprinted in 2003).

Brentjes, S., and J. P. Hogendijk. "Notes on Thabit ibn Qurra and His Rule for Amicable Numbers," *Historia Mathematica*, **16** (1989), 373–378.

Gandz, S. "The Origin of the Term 'Algebra,'" *American Mathematical Monthly*, **33** (1926), 437–440.

———. "The Sources of al-Khowarizmi's Algebra," *Osiris*, **1** (1936), 263–277.

Garro, I. "Al-Kindi and Mathematical Logic," *International Logic Review*, Nos. 17–18 (1978), 145–149.

Hairetdinova, N. G. "On Spherical Trigonometry in the Medieval Near East and in Europe," *Historia Mathematica*, **13** (1986), 136–146.

Hamadanizadeh, J. "A Second-Order Interpolation Scheme Described in the Zij-i Ilkhani," *Historia Mathematica*, **12** (1985), 56–59.

———. "The Trigonometric Tables of al-Kashi in His Zij-i Khaqani," *Historia Mathematica*, **7** (1980), 38–45.

Hermelink, H. "The Earliest Reckoning Books Existing in the Persian Language," *Historia Mathematica*, **2** (1975), 299–303.

Hogendijk, J. P. "Al-Khwarizmi's Table of the 'Sine of the Hours' and the Underlying Sine Table," *Historia Sci*, **42** (1991), 1–12.

———. *Ibn al-Haytham's Completion of the Conics* (New York: Springer, 1985).

———. "Thabit ibn Qurra and the Pair of Amicable Numbers 17296, 18416," *Historia Mathematica*, **12** (1985), 269–273.

International Symposium for the History of Arabic Science, *Proceedings of the First International Symposium*, April 5–12, 1976, Vol. 2, papers in European languages, ed. Ahmad Y. al-Hassan et al. (Aleppo, Syria: Institute for the History of Arabic Science, University of Aleppo, 1978).

参照文献

Kasir, D. S., ed. *The Algebra of Omar Khayyam* (New York: AMS Press, 1972; reprint of 1931 ed.).

Karpinski, L. C., ed. *Robert of Chester's Latin Translation of the Algebra of al-Khowarizmi* (New York: Macmillan, 1915).

Kennedy, E. S. *Studies in the Islamic Exact Sciences*, ed. D. A. King and M. H. Kennedy (Beirut: American University of Beirut, 1983).

King, D. A. "On Medieval Islamic Multiplication Tables," *Historia Mathematica*, **1** (1974), 317–323; supplementary notes, ibid., **6** (1979), 405–417.

——. and G. Saliba, eds. *From Deferent to Equant: A Volume of Studies in the History of Science in the Ancient and Medieval Near East in Honor of E. S. Kennedy* (New York: New York Academy of Sciences, 1987).

Levey, M., ed. *The Algebra of Abu Kamil* (Madison: University of Wisconsin Press, 1966).

Lorch, R. "Al-Khazini's 'Sphere That Rotates by Itself,'" *Journal for the History of Arabic Science*, **4** (1980), 287–329.

——. "The Qibla-Table Attributed to al-Khazini," *Journal for the History of Arabic Science*, **4** (1980), 259–264.

Lumpkin, B. "A Mathematics Club Project from Omar Khayyam," *Mathematics Teacher*, **71** (1978), 740–744.

Rashed, R. *The Development of Arabic Mathematics: Between Arithmetic and Algebra*, trans. A. F. W. Armstrong (Boston: Kluwer Academic, 1994). ロシュディー・ラーシェド著・三村太郎訳『アラビア数学の展開』(東京大学出版会, 2004)

Rosen, F., ed. and trans. *The Algebra of Mohammed ben Musa.* (New York: Georg Olms, 1986).

Sabra, A. I. "Ibn-al-Haytham's Lemmas for Solving 'Alhazen's Problem,'" *Archive for History of Exact Sciences*, **26** (1982), 299–324.

Saidan, A. S. "The Earliest Extant Arabic Arithmetic," *Isis*, **57** (1966), 475–490.

——. "Magic Squares in an Arabic Manuscript," *Journal for History of Arabic Science*, **4** (1980), 87–89.

Sayılı, A. "Thabit ibn-Qurra's Generalization of the Pythagorean Theorem," *Isis*, **51** (1960), 35–37; also ibid., **55** (1964) 68–70 (Boyer) and **57** (1966), 56–66 (Scriba).

Smith, D. E. "Euclid, Omar Khayyam, and Saccheri," *Scripta Mathematica*, **3** (1935), 5–101.

——, and L. C. Karpinski. *The Hindu-Arabic Numerals* (Boston: Ginn, 19XX).

Struik, D. J. "Omar Khayyam, Mathematician," *Mathematics Teacher*, **51** (1958), 280–285.

Yadegari, M. "The Binomial Theorem: A Widespread Concept in Medieval Islamic Mathematics," *Historia Mathematica*, **7** (1980), 401–406.

12 西のラテン語圏

Clagett, M. *Archimedes in the Middle Ages*, 5 vols. in 10 (Philadelphia: American

Philosophical Society, 1963–1984).

——. *Mathematics and Its Applications to Science and Natural Philosophy in the Middle Ages* (Cambridge and New York: Cambridge University Press, 1987).

——. *The Science of Mechanics in the Middle Ages* (Madison: University of Wisconsin Press, 1959).

——. *Studies in Medieval Physics and Mathematics* (London: Variorum Reprints, 1979).

Coxeter, H. M. S. "The Golden Section, Phyllotaxis, and Wythoff's Game," *Scripta Mathematica*, **19** (1953), 135–143.

Drake, S. "Medieval Ratio Theory vs. Compound Indices in the Origin of Bradwardine's Rule," *Isis*, **64** (1973), 66–67.

Evans, G. R. "Due Oculum. Aids to Understanding in Some Medieval Treatises on the Abacus," *Centaurus*, **19** (1976), 252–263.

——. "The Rithmomachia: A Medieval Mathematical Teaching Aid?" *Janus*, **63** (1975), 257–271.

——. "The Saltus Gerberti: The Problem of the 'Leap,'" *Janus*, **67** (1980), 261–268.

Fibonacci, Leonardo Pisano. *The Book of Squares*, annotated and translated by L. E. Sigler (Boston: Academic Press, 1987).

Folkerts, Menso. *Development of Mathematics in Medieval Europe: The Arabs, Euclid, Regiomontanus* Variorum Collected Studies Series (Aldershot, UK: Ashgate, 2006).

——. *Essays on Early Medieval Mathematics: The Latin Tradition*, Variorum Collected Studies Series (Aldershot, UK: Ashgate, 2003).

Gies, J., and F. Gies. *Leonard of Pisa and the New Mathematics of the Middle Ages* (New York: Crowell, 1969).

Ginsburg, B. "Duhem and Jordanus Nemorarius," *Isis*, **25** (1936), 340–362.

Glushkov, S. "On Approximation Methods of Leonardo Fibonacci," *Historia Mathematica*, **3** (1976), 291–296.

Grant, E. "Bradwardine and Galileo: Equality of Velocities in the Void," *Archive for History of Exact Sciences*, **2** (1965), 344–364.

——. "Nicole Oresme and His *De proportionibus proportionum*," *Isis*, **51** (1960), 293–314.

——. "Part I of Nicole Oresme's *Algorismus proportionum*," *Isis*, **56** (1965), 327–341.

Grim, R. E. "The Autobiography of Leonardo Pisano," *Fibonacci Quarterly*, **11** (1973), 99–104, 162.

Jordanus de Nemore. *De numeris datis, a Critical Edition and Translation*, trans. B. B. Hughes (Berkeley: University of California Press, 1981).

Molland, A. G. "An Examination of Bradwardine's Geometry," *Archive for History of Exact Sciences*, **19** (1978), 113–175.

Murdoch, J. E. "The Medieval Euclid: Salient Aspects of the Translations of the

Elements by Adelard of Bath and Campanus of Novara," *Revue de Synthese*, (3) **89**, Nos. 49–52 (1968), 67–94.

―――. "Oresme's Commentary on Euclid," *Scripta Mathematica*, **27** (1964), 67–91.

Oresme, N. *De proportionibus proportionum* and *Ad pauca respicientes*, ed. E. Grant (Madison: University of Wisconsin, 1966).

Rabinovitch, N. L. *Probability and Statistical Inference in Ancient and Medieval Jewish Literature* (Toronto: University of Toronto Press, 1973).

Unguru, S. "Witelo and Thirteenth Century Mathematics: An Assessment of His Contributions," *Isis*, **63** (1972), 496–508.

13 ヨーロッパのルネサンス

American Philosophical Society. "Symposium on Copernicus," *Proceedings APS*, **117** (1973), 413–550.

Bockstaele, P. "Adrianus Romanus and the Trigonometric Tables of Rheticus," *Amphora* (Basel: Birkhäuser, 1992), pp. 55–66.

Bond, J. D. "The Development of Trigonometric Methods Down to the Close of the XVth Century," *Isis*, **4** (1921–1922), 295–323.

Boyer, C. B. "Note on Epicycles and the Ellipse from Copernicus to Lahire," *Isis*, **38** (1947), 54–56.

―――. "Viète's Use of Decimal Fractions," *Mathematics Teacher*, **55** (1962), 123–127.

Brooke, M. "Michael Stifel, the Mathematical Mystic," *Journal of Recreational Mathematics*, **6** (1973), 221–223.

Cajori, F. *William Oughtred, a Great Seventeenth-Century Teacher of Mathematics* (Chicago: Open Court, 1916).

Cardan, J. *The Book of My Life*, trans. J. Stoner (New York: Dover, 1962; paperback reprint of 1930 ed.). カルダーノ著, 青木靖三・榎本恵美子訳『わが人生の書―ルネサンス人間の数奇な生涯』(社会思想社, 1989); カルダーノ著・清瀬卓, 沢井茂夫訳『カルダーノ自伝―ルネサンス万能人の生涯』(平凡社ライブラリー, 1995)

―――. *The Great Art*, trans. and ed. T. R. Witmer, with a foreword by O. Ore (Cambridge, MA: MIT Press, 1968).

Clarke, F. M. "New Light on Robert Recorde," *Isis*, **1** (1926), 50–70.

Copernicus, *On the Revolutions*, trans. E. Rosen, vol. 2, in *Complete Works* (Warsaw-Cracow: Polish Scientific Publishers, 1978). コペルニクス著, 高橋憲一訳・解説『コペルニクス天文学集成―完訳 天球回転論』(みすず書房, 2017) に所収

Davis, M. D. *Piero della Francesco's Mathematical Treatises: The Trattato d'abaco and Libellus de quinque corporibus regularibus* (Ravenna: Longo ed., 1977).

Easton, J. B. "A Tudor Euclid," *Scripta Mathematica*, **27** (1966), 339–355.

Ebert, E. R. "A Few Observations on Robert Recorde and His *Grounde of Artes*," *Mathematics Teacher*, **30** (1937), 110–121.

Fierz, M. *Girolamo Cardano, 1501–1576: Physician, Natural Philosopher, Math-*

ematician, Astrologer and Interpreter of Dreams (Basel: Birkhäuser, 1983).

Flegg, G., C. Hay, and B. Moss, eds. *Nicolas Chuquet, Renaissance Mathematician* (Dordrecht: Reidel, 1985).

Franci, R., and L. T. Rigatelli. "Towards a History of Algebra from Leonardo of Pisa to Luca Pacioli," *Janus*, **72** (1985), 17–82.

Glaisher, J. W. L. "On the Early History of the Signs + and − and on the Early German Arithmeticians," *Messenger of Mathematics*, **51** (1921–1922), 1–148.

Glushkov, S. "An Interpretation of Viète's 'Calculus of Triangles' as a Precursor of the Algebra of Complex Numbers," *Historia Mathematica*, **4** (1977), 127–136.

Green, J., and P. Green. "Alberti's Perspective: A Mathematical Comment," *Art Bulletin*, **64** (1987), 641–645.

Hanson, K. D. "The Magic Square in Albrecht Dürer's 'Melencolia I': Metaphysical Symbol or Mathematical Pastime?" *Renaissance and Modern Studies*, **23** (1979), 5–24.

Hughes, B. *Regiomontanus on Triangles* (Madison: University of Wisconsin Press, 1967).

Jayawardene, S. A. "The Influence of Practical Arithmetics on the Algebra of Rafael Bombelli," *Isis*, **64** (1973), 510–523; also see *Isis*, **54** (1963), 391–395, and **56** (1965), 298–306.

——. "The 'Trattato d'abaco' of Piero della Francesca," in: *Cultural Aspects of the Italian Renaissance*, ed. C. H. Clough (Manchester, UK: Manchester University Press, 1976), pp. 229–243.

Johnson, F. R., and S. V. Larkey, "Robert Recorde's Mathematical Teaching and the Anti-Aristotelean Movement," *Huntington Library Bulletin*, **1** (1935), 59–87.

Lohne, J. A. "Essays on Thomas Harriot: I. Billiard Balls and Laws of Collision. II. Ballistic Parabolas. III. A Survey of Harriot's Scientific Writings," *Archive for History of Exact Sciences*, **20** (1979), 189–312.

MacGillavry, C. H. "The Polyhedron in A. Dürer's 'Melencolia F': An Over 450 Years Old Puzzle Solved?" *Koninklijke Nederlandse Akademie van Wetenschappen, Proc. Series* B84, No. 3 (1981), 287–294.

Ore, Oystein. *Cardano, the Gambling Scholar* (Princeton, NJ: Princeton University Press, 1953). O. オア著・安藤洋美訳『カルダノの生涯―悪徳数学者の栄光と悲惨』（東京図書, 1978）

Parshall, K. H. "The Art of Algebra from al-Khwarizmi to Viète: A Study in the Natural Selection of Ideas," *History of Science*, **26**(72,2) (1988), 129–164.

Pedoe, D. "Ausz Disem Wirdt vil Dings Gemacht: A Dürer Construction for Tangent Circles," *Historia Mathematica*, **2** (1975) 312–314.

Ravenstein, E. G., C. F. Close, and A. R. Clarke. Map, *Encyclopedia Britannica*, 11th ed., Vol. 17 (1910–1911), 629–663.

Record[e], R. *The Grounde of Artes*, and *Whetstone of Witte* (Amsterdam: The-

参照文献

atrum Orbis Terrarum, and New York: Da Capo Press, 1969; reprints of 1542 and 1557 ed.).

———. *The Pathway to Knowledge* (Amsterdam: Theatrum Orbis Terrarum, and Norwood, NJ: Walter J. Johnson, 1974; reprint of 1551 ed.).

Rosen, E. "The Editions of Maurolico's Mathematical Works," *Scripta Mathematica*, **24** (1959), 59–76.

Ross, R. P. "Oronce Fine's *De sinibus libri* II: The First Printed Trigonometric Treatise of the French Renaissance," *Isis*, **66** (1975), 379–386.

Sarton, G. "The Scientific Literature Transmitted through the Incunabula," *Osiris*, **5** (1938), 41–247.

Smith, D. E. *Rara arithmetica* (Boston: Ginn, 1908).

Swerdlow, N. M. "The Planetary Theory of François Viète. 1. The Fundamental Planetary Models," *Journal for the History of Astronomy*, **6** (1975), 185–208.

Swetz, F. J. *Capitalism and Arithmetic. The New Math of the 15th Century, including the Full Text of the Treviso Arithmetic of 1478*, trans. David Eugene Smith (La Salle, IL: Open Court, 1987).

Tanner, R. C. H. "The Alien Realm of the Minus: Deviatory Mathematics in Cardano's Writings," *Annals of Science*, **37** (1980), 159–178.

———. "Nathaniel Torporley's 'Congestor analyticus' and Thomas Harriot's 'De triangulis laterum rationalium,'" *Annals of Science*, **34** (1977), 393–428.

——— "The Ordered Regiment of the Minus Sign: Off-Beat Mathematics in Harriot's Manuscripts," *Annals of Science*, **37** (1980), 159–178.

———. "On the Role of Equality and Inequality in the History of Mathematics," *British Journal of the History of Science*, **1** (1962), 159–169.

Taylor, R. E. *No Royal Road. Luca Pacioli and His Times* (Chapel Hill: University of North Carolina Press, 1947).

Viète, F. *The Analytic Art: Nine Studies in Algebra, Geometry, and Trigonometry from the Opus restitutae mathematicae analyseos, seun algebra nova*, trans., with introduction and annotations by T. R. Witmer (Kent, OH: Kent State University Press, 1983).

Zeller, Sr. M. C. *The Development of Trigonometry from Regiomontanus to Pitiscus* (Ann Arbor, MI: Edwards Brothers, 1946).

Zinner, Ernst. *Regiomontanus: His Life and Work*, trans. Ezra Brown (Amsterdam: North-Holland, 1990).

14 近代初期の問題解答者たち

Brasch, F. E., ed. *Johann Kepler, 1571–1630. A Tercentenary Commemoration of his Life and Works* (Baltimore, MD: Williams and Wilkins, 1931).

Bruins, E. M. "On the History of Logarithms: Bürgi, Napier, Briggs, de Decker, Vlacq, Huygens," *Janus*, **67** (1980), 241–260.

Cajori, F. "History of the Exponential and Logarithmic Concepts," *American Mathematical Monthly*, **20** (1913), 5–14, 35–47, 75–84, 107–117.

Caspar, M. *Kepler*, trans. D. Hellman (New York: Abelard-Schuman, 1959).

Dijksterhuis, E. J., and D. J. Struik, eds. *The Principal Works of Simon Stevin* (Amsterdam: Swets and Zeitinger, 1955–1965).

Field, J. V. "Kepler's Mathematization of Cosmology," *Acta historiae rerum naturalum necnon technicarum*, **2** (1998), 27–48.

Glaisher, J. W. L. "On Early Tables of Logarithms and Early History of Logarithms," *Quarterly Journal of Pure and Applied Mathematics*, **48** (1920), 151–192.

Gridgeman, N. T. "John Napier and the History of Logarithms," *Scripta Mathematica*, **29** (1973), 49–65.

Hawkins, W, R. "The Mathematical Work of John Napier (1550–1617)," *Bulletin of the Australian Mathematical Society*, **26** (1982), 455–468.

Hobson, E. W. *John Napier and the Invention of Logarithms, 1614* (Cambridge: The University Press, 1914).

Kepler, J. *The Six-Cornered Snowflake* (Oxford: Clarendon, 1966).

Napier, J. *The Construction of the Wonderful Canons of Logarithms* (London: Dawsons of Pall Mall, 1966).

——. *A Description of the Admirable Table of Logarithms* (Amsterdam: Theatrum Orbis Terrarum; New York: Da Capo Press, 1969).

Pierce, R. C., Jr. "Sixteenth Century Astronomers Had Prosthaphaeresis," *Mathematics Teacher*, **70** (1977), 613–614.

Rosen, E. *Three Imperial Mathematicians: Kepler Trapped between Tycho Brahe and Ursus* (New York: Abanis, 1986).

Sarton, G. "The First Explanation of Decimal Fractions and Measures (1585)," *Isis*, **23** (1935), 153–244.

——. "Simon Stevin of Bruges (1548–1620)," *Isis*, **21** (1934), 241–303.

15 解析，総合，無限，数論

Andersen, K. "The Mathematical Technique in Fermat's Deduction of the Law of Refraction," *Historia Mathematica*, **10** (1983), 48–62.

——. "Cavalieri's Method of Indivisibles," *Archive for History of Exact Sciences*, **31** (1985), 291–367.

Bos, H. J. M. "On the Representation of Curves in Descartes' *Geometrie*," *Archive for History of Exact Sciences*, **24** (1981), 295–338.

Boyer, C. B. "Johann Hudde and Space Coordinates," *Mathematics Teacher*, **58** (1965), 33–36.

——. "Note on Epicycles and the Ellipse from Copernicus to Lahire," *Isis*, **38** (1947), 54–56.

——. "Pascal: The Man and the Mathematician," *Scripta Mathematica*, **26** (1963), 283–307.

——. "Pascal's Formula for the Sums of the Powers of the Integers," *Scripta Mathematica*, **9** (1943), 237–244.

Bussey, W. H. "Origin of Mathematical Induction," *American Mathematical Monthly*, **24** (1917), 199–207.

Cajori, F. "A Forerunner of Mascheroni," *American Mathematical Monthly*, **36** (1929), 364–365.

——. "Origin of the Name 'Mathematical Induction,'" *American Mathematical Monthly* **25**, (1918), 197–201.

Court, N. A. "Desargues and his Strange Theorem," *Scripta Mathematica*, **20** (1954), 5–13, 155–164.

Descartes, R. *The Geometry*, trans. by D. E. Smith and Marcia L. Latham (New York: Dover, 1954; paperback edition). ルネ・デカルト著, 原亨吉訳『幾何学』(ちくま学芸文庫, 2013)

Drake, S. "Mathematics and Discovery in Galileo's Physics," *Historia Mathematica*, **1** (1973), 129–150.

Easton, J. W. "Johan De Witt's Kinematical Constructions of the Conics," *Mathematics Teacher*, **56** (1963), 632–635.

Field, J. V., and J. J. Gray. *The Geometrical Work of Girard Desargues* (New York: Springer-Verlag, 1987).

Forbes, E. G. "Descartes and the Birth of Analytic Geometry," *Historia Mathematica*, **4** (1977), 141–151.

Galilei, G. *Discourses on the Two Chief Systems*, ed. G. de Santillana (Chicago: University of Chicago Press, 1953); also see ed. by S. Drake. (Berkeley: University of California Press, 1953). ガリレオ・ガリレイ著・青木靖三訳『天文対話 上・下』(岩波文庫, 1959, 1961)

——. *On Motion, and On Mechanics*. (Madison: University of Wisconsin Press, 1960).

——. *Two New Sciences*, trans. with introduction and notes by S. Drake (Madison: University of Wisconsin Press, 1974). ガリレオ・ガリレイ著・今野武雄, 日田節次訳『新科学対話 上・下』(岩波文庫, 1937–1948);『新科学論議』[抄訳], 伊東俊太郎『人類の知的遺産 31 ガリレオ』(講談社, 1985), pp. 215–301.

Hallerberg, A. E. "Georg Mohr and Euclidis curiosi," *Mathematics Teacher*, **53** (1960), 127–132.

Halleux, E., ed. "René-François de Sluse (1622–1685)," *Bulletin de la Société Royale des Sciences de Liège*, **55** (1986), 1–269.

Ivins, W. M., Jr. "A Note on Girard Desargues," *Scripta Mathematica*, **9** (1943), 33–48.

Lenoir, T. "Descartes and the Geometrization of Thought: A Methodological Background of Descartes' Geómetrie," *Historia Mathematica*, **6** (1979), 355–379.

Lutzen, J. "The Relationship between Pascal's Mathematics and His Philosophy," *Centaurus*, **24** (1980), 263–272.

Mahoney, M. S. *The Mathematical Career of Pierre de Fermat, 1601–1665* (Princeton, N.J.: Princeton University Press, 1973).

Mohr, G. *Compendium Euclidis curiosi* (Copenhagen: C. A. Reitzel, 1982; photographic reproduction of Amsterdam 1673 publication and the English translation by Joseph Moxon published in London 1677).

Naylor, R. H. "Mathematics and Experiment in Galileo's New Sciences," *Annali dell' Instituto i Museo di Storia delle Scienza di Firenze*, **4** (1) (1979), 55–63.

Ore, O. "Pascal and the Invention of Probability Theory," *American Mathematical Monthly*, **47** (1960), 409–419.

Ribenboim, P. "The Early History of Fermat's Last Theorem," *The Mathematical Intelligencer*, **11** (1976), 7–21.

Scott, J. E. *The Scientific Work of René Descartes (1596–1650)*, with a foreword by H. W. Turnbull (London: Taylor & Francis, 1976; reprint of the 1952 ed.).

Smith, A. M. "Galileo's Theory of Indivisibles: Revolution or Compromise?" *Journal for the History of Ideas*, **37** (1976), 571–588.

Walker, E. *A Study of the* Traité des indivisibles *of Gilles Persone de Roberval* (New York: Teachers College, 1932).

全般的参考文献
General Bibliography

各章の参照文献とは異なり，ここではさまざまな言語による伝統的な著作や近年の著作を紹介する．通常ここで挙げた文献は本書の複数の章に関係している．

さらに進んだ文献を探すときは，以下の書誌情報に加えて，いくつかの定期刊行物に新刊の抄録が掲載されていることにも注意してほしい．たとえば *Historia Mathematica* には，各号の末尾に数学史に関する最近の研究についての包括的で簡潔なリストが載せられている．抄録の編集者であるアルバート C. ルイスは，1〜13 巻をカバーする研究者とテーマの総索引を作成した．この素晴らしい情報源は第 13 巻 4 号と第 14 巻 1 号に掲載されている．もう一つの手に入れやすい情報源は，*Mathematical Reviews* の section 01 である．とくに近年，これはとても有用になった．*Isis* の毎年の文献総目録もいまだに，数学中心の雑誌には現れない科学技術史の刊行物についての最も重要な情報源であり続けている．

初期の研究については，May 1973 が非常に包括的でありよく参照される．*Mathematical Reviews* と *Jahrbuch über Fortschritte der Mathematik* のレビューにかなりの程度依拠している．記事のタイトルは省略されており，挙げられた資料の言語も必ずしも示されておらず，各資料についてのコメントもほとんどない．そのため，この分野の初学者には *Dauben 1985* の情報の方がよい．こちらは非常に選択的ではあるが，注釈が豊富で，特定分野の研究やさらなる文献資料への比較的手軽なガイドである．

伝記に興味のある読者には，*Dictionary of Scientific Biography*（Gillispie 1970–1980）が役に立つ[*1]．たいていの図書館にある大きな国別の人物事典といった一般的な参考図書はここでは挙げていないが，それらもしばしば数学者に関する有益な情報を含んでいる．

インターネットには更新される新しい資料の情報源が数多くある．それらの信頼性にはかなり幅があるが，最も信頼できるサイトの一つは，長年ジョン O. オコンナーとエドモンド F. ロバートソンが管理しているセント・アンドルーズ大学の MacTutor History of Mathematics Archive である．これに匹敵する情報源はほとんどない．

一次資料が利用できるかどうかは読者の図書館の規模と専門分野に大きく依存するが，小さな図書館でも思いがけない資料を持っていることがあるので，著者目録や巻

訳注

[*1] これは現在インターネット上で検索可能となった（www.encyclopedia.com）．旧版の補遺として次がある．*New Dictionary of Scientific Biography*, vols. 8, Koertge, N. (ed.)，(Charles Scribner's Sons, 2008)．

号数目録を調べる価値はある．近年は全集や選集の刊行が目に見えて増加しており，数学的な著作の英訳も増えている．歴史初期の資料としては，英語版と翻訳版を本参考文献の一部として多くリストアップした．その他のより広い期間や話題をカバーする英語の資料については，Birkhoff 1973，Calinger 1982，Midonick 1985，Smith 1959，Struik 1986，van Heijenoort 1967 を参照してほしい*2)．

数学史の学生の多くは，歴史的な問題の解法に興味をもつ．これには二つのアプローチがあり，一つは歴史的にその問題と関連のある人物の対処法を用いること，もう一つは現代の方法を用いることであるが，たいていは両方ともやってみるのがためになる．ときには両方のアプローチが一致することもある．歴史的なアプローチでは数学の先達に対する深い理解が得られるが，とくにオイラー以前の時代に対しては実行が難しい．一般にこのアプローチのためには，その問題に関連する研究者，あるいは研究者のグループの業績に立ち戻ってみるのが最善である．原資料に当たれないことはしばしば起こる．後世の翻訳の多く，特に古代の著作の翻訳は，原著者が使っている言語や記法を現代化する際に問題がゆがめられてしまう傾向がある．この困難は現代の二次的解釈のほとんどにつきまとうが，だからといって歴史的な問題の解法に手を出すべきでないということではなく，むしろ近代化されたアプローチとオリジナルの違いを意識した上で攻略法を分析すべきだということである．逆に，現代の教科書から定理や問題を取り，それが歴史上のある特定の時期や地域の数学者にとってどのような意義があったか，あるいはあるグループによってどのように解決・証明されたであろうかを考察するのは楽しいものである．さらに，自分自身の数学的な叙述，証明，解法をある歴史的な時期や流儀にしたがって定式化することもできる．これはモーツァルトのスタイルでロンドを作曲するようなもので，同じような長所と短所がある．

歴史的な問題に関心のある読者が参照すべき情報源には三つのタイプがある．まず一次資料である．少なくとも前世紀のものであれば，小さな図書館でもしばしば問題や例を載せた古い教科書を所蔵している．われわれの教科書の問題の伝統はせいぜい1世紀ほどしかないので，以下の文献にはGregory 1846 と Scott 1924 を挙げておく．前者は稀覯本であるが，1850 年までの通常の教科書を補う「例」の種類を示している．後者はもっと手に入れやすい．19 世紀後半の数学のいくつかの領域を示す問題の使い方に関して「現代的」教科書の先駆的な例である．次に問題集がある．Dorrie 1965 と Tietze 1965 は，歴史的な問題を集めた問題集の例である．Polya は現代の問題の例であるが，その歴史的ルーツはしばしば思考の糧となる．最後に，Burton 1985 と Eves 1983 のような歴史的説明に関連した問題がある．これらは原典との関係をはっきりさせてくれるが，現代化された翻案についての警告は両方にあてはまる．

訳注 ─────────────

*2)　英語では他に次がある．*The History of Mathematics ─A Reader─*. eds. Fauvel, J. and Gray, J.（The Open University, 1987）．

全般的参考文献

American Mathematical Society. *Semicentennial Addresses* (New York: American Mathematical Society, 1938).
  E.T. ベルおよび G.D. バーコフによる歴史的サーベイとその他の興味ある記事.
Anderson, M., V. Katz, and R. Wilson, eds. *Sherlock Holmes in Babylon and Other Tales of Mathematical History* (Washington, DC: Mathematical Association of America, 2004).
Archibald, R. C. *Outline of the History of Mathematics* (Buffalo, NY: Slaught Memorial Papers of the Mathematical Association of America, 1949).
  広範な参考文献を含む.
——. *A Semi-Centennial History of the American Mathematical Society* (New York: Arno Press, 1980; reprint of American Mathematical Society 1938 ed.).
  有益でよくまとめられたサーベイ. アメリカ数学会会長の経歴を描く.
Ball, W. W. R. *A History of the Study of Mathematics at Cambridge* (Mansfield Center, CT: Martino Publications, 2004; reprint of Cambridge University Press 1889 ed.).
  いまなおこの話題に関する最も有益かつ一般的な著作.
—— and H. S. M. Coxeter. *Mathematical Recreations and Essays*, 12th ed. (Toronto: University of Toronto Press, 1974).
  非常にポピュラーでかなりの歴史がある. 初版 1892 年.
Baron, M. E. *The Origins of the Infinitesimal Calculus* (New York: Dover, 1987; paperback reprint of 1969 ed.).
Bell, E. T. *Men of Mathematics* (New York: Simon and Schuster, 1965; seventh paperback printing of 1937 ed.). E.T. ベル著, 田中勇・銀林浩訳『数学をつくった人びと 1～3』(ハヤカワ文庫, 2003)
  読みやすさが信頼性を上回る. 数学的な予備知識をあまり必要としない.
——. *Development of Mathematics*, 2nd ed. (New York: Dover, 1992; paperback reprint of 1945 ed.).
  読みやすく説得力ある叙述. 現代数学, 数学的な予備知識を持つ読者にとくに有用.
Berggren, J. L., and B. R. Goldstein, eds. *From Ancient Omens to Statistical Mechanics: Essays on the Exact Sciences Presented to Asger Aaboe* (Copenhagen: Munksgaard, 1987).
Birkhoff, G., with U. Merzbach, ed. *A Source Book in Classical Analysis* (Cambridge, MA: Harvard University Press, 1973).
  ラプラス, コーシー, ガウス, フーリエからヒルベルト, ポアンカレ, アダマール, レルヒ, フェイエールらに至るまで, 81 人を精選.
Bochenski, I. M. *A History of Formal Logic*, trans. I. Thomas (Notre Dame, IN: University of Notre Dame Press, 1961).
Bolzano, B. *Paradoxes of the Infinite*, trans. D. A. Steele (London: Routledge and Kegan Paul, 1950). ベルナルト・ボルツァーノ著・藤田伊吉訳『無限の逆説』(みすず書房, 1978)
Bonola, R. *Non-Euclidean Geometry* (New York: Dover, 1955; paperback reprint of 1912 ed.).

歴史的な文献が多い.

Bos, H. J. M. *Lectures in the History of Mathematics* (Providence, RI: American Mathematical Society; London: London Mathematical Society, 1993).

Bourbaki, N. *Elements of the History of Mathematics,* trans. John Meldrum (Berlin, New York: Springer-Verlag, 1994; reprint of 1974 French ed.). ニコラ・ブルバキ著・村田全，清水達雄，杉浦光夫訳『ブルバキ数学史 上・下』（ちくま学芸文庫，2006）

通史ではなくある特定の話題，とくに現代の話題を扱っている.

Boyer, C. B. *History of Analytic Geometry* (NewYork: ScriptaMathematica, 1956.

———. *The History of the Calculus and Its Conceptual Development* (New York: Dover, 1959; paperback ed. of *The Concepts of the Calculus*).

このテーマに関する標準的な著作.

Braunmühl, A. von. *Vorlesungen über Geschichte der Trigonometrie,* 2 vols. in 1 (Wiesbaden: Sandig, 1971; reprint of the B. G. Teubner 1900–1903 ed.).

Bunt, L. N. H., P. S. Jones, and J. D. Bedient. *The Historical Roots of Elementary Mathematics* (Englewood, NJ: Prentice Hall, 1976).

テーマごとの記述. 最後の章以外はすべて，初等的な数学を古代の主要な業績と関連づけている. 最後の章では計数法と算術を扱う.

Burckhardt, J. J., E. A. Fellmann, and W. Habicht, eds. *Leonhard Euler. Beiträge zu Leben und Werk. Gedenkband des Kantons Basel-Stadt* (Basel: Birkhäuser, 1983).

多言語による 1 巻完結の素晴らしい概説.

Burnett, Charles, et al., eds. *Studies in the History of the Exact Sciences in Honour of David Pingree* (Leiden: Brill, 2004).

Burton, D. M. *The History of Mathematics. An Introduction,* 6th ed. (New York: McGraw-Hill, 2007; reprint of 1985 ed.).

エピソード的で読みやすい記述. 演習問題多数.

Cajori, F. *The Early Mathematical Sciences in North and South America* (Boston: Gorham, 1928).

———. *A History of Elementary Mathematics* (Mineola, NY: Dover, 2004; rev. and enl. reprint of the 1917 ed.). フロリアン・カジョリ著，小倉金之助補訳，中村滋校訂『初等数学史 上・下』（ちくま学芸文庫，2015）

———. *A History of Mathematical Notations,* 2 vols. (New York; Dover Publications, 1993; reissue of 1974 ed., which was a reprint of 1928–1929 ed.).

このテーマに関する決定的な著作.

———. *A History of Mathematics* (New York: Chelsea, 1985, 1st ed. was in 1893). フロリアン・カジョリ著・石井省吾訳註『数学史 上・中・下』（津軽書房，1970–1975）

英語の本の中では最も包括的で，専門的でない 1 巻完結の情報源の一つ.

Cajori, Florian. *History of Mathematics in the United States* (Washington, DC: Government Printing Office, 1890).

Calinger, R., ed. *Classics of Mathematics* (Oak Park, IL: Moore Publishing, 1982, reissued 1995).

全般的参考文献

Calinger, R., with J. E. Brown and T. R. West. *A Contextual History of Mathematics: To Euler* (Upper Saddle River, NJ: Prentice Hall, 1999).

Campbell, P., and L. Grinstein. *Women of Mathematics*. New York: Greenwood Press, 1987.

Cantor, M. *Vorlesungen über Geschichte der Mathematik*, 4 vols. (Leipzig: Teubner, 1880–1908).

これまでに出版された中で最も広範な数学史．*Bibliotheca Mathematica* にある Eneström による訂正も併用するとよい．一部の巻は第 2 版にあり，全体はリプリントで入手可能．

Carruccio, E. *Mathematics and Logic in History and in Contemporary Thought*, trans. I. Quigly (New Brunswick, NJ: Aldine, 2006; reissue of 1964 ed.).

選り抜かれたサーベイ．参考文献にはイタリア人研究者が目立つ．

Chasles, M. *Aperçu historique sur l'origine et le developpement des méthodes en géométrie*, 3rd ed. (Paris: Gauthier-Villars, 1889).

古典的な著作．とくに 19 世紀初頭の総合幾何学に強い．

Clagett, M. *Greek Science in Antiquity* (New York: Collier, 1996).

Cohen, M. R., and I. E. Drabkin, eds. *A Source Book in Greek Science* (Cambridge, MA: Harvard University Press, 1958; reprint of the 1948 ed.).

Cohen, R. S., et al., eds. *For Dirk Struik: Scientific, Historical and Political Essays in Honor of Dirk J. Struik* (Dordrecht & Boston: D. Reidel, 1974).

Cooke, Roger. *The History of Mathematics: A Brief Course*, 2nd ed. (Hoboken, NJ: Wiley-Interscience, 2005).

Coolidge, J. L. *History of the Conic Sections and Quadric Surfaces* (Oxford: Clarendon, 1945).

———. *A History of Geometrical Methods* (New York: Dover, 1963; paperback reissue of 1940 ed.).

数学的な予備知識を前提とした素晴らしい著作．

———. *The Mathematics of Great Amateurs* (New York: Dover, 1963; paperback reprint of 1949 ed.).

Dantzig, T. *Mathematics in Ancient Greece* (Mineola, NY: Dover, 2006; formerly The Bequest of the Greeks, Greenwood, 1969, which was a reprint of the 1955 Scribner ed.).

Dauben, J. W., ed. *The History of Mathematics from Antiquity to the Present. A Selective Bibliography* (New York and London: Garland, 1985).

———. *The History of Mathematics: States of the Art:* Flores Quadrivii (San Diego: Academic Press, 1996).

———. *Mathematical Perspectives* (New York: Academic Press, 1981).

ボックステール，デュガク，エッカリウス，フェルマン，フォルカーツ，グラッタン-ギネス，ユシュケヴィチ，クノブロッホ，メルツバッハ，ノイマン，シュナイダー，スクリーバ，フォーゲルによるエッセイ．

Dauben, J. W., and C. J. Scriba, eds. *Writing the History of Mathematics: Its Historical Development* (Basel/Boston: Birkhäuser, 2002).

Davis, P., and R. Hersh. *The Mathematical Experience* (Boston: Birkhäuser,

1981). P.J. デービス・R. ヘルシュ著，柴垣和三雄ほか訳『数学的経験』(森北出版，1986)

Demidov, S. S., M. Folkerts, D. E. Rowe, and C. J. Scriba, eds. *Amphora: Festschift für Hans Wussing zu seinem 65. Geburtstag* (Basel/Berlin/Boston: Birkhäuser, 1992).

Dickson, L. E. *History of the Theory of Numbers*, 3 vols. (New York: Chelsea, 1966; reprint of 1919–1923 Carnegie Institution ed.).

原典資料の決定版. トピック別に整理.

Dieudonné, J. A., ed. *Abregé d'histoire des mathématiques 1700–1900*, 2 vols. (Paris: Hermann, 1978). J. デュドネ編，上野健爾ほか訳『数学史 1700–1900 1～3』(岩波書店，1985)

今日の数学へとつながる話題を扱う，信頼できる数学指向の記述.

——. *History of Algebraic Geometry*, trans. J. D. Sally (Monterey, CA: Wadsworth Advanced Books, 1985).

現代的な用語と記法を用いた，優れた数学的指向のプレゼンテーション。

Dold-Samplonius, Yvonne, et al., eds. *From China to Paris: 2000 Years Transmission of Mathematical Ideas* (Stuttgart: Steiner Verlag, 2002).

Dörrie, H. *100 Great Problems of Elementary Mathematics: Their History and Solution*, trans. D. Antin (New York: Dover, 1965). H. デリー著・根上生也訳『数学 100 の勝利 1～3』(シュプリンガー・フェアラーク東京，1996)

Dugas, R. *A History of Mechanics* (New York: Central Book Co., 1955).

Dunham, W. *Journey through Genius: The Great Theorems of Mathematics* (New York: Wiley, 1990). W. ダンハム著・中村由子訳『数学の知性―天才と定理でたどる数学史』(現代数学社，1998)

Dunmore, H., and I. Grattan-Guinness, eds. *Companion Encyclopedia of the History and Philosophy of the Mathematical Sciences* (Baltimore, MD: Johns Hopkins University Press, 2003). [Grattan-Guinness 1994 を 1 巻本に合冊したもので，実質的に同じ]

Edwards, C. H., Jr. *The Historical Development of the Calculus* (New York/Heidelberg: Springer-Verlag, 1979).

Edwards, H. M. *Fermat's Last Theorem. A Genetic Introduction to Algebraic Number Theory* (New York: Springer-Verlag, 1977).

代数的整数論の歴史における重要人物の業績への，慎重に作り込まれた入門書. 方法の起源に関するモデル.

Elfving, G. *The History of Mathematics in Finland 1828–1918* (Helsinki: Frenckell, 1981).

Encyclopédie des sciences mathématiques pures et appliquées (Paris: Gauthier-Villars, 1904–1914).

本質的には以下の文献の部分訳. 第一次大戦が勃発したため不完全なまま残された. フランス語版には歴史的資料の引用に重要な追加が含まれている.

Encyklopaedie der mathematischen Wissenschaften (Leipzig: Teubner, 1904–1935; old series 1898–1904).

全般的参考文献

Engel, F., and P. Stäckel. *Die Theorie der Parallellinien von Euklid bis auf Gauss*, 2 vols. in 1 (New York: Johnson Reprint Corp., 1968; reprint of the 1895 ed.).

Eves, H. *An Introduction to the History of Mathematics: With Cultural Connections by J. H. Eves*, 6th ed. (Philadelphia: Saunders, 1990).
特筆すべき成功を収めた教科書.

Folkerts, M., and U. Lindgren, eds. *Mathemata: Festschrift für Helmuth Gericke* (Stuttgart: Franz Steiner, 1985).

Fuss, P. H. *Correspondance mathématique et physique de quelques célèbres géométres du XVIIIème siècle*, 2 vols. (New York: Johnson Reprint Corp., 1968; reprint of the 1843 ed.).

Gillispie, C. C. *Dictionary of Scientific Biography*, 16 vols. (New York: Scribner, 1970–1980).
逝去した科学者についての重要な伝記的文献資料.

Goldstine, H. H. *A History of the Calculus of Variations from the 17th through the 19th Century* (New York: Springer-Verlag, 1977).

——. *A History of Numerical Analysis from the 16th through the 19th Century* (New York: Springer-Verlag, 1977).

Grattan-Guinness, I., ed. *Companion Encyclopedia of the History and Philosophy of the Mathematical Sciences*, 2 vols. (New York: Routledge, 1994).

——. *The Development of the Foundations of Mathematical Analysis from Euler to Riemann* (Cambridge, MA: MIT Press, 1970).

—— ed. *From the Calculus to Set Theory, 1630–1910: An Introductory History* (Princeton, NJ: Princeton University Press, 2000; reprint of the 1980 ed.).
H. J. M. ボス，R. ブン，J. W. ドーベン，T. W. ホーキンス，K. M. ペデルセンによる章とグラッタン=ギネスによるイントロダクション.

——. *The Norton History of the Mathematical Sciences: The Rainbow of Mathematics* (New York: Norton, 1998).

Gray, J. *Ideas of Space: Euclidean, Non-Euclidean, and Relativistic*, 2nd ed. (New York: Oxford University Press, 1989).

——. *Linear Differential Equations and Group Theory from Riemann to Poincaré* (Boston: Birkhäuser, 1985). J.J. グレイ著，関口次郎・室政和訳『リーマンからポアンカレにいたる線型微分方程式と群論』（シュプリンガー・フェアラーク東京，2002）

Green, J., and J. LaDuke. *Pioneering Women in American Mathematics: The Pre-1940 PhD's* (Providence, RI: American Mathematical Society and London, England: London Mathematical Society, 2008).

Gregory, D. F. *Examples of the Processes of the Differential and Integral Calculus*, 2nd ed., edited by W. Walton (Cambridge, UK: Deighton, 1846).
ケンブリッジの学生のための演習書.

Hawking, S. W., ed. *God Created the Integers: The Mathematical Breakthroughs That Changed History* (Philadelphia: Running Press, 2007).
エウクレイデスからテューリングまで 15 人の数学者による 25 の名作. ホーキングによる

解説付き.

Hawkins, T. *Lebesgue's Theory of Integration: Its Origins and Development* (New York: Chelsea, 1975; reprint of the 1970 ed.).

Heath, T. L. *A History of Greek Mathematics*, 2 vols. (New York: Dover, 1981). いまでも標準的なサーベイ. 1921 年版のペーパーバック.

Hill, G. F. *The Development of Arabic Numerals in Europe* (Oxford, UK: Clarendon, 1915).

Hodgkin, L. H. *A History of Mathematics: From Mesopotamia to Modernity* (Oxford, New York: Oxford University Press, 2005). Luke Hodgkin 著・阿部剛久, 竹之内脩訳『数学はいかにして創られたか—古代から現代にいたる歴史的展望』(共立出版, 2010)

Hofmann, J. E. *Geschichte der Mathematik*, 3 vols. (Berlin: Walter de Gruyter, 1953–1963).
手軽なポケットサイズの巻には, 際立って有用な評伝の索引が含まれる. 嘆かわしいことに, 英訳ではこれらの索引が省かれていたが, *The History of Mathematics and Classical Mathematics* というタイトルの 2 巻本 (New York: Philosophical Library, 1956–1959) に収録された.

Howson, G. *A History of Mathematics Education in England* (Cambridge, UK: Cambridge University Press, 1982).

Itard, J., and P. Dedron. *Mathematics and Mathematicians*, 2 vols., trans. J. V. Field (London: Transworld, 1973; reprint from 1959 French ed.).
初等的だが便利. 原典からの抜粋を含む.

Iushkevich, A. P. *Geschichte der Mathematik im Mittelalter* (Leipzig: Teubner, 1964). コールマン, ユシケービッチ著・山内一次, 井関清志訳『数学史 1, 2』(東京図書, 1970, 1971)[独語訳は原書 (露語) の後半部分のみ. 和訳は露語原書の全訳で, 独語訳部分は 2 に相当]
重要かつ権威ある叙述.

James, G., and R. C. James. *Mathematics Dictionary* (Princeton, NJ: D. Van Nostrand, 1976). James and James 著, 一松信・伊藤雄二監訳『数学辞典 (普及版)』(朝倉書店, 2011)
有用ではあるが, Naas や Schmid ほど完全ではない (詳細は後述).

Kaestner, A. G. *Geschichte der Mathematik*, 4 vols. (Hildesheim: Olms, 1970; reprint of the Göttingen 1796–1800 ed.).
ルネサンス期の実用的な数学と科学についてとくに有用.

Karpinski, L. *The History of Arithmetic* (New York: Russell & Russell, 1965; reprint of the Rand McNally 1925 ed.).

Katz, V. J. *History of Mathematics: An Introduction*, 3rd ed. (Boston: Addison-Wesley, 2009). ヴィクター J. カッツ著・上野健爾, 三浦伸夫監訳『カッツ数学の歴史』(共立出版, 2005)[第 2 版の訳]

Katz, V., ed. *The Mathematics of Egypt, Mesopotamia, China, India, and Islam: A Sourcebook* (Princeton, NJ: Princeton University Press, 2007).
イムハウゼン, ロブソン, ドーベン, プロフカー, ベルグレンによる寄稿付き.

全般的参考文献

Kidwell, P. A., A. Ackerberg-Hastings, and D. L. Roberts. *Tools of American Mathematics Teaching, 1800–2000* (Washington, DC: Smithsonian Institution; and Baltimore, MD: Johns Hopkins University Press, 2008).

Kitcher, P. *The Nature of Mathematical Knowledge* (New York: Oxford University Press, 1983).

Klein, F. *Development of Mathematics in the Nineteenth Century*, trans. M. Ackerman (Brookline, MA: Math Sci Press, 1979). クライン著,石井省吾・渡辺弘訳『19世紀の数学』(共立出版, 1995)

レベルの高いサーベイ.著者の死去によって未完のまま残された.

Klein, J. *Greek Mathematical Thought and the Origin of Algebra*, trans. E. Brann (New York: Dover, 1992).

Kline, M. *Mathematical Thought from Ancient to Modern Times* (New York: Oxford University Press, 1972).

19世紀と20世紀初頭の数学に関する,英語では最も詳しい論述.数学指向.

———. *Mathematics in Western Culture* (New York: Oxford, 1953). モリス・クライン著,中山茂訳『数学の文化史』(河出書房新社, 2011)

一般書レベルの魅力的な記述.

Klügel, G. S. *Mathematisches Wörterbuch*, 7 vols. (Leipzig: E. B. Schwickert, 1803–1836).

19世紀初頭における主題の様子を描く.

Kolmogorov, A. N. *Mathematics of the 19th Century: Geometry, Analytic Function Theory* (Basel, Switzerland: Birkhäuser, 1996). A.N. Kolmogorov, A.P. Yushkevich 編,三宅克哉・小林昭七・藤田宏・落合卓四郎監訳『19世紀の数学 1～3』(朝倉書店, 2008–09)

Kramer, E. E. *The Main Stream of Mathematics* (Greenwich, CT: Fawcett, 1964).

———. *The Nature and Growth of Modern Mathematics* (New York: Hawthorn, 1970).

Knorr, W. R. *The Evolution of the Euclidean Elements* (Dordrecht and Boston: D. Reidel, 1975).

Lakatos, I. *Proofs and Refutations. The Logic of Mathematical Discovery* (London: Cambridge University Press, 1976). I. ラカトシュ著,J. ウォラル・E. ザハール編,佐々木力訳『数学的発見の論理—証明と論駁』(共立出版, 1980)

LeLionnais, F., ed. *Great Currents of Mathematical Thought*, 2 vols., trans. R. Hall (New York: Dover, 1971; translation of the 1962 French ed.). F. ル・リヨネ編・村田全監訳『数学思想の流れ 新装版 上・下』(東京図書, 1988)

Loria, G. *Il passato e il presente delle principali teorie geometriche*, 4th ed. (Padua: Ceram, 1931).

———. *Storia delle matematiche*, 3 vols. (Turin: Sten, 1929–1935).

Macfarlane, A. *Lectures on Ten British Mathematicians of the Nineteenth Century* (New York: Wiley, 1916).

四元数の擁護者の1人によって書かれた伝記解説.

Manheim, J. J. *The Genesis of Point Set Topology* (New York: Pergamon, 1964).

28

Marie, M. *Histoire des sciences mathématiques et physiques*, 12 vols. (Paris: Gauthier-Villars, 1883–1888).

体系的な歴史ではなく，年代順に並べられた一連の伝記．各人の主要な研究をリストアップする．

May, K. O. *Bibliography and Research Manual of the History of Mathematics* (Toronto: University of Toronto Press, 1973).

非常に包括的．本参考文献序文のコメントを参照．

Mehrtens, H., H. Bos, and I. Schneider, eds. *Social History of Nineteenth Century Mathematics* (Boston/Basel/Stuttgart: Birkhäuser, 1981).

Merz, J. T. *A History of European Thought in the Nineteenth Century*, 4 vols. (New York: Dover, 1965; paperback reprint of the 1896–1914 British ed.).

19 世紀の思想の潮流の簡潔な紹介．科学と数学を含んでいて有用．

Merzbach, U. C. *Quantity to Structure: Development of Modern Algebraic Concepts from Leibniz to Dedekind* (Cambridge, MA: Harvard University [doctoral thesis], 1964).

ピーコック，グレゴリ，ブールの業績に対する関数の演算子法の役割を指摘した博士論文．デーデキントの背景にある数とガロア理論の役割を強調する．

Meschkowski, H. *Ways of Thought of Great Mathematicians* (San Francisco: Holden-Day, 1964).

Midonick, H. O. *The Treasury of Mathematics* (New York: Philosophical Library, 1965).

有用．ヨーロッパ以外の貢献を重視する．

Montucla, J. E. *Histoire des mathématiques*, 4 vols. (Paris: A. Blanchard, 1960; reprint of 1799–1802 ed.).

とくに数学から科学への応用については今なお非常に有用．

Moritz, R. E. *On Mathematics and Mathematicians* (New York: Dover, n.d.; paperback edition of *Memorabilia mathematica, or The Philomath's Quotation-Book*, published in 1914).

テーマによって整理され索引のついた 2000 以上の引用を含む．

Muir, T. *The Theory of Determinants in the Historical Order of Development*, 4 vols. in 2 (New York: Dover, 1960; paperback reprint of the London 1906–1930 editions).

群を抜いて最も包括的な論述．

Naas, J., and H. L. Schmid. *Mathematisches Wörterbuch* (Berlin: Akademie-Verlag, 1961).

まったく典型的な辞書．きわめて多くの定義と短い伝記を含む．

Nagel, E. "Impossible Numbers," *Studies in the History of Ideas*, **3** (1935), pp. 427–474.

National Council of Teachers of Mathematics. *Historical Topics for the Mathematics Classroom, Thirty-First Yearbook* (Washington, DC: National Council of Teachers of Mathematics, 1969).

三角法に関する E.S. ケネディの論述を含む．

——. *A History of Mathematics Education in the United States and Canada. Thirty-Second Yearbook* (Washington, DC: National Council of Teachers of Mathematics, 1970).

Neugebauer, O. *The Exact Sciences in Antiquity*, 2nd ed. (Providence, RI: Brown University Press, 1957). O. ノイゲバウアー著，矢野道雄・斎藤潔訳『古代の精密科学（新装版）』(恒星社厚生閣，1990)

Newman, J. R., ed. *The World of Mathematics*, 4 vols. (New York: Simon and Schuster, 1956). J. R. ニューマンほか編・林雄一郎訳『数学と論理と』『自然のなかの数学』『空間についての数学』(東京図書，1970)［原書を抄訳・再編したもの］
数学史に関する多くの資料を含む．

Nielsen, N. *Géomètres français sous la revolution* (Copenhagen: Levin & Munksgaard, 1929).

Novy, L. *Origins of Modern Algebra*, trans. J. Tauer (Leyden: Noordhoff; Prague: Academia, 1973).
1770 年から 1870 年までの期間を重視．

O'Connor, John J., and Edmund F. Robertson. The MacTutor History of Mathematics Archive, http://www-history.mcs.st-andrews.ac.uk/index.html, latest updates 2009.
傑出した参考資料．

Ore, O. *Number Theory and Its History* (New York: McGraw-Hill, 1948).

Parshall, K. H., and J. J. Gray, eds. *Episodes in the History of Modern Algebra (1800–1950)* (Providence, RI: American Mathematical Society, 2007).

Phillips, E. R., ed. *Studies in the History of Mathematics* (Washington, DC: Mathematical Association of America, 1987).

Picard, E. *Les sciences mathématiques en France depuis un demi-siècle* (Paris: Gauthier-Villars, 1917).
当事者による興味深い記述．

Poggendorff, J. C., ed. *Biographisch-literarisches Handwörterbuch zur Geschichte der exakten Wissenschaften* (Leipzig: J. A. Barth, et al., 1863ff).
標準的で簡潔な評伝の索引の参考図書．項目は後続の巻で更新される．現在も進行中．

Pont, J.-C. *La topologie algébrique des origines à Poincaré* (Paris: Presses Universitaires de France, 1974).

Prasad, G. *Some Great Mathematicians of the Nineteenth Century*, 2 vols. (Benares: Benares Mathematical Society, 1933–1934).

Read, C. B. "Articles on the History of Mathematics: A Bibliography of Articles Appearing in Six Periodicals," *School Science and Mathematics* 59 (1959): 689–717 (updated [with J. K. Bidwell] in 1976, vol. 76, pp. 477–483, 581–598, 687–703).
入門的な資料についてとくに有用．

Robinson, A. *Non-Standard Analysis* (Amsterdam: North-Holland, 1966).
19 世紀初頭については pp. 269 以降を参照．

Robson, E., and J. Stedall, eds. *The Oxford Handbook of the History of Math-*

ematics (Oxford/New York: Oxford University Press, 2009). Eleanor Robson, Jacqueline Stedall 編，斎藤憲・三浦伸夫・三宅克哉監訳『Oxford 数学史』（共立出版，2014）

Sarton, G. *A History of Science*, 2 vols. (Cambridge, MA: Harvard University Press, 1952–1959).

主にエジプト，メソポタミア，ギリシャの中世以前をカバーする読みやすい古典。

——. *Introduction to the History of Science*, 3 vols. in 5 (Huntington, NY: R. E. Krieger, 1975; reprint of Carnegie Institution 1927–1948 ed.). G. サートン著・平田寛訳『古代中世科学文化史 1〜5』（岩波書店，1951〜1966）［文献を除いた本文のみの訳］

記念碑的な著作．現在でも 1400 年までの科学史・数学史研究のための標準的なツール．

——. *The Study of the History of Mathematics* (New York: Dover, 1957; paperback reprint of 1936 Harvard inaugural lecture).

スリムだが便利なガイド．サートンの *Horus*（New York: Ronald Press, 1952）も参照．

Schaaf, W. L. *A Bibliography of Mathematical Education* (Forest Hills, NY: Stevinus Press, 1941).

1920 年刊の定期刊行物の索引．4000 以上の項目を含む．

——. *A Bibliography of Recreational Mathematics. A Guide to the Literature*, 3rd ed. (Washington, DC: National Council of Teachers of Mathematics, 1970).

書籍や記事への参照を 2000 以上含む．

Scholz, E. *Geschichte des Mannigfaltigkeitsbegriffs von Riemann bis Poincaré* (Boston/Basel/Stuttgart: Birkhäuser, 1980).

ベルトラミ，ベッティ，ブロウエル，ディック，フックス，ヘルムホルツ，ジョルダン，クライン，ケーベ，メビウス，ピカール，ポアンカレ，リーマン，ショットキー，シュワルツに関連した業績のガイド．

Scott, C. A. *Modern Analytical Geometry*, 2nd ed. (New York: G. E. Stechert, 1924).

Scott, J. R. *A History of Mathematics; From Antiquity to the Beginning of the Nineteenth Century* (London: Taylor & Francis; New York: Barnes & Noble, 1969).

イギリスの数学者については良いが，ギリシャ以前の時代については最新ではない．

Selin, Helaine, ed. *Mathematics across Cultures: The History of Non-Western Mathematics* (Dordrecht/Boston: Kluwer Academic 2000).

Smith, D. E. *History of Mathematics*, 2 vols. (New York: Dover, 1958; paperback issue of 1923–1925 ed.). デヴィド・オイゲン・スミス著・今野武雄訳『数學史』（紀元社，1944）［第 1 巻のみの訳］

伝記的な情報や数学の初等的な面についてはいまでも非常に有用．

——. *Sourcebook in Mathematics*, 2 vols. (New York: Dover, 1959; paperback reprint of the 1929 ed.).

有用ではあるが選択は理想からはほど遠く，Struik 1986 の方が望ましい．

——, and J. Ginsburg. *A History of Mathematics in America before 1900* (New York: Arno, 1980; reprint of 1934 ed.).

全般的参考文献

——, and L. C. Karpinski. *The Hindu-Arabic Numerals* (Boston: Ginn, 1911).

Stedall, J. A. *Mathematics Emerging: A Sourcebook 1540–1900* (Oxford/New York: Oxford University Press, 2008).

Stigler, S. M. *The History of Statistics: The Measurement of Uncertainty before 1900* (Cambridge, MA: Belknap Press, 1986).

Struik, D. J. *A Concise History of Mathematics* (New York: Dover, 1987). D. J. ストルイク著・岡邦雄，水津彦雄訳『数学の歴史』（みすず書房，1957）
簡潔で信頼でき，多くの文献をもつ魅力的なサーベイ．

——. *A Sourcebook in Mathematics, 1200–1800* (Princeton, NJ: Princeton University Press, 1986; reprint of 1969 Harvard University Press ed.).
代数，解析，幾何に関して非常に良い．

Suppes, P. J. M. Moravcsik, and H. Mendell. *Ancient & Medieval Traditions in the Exact Sciences: Essays in Memory of Wilbur Knorr* (Stanford, CA: CSLI Publications, 2000).

Suzuki, J. *A History of Mathematics* (Upper Saddle River, NJ: Prentice Hall, 2002).

Szabó, Á. *The Beginnings of Greek Mathematics*, trans. A. M. Ungar (Dordrecht and Boston: Reidel, 1978). アルパッド・サボー著・中村幸四郎，中村清，村田全訳『ギリシア数学の始原』（玉川大学出版部，1978）

Tannery, P. *Mémoires scientifiques*, 13 vols. (Paris: Gauthier-Villars, 1912–1934).
数学史，とくに古代ギリシャと17世紀について，この分野の権威の一人による多くの記事を含む．

Tarwater, J. D., J. T. White, and J. D. Miller, eds. *Men and Institutions in American Mathematics*, Texas Tech University Graduate Studies No. 13 (Lubbock: Texas Tech Press, 1976).
M. ストーン，G. バーコフ，S. ボホナー，D. J. ストルイク，P. S. ジョーンズ，C. アイズリー，A. C. ルイス，R. W. ロビンソンによる200年間にわたる寄稿．

Taylor, E. G. R. *The Mathematical Practitioners of Hanoverian England* (Cambridge, UK: Cambridge University Press, 1966).

——. *The Mathematical Practitioners of Tudor and Stuart England, 1485–1714* (Cambridge, UK: Cambridge University Press, 1954).

Thomas, I., ed. *Selections Illustrating the History of Greek Mathematics*, 2 vols. (Cambridge, MA: Loeb Classical Library, 1939–1941).

Tietze, H. *Famous Problems of Mathematics* (New York: Graylock, 1965).

Todhunter, I. *History of the Calculus of Variations during the Nineteenth Century* (New York: Chelsea, n.d.; reprint of the 1861 ed.).
古いが標準的な著作．

——. *A History of the Mathematical Theories of Attraction and the Figure of the Earth* (New York: Dover, 1962; reprint of 1873 ed.).

——. *A History of the Mathematical Theory of Probability from the Time of Pascal to That of Laplace* (New York: Chelsea, 1949; reprint of the Cambridge 1865 ed.). アイザック・トドハンター原著，安藤洋美訳『確率論史—パスカルから

ラプラスの時代までの数学史の一断面（新装版）』（現代数学社，2017）
徹底した標準的な著作.

——. *A History of the Theory of Elasticity and of the Strength of Materials*, 2 vols. (New York: Dover, 1960).

Toeplitz, O. *The Calculus, a Genetic Approach* (Chicago: University of Chicago Press, 1963).

Tropfke, J. *Geschichte der Elementarmathematik*, 2nd ed., 7 vols. (Berlin and Leipzig: Vereinigung wissenschaftlicher Verleger, 1921–1924).
初等的な分野に関する重要な歴史. いくつかの巻は不完全な第 3 版に収録された.

Truesdell, C. *Essays in the History of Mechanics* (Berlin/Heidelberg: Springer-Verlag, 1968).

Turnbull, H. W. *The Great Mathematicians* (New York: NYU Press, 1969).

Van Brummelen, G. *The Mathematics of the Heavens and the Earth: The Early History of Trigonometry* (Princeton, NJ: Princeton University Press, 2009).

Van Brummelen, G., and M. Kinyon, eds. *Mathematics and the Historian's Craft: The Kenneth O. May Lectures* (New York: Springer, 2005).

van Heijenoort, J. *From Frege to Gödel. A Source Book in Mathematical Logic, 1879–1931* (Cambridge, MA: Harvard University Press, 1967).
数学基礎論に関する著作について，慎重に選択・編集された選集. 40 以上を選出.

Waerden, B. L. van der. *Science Awakening*, trans. Arnold Dresden (New York: Wiley, 1963; paperback version of 1961 ed.). ヴァン・デル・ウァルデン著，村田全・佐藤勝造訳『数学の黎明—オリエントからギリシアへ』（みすず書房，1984）
ギリシャ以前とギリシャ時代の数学の記述. オリジナルの版は非常に魅力的な図版が付け加えられている.

Weil, A. *Number Theory. An Approach through History: From Hammurapi to Legendre* (Boston: Birkhäuser, 1984). アンドレ・ヴェイユ著・足立恒雄，三宅克哉訳『数論—歴史からのアプローチ』（日本評論社，1987）
いくつかの整数論の古典を通した素晴らしいガイド. とくにフェルマとオイラーに関して価値が高い.

Wieleitner, H. *Geschichte der Mathematik*, 2 vols. in 3; vol. 1 by S. Gunther (Leipzig: G. J. Göschen, and W. de Gruyter, 1908–1921).
近代初期についての非常に有用な著作. より簡潔な Göschen 1939 ed と混同しないように.

Wussing, H., with H-W. Alten and H. Wesemuller-Kock. *6000 Jahre Mathematik: eine kulturgeschichtliche Zeitreise*, 2 vols. (Berlin: Springer, 2008–2009).

Zeller, M. C. *The Development of Trigonometry from Regiomontanus to Pitiscus* (Ann Arbor, MI: Edwards, 1946).

Zeuthen, H. G. *Geschichte der Mathematik im XVI. und XVII. Jahrhundert*, edited by R. Meyer, trans. (Leipzig: B. G. Teubner, 1903).
健全でいまでも有用な記述.

人名索引

人名索引

■ア　行

アイヴォリー，ジェームズ　Ivory, James　523

アイゼンシュタイン，フェルディナント・ゴトホルト　Eisenstein, Ferdinand Gotthold　525, 531, 537

アイレンベルグ，サミュエル　Samuel, Eilenberg　657–659

アインシュタイン，アルベルト　Einstein, Albert　640, 649

アヴィケンナ　Avicenna　240 →イブン・シーナー

アヴェロエス　Averroës　355 →イブン・ルシュド

アウトリュコス　Autolycus　81, **96**

アシェット，ジャン＝ニコラ＝ピエール　Hachette, Jean-Nicolas-Pierre　494

アダマール，ジャック　Hadamard, Jacques　530, 645, 655

アッシュバッハー，マイケル　Aschbacher, Michael　673, 674

アッペル，ケネス　Appel, Kenneth　669, 670

アデラード（バスの）　Adelard of Bath　251–253, 260

アナクサゴラス　Anaxagoras　43, 59–61

アーパスタンバ　Āpastamba　206

アピアヌス，ペトルス　Apianus, Petrus　283, 302, 303

アブル・ワファー　Abu'l-Wafā　237, 239, 245

アーベル，ニールス・ヘンリク　Abel, Niels Henrik　490, 520, 523, 525, 536, 538–541, 543, 546, 589, 602

アポロニオス　Apollonius　118, 139, **140–156**, 169, 172, 180, 181, 184, 186, 187, 191, 235, 263, 268, 274, 275, 288, 305, 311, 332, 396, 404, 433, 551

アーメントラウト，スティーヴ　Armentrout, Steve　679

アラゴ，フランソワ　Arago, François　461, 462

アラトス　Aratus　161

アリスタイオス　Aristaeus　141, 142, 186

アリスタルコス　Aristarchus　122, **158–160**, 295

アリストテレス　Aristoteles　2, 8, 41, 44, 46, 61, 63, 68, 70, 72, 81, 91, **96–98**, 100, 104, 120, 142, 173, 189, 190, 221, 226, 230, 236, 244, 245, 263–266, 288, 305, 355

アルガン，ジャン・ロベール　Argand, Jean Robert　516, 578

アルキメデス　Archimedes　58, 78, 87, 88, 117, 119, **120–139**, 141, 143, 144, 147, 156, 157, 159, 168, 172–174, 180–183, 191, 199, 235, 240–242, 262, 263, 265, 269, 271, 274, 275, 285, 305, 318, 322, 326, 327, 332, 334, 335, 340, 344, 404, 429, 476, 531

アルキュタス　Archytas　43, 60, **67–69**, 79, 81, 94

アルクイン（ヨークの）　Alcuin of York　249

アルティン，エミール　Artin, Emil　649, 655

アルハゼン　Alhazen　241, 242, 244 →イブヌル・ハイサム

アールフォルス，ラース V.　Ahlfors, Lars V.　664

アルベルティ，レオン・バティスタ　Alberti, Leon Battista　298, 299

アールヤバタ　Āryabhaṭa　**208–210**, 213, 217, 241

アレクサンドル（ヴィルデュの）　Alexandre de Villedieu　254

アレクサンドロス　Alexandros　63

アレクサンドロフ，パヴェル S.　Aleksandrov, Pavel S.　646, 649

アロンホルト，ジークフリート・ハインリヒ　Aronhold, Siegfried Heinrich　630

アンジェリ，ステファノ・デリ　Angeli, Stefano degli　400, 458

アンダーソン，アレクサンダー　Anderson, Alexander　400

アンテミオス（トラッレスの）　Anthemius of Tralles　191

アンドワイエ　Andoyer　331

アンペール，アンドレ＝マリ　Ampère, André-Marie　523, 598

イアフ・メス　'I'ḥ-ms　9

イシドルス（セビリヤの）　Isidoro de Sevilla　249, 250

イシドロス（ミレトスの）　Isidorus Miletus　191, 248

イブン・シーナー　Ibn Sīnā　240 →アヴィケンナ

イブン・トゥルク，アブドゥル・ハミード　'Abd al-Ḥamīd ibn Turk　**234–235**

イブン・ユーヌス　Ibn Yūnus　313

イブン・ルシュド　Ibn Rushd　355 →アヴェロエス

34

ヴァイエルシュトラース，カルル　Weierstrass, Karl　519, 591, 598, **601–604**, 605, 607, 609–611, 615, 632

ヴァイル，ヘルマン　Weyl, Hermann　646, 650, 655

ヴァラーハミヒラ　Varāhamihira　207

ヴァリニョン，ピエール　Varignon, Pierre　**454–456**

ヴァレ＝プーサン，C. J. ド・ラ　Vallée-Poussin, C. J. de la　530, 666

ヴァンディヴァー，H. A.　Vandiver, H. A.　675

ヴァンデルモンド，アレクサンドル＝テオフィル　Vandermonde, Alexandre-Théophile　514

ヴィエト，フランソワ　Viète, François　**306–307**, 308–312, 314, 315, 320, 351, 397, 400, 406, 420, 441, 450, 452, 465

ヴィトマン，ヨハネス　Widman, Johannes　283

ウィトルウィウス　Vitruvius　156

ウィーナー，ノーバート　Wiener, Norbert　662, 663

ヴィーナー，H.　Wiener, H.　634

ウィルソン，ジョン　Wilson, John　475

ヴィレム（ムールベクの）　Williem, van Moerbeke　262, 263, 285

ウィンゲイト，エドモンド　Wingate, Edmund　329

ウェアリング，エドワード　Waring, Edward　475, 490, 520

ヴェイユ，アンドレ　Weil, André　629, 656, 660, 675, 682

ウェダーバーン，J. H. M.　Wedderburn, J. H. M.　648, 649

ヴェッセル，キャスパール　Wessel, Caspar　516, 536, 578

ヴェーバー，ヴィルヘルム・エデュアルト　Weber, Wilhelm Eduard　537, 597, 598, 628, 632

ヴェーバー，ハインリヒ　Weber, Heinrich　589, 591, 629, 632

ヴェブレン，オズワルド　Veblen, Oswald　667

ウェルナー，ヨハネス　Werner, Johannes　297–299, 305, 313

ウェルネ，ベンジャミン　Werner, Benjamin　671

ウォリス，ジョン　Wallis, John　245, 379, 392, **395–400**, 403–406, 408, 409, 421, 443, 447, 463, 472, 611

ヴォルテール　Voltaire　482, 486

ウマル・ハイヤーミー　'Umar al-Khayyāmī　242 →オマル・ハイヤーム

ウリゾーン，パヴェル　Uryson, Pavel　646

エアリー，ジョージ・ビドル　Airy, G. B.　601

エウクレイデス（アレクサンドリアの）　Euclides Alexandrinus　47, 49, 50, 62, 74–76, 81, 83, 86, 89, **99–118**, 120, 133, 140, 142, 148, 161, 162, 167, 172, 173, 176, 177, 180, 181, 184, 186, 187, 189, 191, 206, 208, 226, 232, 235, 240, 243, 244, 252, 257–261, 264, 265, 270, 274, 277, 282, 305, 308, 326, 404, 406, 433, 454, 455, 459, 464, 474, 478, 491, 499, 500, 506, 509, 530, 534, 547, 550, 565, 618, 634

エウクレイデス（メガラの）　Euclides Megarensis　99

エウデモス　Eudemus　44, 53, 62, 63, 188, 190

エウトキオス　Eutocius　94, 130, 191, 235

エウドクソス　Eudoxus　62, 81, **86–88**, 89–91, 96, 111, 117, 125, 136, 141, 142, 159, 168, 172, 464

エディントン，A. S.　Eddington, A. S.　650

エラトステネス　Eratosthenes　94, 134, **157–158**, 160, 170, 186

エルミート，シャルル　Hermite, Charles　604, 616, 619, 620, 624, 631, 641, 653

エーレスマン，シャルル　Ehresmann, Charles　657

エンゲル，フリートリヒ　Engel, F.　581

エンリケス，フェデリゴ　Enriques, Federigo　569, 660

オイラー，レオンハルト　Euler, Leonhard　118, 348, 369, 399, 426, 430, 441, 447, 460, **461–479**, 482, 483, 485, 486, 489, 493, 505, 507–509, 516, 520, 521, 528, 531, 533–535, 538, 539, 550, 562, 585, 597, 620, 623, 626, 674

オスグッド，W. F.　Osgood, W. F.　639

オストログラツキー，ミハイル・ヴァシーリエヴィチ　Ostrogradsky, Mikhail Vasilievich　511, 525

オトー，ファレンティン　Otho, Valentin　297, 316

オートレッド，ウィリアム　Oughtred, William　311, 317, 329, 349, 395, 406

オマル・ハイヤーム　Omar Khayyam　203, 224, **242–243**, 244, 281, 285, 348 →ウマル・ハイヤーミー

オーム，マルティン　Ohm, Martin　604

オリヴィエ，テオドール　Olivier, Theodore　547

オルデンバーグ，ヘンリー　Oldenburg, Henry　408, 409, 413, 415, 434, 437, 453, 466

オルバース，ハインリヒ・ヴィルヘルム　Olbers, Heinrich Wilhelm　533

オレーム, ニコル　Oresme, Nicole　264, **265-266**, 267-269, 272, 320, 334, 337, 340, 345, 397, 444

カ　行

カヴァリエーリ, ボナヴェントゥーラ　Cavalieri, Bonaventura　336, **340-343**, 364, 396, 399, 402, 404, 405, 446

ガウス, カルル・フリートリヒ　Gauss, Carl Friedrich　508, 514, 519, 520, 522, 523, **526-546**, 553, 555, 559, 560, 568, 578, 583, 590, 596, 599, 601, 606, 620, 623, 635, 637, 649

カガン, W. F.　Kagan, W. F.　637

カサーリ, ジョヴァンニ・ディ　Cosali, Giovanni di　267

カーシー, ジャムシード　Jamshīd al-Kāshī　204, **245-247**, 291

カステルヌオーヴォ, グイド　Castelnuovo, Guido　569, 660

ガスリー, フランシス　Guthrie, Francis　665, 666

カタルディ, ピエトロ・アントニオ　Cataldi, Pietro Antonio　403

カッシオドルス　Cassiodorus　248, 249

カーツヤーヤナ　Kātyāyana　206

カーマイケル, R. D.　Carmichael, R. D.　650

カラジー　al-Karajī　237, 240

ガリレイ, ガリレオ　Galilei, Galileo　267, 268, 317, 318, 326, 327, 332, 337, 338, 340, 344, 345, 406, 415, 450, 519, 608, 610

カルダーノ, ジェロラモ　Cardano, Geroramo [Geronimo]　245, 285-292, 296, 376, 420, 452, 465

カルタン, アンリ　Cartan, Henri　656, 658

カルタン, エリー　Cartan, Elie　648, 650, 651, 672

カルティエ, ピエール　Cartier, Pierre　658

カルノー, サディ　Carnot, Sadi　497

カルノー, ラザール　Carnot, Lazare　480, 485, **497-502**, 506, 509, 510, 547-549, 571

ガロア, エヴァリスト　Galois, Évariste　490, 542-546, 589, 620, 624

ガンター, エドマンド　Gunter, Edmund　317, 328

カント, イマヌエル　Kant, Immanuel　504, 629, 634

カントル, ゲオルク　Cantor, Georg　265, 576, 592, 604, 608, **610-616**, 626, 627, 634, 641, 646, 647

カンパヌス, ヨハンネス　Campanus, Johannes　**260-261**, 265, 278

ギブズ, ジョサイア・ウィラード　Gibbs, Josiah Willard　582, 651

キャロル, ルイス　Carroll, Lewis　588　→ドジソン, C. L.

ギュルダン, パウル　Guldin, Paul　187

キリンク, ヴィルヘルム　Killing, Wilhelm　672

キール, ジョン　Keill, John　422

キルヒホフ, グスタフ　Kirchhoff, Gustav　599

キンディー　al-Kindī　226

クザーヌス, ニコラウス　Cusanus, Nicholas　**271**

グーデルマン, クリストフ　Gudermann, Christoph　601

クライン, フェリクス　Klein, Felix　547, 564, **565-568**, 581, 596, 605, 630-632, 640

クラヴィウス, クリストファー　Clavius, Christopher　321, 346

クラーゲット, マーシャル　Clagett, Marshall　267

グラスマン, ヘルマン　Grassmann, Hermann　**580-582**, 584

倉西正武　651

クラメール, ガブリエル　Cramer, Gabriel　427, 430, 431, 486

グランディ, グイド　Grandi, Guido　459, 460

クーラント, リヒャルト　Courant, Richard　655

クリスティーナ (スウェーデン女王)　Queen Christina of Sweden　359

クリストフェル, エルウィン・ブルーノ　Christoffel, Elwin Bruno　649

グリーソン, アンドリュー　Gleason, Andrew　638

クーリッジ, ジュリアン・ロウウェル　Coolidge, Julian Lowell　550

クリフォード, ウィリアム・キングドン　Clifford, William Kingdon　582, 588

グリーン, ジョージ　Green, George　523, 525, 600

グルサ, エドゥアール　Goursat, Édouard　521, 616

クルル, ヴォルフガンク　Krull, Wolfgang　648

グレゴリ, D. F.　Gregory, D. F.　571

グレゴリ, ジェイムズ　Gregory, James　223, **400-402**, 403-405, 407, 410-413, 421, 428, 432, 437, 440, 450, 572

グレゴリ, デイヴィッド　Gregory, David　400

グレゴワール (サン・ヴァンサンの)　Gregoire de St.Vincent　**366-367**, 402, 405

クレプシュ, アルフレッド　Clebsch, Alfred

568, 569, 628, 630
クレモナ, ルイージ　Cremona, Luigi　553
クレレ, アウグスト・レオポルト　Crelle, August Leopold　513, 536, 539
クレロー, アレクシス・クロード　Clairaut, Alexis Claude　456, 457, 476, 493, 535
クレローの弟　457
グロステスト, ロバート　Grosseteste, Robert　262
グロタンディーク, アレクサンドル　Grothendieck, Alexander　658, 660
グローテフェント, F. W.　Grotefend, F. W.　22
クロネカー, レオポルト　Kronecker, Leopold　589, 610, **615–616**, 620
クーロン, ジャン　Coulomb, Jean　657
クンマー, エルンスト・エドゥアルト　Kummer, Ernst Eduard　589–591, 615, 675

ケイリー, アーサー　Cayley, Arthur　495, 553, 558, 564, 569, **582–587**, 630, 666
ゲーデル, クルト　Gödel, Kurt　635, 636, 655
ケプラー, ヨハネス　Kepler, Johannes　48, 117, 317, 329, **332–336**, 340, 372, 406, 549, 556
ゲラルド（クレモナの）　Gerardus Cremonensis　252, 263
ケルヴィン卿　Lord Kelvin　511, 525, 552, 600 →トムソン, ウィリアム
ゲルション, レヴィ・ベン　Gerson, Levi ben **270–271** →ゲルソニデス
ゲルソニデス　Gersonides　270 →ゲルション, レヴィ・ベン
ゲルフォント, アレクサンドル・オシポヴィチ　Gelfond, Aleksander Osipovich　638
ケンプ, アルフレド・ブレイ　Kempe, Alfred Bray　666, 667

コウツ, ロジャー　Cotes, Roger　**425–426**, 456, 465, 588
コウルリジ, サミュエル・テイラー　Coleridge, Samuel Taylor　577
コーエン, ポール　Cohen, Paul　635
コーシー, オーギュスタン＝ルイ　Cauchy, Augustin-Louis　**513–522**, 523, 539, 540, 542, 543, 546, 549, 558, 585, 601, 602, 605–607, 611, 617, 625, 634, 645
コシュル, ジャン＝ルイ　Koszul, Jean-Louis　657
コーツ, ジョン　Coates, John　676
ゴドマン, ロジェ　Godemont, Roger　657
コノン　Conon　124
コペルニクス, ニコラス　Copernicus,

Nicholas　169, 245, 294–296, 302, 337, 381
コホ, ヘルゲ・フォン　Koch, Helge von　645
コリンズ, ジョン　Collins, John　400, 413, 414, 434
コールキン, A. N.　Korkin, A. N.　653
ゴルダン, パウル　Gordan, Paul　568, 631
ゴルトバハ, クリスティアン　Goldbach, Christian　463, 470, 474
ゴールトン, フランシス　Galton, Francis　651
コルマール, シャルル・グザヴィエ・トマ・ド　Colmar, Charles X. Thomas of　330
コルモゴロフ, アンドレイ・ニコラヴィチ　Kolmogorov, A. N.　646, 652
ゴレニシェフ, ウラジーミル　Golenishchev Vladimir　9
ゴレンスタイン, ダニエル　Gorenstein, Daniel　673, 674
コワレフスカヤ, ソフィア　Kovalevskaya, Sofia　521, 604 →コワレフスキー, ソーニア
コワレフスキー, ソーニア　Kowalewski, Sonia　521 →コワレフスカヤ, ソフィア
ゴンティエ, ジョルジュ　Gonthier, Georges　671
コンドルセ, マリー・ジャン・アントワーヌ・ニコラ・ド・カリタ　Condorcet, Marie Jean Antoine Nicolas de Caritat　480, 481, **486–487**
コンマンディーノ, フェデリコ　Commandino, Federigo　305, 306

■ サ　行

ザイデル, P. L. V.　Seidel, P. L. V.　602
サクロボスコ　Sacrobosco　254 →ジョン（ハリファックスの）
サーストン, ウィリアム　Thurston, William　679
サックス, スタニスワフ　Saks, Stanisław　655
サッケーリ, ジロラモ　Saccheri, Girolamo　245, 459, 477, 478, 559, 563
サービト・イブン・クッラ　Thābit ibn Qurra　142, 226, **235–237**, 239, 252
サミュエル, ピエール　Samuel, Pierre　657
サモン, ジョージ　Salmon, George　577
ザリスキ, オスカー　Zariski, Oscar　660
サンダーズ, ダニエル P.　Sanders, Daniel P.　670, 671

ジェヴォンズ, ウィリアム・スタンリー　Jevons, W. S.　576
ジェラード, G. B.　Jerrard, G. B.　452
シェリンク, エルンスト・クリスティアン・ユリ

人名索引

ウス Schering, Ernst Christian Julius 604
ジェルゴンヌ，ジョゼフ＝ディアス Gergonne, Joseph-Diaz 536, 554, 555, 557
シェルピンスキ，ヴァツワフ Sierpinski, Wacław 647
ジェルベール（オーリヤックの） Gerbert (d'Aurillac) **249–251**
ジェルマン，ソフィ Germain, Sophie 511, 532, 674 →ルブラン
シッカート，ヴィルヘルム Schickard, Wilhelm 329
ジッピン，レオ Zippin, Leo 638
シムソン，ロバート Simson, Robert 432, 433, 475
志村五郎 675
シーモア，ポール Seymour, Paul 670, 671
シャール，ミシェル Chasles, Michel 548, 551
シャンポリオン，ジャン＝フランソワ Champollion, Jean-François 8–10
朱世傑 201, 202
シューア，イサイ Schur, Issai 653
シュヴァルツ，ローラン Schwartz, Laurent 652, 657
シュヴァルツ，H. A. Schwarz, H. A. 603
シュヴァレー，クロード Chevalley, Claude 637, 657
シュウツ父子 Scheutz, Georg and his son Edvard 331
シュケ，ニコラ Chuquet, Nicolas 277–280, 282, 293
シュタイナー，ヤコブ Steiner, Jakob **551–553**, 554, 558, 615
シュタイニツ，エルンスト Steinitz, Ernst 648
シュタウト，K. G. C. フォン Staudt, K. G. C. von **553**
シュティーフェル，ミヒャエル Stifel, Michael 283–285, 294, 307, 308
シュテルン，モーリツ Stern, Moritz 596
シューベルト，ヘルマン Schubert, Hermann 638
シュミット，エルハルト Schmidt, Erhard 639
シュレーダー，エルンスト Schröder, E. 576
ジョウンズ，ウィリアム Jones, William 463
ジョルダン，カミーユ Jordan, Camille 617, 641
ジョン（ハリファックスの） John of Halifax 254 →サクロボスコ
ジラール，アルベール Girard, Albert 310, 320, 420, 482
シルヴェスター，ジェームズ・ジョーゼフ Sylvester, James Joseph 582, **585–587**, 630

秦九韶 201
シンプソン，トマス Simpson, Thomas 432
シンプリキオス Simplicius 63, 189–191

鈴木通夫 673
スターリング，ジェイムズ Stirling, James 424, **426–427**
スツルム，ジャン＝ジャック＝フランソワ Sturm, Jean-Jacques-François 511, 616–618
スティルチェス，トーマス＝ヨアネス Stieltjes, T.-J. 601, 644
ステヴィン，シモン Stevin, Simon 318–320, **332**, 397
ストウクス，ジョージ・ガブリエル Stokes, George Gabriel 521, 600–602
ストルイク，ダーク Struik, Dirk 650
スネル，ヴィレブロルト Snell, Willebrord 349
スパイデル，ジョン Speidell, John 325
スペウシッポス Speusippus 54
スホウテン，J. A. Schouten, J. A. 650
スホーテン，フランス・ファン Schooten, Frans van **383–384**, 385, 393, 406
スミス，スティーヴ Smith, Steve 674
スメイル，スティーヴン Smale, Stephen 679
スリューズ，ルネ・フランソワ・ド Sluse, René François de **386–387**, 404, 414
スワインズヘッド，リチャード Swineshead, Richard 269

セヴェリ，フランチェスコ Severi, Francesco 569, 660
ゼノドロス Zenodorus 184
ゼノン Zeno 43, 59, 68, 72, 74, 78, 79, 97, 610
セーボーフト，セウェロス Sēbōkht, Severus 211, 212, 232
セール，ジャン＝ピエール Serre, Jean-Pierre 657, 660, 675
セルヴォア，フランソワ＝ジョセフ Servois, François-Joseph 571, 572
セレ，ジョセフ・アルフレッド Serret, Joseph Alfred 617

祖暅之 199
祖沖之 199
ソイテン，H. G. Zeuthen, H. G. 569
ゾロタリョフ，イーゴリ Zolotarev, Egor 653
ソーンダソン，ニコラス Saunderson, Nicholas 432

38

タ 行

ダーウィン, ジョージ H. Darwin, George H. 626

ダーウィン, チャールズ Darwin, Charles 626

ダグラス, ジェス Douglas, Jesse 664

谷山豊 675

ダランベール, ジャン・ル・ロン d'Alembert, Jean Le Rond 433, 461, 469, 471–473, 475, 476, 480, **482–484**, 485, 486, 489, 516, 520, 562

タルスキ, アルフレト Tarski, Alfred 655

タルターリャ, ニコロ Tartaglia, Niccolò 285–287, 291, 305

ダルブー, ガストン Darboux, Gaston 650

タレス Thales 39, 42, **43–45**, 60, 61, 74, 162, 167

タレーラン Talleyrand 481

ダンジョワ, アルノー Denjoy, Arnaud 644

タンヌリ, ジュール Tannery, Jules 617, 642

チェヴァ, ジョヴァンニ Ceva, Giovanni 458

チェビシェフ, パフヌーティー・リヴォーヴィチ Chebyshev, Pafnuty Lvovich 472, 529, 651, 653

チャーチ, アロンゾ Church, A. 663

チルンハウス, エーレンフリート・ヴァルター・フォン Tschirnhaus, Ehrenfried Walter von 452, 453

ツェルメロ, エルンスト Zermelo, Ernst 635, 662

デ・ウィット, ヤン de Witt, Jan **384–385**, 395, 396

テアイテトス Theaetetus 81, 82, 91, 117, 464

ディオファントス Diophantus 58, **176–180**, 185, 187, 190, 192, 223, 228, 239, 240, 257, 258, 275, 320

ディクスミエ, ジャック Dixmier, Jacques 657

ディクソン, レオナード・ユージーン Dickson, Leonard Eugene 648

テイト, ジョン Tate, John 658

テイト, ピーター・ガスリー Tait, Peter Guthrie 599, 600, 666–668

ディドロ, ドゥニ Diderot, Denis 482, 486

ディノストラトス Dinostratus 81, 91, **94–96**

ティマイオス Timaeus 81

テイラー, R. Taylor, R. 677

テイラー, ブルック Taylor, Brook 401, 428, 429, 450

ディリクレ, ペーター・グスタフ・ルジューヌ Dirichlet, Peter Gustav Lejeune 511–513, 521, 523, 525, 530, 532, 546, 563, 590, 591, 596–598, 602, 606, 610, 615, 617, 630, 674

テオドロス Theodorus 81, 83, 91

テオン Theon 100, 118, 161, 187

デカルト, ルネ Descartes, René 118, 149, 185, 186, 306, 309, 344, 345, **346–359**, 360, 364, 383, 390, 395, 397, 401, 416, 420, 438, 441, 456, 465, 492, 556, 558

デザルグ, ジラール Desargues, Girard 334, 346, **372–374**, 375, 549, 551, 556, 581

デーデキント, J. W. リヒャルト Dedekind, J. W. Richard 589–591, 596, 604, **608–610**, 611, 614, 615, 628, 629, 632

デモクリトス Democritus 43, 59, **77–79**, 134, 136

デュ・ボア=レーモン, ポール Reymond, Paul Du Bois- 598

デュドネ, ジャン Dieudonné, Jean 622, 656, 657

デュパン, シャルル Dupin, Charles 547

デュブリュイ, ポール Dubreil, Paul 657

デューラー, アルブレヒト Dürer, Albrecht 297, 299–302

テューリング, アラン Turing, Alan 663

デラメイン, リチャード Delamain, Richard 329

デルサルト, ジャン Delsarte, Jean 657

デーン, マクス Dehn, Max 637

ド・ボーヌ, フロリモン Debeaune, Florimond 367, 383

ド・モアヴル, アブラーム De Moivre, Abraham **422–425**, 426, 430, 456, 465

ド・モルガン, オーガスタス De Morgan, Augustus 255, 571–574, **576–577**, 582, 583, 665, 666

ド・ラ・ロシュ, エティエンヌ de la Roche, Etienne 279, 293

トゥーシー, ナシールッディーン Nasīr al-Dīn al-Tūsī **244–245**, 276, 381, 459

ドジソン, C. L. Dodgson, C. L. 588 → キャロル, ルイス

トマス, ロビン Thomas, Robin 670, 671

トムソン, ウィリアム Thomson, William 552, 599, 600 →ケルヴィン卿

デュイエ, ニコラ・ファティオ・ド Duillier, Nicolas Fatio de 421

ドランブル, J. B. J. Delambre, J. B. J. 533

トリチェリ, エヴァンジェリスタ Torricelli, Evangelista **343–345**, 355, 371, 379, 400, 404, 412

人名索引

ドリーニュ，ピエール　Deligne, Pierre　661
トンプソン，ジョン　Thompson, John　673

■ ナ 行

ナッシュ，ジョン・フォーブス　Nash, John Forbes　662
ナポレオン I 世　Napoleon I　480
ニーウェンタイト，ベルナード　Nieuwentijt, Bernard　453
ニコマコス　Nicomachus　**175–176**, 189, 192, 259
ニューソン，メアリー・ウィンストン　Newson, Mary Winston　634
ニュートン，アイザック　Newton, Isaac　26, 141, 149, 150, 223, 332, 348, 352, 392, 395, 400–405, **406–422**, 425, 429, 430, 433, 435, 437, 439, 441, 443, 446, 447, 458, 463, 464, 466, 473, 483, 501, 503, 505, 519, 524, 531, 534, 578, 596, 676
ニール，ウィリアム　Neil, William　392, 398

ネイピア，ジョン　Napier, John　314, 317, 321–323, 325, 326, 331, 402
ネイマン，イェジ　Neyman, Jerzy　655
ネスビット，C. J.　Nesbitt, C. J.　672
ネーター，エミー　Noether, Emmy　591, 640, 648, 649, 655
ネーター，マクス　Noether, Max　569, 640
ネモラリウス，ヨルダヌス　Nemorarius, Jordanus　**259–260**, 261, 286, 308, 318, 374

ノイゲバウアー，オトー　Neugebauer, Otto　29, 655
ノイマン，カルル　Neumann, Carl　568
ノイマン，フランツ　Neumann, Franz　568, 598
ノルトハイム，L.　Nordheim, L.　640

■ ハ 行

バイアリー，ウィリアム・エルウッド　Byerly, William Elwood　618
ハイサム，イブヌル　Ibn al-Haytham　241 → アルハゼン
ハイネ，H. エドゥアルト　Heine, H. E.　602, 604, 608, 617, 643
ハイベア，J. L.　Heiberg, J. L.　137
ハウスドルフ，フェリクス　Hausdorff, Felix　646, 647, 655
バウダーヤナ　Baudhāyana　206
パキュメレス，ゲオルギオス　Pachymeres, Georgios　192
バークリー，ジョージ　Berkeley, George　429
ハーケン，ヴォルフガンク　Haken, Wolfgang　669, 670
バーコフ，ジョージ・デイヴィド　Birkhoff, George David　618, 650, 667, 668
バシェ，クロード・ガスパール・ド　Bachet, Claude Gaspard de　367
ハーシェル，ジョン F. W.　Herschel, John F. W.　524, 572
パース，ジェームズ・ミルズ　Peirce, James Mills　618
パース，チャールズ・サンダース　Peirce, Charles S.　576, 584, 587, 588, 593, 665, 666
パース，ベンジャミン　Peirce, Benjamin　584, 587, 588
パース，ベンジャミン・オスグッド　Peirce, Benjamin Osgood　618
バースカラ　Bhāskara　**220–223**
パスカル，エティエンヌ　Pascal, Étienne　374
パスカル，ブレーズ　Pascal, Blaise　329, 337, 346, **374–380**, 387, 397, 398, 434, 436, 447, 456, 548
ハセ，ヘルムート　Hasse, Helmut　649
パチョーリ，ルカ　Pacioli, Luca　279–282, 285, 300
パッポス　Pappus　94, 132, 139–141, 149, 153, 156, 176, **180–186**, 188, 189, 236, 263, 279, 305, 308, 311, 352–354, 373
ハーディ，G. H.　Hardy, G. H.　654
バナハ，ステファン　Banach, Stefan　652
バヌー・ムーサー　Banū Mūsā　226
バベッジ，チャールズ　Babbage, Charles　331, 524, 636
ハミルトン，ウィリアム　Hamilton, William　572
ハミルトン，ウィリアム・ロウアン　Hamilton, William Rowan　572, **577–580**, 582, 584, 587, 599, 606, 666, 680
ハミルトン，リチャード　Hamilton, Richard　679
ハメル，G.　Hamel, G.　637
ハリー，エドモンド　Halley, Edmund　139, 142, 416, 417, 422, 429
ハリオット，トーマス　Harriot, Thomas　285, 308, 310, 397, 536
ハール，アルフレッド　Haar, Alfred　644
パルメニデス　Parmenides　71
バロウ，アイザック　Barrow, Isaac　395, 403–406, 411–413, 434, 436, 443, 444
ハンケル，ヘルマン　Hankel, Hermann　581, 582, 606, 609
バーンサイド，ウィリアム　Burnside, William　672
パンルヴェ，ポール　Painlevé, Paul　625, 629, 642

40

ピアソン, カール　Pearson, Karl　651
ピアッツィ, ジュゼッペ　Piazzi, Giuseppe　532
ヒーウッド, パーシー・ジョン　Heawood, Percy John　666, 667
ビオ, ジャン=バティスト　Biot, Jean-Baptiste　495, 506, 547
ピカール, エミール　Picard, Émile　569, 625
ピーコック, ジョージ　Peacock, George　524, 570, 571, 573, 576, 581, 583, 592
ヒーシュ, ハインリヒ　Heesch, Heinrich　668, 670
ヒース, トーマス・リトル　Heath, Thomas Little　108
ヒッパソス　Hippasus　43, 69, 70, 74, 79, 636
ヒッパルコス　Hipparchus　**160–161**, 162, 164, 166, 168–170, 174
ヒッピアス　Hippias　43, **65–67**, 79
ピティスクス, バルトロメウス　Pitiscus, Bartholomaeus　316
ヒポクラテス　Hippocrates　43, 61–64, 79, 86, 89, 91, 111, 160, 190
ピュイサン, ルイ　Puissant, Louis　495
ピュイズー, ヴィクトル　Puiseux, Victor　617
ピュタゴラス　Pythagoras　42, **43–55**, 59, 67, 71, 81, 175, 176
ヒュパティア　Hypatia　176, 187, 189
ヒュプシクレス　Hypsicles　118, 161
ビュルギ, ヨースト　Bürgi, Jobst　317, 320, **325–326**, 327
ヒル, ジョージ・ウィリアム　Hill, George William　601
ビールーニー　al-Bīrūnī　132, 207, 210, 240, 241
ヒルベルト, ダーフィト　Hilbert, David　616, **629–640**, 645, 655, 682
ピロラオス　Philolaus　51, 52, 54, **67–69**
ビング, R. H.　Bing, R. H.　679

ファウラー, K. A.　Fowler, K. A.　673
ファニャーノ, G. C.　Fagnano, G. C.　458
プファフ, ヨハン・フリートリヒ　Pfaff, Johann Friedrich　528
ファン（セビリヤの）　Johannes Hispalensis　252, 253
ファン・デル・ヴェルデン, B. L.　van der Waerden, B. L.　649, 660
フィオル, アントニオ・マリア　Fior, Antonio Maria　286
フィシャー, エルンスト　Fischer, Ernst　645
フィディアス　Phidias　159
フィボナッチ　Fibonacci　254, **255–259**, 262, 272, 277, 278 →レオナルド（ピサの）

フィールズ, ジョン・チャールズ　Fields, John Charles　663, 664
フィロポノス, ヨハネス　Philoponus, Johannes　192, 263, 264
フィンク, トーマス　Finck, Thomas　312
フェイト, ウォルター　Feit, Walter　673
フェッロ, シピオーネ・デル　Ferro, Scipione del　286
フェラー, ウィリアム　Feller, William　655
フェラーリ, ルドヴィーコ　Ferrari, Ludovico　285, 288, 290
フェルマ, ピエール・ド　Fermat, Pierre de　180, 344–346, 358, 360–363, 366–368, 376, 377, 390, 392, 396, 397, 399, 404–406, 412, 465, 473, 474, 490, 492, 531, 542, 558, 674–677
フォイエルバハ, カルル・ヴィルヘルム　Feuerbach, Karl Wilhelm　550, 555
フォン・ノイマン, ジョン　von Neumann, John　637, 640, 661–663
フォンタナ, ニコロ　Fontana, Niccolò　287
フクス, ラザラス　Fuchs, Lazarus　603, 629
ブーケ, ジャン=クロード　Bouquet, Jean-Claude　521, 603, 616, 625
プセロス, ミカエル　Psellus, Michael　192
フック, ロバート　Hooke, Robert　406, 415
フッデ, ヤン　Hudde, Johann　**385–386**, 387, 402, 414
フッド, トーマス　Hood, Thomas　326
プトレマイオス　Ptolemaeus, Claudius　58, 142, 150, 161, 163–171, 174, 176, 181, 187, 189, 199, 208, 209, 213, 218, 225, 226, 235, 236, 239, 245, 252, 270, 271, 274–276, 300, 302, 337
フュエター, R.　Fueter, R.　633
フライ, ゲルハルト　Frey, Gerhard　675
ブラウアー, リヒャルト　Brauer, Richard　649, 655, 672
ブラーエ, ティコ　Brahe, Tycho　314, 322, 335
ブラドワディーン, トーマス　Bradwardine, Thomas　**264–265**, 272, 293
プラトン　Plato　54, 65–67, 69, 80–85, 90, 96, 104, 126, 157, 168, 173, 181, 189, 190, 492
プラトン（ティヴォリの）　Platone da Tivoli　252, 253
プラヌデス, マクシモス　Planudes, Maximus　192
ブラフマグプタ　Brahmagupta　**217–220**, 221, 222, 228, 230
ブランカー, ウィリアム　Brouncker, William　**402–403**
フランクリン, フィリップ　Franklin, Philip　668

人名索引

フランチェスカ, ピエロ・デッラ　Francesca, Piero della　299
ブリアンション, シャルル・ジュール　Brianchon, Charles Jules　548, 550
フーリエ, J.-B. ジョゼフ　Fourier, J.-B.　**510–513**, 522, 543, 598, 600
ブリオ, シャルル　Briot, Charles　521, 603, 616, 625
ブリッグズ, ヘンリー　Briggs, Henry　317, **324–325**, 328, 331, 395, 402
フリードマン, マイケル　Freedman, Michael　679
ブリュア, フランソワ　Bruhat, François　658
プリュッカー, ユリウス　Plücker, Julius　428, 554–558, 564, 596
ブリング, E. S.　Bring, E. S.　452
ブール, ジョージ　Boole, George　**572–576**, 588, 630, 636
フルヴィツ, アドルフ　Hurwitz, Adolf　630, 634
フルヴィツ, アレクサンダー　Hurwitz, Alexander　629
ブルバキ, ニコラ　Bourbaki, Nicolas　**656–658**, 661
ブルーメンタール, オトー　Blumenthal, Otto　655
フレーゲ, F. L. G.　Frege, F. L. G.　592, 593, 636
フレシェ, モーリス　Fréchet, Maurice　644, 645, 652
フレドホルム, イヴァル　Fredholm, Ivar　639, 645
フレンケル, アドルフ　Fraenkel, A.　648, 662
ブロウエル, L. E. J.　Brouwer, L. E. J.　616, 637, 646, 649
プロクロス　Proclus　44, 53, 65, 81, 91, 94, 99, 103, 112, 157, 175, **188**, 192
フロベニウス, ゲオルク　Frobenius, G.　603, 648, 653, 654
フワーリズミー, ムハンマド・イブン・ムーサー　Moḥammed ibn Mūsā al-Khwārizmī　226, **227–234**, 235, 239, 240, 242, 252, 253, 255, 260, 277, 281, 283, 289, 349, 465
フンボルト, アレクサンダー・フォン　Humboldt, Alexander von　525, 546
フンボルト, ヴィルヘルム・フォン　Humboldt, Wilhelm von　525

ペアーノ, ジュゼッペ　Peano, Giuseppe　593, 594
ベイカー, アラン　Baker, Alan　638
ベイコン, フランシス　Bacon, Francis　317
ベイコン, ロジャー　Bacon, Roger　248, 262
ベイズ, トーマス　Bayes, Thomas　504

ヘケ, エーリヒ　Hecke, Erich　615, 633, 654
ベズー, エティエンヌ　Bézout, Étienne　**484–486**, 506
ヘセ, オトー　Hesse, Otto　568
ヘセンベルク, ゲルハルト　Hessenberg, Gerhard　649
ベーダ　Beda　249, 250
ベッセル, F. W.　Bessel, F. W.　520
ベッティ, エンリコ　Betti, Enrico　627
ヘーラート, ヘンドリク・ファン　Heuraet, Hendrick van　391, 392
ベール, ルネ　Baire, René　641
ペル, ジョン　Pell, John　220
ペルセウス　Perseus　184
ヘルダー, オトー　Hölder, Otto　649
ベルトラーミ, エウジェニオ　Beltrami, Eugenio　478, 563, 567
ベルトラン, ジョゼフ L. F.　Bertrand, Joseph L. F.　529
ベルヌーイ, ダニエル　Bernoulli, Daniel　450, 451, 461, 462, 467, 471, 472, 486, 511
ベルヌーイ, ニコラウス　Bernoulli, Nicolaus　423, 450, 458, 461, 472
ベルヌーイ, ヤコブ　Bernoulli, Jacob　382, 423, 443–448, 450, 453–455, 458, 460, 461, 466
ベルヌーイ, ヨハン　Bernoulli, Johan　423, 425, 428, 443, 445, 448–451, 453, 454, 460, 461, 465, 469
ベルヌーイ, ヨハン II 世　Bernoulli, Johan II　450
ベルヌーイ家一族　Bernoulli Family　**443–452**
ヘルマン（ダルマティアの）　Hermannus Dalmata　252
ヘルマン, ヤコブ　Hermann, Jacob　453, 458
ヘルムホルツ, ヘルマン　Helmholtz, Hermann　599
ペレルマン, グリゴリー　Perelman, Grigori　680, 681
ヘロン　Heron　26, **171–174**, 234, 259, 275
ヘンゼル, クルト　Hensel, Kurt　648

ポアソン, シメオン・ドニ　Poisson, Siméon Denis　**522–523**, 525, 543, 598, 599
ポアンカレ, アンリ　Poincaré, Henri　596, 601, 604, 616, 621, **623–629**, 639, 641, 651, 677
ホイヘンス, クリスティアン　Huygens, Christiaan　382, 384, 385, **387–393**, 401, 405, 406, 415, 423, 434, 435, 442, 445, 446, 535
ポイルバハ, ゲオルク　Peurbach, Georg　274
ボウディッチ, ナサニエル　Bowditch,

42

Nathaniel 601
ボエティウス Boethius **188-189**, 248-250, 255, 259, 260, 264, 265, 278
ボス，アブラアム Bosse, Abraham 374
ポセイドニオス Posidonius 170
ポッセル，ルネ・ド Possel, René de 657
ボッチャー，マクシム Bôcher, Maxime 618
ボビリエ，エティエンヌ Bobillier, Étienne 555
ホプ，ハインツ Hopf, Heinz 649
ボーヤイ，ファルカシュ Bolyai, Farkas 559-561
ボーヤイ，ヤノーシュ Bolyai, Janos 560, 561, 563, 606, 635
ホール，フィリップ Hall, Philip 673
ボルツァーノ，ベルンハルト Bolzano, Bernhard 518-520, 591, 592, 596, 605-607, 610, 634
ボレル，アルマン Borel, Armand 658
ボレル，エミール Borel, Émile 642, 643, 651, 662
ホワイトヘッド，J. H. C. Whitehead, J. H. C. 678
ホワイトヘッド，アルフレッド・ノース Whitehead, Alfred North 570, 635, 636
ポンスレ，ジャン＝ヴィクトル Poncelet, Jean-Victor **548-551**, 554, 556, 557, 568, 571
ポントリャーギン，レフ・セミョーノヴィチ Pontryagin, Lev Semenovich 637
ポンペイオス Pompeius 170
ボンベリ，ラファエル Bombelli, Rafael **292-293**

■ マ 行

マウルス，ラバヌス Maurus, Hrabanus 250
マウロリーコ，フランチェスコ Maurolico, Francesco 297, 305, 306
マクスウェル，ジェイムズ・クラーク Maxwell, James Clerk 600
マクローリン，コリン Maclaurin, Colin 401, **427-431**, 432, 433, 453, 462, 486
マジーニ，G. A. Magini, G. A. 321
マスケローニ，ロレンツォ Mascheroni, Lorenzo 382
マズルキヴィチ，ステファン Mazurkiewicz, Stefan 647
マーダヴァ Mādhava 223
マックレイン，ソーンダース Mac Lane, Saunders 658, 659
マテュー，エミール Mathieu, Émile 617, 672
マーナヴァ Mānava 206
マネーム，アメデー Mannheim, Amédée 329

マーフィー，ロバート Murphy, Robert 571
マルコフ，アンドレイ・アンドレヴィチ Markov, A. A. 651, 653
マルセフ，アナトリー・イヴァノヴィチ Malcev, Anatoly Ivanovich 637
マンスール，アブー・ナスル Mansūr, Abū Nasr 239
マンデルブロ，S. Mandelbrojt, S. 657
ミッタク＝レフラー，ヨースタ Mittag-Leffler, Gösta 601, 604, 663
ミンコフスキー，ヘルマン Minkowski, Hermann 630, 632, 634, 640, 654

ムーア，H. Moore, E. H. 648
ムーア，R. L. Moore, R. L. 679
ムーサー三兄弟 235 →バヌー・ムーサー

メイソン，マックス Mason, Max 618
メナイクモス Menaechmus 81, **91-93**, 94, 96, 146, 242, 348
メネラオス Menelaus **161-163**, 501
メービウス，アウグスト・フェルディナント Möbius, August Ferdinand 537, 555, 558, 566, 581, 582, 626
メルカトル，ゲラルドゥス Mercator, Gerardus 302, 303
メルカトル，ニコラウス Mercator, Nicolaus **402-403**, 404, 413, 437
メルセンヌ，マラン Mersenne, Marin 343, 345, **346**, 370, 400
メルテンス，フランツ Mertens, Franz 631
メレー，H. C. R.（シャルル）Méray, H. C. R. (Charles) 604, 606-608
メレ，シュヴァリエ・ド Méré, Chevalier de 376
メンゴーリ，ピエトロ Mengoli, Pietro **382-383**, 402, 444

モイズ，E. E. Moise, E. E. 679
モーガン，ジョン Morgan, John 679, 681
モーデル，ルイス・ジョエル Mordell, Louis Joel 629
モリーン，テオドール Molien, Theodor 648
モール，ゲオルク Mohr, Georg **381-382**
モルク，J. Molk, J. 617
モルゲンシュテルン，オスカー Morgenstern, Oskar 662
モワニョ，アッベ Moigno, Abbé 617
モンゴメリー，ディーン Montgomery, Deane 638
モンジュ，ガスパール Monge, Gaspard 480, 481, 485, **491-497**, 498, 510-512, 534, 547, 548, 554, 558, 568

ヤ 行

ヤコービ, カルル・グスタフ・ヤコブ　Jacobi, Carl Gustav Jacob　515, 523, 525, 532, 539–543, 558, 568, 596–599, 620
ヤニシェフスキ, ジグムント　Janiszewski, Zygmunt　647

楊輝　201–203

ラ 行

ライト, エドワード　Wright, Edward　304, 325
ライト, トマス　Wright, Thomas　504
ライプニッツ, ゴトフリート・ヴィルヘルム　Leibniz, Gottfried Wilhelm　139, 223, 330, 332, 369, 376, 379, 409, 413, 415, 421–423, **433–442**, 443, 445, 447–449, 452–456, 460, 464, 466, 474, 483, 499, 524, 534, 570, 573, 596, 608, 636
ライール, フィリップ・ド　Lahire, Philippe de　374, **380–381**, 385, 495
ラウエ, マクス・フォン　Laue, Max von　650
ラヴォアジェ, A. L.　Lavoisier, A. L.　481, 491
ラグランジュ, ジョゼフ＝ルイ　Lagrange, Joseph-Louis　480, 481, **487–491**, 493, 495, 496, 505, 506, 509, 511, 514, 516, 520, 521, 523, 528, 533, 542, 543, 545, 546, 558, 565, 568, 599, 606, 620
ラクロア, シルヴェストル・フランソワ　Lacroix, Sylvestre François　495, 496, 506
ラゲール, エドモン　Laguerre, Edmond　553
ラッセル, バートランド　Russell, Bertrand　593, 598, 609, 635, 636
ラーデマヘル, ハンス　Rademacher, Hans　654
ラプラス, ピエール＝シモン　Laplace, Pierre Simon　363, 480, 481, **502–506**, 507, 510, 511, 514, 521–523, 601, 626
ラマヌジャン, シュリニヴァーサ　Ramanujan, Srinivasa　654
ラムス　Ramus　305 →ラメ, ピエール・ド・ラ
ラメ, ガブリエル　Lamé, Gabriel　554, 555, 617, 675
ラメ, ピエール・ド・ラ　Ramée, Pierre de la　305 →ラムス
ラルーヴェール, アントワーヌ・ド　Lalouvère, Antoine　379, 392
ラング, サージ　Lang, Serge　658
ランダウ, エドムント　Landau, Edmund　654
ランベルト, ヨハン・ハインリヒ　Lambert, Johann Heinrich　477–479, 559, 619

李治　201
リウヴィル, ジョゼフ　Liouville, Joseph　511, 525, 544, 546, 552, 600, 617–620, 675
リース, フリジェシュ　Riesz, Friedrich　645
リスティンク, J. B.　Listing, J. B.　599, 626
リーゼ, アダム　Riese, Adam　283
リチャードソン, G. R. D.　Richardson, G. R. D.　618
リッカーティ, ヴィンツェンツォ　Riccati, Vincenzo　479
リッカーティ, ヤコポ　Riccati, Jacopo　458
リッチ, ミケランジェロ　Ricci, Michelangelo　400
リッチ＝クルバストロ, グレゴリオ　Ricci-Curbastro, Gregorio　649
リトルウッド, J. E.　Littlewood, J. E.　654
リプシッツ, ルドルフ　Lipschitz, Rudolf　521
リベット, ケン　Ribet, Ken　675, 676
リーマン, G. F. ベルンハルト　Riemann, Bernhard　535, 537, 546, 561–564, 568, 581, 588, **597–598**, 602, 603, 605, 606, 627, 638, 645, 649, 650
リュイ, ラモン　Lull, Ramon　271
劉徽　199, 200
リンデマン, C. L. フェルディナント　Lindemann, C. L. Ferdinand　608, 615, 619, 630
リンド, アレクサンダー・ヘンリー　Rhind, Alexander Henry　9

ルクレール, ジョルジュ＝ルイ　Leclerc, Georges-Louis　451
ルジャンドル, アドリアン＝マリ　Legendre, Adrien-Marie　480, 481, 504, **506–509**, 510, 511, 522, 528, 532, 538–541, 559, 619, 674
ルージン, N. N.　Luzin, N. N.　644
ルドルフ, クリストフ　Rudolff, Christoph　283
ルドルフ（ブリュージュの）　Rudolphe de Bruges　252
ルフィーニ, パオロ　Ruffini, Paolo　538
ルブラン　Leblanc　532 →ジェルマン, ソフィ
ルフランソワ, F. L.　Lefrançois, F. L.　495, 496
ルベーグ, アンリ　Lebesgue, Henri　641, 643
ルーメン, アドリアン・ファン　Roomen, Adriaen van　315
ルレー, ジャン　Leray, Jean　657, 660

レヴィ, ベッポ　Levi, Beppo　569
レヴィ＝チヴィタ, トゥーリオ　Levi-Civita, Tullio　649

44

レオナルド（ピサの） Leonardo da Pisa 254
→フィボナッチ
レオナルド・ダ・ヴィンチ Leonardo da Vinci
263, 282, 299
レギオモンタヌス Regiomontanus
274-277, 282, 293, 295-297, 312, 367
レコード, ロバート Recorde, Robert 273,
293-295, 311
レティクス, ゲオルク・ヨアヒム Rheticus (or
Rhaeticus), Georg Joachim 295, 296,
312
レーマク, ロベルト Remak, Robert 653,
654
レン, クリストファー Wren, Christopher
398

ロバチェフスキー, ニコライ・イワノヴィチ
Lobachevsky, Nikolai Ivanovich 529,
547, 559-563, 579, 588, 606, 635
ロバート（チェスターの） Robert of Chester

252
ロバートソン, ニール Robertson, Neil 670,
671
ロピタル, G. F. A. ド L'Hospital, G. F. A.
de 440, 448, 449, 453-455
ロベスピエール Robespierre 497
ロベルヴァル, ジル・ペルソンヌ・ド
Roberval, Gilles Personne de 344-346,
370-372, 391
ローラン, H. Laurent, H. 617
ローラン, ピエール・アルフォンス Laurent,
Pierre Alphonse 617
ロル, ミシェル Rolle, Michel **454-456**

ワ 行

ワイルズ, アンドリュー Wiles, Andrew
676, 677
ワーズワース, ウィリアム Wordsworth,
William 577

書名索引

■ ア 行
『アクタ・マテマティカ』 601, 604
『与えられた数について』 260
『新しい対数』 325
『新しい方法による算術の原理』 594
『アナレンマ』 170
「アーベル関数の幾何学への応用について」 568
『アーベル関数論』 568
『アメリカ数学雑誌』 587, 601
『あらゆる汚点から清められたエウクレイデス』 459
『アルゲブラとアルムカバラの書』 228
『アルゴリスモの歌』 254
『アルス・マグナ』 285, 288, 290, 291
『アルフォンソ表』 258
『アルマゲスト』 164, 168, 169, 171, 187, 189, 226, 238, 239, 252, 274, 275
『アールヤバティーヤ』 208–210, 213, 214, 217
『アレクサンドリアのディオファントスの算術6巻』 369

『位置解析』 626, 678
『1 から 1000 までの数の対数』 325
『位置幾何学』 553
『位置の幾何学』 500, 548
「1 変数の代数的有理整関数はどれも 1 次または 2 次の実因数に分解することができるという定理の新しい証明」 528
『一般多様体論の基礎』 616
『インド誌』 240
『インド人たちの数について』 227

『ヴァシシシュタ・シッダーンタ』 207
『ヴァージニアの新天地についての簡潔で忠実な報告』 310
『宇宙体系の説明』 504

『英国三角法』 331
『エウクレイデス原論 13 巻』 108
『エウクレイデス「原論」第 I 巻への注釈』 45, 188
「エウデモスの摘要」 188
『エコール・ポリテクニク解析学教程』 516
『エコール・ポリテクニク雑誌』 494, 678
『エジプト誌』 511
『A. デットンヴィユの手紙』 379, 436
『円形幾何学 14 巻』 312
『円錐曲線』 380
『円錐曲線試論』 375

『円錐曲線新原論』 380
『円錐曲線の原理』 297
『円錐曲線論』（アポロニオス） 139, 142–144, 147–149, 151, 154, 172, 186, 191, 235, 263, 297, 306, 372, 381, 391, 396
『円錐曲線論』（ウォリス） 395, 396
『円錐曲線論』4 巻 100
『円錐と平面の出会いによって生じる結果を扱おうとする試みに関する草稿』 372, 374
『円と円錐曲線の方形化に関する幾何学的研究』 366
『円と双曲線の求積法について』 457
『円と双曲線の正しい求積』 400
『円における弦について』 161, 164
『円の測定について』 123, 133, 137, 263, 265
『円の方形化問題』 382

『横断線理論試論』 501
『往復書簡集』 422, 449
『王立科学アカデミー会報』 455, 491, 660, 678
『王立協会会報』 422–427, 564
『音楽』 189
『音感覚論』 599

■ カ 行
『絵画の遠近法』 299
『絵画論』（アルベルティ） 298
『絵画論』（ダ・ヴィンチ） 299
『解析学雑録』 424, 425
『解析学と幾何学の応用』 549
『解析学の基本構造』 657
『解析学ノート』 494
『解析関数理論』 488
『解析幾何学試論』（ビオ） 497
『解析幾何学試論』第 2 版（ルフランソワ） 496
『解析幾何学の展開』 555, 556
『解析教程』（グルサ） 656
『解析教程』（スツルム） 616
『解析者』 429
『解析術演習』 308, 311, 397
『解析的円錐曲線論』 449
『解析力学』 487, 506, 509
「回転楕円体の引力と惑星の形体に関する理論」 504
『会報』（パリ科学アカデミー） 485, 510
『会報』（フランス学士院） 508
『会報』（ベルリン・アカデミー） 470, 472
『学術論叢』 415, 422, 438, 443, 445–447, 452, 453

『確率の解析的理論』 503, 504
『確率の哲学的試論』 503
『確率論の原理』 651
『カザン通信』 559, 561
「風の一般的原因についての省察」 482
『画法幾何学』 491, 493
『神の戦争』 270
「関数行列式について」 542
「関数の算法に関する論文」 571
「関数論の原理」 608

『機械一般に関する試論』 498, 509
『機械術』 174
『幾何学』（デカルト） 306, 321, 348, 351, 352,
　　383
『幾何学』（ブラドワディーン） 265
『幾何学』（ヘロン） 172
『幾何学』（ボエティウス） 189
『幾何学』（ラクロア） 496
『幾何学演習』 401, 432
『幾何学演習六題』 342
『幾何学原理』 161, 543
『幾何学原論』（クレロー） 457
『幾何学原論』（ルジャンドル） 506
『幾何学講義』 404, 406, 434, 444
『幾何学史』 62, 188
『幾何学図形の相関について』 499
『幾何学的線の特性について』 427
『幾何学的道具』 427
『幾何学における方法の起源と発展に関する歴史
　　的概説』 551
『幾何学の新しい基礎』 560
『幾何学の基礎』 633
「幾何学の基礎をなす仮説について」 562
「幾何学の原理について」 560
『幾何学の実用』 259
『幾何学の普遍部分』 401, 404
『気象学』 349
『軌跡による立体問題の解法』 362
『九章算術』 194, 199, 200, 204
『球と円柱について』 128, 129, 133, 137, 191,
　　263
『球面平面法』 170
『球面論』 161
『紀要』 516
『曲線原論』 384, 395
『曲線の求積について』 412, 417, 422, 483
『極大と極小を求める方法』 363
『曲面軌跡論』 100
『曲面についての一般的探究』 534
『ギリシャ詞華集』 176, 190

『空間の新幾何学』 564
「偶数位数の群について」 672
『偶然の理論』 423, 424

『屈折光学』（ケプラー） 406
『屈折光学』（デカルト） 349
『クレレ誌』 525, 539, 546, 552, 556–558,
　　581, 582, 596, 602, 608, 611, 614 →『純
　　粋応用数学雑誌』（クレレ）

『計算』 283
「計算可能数とその決定問題への応用」 663
『計算術』 270
『形式論理学』 573
『傾斜』 141
『形相の幅についての論考』 268
『計測の調和』 426
『ゲームの理論と経済行動』 662
『現代代数学』 660
『建築論』 156
『ケンブリッジ数学雑誌』 525, 546, 582
『原論』 47, 49, 50, 62, 74, 75, 82, 83, 86, 89,
　　99, 100, 102, 103, 106, 107, 109, 111,
　　113, 115, 117, 118, 133, 141, 161, 164,
　　167, 172, 187, 189, 191, 206, 208, 226,
　　232, 235, 252, 261, 264, 277, 294, 305,
　　455, 499, 547, 633
『「原論」への注釈』 188

『航海術改善のための表』 331
『光学』（エウクレイデス） 100, 101
『光学』（ニュートン） 417, 420, 678
『光学』（プトレマイオス） 171
『光学講義』 404
『講義』 485 →『士官学校用数学講義』,『船員お
　　よび砲兵用数学完全講義』
『高等幾何学論』 551
『語源』 249, 250
『コス』 283
『コス数の算法について』 285
『コスモス』 617
『円錐状体（コノイド）と球状体（スフェロイド）
　　について』 127, 262
『小人たち』 588
『誤謬論』 100
『混合方程式における論理的必然性』 234

■ サ 行
『サイクロイドに関する拡張された古代人たちの
　　幾何学 7 巻』 392
『サイコロ遊びにおける推論について』 376, 446
『最新算術集成』 293
『才知の砥石』 293, 294
『サイバネティックス』 662
『雑録』 489
『さまざまな問題と発明』 286
『三角級数論講義』 644
『算学啓蒙』 202
『三角錐に関する諸問題の解析的解法』 509

書名索引

『三角法』 295
『三角法と二重代数学』 577
『三角形について』 261
『三角形の規則つまり人工的正弦正接表』 331
『三角形の宮殿』 296
「算経十書」 200
『3次曲線総覧』 417, 427
『算術』（ディオファントス） 192, 240, 311, 367, 674
『算術』（ブラドワディーン） 265
『算術』（ボエティウス） 189, 249
『算術』（ヨルダヌス） 259
『算術』（ラクロア） 496
『算術および幾何数列の表』 325
『算術，幾何，比および比例大全（スンマ）』 279-282
『算術研究』 528, 530, 532, 538, 544, 583, 620
『算術全書』 285, 322
『算術摘要』 281
『算術入門』 175, 176, 189, 192
『算術の基礎』 592
『算術の基本法則』 592
『算板の書』 255-257, 277, 278, 280

『士官学校用数学講義』 484
『磁気偏角が与えられた場合に棒の高さを知るための表』 331
『四元玉鑑』 202, 203
『四元数原論』 580
『四元数講義』 579
『思考法則の研究』 573, 575
『自然学』 120, 190
『自然哲学論考』 599
『シッダーンタ』 207, 208, 213, 214, 225, 227, 237, 238, 240
『実用算術』 288
『事物の精妙さについて』 288
『四分円正弦論』 379, 436
『思弁的幾何学』 265
『ジャブルとムカーバラの書』 227, 228
『集合論』 627, 642
『集合論の基本的特徴』 646, 647
『重心計算』 555
『終身年金』 424
『終身年金論』 384
『十二面体と二十面体の比較』 141
『周髀算經』 193, 194, 200
『十分の一』 318
『シュルバスートラ』 205, 206
『純粋応用数学雑誌』（クレレ） 536, 568 → 『クレレ誌』
『純粋応用数学雑誌』（リウヴィル） 525, 544, 546
『純粋応用数学年誌』 536
『純粋に解析的な証明』 518

『小数』 318
『証明付算法』 260
『諸科学において理性を正しく導き真理を探求するための方法序説』 347
『諸学芸の基礎』 294
『諸前提の書』 132
『初等数学講義』 488
『初等静力学』 491
『試論』 504, 561
『新科学論議』 337
『新数学年報』 620
『神聖比例論』 282
『新天文学』 334
『推測術』 423, 446, 447
『数学演習』 385
『数学学術年報』 653
『数学原論』 656, 657
『数学講義』（ベズー） 506 → 『士官学校用数学講義』，『船員および砲兵用数学完全講義』
『数学講義』（モンジュ） 491
『数学者名簿』 610
『数学集成』 139, 181, 183, 184, 186, 187, 279, 306, 360
『数学的表』 307
『数学年報』 568, 619
『数学の鍵』 406
『数学の完全で無矛盾な体系に関する試論』 604
『数学の基礎』 640
『数学の公式集』 593
『数学の諸研究』 362
『数学の諸原理』 635
『数学評論』 659
『数書九章』 201
『数とは何か，何であるべきか』 611
『数の学三部作』 277-279, 281
『数の幾何学』 632, 654
『数の調和』 270
「数πについて」 619
『数表その他の計算補助具』 330
『数理科学誌』 544
『数理論理学の概要』 640
『数論試論』 508
『数論報文』 631, 632 → 「代数的数体の理論」
『図形の射影的性質について』 549
『図形分割論』 100, 101, 259, 277
『砂粒の計算者』 122
『スールヤ・シッダーンタ』 207

『精華』 257, 258
『整関数および有理型関数の逆関数のリーマン面に関連する被覆面について』 664
『正弦，弦および弧について』 271
『正弦表』 321
『生物統計』 651

48

『正立体』 299
『積分学演習』 506
『積分計算教程』 471
『積分論』 487
『積分論と原始関数の研究についての講義』 644
『セクター，クロス・スタッフその他の器具の説明および用途』 328
『接触』 141
『船員および砲兵用数学完全講義』 485
『線型拡大論』 580–582
『線型結合代数系』 587
『全形状三角形論』 275, 276
『全次元の方程式の解法の証明』 454
『全集』 449
『前半はサイクロイド，後半はシッソイドに関する 2 編の論考』 392, 398
『線，平面，立体におけるコンパスと定規による測定法教程』 300

「相互法則とバーチ–スウィナートン=ダイヤー予想」 676
『測圓海鏡』 201
『速算法』 139
『測量術』 172

▨ タ 行
『体系的展開』 553
『代数学』（ウォリス）　230, 232–234, 239, 242, 243, 252, 255, 260, 277, 281, 283, 408, 475, 496, 576
『代数学』（ピーコック）　573
『代数学』（ボンベリ）　293, 320
『代数学原論』（クレロー）　457
『代数学原論』（ソーンダソン）　432
『代数学考察』　475, 490
『代数学新知見』　310, 321
『代数幾何学の基礎』　660
『代数幾何原論』　660
『代数曲線解析序論』　430
「代数形式の理論について」　631
『対数算術』　325, 331
『対数術』　402, 404
「代数的数体の理論」　632 →「数論報文」
「対数の驚くべき規則の構成」　321, 324
「対数の驚くべき規則の叙述」　321, 322, 324, 325
「代数方程式一般論」　485
『代数論』（シンプソン）　430, 432
『代数論』（ロル）　456
『代数論——その歴史と実践』　397
『太陽と月の大きさと距離について』　159
『楕円関数およびオイラー積分論』　507
『楕円関数論』（ケイリー）　585
『楕円関数論』（ブリオ，ブーケ）　616
『楕円関数論原論』　617

『多数決による決定の確からしさへの解析学の応用試論』　487
『力と測定の図形化論考』　268
『地球形状理論』　457
『知識の城』　294
『知識への小道』　294
『中項について』　186
『直接および逆の増分法』　428, 450
「直角双曲線の決定についての研究」　550
『地理学』　169

『通俗アルゴリズム』　254
『月理論』　457

『テアイテトス』　82
「デイヴィスのルジャンドル」　506 →『幾何学原論』（ルジャンドル）
『ディオファントス近似』　654
『ティマイオス』　84
「テイラーの定理を用いた方法」　516
『定量切断』　140, 433
『摘要』　383
『哲学の慰め』　189
『デドメナ』　100–102
『テトラビブロス』　171, 225
『天球の回転について』　295, 296
『天球論』　254, 275
『電磁気理論への数学的解析の応用に関するエッセイ』　600
『天体運動論』　533, 601
『天体力学』　504, 505, 510, 521, 601
『天体力学講義』　626
『天体力学の新方法』　626
デンマーク・アカデミー会報　536
『デンマークのエウクレイデス』　381
『天文学』　189
『天文現象論』　100
『天文対話』　337, 339

『統計力学原理』　651
『透視画法を使うためのデザルグ氏の一般的方法』　374
「同次多項式に関する 6 番目の報告」　553
「等周図形について」　184
「動天球について」　96
『動力学論』　484
『トポロジー入門』　626

▨ ナ 行
『2 項式 $(a+b)^n$ の級数展開による項の和の近似』　424
『二重曲率の曲線に関する研究』　456, 457
『ニュートンの 3 次曲線』　427
『人間精神の進歩に関する歴史的素描』　487

書名索引

ハ 行

『熱の解析的理論』 511

『パイターマハー・シッダーンタ』 207
『パイドン』 80
『パウリシャ・シッダーンタ』 207, 208
バクシャーリー写本 217
『発散級数論』 642
『パラドックスの小袋』 576
『汎幾何学』 560
『反射光学』(テオン?) 100
『反射光学』(ヘロン) 173
『パンセ』 378
『判断の確率に関する研究』 523

『非共測な線分と立体について』 79
『ビージャガニタ』 221, 222
『微積分学』 496, 525
『比の算法』 266
『比の比について』 265
『微分学講義』 516
『微分計算教程』 471
『微分法』 424, 427, 428
『微分方程式論』 575
『百科全書』 476, 482, 483
『比例切断』 139, 186
『比例論考』 264

『不可分者による連続体の幾何学』 336, 340, 396
「不可分な線について」 96
『複素数体系の理論』 606
『不思議の国のアリス』 588
『浮体について』 121, 137
『物質の空間理論について』 588
『物理学および解析学に関する数学論文』 432
『葡萄酒樽の立体幾何学』 336, 340
『プトレマイオスのアルマゲスト要約』 275
『プネウマティカ』 174
『普遍算術』 141, 420, 430
「不変式の生成系について」 631
『普遍的天体測定帳』 340
『ブラーフマスプタ・シッダーンタ』 217
『振子時計』 392
『プリンキピア(自然哲学の数学的諸原理)』 150, 392, 413, 415–417, 420–422, 425, 433, 505
『プロヴァンシアル』 378

『平行線理論』 478
『平行線論に関する幾何学的研究』 560
『平方の書』 258
『平面および立体軌跡入門』 360
『平面幾何学原論』 432
『平面三角法』 321
『平面の軌跡』 140, 360

『平面の釣り合いについて』 119–121, 133, 137
『ベキの数値解法』 312
『ベクトル解析』 582
『ヘケ代数の環論的特性』 677
『ペテルブルク科学アカデミー紀要』 451, 454, 461, 464, 471, 474, 476
「偏微分方程式によって定義される関数の性質について」 625

『方位表』 276
「方程式の代数的解法について」 538
『方程式変形論』 385
『放物線の大きさについて』 343, 344
『放物線の求積』 125, 126, 128, 262, 344
『方法』 133–137, 157, 172, 299, 340
『星の出』 118
『補助定理集』 130, 131
『ホモロジー』 659
『ポリスマタ』 100, 162, 186, 433

マ 行

『みごとな数学成果概要あるいは新数学入門』 463

『無限解析入門』 464–468, 476, 477, 493
『無限個の項をもつ方程式による解析について』 410, 411, 413, 418, 435
『無限算術』 392, 396, 398, 406, 447
『無限小解析』 448, 455
『無限小解析講義要項』 516
『無限小解析の解説』 455
『無限小解析の新概要』 607
『無限小算法についての形而上学的考察』 488, 498, 499
『無限の逆説』 518
「無限量でも適用可能な極大,極小,および接線に関する新しい方法」 438

『メソラブム』 387, 404
『面積切断』 140

「モデュラー楕円曲線とフェルマの最終定理」 677

ヤ 行

『有限群の理論』 672
『ユークリッドの原論』 432

ラ 行

『螺線について』 124, 125, 137, 262
『ラブドロギア』 321, 324

『リウヴィル誌』 600, 617
『力学』(ウォリス) 398, 463
『力学』(ラグランジュ) 496
『力学と動力学の原理』 599

50

『力学論』 523
『立体軌跡論』 100
『流率と無限級数の方法』 412
『流率法と無限級数』 433, 419, 420
『流率論』 428–430
『量の力』 300
『リーラーヴァティー』 221, 222
『リンド・パピルス』 256

『ルヴュ・アンシクロペディク』 543
『ルネ・デカルトによる幾何学』 383, 386, 391, 406
『ルーレットの歴史』 379

『連続性と無理数』 608, 611
『連続体論』 265

『ローマンカ・シッダーンタ』 207
『論理の数学的分析』 572, 575

ワ 行

『惑星の新理論』 275

書名索引

事項索引

■ 記 号
$\propto$ 441
∞ 468

■ ア 行
i 463
arXiv ウェブサイト 680
アカデミー 521
アカデミア・デイ・リンチェイ 346
アカデミア・デル・チメント 346
アカデメイア 191, 192, 211
アストロラーベ 275
アッティカ式 55
アッペル–ハーケン手続き 669
アハ 13, 14
アバクス（abacus） 58, 197
アーパスタンバ 206
アフィン（擬似）幾何学 566
アフィン（擬似）変換 555, 566
アフミームの木の平板 9
アペックス 250
アーベル関数 541, 568, 585, 602, 603, 620, 628
アーベル群 589, 659
アーベルの加法定理 539
アーベル–ルフィーニの定理 538
アポロニオスの円 140
アポロニオスの定理 150
アポロニオスの放物線 342
アポロニオス問題 141
アーメス・パピルス 9, 11–14, 19, 20
アメリカ数学会 622
アラビア数字 238
アリトメーティケー 83, 172, 175 →算術
アリトモス 69
アリトモメトル 330
アルキメデスの算法 400
アルキメデスの公理 87, 126
アルキメデスの方法 379
アルキメデス–ヘロンの公式 218
アルキメデス螺線 184, 342, 418
アルゴリズム 227, 253, 282, 661
アルハゼンの問題 241
アルファベット式 55
アルベロス 130
暗号解読 395
安定性についての諸問題 665
鞍点 625
アンリ・ポアンカレ研究所 642

e 411, 463, 619
イエズス会 340, 346, 366, 482
イェール・コレクション 25, 26, 38
イオニア式 55–57, 167, 211
イシャンゴの骨 3
位相群 637
位相同型 678
イタリア学派 569
一意化定理 679
一意化問題 639
位置解析 627
1 次方程式 361
一重代数学 577
一様加速度運動 268
一様収束 521, 602
一葉双曲面 477
一様に非一様 267
1 階微分方程式 625
一掃（バレイヤージュ）法 639
一般円方程式 528
一般境界値問題 639
一般曲線論 476
一般相対性理論 598, 640, 649
一般 7 次方程式 638
一般ポアンカレ予想 679
イデア直線 556
イデア点 549, 556
イデア複素数 591, 675
イデアル 590, 591, 648, 654, 660
ε–予想 675
「イマージョン」問題 670
意味機能 572

色の性質 408
岩澤理論 676
インヴィジブル・カレッジ 346
因子分解の一意性 675
インターネット 665
インテルリングア 594
インド・アラビア式記数法 238, 255
インド・アラビア数字 253, 255, 258
インペトゥス理論 264

ヴァイエルシュトラース学派 597
ヴィエトの解析 360
ヴィエトの記号法 385
ヴィエトの斉次性 361
ウィルソンの定理 490
ウェアリングの定理 640
ウェアリングの問題 475
ヴェイユの予想 660
ウエストポイント陸軍士官学校 497
ウェダーバーン 649
ウェルナーの公式 313
ウォリスの帰納法 397
ウォリスの公式 399
牛の問題 132, 220
宇宙進化論 626
ウーリッジ王立陸軍士官学校 585
運動エネルギー 442
――の保存則 392
運動学 263
運動の合成 344
運動論 264

エアリーの積分 601
英国学術振興協会 571
盈数 199
エウクレイデスの互除法 113, 227
エウクレイデスの命題 467
エウドクソスおよびアルキメデスの公理 111
エウドクソスの公理 113
エカント 169
エコール・ノルマル（師範学

52

校）493, 511, 543, 620
エコール・ポリテクニク（理工科学校）329, 488, 491, 493, 496, 497, 510, 516, 522, 526, 543, 547–549, 551, 555, 548, 620, 624
エジプト学士院　511
エタール・コホモロジー理論　661
エッジ　668
エディンバラ王立協会会報　572
エディンバラ数学会　622
n–球面　679
n 次元空間　526, 558
n 体問題　533, 625
エラトステネスのふるい　158, 175
エルミート行列　620
エルランゲン・プログラム　565, 582
演繹法　74
演算記号　573
演算子　579
演算子法　587
円周率　463 → π
円錐曲線　94, 103, 125, 130, 142, 147, 150, 152, 181, 185, 191, 214, 242, 332, 338, 372, 416, 417, 548, 566, 586
円錐曲線論　186
円錐屈折　578
円錐楔　398
円積曲線　354
円積線　96 → ヒッピアスの3等分線
円積問題　619, 620 → 円の方形化
円の方形化　60, 61, 79, 351, 479 → 円積問題
円分方程式　545

オイラー積分　472, 507
オイラー線　475, 495
オイラーの加法定理　539
オイラーの恒等式　465, 469
オイラーの定数　464
オイラーの方程式　471
オイラーの予想　473
オイラー標数　667, 668
黄金定理　528
黄金分割　48, 282, 299
横断線　502
応用数学　506, 510

王立アイルランド・アカデミー　578, 579
王立科学アカデミー（フランス）9, 421, 443, 454, 456, 462, 480–482, 484, 511, 515, 516, 530, 532, 675, 678
王立協会　393, 395, 398, 400, 402, 408, 421–423, 425, 530, 666
大いなる問題　376
オペレーションズ・リサーチ　656
オランダのアルキメデス　332
折れた弦の定理　132, 133
オレームの座標　359
音楽　484
音波の伝播　598

カ 行

海王星の観測　537
回帰現象　651
外サイクロイド　300
階差機関　331
解析　308
外積　581
解析学　465, 639
　　──の算術化　604, 607, 633
解析学革命　495
解析関数　603
解析幾何学　348, 363, 384, 391, 418, 433, 449, 476, 500, 548, 550, 554
　　──の基本原理　356, 360
　　高次元──　362
　　フェルマの──　362
解析協会　524
解析術　309, 410
解析手法　596
解析接続　603
解析（的）数論　620, 654
解析的方法　433, 550
「解析の宝庫」140, 186
外中比　48
回転楕円体　136
回転放物体　121, 127, 136, 393
カイ 2 乗判定法　651
回避集合　667
外微分形式　650
カヴァリエーリの定理　78, 341
ガウス曲率　535
ガウス整数　529

ガウスの円分方程式　544
ガウスの軌道計算法　532
ガウスの整域　529
ガウスの整数　590
ガウスの定理　525
ガウス平面　536
可解　546, 673
　　──性の判定条件　545
　　──性の問題　545
可解群　546, 637
科学アカデミー（ストックホルム）473
蝸牛線　374, 492 → リマソン
角運動量の保存則　504
確定特異点　603, 625
角の 3 等分問題　61, 79, 351
確率　376, 472
　　複合事象の──　423
確率密度　503
確率論　423, 446, 447, 451, 491, 503, 575, 626, 642, 651
　　──の公理的基礎　652
仮言的　588
火線　446, 449, 453
仮想の数　291
数え上げ幾何学　638
可測関数　652
カテゴリー　659 →圏
カテナリー　492 →懸垂線
渦動宇宙論（デカルト）416
ガニタパーダ　209
カフーン・パピルス　9, 16
画法幾何学　492, 510
可約　667, 668
カルダーノ–タルターリャの解の式　292
カルノーの定理　501
ガレー法　215, 217
ガロア体　589
ガロア理論　545, 591
カローシュティー文字　211
環　590
　　──の代数理論　648
関手　659 →ファンクター
関数　465
　　──（の）概念　359, 476
　　──を表す記号 $f(x)$　464
関数行列式　515, 542
関数等式　654
関数論　488, 506, 628
　　──の算術化　632
　　実変数の──　489
「完成された無限」集合　611
間接証明法　62

事項索引

53

事項索引

完全数 175, 249, 367, 474
完全生成系 631
完全線型方程式 471
完全な帰納法 397
完全微分形 457
ガンター尺 326, 328
カントル–デーデキントの公理 609
ガンマ関数 399, 503, 507
簡約できない例 293
環論 648

基 614
偽 637
機械学的方法 135
機械的求積 344
機械的曲線 354, 414
幾何学
　——の算術化 632
　——の抽象的基礎 580
　——の統一 563
　——を知らざる者，ここに入るべからず 80
　古代の—— 360
　ゴム膜の—— 627
幾何学者たちのヘレン 370
幾何学的解法 353
幾何学的曲線 354, 414
幾何学的作図 354
幾何学的代数 107, 116, 129, 350
幾何学用および軍事用コンパス 327
幾何化予想 679–681
擬球 478
擬球面 563
記号計算術 571
記号計算法 309
記号代数 349, 571, 577
「記号的」代数 570
記号による論理的思考 570
記号の組合せ法則 572
記号論理学 442, 594
基数 614
　——の定義 592
　連続体の—— 614
奇数位数定理 673
奇数位数の有限群 673
軌跡問題 356
気体（分子）運動論 640, 652
基底 631
基底定理 631
擬二重周期整関数 541
基本群 678
基本構造 622

既約 545
逆確率 504
逆正接級数 223
既約線型表現 651
逆 2 乗の法則 415
既約方程式 544
キャビネ・デュピュイ（フランス） 346
九去法 217
求心力の法則 392
級数の反転法 437
求積法 64, 436, 437
求積問題 406, 436
求長 398
求長不能 356
求長法 401
　ニールの—— 392
　フェルマの—— 392
球面幾何学 276, 478, 679
球面三角形 161, 163
球面調和関数 617
ギュルダンの定理 187
境界条件がある 2 階常微分方程式 617
教科書革命 496
共線変換 555
共測可能 82, 115
共測不能 70, 74, 79, 86
共測不能量 79, 82, 86, 88, 111, 113
　——の暴露 636
共測量 62, 219
共通集合 581
共通部分 574
共役複素数 292
協力ゲーム 662
行列 583, 584
　——の積 584
行列式 495, 514, 515, 558, 583
行列積 581
虚幾何学 560
極限 413, 483, 516, 645
　ダランベールの—— 498
極限値 517, 520
極座標 418, 446, 455, 476, 500
極小曲線 639
局所ユークリッド位相群 637
曲線
　——の「位数」 557
　——の階数 629
　——の「級数」 557
　——の下側の面積 364
　——の種数 628

　——の接線 436
　——の特異点 557
曲面 625
曲率円 439
曲率半径 390, 391, 501
虚構数 607
虚点 549
虚の指数 465
ギリシャ論理学 572
近似値 654

空間曲線 457
空間座標 454
空間的配列 627
空間の絶対科学 561
空集合 574
偶数位数 672
くさび形文字記数法 23
クッタ–ルンゲ法 653
靴屋のナイフ 130, 131, 183
グーデルマン関数 601
グノーモーン 51, 109, 231, 239, 241
グバール数字 250
位取り記数法 212
クラインの空間 588
クラインの壺 567
グラフ 268
グラフ表示 267
グラフ理論 668
クラメール–オイラーのパラドックス 554
クラメールの公式 430
クラメールのパラドックス 427
グランディのバラ 460
クーラント研究所 680
クリフォード代数 588
クリフォードの空間 588
グリーンの定理 599
グレゴリ級数 401, 402
グレシャム・カレッジ 415
グレブナー基底 661
クレモナ変換 553
クロネカーの定理 638
群 546, 565, 630
　——の位数 546
群論 489

計算器 329, 435
計算機械 375
計算尺 326, 328, 329
計算術 59, 83 →ロギスティケー
形式主義 573, 657

54

形式的代数　578
形式的抽象化　648
形式不変の原理　579
形式論理学　574
形相の幅　266, 268, 269,
　　337, 359, 465
形態学　580
結合性　633
結合と交差　634
結合法則　575, 659
結節点　557, 625
決定不可能　637
決定問題　663
ゲティンゲン　596, 610, 634,
　　640
ゲティンゲン科学協会　536,
　　537, 560
ゲティンゲン数学教室　632
ゲティンゲン大学　527, 534,
　　561–563, 567, 568, 582,
　　590, 597, 598, 610, 615,
　　646, 650, 654
ゲーデルの定理　636
ゲニトゥム　414
ケプラーの法則　415, 416
ケプラーの連続の原理　372
ゲーム理論　423, 662
ケーララ学派　223
ゲルファントの定理　638
ケレス　532
圏　659　→カテゴリー
牽引曲線　392, 478, 563　→追
　　跡線，トラクトリクス
限界値　653, 654
「現象を救う」　168
懸垂線　338, 392, 445, 449
　　→カテナリー
現代幾何学の黄金時代　568
現代純粋幾何学　500
現代総合幾何学　496
現代（抽象）代数学　648, 658
弦の振動問題　484
弦の表　161
ケンプ鎖　667, 669
ケンブリッジ　395
ケンブリッジ科学協会　524
ケンブリッジ大学　600, 602

小石　74
航海術　485
光学　417, 626
高次のパラボラ　353
高次（の）平面曲線　354, 417
格子法　214, 215
光線系の理論　578

構造定理　648
交代群　671
　　5 次の――　672
合同　441, 633
合同式　490, 508
恒等射　659
合同変換　552, 555
公理主義　633
公理的研究　576
公理的方法　594, 657
国際数学者会議　622, 629,
　　630, 643, 672, 681
国際数学賞　664
国際数学連合（IMU）　664
国立学士院　480
誤差補正の原理　498
誤差論　522, 534
コーシー–コワレフスキー定理
　　521
コーシーの循環論法　608
コーシーの積分定理　522
コーシーの判定条件　520
コーシーの平均値の定理　518
5 次方程式　291, 490, 538,
　　620
　　――の解不能性　538
コーシー–ライプニッツ解法
　　521
コーシー–リーマン（の）方程
　　式　483, 562, 597
5 進法　3
コスの技法　283
コノイド　241, 335, 393, 398
コプリ・メダル　600
固有値　620
固有方程式　586
ゴルトバハの定理　475
コレージュ・ド・フランス
　　510
コレージョ・ロマーノ　321
コンコイド　354, 374
混合 2 階偏導関数　457
コンピュータ　665, 669, 675
　　――による証明　663
コンピュータ・プログラムの検
　　証　671
コンフィギュレイション
　　668, 669

サ 行

サイクライド　547
サイクロイド　338, 370, 371,
　　378, 379, 388, 398, 436,
　　445, 476, 492
　　――の求積　343

サイクロイド熱　392, 398
最小束縛の原理　536
最小抵抗物体　449
最小 2 乗法　507, 528, 532,
　　596
最初と最後の比　412
最速降下線　421, 449
最速降下（線）問題　445, 489
最適化問題　639
サヴィル（幾何学）教授職
　　395, 398
サーキット　668　→閉路
作図不能　619
サッケーリの四辺形　244, 459
座標幾何学　476, 554
座標系　360
座標軸の平行移動　361
差分法　472, 572
差分方程式　521
サマルカンドの天文台　246
三角級数　642
三角数　367
三角比　166
三角法　159, 160, 162, 165,
　　174, 208, 213, 214, 238,
　　242, 243, 276, 288, 295,
　　296, 312, 314, 315
三角形分割　668
算木　195, 196
散在群　671–673
三叉曲線　352
3 次元球面　678
3 次元空間全体　613
3 次導関数　501
3 次方程式　130, 242, 281,
　　286, 291, 293, 309, 314,
　　算術　59, 83, 175　→アリト
　　メーティケー
算術化　596, 632
　　――の父　605
算術三角形　435, 436
「算術的」代数　570
算術的代数学　570
算術的連続体　634
算術の基本定理　529, 590
算術の公理　591
算術の公理系の無矛盾性　635
三数法　13, 28, 194, 210,
　　281
3 線座標　555
三体問題　484, 489, 626
三大（古典）問題　61, 65,
　　181, 351
3–多様体の分類　679

55

事項索引

三段論法 442, 575
算板 196, 197, 250
3 変数 3 次形式 630
3 本線または 4 本線の軌跡（3 本および 4 本の直線の問題） 148, 149, 184, 348, 352, 356, 360, 376

ジェロシーア 214, 215
四科 68, 79
時間の科学 578
磁気学 523
σ 178
四元 202
次元 581
　―（の）数 613, 627
四元数 579, 581, 582, 587
子午線 481
示唆の科学 570
次数 n の対称的な体系 514
指数関数 449
自然学者の分数 167
自然対数 324, 402, 463
10 進位取り記数法 212, 213
10 進小数 196, 246, 256, 307, 312, 318, 321
10 進法 210, 212
実数全体 612
実数の順序対 578
実数の体系 589
実数連続体 635
シッソイド 354, 392, 398
実代数的 639
実楕円面 477
実無限 611, 614
シミリチュード群 650
四面体 637
射 659
射影幾何学 372, 373, 548, 551, 553, 556, 566
射影的性質 551
射影変換 551
斜交座標 356, 359
写像 642
ジャブル 228
シュヴァリエへの手紙 544
自由学芸 79, 249
周期性 426, 540
終結式 586
集合の代数学 574
集合論 592, 614, 634, 651
　カントルの―― 606, 646
　―の公理系 662
重心座標 555
終身年金 423

集積点 605
収束 401
収束問題 489
周転円 142, 169
修道会 340
自由モデュール束 591
重力の法則 408
重力方程式 649
主曲率半径 535
縮閉線 390, 391, 445
縮約 669
種数 568, 625
主積 515
主対角線 515
シュタイナー点 552
瞬間の変化率 411
順序性 633
純粋幾何学 380, 433, 547, 551
純粋数学 510, 662
準線 384
準同型写像 659
準薄 (quasi-thin) 群 674
春分点歳差 484
順列と組合せ 423, 446
定規とコンパス 620
消去法の理論 486
消失し始めの増分 430
焦点 625
　―の個数 625
乗法の交換法則 578
乗法の単位行列 584
証明不可能 635
常用対数 324
剰余類 589
初等解析幾何学 510
初等超越関数 465
ジョンズ・ホプキンズ大学 585
ジラールの主張 368
シルヴェスターの消去法 585
シロー部分群 672
真 637
伸開線 390, 391
信教と学問の自由 576
人工言語 572
真性特異点 617
人的エラー 670
神秘（の）六角形 375, 552
新ピュタゴラス学派 54, 175
新ピュタゴラス思想 249
シンプソンの法則 432
新プラトン主義 175, 187, 192
親和数 367, 474

推移群 672
垂足曲線 445
推測値 654
随伴 545
水力学 451
数学オリンピック 680
数学グランプリ 630
数学者会議 634
数学的確実性 636
数学的関係の不変原理 549
数学的期待値 451
数学的帰納法 370, 377, 446, 594
数学の基礎 647
数学の哲学 628
「数学の問題」 634
数計算術 571
数計算法 309
数式処理システム 661
数体 589
数秘術 83
数理経済学 662
数理的解析 573
数理物理学 598, 599, 640
数理論理学 572, 593, 636
数論 473, 490, 506, 522, 596, 610, 615, 630
スカラー 579
スカラー積 580, 581
スキーム 660
スコラ論理学 572
スターリングの公式 424
スツルムの分離定理 618
スツルム–リウヴィル理論 618
ステクロフ研究所 680, 682
スーパーコンピュータ 669
スフェロイド 335
スペクトル 640
スペクトル系列 660
スリューズの真珠曲線 387, 492

整域 590
星雲仮説 504
正割 340
正規部分群 544, 546
正規分布 523
正弦 340
正弦関数 239
　――の求積 379
正弦振幅関数 541
正弦表 238, 246
正矢 340
斉次座標 555, 556, 558

56

事項索引

正十七角形の作図　530
整除性　367, 529
整数算術　670
整数の集合　612
正接　340
成文法保存の法則　571
正葉線（デカルト）　364
静力学　263
静力学学派　259
整列集合　635
積分因子　471
積分学　379, 641, 644
積分法　445
　　フェルマの──　364
積分方程式　639, 645
積分論　652
セケド　19
ゼータ関数　597
　　局所──　660
　　デデキントの──　654
　　リーマンの──　597
ゼータ–フクス関数　624
接触角　88, 260, 261
接線　357, 358
接線影　405
接線法　403
接線問題　406, 436
絶対微分学　649
切断　609, 610
　　デデキントの──　609
摂動の研究　533
ゼロ　24, 196, 203, 212,
　　213, 218, 219, 221, 250,
　　253, 254
零因子　590
ゼロ行列　584
ゼロサムゲーム　662
全曲率　535
漸近公式　654
漸近錐面　477
漸近値　654
線型関数空間　652
線型結合代数系　587
線型結合多元環　648
線型従属性　581
線型常微分方程式　603
線型積分方程式　639
線型接続　650
線型独立性　581
線型汎関数　652
線型微分方程式　575
線型ベクトル空間　652
線型方程式　625
線型問題　353
潜在的無限　611

線束　556
全体集合　574
選択公理　635
尖点　557
セント・ジョンズ・カレッジ　585
素因数（素因子）分解の一意性　590
層　660
相関の時代　596
双曲型方程式　598
双曲幾何学　567, 679
双極座標　418
双曲線　345
双曲線関数　479
双曲線三角法　479
総合幾何学　380, 416, 433,
　　446, 454, 475, 500,
　　549–551, 554
総合的方法　550
相互法則　638
相似　441
相似変換　552, 555
双線型　580
造船工学　547
双対群　591
双対原理　551, 557
双対定理　548, 555
双有理変換　569
双有理理論　628
束　591
測地学　507, 534
測地線　449, 476
測度　643
測度論　642, 651
素数　113–115, 367, 509
　　正則な──　675
　　フェルマの──　473
素数位数の巡回群　671
素数定理　509, 529, 597, 654
そろばん（算盤，珠算盤）　197, 198

■ タ 行
体　589, 630
　　──の概念　589
　　──の拡大　544
　　──の代数理論　648
第 n 種の問題　354
対応の原理　551
第 5 公準　243, 244, 560 →
　　平行線公準
対象　659
対称群　545

対数　322, 340, 466
　　ネイピア（の）──　322–324
　　負数の──　460, 469, 482
代数学　630
　　──の記号　573
　　──の基本定理　482, 528,
　　536, 618
　　──の論理的基礎　432
代数学–幾何学　665
代数関数　630
代数関数理論　589
代数関数体　589
対数関数のグラフ　345
代数幾何学　568, 569, 660
代数曲線　568
　　高次──　427
代数曲面　477
代数的数　619, 638
　　──の集合　613
代数的数体の論理的理論　632
代数的整数　590
代数的方法　554
代数的量の算術理論　589
代数の幾何学的解釈　349
大数の法則　447
代数微分の積分　624
対数表　323
代数方程式の解法　620, 624
対数螺線　110, 344, 355, 445
太陽中心説　159
楕円関数　539–541, 615,
　　617, 624, 628, 629, 654
楕円幾何学　567
楕円曲線　675
　　半安定的な──　675
楕円振動膜の問題　617
楕円積分　458, 472,
　　506–508, 539, 541
　　第 1 種──　507
　　第 2 種──　507
楕円モジュラー関数　620, 624
宝くじの問題　472
卓上計算機　661
多元環　584, 585, 587, 649
多元数系　648
多元数代数学　582
多項定理　446
谷山–志村予想　675–677
多面体の公式　348
ダランベールの原理　484
ダランベールの定理　483
ダランベールの方程式　484
タレスの定理　39
単位元　590

57

事項索引

単位線分上の点の集合　613
単位体積　613
単位分数　11, 174, 256
単位面積　613
単純群　672
単純実リー環　651
単純多元環　648, 672
単純多面体　627
単純リー環　651
単純リー群　671, 672
ダンジョワ積分　644
単振子　387
単数　654
単数基準　654
弾性　626
弾性論　523
単体ホモロジー論　627
弾道　449
単連結　678

チェヴァの定理　458
知恵の館　226
チェビシェフ積分　472
置換　545
　　根の――　489, 545
置換群　565
置換論　544
逐次近似法　419
地磁気の問題　537
抽象化　632
抽象環論　649
抽象空間　645
抽象代数学　660
抽象的ベクトル空間理論　581
中心化群　673
中心斜体　672
超越関数　438, 439, 624
　　高次――　397
　　高等――　472
超越曲線　476
超越曲面　477
超越数　616, 619, 638
超関数　652
　　――の導関数　652
超幾何級数　520
超曲面　625
超限帰納法　637
超限算術　614, 616
超限順序数　614
超限数　614
超数学　636
超楕円関数　539
調和級数　444
調和三角形　435, 436
調和点列　553

調和平均　400
直観主義者　627
直交行列　621
直交（直角）座標　356, 418, 476, 500
チルンハウスの3次式　453
チルンハウス変換　452

追跡線　445, 449 →牽引曲線, トラクトリクス
ツェルメロの公理　635
月形図形求積法（ヒポクラテス）　190
月の摂動　484
月の理論　601
つの状の角　88

《T and T》　599
《T and T'》　599
ディオファントス解析　179, 240
ディオファントス方程式　220, 628, 638
定言的　588
抵抗媒体内の運動　484
ディジタル式自動電子計算機　661
定数変化法　490
定積分　517
ティッツ群　671
ディノストラトスの定理　95
定符号形式　639
定方程式　357
　　――の根の作図　358
テイラー級数　401, 428, 450, 512, 521, 617
ディラック測度　652
ディラックのデルタ関数　652
定理　180
ディリクレ関数　513, 605
ディリクレ級数　513, 597
ディリクレ–デーデキント版　591
ディリクレの原理　600, 603, 639
ディリクレの条件　513
ディリクレの定理　530
ディリクレの判定法　513
ディリクレの問題　513
定理証明支援系言語 Coq　671
定理証明プログラム　663
停留接続　557
デカルト–オイラーの多面体公式　522, 627
デカルト座標　418, 456, 535,
556
デカルト科学　348
デカルトの符号律　292, 358, 420
デザルグの定理　374
テータ関数　585
　　ヤコービの――　541
テトラクテュス　50
デロス問題　61, 92, 130 →立方体倍積問題
電気学　523, 626
電気力学研究　598
電磁気学　558
電子計算機　670
電信術　626
天体力学　523, 625, 626
点の稠密性　608
点の連続性　608
天文学者の分数　167

ドイツ数学会　622
導円　142
等角変換　552
等角螺線　355, 492
導関数　488, 489
　　第 n 次――　488
等号　577
統語規則　572
トゥーシー・カップル　245
透視画法　298, 299, 372, 373, 428
等式不変性の原理　571
等時曲線　388
同次形式　586
同次多項式　586
透視変換　551
投射体　337
等周問題　449, 489
等速降下曲線　445, 449
道徳的期待値　451
動標構　651
動力学　484, 599
特異解　651
特異点　625, 680
特殊解　471
特殊関数　620
特性関数　617
特性曲線法　515
特性三角形　436
ドット　570
トポロジー　567, 626, 627, 646, 647, 658, 660, 664, 680
　　組合せ論的――　627
　　点集合（論的）――　627,

58

647
——的性質　627
——的不変性　646
ド・モアヴルの定理　424
ド・モアヴルの問題　423
トラクトリクス　478, 563 →牽引曲線, 追跡線
取尽し法　88, 89, 116, 125, 261, 332, 344
トリニティ・カレッジ　408, 524, 582, 585, 588
トリノ科学アカデミー　489
度量衡　480, 537
度量衡制度委員会　481
トルクエタム　275
トレヴィーゾ　281
ドレスデン・コーデックス　4
トロコイド　371

ナ　行

内積　581
内部無矛盾性　573
ナシールッディーンの定理　245, 296
縄張り師　205

2 階線型微分方程式　624
2 階方程式　625
朒数　199
2 項定理　203, 400, 408–410, 437, 440, 446, 447
分数ベキについての——　401
2 項分布　523
2 次曲面　586
——の準球　495
2 次形式　630
正値——　654
——の判別式　586
不定符号の 2 変数——　653
2 次元多様体　646
20 進法　3
2 次同次方程式　361
2 次方程式　351
二重帰謬法　335
二重周期性　540
二重正射影法　493
二重接線　557
二重代数学　577
二重背理法　116
2 進法　3, 441
二数法　281
ニューヨーク数学会　622
ニュートンの運動法則　415
ニュートンの恒等式　420
ニュートンの多角形　419
ニュートン法　418, 419
ニールのパラボラ　392
庭師の方法　358

ネイピアの骨　321
ネウシス　131, 141, 181
ネーターの定理　640
熱（伝導）方程式　617, 680
熱力学　626
年金　472

濃度　592, 611, 614
ノード（頂点）　668

ハ　行

π　198, 199, 208, 209, 213, 217, 402, 463, 503, 619, 620 →円周率
——の超越性　630
媒介変数表示　476
ハイネ–ボレルの定理　642
背理法　612
ハウスドルフ位相空間　646
ハウスドルフ公理　647
白色光　417
パスカル線　552
パスカルの三角形　203, 217, 246, 283, 302, 377, 409, 436
パスカルの定理　548
八元数　588
発見的方法　598
発散級数　466, 483
発散放物線　418
発射体　345
パッポスの定理　183
パッポスの問題　184, 186, 352, 417
ハードウェアの絶対確実性　670
波動方程式　598, 599
バナハ空間　663
バビロニア数学　21, 24
バビロニア代数学　177
ハミルトン–ケイリーの定理　587
ハミルトン–ヤコービ理論　599
パラス　533
パラドックス　73, 78, 79, 97, 555
バラの花弁状曲線　460
パラメトリック座標　535
パリンプセスト　137, 138
ハール積分　644
パレルモ数学会　622, 678
バロウの三角形　436
汎関数　645, 652
汎関数微積分法　645
反カント的な幾何学観　634
反射火線　453
反射原理　604
反射望遠鏡　421
半順序集合　591
半単純多元環　648
パンチカードシステム　661
反転幾何学　552
反転法　600
万物は数　71
判別式　290
汎用証明ソフトウェア　671

非可換代数　526
非可換代数体系　579
非共測性　156
非共測量　87, 207, 219
非協力ゲーム　662
非計量幾何学　553
非結合的代数　587
ビコンパクト群　637
可換局所——　637
局所——　637, 638
ヒーシュの放電　669
p 進体　648
非正則素数　675
微積分学　387, 429, 437, 506
——の算術化　518
微積分記号　438
微積分法　408, 417, 645
微分積分法の基本的概念　439
非代数曲線　393
非代数的実数　619
非調和比　551, 553, 566
ヒッピアスの 3 等分線　95 →円積線
ヒッポペデ　91
非定量的構造　526
非同次線型微分方程式　490
微分演算子法　575
微分学　363
微分幾何学　510, 534, 649, 650
微分幾何学系　665
微分記号　439
微分系理論　651
微分積分学の基本定理　367, 414
微分法　124, 435, 572

事項索引

フェルマの—— 363
微分方程式 506, 624
　——の積分 624
100 進法 196
百科全書の古狐 482
非ユークリッド幾何学 459, 478, 526, 534, 559–563, 567, 588, 632, 633, 635
非ユークリッド空間 588
ピュタゴラス学派 46–55, 59, 62, 65, 67, 69–71, 72, 74, 75, 77, 79, 81–83, 85, 115, 522
ピュタゴラス主義 80
ピュタゴラスの定理 15, 38, 70, 106, 111, 112, 162, 167, 193, 200, 222, 233, 236, 259, 494
ピュタゴラスの三つ組数 85, 222, 367
ビュフォンの針の問題 503
ビュフォン–ラプラスの針の問題 503
表計算 655
「病的な」関数 641
ヒルベルト空間 662
ヒルベルトの公理系 633
ヒルベルトの問題 634
　2 番目の問題 635
　第 3, 第 4, 第 5 問題 637
　第 4 問題 637
　第 5 問題 637
　第 6 問題 638, 652
　第 7 問題 638
　第 8 問題 638
　第 9 問題 638
　第 10 問題 638
　第 11 問題 638
　第 12 問題 638
　第 13 問題 638
　第 14 問題 638
　第 15 問題 638
　第 16 問題 638
　第 17 問題 639
　第 18 問題 639
　第 19 問題 639
　第 20 問題 639
　第 21 問題 639
　第 22 問題 639
比例規 329
比例コンパス 326, 328
比例中項 93, 95
比例論 243

ファイ関数 474

ファンクター 659 →関手
フィボナッチ数列 257
フィールズ賞 663, 664, 677, 681
フェルマ数 369
フェルマ素数 531
フェルマの軌跡 360
フェルマの帰納法 370
フェルマの最終定理（大定理） 368, 474, 508, 532, 590, 620, 674–676
フェルマの小定理 369, 473
フェルマの接線の方法 344, 364
フェルマのハイパボラ（双曲線） 363, 455
フェルマのパラボラ（放物線） 363, 455
フェルマの予想 473
フォイエルバハの定理 550
不確定特異点 625
不可避 668, 669
不可避集合 668
　縮約された—— 669
不可分者 340, 396, 404
　——の方法 344, 370
不可分量 265, 643
複雑性理論 665
複式簿記 281, 318
複素位相構造の研究 665
複素関数論 515, 516, 541, 561, 568, 617
複素射影平面 551
複素数 469
　——のグラフ表示 516
　——の体系 589
　——の複素ベキ乗 470
複素領域 603
複利法 447
負数の幾何学的解釈 580
双子素数 638
フッデの法則 386
物理学の公理化 638
不定解析 201, 258
不定方程式 194, 214, 220, 222, 311
不定問題 311
浮動小数点算術 670
プトレマイオスの公式 165, 314
プトレマイオスの定理 164
プトレマイオスの立体投影法 304
負の座標 356, 417
部分空間 580, 581

部分群 629
普遍算術 579
不変式 585, 586
不変式論 569, 630
普遍集合 574
普遍的算術 606
不変量の研究 555
ブラウアー群 672
プラトー問題 664
プラトン数 83
プラトンの立体 81
ブラフマグプタの公式 218, 222, 241
ブラーフミー文字 211
フランス学士院 481, 540
フランス数学会 622, 678
ブリアンションの定理 548
フーリエ級数 512, 513, 606, 617
振子時計 387, 388
プリュッカーの略記法 554
プリンストン・コレクション 32, 281
プリンストン 322 32, 34, 35
ブール代数 574, 575
不連続点 643
プロイセン科学アカデミー 442, 462
プログラミング環境 671
プロスタパエレシス 313, 322
ブロックの理論 672
「文芸共和国」 346
分光学 558
分数の集合 612
分配法則 589
分布曲線 424
分類の実行計画 671

ペアーノの公理 593, 594, 633, 636
平均曲率 535
平均値の定理 518
平均余命 472
平行線 459
平行線公準 243, 244, 270, 458, 477, 478, 508, 534, 559, 560, 579, 628 →第 5 公準
平行の公理 633
平行論 649
米国科学アカデミー 580
米国陸軍士官学校 485
ベイコンの帰納法 370
平方剰余 508
　——の相互法則 508, 528,

632
平面問題 351, 381
平面ユークリッド幾何学 565
閉路 668 →サーキット
ヘウレーカ 121
ベキ級数展開 602
ベキ零多元環 648
ベクトル 579
　——の内積 580
ベクトル空間 658
ベクトル積 581
ベズーの式 485
ベズーの定理 427, 486
ベータ 507
ベータ関数 399, 472, 503
ベッティ数 625, 627, 678
ペテルブルク科学アカデミー
　451, 461, 462, 475
ペテルブルクのパラドックス
　451
ベルトランの仮説 529
ベルトランの定理 530
ベルヌーイ数 424, 447, 675
ベルヌーイの不等式 444
ベルヌーイの法則 451
ベルヌーイ方程式 445
ペル方程式 132, 179, 221
ヘルムホルツ方程式 599
ベルリン 596
ベルリン・アカデミー 462,
　477, 478, 482, 489, 605,
　615
ベルリン大学 610, 615, 662
ベルリン・パピルス 9
ペレルマンの証明 681
ヘロディアノス式 55, 56,
　210, 211
ヘロンの近似法 174
ヘロンの公式 132, 171, 218,
　240, 502
変換群 565
偏差 501
偏微分方程式 599
変分原理 599
変分法 449, 489, 645
変分問題 639

ポアソン括弧 523
ポアソン積分 523
ポアソン定数 523
ポアソンの大数の法則 523
ポアソン比 523
ポアソン分布 523
ポアンカレの位置解析 646
ポアンカレの疑問 677

ポアンカレのホモロジー球面
　678
ポアンカレ予想 678–681
ホイヘンスの法則 392
法線 357, 358
方程式の可解性 489
方程式の群 G 544
方程式の根 348
方程式論 489, 615
放電手続き 668–670
放物線 338, 342
　——の包絡線 345
包絡線 439
補間 427
保型関数の性質 624
保型関数論 624
保型形式 675
補集合 574
ポテンシャル 504
ポテンシャル方程式 617
ポテンシャル論 457, 507,
　523, 525, 536, 596, 618
ホーナー法 199, 201, 246,
　258, 312, 419
ホモロジー 678
ホモロジー群 659
ホモロジー代数学 658, 659
ホモロジー理論 678
ボルツァーノ–ヴァイエルシュ
　トラースの定理 605
ボルツァーノ–コーシー判定法
　607
ボルツァーノのパラドックス
　552, 611
ボルドー科学協会 550
ボレル集合 643
ホワイトヘッド多様体 679
釂法 202

■ マ 行

マイクロソフト研究所 671
マクローリン展開 447
マクローリン–ベズーの定理
　428
マテュー群 672
マートン・カレッジ 263, 266
マートン規則 263, 267, 268
魔方陣 367
マヤ 3, 4
マルコフ連鎖 652
丸めの誤差 670

導びかれた関数 488
密率 199
ミニモ会 346

μ（プリュッカー） 554
ムカーバラ 228
向き付け不能曲面 555
無限 610
無限遠直線 556
無限遠点 373, 549, 556
　虚の—— 557
無限解析 410
無限過程 410, 466, 526, 596
　——の不完全性 611
無限級数 269, 407, 427, 435
無限行列式 645
無限嫌悪 519, 614
無限降下法 367, 368, 629
無限集合の基本的性質 339
無限集合の普遍性 611
無限小 337, 340, 343, 488,
　498
　高位の—— 498
　高次の—— 339, 341
無限小解析 366, 399, 436
無限小算法 454
無限小問題 398
無限積 399, 466, 468
無限大 337, 463
　高位の—— 484
無限の項を持つ式 425
結び目 599
無定義 633, 634
無理数 607, 619, 638

命題関数 577
メートル法 481
メネラオスの定理 161, 162,
　458, 501
メービウスの帯 555
メルカトル級数 402
メルカトル投影図法 304
メルセンヌ数 370
面積あてはめ法 112
面積のあてはめ 75
面積付置 144

毛管現象 626
文字係数 385
モスクワ・パピルス 9,
　16–18, 20
モジュラー 675
モノドロミー群 639
モメントゥム 414
モンテカッシーノ修道院 192

■ ヤ 行

矢 659

事項索引

約率　199
ヤコービアン　515, 542, 628
ヤコブの杖　271
有界閉集合　642
優級数法　521
有限群表現　648
有限順序数　615
有限数学　662
有限生成性　638
有限多元環　648
有限単純群　671, 672
誘導準同型写像　659
有理数の体系　589
有理領域　589
ユークリッド幾何学　281, 459, 552, 559, 562, 567, 637
ユニヴァーシティ・カレッジ（ロンドン大学）　585

余弦法則　110
4次元空間　558
4次元直線空間　564
4次方程式　285, 290
四色定理　669
四色問題　665, 667–669
四色予想　666
4点対合　373
四平方の定理　490, 542

■ ラ 行

ライプニッツの定理　439
ライプニッツの微分法　498
ラグランジュの乗数　490
螺線　124, 342, 354, 455, 476
ラプラシアン　505
ラプラスの方程式　505
ラプラス変換　504
ラムダ化　554
欄外　674
ラングランズ計画　677
卵形線（デカルト）　358, 418
ランベルトの四辺形　478

リウヴィル数　619
リウヴィルの定理　618
リー環　658, 672

力学　337, 485, 489, 522
力学系　647
リー群　628, 637, 650, 658, 671
リッカーティの方程式　471
立体解析幾何学　380, 385, 453, 454, 477, 493, 496
　　──の基本定理　357, 492
立体幾何学的作図法　492
立体幾何学の勃興　493
立体軌跡　361
立体問題　353
リッチ＝クルバストロ微分　650
リッチ・フロウ　679, 680
立方体倍積問題　61, 79, 91, 93, 351
リプシッツの条件　521
リマソン　492 →蝸牛線
リーマン幾何学　563
リーマン空間　562
リーマン積分　605, 641, 643, 644
リーマン対称空間　651
リーマン多様体　598
リーマンの積分　643
リーマン面　562, 568, 589, 597, 650
リーマン予想　597, 638, 660
留数解析　522
流体静力学　375
流率　407, 412, 429, 430
流率法　498
流量　407, 412
量子力学　640
リンケイジ　667
リンド・パピルス　9

ルーカス教授職　406
ルジャンドル関数　507
ルジャンドルの記号　509
ルジャンドルの係数　507
ルジャンドルの多項式　507
ルベーグ–スティルチェス積分　644
ルベーグ積分　643
ルベーグ測度　643

レコードの相等記号　441

レムニスケート　445, 458, 492 →連珠形
レムニスケート関数　540
連鎖条件　591, 649
連珠形　492 →レムニスケート
連続　633
　　──の原理　549, 550
連続関数　517
連続性　610
　　──の法則　499
連続変換群　637
レンの双曲面　398
連分数　402, 489, 653
　　無限──　402, 466
連立1次方程式　430, 440, 485
連立代数方程式　485

ロギスティケー　59, 83, 172 →計算術
60進小数　34, 167, 213, 246, 307, 312, 319
60進分数　25, 256
60進法　23, 25, 26, 166, 307
6–連結三角形分割　668
ロシア科学アカデミー　442
ロバチェフスキー幾何学　559, 563, 628
ロバの橋　492
ロピタルの定理　448
ローマ式記数法　253
ローラン展開　617
ロルの定理　454, 518
論証的方法　598
論点先取　607
ロンドン数学会　622, 666, 678
論理演算　573
論理学　441, 572
論理計算　442
論理主義　657
論理代数　572, 574, 576
論理的展開　632
論理の代数学　441

■ ワ 行

和集合　574, 581
　　排他的──　574

62

監訳者略歴

三浦伸夫（みうらのぶお）

1950 年　愛媛県に生まれる
1979 年　東京大学大学院理学研究科
　　　　修士課程修了
現　在　神戸大学名誉教授
　　　　理学修士

三宅克哉（みやけかつや）

1941 年　兵庫県に生まれる
1969 年　プリンストン大学大学院博士
　　　　課程修了
現　在　東京都立大学名誉教授，津田
　　　　塾大学数学・計算機科学研究
　　　　所客員教授
　　　　Ph.D.

訳者略歴

久村典子（ひさむらのりこ）

1946 年　青森県に生まれる
1969 年　東京教育大学文学部卒業
現　在　翻訳家

メルツバッハ＆ボイヤー
数学の歴史 I
　―数学の萌芽から 17 世紀前期まで―　　　　定価はカバーに表示

2018 年 4 月 10 日　初版第 1 刷

監訳者	三	浦	伸	夫
	三	宅	克	哉
訳　者	久	村	典	子
発行者	朝	倉	誠	造

発行所　株式会社　朝 倉 書 店
　　　　東京都新宿区新小川町 6-29
　　　　郵 便 番 号　162-8707
　　　　電　話　03(3260)0141
　　　　FAX　03(3260)0180
　　　　http://www.asakura.co.jp

〈検印省略〉

ⓒ 2018〈無断複写・転載を禁ず〉　　　　　　中央印刷・渡辺製本

ISBN 978-4-254-11150-7　C 3041　　　Printed in Japan

JCOPY ＜(社)出版者著作権管理機構 委託出版物＞

本書の無断複写は著作権法上での例外を除き禁じられています．複写される場合は，
そのつど事前に，(社)出版者著作権管理機構（電話 03-3513-6969，FAX 03-3513-
6979，e-mail: info@jcopy.or.jp）の許諾を得てください．

J.スティルウェル著　前京大 上野健爾・
前名大 浪川幸彦監訳　京大 田中紀子訳

数 学 の あ ゆ み （上）

11105-7 C3041　　　　　A 5 判 288頁 本体5500円

中国・インドまで視野に入れて高校生から読める
数学の歩み〔内容〕ピタゴラスの定理／ギリシャ幾
何学／ギリシャ時代における数論および無限／ア
ジアにおける数論／多項式／解析幾何学／射影幾
何学／微分積分学／無限級数／蘇った数論

J.スティルウェル著　前京大 上野健爾・
前名大 浪川幸彦監訳　京大 林　芳樹訳

数 学 の あ ゆ み （下）

11118-7 C3041　　　　　A 5 判 328頁 本体5500円

上巻に続いて20世紀につながる数学の大きな流れ
を平易に解説。〔内容〕楕円関数／力学／代数の中
の複素数／複素数と曲線／複素数と関数／微分幾
何／非ユークリッド幾何学／群論／多元数／代数
的整数論／トポロジー／集合・論理・計算

前東工大 志賀浩二著

数 学 の 流 れ 30 講 （上）
—16世紀まで—

11746-2 C3341　　　　　A 5 判 208頁 本体2900円

数学とはいったいどんな学問なのか、それはどの
ようにして育ってきたのか、その時代背景を考察
しながら珠玉の文章で読者と共に旅する。〔内容〕
水源は不明でも／エジプトの数学／アラビアの目
覚め／中世イタリア都市の繁栄／大航海時代／他

前東工大 志賀浩二著

数 学 の 流 れ 30 講 （中）
—17世紀から19世紀まで—

11747-9 C3341　　　　　A 5 判 240頁 本体3400円

微積分はまったく新しい数学の世界を生んだ。本
書は巨人ニュートン、ライブニッツ以降の200年間
の大河の流れを旅する。〔内容〕ネピアと対数／微
積分の誕生／オイラーの数学／フーリエとコーシ
ーの関数／アーベル、ガロアからリーマンへ

前東工大 志賀浩二著

数 学 の 流 れ 30 講 （下）
—20世紀数学の広がり—

11748-6 C3341　　　　　A 5 判 232頁 本体3200円

20世紀数学の大変貌を示す読者必読の書。〔内容〕
20世紀数学の源泉(ヒルベルト、カントル、他)／
新しい波(ハウスドルフ、他)／ユダヤ数学(ハンガ
リー、ポーランド)／ワイル／ノイマン／ブルバキ
／トポロジーの登場／抽象数学の総合化

四日市大 小川　束・東海大 平野葉一著
講座　数学の考え方24

数 学 の 歴 史
—和算と西欧数学の発展—

11604-5 C3341　　　　　A 5 判 288頁 本体4800円

2 部構成の、第 1 部は日本数学史に関する話題か
ら、建部賢弘による円周率の計算や円弧長の無限
級数への展開計算を中心に、第 2 部は数学という
学問の思想的発展を概観することに重点を置き、
西洋数学史を理解できるよう興味深く解説

明大 砂田利一・早大 石井仁司・日大 平田典子・
東大 二木昭人・日大 森　真監訳

プリンストン数学大全

11143-9 C3041　　　　　B 5 判 1192頁 本体18000円

「数学とは何か」「数学の起源とは」から現代数学の
全体像、数学と他分野との連関までをカバーする、
初学者でもアクセスしやすい総合事典。プリンス
トン大学出版局刊行の大著「The Princeton Com-
panion to Mathematics」の全訳。ティモシー・ガ
ワーズ、テレンス・タオ、マイケル・アティヤほ
か多数のフィールズ賞受賞者を含む一流の数学
者・数学史家がやさしく読みやすいスタイルで数
学の諸相を紹介する。「ピタゴラス」「ゲーデル」な
ど96人の数学者の評伝付き。

和算研 佐藤健一監修
和算研 山司勝紀・上智大 西田知己編

和 算 の 事 典

11122-4 C3541　　　　　A 5 判 544頁 本体14000円

江戸時代に急速に発達した日本固有の数学和算。
和算を歴史から紐解き、その生活に根ざした計算
法、知的な遊戯としての和算、各地を旅し和算を
説いた人々など、さまざまな視点から取り上げる。
〔内容〕和算のなりたち／生活数学としての和算／
計算法—そろばん・円周率・天元術・整数術・方
陣他／和算のひろがり—遊歴算家・流派・免許状
／和算と諸科学—暦・測量・土木／和算と近世文
化—まま子立・さっさ立・目付字他／和算の二大
風習—遺題継承・算額奉納／和算書と和算家

上記価格（税別）は 2018 年 3 月現在